清華大學 计算机系列教材

国家网络教育精品课程教材

钟玉琢 主编
沈　洪 吕小星 田淑珍 冼伟铨 编著

多媒体技术基础及应用

（第3版）

清华大学出版社
北京

内 容 简 介

本书从研究、开发和应用角度出发，讲述多媒体计算机的定义、关键技术、现状及发展趋势；音频信息和视频信息的获取和处理技术；多媒体数据压缩编码技术及现行编码的国际标准；多媒体计算机硬件和软件系统结构；超文本和超媒体技术；多媒体计算机的应用技术；多媒体电子出版物的创作、多媒体会议系统、多媒体数据库及基于内容检索。

本书可作为普通高等院校本科生“多媒体技术基础及应用”课程教材，也可供其他大专院校及从事多媒体计算机技术研制、开发及应用的人员学习参考。

图书在版编目（CIP）数据

多媒体技术基础及应用（第 3 版）/ 钟玉琢主编；沈洪等编著．--北京：清华大学出版社，2012.2（2022.2重印）

ISBN 978-7-302-27297-7

Ⅰ. ①多…　Ⅱ. ①钟… ②沈…　Ⅲ. ①多媒体技术－高等学校－教材　Ⅳ. ①TP37

中国版本图书馆 CIP 数据核字(2011)第 233235 号

责任编辑：战晓雷　李　晔
封面设计：常雪影
责任校对：胡伟民
责任印制：丛怀宇

出版发行：清华大学出版社
　　网　　址：http://www.tup.com.cn，http://www.wqbook.com
　　地　　址：北京清华大学学研大厦 A 座　　**邮　　编**：100084
　　社 总 机：010-62770175　　**邮　　购**：010-83470235
　　投稿与读者服务：010-62776969，jsjjc@tup.tsinghua.edu.cn
　　质 量 反 馈：010-62772015，zhiliang@tup.tsinghua.edu.cn
　　课 件 下 载：http://www.tup.com.cn，010-83470236
印 刷 者：北京富博印刷有限公司
装 订 者：北京市密云县京文制本装订厂
经　　销：全国新华书店
开　　本：185mm×260mm　　**印　张**：22.5　　**字　　数**：565 千字
版　　次：2012 年 2 月第 3 版　　**印　　次**：2022 年 2 月第10次印刷
定　　价：49.00 元

产品编号：033807-02

前　言

《多媒体技术基础及应用》一书的第 1 版是作为教育部人才培养模式改革和开放教育试点教材。在总结实践教学经验的基础上，有选择地及时吸收了清华大学计算机科学与技术系的科研成果，2005 年修订出版了第 2 版。2009 年第 3 版教材编写计划获得了北京市高等教育精品教材立项。与该教材配套的“多媒体技术基础及应用”的网络课程获得了 2010 年度国家网络教育精品课程奖。

《多媒体技术基础及应用》第 3 版教材的编写结合了 2010 年度国家网络教育精品课程教学的需要，从研究、开发和应用的角度出发，并按照普通高等院校本科生及专升本学生的培养目标，从理论上重视基础知识的积累，提高分析问题的能力；在实践与实用性方面，加强实验和实用性的教学，注重培养学生解决实际问题的能力。

在编写过程中，我们体会到：

1. 多年教学实践的积累，教学资源的丰富有利于教材内容的系统性和完整性

1992 年我们在清华大学首次为研究生开设“多媒体计算机技术”课程，并于 1997 年为清华大学计算机系的本科生开设，1999 年为中央电大开放教育(覆盖全国)本科层次开设。经过 18 年的发展，形成了一个较大规模、多层次的教学体系。经过多年的教学积累，我们建设了丰富的教学资源，教师讲义不断改进，录制了本课程的电视片，制作了网上的流媒体，建立了题库，同时建设了国家网络教育精品课程。上述资源为编写教材打下了良好的基础。

2. 适当地选用较新的科研成果，有助于保持教材的科学性和新颖性

清华大学计算机科学与技术系及深圳研究生院信息学部多媒体技术科研小组紧跟国际多媒体技术的最新发展，先后承担了 973、863、国家自然基金等多个科研课题，取得了多项科研成果，如为国家制定了静态图像压缩编码 GB/T17235-1.2(JPEG)国家标准，运动视频压缩编码的国家标准 GB/T17191-1,2,3,4(MPEG-1)；在 MPEG 国际会议上，提出了“全局运动估计鲁棒性和快速性算法”的建议，该建议于 2000 年 10 月正式通过成为 MPEG-4 第七部分国际标准，是中国人代表中国在 MPEG 国际标准化组织提出建议首次成为 MPEG 国际标准的组成部分。我们及时选取了适合本科教学的科研成果，使教材的内容具有较强的科学性、实用性和先进性。

本教材共分 7 章，第 1 章概述多媒体计算机的定义、关键技术、现状及发展趋势；第 2 章和第 3 章介绍了音频视频信息的获取和处理技术；第 4 章较详细地讲述了多媒体数据压缩编码技术及现行编码的国际标准；第 5 章讲述了多媒体计算机硬件和软件系统结构；第 6 章讲述了超文本和超媒体问题；第 7 章介绍了多媒体计算机应用技术，包括多媒体电子出版物的制作、多媒体会议系统、多媒体数据库和基于内容检索。为了提高学生的学习能力，在每一章开头编写了该章的要点，在每一章的最后编写了该章小结和习题。

本教材由清华大学钟玉琢主编，北京联合大学沈洪、北京广播电视大学吕小星、清华大学田淑珍和广西师范学院冼伟铨编著。本书在编写过程中，得到了北京联合大学刘振恒、张睿哲老师的热心帮助，他们参与了本书的录入、编排等工作，在此表示衷心的感谢。

在编写过程中，我们参考了不少国内同行编写的多媒体计算机教材，还有清华大学计算机系的论文及科研成果报告。但是多媒体计算机技术正处在蓬勃发展的阶段，新的文献资料我们搜集的还不完整。限于作者水平，书中不足和错误之处，恳请读者给予批评指正。

本书在编写过程中得到作者所在单位及其研究组其他成员的大力支持，在此表示衷心感谢。

钟玉琢

2011年04月

目　　录

第1章　多媒体计算机概述

本章要点

(1) 讲述多媒体计算机的定义、分类、多媒体计算机和普通计算机的不同点，以及多媒体计算机要解决的关键技术。

(2) 多媒体技术促进了通信、娱乐和计算机的融合。特别是多媒体技术是解决高清晰度电视切实可行的方案，用多媒体技术制作DVD、影视音响卡拉OK机以及多媒体家庭网关。

(3) 多媒体计算机技术的应用和发展包括多媒体数据库、多媒体通信和多媒体创作工具以及多媒体计算机的发展趋势。

多媒体技术使计算机具有综合处理声音、文字、图像和视频的能力，它以形象丰富的声、文、图信息和方便的交互性，极大地改善了人机界面，改变了使用计算机的方式，从而为计算机进入人类生活和生产的各个领域打开了方便之门，给人们的工作、生活和娱乐带来深刻的变化。

1.1　多媒体计算机的定义和关键技术

媒体(medium)在计算机领域中有两种含义：一是指用以存储信息的实体，如磁带、磁盘、光盘和半导体存储器等；二是指信息的载体，如数字、文字、声音、图形和图像。多媒体技术中的媒体是指后者。

人类感知信息的途径包括以下几个。

视觉：是人类感知信息最重要的途径，人类从外部世界获取信息的70%～80%是从视觉获得。

听觉：人类从外部世界获取信息的10%是从听觉获得。

嗅觉、味觉、触觉：通过嗅、味、触觉获得的信息量约占10%。

1.1.1　多媒体计算机的定义及其关键技术

多媒体计算机(multimedia computing)的定义是：计算机综合处理多种媒体信息，如文本、图形、图像、音频和视频，使多种信息建立逻辑连接，集成为一个系统并具有交互性。

简单地说：

(1) 计算机综合处理声、文、图信息；

(2) 具有集成性和交互性。

总之，多媒体计算机具有信息载体多样性、集成性和交互性。

要把一台普通的计算机变成多媒体计算机要解决的关键技术是：

(1) 视频音频信号获取技术；

(2) 多媒体数据压缩编码和解码技术；

(3) 视频音频数据的实时处理和特技；

(4) 视频音频数据的输出技术。

从开发和生产厂商以及应用的角度出发，多媒体计算机可以分成两大类：

一类是家电制造厂商研制的电视计算机(teleputer)，是把 CPU 放到家电中，通过编程控制管理电视机、音响，有人称它为"灵巧"电视(Smart TV)。

另一类是计算机制造厂商研制的计算机电视(compuvision)，采用微处理器(80×86，68×××)作为 CPU，其他设备还有视频图形适配器(Video Graphics Adapter，VGA)、光盘只读存储器(Compact-Disk Read-Only Memory，CD-ROM)、音响设备以及扩展的多窗口系统，有人说它的发展方向是 TV-Killer。

1.1.2 利用多媒体是计算机技术发展的必然趋势

在计算机发展的初期，人们只能用数值这种媒体承载信息。当时只能通过"0"和"1"两种符号表示信息，即用纸带和卡片的有孔或无孔表示信息，纸带机和卡片机是主要的输入输出设备。"0"和"1"很不直观，很不方便，输入输出的内容很难理解，而且容易出错，出了错也不容易发现。这一时代是使用机器语言的时代，因此计算机应用只能限于极少数计算机专业人员。

20 世纪 50 年代到 70 年代，出现了高级程序设计语言，开始用文字作为信息的载体，人们可以用文字(如英文)编写源程序，输入计算机，计算机处理的结果也可以用文字表示输出。这样，人与计算机交往就直观、容易得多，计算机的应用者也就扩大到具有一般文化程度的科技人员。这时的输入输出设备主要是打字机、键盘和显示终端。使用英文文字同计算机交流，对于文化水平较低，特别是非英语国家的人，仍然是件困难的事情。

20 世纪 80 年代开始，人们致力于研究将声音、图形和图像作为新的信息媒体输入输出计算机，这将使计算机的应用更为直观、容易。1984 年 Apple 公司的 Macintosh 个人计算机，首先引进了"位映射"的图形机理，用户接口开始使用 Mouse 驱动的窗口技术和图符(windows and icon)，受到广大用户的欢迎。这使得文化水平较低的公众，包括儿童在内都能使用计算机。由于 Apple 采取发展多媒体技术、扩大用户层的方针，使得它在个人计算机市场上成为唯一能同 IBM 公司相抗衡的力量。今天，国际上下述几项技术又有了突出的进展：

(1) 超大规模集成电路的密度增加了；

(2) 超大规模集成电路的速度增加了；

(3) CD-ROM 可作为低成本、大容量 PC 的只读存储器(可换的 5 英寸盘片，每片容量为 600MB，以及 DVD(单面 4.7GB))；

(4) 双通道 VRAM、RDRAM 的引进；

(5) 网络技术的广泛使用。

这 5 项计算机基本技术的进展，有效地带动了数字视频压缩算法和视频处理器结构的改进。促使 10 年前单色文本/图形子系统转变成今天的彩色丰富、高清晰度显示子系统，同时能够做到全屏幕、全运动的视频图像，高清晰度的静态图像，视频特技，三维实时的全电视信号以及高速真彩色图形。同时还有高保真度的音响信息。

综上所述，无论从半导体的发展还是从计算机进步的角度，或者从普及计算机应用、拓宽计算机处理信息类型看，利用多媒体是计算机技术发展的必然趋势。

1.1.3 在多媒体计算机发展史上卓有成效的公司和系统

前几年，世界上很多国际性的大公司都在研制开发多媒体计算机技术，其中包括著名的家电生产厂商 Philips 及 Sony 公司，著名的计算机生产厂商 IBM、Intel 及 Apple 公司等，在众多的多媒体计算机中，卓有成效的公司和系统有如下几家。

1. Philips/Sony 公司的 CD-I 系统

Philips/Sony 公司于 1986 年 4 月公布了基本的交互式紧凑光盘（Compact Disc Interactive，CD-I）系统，同时还公布了 CD-ROM 的文件格式，这就是以后的国际标准化组织（International Organization for Standardization，ISO）的标准。该系统把高质量的声音、文字、计算机程序、图形、动画以及静止图像等以数字的形式存放在容量为 650MB 的 5 英寸只读光盘上。用户可通过与该系统相连的家用电视机、计算机显示器和 CD-I 系统进行通信，使用鼠标器、操纵杆和遥控器等定位装置选择人们感兴趣的视听材料进行播放，可完成培训或教育任务。

CD-I 系统也称 CD-I 译码器。该系统可分成两部分：一部分是 CD-ROM 驱动装置，它有 CD 驱动器，可以使用 CD-I 光盘或数字光盘音响系统（Compact Disk-Digital Audio，CD-DA 光盘）；另一部分是多媒体控制器（Multimedia Controller，MMC），它由音频信号处理器、视频信号处理器、68000 微处理器、RAM、ROM、不挥发的 RAM 以及定位装置组成。

2. Intel 和 IBM 公司的 DVI 系统

数字视频交互（Digital Video Interactive，DVI）技术于 1983 年在 RCA 公司的戴维·沙诺夫研究中心（David Sanaoff Research Center in Princeton，New Jersey）开始开发，在 1987 年 3 月第 2 次 Microsoft CD-ROM 会议上，首次公布了 DVI 技术的研究成果，1988 年 10 月 Intel 公司从 GE 公司买来了 DVI 技术，1989 年 Intel 和 IBM 公司在国际市场上推出了 DVI 技术第一代产品 Action Media 750，1991 年又在美国 Comdex 展示会上推出了第二代 DVI 技术的产品 Action Media 750 Ⅱ，它荣获了最佳展示奖和最佳多媒体产品奖。

DVI 技术硬件的核心部件是 Intel 公司生产的专用芯片 VDP1（82750PA，82750PB）和 VDP2（82750DA，82750DB），称为视频像素处理器和视频显示处理器。A 型提供 12.5M/s 操作速度，B 型提供 25M/s 操作速度。82750PA/PB 是像素处理器，采用微码编程，可以高速执行像素处理的各种算法，82750 DA/DB 是显示处理器，它可与 82750PA/PB 并行处理、显示处理好的帧存储器中的位映射图。它具有较强的图形功能，同时通过编程，适应不同分辨率、不同像素格式及不同同步格式的多种型号的显示器。Intel 公司还设计了 3 个专用门阵电路：82750LH 主机接口门阵，82750LV VRAM/SCSI/Capture 接口门阵以及 82750LA 音频子系统接口门阵。在世界上首次推出了视频音频引擎（Audio Video Engine，AVE），它是由视频子系统、音频子系统、视频音频总线等组成，从系统结构上较好地解决了计算机综合处理声、文、图信息的问题。

DVI 技术软件的核心部件是 AVSS（Audio/Video Sub System）和 AVK（Audio Video Kernel）。AVSS 是在 DOS 环境下，加上 RTX（实时执行部件）、视频驱动器、音响驱动器，多功能驱动器以及驱动器接口模块，运行音响视频的子系统。AVK 在 Windows 环境下运行，因此它就不局限在DOS操作系统环境下运行，可以在其他种类的操作系统环境下运行。AVSS和AVK最主要的任务是：为音频和视频数据流相关同步提供需要的实时任务调度，实时的数据压缩和解压缩，实时地拷贝和改变比例尺，建立位映射，管理控制它们将其送至显示缓冲区等。

3. Commodore公司的Amiga系统

Commodore公司在1985年率先在世界上推出了第一个多媒体计算机系统Amiga。在1989年秋美国的Comdex博览会上，Commodore公司展示了Amiga系统一个完整的系列。当时，该公司已推出Amiga 500、Amiga1000、Amiga1500、Amiga2000、Amiga2500以及Amiga3000等型号的产品，它们可分别配置Motorola公司生产的68000、68020以及68030不同型号的CPU和不同容量的RAM。为了提高视频和音响信息的处理速度，Commodore公司在Amiga系统中采用了3个专用芯片：Agnus(8370)、Paula(8364)以及Denise(8362)。

Amiga系统的结构与68000微机系统以及前面介绍的CD-I系统非常相似，只是在系统总线上连接了很有特色的3个专用芯片。下面简单介绍3个专用芯片的结构。

(1) Agnus(8370)是专用的动画制作芯片，芯片中有5个DMA控制逻辑：视频DMA、音频DMA、位平面DAM、软盘和刷新电路DAM以及位映射控制部件的DMA控制逻辑线路及其需要的控制寄存器，它们通过内部总线与专用芯片内部的图形协处理器连在一起。因为在Agnus有较多的控制寄存器，所以有寄存器地址译码器以及寄存器地址存储器译码器，此外还有系统总线的接口电路、缓冲器、多路开关以及时钟发生器等。

概括起来Agnus的功能是：

① 用硬件显示移动数据，允许高速的动画制作；

② 显示同步协处理器；

③ 控制25个通道的DMA，使CPU以最小的开销处理盘、声音和视频信息；

④ 从28MHz振荡器产生系统时钟；

⑤ 为视频RAM(VRAM)和扩展RAM卡提供所有的控制信号；

⑥ 为VRAM和扩展RAM提供地址。

(2) Paula(8364)是专用音响处理及外设接口芯片，芯片中音响处理器、盘控制器、异步通信接口以及电位计通道接口都连接到内部总线的设备译码器上。音响处理器是由2路数据寄存器、2个音响控制计数器及4路D/A变换器组成。它可以通过DMA的方式和Amiga系统的存储器以及其他设备交换音响信息，在Paula的音响处理器中处理音响信息，最后经过D/A变换器，可把4路两对立体声信号输出到音响设备中。盘控制逻辑也通过DMA的方式将Amiga系统中存储的数据，通过盘控制器输出到盘上；反之可将盘上数据通过盘控制器读入到Amiga系统中。此外，还有异步通信接口和电位计通道控制逻辑，都以I/O方式进行数据传输。该芯片的主要功能是输出4路两个立体声道、9个8音阶，使用音频放大和频率调制，还有异步通信接口、盘控制器以及电位计通道接口。

(3) Denise(8362)是专用的图形芯片，它有：位平面数据寄存器，位平面控制以及位平面串行输出器；硬件游标数据寄存器，硬件游标串行连续化器以及位置比较逻辑；碰撞控制逻辑、碰撞检测逻辑以及碰撞存储逻辑；优先排队控制逻辑以及位平面排队和控制寄存器；彩色选择译码器以及32位彩色输出寄存器；Mouse计数器。由此可知，Denise(8362)就是多功能的彩色图形控制器，它可以控制不同分辨率的输出，从 320×200 到 640×400；在电视机和 RGB 彩色监视器屏幕上可同时显示 4096 种颜色；有 8 个可重复使用的“硬件游标”控制器。

Amiga 3000 型，采用了 25MHz 的 68030 作为 CPU，配有协处理器，内存最大容量为 16MB，9×100MB 硬磁盘以及任选 Ethernet，Novell NetWare 和 UNIX 网络和软件。

为了适应不同用户对多媒体技术的需要，Commodore 公司提供一个多任务 Amiga 操作系统，它有上下拉的菜单、多窗口、图符（icon）以及 PM（Presentation Manager）等功能。同时，还配备了大量应用软件，如能绘制动画，制作电视片头及作曲等专用软件。该公司还推出了一个 Amiga Vision 多媒体的著作系统，为用户提供一个完备的图符编程语言（a complete iconic programming language）。

4. Apple 公司的 HyperCard

Apple 公司的 Macintosh 系统具有公认的良好的图形特性，它是桌上出版和桌上展示系统的先驱。Apple 公司的多媒体系统也有人称之为桌上媒体，它实质上是把高质量的音响及活动的视频图像加到原来的 Macintosh 系统中，能够把上述特性连在一起的是 HyperCard 及其兼容软件。HyperCard 是以卡片（Card）为结点的超文本（Hypertext）系统，基本的信息单元是卡片或称为结点，一个卡片可充满整个屏幕。一组卡片称为卡堆（Stack），可以认为卡堆是 HyperCard 中的文件，同类和相关的卡片可在一个卡堆内。每个卡片不仅是字符，还包括图形、图像和声音。HyperCard 系统提供了许多命令或工具，通过鼠标或键盘实现控制完成卡片的浏览、编辑、制作，信息的输入、修改、检索。它能把简单的数据库、复杂的文本程序、编程语言及著作系统组成一个快速灵活的软件包。HyperCard 的数据库和所有的 MAC 的数据格式兼容，并开发有直接的连接电路、光扫描器以及 CD-ROM 驱动器连接。为了使 HyperCard 和这些外部设备相连接，Apple 公司已经公布了一个多媒体协议和驱动程序标准集，叫做 AMCA（Apple Media Control Architecture）。AMCA 是系统级的结构，用来访问视频光盘、音频光盘以及录像带的信息，软件工作人员不用为多媒体外部设备写专门的驱动程序。

Apple 公司原来选用 Mac SE 和 MacⅡ作为多媒体计算机的平台，后来选用了 68030 微处理器作为 CPU，直接寻址最多可安装 8MB 内存，视频适配器板可在 16M 种不同颜色中同时显示其中 256 种颜色。音响媒体接口板和 HyperCard 软件兼容，能够提供良好的语音、音响效果，通过语音分析和识别能够代替键盘、鼠标以及操纵杆的功能。

为了快速、实时地处理视频和语音信号，Apple 公司和 MIT 的媒体实验室合作，组成新一代技术研究小组开发视频和音频信号压缩编码和解码技术。为了传输视频信号，他们提出了高速的宽带网以及对称的压缩编码和解码技术，并已研制出了这种样机。

1.2 多媒体技术促进了通信、娱乐和计算机的融合

所谓通信、娱乐和计算机的融合，即把消费类电子产品，如电话、电视、图文传真机、音响、录像机与计算机融为一体，由计算机完成视频音频信号的采集、压缩和解压缩，实时处理视频和音频及其特技、视频的多窗口显示及音频的立体声输出，从而形成新一代的产品，为人类的生活和工作提供全新的信息服务。

1.2.1 多媒体技术是解决常规电视数字化及高清晰度电视切实可行的方案

前几年，在美国成立一个高级电视研究集团（ARTC），它采用 MPEG 压缩编码标准，同时播出方案，打包数据结构以及双层传输技术，比较早些时候日本推出的模拟式的高清晰度电视，是一个切实可行的方案。

目前研制的 HDTV 有下述几个特点：

（1）采用国际标准的压缩编码算法 MPEG-2，这意味着它能与以 MPEG、JPEG 压缩编码算法为基础的多媒体计算机兼容，并与其互联通信。

（2）采用打包数据结构，当电视信号在视频通道传输时，图像和声音数据分成不同分量，在大多数情况下，这些分量要遵循大小和次序的限制。HDTV 将图像和声音信息以及用于多媒体服务的附加数据以包的方式传送。这些数据可任意大小，只要它们符合频道特性，能以随机次序传送，这些数据包能够动态分配，使 HDTV 能与计算机、多媒体娱乐、教育系统及录像机通信，打开了将电视机、计算机和通信融为一体，通向更灵活服务领域的大门。

（3）采用双层传输技术，双层传输技术保证 HDTV 的可靠性和抗干扰性。它将信息分开传送，最重要的数据放到具有高优先级的载波上传输，其他数据则放到具有标准优先级的载波上传输。

采用多媒体计算机技术制造 HDTV，它可以支持任意分辨率的输出，输入输出分辨率可以独立，输出分辨率可以任意变化，可以用任意窗口尺寸输出。与此同时，它还能赋予 HDTV 很多新的功能，如图形功能、视频音频特技以及交互式功能。

常规电视数字化技术及交互式电视技术（包括点播电视技术 VOD）都是当前世界上的热点课题，最佳地解决办法是采用数字式视频、数字式音频及 MPEG 压缩编码算法，以便于数据传输、存储及计算机控制和管理。世界上很多大的公司都在从事这方面的开发和研究。几年前，汤姆逊（Thomson）消费电子公司制定的战略目标是，作常规电视数字化的先驱。具体做法是通过休斯银河（Hughes Galaxy）601 卫星，开创世界首次全数字直接到户的卫星广播业务（Digital Satellites System，DSS 及 Direct Broadcast Service，DBS）。它能传送激光视盘和激光音盘的质量，使消费者很容易获得 120～150 个频道最受欢迎的电视节目。用户端只需要投资 600～800 美元，购置一个易于安装的 18 英寸或常规碟形天线、一个和录像机体积差不多的接收机/解码器以及一个易于控制和操作的遥控器。汤姆逊公司的 DSS 系统的销售目标是北美的每个家庭都选购一台，使他们有机会在家中观看卫星数字电视，这些新产品将改变用户娱乐、采购、学习甚至工作方式。2003 年是我国收费数字电视产业之年；2005 年，全国大中城市实现数字电视商业播出；2008 年 1 月 1 日中央电视台开通免费地面数字高清电视信号。

如何解决常规电视和高清晰度电视同播（simulcast）问题，它就像彩色电视采用 YUV 方案和黑白电视兼容同等重要。最近推出的国际标准 MPEG-2，采用了分层的编码体系（hierarchic coding），提供了较好的可扩充性（scalability）及互操作能力（interoperability）。MPEG-2 整个视频比特流由逐级嵌入的若干层组成，这样不同复杂度的解码器可根据自身的能力从同一比特流中抽出不同层进行解码，得到不同质量、不同时间/空间分辨率的视频信号，分层编码使同一比特流能适应不同特性的解码器，极大地提高了系统的灵活性、有效性，同时也为视频通信系统向更高时间/空间分辨率过渡提供了技术保证。为了实现分层编码，MPEG-2 提供了 4 种工具：空间可扩展性(spatial scalability)、时间可扩充性(temporal scalability)、信噪比可扩充性(SNR scalability)及数据分块(data partitioning)。为了支持灵活的性能价格比，MPEG-Ⅱ还提供了框架(profile)与等级(level)的概念，给出了丰富的编码方法、灵活的操作模式，以适合不同场合的需要。

最近几年的热点课题是交互式电视技术(ITV)，因为交互式电视技术有较好的发展环境，较好的经济、社会效益及广阔的应用前景。从美国宣布"信息高速公路"计划后，全球掀起了信息高速公路的热潮，纷纷投资巨款建设国家信息基础设施(NII)。我国也在积极、慎重地开展 CNII 计划，1994 年 9 月正式建成开通了中国公用数字数据网(CHINADDN)，它可为用户提供 $N\times64$kbps($N=1\sim31$)，2.4～19.6kbps 数字专线业务，用户可以进行单向、双向及 N 向的广播、会议电视等点对点、点对多点以及多点对多点的传输业务；1993 年 9 月正式建成开通了中国公用分组交换数据网(CHINA-PAC)，该网已覆盖所有省会城市及地、县、乡 2000 多个点，总容量已达 10 万多个。1995 年 6 月正式开通了中国公用计算机互联网(CHINANET)，它是 CHINADDN 和 CHINAPAC 基础上的增值网。现在国内很多城市正在积极筹建 VOD(Video On Demand)系统。

未来信息高速公路上，传递最多的信息是交互式电视和其他视频信息，交互式电视有最广大的用户，潜在的用户量可以是几亿或数十亿。交互式电视用户可以坐在家里的机顶盒(set top box，STB)前，通过单键遥控器和菜单选择自己喜欢的电影、电视和新闻，它可以提供交互式电视教育、电视采购，视频游戏以及各种方便的电视、电话和数据信息服务。

交互式电视系统和分布式多媒体数据管理系统从机理上是完全一样的，交互式电视台把新闻和其他节目，经过视频和音频的压缩存储到数据库中，用户可以通过机顶盒而不是多媒体工作站，通过网络点播各种广播节目。交互式电视最常用的是节目间的交互，即 VOD 系统，典型的 VOD 系统主要由 4 部分组成：视频服务器，编码器或路由器，用户请求计算机和记账计算机和机顶盒。

多媒体计算机技术在常规电视和高清晰度电视、影视节目制作中的应用可以分成两个层次：一是影视画面的制作，影视画面的生成可以采用计算机软件生成二维、三维动画画面，摄像机摄制真实的影视画面后采用数字图像处理技术制作影视画面，最后是将计算机生成和实拍结合后用图像处理技术制作影视特技画面，这方面的成功示例已经很多，美国惊险科幻影片《侏罗纪公园(Jurassic Park)》中史前动物恐龙的许多精彩镜头都是用计算机制作的，它荣获了奥斯卡最佳视觉效果奖，电影《刚果》、《真实的谎言》、《阿甘正传》及《狮子王》中很多画面都是用计算机制作的，它们都产生了极佳的视觉效果；另一个层次是影视的后期制作，如现在常用的数字式非线性编辑器，实质上是一台多媒体计算机，它需要有广播级质量的视频音频的获取和输出、压缩解压缩、实时处理和特技以及编辑功能。目前，美国、加拿大、德国的一些公司研制生产了一些较好的产品，并在世界销售，例如，苹果机为平台的非线性编辑器以 Avid 产品占主流，Truevision 公司的 TARGA2000 是非线性编辑器的核心扳卡，此外还有 Miro、Ops 以及 Fast 等公司的产品。从非线性编辑器长远的发展方向看，一方面是提高质量、速度，降低成本，更重要的发展是网络化的编辑器，它的好处是多个编辑协同工作，还可以连通"素材库"、"节目库"和"播放库"，可以大大提高编辑的效率和质量。

1.2.2 用多媒体技术制作 DVD 及影视音响卡拉 OK 机

多媒体数据压缩和解压缩技术是多媒体计算机系统中的关键技术，全世界很多半导体厂商都在积极开发、生产、销售图像压缩和解压缩芯片。美国 C-Cube 公司从 1989 年成立以来，已投资数千万美元，先后开发生产了 CL-550、CL-560 及 CL-460，它们是 JPEG 静态图像压缩和解压缩处理器以及 MPEG-1 解码器，同时还提供板级产品及开发系统。经过几年努力宣传和推销，虽然连续几年在 Comdex 博览会上深受观众的欢迎和青睐，但该公司的产品在多媒体计算机的领域中的销量欠佳。为了打开芯片的市场销路，该公司的董事长决定将芯片应用到 VCD 的播放机中。

VCD 是 JVC、Philips、Matsushita 及 Sony 联合制定的数字电视视盘技术标准，它于 1993 年问世。我国安徽合肥万燕(Wyai)公司(与美国、韩国合资)在世界上首先利用 MPEG 国际标准和 CD 光盘技术，研制了全功能影视音响卡拉 OK 机 CDK-320。

CDK-320 采用 V-CD 的标准，一片 V-CD 盘片可以存放 70 分钟影视节目，利用 MPEG-1 的音频编码技术将声音压缩到原来的 1/6，再利用帧内和帧间动态图像压缩技术，使图像的分辨率可达：NTSC 制为 352×240×30，PAL 制为 352×288×25，声音质量可达 CD-DA 的质量。目前国内 VCD 的售价为数百元人民币。当时 VCD 盘片的售价是 LD(激光影碟)的 1/5，是录像磁带的 1/3。

VCD 播放机，它由 CD-ROM 驱动器、MPEG 解压卡及控制操作电路组成。它的原理框图如图 1.1 所示，ES-3204 是美国 ESS 公司设计制造的 MPEG-1 视频音频解码芯片。VCD 播放机是从 CD-ROM 驱动器上的 CD 盘上读出串行的 MPEG 数据流信号及其他的控制信号，经过 MPEG 音频译码器、解出立体声的音频信号，再经过 A/D 变换器，通过卡拉 OK 处理器可以接收话筒输入的卡拉 OK 信号，经过混合叠加处理，放大输出到音响设备或家用电视机。另一路 MPEG 视频流，经过视频解码器、视频 D/A 变换器、NTSC/PAL 编码器形成全电视信号送到家用电视机，或者不经过 NTSC/PAL 编码器直接输出 RGB 信号送到监视器。对于 VCD 播放机可接收红外遥控器或面板控制按钮，控制播放、快进、快倒、暂停以及控制色彩亮度和音量等。图 1.2 给出以 ESS 公司研制的 ES-3309 芯片为核心的 DVD 播放机的原理框图，它的工作原理与 VCD 播放机一样，只是视频和音频编解码标准不是 MPEG-1，而是 MPEG-2 或 AC-3。

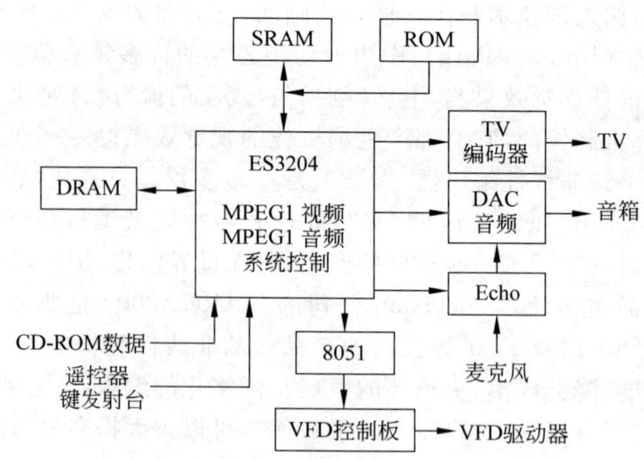

图 1.1 基于 ES-3204 芯片的 VCD 系统框图

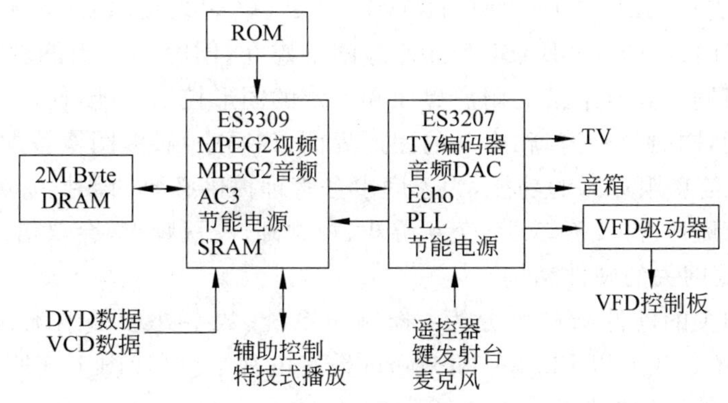

图 1.2　基于 ES-3309 芯片的 DVD 系统框图

1.2.3　多媒体家庭网关

计算机技术进入后 PC 时代，无处不在的网，无处不在的计算(everything connecting, everywhere computing)，成为当今计算机技术的潮流，同时带来家居环境的变革，PC、PDA 以及数字相机、蜂窝电话、数字电视等各种数字式消费电子产品开始涌入家庭，而浩瀚的网上信息更使人们把 Internet 访问、电子邮件、个人商务以及网上购物等作为购买计算机的主要目的，为了在家中更方便地获取信息、通信或娱乐，人们开始将所有这些信息家电连接成无线或有线的网络，这给日常生活模式带来了巨大的改变。

多媒体家庭网关技术是两种研发群体的汇聚，一是多媒体计算机研究人员：他们从综合业务多媒体终端出发，在传统的 VOP(Video On Demand)、视频会议、远程监控等处理文图信息多媒体技术上，开发适应家庭服务的多媒体家庭网关(Multimdia Home Gateway, MHG)。另一种是数字电视研发人员，他们从高清晰度电视的应用出发，在接收数字电视的多媒体处理基础上增强网络服务等其他功能，以达到建立多媒体家庭网关的目的。

1. 多媒体家庭网关的功能及软硬件结构

1) 多媒体家庭网关的功能

多媒体家庭网关的发展应当以适合家庭应用环境的多功能集成为方向，以简便易用，安全可靠、价格低为设计基础，应当具有的具体功能有：

(1) 接收并播放数字视频节目，包括 cable、陆地、卫星等连接方式的数字视频广播，即接收有线数字电视的 64QAM 调制编码信号，地面数字电视广播的 COFDM 调制信号和数字卫星 QPSK 调制信号，使用 MPEG-2MP@ML 标准的数字音视频解码，同时输出复合视频信号和 S-VIDEO 信号，支持 MPEG-2 双声道立体声音频输出或 AC3 杜比 6 声道输出。

(2) 支持多协议的 Internet 功能，具有良好的 Web 性能，可支持 TCP/IP、HTML、XML、HTTP、DNS、LDAP 等网络协议，使家中设备实现良好的 Internet 共享，包括网络内部及外部的数据共享。

(3) 支持家电网络协议的家庭网络控制中心功能，即支持网络内部各种设备之间的数据通信，实时多媒体数据传输，多媒体交互式操作，即插即用(即家庭网络中的设备必须自动识别、发现、自我构造)，网络之间也必须对等发现并列举出共享的设备以及服务，提供足够的宽带通信服务接口，如 ADSL、线缆调制器、卫星通信等，网络传输介质的兼容性及与上层控制软件无关，可支持 BLUETOOTH、HOME PNA（电话线）、PLC（电源线）、HOME RF（无线射频）、IEEE1394、10/100BASET 红外等网络媒介，同时还应当能够对家用电器实施各种有效的控制机制。具有丰富的用户界面和一定的图形控制功能，使用户方便、直观地操作和控制各项应用，同时显示清晰、生动的图形界面，如画中画、多图像叠加等。

（4）具有家庭信息服务器的功能，为家庭事务管理提供必要的数据服务，最终完成家庭购物、家庭办公、家庭医疗、交互教学、交互游戏、视频邮件、视频点、会议信息等全方位应用。

2）多媒体家庭网关的硬件结构

多媒体家庭网关的硬件结构可分为：控制子系统、数字处理子系统、接口子系统和用户/扩展接口子系统。我们以 Philips Nexperia 数字电视平台（如图 1.3 所示）为例，介绍多媒体家庭网关的硬件结构框架。

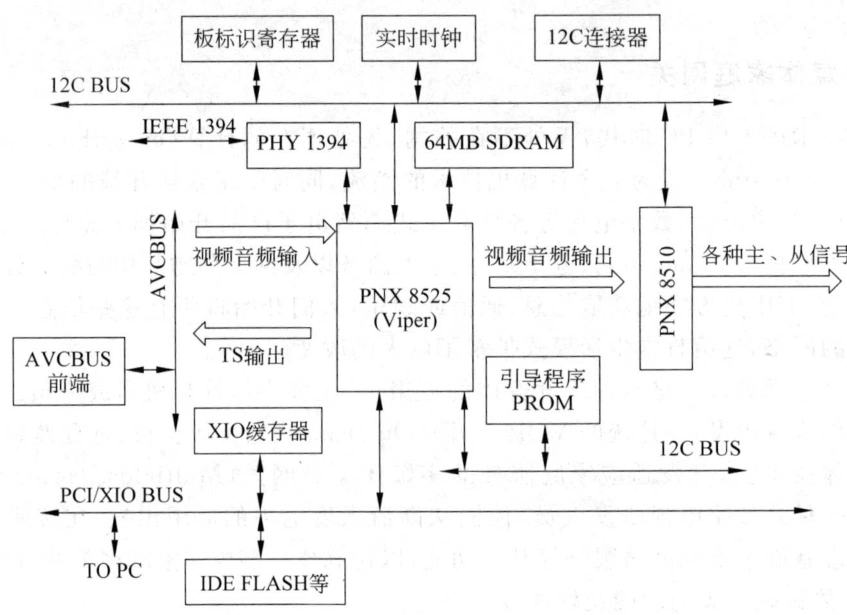

图 1.3 Philips Nexperia 平台硬件结构框图

Philips 的 Nexperia 多媒体家庭网关，为高清晰数字电视和高级机顶盒提供高性能的解决方案。Philips 公司研制开发了一个 PNX8500 系列芯片，它集成了两个可编程的处理器——用于控制功能的 32 位 MIPS RISC CPU 和专门用于多媒体处理的 TM-32 处理器。

（1）Nexperia 平台的特点如下。

① 丰富的硬件资源。Nexperia 的硬件模块和外围设备为 Internet 浏览、数字视频解码甚至是可视电话等应用提供了集中的支持。这些模块和外设包括视/音频解码器（特别是 MPEG-2 解码和解复用器）、图像增强模块、2D/3D 加速器以及 SPDIF、IEEE1394、USB、smartcard、PCI、MMI、UART 和 I2C 等接口。

② 多功能的总线系统。Nexperia 平台包括 3 个层次的内部总线，以提供最大的设计灵活性和速度。它们是内存总线（提供高带宽的视频数据通路）、PI 总线（用于 DMA）以及 DVP-level2（用于将硬件从内存技术中抽象出来）。

③ 高性能的多处理器环境。Nexperia 总是使应用被分配到最合适的处理器上运行。

它的设计把控制和实时的多媒体处理分离开来，从而在保证最短的响应时间的同时并不会影响视音频的处理，避免了图像冻结、丢帧等情况的发生。

④ 完善的软件体系。Nexperia 完整的软件体系支持 Java 虚拟机和多种操作系统（包括 PSOS 和 WINCE）。硬件模块的驱动程序都是操作系统无关的，可以很容易地在当前的操作系统上使用。作为扩展，Nexperia 还提供一系列的流化软件模块，包括 AC3、MPEG、MJPEG、TCP/IP/PPP 和语音识别等。

(2) Nexperia 硬件平台——PNX8525 芯片。

Nexperia 硬件平台的核心使用的是一块功能强大、高度集成的多媒体处理芯片 PNX8525，它包括输入模块、输出模块和处理模块。多媒体数据会先被送到输入模块，然后由输入模块写入内存。处理模块从内存读出数据进行处理然后把结果回写。最后，输出模块从内存获得数据并输出到片外。

① 输入模块。MSP(MPEG System Processors)是 MPEG 传输流数据在 PNX8525 芯片的主要入口点。PNX8525 有三个 MSP 部件，能够从不同的来源（包括 IEEE1394 接口，DV2 和 DV3 输入，以及 TSDMA）同时接收两组不同的传输流数据。MSP 能够进行 MPEG-2 和 DIRECTV 传输流数据的解码，包括解绕码、解复用和利用 DMA 方式进行相应数据内存的存储。

VIP(Video Input Processor)可以接收两个同时输入的经过 Philips 711x 系列视频解码器数字化的模拟视频信号。输入的视频流可以存储在主存储器中，以帧的方式或是以场的方式。它的输出可以是 RGB 或是 YUV4：2：2 模式。VIP 支持的主要视频流速度为 13.5Mpix/s，更高的输入速度最高可达到 40Mpix/s，在特殊场合下使用，而且要限制在系统的带宽允许下。

AI 模块包括两个 I2S 立体声入口，可以和两个模拟视频输入流配合使用，在 32 位下的最大采样频率为 96kHz。

SPDI 模块具有 SPDIF 输入，由 TM32 处理器编程控制，可以输入多种格式的音频数据，如 IEC-1937 标准、AC-3 音频数据和 PCM 立体声。

② 输出模块。AICP(Advamced Image Composition Processors)部件完成进一步的图像合成操作。系统提供两个 AICP 部件同时进行图像的合成操作，并把合成后的图像分别送到 PNX8510 的两个显示通道上显示输出。根据 AICP 的模式选择，可以输出 RGB 格式或 YUV 格式。

AO 模块提供两个面向 PNX8510 的立体声 I2S 输出。

PNX8510 提供最后阶段的视频和音频模拟化输出。2 个 DENCS 支持 NTSC、PAL、SECAM 输出。6 个 10 位的数模转换器组成了两个视频输出频道。第 1 个频道由 4 个 DAC 组成支持 SCART 输出。第 2 个由两个 DAC 组成支持 S-Video 输出。此外，PNX8510 还用 4 个 DAC 提供 2 个立体声声道输出。

SPDO 提供 SPDIF 输出。

③ 处理模块。

TM32 Core CPU 的主要技术指标如下：

- 0.18μm 的主频为 200MHz 的超长指令字的处理器；
- 每个时钟周期运行 5 条指令，并带有媒体指令扩展；

- TM32 支持 32 位整型和 32 位 IEEE 兼容的浮点型数据结构，支持 SIMD 操作；
- 能够达到浮点运算 1GB/s，16 位数据乘-加运算 800MB/s 的计算能力；
- 具有片上的 16KB 的 8 路组相连的数据缓存和 32KB 的 8 路组相连的指令缓存；
- TM32 的数据带宽达到 1.6GB/s，指令速率达到 5.6GB/s。

其主要功能包括：在 PNX8525 中主要负责媒体和实时处理功能。如 slice 层次上的 MPEG 解码任务，无法用片上硬件实现视频处理算法和全部的音频处理功能。在上面运行 pSoS for trimedia 操作系统。

PR3940 MIPS RISC Core 的主要技术指标如下：

- 主频为 150MHz 的通用处理器；
- 内置 R4000 的基于 TLB 的 MMU(Memory Management Unit)；
- 分离的 16KB 2 路组相连指令缓存和 8KB 的 4 路组相连数据缓存。

在 PNX8525 中主要负责运行操作系统和控制功能。对各个功能部件、进程、存储等的管理，控制 I/O 和 PCI 总线等数据交互。在上面运行 WinCE、pSoS for MIPS 操作系统。

Drawing Engine(2D)引擎提供高速的高质量的图像处理，包括静态区域填充，图像位复制、划线和单色位图扩展等，支持每像素 8 位、16 位和 32 位。

MBS(Memory-Based Scaler)模块对于扩展操作提供加速，它完成将图像从内存中读出，进行相应的扩展操作后，再存到内存里。MBS 模块的最大优势是将图像的扩展部分同图像的显示部分分离，使得 MBS 可以在系统显示一帧图像的同时能够完成多幅图像的扩展工作。

VMPG(HL MPEG2 Decoder)部件提供 HL MPEG-2 在 slice 层次以下各种算法的硬件解码，支持所有的 18 种 ATSC 制式解码，对于高质量制式解码，VMPG 能够提供水平方向上 1/2 的数据压缩，减少解码后图像占用的空间。

TM32CPU 上的软件可以通过 TSDMA 模块产生一个任意的传输流。这个传输流的包长度、时钟和包间隔都是可编程的。

DMA 用于将数据在系统的物理地址范围内任意地移动(在 DRAM 之间，XIO 和 PCI 之间)。

3) 多媒体家庭网关的软件系统结构

多媒体家庭网关的软件总体结构可分为设备驱动层、基本操作系统层、逻辑资源层、中间件运行环境层和应用层，如图 1.4 所示。

设备驱动程序层：就是对信息家电平台根据不同操作系统的设备驱动规则，为应用程序提供透明的、规范的控制机制所采用的软件接口，其实现方式一般由操作系统的核心态完成，一方面完成相应设备控制寄存器、中断的设置；另一方面完成设备的数据处理和存储空间管理。不同的处理器及硬件结构，设备驱动程序的编制会有差别，尤其是信息家电平台的中央处理器厂家众多，各种平台的结构存在差异，给编程带来较大难度。在 IBM REDWOODIII 平台上的设备驱动既有块设备 RS232、OSD 等，又有字符设备 IRDA，还有基于解复用、解码等由其他 DSP 独立处理的设备驱动模式。

基本操作系统层：目前的嵌入式操作系统有 Linux、pSOS、OS Open、WIN_CE、QAX 等，嵌入式操作系统应当完成普通 OS 的大部分功能如进程管理、线程管理、内存管理、设备管理、文件系统等，如果操作系统的设备驱动基于文件系统实施，文件系统部分就不可缺少。

<table>
<tr><td>嵌入式应用</td><td>网络浏览</td><td>E-mail</td><td>游戏</td><td>传真</td><td>VOD</td><td>IP电话</td><td>DVB</td></tr>
<tr><td rowspan="4">中间件和运行环境</td><td colspan="7">统一的应用程序编程界面</td></tr>
<tr><td colspan="7">资源管理器</td></tr>
<tr><td>HAVi管理器</td><td>JINI</td><td rowspan="2">UPnP</td><td rowspan="2">Java TV</td><td rowspan="2">OPEN TV</td><td rowspan="2" colspan="2">HomeAPI</td></tr>
<tr><td colspan="2">Java VM</td></tr>
<tr><td>逻辑资源</td><td>TCP/IP</td><td>文件系统</td><td colspan="2">图形界面</td><td colspan="3">中文环境</td></tr>
<tr><td>基本OS</td><td colspan="7">Linux、pSOS、OS Open等嵌入式操作系统</td></tr>
<tr><td rowspan="3">驱动程序</td><td colspan="7">驱动程序管理器</td></tr>
<tr><td>HomePNA驱动器</td><td>BLUETOOTH</td><td>IEEE1394</td><td colspan="2">IEEE802.2</td><td colspan="2">IEEE802.11</td></tr>
<tr><td>USB</td><td>CEBUS</td><td>POWER Line</td><td colspan="2">SWAP</td><td colspan="2">其他驱动</td></tr>
</table>

图 1.4 数字家电网络平台软件系统结构

基本操作系统和微内核的区别在于前者本身就是一个完整的操作系统，可以直接为应用程序和上层软件提供核心服务，应用程序可直接调用其功能，基本操作系统层的调用界面遵循 POSIX 系列标准，以保证应用程序的良好的可移植性。

逻辑资源层：处于这一层的软件均为可选择安装的模块，可以根据特定的环境来选用，这一层中常用的模块有以下几种。

- 文件系统：在多媒体家庭网关平台中，将文件系统从基本操作系统中分离出来，作为一个单独的模块，这样就给用户较大的选择，用户可以根据兼容性或其他方面的需要选择不同格式的文件系统，如 FAT、FAT32、NTFS、CDFS、I 结点等。
- TCP/IP 模块：TCP/IP 协议是计算机通信的工业标准，是访问 Internet 的基础，也是管理 Java 设备的前提，该模块一般是必须的。
- 界面系统：多媒体家庭网关的硬件平台不同，显示设备也大不相同，他们可以是液晶的字符显示板或者高分辨率的彩色显示器，有的甚至不配备显示器，针对这些情况，信息家电平台的界面系统也应该是多种形式的，提供图形窗口系统、字符窗口系统、行字符系统等。
- 中文环境：中文环境主要用来与界面系统配合使用，主要完成中文的输入、处理和显示，一般包括汉化内核，移植现有的中文字库，如点阵 12X13、16X16 和 24X24 等，移植现有的中文输入法如笔顺输入法和其他输入法、汉化重要的操作系统的运行库。
- 中间件/运行环境层：介于应用和操作系统平台之间，为虚拟机的方式，为应用程序提供一个相对统一的开发环境和运行环境，便于应用程序的开发移植，一般插入 Pantalk、Java、HTML、MHEG-5 等的解释器，同时可管理各种厂商制定的连接网络，并将它们映射到一个统一的管理网中。

在连接网络的规范中，包括 3 个层次：控制接口、控制协议和组织结构。

中间件技术是多媒体家庭网关软件的关键环节，目前的 HAVI、JINI、UPNP、Java TV 等家庭网络方案的技术实质，就是基于中间件概念来完成应用功能的。目前的 OSGI(Open Service Gateway Initiative)服务网关就是实施各种设备网络如 JINI 和 NAVi 的互连和管理，集成了全部或部分已存在的产品如(数字或模拟) 多媒体家庭网关、线缆调制解调器、集线器、家用网关、报警系统、能源管理系统、消费电子、个人计算机等的控制机制。这种服务网关将采用已有的Java标准如JINI,并集成其他非Java标准的家庭网络协议,将这些设备连接到中心管理系统,为服务商提供网关和服务的接入。

应用层的概念比较清晰,目前的应用会以Java TV或其他基于Java的应用开发平台为主,其他非Java平台的厂商也正在进行Java应用的嵌入,以便于实现众多的网络应用。

2. 多媒体家庭网关外部连网方案

将家庭内部网络与户外现存的各种网络互连可以采用有线或无线方式,有线方式有传统的Modem、目前的Cable modem、xDSL技术、数据广播技术等;无线的方式有WAP、LDMS等。传统Modem的最大传输速率为56kbps,采用的标准有X2、V.90等,ISDN作为窄带数据交换,这些仍是目前常用的方式。

Cable modem方式是多媒体家庭网关外向联网的最具潜力的方式,主要采用QAM信道调制方式,其中:64QAM下行数据传输速率为27Mbps,256QAM下行数据传输速率为36Mbps,16QAM下行数据传输速率为10Mbps。Cable modem有两种标准体系:IEEE802.14和MCNS-DOCSIS。前者的物理层支持IEEE:ITU Annex A、B和C,64/256 QAM,介质访问子层支持ATM;后者MCNS-DOCSIS的物理层支持ANNEX B,协议访问层支持变长数据包机制。Cable modem的接口部分包括10/100 Base-T Ethernet卡、外部通用串行总线Modem。

xDSL技术是通过传统电话线POTS铜线实现高速的数据传输,并且数据和语音在同一条线上传输,其工作频率大致在100kHz,传输速率可以为2～30Mbps,但是一般低于10Mbps,通常通过Modem上传数据,现今此技术存在许多标准。它们有ADSL、ADSL Lite、CDSL、HDSL和IDSL等,ADSL和HDSL使用较多,其他还有RDSL(自适应用户数字线),它可根据传输线的质量和传输距离动态地调整访问速度,VDSL(甚高速用户数字线)是传输速率最快的一种,在一对双绞线上可支持上行传输速率13～52Mbps和下行传输速率1.5～2.3Mbps,但传输距离只有300～1400m,可以支持高清晰度电视(HDTV)信号。

利用无线技术进行家庭网络接入,上行通道多采用模拟调制解调器,通过标准SLIP/PPP联接到本地ISP。实际速度根据调制解调器速率而定。其中局域性多点分布服务(LDMS),是一种双向的数字式广播系统,主要利用地面设备进行数据收发。LMDS使用G波段,由于频率高,所以采用集线站和网络中心的转发器传输数据。这个通信中心的作用是处理所有的路径选择、线路交换以及桥接到Internet上等一些问题。虽然LMDS不是一个完全的交换式网络,但是它可以建立虚拟的点对点连接。正如其他高速访问方案一样,LMDS也是非对称的系统。

3. 家庭内部网络协议层方案及标准

HAVI、JINI、UPnP是目前解决家庭内部网络的较有影响的协议层规范,世界许多著名IT业厂商已加入到这几个标准中,对今后多媒体家庭网关的整体应用框架有较大影响。

1) HAVI体系

HAVI(Home Audio/Video Interoperability),是关于家庭网络中音频/视频电子产品的互联和控制方面的标准,该标准建立在IEEE-1394的底层协议基础上,主要实现HAVI设备之间的数字音频/视频内容的传送以及对该内容的操作,如播放、录像、回放。典型的

AV 内容有由信息家电平台接收的数字电视和由数字录像机、数字相机、CD 或 MD 产生的内容。互操作性是 HAVI 标准的主要特点，一个 HAVI 设备上的应用软件可以探测到并使用联入 HAVI 网络上的其他设备提供的功能。

HAVI 的软件基础包括系统软件基础和设备控制模块(DCMS)。前者包括信息机制、登录机制、事件驱动机制、资源管理机制、信息流管理机制和 DCM 管理机制，后者控制 HAVI 设备的特定功能，比如 VCR 或相机。DCMS 和应用软件都是可安装的，在一个 HAVI 网络中它们是否存在取决于相应的设备是否被安装。每种应用软件都有符合 HAVI 规范的 APIS，通过传递消息，一个 HAVI 设备的软件可以成为另一个软件的 APIS，HAVI 消息机制可以确保消息正确地传递给目标软件，目标软件根据 APIS 的定义执行对应的功能。如果一个 HAVI 设备的软件在另一个设备上，消息机制可以负责将消息通过 HAVI 网络传递给那个设备上的对等消息机制，然后由其转发给目标软件，该过程对应用软件来说是透明的。几个应用软件可以同时在 HAVI 设备上执行。HAVI 定义了一个强大的资源管理机制，它可以在几个不同的应用软件试图控制同一个 DCM 时，处理可能发生的冲突，资源管理机构允许共享设备，能否共享取决于设备本身。

HAVI 的信息管理机制负责对网络中实时 AV 数据流的传送进行初始化和终止运行，它依赖于其他的标准(如 IEC 61883)来定义 HAVI 网络中传送这些内容的方式。HAVI 还定义了相应的 APIS 来控制该内容的播放，比如调节电视中的亮度或功放机的音量。HAVI 通过定义一个“转换 DCM”，来支持多种的内容格式如 MPEG、DV、AC3、HTML、GIF、JPEG 等，当使用相应的 APIS 时，HAVI 设备可以使信息流通过该设备并使其能转换成正确格式。

HAVI 定义了应用软件和 DCMS 的 Java 编程环境，使用 Java 可以保证应用软件和 DCMS 运行在任何品牌的提供了该类环境的 HAVI 设备上，并不是所有的 HAVI 设备都提供 Java 编程环境。HAVI 定义了两种类型的设备：IAVS(Intermediate AV Device)和 FAVS(Full AV Devices)。后者可以使用 Java 编程环境，而前者只能使用自己的应用软件。

HAVI 体系充分利用 IEEE1394 为传输媒介，没有选择 IP 作为 HAVI 协议中的网络协议。一旦 IETF(Internet Engineering Task Force)完成了 IP 数据在 IEEE1394 上传输的规范，HAVI 就可以通过信息流管理机制处理它们，就如同现在 HAVI 通过 IEEE1394 处理 MPEG 信息流一样。为了使家庭中任何 HAVI 设备都可以访问 Internet 而无须自己要有 IP 栈，HAVI 定义了一个特殊的 Web Access APIS，任何有 IP 栈的 HAVI 设备，如 PC 或网络电视，均可实现该 APIS。通过该 APIS，Internet 的协议如 HTTP、FTP 均可被捕获并被传递到没有 IP 栈的 HAVI 设备上。

2) JINI 技术

JINI 是由一系列 Java 代码组成，它把网络上的各种设备和各种软件部件组合成一个单一、动态的分布式系统，使网络更易于操纵和管理，具有更高的可配置性。通过 JINI，用户和各种计算终端在网络上可发现的资源将包括更广泛的含义，即硬件设备、软件或是结合了两者的系统都可以看成是资源。JINII 使得这些网络上的资源可以动态地从网络上加入和删除。JINI 系统可以看成是一个工作组(workgroup)，规模可以从两、三个用户到上千个用户，也可以把几个 JINI 系统联合成一个更大的系统。

JINI 的基础结构是指规范中定义的最小 JINI 核心，由一系列部件组成，这些部件构成了分布系统中联合服务的基础，它们包括：

(1) 扩展的 Java 远程方法调用(Remote Method Invocation，RMI)系统，它完成 JINI 系统各服务间的通信，它本身并不是一个服务，不像服务那样在发现后使用；

(2) 分布式安全系统，它把 Java 平台的安全机制扩展到整个分布系统中，同时确定了入口的定义方式以及操作权限；

(3) 发现协议(Discovery Protocol)，可发现并动态地显示各种服务(可被随时加入或删除)；

(4) 检查服务(Lookup Service)，它可以看成是各种服务的仓库，反映了当前联合体的各个成员。

JINI 的编程模式，是指为基础结构和各种分布式服务提供的编程接口，这些接口扩展了标准 Java 编程模式，从而成为 JINI 编程模式。它包括：

(1) “出租”接口，即定义了一个分配与释放资源的模式，指一个服务为某个使用者提供了在一段时间使用该服务的权利。“出租”分为独占型和共享型两种。

(2) 事件与通知接口，JINI 中的事件为分布式，一个对象可以允许其他对象对这个对象的某些事件进行登记，当这个事件发生时，相应的对象就可以收到消息。

(3) 事务接口，事务(transaction)是针对一个或多个服务的一系列操作，要么这些操作全部成功，要么这些操作全部取消。

3) UPnP 技术

UPnP(Universal Plug and Play)扩展了 PnP 简单自动的原则，通过使用开放式的硬件、软件标准和协议实现家电设备网络控制。UPnP 技术的特点如下：

(1) 支持发现和列举具有网络和服务功能的设备；

(2) 支持对等(Peer to Peer)模型结构，在无 PC 的参与下使设备可以直接为其他的设备发现并使用；

(3) 扩展了协议功能发现机制，能够列举每一个设备的独特特性，包括通信协议；

(4) 建立在一个低成本的微处理器 ASICS 上，只需 1GB 的 RAM 和闪存以及其他很少的系统资源；

(5) 基于 XML 的描述原则提供了一种直接、灵活的方式实现设备的功能，不必为新加入的系统资源支付额外的开销；

(6) 支持现有的重要工业标准，如 TCP/IP、HTML、XML、HTTP、DNS、LDAP 等。

UPnP 对两种家庭网络体系的实施方式：

(1) 对 AD HOC (Serverless、Peer To Peer)即在对等、无服务器方式的环境中，通过 SLP(Service Location Protocol)以及 SMB(Server Message Block)等协议来发现并在计算机间共享文件，如果要确定一个 IP 地址是否可得，可以使用 PING 或 ICMP ECHO 等协议，FLOOD-PING 可以用来浏览现在的网络地址，以确定哪些地址正在使用之中。

(2) 对基于服务器配置的系统，采用 DHCP(Dynamic Host Configuraton Protocol)协议，提供一个将配置信息在 TCP/IP 网络中传递给主机的框架，并分配临时的或长期的 IP 地址给主机，DHCP 是建立在 BOOTP 基础上的，RARP 处理网络中的地址发现问题，并包含一个 IP 地址自动分配机制，系统的配置采用不同的发现服务(LDAP、NDS)，并使用

SLP 在网络中发现其他的服务。

4. 多媒体家庭网关内部连网方案

家庭内部网络接口的媒体层方案直接关系到用户的实际使用和安装，也是家庭网络快速发展道路上最迫切需要统一规范的方面，数字家电网络一般可分为 3 种功能型：

(1) 高智能信息家用电器，如计算机、个人数据助理等；

(2) 视频音频设备，如电视、录像机、电话等；

(3) 一般电气设备，如空调、电冰箱、微波炉等。

该层可供参照的协议有 HomePNA(Home Phoneline Networking Alliance)、SWAP(shared wireless access protocol)、IEEE1394、Bluetooth、USB、Powerline 等。

IEEE 1394 由苹果计算机公司提出的 FIREWIRE 标准衍变而来，它是一种灵活易用、低花费、用于信息家电和个人计算机互联的通用串行数字化接口，标准定义了介质拓扑和传输协议，该标准主要侧重于线缆连接应用，是一个硬件、软件集成标准。具有完全的数字接口，无需模/数转换，减少了数据丢失率；接口较小，串行电缆较细，节省空间和花费；支持热插拔，用户可以在总线有效状态下插拔 1394 设备；易使用，易维护，安装时无须附加设备和人工端口设置；具有传输速率可升级体系，100Mbps、200Mbps、400Mbps 可在同一总线上依照应用特性随时变更；具有灵活的网络拓扑结构，支持链型、树型的多级桥连；同步通信方式可用于多媒体数据传输，异步通信方式可用于控制信号传输。

HomePNA 是一种基于电话线的高速、易用、便宜，用于解决家庭中计算机和设备之间通信的网络解决方案。使用简单，维护方便，有较合适的性价比，支持 Internet 访问，支持接口协议 V.90、ADSL 和 Cable Modem，家庭信息设备通过网络可共享数据和服务，可通过系统的调整和改善使电话线的速率达到 1Mbps。Home PNA 的方案尚在制定中，带宽的限制是该项技术发展的不利因素，但由于它的网络介质的简易和实用，仍然吸引了大量厂商的参与。

SWAP 是 HomeRF 工作组于 1999 年 1 月 5 日颁布的，SWAP 提供一个开放的家庭信息平台，使各种可互操作的消费电子设备进行无线的音频和数据通信，以建立一个家庭无线网络，主要是利用 PC 在家庭的主导作用来分配和发布 TCP/IP 协议信息解决家庭网络问题。

Bluetooth 是目前发展最为迅速的无线通信协议，它是一种通过无线短程链接传送语音和数据的技术开放性标准，适用于静止或者运动的环境，其目标用无线替代电话、笔记本计算机等设备的互联缆线，使网络更易于使用，同时开辟例如隐式计算、运动设备的稳定链接等新功能，增加网络条件访问、数据加密等安全措施。技术特点为：工作频率 2.45GHz；通信半径 10m，可以延展到 100m，传输速率 1Mbps；设计适用于多种频率的环境，使用前向纠错(Forward Error Correction)限制远程链接的频率干扰。其组成包括语音单元、无线单元链接控制模块、链接管理部件和软件单元。

闪联技术：2003 年 7 月 10 日，信息设备资源共享协同服务标准工作组在信息产业部支持下成立，中文简称闪联，英文简称 IGRS。信息设备资源共享协同服务标准(Intelligent Grouping and Resource Sharing，简称 IGRS 标准)是新一代网络信息设备的交换技术和接口规范，在通信及内容安全机制的保证下，支持各种 3C(computer, consumer electronics & communication devices)设备智能互联、资源共享和协同服务，实现“3C 设备＋网络运营＋

内容/服务”的全新网络架构，为未来的终端设备提供商、网络运营商和网络内容/服务提供商创造出健康清晰的赢利模式，为用户提供高质量的信息服务和娱乐方式。IGRS标准于2005年6月29日正式获批成为国家推荐性行业标准，成为中国第一个“3C协同产业技术标准”。2008年，IGRS系列标准获批十项国家标准制订计划立项。2007年11月，中国闪联标准提案通过了ISO/IEC最终委员会草案（FCD）投票，进入FDIS阶段，成为全球第一个3C协同国际标准已成定局。

闪联标准的技术理念是多个信息终端依据一定的标准，在有限范围内动态组网和实现智能互联、资源共享和协同服务的应用模式技术理论基础。闪联的技术实质是整合和协同。从技术的角度看，主要有智能互联、资源共享、协同服务等三项关键技术特征。

智能互联是指配备闪联协议的任何信息终端，在一定范围内自动搜索其他相关终端、应用和服务，并在闪联协议基础上，动态生成新的网络，经安全认证后自动组网或入网的一种智能活动。这样，在一定范围内的各种复杂的设备、应用和服务，就可以智能、高效、方便地组织起来。智能互联是闪联应用在个人、企业、社会三个层面得以实施的基础。一切个人信息终端、企业信息应用、社会信息服务首先要彼此之间进行智能互联，然后才能够进行资源共享和协同服务。

资源共享是指智能互联的设备通过有线网络和无线网络主动公布自己可提供的资源，并获知它方可提供的资源，如计算资源、存储空间、输入功能、显示功能、打印资源、通信功能、音响资源等。其中资源可以是设备的功能，也可以是组合的应用和服务。共享的设备可以是台式计算机、笔记本计算机、服务器、交换机、路由器、打印机、传真机、手机、PDA等，也可以是电视、音响、投影机、冰箱、热水器、空调、DVD等；共享的应用可以是文字处理、图形显示、音乐、动画、视频节目等，也可以是数据库、邮件系统、ERP、CRM等；共享的服务可以是自动定位、远程医疗、旅游规划，跟随服务，也可以是电子商务、电子政务等。总之，包括一切可以在闪联协议基础上进行智能互联的设备、应用和服务。资源共享是闪联应用的手段，是集中众多资源来为个人、企业、社会协同服务的关键。

协同服务是指在智能互联、资源共享的基础上，在一定范围内通过应用和资源的优化组合，相互协作，充分发挥并释放网络的能量，从而在个人、企业、社会三个层面产生新的应用形式，并更好地服务于个人、企业和社会。协同服务是闪联应用的目的，是智能互联、资源共享的落脚点。

实现闪联技术理念的下一代互联网络模式如图1.5所示。基于闪联标准的下一代互联网，将使所有场景、3C终端、内容服务包含于网络之内，互联互通、资源共享、协同服务。

- 家庭领域内，通过创新的将计算机网络和电视网络融合，极大地拓展了电视的内容来源和应用模式，典型产品包括闪联计算机、闪联电视、闪联娱乐中心等。
- 办公领域内，通过简化计算机与传统外设之间的连接方式并且创造新的应用模式，从而极大简化办公室的办公设备使用，极大提高办公效率。典型产品包括闪联笔记本，闪联投影仪，闪联打印机等。
- 个人移动领域内，通过将通信网络与计算网络连接，极大地扩展了手机等移动设备的功能，为未来移动设备的应用开发构建良好的基础，典型产品如闪联手机、闪联PDA、闪联笔记本等。

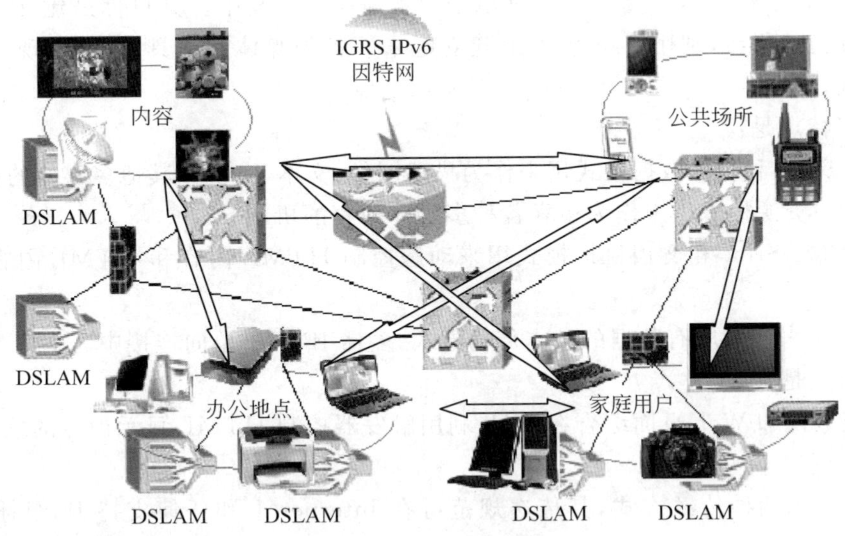

图 1.5　闪联下一代互联网络模式图

5. 多媒体家庭网关的相关标准

1) MHP 技术

多媒体家庭平台(Multimedia Home Platform,MHP)是数字视频广播(Digital Video Broadcast,DVB)标准下的一个分协议,DVB 是欧洲广播联盟组织的有 200 多个单位参加的一个项目。它包括了卫星、有线电视、地面电视广播、SMATV 和 MVDS 的普通电视和 HDTV 的广播与传输,1997 年 DVB 计划扩展至 MHP。

该方案从服务和应用的角度增强了数据广播、交互式服务和 Internet 访问,其目标是针对目前各公司产品的独立性、不兼容性,试图建立一套基于家庭网络服务的、完整的、平行堆叠的市场层,使各公司的产品在相应层面上有序竞争。

其技术特点为:

(1) 互操作性、向后兼容性、模块化、可扩展性;

(2) 建立在公开的标准上;

(3) 支持条件访问;

(4) 采用通用的 APIS。

其功能主要包括:

(1) 为现在的条块分割的垂直市场提供途径,使之转化为同一的横向市场;

(2) 支持由多媒体数据组成的数字电视和传统电视;

(3) 使用返回通道和交互式服务;

(4) 支持 Internet 访问;

(5) 与现有的专用 APIS 并行使用的通用 API;

(6) 为现有的购物系统提供一个接口,使其与 MHP 并存。

2) ATVEF 交互式电视技术

1998 年 ATVEF(Advanced TV Enhancement Forum)宣告成立,包括 CNN、NBC、PBS、WALT Disney 等大电视节目制作商;CABLELABS、DIRECTTV、TCI 等主要传送商;

Intel、Microsoft、Sony、NCI 等计算机和电子设备商均加入其中。其目标是建立一个受各种电视环境支持的平台，利用已经为 Web 建立起来的各种媒体和工具，从而实现交互式电视的增强广播。

其技术特点是：

(1) HTML 和相关数据格式用来作为描述图像、文本、电视和其他多媒体的机制；

(2) 统一资源标识用来作为检索各种多媒体内容的机制；

(3) ECMASript 和文档目标模式用来动态控制 HTML 内容和 HTML 内容对电视广播的同步；

(4) IP 用来作为所有数据的基本传输方式，多播 IP 用于单向连接中。

功能特点是：

(1) 把电视和 Web 页面综合在一起，利用触发器控制 HTML 显示内容的信息，支持单向电视广播网络；

(2) 定义了两种传送方式，其传送规范可在 Internet 上和任何支持 IP 组播的网络上运行。

3) Java TV

Java TV API 针对数字电视接收器独有的功能而设计，用它编写的交互式电视应用有着极强的安全性、可扩展性和对不同电视接收器的可移植性，该技术包括音频/视频的媒体控制、广播数据的访问、服务信息数据访问、调谐和译码器的控制以及屏幕图形处理、媒体同步和应用软件模块等功能。媒体同步是指电视节目的基本视频和背景音频同步，应用软件模块是指交互式应用软件和传统的电视节目的和谐共存。

Java TV API 是在现有的标准环境中展开的，这些现有的标准和基于标准的源码集成在 Java TV API 框架中，因此 Java TV API 定义在高于硬件和协议的层次，是 Java 平台的垂直扩展。Java TV API 运行于数字电视接收器以及相关的设备，数字电视的主要特征是对广播媒体数据通道的控制，这些通道通常拥有通用的功能模块和子系统，比如调谐器和译码器等，Java TV API 应用程序编写人员无须知道有关硬件的细节，就可以编写相应的应用程序。

Java TV API 的定义和相关协议包括：关于流选择的广播协议堆，关于流选择的网际互连协议(用户数据协议、传输协议、实时协议)、远程通信协议堆、视频解码协议、图形编码协议等。

4) 开放服务网关

开放网关(Open Service Gateway Initiative，OSGI)由 Ericsson、IBM、NCI、Nortel、Oracle、Philips、Sun、Alcatel、Motorola、Lucent、Enron、Cable&Wireless、EDF、Sybase 和 Toshiba 建立。

其功能是：

(1) 作为各种基于通信的服务的平台；

(2) 将提供和管理家庭和小型办公室收发的语音、数据、互联网和多媒体通信；

(3) 成为大量高值服务的应用服务器，如能源管理和控制、保安服务、健康监测服务、设备控制和维护、电子商业服务等。

它的技术特点主要有：

(1) 保证全新种类的设备如 JINI 和 HAVI 的互连和管理，也集成了全部或部分已存在的产品如(数字或模拟)机顶盒、线缆调制解调器、集线器、家用网关、报警系统、能源管理系统、消费电子、个人计算机等；

(2) 这种服务网关将采用已有的 Java 标准如 JINI，并集成其他非 Java 标准如 HAVI，将把这些设备标准连接到中心管理系统，并为服务提供商提供网关，方便服务的设置；

(3) 这种服务网关(SG)是一种集成服务器，内置网络功能连接外部互联网和内部客户；

(4) 这种服务网关插入在服务提供商网络和家庭或 SOHO/ROBO 局域网和客户设备之间，即处于外部网络和内部网络之间；

(5) 服务由外部互联网上可信赖的服务提供商发到 SG 或内部客户；

(6) SG 是典型的零管理设备，安全工作在内/外器件之间。

OSGI 参数包括服务全周期管理、内部服务基础、数据管理、设备管理、客户操作、资源管理和安全性的 APIs。使用这些 APIs 的客户在需要时从服务提供商载入网络的服务，并由 SG 管理这些服务的安装、版本和配置。

多媒体家庭网关技术是当今计算机技术从体系结构、操作系统到驱动模式、网络应用模式最新成果的集成体，备受 IT 业界的青睐，但在其迅猛发展的同时，也应当看到它作为新兴的应用技术，不可避免地存在产品结构差异性、功能的不完备性以及性能不确定性等问题，也正是这些亟待解决的问题，又反过来推动计算机技术的进一步发展，从而为整个信息产业的发展带来了新的契机。

1.3 多媒体计算机技术的发展和应用

1994 年，我国国家经贸委经过充分论证，将多媒体技术列入国家级技术开发重点项目计划，并给予了高度重视，尤其在多媒体基础技术、多媒体平台及多媒体应用等方面给予了重点资金支持。因此，我国在多媒体芯片和板级产品、CD 系列数字影碟机、多媒体汉语语音交互技术、DVD 高密度数字光盘及多媒体通信计算机等方面有了长足的进步，并涌现了一批在多媒体领域效益较高的企业，成为计算机产业新的增长点之一。

目前国内外多媒体计算机研究人员及有关厂商，正在多媒体数据库、多媒体通信及多媒体应用等方面积极开展研究工作，并有部分产品推向市场。

1.3.1 多媒体数据库

传统的数据库管理系统在处理结构化的数据，如文字、数值等信息方面取得了很大成功，然而在很多应用领域，如 CAI 课件、办公室自动化、诊断医疗管理系统、图书馆和博物馆管理系统、计算机辅助设计及地理信息系统等，由于这些应用包含了多种媒体数据和非结构化数据，传统的数据库管理系统就显得有些力不从心了。

1. 多媒体数据库的研究途径

目前多媒体数据库的研究主要有以下 3 条途径：

(1) 在现有商用数据库管理系统的基础上增加接口，以满足多媒体应用的需求；

(2) 建立基于一种或几种应用的专用多媒体信息管理系统；

(3) 从数据模型入手，研究全新的通用多媒体数据库管理系统。

第 1 种途径实用，但是效率很低；第 2 种途径易于实现，但缺乏通用性，而且可扩展性差；第 3 种途径是研究和发展的主流，但是具有相当的难度。

2. 多媒体数据库要解决的关键技术问题

研究开发多媒体数据库要解决的关键技术问题有以下几点：

(1) 数据模型

多媒体数据模型主要采用关系数据模型的扩充和采用面向对象的设计方法。由于用传统的关系模型难以描述多媒体信息和定义对多媒体数据对象的操作，目前在关系模型扩充方面除了引入抽象数据类型外，较多的采用语义模型的方法。关系模型主要描述数据的结构，而语义模型则主要表达数据的语义，语义模型的层次高于关系模型，后者可以作为前者的基础。目前的研究表明，采用面向对象的方法来描述和建立多媒体数据模型是较好的方法，面向对象的主要概念包括对象、类、方法、消息、封装和继承等，可以方便地描述复杂的多媒体信息。

(2) 数据的压缩和解压缩

由于多媒体数据，如声音、图像及视频等数据量大，存储和传输需要很大的空间和时间，因此必须考虑对数据进行压缩编码，压缩方法要考虑到复杂性、实现速度及压缩质量等问题。

(3) 多媒体数据的存储管理和存取方法

目前常用的有分页管理、B^+树和 Hash 方法等。在多媒体数据库中还要引入基于内容的检索方法、矢量空间模型信息索引检索技术、超位检索技术及智能索引技术等。

(4) 多媒体信息的再现及良好的用户界面

在多媒体数据库中应提供多媒体宿主语言调用，还应提供对声音、图像、图形和动态视频的各种编辑和变换功能。

(5) 分布式技术

多媒数据通信对网络带宽有较高的要求，需要相应的高速网络，此外还要解决数据集成、异构多媒体数据语言查询、调度和共享等问题。

由于研究多媒体数据库在理论上和实践上都存在较大困难，因此国内外目前研制开发许多商品化的系统都只能称作为多媒体信息管理系统，因为它们具备了管理多种媒体的能力，但离理想的多媒体数据库还有一定差距。多媒体数据库不只是具有存储管理多媒体信息的能力，而应该能把多种媒体统一起来，支持对各种媒体信息的语义查询和检索。

1.3.2 多媒体通信

现代化社会人的工作方式的特点是具有群体性、交互性、分布性及协作性。传统的电讯业务电话，传真等通信方式已不能适应社会的需要，为了提供更具有人性化的交流环境，把通信手段从语音为主转向视频为主是一个很自然的要求。多媒体通信作者认为可以把它分成两类：一类是对称的全双工的多媒体通信，如分布式多媒体信息系统、视频会议系统及计算机支持的协同工作系统；另一类是非对称全双工的多媒体通信系统，如交互式电视系统(ITV)、点播电视系统(VOD)、远程教育系统、远程医疗诊断系统及远程图书馆。

对于多媒体通信要解决两个关键技术：多媒体数据压缩和高速数据通信问题。尤其是实用化效果较好，应用比较广泛的视频会议系统要解决视频会议系统的国际标准问题。标准化是产业化成功的前提，这样用户可以把不同厂家的不同产品连接在一起，彼此间相互通信。

ITU-T(国际通信联盟标准化委员会)制定的 H. 320 协议标准是 ISDN 视频会议市场占主导地位的标准，现在 ITU-T 委员会正在把这套标准扩大到包括多点呼叫标准(T. 120)、计算机图形标准以及模拟电路视频会议适用的低速率电路标准(H. 324)。Intel 公司与 150 个计算机和通信公司成立一个个人会议工作小组(PCWG)，于 1994 年制定了一个个人会议标准(Personal Conferencing Specification，PCS)，其目的是保证基于文本的会议可以在各种操作系统、硬件平台和传输媒体中互操作。视频会议系统可分为两类：点对点视频会议系统和多点视频会议系统。

点对点视频会议系统有可视电话、台式机-台式机视频会议及会议室-会议室视频会议。多点视频会议系统，允许三个或三个以下不同地点的参加者一起参加讨论，多点会议系统的关键技术是多点控制器(MCU)，它能自动地交换数据，把正确音频和视频信号发送给每个与会者，多点控制器可以被放置在视频会议网络的任何一个点上，它通过编码和解码器接收所有的数字信号，并自动地把数据发送到合适的地点。

1.3.3 多媒体创作工具及其应用

多媒体创作工具是电子出版物、多媒体应用系统的开发工具，它提供组织和编辑电子出版物和多媒体应用系统各种成分所需要的重要框架，包括图形、动画、声音和视频的剪辑。制作工具的用途是建立具有交互式的用户界面，在屏幕上演示电子出版物及制作好的多媒体应用系统以及将各种多媒体成分集成为一个完整而有内在联系的系统。

多媒体创作工具可以分成：基于时间的创作工具，基于图符(Icon)或流线(Line)创作工具，基于卡片(Card)和页面(Page)的创作工具，以传统程序语言为基础的创作工具。它们的代表产品是 Action、Autherware、Icon Auther、Tool Book 以及 HyperCard。

希望多媒体创作工具具有下述功能：具有良好的、面向对象的编程环境，具有较强的支持多媒体数据 I/O 能力，能播放由外部程序制作好的动画并具有简单的动画制作和处理功能，具有超级连接能力(Hypertext)，具有应用程序能够调用另一个处理函数的能力，具有形成安装文件或可执行文件的功能以及易学易用有良好的技术支持。

用多媒体创作工具可以制作各种电子出版物及各种教材、参考书、导游和地图、医药卫生、商业手册及游戏娱乐节目。多媒体应用系统，演示系统或信息查询系统，培训和教育系统，娱乐、视频动画及广告，专用多媒体应用系统等。目前在国内市场上销售的多媒体应用系统有：合力电子技术公司研制的“房地产售楼咨询系统”；北京海达国际电脑软件工程公司推出的“768 多媒体电视声文图节目自动制造及播放系统”及“触摸屏声文图信息系统”；大恒图像视觉有限公司研制的“多媒体广告制作及演示系统”；“太极多媒体触摸查询系统”，可用于大型运动会实时信息查询、领导决策辅助系统、饭店信息查询系统、导游系统、歌舞厅点歌结算系统、商店导购系统、生产商业实时监测系统以及证券交易实时查询系统。

1.3.4 多媒体计算机的发展趋势

多媒体计算机技术的进一步的发展趋势将有以下几个方面：

1. 进一步完善计算机支持的协同工作环境

目前多媒体计算机硬件体系结构、多媒体计算机的视频音频接口软件不断改进，尤其是采用了硬件体系结构设计和软件、算法相结合的方案，使多媒体计算机的性能指标进一步提高。但要满足计算机支撑的协同工作环境（Computer Supported Collaborative Work，CSCW）的要求，还需进一步的研究：多媒体信息空间的组合方法，要解决多媒体信息交换，信息格式的转换以及组合策略；由于网络延迟，存储器的存储等待，传输中的不同步以及多媒体等时性的要求等，因此还需要解决多媒体信息的时空组合问题，系统对时间同步的描述方法以及在动态环境下实现同步的策略和方案。这些问题解决后，多媒体计算机将形成更完善的计算机支撑的协同工作环境，消除了空间距离的障碍，也消除了时间距离的障碍（可以充分享用历史的设计资料）为人类提供更完善的信息服务。

2. 智能多媒体技术

1993 年 12 月，英国计算机学会在英国 Leeds 大学举行了多媒体系统和应用（Multimedia System and Application）国际会议。英国 Michael D. Vislon（Rutherford Appleton aboratory）在会上作了关于建立智能多媒体系统的报告，明确提出了研究智能多媒体技术问题。作者认为，多媒体计算机充分利用了计算机的快速运算能力，综合处理声、文、图信息，用交互式弥补计算机智能的不足。进一步的发展就应该是增加计算机的智能，根据中国的国情和现状，切实可行的方案是使多媒体计算机增加如下的智能。

(1) 文字的识别和输入：印刷体汉字、联机手写体汉字以及脱机手写体汉字的识别和输入；

(2) 汉语语音的识别和输入：主要是特定人、非特定人以及连续汉语语音的识别和输入；

(3) 自然语言理解和机器翻译：汉语的自然语言理解和机器翻译；

(4) 图形的识别和理解；

(5) 机器人视觉和计算机视觉；

(6) 知识工程以及人工智能的一些课题。

目前，国内有的单位已经初步研制成功了智能多媒体数据库，它的核心技术是将具有推理功能的知识库与多媒体数据库结合起来形成智能多媒体数据库。另一个重要的研究课题是多媒体数据库基于内容检索技术，它需要把人工智能领域中的高维空间的搜索技术、视音频信息的特征抽取和识别技术、视音频信息的语义抽取问题以及知识工程中的学习、挖掘及推理等问题应用到基于内容检索技术。

总之，把人工智能领域某些研究课题和多媒体计算机技术很好地结合，就是多媒体计算机长远的发展方向。

3. 把多媒体信息实时处理和压缩编码算法做到 CPU 芯片中

计算机产业的发展趋势应该是把多媒体和通信的功能集成到 CPU 芯片中，过去计算机结构设计较多地考虑计算功能，主要用于数学运算及数值处理，最近几年随着多媒体技术和网络通信技术的发展，需要计算机具有综合处理声、文、图信息及通信的功能。经过大量的实验分析多媒体信息的实时处理、压缩编码算法及通信，大量运行的是 8 位和 16 位定点矩阵运算。把这些功能和算法集成到 CUP 芯片中要遵循下述几条原则：

(1) 压缩的算法采用国际标准的设计原则；

(2) 多媒体功能的单独解决变成集中解决；

(3) 体系结构设计和算法相结合。

为了使计算机能够实时处理多媒体信息，对多媒体数据进行压缩编码和解码，最早的解决办法是采用专用芯片，设计制造专用的接口卡。最佳的方案应该把上述功能集成到CPU芯片中。从目前的发展趋势看可以把这种芯片分成两类：一类是以多媒体和通信功能为主，融合CPU芯片原有的计算功能，它的设计目标是用于多媒体专用设备、家电及宽带通信设备，可以取代这些设备中的CPU及大量ASIC和其他芯片。它们的代表产品是Philips公司的Trimedia，MicroUnity的Media Processor及Chromatic Research Inc.的Mpact Media Engine。另一类是以通用CPU计算功能为主，融合多媒体和通信功能，它的设计目标是与现有的计算机系列兼容，同时具有多媒体和通信功能，主要用在多媒体计算机中。它们的代表产品是Sun公司的Ultra Sparc-Ⅰ和Ultra Sparc-Ⅱ、Cyrix Multimedia 586，HP公司的MAX-2，Intel公司的MMX及Motorola公司的Ve Comp701等。

小　　结

本章对多媒体计算机的定义、分类和多媒体计算机要解决的关键技术以及多媒体技术的应用和发展，均作了详细的讨论。

多媒体计算机技术是综合处理声、文、图、音频、视频等信息的技术。它具有信息载体的多样性、集成性和交互性。

多媒体计算机的关键技术是解决视频、音频信号的获取和处理，包括多媒体数据的压缩编码和解码技术以及多媒体数据的输出技术。

多媒体技术促进了通信、娱乐和计算机的融合，为解决数字化高清晰度电视提供了切实可行的方案。应用多媒体计算机技术可制作DVD及影视音响设备，以及多媒体家庭网关。多媒体技术的发展促进了多媒体数据库、多媒体通信、多媒体创作工作及应用。多媒体计算机将朝着高分辨率、高速化、简单化、智能化方向发展。

习　　题

1. 请根据多媒体的特性判断以下哪些属于多媒体的范畴。(　　)

   (1) 交互式视频游戏　(2) 有声图书　(3) 彩色画报　(4) 彩色电视

   A. 仅(1)　B. (1)(2)　C. (1)(2)(3)　D. 全部

2. 下列哪些不是多媒体核心软件？(　　)

   (1) AVSS　(2) AVK　(3) DOS　(4) A miga Vision

   A. (3)　B. (4)　C. (3)(4)　D. (1)(2)

3. 要把一台普通的计算机变成多媒体计算机要解决的关键技术是(　　)。

   (1) 视频音频信号的获取　(2) 多媒体数据压缩编码和解码技术

   (3) 视频音频数据的实时处理和特技　(4) 视频音频数据的输出技术

   A. (1)(2)(3)　B. (1)(2)(4)　C. (1)(3)(4)　D. 全部

4. Commodore公司在1985年率先在世界上推出了第一个多媒体计算机系统Amiga，

其主要功能是(　　)。

(1) 用硬件显示移动数据,允许高速的动画制作

(2) 显示同步协处理器

(3) 控制 25 个通道的 DMA,使 CPU 以最小的开销处理盘、声音和视频信息

(4) 从 28Hz 振荡器产生系统时钟

(5) 为视频 RAM(VRAM)和扩展 RAM 卡提供所有的控制信号

(6) 为 VRAM 和扩展 RAM 提供地址

A. (1)(2)(3)　　B. (2)(3)(5)　　C. (4)(5)(6)　　D. 全部

5. 国际标准 MPEG-2 采用了分层的编码体系,提供了 4 种技术,它们是(　　)。

(1) 空间可扩展性;信噪比可扩充性;框架技术;等级技术

(2) 时间可扩充性;空间可扩展性;硬件扩展技术;软件扩展技术

(3) 数据分块技术;空间可扩展性;信噪比可扩充性;框架技术

(4) 空间可扩展性;时间可扩充性;信噪比可扩充性;数据分块技术

A. (1)　　B. (2)　　C. (3)　　D. (4)

6. 多媒体技术未来发展的方向是(　　)。

(1) 高分辨率,提高显示质量　　(2) 高速度化,缩短处理时间

(3) 简单化,便于操作　　(4) 智能化,提高信息识别能力

A. (1)(2)(3)　　B. (1)(2)(4)　　C. (1)(3)(4)　　D. 全部

7. 简述多媒体计算机的关键技术及其主要应用领域。

第2章 音频信息的获取与处理

本章要点

(1) 数字化音频的获取与处理基本概念,模拟音频与数字音频的区别;数字音频采样和量化的基本原理,以及数字音频的文件格式和音频信号的特点。

(2) 音频卡的工作原理、功能、分类和音频卡的安装使用。

(3) 音频编码的原理和标准以及编码解码的基本方法。

(4) 音乐合成和乐器数字接口(MIDI)的规范;MIDI在多媒体技术中的应用,语音识别原理。

多媒体技术的特点是计算机交互式地综合处理声文图信息。声音是携带信息的重要媒体。娓娓动听的音乐和解说,使静态图像变得更加丰富多彩。音频和视频的同步,使视频图像更具有真实性。传统的计算机与人交互是通过键盘和显示器,人们通过键盘或鼠标输入,通过视觉接收信息。而今天的多媒体计算机是为计算机增加音频通道,采用人们最熟悉、最习惯的方式与计算机交换信息。我们希望能为计算机装上“耳朵”(麦克风),让计算机听懂、理解人们的讲话,这就是语音识别;设计师为计算机安上嘴巴和乐器(扬声器),让计算机能够讲话和奏乐,这就是语音和音乐合成。

随着多媒体信息处理技术的发展,计算机数据处理能力的增强,音频处理技术受到重视,并得到了广泛的应用。例如:视频图像的配音、配乐;静态图像的解说、背景音乐;可视电话、电视会议中的话音;游戏中的音响效果;虚拟现实中的声音模拟;用声音控制Web,电子读物的有声输出。

在这一章首先介绍音频数字化的基本概念,然后阐述音频卡的原理及其应用、音频编码标准、音乐合成以及语音识别技术。

2.1 数字音频基础

2.1.1 模拟音频和数字音频

众所周知,模拟磁性录音技术已经使用多年。这一技术的原理广泛地用于采集、播放各种各样的声音,如音乐、配音及特殊的声音效果。这种模拟录音方式是直接记录音频信号的波形,重放时用唱针扫描槽纹或者用放音磁头来拾取信号。但模拟磁性录音性能受电磁性能的影响较大,磁带的频率特性微小的变化都会对音质产生影响。目前模拟录音的动态范围可达80dB。若想进一步提高录音、放音的音质,只能求助于数字音频技术。声音是机械振动在弹性介质中传播的机械波,振动越强,声音越大。话筒把机械振动转换成电信号。模拟音频技术中以模拟电压的幅度来表示声音强弱。

数字音频系统是通过将声波波形转换成一连串的二进制数据来再现原始声音的,实现这个步骤使用的设备是模数转换器(A/D)。它以每秒上万次的速率对声波进行采样,每一次采样都记录下了原始模拟声波在某一时刻的状态，称之为样本。

将一串的样本连接起来，就可以描述一段声波了，把每一秒钟所采样的数目称为采样频率或采率，单位为 Hz(赫兹)。采样频率越高所能描述的声波频率就越高。对于每个采样系统均会分配一定存储位(bit 数)来表达声波的声波振幅状态，称之为采样分辨率或采样精度，每增加一个 bit，表达声波振幅的状态数就翻一翻。可以计算出 16bit 能够表达 65 536 种状态。采样精度越高，声波的还原就越细腻。

在数字音频技术中，把表示声音强弱的模拟电压用数字表示。如 0.5V 电压用数字 20 表示，2V 电压用 80 表示。模拟电压幅度，即使在某电平范围内，仍然可以有无穷多个，如 1.2V，1.21V，1.215V…。而用数字来表示音频幅度时，只能把无穷多个电压幅度用有限个数字表示，即把某一幅度范围内的电压用一个数字表示，这称作量化。

模拟声音在时间上是连续的，而以数字表示的声音则是一个数据序列，在时间上只能是断续的。因此当把模拟声音变成数字声音是，需要每隔一个时间间隔在模拟声音波形上取一个幅度值，这称为抽样。时间间隔称为抽样周期(其倒数称为采样频率)。

由此看出，数字声音是一个数据序列，它是模拟声音经抽样、量化后得到的。计算机、数字 CD、数字磁带(DAT)中存储的都是数字声音。模拟-数字转换器可以把模拟声音变成数字声音，数字-模拟转换器可以恢复出模拟声音。

2.1.2 音频的数字化

目前，多媒体计算机产生声音的方式主要有 3 种：由外部声音源进行录制与重放，MIDI 音乐、CD-Audio，分别称为波形音频、MIDI 音频和 CD 音频。

数字化主要包括采样和量化两个方面，相应地，数字化音频的质量取决于采样频率和量化位数这两个重要参数。

声音数字化的两个步骤是采样和量化。采样就是每间隔一段时间就读一次声音信号的幅度，量化就是把采样得到的声音信号幅度转换为数字值。时间上的离散叫采样，幅度上的离散称为量化。

1. 采样频率

采样频率(Sampling Rate)是指将模拟声音波形数字化时，每秒钟所抽取声波幅度样本的次数，采样频率的计算单位是 kHz(千赫兹)。一般来讲，采样频率越高声音失真越小，但用于存储音频的数据量也越大。

采样频率的高低是根据奈奎斯特采样定理(Nyquist theory)和声音信号本身的最高频率决定的。奈奎斯特采样定理：设连续信号 $x(t)$的频谱为 $x(f)$，以采样间隔 T 采样得到离散信号 $x(nT)$，如果满足：当$|f|\geqslant f_c$ 时，f_c 是截止频率 $T\leqslant 1/2f_c$ 或 $f_c\leqslant 1/2T$ 则可以由离散信号 $x(nT)$完全确定连续信号 $x(t)$。当采样频率等于 $1/(2T)$时，即 $f_N=1/2T$，称 f_N 为奈奎斯特频率。奈奎斯特采样定理指出，采样频率不应低于声音信号最高频率的两倍，这样就能把以数字表达的声音还原为原来的声音。

正常人耳听觉的频率范围大约在 20kHz～20kHz 之间，根据采样理论，为了保证声音不失真，采样频率应在 40kHz 左右。常用的音频采样率有 8kHz、11.025kHz、22.05kHz、16kHz、37.8kHz、44.1kHz、48kHz 等。如果采用更高的采样频率，还可以做出 DVD 的音质。

2. 量化数据位数

量化位数(也称量化级,样本尺寸等)是每个采样点能够表示的数据范围,常用的有8位、12位和16位。例如,8位量化级表示每个采样点可以表示256个(0~255)不同量化值,而16位量化则可表示65 536个不同量化值。量化级的大小决定了声音的动态范围,即被记录和重放的声音最高与最低之间的差值。16位的量化级足以表示从人耳刚刚听得见的极细微的声到感觉难以忍受的巨大噪声这样大的声音范围。同样,量化位数越高音质越好,数据量也越大。图2.1是对音频数字化过程的简要说明。

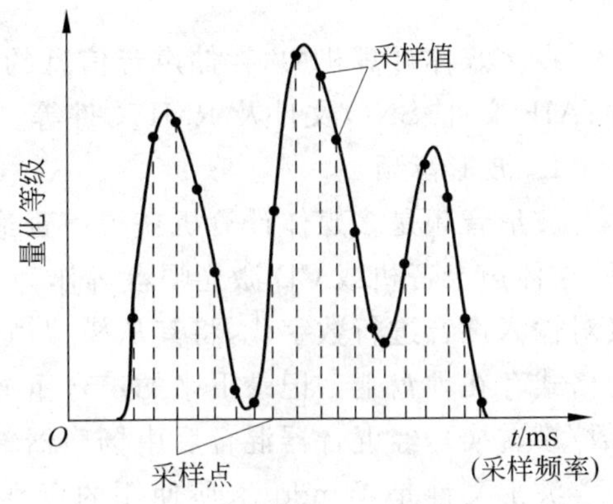

图 2.1 声音波形的采样和量化

量化的过程是,先将整个幅度划分成为有限个小幅度(量化阶距)的集合,把落入某个阶距内的样值归为一类,并赋予相同的量化值。

量化有很多方法,但可以归纳为两类:一类称为均匀量化;另一类称为非均匀量化。采用的量化方法不同,量化后的数据量也不同。因此,可以说量化也是一种压缩数据的方法。

(1) 均匀量化

采用相等的量化间隔对采样得到的信号做量化就是均匀量化。均匀量化就是采用相同的"等分尺"来度量采样得到的幅度,也称为线性量化。

用这种方法量化输入信号时,无论对大的输入信号还是对小的输入信号一律都采用相同的量化间隔。为了适应幅度大的输入信号,同时又要满足精度高的要求,就需要增加样本的位数。但是,对语音信号来说,大信号出现的机会并不多,增加的样本位数就没有充分利用。为了克服这个不足,就出现了非均匀量化的方法,这种方法也称为非线性量化。

(2) 非均匀量化

非均匀量化的基本思想是,对输入信号进行量化时,大的输入信号采用大的量化间隔,小的输入信号采用小的量化间隔,这样就可以在满足精度要求的情况下使用较少的位数来表示。声音数据还原时,采用相同的规则。

在非线性量化中,采样输入信号幅度和量化输出数据之间定义了两种对应关系:一种称为μ律压扩算法,另一种称为A律压扩算法。

3. 单声道与双声道

反映音频数字化质量的另一个因素是通道(或声道)个数。记录声音时,如果每次生成一个声波数据,称为单声道的;每次生成两个声波数据,称为立体声(双声道);立体声更能反映人的听觉感受。除了上述因素外,数字化音频还受其他一些因素(如扬声器的质量)的影响。

4. 数字音频的存储

可以用下面的公式估算声音数字化后每秒所需的存储量(假定不经压缩):

WAV文件每秒的存储量(字节) = 采样频率(Hz) × 量化位数(位) × 声道数 /8

例如,数字激光唱盘(CD-DA,红皮书标准)的标准采样频率为44.1kHz,量化位数为16位,立体声(这就是所谓的CD音质,CD-Quality Sound),可以几乎无失真地播出频率高达 22kHz 的声音，这也是人耳所能听到的最高声音频率。1 分钟 CD-DA 音乐所需的存储量为：

$$44.1 \times 1000 \times 16 \times 2 \times 60/8 = 10\,584\,000\text{B}$$

2.1.3 数字音频的文件格式

在多媒体计算机中，存储声音信息的文件格式主要有 WAV 文件、VOC 文件、MIDI 文件、AIF 文件、SNO 文件及 RMI 文件等。

1. 波形音频

波形音频是多媒体计算机获得声音最直接、最简便的方式。在这种方式中，通常以麦克风、立体声录音机或 CD 激光唱盘等作为声音信号的输入源，声卡以一定的采样频率和量化级对输入声音进行数字化，将其从模拟声音信号转换为数字信号（模/数转换），然后以适当的格式存在硬盘上。记录下来的声音重放时，声音卡将文件中的数字信号还原成模拟信号（数/模转换），经混音器混合后由扬声器输出。

波形文件是 Windows 所使用的标准数字音频文件，文件的扩展名是.WAV，记录了对实际声音进行采样的数据。在适当的硬件及计算机控制下，使用波形文件能够重现各种声音，包括不规则的噪音、CD 音质的音乐、单声道或立体声。多数声卡都能以 16 位量化级、44.1kHz 的采样率（CD 音质）录制和重放立体声声音。

波形文件的主要缺点是产生的文件太大，不适合长时间记录。WAV 文件是由采样数据组成的，所以它需要的存储容量很大。当然，如果对声音质量要求不高，则可以通过降低采样频率，采用较低的量化位数或利用单音来录制 WAV 文件，此时的 WAV 文件大小可以成倍地减小。

由于原始声音数据量太大，有必要采用硬件或软件方法进行压缩处理，常用的软件压缩方法主要有 ACM（Microsoft's Audio Compression Manager）和 PCM 等。另一方面，一般人的讲话声使用 8 位量化级，11.025kHz 采样率就能较好地还原（如电话声），因此，这种质量较低的波形文件在应用中也不少见。

通过 Windows 的对象连接与嵌入（OLE）技术，波形文件可以嵌在其他 Windows 应用系统中使用。由于波形文件记录的是数字化音频信号，因此可由计算机对其进行处理和分析，如放慢或加快放音速度、将声音重新组合或抽取出一些片断单独处理等，Windows 中的“录音机”（sound recorder）就是一个方便的工具。

2. VOC 文件

VOC 文件是 Creative 公司波形音频文件格式，也是声霸卡（sound blaster）使用的音频文件格式。每个 VOC 文件由文件头块（header block）和音频数据块（data block）组成。文件头包含一个标识、版本号和一个指向数据块起始的指针。数据块分成各种类型的子块，如声音数据、静音、标记、ASCII 码文件，重复以及终止标志、扩展块等。

VOC 格式音频文件的文件头如下：

(1) 00H～13H 字节：文件类型说明。前 19 个字节包含下面的正文：Creative Voice File。最后是 EOF 字节(1AH)。

(2) 14H～15H 字节：其值为 001AH。

(3) 16H～17H 字节：文件的版本号。小数点后面的部分在前。如版本号为 1.10，则这两个字节内的值为0A01。

(4) 18H～19H字节：是一个识别码。由这个代码可以检验其文件是否是真正的VOC文件。其值是16H和17H单元中所存文件版本号的反码再加上1234H。例如，版本号为1.10,010AH的反码是FEF5H,则这个代码为FEF5H+1234H=1129H。

利用声霸卡提供的软件可以实现VOC和WAV文件的转换。

3. MIDI文件

MIDI音频是多媒体计算机产生声音(特别是音乐)的另一种方式，可以满足长时间音乐的需要。

由于MIDI文件记录的不是声音本身，因此它比较节省空间。与波形文件不同的是，MIDI文件(扩展名为.MID)并不对音乐进行采样，而是将每个音符记录为一个数字，MIDI标准规定了各种音调的混合及发音，通过输出装置就可以将这些数字重新合成为音乐。与波形文件相比，MIDI文件要小得多；例如，同样半小时的立体声音乐，MIDI文件只有200KB左右，而波形文件(WAV)则要差不多300MB。

MIDI格式的主要限制是它缺乏重现真实自然声音的能力，因此不能用在需要语音的场合(这时要与波形文件合用)。此外，MIDI只能记录标准所规定的有限种乐器的组合，而且回放质量受声音卡上合成芯片的严重限制，难以产生真实的音乐演奏效果。近年国外流行的声音卡普遍采用波表法进行音乐合成，使MIDI音乐的质量大大提高(效果接近CD音质)，但波表卡仍较昂贵，在我国还未普及。

4. CMF文件

CMF(Creative Music File)文件也是随声霸卡一起诞生的，是声霸卡自带的MIDI文件存储格式。

5. CD音频

符合MPC2标准的CD-ROM驱动器不仅可以读取CD-ROM盘的信息，还能播放数字CD唱盘(CD-DA)，这样多媒体计算机就能够利用已经非常成熟的数字音响技术来获得高质量的音频——CD音频。CD音频也是一种数字化声音，以16位量化级、44.1kHz采样率的立体声存储，可完全重现原始声音，每片CD唱盘能记录约74分钟这种质量的音乐节目。

在多媒体计算机上输出CD音频信号一般有两种途径：一种是通过CD-ROM驱动器前端的耳机插孔输出；另一种使用特殊连线接入声音卡放大后由扬声器输出。前者的输出音质不受声音卡质量的影响，但不能使用声音卡的混声功能；而后者虽然可以与波形或MIDI音频进行混音输出，但声音卡的放大功率都比较小(一般不超过4瓦)，通常需要有源扬声器或配置外部声音放大器来获得足够的音量。

2.1.4 音频信号的特点

在多媒体系统中，音频信号可分为两类：语音信号和非语音信号。非语音信号又可分为乐音和杂音。非语音信号的特点是不具有复杂的语意和语法信息，信息量低、识别简单。语音是语言的物质外壳(载体)。语言是人类社会特有的一种信息系统，是社会交际工具的符号。

音频信号处理的特点如下：

(1) 音频信号是时间依赖的连续媒体。因此音频处理的时序性要求很高。如果在时间上有 25ms 的延迟，人就会感到断续。

(2) 由于人接收声音有两个通道(左耳、右耳)，因此为使计算机模拟自然声音，也应有两个声道，即理想的合成声音应是立体声。

(3) 由于语音信号不仅仅是声音的载体，同时还携带了情感的意向，故对语音信号的处理，不仅是信号处理问题，还要抽取语意等其他信息。因此可能会涉及语言学、社会学、声学等。

从人与计算机交互的角度来看音频信号相应的处理如下：

(1) 人与计算机通信(计算机接收音频信号)。

音频获取：语音识别与理解。

(2) 计算机与人通信(计算机输出音频)。

音频合成：包括音乐合成和语音合成；

声音定位：包括立体声模拟，音频/视频同步，目的是让计算机产生真实感声音。

(3) 人通过计算机与别人通信。

人通过网络与处于异地的人进行语音通信，需要的音频处理包括语音采集、音频编码/解码、音频传输等。这里音频编/解码技术是信道利用率的关键。

2.1.5 3D 音频

在一向讲究软硬兼施的 PC 界，多声道音频的实现自然少不了软件算法的控制过程。因此，3D 音频 API 就扮演了重要的接口角色。当然，有些 API 还包含了具体算法。这些 API 与 3D 图形程序接口，统称为 3D API(Application Program Interface)，即 3D 应用程序接口。对于支持 3D 定位技术的新一代声卡而言，算法往往决定了其定位及其他效果的优劣，因此我们有必要对它们的编程接口有一些简单的了解。

音频 API 种类繁多，目前各种游戏可以使用的 API 和 3D 技术大体上有 A3D、DirectSound 3D(DS3D)、EAX、Sensaura 3D、Q3D、9-IAS 等。不同的声卡硬件和不同的游戏往往支持多种不同的 API 和 3D 技术，这主要取决于声卡所采用的音效芯片的类型。

1. DirectSound 3D

它是 DirectX 中的一个组件，是 Microsoft 公司专为游戏开发的 API，得益于 DirectX 的不断发展和完善，DS3D 得到了众多声卡厂商的支持。DS3D 的作用在于帮助开发者定义声音在 3D 空间中的定位和声响，然后把它交给与 DS3D 兼容的声卡，让他们用各种算法去实现。定位声音的效果好坏实际上取决于声卡所采用的算法。

2. Aureal 3D

Aureal 简称 A3D，是由 Aureal Semiconductor 公司开发的新型 3D 音效定位技术，使用这一技术的应用程序(通常是游戏)可以根据用户的选择而决定音效的变化，而且可以只用一对普通的音箱或耳机来实现，产生围绕听者的 3D 精确定位音效。

Aureal 推出的最新一代 3D 定位音效标准 A3D 2.0，还支持对音效 48kHz 频谱的 3D 处理，另外一项关键的进步是采用了实时声学反射、回音和阻塞渲染技术在内的声波追踪(Wavetracing)技术。声学环境的几何描述和墙面的材质特性都可在新的 A3D 2.0 的 API 中反映出来。

3. EAX

EAX(Environmental Audio Extensions)就是环境音效扩展集。它的本质是一种依赖于 Microsoft 的 DirectSound 3D 的开放 API,任何人都可以使用这一接口来开发或者在自己的软硬产品中加入对 EAX 的支持。在最新发布的 EAX 3.0 中,加入了功能强大、简单易用的可以为每一个单独音源做反射和混响控制、局限反射群等特效设计工具,并为开发者公开了全部的环境音效参数,这对计算机音乐迷具有很大的帮助。

4. Sensaura

Sensaura 支持 DS3D,并且在它们的 DS3D 驱动程序中包含了一个 Voice Manager。开发者可以用来选择最重要的音源使用 3D 模式,而其余的使用立体声模式。Sensaura 也支持 EAX,并已为一些声卡(如 Yamaha 的 WaveForce)发布了 EAX 驱动程序。

Sensaura 还为解决当前的 HRTE(Head,Related,Transfer,Function)不能很好解决听者在 1m 范围内定位声音的问题而开发了名为 MacroFX 的新技术。

5. Qsound

Qsound 和 Sensaura 一样,只提供音效技术,它推出的 Q3D 技术同样可以用两个喇叭或耳机产生 3D 音效。使用 Q3D 技术的声卡支持 DS3D、EAX 和 A3D 1.X(像 Greative 和 Sensaura 一样,A3D 的调用被转化为 DS3D 调用)。Q3D 并不仅使用于游戏,事实上,Qsound 用 Q3D 技术产生了一种杜比认证的虚拟多通道技术——Qsurround,这项技术在家电产品上得到使用。

6. IAS

上面这么多的 API 和技术,它们各有特点,这样就必须针对不同的系统和 API 编写多套代码,IAS(Interactive Around-Sound)就是针对这个特点而形成的。

IAS 是 Extreme Audio Reality Inc. 公司开发的专利音频技术,这个技术能测试系统硬件,管理所有的音效平台需要,因而开发者可以只写一套音效代码,所有基于 Windows 的音频硬件将通过同样的编程界面来获得支持。IAS 提供了 DS3D 支持和其他环绕声的执行程序。

2.2 声卡的组成与工作原理

在还没有发明声卡的时候,PC 游戏是没有任何声音效果的。即使有,那也是从 PC 的一个简单的扬声器里发出的那种"滴里嗒啦"的刺耳声,它是用来提醒人们注意的。虽然效果差劲,但在那个时代这已经令人非常满意了。为了得到更好的声音效果,人们进行了大量研究和实验,最后终于诞生了声卡。

真正意义上的第一块声卡是由 Adlib Audio 公司于 1984 年研发的,就连现在的 Windows 视窗中还为这块声卡保留有驱动程序,它的地位如显卡领域中的 VooDoo 一样显赫,即使已没有人使用它了。

计算机的第一次发声不是在现在大红大紫的 PC 上,而是在 Apple 的机种上。当时苹果公司的工作人员在一次记者招待会上为大家演示了一段由计算机发出的语音,虽然那样的效果实在不敢令人恭维,但在那个"哑巴计算机的年代",仍然相当地吸引人。

如今,有上百万的 PC 配备了音频能力,一些系统出售时本身就带有音频功能,如

Compaq 的 Deskpro/I 和一些其他销售商的 MPC 机。另外一些系统备有可扩展的音频端口(可连到 PC 的并行口上)或音频卡。

2.2.1 声卡的功能、技术指标与分类

1. 声音卡的功能

音频卡也叫声音卡,它的功能主要有以下几点。

(1) 录制、编辑和回放数字声音文件。

声音源可以是话筒、收录机或者激光盘等,在声音处理软件的控制下,经过声音卡采样,数字化成数字语音文件,并可以播放这些文件或对它们进行编辑等操作。不同音频卡和软件驱动程序录制的语音文件格式可能不同,但它们之间可以相互转换。例如,Creative Labs 用 VOC 作数字语音文件的扩展名,而在 Microsoft 的 Windows 下则以 WAV 为扩展名,它们之间就可以相互转换。WAV 文件通过 OLE(Object Linking and Embedding)加入到其他 Windows 应用程序中。

通常音频录放采用以下参数、方法和设备。

① 数字化音频采样频率范围:5kHz~44.1kHz;

量化位:8 位/16 位;

通道数:立体声/单声道。

② 基本编码方法:PCM;

压缩编码方法:ADPCM(8∶4,8∶3,8∶2,16∶4);

CCITT A 一律(13∶8);

CCITT μ 一律(14∶8)。

实时硬件压缩/软件压缩。

③ 音频录放的自动动态滤波。

④ 录音声源:麦克风、立体声线路输入、CD 输入可选麦克风自动增益控制(AGC)放大器,以适应麦克风灵敏度(10~100mV)。

⑤ 输出功率放大器,直接驱动扬声器,且输出音量可调(0~15 级或手动调节)。

(2) 控制声音源的音量,混合后再数字化。

音频卡驱动程序中通常有 Mixer 程序,用来控制音频卡上的混合器。

(3) 在记录和回放数字声音文件时进行压缩和解压缩,以节省存储语音文件的磁盘空间。

对于立体声,如果不进行压缩的话,则数字化播放每分钟的数据量要求占据 10MB 的磁盘空间,即使是单声道,也不会少于 1MB。常见的自适应脉冲编码调制(ADPCM)压缩方法一般能得到 2∶1 的压缩比而不会明显失真。

(4) 文语转换与语音识别。

有些音频卡在出售时还捆绑了文语转换软件和语音识别软件:

① 文语转换软件。文语转换(text to speech)就是把计算机内的文本转换成声音。一般音频卡都提供英语文语转换软件,如 Sound Blaster。

② 语音识别软件。有的音频卡提供语音识别软件,如 Sound Blaster 卡上的 Voice Assist、Microsoft Sound System 卡上的 Voice Pilot 软件。这两个软件都是特定人的命令

识别系统。通过这个软件可以利用语音来控制计算机或执行 Windows 下的命令。

(5) MIDI 接口和音乐合成。

MIDI 规定了电子乐器与计算机之间相互数据通信的协议。通过软件,计算机可以直接对外部电子乐器进行控制和操作。

音乐合成功能和性能依赖于合成芯片。目前 Yamaha 的合成器芯片占有率最高,其中主要是 FMOPL 系列。这种芯片采用调频(FM)方式合成音乐,有的音频卡带有波形表音乐合成。如 Sound Blaster Ave32 采用 E-mu 的 EMU800 数字信号处理器,达到真实乐器效果的 CD 质量音响。它支持 32 复音的多音色 MIDI 通道。

音频卡的其他功能接口还有以下几种。

① CD-ROM 接口:目前音频卡的 CD-ROM 接口有多种。如 Sound Blaster 专用 CD-ROM 接口,Sony、Mitsumi CD-ROM 接口和 SCSI-I 标准 CD-ROM 接口。

② 游戏棒接口:标准的 PC 游戏棒接口,可接一个或两个游戏棒。

2. 声音卡的技术指标

1987 年,PC 上诞生了第一块声音卡——AdLib 卡(港台地区称之为魔音卡)。1989 年新加坡的 Creative Labs 生产的第一代 Sound Blaster(声霸卡)问世,很快取代 AdLib 成为 PC 上的声音标准。由于 Sound Blaster 有较强的记录和播放数字化声音的能力,特别是其后续的版本提供了 MIDI 接口、立体声等新功能,一些严肃的商业应用软件也开始使用数字化声音和音乐。现在 Creative Labs 已经成为世界主要的多媒体配件生产厂家之一,其产品包括从低档的游戏卡到尖端的视频会议系统,应用十分广泛。

如果要求较好的演奏音响效果及专业编曲能力,普通声音卡是不能胜任的,但对于商业性 OLE 应用或简单的作曲则绰绰有余。使用音效卡可播放预先录制的声音或音乐文件、产生丰富声音效果、播放 CD 音乐等。与 CD-ROM 驱动器相比,声音卡(也称音效卡)种类更加繁多、价格品质相差悬殊,选择的余地较大,同时需要考虑的因素也较多。

(1) 采样率与量化位

衡量声音卡录制和重放声音质量的主要参数是采样率与量化位(此时也称为分辨率或解析度),采样率与量化位越大,录制和重放声音质量与原始声音就越接近。在 MPC Level 1 的基本规范中将声音卡量化位定为 8 位,但在 Level 2 中已将这一指标提升至 16 位(CD 音乐的水准)。

现在一般的声音卡都可以在 44.1kHz 采样频率下对立体声源进行 16 位数字化录音(即每秒取样 44 100 个 16 位双声道)和重放,但并不是每一种声音卡记录和回放的质量都一样,声音卡上的模拟/数字转换、前置放大器和数字电路的质量对声音质量的影响是非常大的,所以不能仅仅从广告介绍的性能指标来衡量声音卡的质量,最好是亲自动手测试一下。

(2) FM 合成与波形表

大多数普及型声音卡采用 FM 合成法(与家用电子琴类似),即通过正弦波相互调制来模拟真实的乐器声音。这种方法成本较低,但也导致了在游戏或音乐演奏中产生的音效与实际的乐器明显不同,你只要实际听一下由 FM 合成的钢琴声就不难体会到这种差别。现今声音卡的 FM 合成通常是使用日本 Yamaha 公司生产的 OPL-2(老式声音卡上的芯片,也叫做 M3812,可合成 11 种单声道的声音)或 OPL-3(也叫做 YMF262,可合成 11 种单声道的声音)合成芯片。

较好的声音卡采用的是波形表(Wavetable)合成技术来实现音乐合成(即所谓的波表卡)。波形表包含有真实乐器声音波形的数字记录,在演奏时将相应乐器的波形记录播放出来。显然,这种方法可以产生更加丰富逼真的音频和音乐。波形声音一般存储在声音卡的ROM芯片中,但存储各种乐器声音记录需要大量的存储器(通常要有2～4MB),这是造成波表卡价格较贵的主要原因。为了降低造价,有些声音卡将4MB的波形表声音数据压缩为2MB以下,也有些卡使用硬盘来存放波形表,在需要时通过卡上的RAM来转存硬盘上的声音信息。

为了与原有的FM合成声音卡的兼容性,波表卡上的合成芯片能完成FM合成的所有功能,如Yamaha公司非常流行的OPL-4(可运行为较早的OPL-2和OPL-3芯片编写的所有程序)就是典型的波表合成芯片。

如果你的经费不允许购买波表卡,可以先买一个带波表升级的FM合成声音卡,待以后波表卡降价再将其升级为波表卡。进行波表升级时要将一块子板连接到声音卡上,因此在声音卡相邻的插槽上最好不要有其他的插件板,以免产生干扰或发生其他意外。目前国内市场上出售的许多声音卡都有波表升级插口,但用于升级的波表子板却十分少见,笔者见到的只有Creative Labs的Wave Blaster等极少数几种,但随着多媒体应用的深入,这种情况会有变化。Wave Blaster可以插在Sound Blaster 16系列声霸卡和部分兼容卡上,但是价格相当可观。

(3) 兼容性

声音卡的兼容性是购买时应考虑的重点。如果只在Windows下使用声音卡,那么可以忽略其与Sound Blaster和AdLib之类卡的兼容性,只要该卡能提供适当的Window声音驱动程序就行了。但如果想在DOS环境下使用,特别是想用来玩游戏,那么就要注重声音卡与Sound Blaster和AdLib的兼容性,只有这样才能使用市场上绝大多数基于DOS的游戏软件。由于一些兼容声音卡生产厂家并无Creative Labs的技术许可,可能不会像其声称的那样与Sound Blaster卡100%兼容。

兼容性较好的声音卡一般可以完全兼容如下几个标准:

① AdLib

② Sound Blaster和Sound Blaster Pro

③ Microsoft Windows Sound System 2.0

④ MPC Level 2

(4) 外围接口

声音卡上一般都有与其他设备的接口部件,这包括MIDI/GAME端口、I/O端口、CD-ROM端口等。但接口部件的类型和质量是因卡不同而相异的。所以在选择声音卡时,应该根据需要来选择。例如应该选择符合一定标准的MIDI接口;如果你打算同时使用CD-ROM驱动器的话,最好购买带有适当CD-ROM接口的声音卡,既可以节约资金,又能省下一个扩展槽。

(5) 音频压缩

高质量的数字化音频芯会带来存储空间的困难,尽管不像视频那么严重。例如,1分钟CD音质的未压缩立体声音频信号就要占用约11MB的硬盘空间。因此,声音卡应支持几种语音压缩标准，其中主要有 ADPCM（自适应差分脉冲编码调制）和 ACM（微软音频压缩管理器，Microsoft's Audio Compression Manager）等，压缩比约为 4∶1～6∶1。

（6）DSP 芯片

一些较高档的声音卡（如 Sound Blaster 16 ASP）带有数字信号处理器（DSP）芯片，这是一个专用的数据处理器，可以通过软件编程来实施音频处理和压缩等任务，从而减轻了 CPU 的压力，因为在普通声音卡上，这些任务都是由 CPU 完成的。如果你的系统速度较低（如 386 SX），那么 DSP 芯片可能是极其重要的。但真正重要的是 DSP 芯片能够编程，以进行其他的处理，如为声音卡增加传真、调制/解调功能或进行视频处理等。目前关于 DSP 芯片的使用还未形成一致的标准，对此普通用户不必过多考虑，如无特殊需要，没有 DSP 芯片也能应付。

（7）软件支持

声音卡必须具备的软件有 DOS 和 Windows 的驱动程序，软件混频器和 CD 唱盘播放程序等。有的声音卡（如 Media Magic 等）还包括由 Voyetra Technologies 提供的非常好的商业软件，有像家用音响似的 AudioStation、进行 MIDI 创作的 Orchestrator、数字化录音编辑工具 WinDAT 和简单的多媒体写作工具 SoundScript 等。

从一开始，Creative Labs 的 Sound Blaster 系列就以其丰富的软件支持闻名于世，如 QSound、TextAssist、VoiceAssist、Talking Scheduler、WaveStudio 和 FM Intelinent Organ 等都是非常有名的软件。

3. 声音卡的分类

（1）按应用环境分类

按照声卡的应用环境，声卡基本可以分为 DOS/GAME 和 Windows 两种环境。这两种声卡分别以 Sound Blaster 和 Windows Sound System 为代表。前者，即 Sound Blaster 是 GAME 声卡的事实标准，几乎所有的 DOS 环境下的游戏都支持 Sound Blaster。而在 Windows 环境下，Windows Sound System 无疑就是标准，它以多媒体计算机为背景，由 Microsoft 公司提出，目的是为了统一声卡的标准，最终为应用提供方便。

（2）从声卡的技术角度分类

从声卡所采用的技术上来看，声卡主要可分为三类：一是 DSP 技术为基础的声卡，这种声卡本身带有一个 DSP 处理器，所以大部分的控制功能都可以不依赖主机而自行完成，与主机之间只需进行数据交换。如 Creative 公司的 Sound Blaster 系列、维用公司的 adsp 系列。二是全硬件声卡，这种声卡采用称为 CODEC 的芯片，控制声音的采样与播放，而其他的控制全部依赖于主机，占用较多的主机时间，但成本却很低。如 Windows Sound System。三是结合一类和二类两种声卡的优点，采用有限可编程控制器，使声卡具有一定能力的自管理功能，又不致于成本太高、复杂，这两种声卡，如 Turtle Beach 公司的 Mad 16 等，它们以硬件模拟 DSP 的某些功能，以减轻主机的负担，同时又保持低成本，省去 DSP 的开销。

（3）根据总线的不同分类

根据总线的不同，把声卡分为两大类，一种是 ISA 声卡；另一种是 PCI 声卡，由于两种端口不能互相通用，因此在安插声卡时不能插错。主板上的 ISA 插槽是黑色的，比 PCI 槽长，其中的金属簧片也比 PCI 的宽；PCI 插槽呈白色，相对较短，其中的簧片很细，分布密集。

由于 PCI 总线的优越性,PCI 声卡有着许多 ISA 声卡无法拥有的特性,但这并不是说 PCI 声卡的音质一定比 ISA 好,决定音质的好坏主要由声音处理芯片、MIDI 的合成方式和制造工艺等决定,并不仅仅是由于总线的不同。

当然还可以按照声卡的组成结构,分为普通声卡和集成主板的声卡。按照声卡取样分辨率的位数不同,可分为 8 位声卡、准 16 位声卡、真 16 位声卡、32 位声卡等,按照声卡功能的不同,可分为单声道声卡、真立体声声卡、准立体声卡等。

2.2.2 声卡的组成和布局

一块典型的声音卡一般都有 MIDI/GAME 端口,除此之外,声音卡通常还包含有一个麦克风输入端口、一个用于采集来自 CD 唱机或盒式录音机信号的线入端口(Line-in)、一个耳机插口和通过标准音响系统或放大器重放声音的线出端口(Line-out),声音处理芯片,功率放大芯片。此外,声音卡上还应提供有 CD-ROM 驱动器重放 CD 唱盘的音频连接器,这样 CD 唱盘上的声音可以与来自其他声源的信号混合,经声卡上的混频器进行同步输出。图 2.2 是一个典型声音卡的布局图。

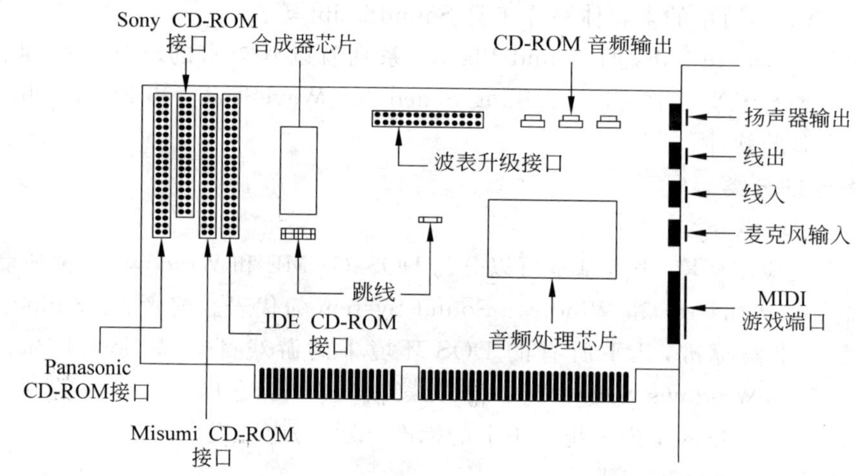

图 2.2 典型声音卡的平面图

下面对上述图中的几个地方作一些解释。

1. MIDI/GAME 端口

因为 MIDI(音乐设备数字接口)也是一种数字化声音,它不是由实际声音进行数字化而产生的。在 MIDI 文件中含有播放某些乐器声音的指令和要产生的效果,因此符合 MIDI 标准的任何附加设备(不仅仅是计算机,还有如键盘合成器和吉他等)都能生成和播放 MIDI 文件。通过声音卡上的 MIDI 接口可以连接其他 MIDI 设备,构成以计算机为核心的个人音乐作曲和演奏平台。

MIDI 接口所支持的标准很多,除基本的 MIDI 外,还有 MPU-401、General MIDI 等,视声音卡上的合成器芯片和接口而定。除早期生产的卡外,目前的声音卡一般都能支持 MPU-401/UART 和 General MIDI 两个标准。

MIDI 标准规定了输入/输出通道(称为 MIDI 端口)类型、连接电缆及插座的形式等。MIDI 端口有 MIDI In(接收数据)、MIDI Out(发送数据)和 MIDI Thru(转送数据)3 种类型。

General MIDI(通用 MIDI)标准是乐器制造商制订的标准,它规定了不同的乐器声音放在合成器存储器的特定位置,从而保证能逼真地重现该乐器的声响。与 General MIDI 标准的兼容性确保声音卡能重放大型商用音乐文件库中的音乐。表 2.1 列出了微机上几种经常使用的 MIDI 标准及其特点。

表 2.1 微机上使用的 MIDI 标准

MIDI 标准	描述
MIDI	音乐设备数字接口
General MIDI	规定了 MIDI 文件中乐器声音的排列顺序
MPU-401	Roland 公司制订的 MIDI 标准,为音乐界和乐器制造商所采用
MT-32	与 General MIDI 标准类似,但乐器声音排列顺序略有不同

声音卡上的 MIDI 端口通常与游戏端口是合一的,因此这两个功能不能同时使用(如要同时用需有专门的转换盒)。在不使用外部 MIDI 设备时,这个端口可以连上一个游戏杆(Joystick),对于诸如飞行模拟或探险类的游戏非常方便。有些声音卡可用软件方法设置 MIDI/GAME 端口的使能,而其他的声音卡则需要改变跳线才能切换。

2. I/O 端口

关于 I/O 端口的连接情况,图 2.3 给出了声音卡 I/O 端口分布情况。

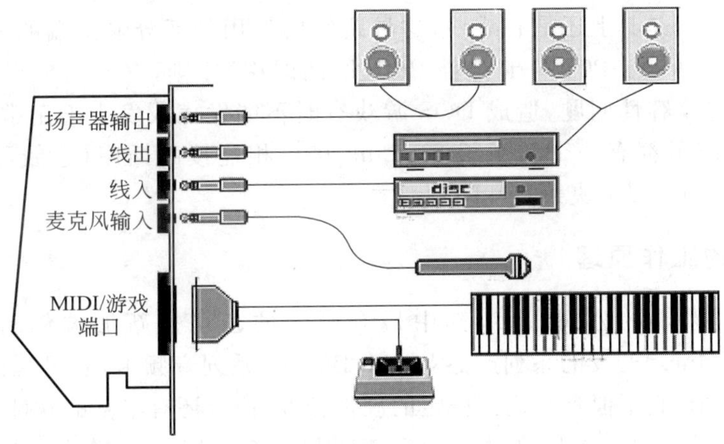

图 2.3 声音卡的 I/O 端口

3. CD-ROM 接口

许多声音卡都提供了常用的 Mitsumi、Panasonic 和 Sony 3 种 At-Bus 接口,少数声音卡也带有 IDE 接口,可以满足基本需求。这些接口即使闲置不用,也不会影响声音卡的正常使用。Mitsumi、Panasonic 和 IDE 接口的形式一样,要注意识别,而 Sony 接口较短,不会与其他接口混淆。

4. 声音处理芯片

通常是最大的四边都有引线的那只集成块,上面标有商标、型号、生产日期、编号、生产厂商等重要信息。声音处理芯片基本上决定了声卡的性能和档次,其基本功能包括对声波采样和回放的控制、处理 MIDI 指令等,有的厂家还加进了混响、合声、音场调整等功能。

声卡上声音处理芯片有的可能是3～6块IC构成的芯片组。AC97规范为了保证声卡的信噪比(SNR)能够达到80dB(分贝)以上,要求声卡上的ADC、DAC处理芯片与数字音效芯片分离,因此,高档声卡上的芯片一般不止一块。

世界上主要的声音处理芯片有SB、ESS、OPTI、AD、YMF、ALS、ES、S3、AU等,而目前在声卡界居于领头羊位置的则是Creative和Diamond。

5. 功率放大芯片

从声音处理芯片出来的信号还不能直接推动喇叭放出声音,绝大多数声卡都带有功率放大芯片(简称功放)以实现这一功能。声卡上的功放型号多为XX2025,功率为2×2W,音质一般。由于它在放大声音、音乐等信号的过程中也同时放大了噪音信号,所以从其输出端(Speaker Out)输出的噪音较大。这个缺点在前两年重视功能的潮流中显得并不突出,但是现在人们对音质的要求越来越高,于是就有厂商想出了一些改进的方法,主要是在功放前端加入滤波器来滤掉一些高频的噪音信号,可是这样一来也滤掉了很多高频的音乐信号。其实,指望声卡上的功放芯片能带来良好的音质是不现实的,一个比较好的解决方法是绕过功放,利用声卡上线路输出(Line Out)端口连接音响,这样,音质的好坏就直接取决于声音处理芯片和外接的音响设备(一般是有源音箱)的档次了。

6. 跳线和SB-Link接口

在较早期面市的ISA声卡上多数都有跳线,它的作用是给ISA声卡设置通道和中断信号(DMA和IRQ)以使操作系统与声卡能进行信号传输。现在的绝大多数声卡采用了软件设置通道的方式,但是其上还是有跳线,这种跳线的作用是区分输出端的那个插孔是Line Out还是Speaker Out。PCI声卡符合PnP(即插即用)原则,它不需要设定通道,因此与DOS应用程序有兼容性问题,造成DOS游戏有时不能发声或发声不正常,为解决这个问题,大多数PCI声卡都有一个与主板SB-Link接口相连接的插座(连线随声卡配置),在DOS下强制分配通道以解决兼容性问题。

2.2.3 声卡的工作原理

开发生产音频卡的公司很多,其中最有影响的公司是新加坡创新科技有限公司(Creative Labs. Inc.)开发的系列产品Sound Blaster系列音频卡,它是集语音与音乐于一体的多媒体音频卡,它不但具有优良稳定的硬件特性,而且还有丰富的软件。尽管目前世界各国开发了很多品牌的音频卡,但大多数都声明与Sound Blaster兼容,因此它已成为多媒体计算机公认的音频接口标准。目前Creative公司的推出音频卡的型号有Sound Blaster、Sound Blaster 16、Sound Blaster AWE 32、Sound Blaster AWE64、Sound Blaster Live!及Sound Blaster Live! Value。Sound Blaster Live!是Creative公司推出的环境音响效果新平台,通过环境音效技术,进行环绕音响渲染,产生栩栩如生、身临其境的音响效果,其动感效果有如置身于乐队之中。1998年推出的Sound Blaster Live! Value,通过专业合成器和数字I/O,可以提供超级影院的音频保真度,获得平均120dB低噪音水平。其他特性如下:

(1) 强劲的音频处理引擎

EMU10K1音频处理器是目前功能最强大集成的音乐、音频及效果引擎。每个信号都能在32位,192dB和48kHz模式下通过8点插值处理进行声音的平滑,并实时提高所有音源的质量。它还提供超越昂贵的专业效果设备的实时效果,如混音、和声、滑音、回声和变调等。

(2) 环境音效增加现有音频的内容

体验超越现有 3D 音频、更具感染力、更理想的音频效果。通过在游戏或应用软件中加入预置的类似大厅、洞穴、水下等环境,将使用户体验到声音那令人吃惊的逼真效果。游戏环境设置还能瞬间使用户的游戏变得栩栩如生。

(3) Sound Blaster PCI 标准

用户在享受 PCI 总线优越性的同时,将确保获得对 PCI 总线近乎完美的 Sound Blaster 兼容性。它支持所有 MS-DOS 和 Windows 程序,可完全取代现有的 ISA 卡。

(4) 多音箱输出

内置支持 2~4 个模拟音箱,PC 将获得环绕立体声效果。

(5) 256 复音音乐合成器

256 复音的品质和性能已经远远超越了目前大多数专业音乐设备。使用系统内存,可以选择 E-mu 的 2MB、4MB 或 8MB SoundFont 专业音色库进行音乐创作,或使用多达 32MB 的内存以获得极高的 SoundFont 音乐保真度。所有这些都不需牺牲 CPU 的利用率。

(6) 环境音效功能扩展集/广泛的软件支持

环境音效功能扩展集(EAX)是一个公开的标准,它已获得软件开发商最广泛的支持。它支持 Microsoft DirectSound,DirectSound 3D 及它们的衍生技术,具有先进的结构以支持即将到来的如 WDM、DLS 和 IEEE1394 等设备。

音频卡的工作原理如图 2.4 所示,主要组成部分如下:

声音的合成与处理:这部分是音频卡的核心,它一般由数字声音处理器(digital sound processor)、FM 音乐合成器及 MIDI 接口控制器组成。它的主要任务是完成声波信号的模/数、数/模转换,利用调频技术控制声音的音调、音色和幅度。FM 的音乐合成器具有 11 个复音 4 操作器或 20 复音 2 操作器的功能。

混合信号处理器及功率放大器:内置数字/模拟混音器,混音器的声源可以是 MIDI 信号、CD 音频、线性输入、话筒和 PC 的扬声器等,可以选择输入一个声源或将几个不同声源进行混合录音。立体声数字化声道,可编程设定 16 位或 8 位数字化立体声或单声道模式,可编程设定采样频率,其范围从 5kHz~44.1kHz 之间线性分布;使用高、低 DMA 通道进行录音和放音;可选用动态滤波器进行数字化音频录音和回放。麦克风输入和扬声器输出都

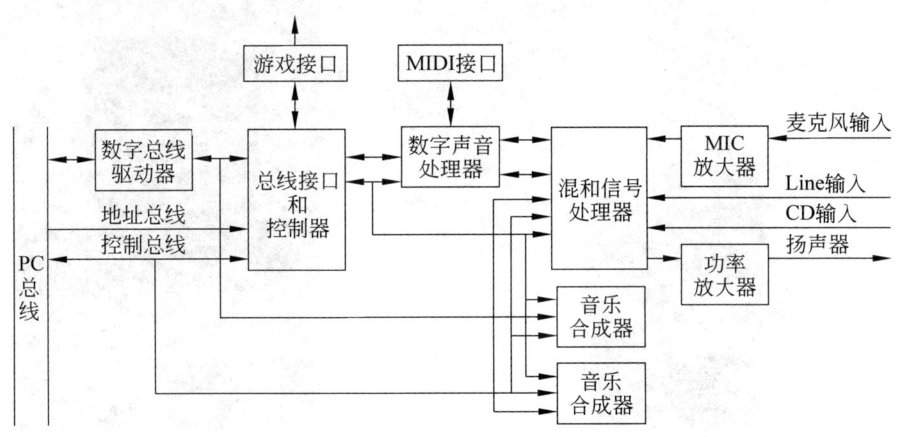

图 2.4 声卡原理框图

有功率放大器。输出每一声道具有 4Ω、4W 的输出功率,也可外接音频放大器。对于主音量,MIDI 设备的数字化音频、CD 音频、线路输入、话筒和计算机的扬声器等,可以通过软件控制其音量,对于所有音源可分为 32 级音量控制,每级相差 1.5db。

计算机总线接口和控制器:早期的音频卡是 ISA 总线接口,近期音频卡是 PCI 总线接口。总线接口和控制器由数据总线双向驱动器、总线接口控制逻辑、总线中断逻辑及 DMA 控制逻辑组成。总线接口控制逻辑包括地址比较选中、地址选通、数据选通、读/写信号、地址锁存、总线使能以及总线错误等信号。音频卡可以跨接线设定基本 I/O 地址、中断向量(IRQ)、DMA 通道三个参数,避免与主机其他板卡冲突。

2.2.4 SPDIF 数字音频接口

虽然目前很多高档声卡采用了各种有益的方法来提高自身的音质表现,但是计算机机箱内复杂的电磁干扰依然是难以避免的。那么如何进一步提高声卡的音质呢? SPDIF 接口技术为我们提供了一个很好的解决方案。

1. SPDIF 概述

SPDIF 是 Sony、Philips 数字音频接口的简称。就传输方式而言,SPDIF 分为输出(SPDIF OUT)和输入(SPDIF IN)两种。目前大多数的声卡芯片都能够支持 SPDIF OUT,但需要注意,并不是每一种产品都会提供数码接口。譬如早期的一些中高档 Yamaha 724 声卡(如中凌雷公 724、Yamaha 原厂的 WF192D)普遍含有一个 SPDIF OUT,而一些中小"山寨厂"的廉价产品就不提供这个接口。而支持 SPDIF IN 的声卡芯片则相对少一些,如 EMU10K1、YMF-744 和 FM801-AU、CMI8738 等。SPDIF IN 在声卡上的典型应用就是 CD SPDIF,但也并不是每一种支持 SPDIF IN 的声卡都提供这个接口。就传输载体而言,SPDIF 又分为同轴(图 2.5 所示为典型的同轴 SPDIF 接口)和光纤两种(图 2.6 所示为典型的光纤 SPDIF 接口),其实它们可传输的信号是相同的,只不过是载体不同,接口和连线外观也有差异。但光信号传输是今后流行的趋势,其主要优势在于无须考虑接口电平及阻抗问题,接口灵活且抗干扰能力更强。通过 SPDIF 接口传输数码声音信号已经成为了新一代 PCI 声卡普遍拥有的特点。

图 2.5 典型的同轴 SPDIF 接口

图 2.6 典型的光纤 SPDIF 接口

2. SPDIF 在多媒体声卡上应用的优势和不足

在目前的家用多媒体声卡上,SPDIF 同轴电信号输出主要用来传输 Dolby Digital AC-3 信号和连接纯数字音箱。光纤输出则主要用来连接 MD 等数码音频设备,以实现几乎无损的音频录制。SPDIF IN 主要应用于传输数字 CD 信号,也就是让计算机以数字方式播放唱片。下面笔者对大家普遍比较疑惑的问题作一些说明。

(1) SPDIF 是传输通道

需要特别解释的是,大家不要以为使用 SPDIF 传输 AC-3 信号就是 AC-3 解码,目前民用声卡中还没有一款产品能够支持硬件等级的 Dolby Digital 解码,SPDIF 在此时的功能主要是把数字 AC-3 信号从声卡传输到解码器。

(2) 数字音箱与数字声卡的关系

前面提到过,声卡的数字模拟转换工作是交给 CODEC 芯片来完成的。但是计算机机箱内依然存在着严重的电磁波,D/A、A/D 转换仍然会受到比较严重的信号干扰。许多专业音频录音卡普遍采用将 CODEC 外置的做法,把数模转换部分以及各类外部接口等单独做成一个外置盒,以提高音质。但是这样做的直接后果便是成本大幅度提高,在家用多媒体市场肯定是曲高和寡的。到底有没有价廉物美的办法呢?一些音箱厂家就想出了把 D/A 转换工作从声卡上转移到音箱上的方案,数字式多媒体音箱也就应运而生了,CREATIVE 的 FPS2000 Digital、Sound Works 2.1Digital 就属于这种类型。这种方案的基本原理就是声音信号不经过声卡 CODEC 芯片的转换处理,直接以 PCM 格式,使用声卡上的同轴 SPDIF OUT,以纯数字方式传输到数字音箱中,通过音箱内置的 D/A 转换器解码,随后放大输出。这样干扰减小了,信噪比自然有所提高。然而目前主要不足之处在于,眼下部分数字音箱的 D/A 转换单元、放大器、扬声器素质不高,造成数字式传输的优势不能被完美地表现出来。

(3) 唱片数字式播放的问题

CREATIVE SB Live!声卡上率先拥有一个两针的 CD SPDIF 接口(图 2.7 所示为典型 CD SPDIF 接口),从传输形式来看,它属于 SPDIF IN 的范畴。那么它存在的意义又是什么呢?我们都知道 CD 唱片上的声音信息是用数字"0"和"1"来表示的。以往 CD-ROM 在播放唱片的时候,数字格式的音乐首先要经过光驱内部的 D/A 处理。在转换成模拟信号后,经过时常使用的那种 4 针的模拟信号连线传输到声卡上,然后再进行一系列处理。问题的关键在于,不同的 CD-ROM 所采用的 D/A 芯片质量参差不齐,经过劣质 D/A 转换后输出的模拟信号存在很大失真。所以也就造成了不同型号的光驱在播放唱片时的效果有所差异,在 CD 解码质量上口碑比较好的当属 Sony 和 Creative 的产品,一些杂牌光驱则惨不忍听。为了避免这种问题的发生,目前大多数光驱都在模拟信号输出插针的旁边加上了数字信号输出(Audio Digital)。通过这个两针的接口,唱片声音信号就可直接以数码方式传输到声卡上,将 D/A 转换交给音频处理芯片来完成。而前提则必须是声卡芯片可以完成相关的转换工作并支持 SPDIF IN,能够接收数字信号。CD 播放的信噪比就将随之大幅度提升。目前可以支持 CD SPDIF 接口的声卡不多,在国内市场上可以买的只有 SB Live!系列、黑金 FM801 和一些 CMI8738 声卡。遗憾的是,在

图 2.7　典型 CD SPDIF 接口

实际应用中我和许多朋友都发现，一些光驱虽然拥有数字音频信号输出功能，但问题多多，有的是无法正常出声，有的则杂音不断。究其原因可能有两点：光驱的数字输出口不标准或根本形同虚设，SB Live!声卡对光驱数字输出口的兼容性不佳。最近又有一个关于数字式唱片播放的热点来自 Microsoft 发布的 Windows MediaPlay 7.0。在这个微软最新推出的多功能音频播放软件中集成了数字 CD 播放功能，而且它宣称无论你的声卡是否支持 SPDIF IN，光驱是否带有数字音频信号输出，唱片都可以以数码方式播放。这究竟是怎么回事儿呢？其实 Windows MediaPlay 7.0 是通过光驱的 IDE 数据线将数字音频信号传输到系统总线，所以播放 CD 的时候数据灯会闪亮。最后再通过声卡进行 D/A 解码并输出，这种方式会增加系统负担，但不是很明显。

2.2.5 音频卡的发展和改进

MPC3 对音频卡的要求是目前对音频卡的标准要求，但这还远远没有达到音频卡发展的目标，音频卡在近期的发展将主要集中在进一步改善声音质量、统一音频卡标准、简化安装方法、三维环绕立体声、全双工声音处理、与通信技术的结合以及单一芯片等方面。

1. 改善声音质量

MPC3 没有对音频卡的信噪比作出明确的规定，但音频卡的信噪比在很大程度上决定了其音质，所以音频卡应具有优良的信噪比。优秀的音频卡都将在其 DSP 中增加动态滤波去噪功能，在录音时能有效地取出杂音。同时音频卡的采样大小现已逐步向 64bit 方向发展，这可大大提高声音的质量。

2. 统一音频卡标准

只有在统一的标准下或兼容主要的音频卡标准才能适应尽可能多的应用软件。世界上主要的音频卡软件标准有 Adlib、Sound Blaster Pro、Microsoft Sound System、Roland MPU401 和 MT32 等，在一时难以形成统一标准的情况下，音频卡应能兼容这些音频卡标准，才能适应不同软件环境的需要。

3. 简化安装的即插即用音频卡

现在音频卡的安装往往要涉及 I/O 端口基地址、IRQ 号、DMA 通道号等复杂的设置，这对普通用户来说显得太难了，许多计算机用户认为音频卡是现代计算机中最难设置的设备，更糟糕的是，基地址、I/O 端口、IRQ 号、DMA 通道号之间的冲突将引起系统严重错误或死机，甚至系统崩溃。

为了解决外部设备之间 I/O 端口、IRQ 号、DMA 通道号设置的冲突，Microsoft 和 Intel 联合制定了 ISA 总线的即插即用(Plug and Play，PnP)标准。符合即插即用方式的外设将不再需要用户自己设置，系统将自动地从可用的系统资源中为设备分配 I/O 地址、IRQ 号、DMA 通道号等。从理论上来说，操作系统可从主板及其上的 BIOS 中得到正确的 I/O 端口、IRQ 号、DMA 通道号服务，任何符合 PnP 标准的附加卡都可自行安全地安装。这要求操作系统能识别硬件并自动地安装驱动程序。Microsoft Windows95 是支持 PnP 的操作系统，Windows NT 和 IBM OS/2 将在新版中增加 PnP 特征。事实上，市面上有一些应用软件可以使 Windows 3.1 具备 PnP 功能。

虽然因为即插即用标准推出的时间较短，现有许多软件并不能很好地识别即插即用音频卡，甚至不支持 PnP 的操作系统如 Windows NT、IBM OS/2 上安装即插即用音频卡可能会出现许多问题，但易于安装的音频卡终究更易于被用户所接受，安装简便的即插即用音频卡将是音频卡的重要发展方向。

4. 三维环绕立体声

三维环绕(3D)立体声是现代音频卡的另一重要特征，它使音频卡具有更逼真的音响效果，让用户在使用计算机时，特别是在玩游戏时，感觉到声音来自各个不同的方向。这种逼真的三维环绕立体声效果能给用户提供真实可信的游戏经历，产生身临其境的感觉。

音频卡产生 3D 声音效果主要基于两种产生 3D 声音的技术，即 Qsound Labs Inc. 的 Qsound 技术和 SRS Labs Inc. 的 SRS(sound retrieve system)技术。这两家公司都已产出大量的 3D 声音处理器芯片。只需要两只普通的音箱、3D 音频卡就能使 PC 处理声音并将其映射到环绕用户的所有方向上。它能模拟各种真实的声音效果，如在玩射击活动物体的游戏时，用户能感觉到射击来自不同的方向并消失于其他方向。

SRS 技术是在普通立体声的基础上，使用硬件电路和软件共同控制、共同作用的方法，使其在空间交叉形成多个虚拟音源，模拟了声音在自然界中的传输效果，在大自然中，声音是通过空气传播的，并具有各种吸收反射、漫反射等过程，所以在我们自然界中较空旷的地方，如音乐厅、大厅、峡谷或较空旷的室内，声音的效果就比较好，而 3D SRS 系统就实现了这种音响效果，此技术以前只是应用在高级音响中，现在已经应用于 PC 使用的普通音频卡上，并在价格和效果上使普通用户可以接受。3D SRS 通过硬件和软件综合控制，硬件电路较成熟，软件控制简便。

Qsound 是通过软件实现的，在使用音效时需加载 Qsound 专用处理软件。其原理通过软件控制左右音箱的发声过程，可形成 180°的音场，从而形成空间立体环绕声效果。此种效果的一个明显缺点是必须加载软件，声音效果通过对音箱的左右音箱控制的时间顺序的变换，形成左右声道的声音的变换，从而形成左右声道声音之间的流动效果。

5. 全双工声音处理

全双工音频卡能同时进行放音和录音，这是音频卡的另一个发展趋势。全双工特性主要应用于最新的 Internet 的语音通话应用(即 Internet 电话)中。Internet 电话允许两个用户使用语音设备通过 Internet 连接进行通话。在连接时，音频卡录下用户的语音，Internet 软件把语音分成不同的信息包(分组报文)，并通过 Internet 传送出去；对接受信息的用户方面来说，只需将 Internet 传来的信息包进行组装还原，并通过音频卡播放出来。

使用 Internet 电话的最大好处就是用户只需缴纳本地使用费就能与世界各地的人通话，而获得这种好处的要点就是安装能同时进行放音和录音的全双工音频卡。Aztech Nova ExtraⅡ 16-3D 是市面上最常见的全双工音频卡。

6. 与通信技术的结合

在现代信息社会中，电子通信把整个世界联系在一起，在音频卡中加上数据 Modem、传真等通信功能是音频卡的发展趋势。Azetch Audio Telephony 2000 是这种与通信技术相结合的音频卡的典范，它是一种集 6 种功能于一体的多功能电信卡，具有数据 Modem、传真、自动回答电话、录音电话、16 位音频卡、带有 CD-ROM 驱动器接口等多种功能，可以说是集整个办公室自动化所需设备于一卡之中。

7. 单一芯片

现在音频卡处理数字声音的DSP芯片,合成声音的合成器芯片,需要两个芯片,将来的音频卡将朝着单一芯片方案发展,即将DSP芯片和合成器芯片等音频卡的主要组件集成到一块芯片中,进一步简化音频卡的电路,减低生产成本。1995年Yamaha公司的FM专利已过期,许多公司都已实现集成音频编码/解码器(比如A/D、D/A转换器)、混音芯片及FM合成器于单一芯片的目标。随着DSP和超大规模集成电路的发展,整块音频卡都将集成于一块芯片中,并成为计算机主板的一部分。

2.3 音频编码基础和标准

2.3.1 音频编码的基础

从信息保持的角度讲,只有当信源本身具有冗余度,才能对其进行压缩。统计分析结果表明,语音信号存在着多种冗余度,其最主要部分可以分别从时域和频域来考虑。另外由于语音主要是给人听的,所以考虑了人的听觉机理,也能对语音信号实行压缩。

1. 时域信息的冗余度

(1) 幅度的非均匀分布

统计表明,语音中的小幅度样本比大幅度样本出现的概率要高。又由于通话中必然会有间隙,更出现了大量的低电平样本。此外,实际讲话信号功率电平也趋向于出现在编码范围的较低电平端。因此,语音信号取样值的幅度分布是非均匀的。

(2) 样本间的相关

对语音波形的分析表明,取样数据的最大相关性存在于邻近样本之间。当取样频率为8kHz时,相邻取样值间的相关系数大于0.85;甚至在相距10个样本之间,还可有0.3左右的数量级。如果取样速率提高,样本间的相关性将更强。因而根据这种较强的一维相关性,利用N阶差分编码技术,可以进行有效的数据压缩。

(3) 周期之间的相关

语音信号虽与电视信号有许多相似之处,但其最大的不同是语音信号的直流分量并不占主要成分。因为光信号是非负的,而语音信号却可正可负。虽然语音信号需要一个电话通路提供整个300～3400Hz的带宽,但在特定的瞬间,某一声音却往往只是该频带内的少数频率成份在起作用。当声音中只存在少数几个频率时,就会像某些振荡波形一样,在周期与周期之间,存在着一定的相关性,利用语音周期之间信息冗余度的编码器,比仅仅只利用邻近样本间的相关性的编码器效果要好,但要复杂得多。

(4) 基音之间的相关

人的说话声音通常分为两种基本类型:

第一类称为浊音(voiced sound),由声带振动产生,每一次振动使一股空气从肺部流进声道,激励声道的各股空气之间的间隔称为音调间隔或基音周期。一般而言,浊音产生于发元音及发某些辅音的后面部分。

第二类称为清音(unvoiced sound),一般又分成摩擦音和破裂音两种。前者用空气通过声道的狭窄部分而产生的湍流作为音源;后者声道在瞬间闭合,然后在气压激迫下迅速地放开而产生了破裂音源。语音从这些音源产生，通过声道再从口鼻送出。清音比浊音具有更大的随机性。

浊音波形不仅显示出上述的周期之间的冗余度，而且还展示了对应于音调间隔的长期重复波形。因此，对语音浊音部分编码的最有效的方法之一是对一个音调间隔波形来编码，并以其作为同样中其他基音段的模板。男、女的基音周期分别为5～20ms和2.5～10ms，而典型的浊音约持续100ms，一个单音中可能有20～40个音调周期。虽然音调周期间隔编码能大大降低码率，但是检测基音有时却十分困难。而如果对音调检测不准，便会产生奇怪的“非人音”。

(5) 静止系数

两个人之间打电话，平均每人的讲话时间为通话总时间的一半，另一半时间听对方讲。听的时候一般不讲话，而即使是在讲话的时候，也会出现字、词、句之间的停顿。通过分析表明，话音间隙使得全双工话路的典型效率约为通话时间的40%(或静止系数为0.6)。显然，话音间隔本身就是一种冗余，若能正确检测出该静止段，便可“插空”传输更多的信息。

(6) 长时自相关函数

上述样本、周期间的一些相关性，都是在20ms时间间隔内进行统计的所谓短时自相关。如果在较长的时间间隔(比如几十秒)进行统计，便得到长时自相关函数。长时统计表明，8kHz的取样语音的相邻样本间，平均相关系数高达0.9。

2. 频域信息的冗余度

(1) 非均匀的长时功率谱密度

在相当长的时间间隔内进行统计平均，可得到长时功率谱密度函数，其功率谱呈现强烈的非平坦性。从统计的观点看，这意味着没有充分利用给定的频段，或者说有着固有的冗余度。特别地，功率谱的高频能量较低，这恰好对应于时域上相邻样本间的相关性。此外，再次可以看到，直流分量的能量并非最大。

(2) 语音特有的短时功率谱密度

语音信号的短时功率谱，在某些频率上出现峰值，而在另一些频率上出现谷值。这些峰值频率，也就是能量较大的频率，通常称为共振峰频率。此频率不止一个，最主要的是第一和第二个，由它们决定了不同的语音特征。另外，整个谱也是随频率的增加而递减的。更重要的是，整个功率谱的细节以基音频率为基础，形成了高次谐波结构。这都与电视信号类似，仅有的差异在于直流分量较小。

3. 人的听觉感知机理

语音最终是给人听的，所以要充分利用人的听觉生理——心理特性对于语音感知的影响，以免做“即使记录了，人耳也听不见”的无用功。

(1) 人的听觉具有掩蔽效应。当几个强弱不同的声音同时存在时，强声使弱声难以听见的现象称为同时掩蔽，它受掩蔽声音和被掩蔽声音之间的相对频率关系影响很大；声音在不同时间先后发生时，强声使其周围的弱声难以听见的现象称为异时掩蔽。

(2) 人耳对不同频段的声音的敏感程度不同，通常对低频端较之对高频端更敏感。即使是对同样声压级的声音，人耳的实际感觉到的音量也是随频率而变化的。

(3) 人耳对语音信号的相位变化不敏感。人耳听不到或感知极不灵敏的声音分量都不妨视为冗余的。

音频编码的目的在于压缩数据。在多媒体音频数据的存储和传输中，数据压缩是必须的。通常数据压缩造成音频质量的下降、计算量的增加。因此，人们在实施数据压缩时，要在音频质量、数据量、计算量复杂度三方面进行综合考虑。

为了实现音频数据压缩，多方面的专家致力于算法的研究，众多的企业致力于芯片和产品的研制，国际标准化组织也先后推出一系列建议。高质量高效率的音频压缩技术广泛地用于多媒体应用、音像制品、数字广播、数字电视领域。

4. 音频编码的分类

(1) 基于音频数据的统计特性进行编码。其典型技术是波形编码。其目标是使重建语音波形保持原波形的形状。PCM(脉冲编码调制)是最简单最基本的编码方法。它直接赋予抽样点一个代码，没有进行压缩，因而所需的存储空间较大。为了减少存储空间，人们寻求压缩编码技术。利用音频抽样的幅度分布规律和相邻样值具有相关性的特点，提出了差值量化(DPCM)、自适应量化(APCM)和自适应预测编码(ADPCM)等算法，实现了数据的压缩。波形编码适应性强，音频质量好，但压缩比不大，因而数据率较高。

(2) 基于音频的声学参数进行参数编码。其可进一步降低数据率。其目标是使重建音频保持原音频的特性。常用的音频参数有共振峰、线性预测系数、滤波器组等。这种编码技术的优点是数据率低，但还原信号的质量较差，自然度低。

将上述两种编码算法很好地结合起来，采用混合编码的方法。这样就能在较低的码率上得到较高的音质。如码本激励线性预测编码(CELP)、多脉冲激励线性预测编码(MPLPC)等。

(3) 基于人的听觉特性进行编码。从人的听觉系统出发，利用掩蔽效应，设计心理声学模型，从而实现更高效率的数字音频的压缩。其中以 MPEG 标准中的高频编码和 DolbyAC-3 最有影响。

2.3.2 音频编码标准

当前编码技术发展的一个重要方向就是综合现有的编码技术，制定全球的统一标准，使信息管理系统具有普遍的互操作性并确保了未来的兼容性。国际上，对语音信号压缩编码的审议在 CCITT 下设的第十五研究组进行，相应的建议为 G 系列，多由 ITU 发表。

国际电报电话咨询委员会(CCITT)和国际标准化组织(ISO)先后提出了一系列有关音频编码的建议。表 2.2 中列出了一些音频编码算法和国际标准。1972 年首先制定了 G.711 64kbps(A)律PCM 编码标准。1984 年又公布了 G.721 标准(1986 年修订)。它采用的是自适应差分脉冲编码(ADPCM)，数据率为 32kbps。这两个标准适用于 200～3400Hz 窄带话音信号，已用于公共电话网。针对宽带语音(50～7kHz)，CCITT 制定了C.722 编码标准，它的数据率为 64kbps。它可用在综合业务数据网(ISDN)的 B 通道上传输音频数据。之后公布的 G.723 建议中码率为 40kbps 和 24kbps，G.726 中码率为 16kbps。CCITT 于 1990 年通过了 16～40kbps 镶嵌式 ADPCM 标准 G.727。低码率、短延时、高质量是人们期望的目标。在 AT&T Bell 实验室，16kbps 短延时码激励(LD-CELP)编码方案的基础上，经优化，CCITT 在 1992 年和 1993 年分别公布了浮点和定点算法的G.728 标准。该算法延时小于 2ms，话音质量可达 MOS4 分以上。ISO 的运动图像专家组在制定运动图像编码标准的同时，为图像伴音制定了 20kHz 带宽的 128kbps 标准。1988 年欧洲数字移动通信 GSM

制定了泛美数字移动通信网的13kbps长时预测规则码激励(RPE-LTP)语音编码标准。1989年北美蜂窝电话工业组织(CTIA)公布了北美数字移动通信标准。它采用和时自适应码本激励。日本的数字移动通信标准是6.7kbps的VSELP(矢量和激励线性预测)。CCITT正在制定更低码率高质量短延时的音频编码标准。

表 2.2 音频编码算法和标准

	算 法	名 称	数据率	标准	应 用	质量
波形编码	PCM	均匀量化			公共网 ISDN 配音	4.0～4.5
	μ(A)	μ(A)	64kbps	G.711		
	APCM	自适应量化				
	DPCM	差值量化				
	ADPCM	自适应差值量化	32kbps	G.721		
	SB-ADPCM	子带-自适应差值量化	64kbps	G.722		
			5.3kbps 6.3kbps	G.723		
参数编码	LPC	线性预测编码	2.4kbps		保密话声	2.5～3.5
混合编码	CELPC	码激励 LPC	4.6kbps		移动通信	4.0～3.7
	VSELP	向量和激励 LPC	8kbps		语音邮件	
	RPE-LTP	长时预测规则码激励	13.2kbps		ISDN	
	LD-CELP	低延时码激励 LPC	16kbps	G.728 G.729		
	MPEG	多子带 感知编码	128kbps		CD	5.0
	AC-3	感知编码			音响	5.0

1. G.711

本建议公布于1972年,它给出话音信号编码的推荐特性。话音的取样率为8kHz,允许偏差是±50ppm。每个样值采用8位二进制编码,推荐使用A律和μ律编码。本建议中分别给出A律和μ律的定义,它是将13位的PCM按A律,14位PCM按μ律转换8位编码。简单地讲,建议中把13(14)PCM分割成16段,各段长度不等,每段给16个码字,总编码共256个。图2.8所示为A律正输入时,输入码与输出码的关系。

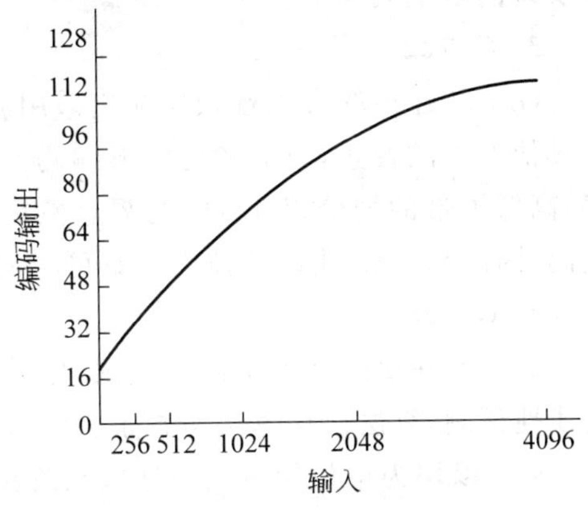

图 2.8 正输入码与A律输出码的关系

选用不同译码规律的国家之间,数据通路传送按A律译码的信号。使用μ律的国家应进行转换,建议给出了μ-A编码的对应表。建议还规定,在物理介质上连续传输时,符号位在前,最低有效位在后。

2. G.721

这个建议用于 64kbps 的 A 律和 μ 律 PCM 与 32kbps 的 ADPCM 之间的转换。

图 2.9 是 32kbps 的 ADPCM 编码器和解码器结构框图。编码器的输入信号是 64kbps 的 A 律和 μ 律 PCM 编码。首先将其转换为标准 PCM 编码，然后从中减去估计值，得到差值信号 $d(k)$。15 阶自适应量化器将 $d(k)$ 量化成 4 位二进制值 $I(k)$。逆量化器从这 4 位二进制数中产生量化的差值信号 $d_q(k)$。$d_q(k)$ 和估计值 $S_q(k)$ 相加得到重构信号 $S_r(k)$。自适应预测器利用 $d_q(k)$ 和 $S_r(k)$ 生成输入信号的估计值。

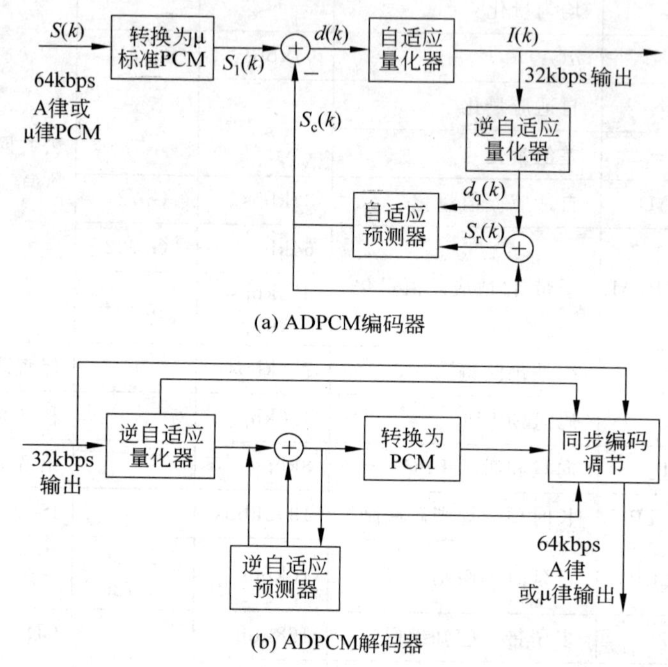

图 2.9　ADPCM 编码器和解码器结构框图

解码器包括一个与编码器反馈部分相同的结构，还有 A 律和 μ 律的转换器，以及同步编码调节器。同步编码调节用于防止同步级联编码（ADPCM-PCM-ADPCM）在某些情况下产生累积失真。用试图消除下一个 ADPCM 编码的量化失真的方式调节 PCM 的输出，以实现同步编码调节。

3. G.722

G.722 建议的带宽音频压缩仍采用波形编码技术，因为要保证既能适用于话音，又能用于其他方式的音频，只能考虑波形编码。G.722 编码采用了高低两个子带内的 ADPCM 方案，高低子带的划分以 4kHz 为界。然后再对每个子带内采用类似 G.721 建议的 ADPCM 编码，因此 G.722 建议的技术方案可以简写为 SB-ADPCM（子带-自适应差分脉冲码调制）。

4. G.728

G.728 建议的技术基础是美国 AT&T 公司贝尔实验室提出的 LD-CELP（低延时-码激励线性预测）算法。该算法考虑了听觉特性，其特点是：

（1）以块为单位的后向自适应高阶预测；

（2）后向自适应型增益量化；

(3) 以矢量为单位的激励信号量化。

语音输入为每帧 5 个取样值，附加上激励信号的波形与增益表达信息 10bit，编码时延在 2ms 以内。这一点与每一帧取 160 个样值，附加有除激励信号和波形与增益表达信息外还包括线性预测系数、音调预测系数、音调整增益辅助信息等信息的基本 CELP 结构不同。另外，G.721 方案是对每个取样值进行预测并自适应量化，而本方案则是对所有取样值以矢量为单位进行处理，并且应用了线性预测和增益自适应的最新理论与成果。编码时将事先准备好的激励矢量的所有组合合成语音，然后将其结果与被编码的输入信号相比较，选出听觉加权后距离最小的码元作为信息传送。而合成器则将发送端编码传送所制定的激励矢量、3 位增益码和自身已合成过的语音波形一起合成为语音。CELP 编码和解码器如图 2.10 所示。

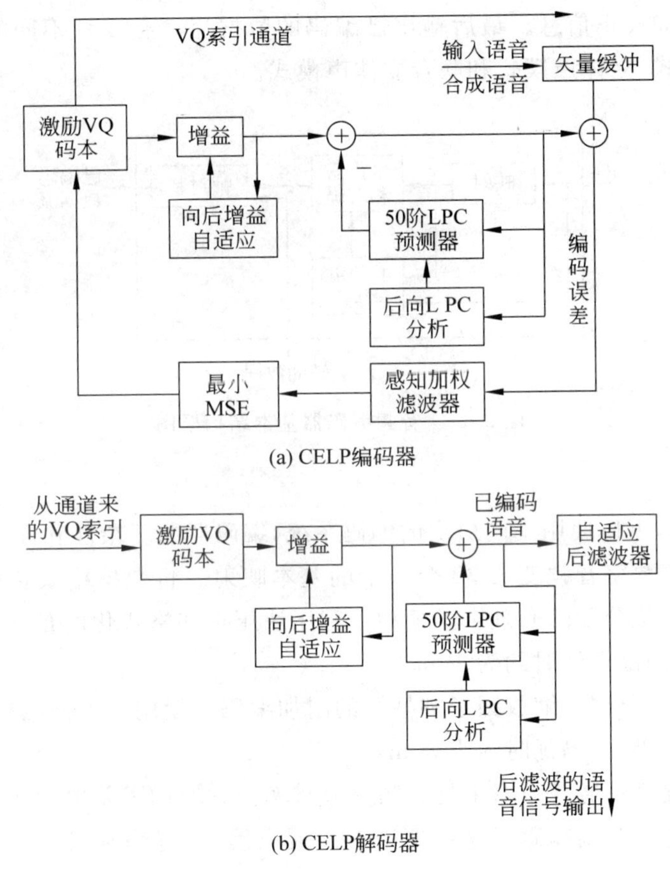

图 2.10　CELP 编码和解码器

5. MPEG 中的音频编码

国际标准化组织/国际电工委员会所属 WG11 工作组，制定推荐了 MPEG 标准。已公布和正在讨论的标准有 MPEG Ⅰ、MPEG Ⅱ、MPEG Ⅳ、MPEG Ⅶ。本节介绍的内容是 MPEG Ⅰ标准的一部分，对应于 ISO/IEC 11172-3(MPEG 音频)。这部分规定了高质量音频编码方法，存储表示和解码方法。编码器的输入和解码器的输出与现存的 PCM 标准兼容。ISO/IEC 11172 视频、音频的总数据率为 1.5Mbps。音频使用的采样率为 32kHz、

44.1kHz 和 48kHz。编码输出的数据率有许多种，由相关的参数决定。

(1) 编码器

编码器处理数字音频信号，并生成存储所需的数据流。但编码器的算法并没有标准化，可以使用多种算法，如对音频掩蔽阈值估计的编码、量化和缩放。只要编码器输出的数据能使符合本标准的解码器解出适用的音频流。图 2.11 表明了音频编码器的基本结构。编码过程如下：输入的音频抽样被读入编码器。映射器建立经滤波的输入音频数据流的子带抽样表示。如在层Ⅰ、层Ⅱ，则是子带抽样，在层Ⅲ是经变换的子带抽样。心理声学模型建立一组控制量化和编码的数据。这些数据随实际编码器而变。一种可能的办法是利用音频掩蔽阈值来控制量化器。量化和编码部分是从已映射的输入抽样中生成一组编码符号。这部分也与编码系统有关。帧封装将来自其他模块的输出数据汇集成实际数据，如果需要的话，再加上其他信息，如校正信息。最后输出已编码的数据流。有 4 种不同的编码模式：单声道模式、双声道模式、立体声模式和联合立体声模式。

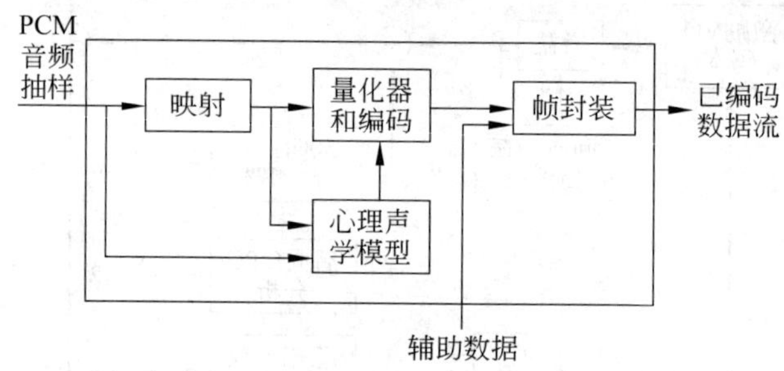

图 2.11　音频编码器基本结构框图

(2) 编码层次

根据应用需求，可以使用不同层次的编码系统，编码器的复杂性和性能也随之升高。

- 层Ⅰ包括将数字音频变成 32 个子带的基本映射。将数据格式化成块的固定分段。决定自适应位分配的心理声学模型。利用块压扩和格式化的量化器。理论上，层Ⅰ编码/解码的最少延时约为 19ms。
- 层Ⅱ提供了位分配，缩放因子和抽样的附加编码。使用了不同的帧格式。这层理论上的最小编码/解码延时约为 35ms。
- 层Ⅲ采用混合带通滤波器来提高频率分辨率。它增加了差值量化(非均匀)、自适应分段和量化值的熵编码。这层理论上的最小编码/解码延时为 59ms。联合立体声编码作为一个附加特性，能够加入到任何一层中。

(3) 存储

已编码的视频数据、音频数据、同步数据、系统数据和辅助数据均可一并存入同一存储介质中。如果限定编辑点与可寻地点一致，音频编辑是很容易的。

对存储器的存取可能包括在通信系统中的远程存取。假定存取被一个功能单元控制，而不是被音频解码器本身控制。这个控制单元接收用户命令，读取并解释数据的基本结构信息，从介质中读取已存储的信息，分解非音频信息，按所需的速率将存储的音频数据流传送给音频解码器。

(4) 解码

解码器按编码器定义的语法接收压缩的音频数据流，按解码部分的方法解出数据元素，按滤波器的规定，用这些信息产生数字音频输出。

图 2.12 表明了音频解码器的基本结构。其解码过程如下：数据流输入到解码器。首先进行数据流拆封，恢复出各种信息。如果在编码器中使用了误差校验，解码器也将进行误差校验。重构单元将重构一组映射抽样的量化方案。逆映射单元把这些抽样变换回均匀 PCM。

6. AC-3 编码和解码

AC-3 音频编码标准的起源是 DOLBY AC-1。AC-1 应用的编码技术是自适应增量调制(ADM)，它把 20kHz 的宽带立体声音频信号编码成 512kbps 的数据流。AC-1 曾在卫星电视和调频广播上得到广泛应用。1990 年 DOLBY 实验室推出了立体声编码标准 AC-2，它采用类似 MDCT 的重叠窗口的快速傅立叶变换(FFT)编码技术，其数据率在 256kbps 以下。AC-2 被应用在 PC 声卡和综合业务数字网等方面。

1992 年 DOLBY 实验室在 AC-2 的基础上，又开发了 DOLBY AC-3 的数字音频编码技术。AC-3 提供了 5 个声道的从 20Hz～20kHz 的全通带频响，即正前方的左(L)、中(C)和右(R)，后边的两个独立的环绕声通道左后(LS)和右后(RS)。AC-3 同时还提供了一个 100Hz 以下的超低音声道供用户选用，以弥补低音不足。因为此声道仅为辅助而已，故定为 0.1 声道。所以 AC-3 被称为 5.1 声道。AC-3 将这 6 个声道进行数字编码，并将它们压缩成一个通道，而它的比特率仅是 320kbps，如图 2.13 所示。

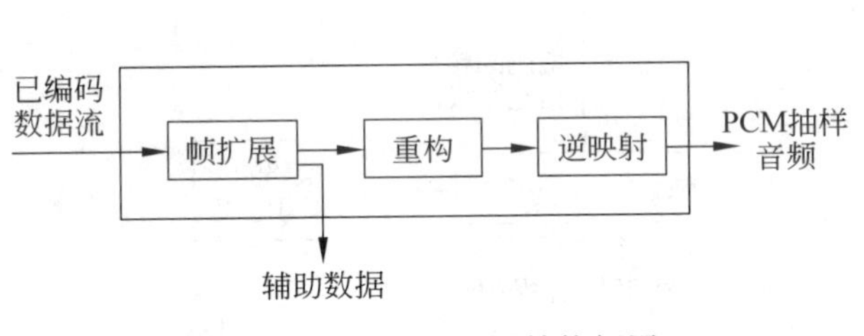

图 2.12 音频解码器结构框图

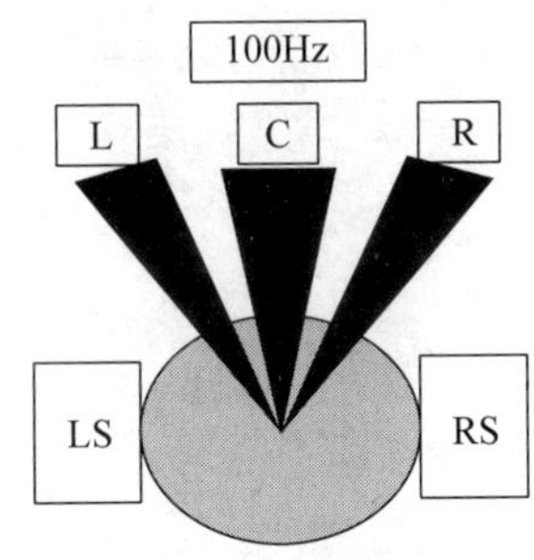

图 2.13 AC-3 5.1 声道

AC-3 除了技术上有许多特点和优点外，在使用上也具有许多优点：它能使单声道的节目内容通过 5 声道得到很好的声音效果；由于在它的比特流内，对每种节目方式，如单声道(mono)、立体声(stereo)和环绕声(surround)等都有一个指导信号，因此在工作时，AC-3 能自动地明显地为使用者指示出节目的方式。AC-3 可以将 5.1 通路的信息内容压缩为两个声道供给录制两通道的 VHS 或作为 DOLBY 环绕声的输入源。AC-3 甚至可以将 5.1 通路的信号内容压缩为单声道，如图 2.14 所示。

从 1987 年以来，美国一直在考虑日后在美国的高清晰度电视(HDTV)的标准，经过多次的评试和鉴定，DOBLY AC-3 在 1993 年 10 月 25 日被正式定为美国 HDTV 的音频标准，并在 1996 年开始使用。

DOLBY AC-3 的使用范围很广，如制作镭射影碟、CD 唱片、VHS 录像带。在电视广播上，可用于 DBS(数字广播系统)、CATV(有线电视)，此外还应用在 DBS(直播卫星)上。

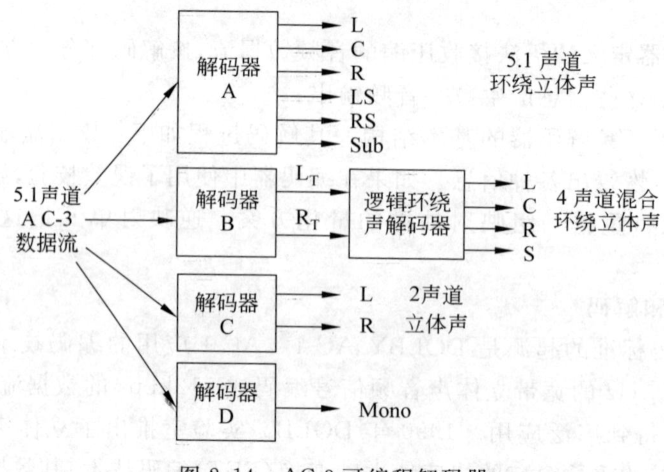

图 2.14 AC-3 可编程解码器

(1) AC-3 的编码

AC-3 编码器接受标准的 PCM 码流，通过滤波器组变换到频域，然后进行频谱包络分析，根据分析的结果确定相应频率抽样量化所用的存储空间，最后依据 AC-3 语法格式形成码流。编码器工作流程框图如图 2.15 所示。

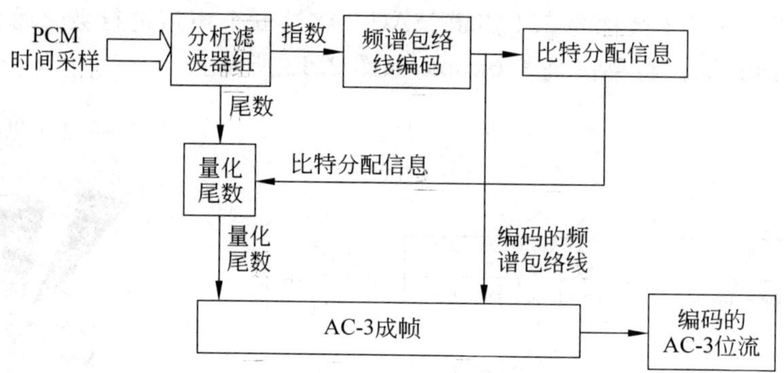

图 2.15 AC-3 编码器工作流程框图

图 2.16 所示为 AC-3 软件编码器的流程图，它具体描述了将输入的 PCM 信号编码成 AC-3 数据流的过程。

AC-3 编码器接收 16 位的 PCM 输入，经过一些测试后就将时域采样变换成频域采样。然后根据样点的性质确定是否需要使用耦合，如果是的话就形成耦合声道。变换系数被分离成指数和尾数来编码，所谓指数就是变换系数本身的前导零的数目，尾数是规格化的变换系数。指数用 D15、D25 和 D45 三种方法编码成频谱包，同时比特分配装置产生比特分配指针(bap)来确定尾数的量化。然后编码的指数和尾数以及一些同步信息和位流信息被打包成 AC-3 的一帧输出。

Dolby AC-3 将每一声道的音频根据人耳听觉特性区分为许多最适合的狭窄频段，然后对不同的频段采用不同的编码策略，以达到噪声掩蔽。经此编码处理后，所存的信号，在实际放送时，仍给人以完整的感觉。AC-3 感知编码系统实际上是一种极具选择性的抑噪系统。

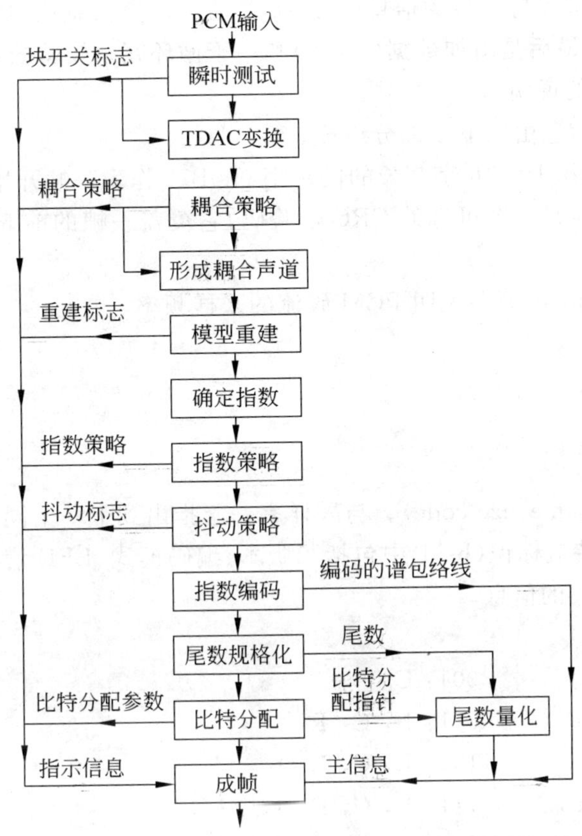

图 2.16 AC-3 编码流程图

Dolby AC-3 还可以用某声道的声压来掩蔽其他声道的噪声，正是这种掩蔽效应使得 Dolby AC-3 达到了很高的数字音频压缩效率，音质也更为逼真。

(2) AC-3 比特流及语法格式

AC-3 与 MPEG 标准类似，标准只定义压缩数据流的语法和语义，不为编码器规定固定的结构和实施办法。尤其在听觉模型上每个编码器实施办法中是可以完全不同，所以其质量可能也是各种各样的。这既有利于应用的规范化和解码器的设计，又有利于解码算法的改进和发展。

AC-3 比特流由连续的同步帧(synchronization frame)组成，每帧的格式如图 2.17 所示。

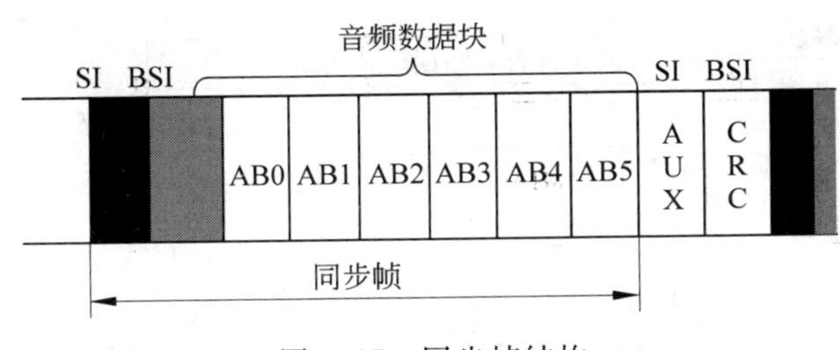

图 2.17 同步帧结构

同步帧首先是用来保持同步的信息(SI),接着是比特流信息头(BSI),之后是6个音频数据块(AB0～AB5),最后是附加数据(AUX)和用于循环冗余校验的CRC字。下面对其每一部分进行比较详细的说明。

同步信息:同步信息由以下4部分组成。

- 同步字(syncword)。16字节长的同步字0x0B77作为一帧开始的同步标志。
- 检验码(crcl)。是一个可选的CRC校验码,它覆盖一帧的前5/8。crc2校验每帧的后3/8。
- 采样频率(frequency)。说明PCM码流的采样频率。

  000:48kHz

  001:44.1kHz

  010:32kHz

  011:保留

- 帧长度代码(frame size code)。与采样率一起指出到下一个同步字的距离。

比特流标识:比特流标识(bsid)中包括了版本、编码模式、LFE信息、语音平衡、整体压缩等一系列与解码有关的信息。

编码模式包括:

000:ch1, ch2　　001:C

010:L, R　　011:L, C, R

100:L, R, S　　101:L, C, R, S

110:L, R, LS, LR　　111:L, C, R, LS, LR

音频数据块:在音频数据块(audio-block)中包含了音频数据及与之相关的解码控制信息。音频数据块主要记录了频域系数的指数(exponent)和尾数(mantissa)及其控制策略信息,还有动态范围压缩、耦合通道处理、位分配还原附加信息等。根据这些信息,再分配BSI和SI中的信息,就可以从码流中提取指数,推算出bit-allocation,再提取尾数,并经过反耦合,从而得到各声道的频域系数,再经过反变换,输出时域的PCM码,这时也就完成了解码工作。

附加数据。附加数据区保留了用户自己定义的一些信息。

错误校验。包含了一个错误校验字(crc2),它覆盖了整个帧的数据。

(3) AC-3解码

由于标准规定了严格的语法格式,所以解码亦成为一种标准化的过程。解码器工作流程框图如图2.18所示。

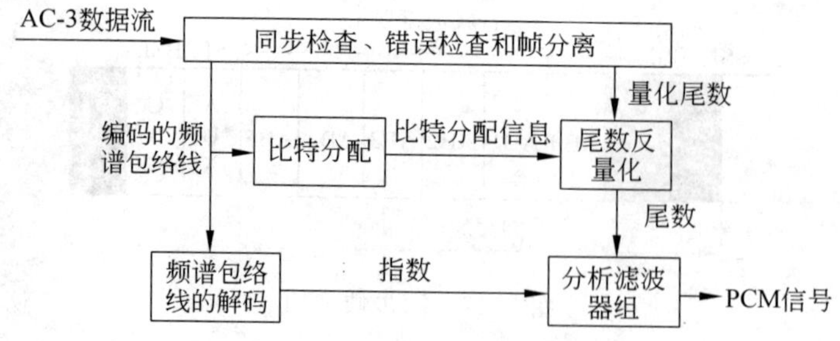

图2.18　AC-3解码器工作流程框图

AC-3 的解码是与编码不对称的逆过程。它将分析码流的正确性(CRC 校验),然后根据头部信息(SI. BSI 等)解出每一声道的指数,继而分析它,并得出相应尾数所占的比特数,解出尾数,与指数一起合成频域参数。再通过 IMDCT 和 IFFT 变化,形成标准的 PCM 码流输出。在解码过程中,还要处理多通道耦合、动态范围调整等一系列技术,以达到与压缩前基本相同的质量,同时配合放送装置的控制,达到最佳的再现效果。

2.4 音乐合成和 MIDI 规范

2.4.1 音乐合成

自 1976 年应用调频(FM)音乐合成技术以来,其乐音已经很逼真。1984 年又开发出另一种更真实的音乐合成技术——波形表(Wavetable)合成。目前这两种音乐合成技术都应用于多媒体计算机的音频卡中。

一个乐音必备的三要素是:音高、音色和响度。若把一个乐音放在运动的旋律中,它还应具备时值——持续时间,这些要素的理想配合是产生优美动听的旋律的必要条件。下面分别对它们作一简介。

音高:音高指声波的基频。基频越低,给人的感觉越低沉。对于平均律(一种普遍使用的音律)来说,各音的对应频率如表 2.3 所示。知道了音高与频率的关系,我们就能够设法产生规定音高的单音了。

表 2.3 音频与频率的对应关系

音阶	C	D	E	F	G	A	B
简谱音符	1	2	3	4	5	6	7
频率	261	293	330	349	392	440	494

音色:具有固定音高和相同谐波的乐音,有时给人的感觉仍有很大差异,比如人们能够分辨具有相同音高的钢琴和小提琴声音,这正是因为他们的音色不同。音色是由声音的频谱决定的:各阶谐波的比例不同,随时间衰减的程度不同,音色就不同。"小号"的声音之所以具有较强的穿透力和明亮感,只因"小号"声音中高次谐波非常丰富。各种乐器的音色是由其自身结构特点决定的。用计算机模拟具有强烈真实感的旋律,音色的变化是非常重要的。

响度和时值:响度是对声音强度的衡量,它是听判乐音的基础。人耳对于声音细节的分辨与响度直接有关:只有在响度适中时,人耳辨音才最灵敏。如果一个音的响度太低,便难以正确判别它的音高和音色;而响度过高,也会影响判别的准确性。关于时值是容易理解的:它具有明显的相对性。一个音只有在包含了比它更短的音的旋律中才会显得长。时值的变化导致旋律的行进:或平缓、均匀,或跳跃、颠簸,以表达不同的情感。

FM 是使高频振荡波的频率按调制信号规律变化的一种调制方式。采用不同的调制波频率和调制指数,就可以方便地合成具有不同频谱分布的波形,再现某些乐器的音色,可以采用这种方法得到具有独特效果的"电子模拟声",创造出丰富多彩的真实乐器不具备的音色,这也是 FM 音乐合成方式特有的魅力之一。

为了说明音乐合成原理，我们选择早期音频卡中常用的 FM 合成芯片 YM3812，简述如何实现 FM 音乐合成，如何模拟各种乐器的音色。

YM3812 是一种广泛使用的新型音乐合成芯片。它采用 FM 合成方式，能够在软件的控制下产生变化极为丰富的各种音色，它的主要特点是：

- FM 方式产生真实音响。
- 两种工作模式：9 声道同时发音 6 种旋律加 5 种节奏乐。
- 内置颤音振荡器/调幅(AM)振荡器。
- 可采用正弦波组合方式合成语音。
- 输入/输出为 TTL 电平。

图 2.19 给出了 YM3812 的管脚排列。

各引脚的功能如下：

M：主时钟输入，频率为 3.6MHz。

SY、SH：D/A 转换所需的时钟和同步信号。

D0～D7：8 位双向数据总线。

CS、RD、WR、A0：数据总线控制。

0100：OPL I 的寄存器地址写入方式。

0101：OPL I 的寄存器写入内容选择定方式。

0010：OPL I 状态寄存器读出方式。

0011：无意义。

1000：置 D0-D7 为高阻状态。

IRQ：可屏蔽定时中断。

IC：清除 OPL I 所有寄存器内容，初始化 OPL I。

MO：数字音乐信号输出，13 位精度。

使用 YM3812 构成的音乐系统如图 2.20 所示。由于 YM3812 输出的是数字信号，因此系统需要一数/模转换，如 YM3014。微机通过总线传输必要的数据，由 YM3812 将它们变成相应的音高、音色、响度的数字频信号，经数/模转换变成模拟量，再经功率放大得到音响输出。

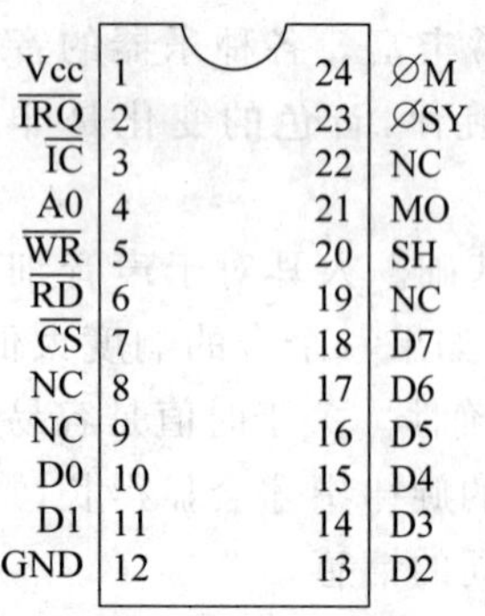

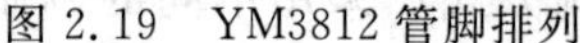

图 2.19　YM3812 管脚排列

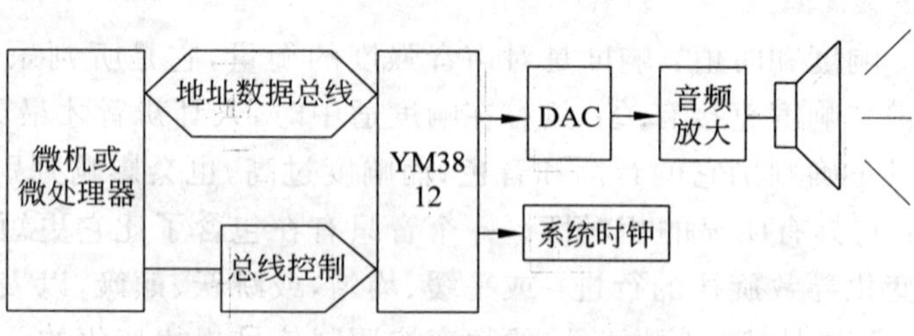

图 2.20　音乐系统框图

使用 YM3812 的音频卡很多，典型的有 Sound Blaster。厂家已为这些产品配备了相应的软件，使我们可以脱离硬件来进行音乐创作和演奏。

系统提供 FM 音乐驱动程序，将其装入内存后，就可以播放 FM 音乐了。开发工具提供高级语言界面，也可通过高级语言播放 FM 音乐。

那么如何获得 FM 音乐文件呢？Sound Blaster 提供了简谱编写软件。可先利用文字编辑器写出类似简谱格式的文件，再转换成 FM 音乐文件。为了获得 FM 音乐文件，还可以通过格式转换，把其他格式的音乐文件(如 MIDI)转换成 FM 音乐文件。

2.4.2 MIDI 规范

1. MIDI 的基本术语

MIDI 是音乐与计算机结合的产物。MIDI(Musical Instrument Digital Interface)是乐器数字接口的缩写，泛指数字音乐的国际标准，产生于 1982 年。多媒体 Windows 支持在多媒体节目中使用 MIDI 文件。标准的多媒体 PC 平台能够通过内部合成品连接计算机 MIDI 端口的外部合成品在播的 MIDI 文件。利用 MIDI 文件演奏音乐，所需的存储量最少。如演奏 2 分钟乐曲的 MIDI 文件只需不到 8KB 的存储空间。

MIDI 标准规定了不同厂家的电子乐器与计算机连接的电缆和硬件。它还指定从一个装置传送数据到另一个装置的通信协议。这样，任何电子乐器，只要有处理 MIDI 信息的处理器和适当的硬件接口都能变成 MIDI 装置。MIDI 间靠这个接口传递消息(massage)而进行彼此通信。实际上消息是乐谱(score)的数字描述。乐谱由音符序列、定时和称作合成音色(patche)的乐器定义所组成。当一组 MIDI 消息通过音乐合成芯片演奏时，合成器解释这些符号，并产生音乐。

下面介绍一些有关 MIDI 的术语。

(1) MIDI 文件

存放 MIDI 信息的标准文件格式。MIDI 文件中包含音符、定时和多达 16 个通道的演奏定义。文件包括每个通道的演奏音符信息：键、通道号、音长、音量和力度(击键时，键达到最低位置的速度)。

(2) 通道(channels)

MIDI 可为 16 个通道提供数据。每个通道访问一个独立的逻辑合成器。Microsoft 使用 1～10 通道作扩展合成器，13～16 用作基本合成器。

(3) 音序器(sequencer)

它是为 MIDI 作曲而设计的计算机程序或电子装置。音序器能够用来记录、播放、编辑 MIDI 事件。大多数音序器能输入、输出 MIDI 文件。

(4) 合成器(synthesizer)

它是利用数字信号处理器或其他芯片来产生音乐或声音的电子装置。数字信号处理器产生并修改波形，然后通过声音产生器和扬声器发出声音。合成器发声的质量和声部取决于以下因素：合成品能够同时播放的独立波形的个数，经控制软件的能力，合成器电路中的存储空间。

(5) 乐器(instrument)

它指合成器能产生特定声音。不同的合成器，乐器音色号不同，声音质量也不同。如，多数乐器都能合成钢琴的声音，不同乐器使用的音色号不同，它们输出的声音是有差异的。

(6) 复音(polyphony)

它指的是合成器同时支持的最多音符数。如一个能以 6 个复音合成 4 种乐器声音的合成器,可同时演奏分布于 4 种乐器的 6 个音符。它可能是 4 个音符的钢琴和弦、一个长笛和一个小提琴的音。

(7) 音色(timbre)

音色指的是声音的音质。音色取决于声音频率的组成。在非正式的用法中,它指的是与特定乐器相关的特定声音,如低音提琴、钢琴、小提琴的声音均有各自的音色。

(8) 音轨(tack)

一种用通道把 MIDI 数据分隔成单独组、并行组的文本概念。0 号格式的 MIDI 文件把这些音轨合并成一个。1 号格式 MIDI 文件维持不同的音轨。

(9) 合成音色映射器(patch appear)

它是一种软件,为了适应 Microsoft MIDI 合成音色,分配表规定合成音色编号。软件要为特定的合成品重新分配乐器合成音色编号,多媒体 Windows 的映射器可将乐器的合成音映射到任意 MIDI 装置上。

(10) 通道映射(channel mapping)

通道映射把发送装置的 MIDI 通道号变换成适当的接收装置的通道号。例如编排在 16 号通道的鼓乐,对于仅接收 6 号通道的鼓来说,就被映射成 6 号通道。

2. MIDI 和多媒体 PC

MIDI 规范允许 MIDI 装置以预先说明的方式通信。为了提供单电缆连接和通信端口标准,关键之一是物理连接的标准化。

MIDI 标准中规定 MPC 包括一个内部合成器和标准 MIDI 端口。

MIDI 装置应有一个或多个下列端口,如 MIDI IN、MIDI Out 和 MIDI Thru。每种端口有特定的用处,如发送、接收或在 MIDI 装置间转发 MIDI 消息。这种设计允许你同时控制所连接的多个 MIDI 装置。各端口的功能简述如下:

MIDI IN(输入口):接收从其他 MIDI 装置传来的消息。

MIDI Out(输出口):发送某装置生成的原始 MIDI 消息。向其他设备发送 MIDI 消息。

MIDI Thru(出发口):传送从输入口接收的消息到其他 MIDI 装置。向其他设备发送 MIDI 消息。

上述 MIDI 端口都支持标准的 MIDI 电缆连接。MIDI 电缆由屏蔽的双绞线及连接缆两端的 5 针 DIN 插关组成。MIDI 乐器间的连接如图 2.21 所示。

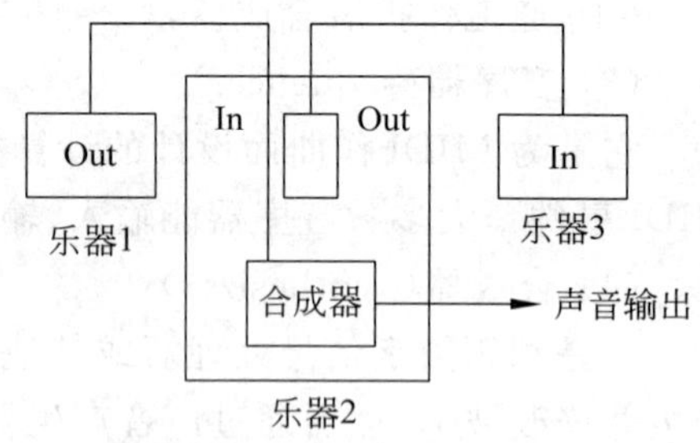

图 2.21 MIDI 乐器音的连接

除了物理连接外,MIDI 规范中还规定了用于 MIDI 装置彼此通信的标准消息。这些消息指定用一个或多个 MIDI 装置来定义和产生音乐的事件。消息的内容还定义了弹奏的音符、乐器的变换等事件。

定义和产生歌曲的 MIDI 消息和数据存于 MIDI 文件中。使用音序器建立 MIDI 文件,它获取 MIDI 消息,并把它们存于文件中。演奏 MIDI 文件时,音序器把 MIDI 消息从文件送到合成器,合成器把这些消息转换成特定乐器、特定音高和时长的声音。合成器用 DSP 或其他芯片产生并修改波形,得以合成音乐和声音,并通过声音发生器和扬声器送出去。

有了波形音频的众多功能,那为什么还要使用 MIDI 呢?这是因为 MIDI 文件是一系列指令,而不是波形,它需要的磁盘空间非常之少,并且预先装载 MIDI 文件比波形文件容易得多。这样,当你设计多媒体节目,特别是指定什么时候播放音乐时,将有很大的灵活性。

在以下几种情况下,使用 MIDI 谱曲比使用波形音频更合适,例如:

- 需要播放长时间高质量音乐。比如你想在硬盘上存储的音乐大于 1 分钟,而硬盘又没有足够的存储容量。
- 需要以音乐作为背景音响效果。同时从 CD-ROM 中装载其他数据,如图像、文字的显示。
- 需要以音乐作背景音响效果。同时播放波形音频或实现文-语转换,以实现音乐和语音同时输出。

3. MIDI 1.0 的技术规范

MIDI 规范创建于 1983 年,是由 MIDI 协会制定的,首先公布了 MIDI 1.0 版本,后又补充公布了"MIDI-1.0 详解"、"MIDI-1.0 规定的补充说明"、"通用 MIDI 规定"(1991 年)。MIDI 规定合成器、音序器、微机和鼓乐等能通过一个标准的接口连接。

每个符合 MIDI 规定的乐器通常包含一个接收器或一个发送器,或皆有之。接收器接收 MIDI 格式的消息,并执行 MIDI 命令。它由光耦合器、通用异步接收发送器(UART)及其他必须的硬件组成。发送器以 MIDI 格式生成 MIDI 消息,并按照 UART 和总线驱动器格式传送它们。

本规定定义 MIDI 标准硬件和数据格式如下:

1) 硬件

接口的数据传输率为 31.25kbps(±1%),工作方式为异步。带有一个开始位,8 个数据位(D0～D7)和停止位,因而串行字节共 10 位。其脉冲周期为 320μs。

电路如图 2.22 所示。电路 On 代表逻辑 0。一路输出只能驱动一路输入。接收器装有光耦合器,且接通状态(On)时,电流小于 5mA。上升和衰减时间小于 2μs。

连接:板上装有 5 针 DIN 插座。标明 MIDI IN 和 MIDI OUT。注意 1 和 3 针不用。在接收器和发送器中均不使用。

电缆最大长度为 15m,两端带有与上述插座相配的 5 针 DIN 插头。电缆是带屏蔽的双绞线,屏蔽层接到插头的 2 针上。

如果需要提供 MIDI THRU 输出。它复制输入到 MIDI IN 的数据到下一乐器。对于多于 3 件乐器的链形连接,必须使用高速光耦合器,以避免上升/衰减时间的累积误差。否则会影响脉冲宽度。

- 数据格式。除实时和专用消息外,全部 MIDI 通信是由一个状态字节和一或两个数据字节组成。状态字节列于表 2.5 中。表中列出状态字节及说明。状态字节的高 4 位(或 5 位)表示状态,其说明如表 2.5 所示,低 4 位表示通道号。表中列出状态字随后的数据字节个数,具体将在后面说明。

  有两种主要的消息:通道消息和系统消息。通道消息又分为通道声音消息和通道方式消息。它们的具体说明如表 2.6～表 2.10 所示。系统消息又分为专用、公用和实时消息三种,分别如表 2.8～表 2.10 所示。
- 通道消息包含在状态字节的低 4 位中,它给出 16 个通道之一地址。随后的数据消

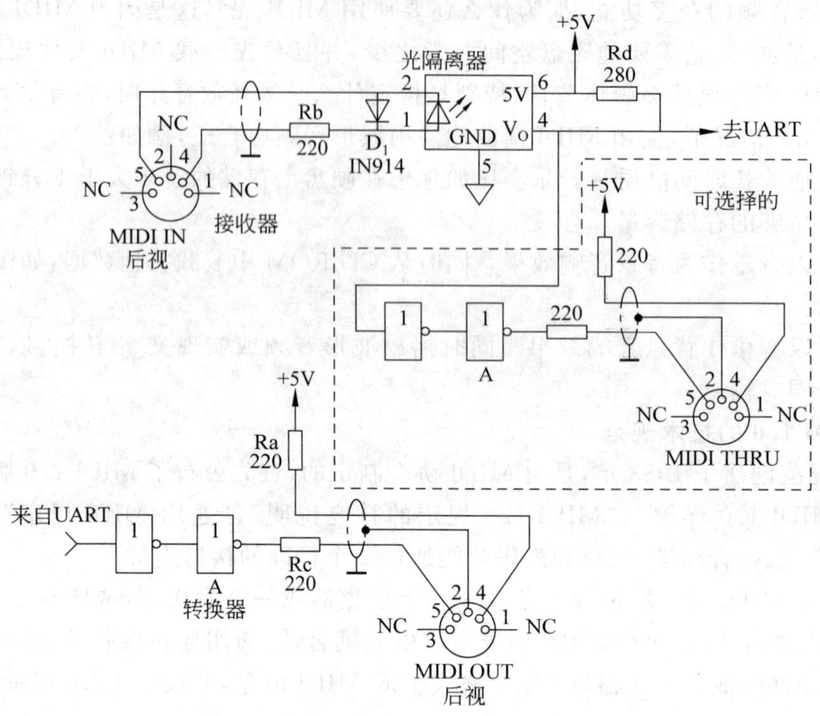

图 2.22　MIDI 的接口电路

息将发送给系统中通道号与状态字节中通道号相配的 MIDI 装置。

- 通道声音消息为控制乐器的声音。声音消息由声音通道发送。
- 通道方式消息决定乐器对声音消息的反应。方式消息由乐器的基本通道发送。
- 系统共同消息是发送给系统中全部装置的。
- 系统实时消息也是发送给系统中全部装置的。它们仅含状态字节，没有数据字节。
- 实时消息可以在任何时刻传送，甚至在一个不同状态的消息字节之间。
- 系统专用消息能包含任意数目的数据字节，由一个 EOX（专用结束符）或任意一个其他状态字节结尾。这些信息包括了一个制造商标识码（ID）。如果接收器不承认识别码，它将忽略随后的数据。

制造商公布跟在识别码后面的数据格式。用户可以透彻了解 MIDI 乐器，但只有制造商可以修改其数据格式。

2）数据类型

- 状态字节：它是一个 8 位二进制数，最高位（MSB）为 1。状态字节的低 4 位表示通道号。高 4 位用以识别消息类型，表明随后的数据字节的作用。

  除实时消息外，新的状态字节总使命令接收器采用它的状态。

  运行状态仅适用于声音和方式消息。当一个状态字节被接收和处理时，接收器将维持这一状态直到另一个不同的状态字节被接收。因此如果要重复相同的状态字节，它可以被省略，而仅发送数据字节即可。
- 不执行状态：若接收器不执行某功能，则忽略刚刚接收的状态字节，随后的数据字节也被忽略。

• 未定义状态：不应使用未定义的状态字节。注意防止电源接通和断开时送出的非法消息。如果接收到未定义的状态字节，它将与随后的数据字节一起被忽略。

• 数据字节：在状态字节后有一至两个数据字节(实时消息除外)，包含有消息的内容。数据字节是8位二进制数，其最高位为0。数据字节的数目和范围必须与它的状态字节相符，具体规定如各表所示。接收器中，执行的消息将等待当前状态要求的全部数据字节被接收。接收器将忽略那些无有效状态字节领先的数据字节。

• 通道方式：合成器包含的声音成分称为声音(Voice)。声音的分配是由音符开关数据和相应的算法决定的。在执行中，16个通道与合成器声音分配之间的关系必须确定。表2.5中的方式消息就是为此目的设立的。方式消息分为Omni(全部)、Poly(复音)和Mono(单音)。复音和单音是互锁的。Omni打开时，接收器不加区别地接收所有声音通道的消息。Omni关闭时，接收器仅从选定的声音通道接收声音消息。Mono打开时，限定每通道仅被分配一个音；Mono关(Poly开)时，接收器可为每通道分配多个音。

对于一个基本通道为N的接收器或发送器，由两种方式消息可生成4种工作方式，如表2.4所示。

表2.4 接收器和发送器的4种工作方式

方式	Omni	接 收 器	发 送 器
1	开	由全部声音信道接收声音消息，并作多音分配	由信道 N 发送全部声音消息
2	开	由全部声音声道接收声音消息，仅控制一个音	由信道 N 发送一个音的声音消息
3	关	仅由声音信道 N 接收声音消息，并由多音分配	由信道 N 发送全部声音消息
4	关	由 N 到 $N+M-1$ 接收声音消息。对 $1\sim M$ 作单音分配，声音数 M 由Mono方式消息的第三个字节规定	由声音信道 $N\sim N+M-1$ 发送声音信息 $1\sim M$，各信道都是单音

表2.5 状态字节总表

	状态字节 D7～D0	数据字节数	说 明
信道声音消息	1000nnnn	2	音符关事件(Note Off)
	1001nnnn	2	音符开事件(Note On)(速度=0：音符关)
	1010nnnn	2	复音键压力/触后
	1011nnnn	2	控制改变
	1100nnnn	1	程序改变
	1101nnnn	1	信道压力/触后
	1110nnnn	2	合成音色改变
信道方式消息	1011nnnn	2	选择音色方式
系统消息	11110000	*****	系统专用
	11110sss	0～2	系统公共
	11111ttt	0	系统实时

注：nnnn：通道号。0000表示通道1,0001表示通道2。

表 2.6 通道声音消息

状态字	数据字节	说　明
1000nnnn	0KKKKKKK 0VVVVVVV	音符关的速度
1001nnnn	0KKKKKKK 0VVVVVVV	音符开的速度
1010nnnn	0KKKKKKK 0VVVVVVV	复音键压力值
1011nnnn	0CCCCCCC 0VVVVVVV	控制号的控制值
1100nnnn 1101nnnn 1110nnnn	0PPPPPPP 0VVVVVVV 0VVVVVVV 0VVVVVVV	信道压力值

注：(1) nnnn：声音通道号(1～16)。

(2) KKKKKKK：音符号(0～127)。音符号等于 60 表示键盘的中央 C。

0　12　24　36　48　60　72　84　96　108　120　127

aC　C　C　C　C　C　C　C

←——钢琴音域——→

(3) VVVVVVV：键的速度，推荐使用对数标尺。

0　1　　　　　64　　　　127

off　ppp　pp　p　mp　mf　f　ff　fff

VVVVVVV=64：没有速度传感器的情况。

VVVVVVV=0：音符关。速度值为 64。

(4) 送出的任何音符开消息由晚些时候在同一通道送出同一音符的音符关消息达到平衡。

(5) CCCCCCC 是控制号，说明如下：

CCCCCCC	说　明
0	连续控制器 0 的最高位(MSB)
1	连续控制器 1 的最高位
2	连续控制器 2 的最高位
3	连续控制器 3 的最高位
4～31	连续控制器 4～31 的最高位
32	连续控制器 0 的最低位(LSB)
33	连续控制器 1 的最低位
34	连续控制器 2 的最低位
35	连续控制器 3 的最低位
36～63	连续控制器 4～31 的最低位
64～95	开关(开/关)
96～121	未定义
122～127	保留给通道方式消息

(6) 没有规定控制器用途的特殊定义，如有需要，制造商可以把逻辑控制器分配到实际的控制器。在用户手册中必须提供控制器的地址表。

(7) 连续控制器分成高、低两个字节。如果某控制器仅需 7 位分辨率，那就只送高字节，不必送低字节。如需两个字节，先送高字节，后送低字节。如果只是低字节值改变，可以只送低字节而不必重复送高字节。

(8) VVVVVVV：控制值。对于控制器来说，0 表示控制值最小，127 为最大。对于开关，0 表示关，127 表示开。1～126 之间的数字可以忽略。

(9) 任何消息，在同样状态下连续输出时可以不带状态字节，直到需要送另一个不同的状态字节。

(10) 音色的灵敏度由接收器选择，中央位置的值(没有音高改变)为 2000H，传送的数据为 EnH、00H、40H。

表 2.7　通道方式消息

状态字节	数据字节	说　明		
1011nnnn	0CCCCCCC 0VVVVVVV			方式消息
		CCCCCCC	VVVVVVV	
		122	0	本地控制关
		122	127	本地控制开
		123	0	全部音符关
		124	0	Omni 方式关(全部音符关)
		125	0	Omni 方式开
		126	*M*	*M* 信道单音方式开(复音方式关)
		127	0	复音方式开(单音方式关)(全部音符关)

注：(1) nnnn：通道号(1～16)。

(2) 消息 123～127 具有全部音符关的功能。它们将关断被分配的基本控制的音符。

(3) 消息 122(本地控制)是一个任选项，用以中断键盘与声音发生器之间的内部控制路径。如果收到的是 0(本地控制关)，路径就断开，键盘数据仅由 MIDI 输出，声音发生电路仅由外来的数据控制，如果收到 7F(H)(本地控制开)，即恢复普通的操作。

(4) M 规定了单音发送的通道号，$M=1\sim16$。随后被使用的通道号是当前的基本通道，最大为 16。如果 $M=0$，这是指接收器分配它的全部声音给各通道(由 $N\sim16$)。

表 2.8　系统公用消息

状态字节	数据字节	说　明
11110001		未定义
11110010		乐曲位置指针
	01111111	
	0hhhhhhh	
11110011	0sssssss	选择的乐曲号
11110100		未定义
11110101		未定义
11110110		调谐请求
11110111		系统专用结束标志(EOX)

注：(1) 乐曲位置指针是一个存有乐曲开始之后的 MIDI 拍数的内部寄存器(一拍等于 6 个时钟周期)。通常它在“启动”键被按下后，音序开始演奏时，指针被置 0，然后每收到 6 个时钟加 1，直到“停止”键被按下。如果按下“继续”键，它就继续增值。

(2) 乐曲选择：规定在收到开始(实时)信息时演奏哪一首乐曲或音序。

(3) 调谐要求：用于模拟式合成器。请求它们谐调振荡器。

(4) EOX：指示系统专用传送的结束。

表 2.9　系统实时消息

状 态 字 节	说　明
11111000($F8_H$)	定时时钟。由系统时钟同步。它的传送率为 24 时钟/四分音符
11111001($F9_H$)	未定义
11111010(FA_H)	开始(start)。主机上的一个 Play 开关键按下时立即送出这个字节
11111011(FB_H)	继续(continue)。当 Continue 开关按下时送出。音序将在下一个时钟信号来时继续下去

续表

状态字节	说　明
11111100(FC_H)	停止开关按下时立即送出这个位字节。它将停止音序
11111101(FD_H)	未定义
11111110(FE_H)	活动检测。这是一个每300ms送一次的伪状态位节。不论何时,它不会在MIDI中引起其他动作
11111111(FF_H)	系统复位。这一消息初始化整个系统,回到刚通电时的状况。系统复位需要谨慎使用。实际上在电源打开时,并未自动发此消息

注:(1)系统实时消息与整个系统同步。
(2)系统实时消息能在任何时候发送。其他由两个或更多字节组成的消息可以拆开,以便插入系统实时消息。

表2.10　系统专用消息

状态字节	数据字节	说　明
11110000		资料成批发送
	0iiiiiii	iiiiiii:识别号ID=0～127
	(0*******)	
	⋮	被传送的资料,字节数不限,但每个字节的最高位必须是0
	(0*******)	
	11110111	EOX:系统专用结束标志

注:(1)任何情况下,其他状态或数据字节(除实时消息外)不得插入系统专用消息。
(2)EOX或其他状态字节(除实时消息外)将终止系统专用信息,并紧接其后发送。
(3)厂家识别号,见表2.11。

表2.11　厂家识别号

ID	厂　家	ID	厂　家
01	Sequential Circuits	10H	Oberheim Electronics
02	Big Briar	20H	Bon Tempi
04	Moog Music	21H	S. I. E. L.
05	Passport Designs	40H	Kawai
06	Lexicon	41H	Roland
07	Kurzweil	42H	Korg
08	CBS	43H	Yamaha
09	Steinway & Sony	44H	Casio

一个接收器或发送器每次只能工作在一种方式下。通常接收器和发送器工作方式相同。如果一种方式不能被接收器承认,它忽略这个消息,或转换到一个替换的方式(Omni开、复音)。方式信息只能由接收器在已确认的基本通道上被识别,与当前方式无关。声音消息可以在基本通道或其他通道上接收,它与基本通道规定有关,决定它选用什么方式。

MIDI接收器可采用默认分配或用户控制分配。例如某合成器可以在开机时分配到基本通道 1,随后用户将其转变成两个四声合成器。

开机时所有乐器都默认方式 1,除音符开/关状态外,全部声音信息不起作用,以防止错误的或未定义的状态传送。

*2.5 语音识别

随着计算机科学技术的发展,人们已经不能满足仅仅通过键盘和显示器同计算机交换信息,而是迫切需要一种更自然的、更能为多数人所接受的方式与计算机沟通,让计算机能听懂人的话,或是用语音来控制各种自动化系统。使用人类自己交换信息的最直接最方便的形式——语言,来与计算机通信,一直是人类的梦想,从而也就诞生了一门新的学科——计算机语音学(computer phonetics)。人们对于计算机语音学的研究主要包括以下几个方面:语音编码(speech coding)、语音合成(speech synthesis)、语音识别(speech recognition)、语种识别(language identification)、说话人识别(speaker recognition)或说话人确认(speaker verification)等。

语音识别的目标长久以来一直是人们的美好梦想,让计算机听懂人说话是发展人机语音通信和新一代智能计算机的主要组成部分。尤其是在当今的信息时代,随着计算机处理和存储能力的不断增强,如何把大量信息输入计算机成为日益突出的问题,而语音识别就提供了一种最自然、最方便的方法。随着计算机的普及,如何给不熟悉计算机的人提供一个友好的人机交互手段,也逐渐引起人们的重视,而语音识别技术就是其中最自然的一种交流手段。所以,随着计算机技术与应用的发展,语音识别也引起了越来越多的人关注。

在现实生活中,信息的表达是通过图像与声音结合的方式进行的。因而,通过计算机言语输出,使得计算机具有对信息进行讲解的能力,从而提供声文并茂的信息表示方式,可以极大地改善人机交互枯燥乏味的状况,为计算机的普遍应用创造条件。而在信息传送领域,由于计算机言语输出的实现,从文字到语音,甚至从概念到语音的转换为语音信号的传送提供了十分优越的解决方式。一段长为 3K～4KB 的语音信号可以用一到两个字节的 ASCII 码来代替,这种大幅度的数据量压缩给信号传输网络带来的好处是显而易见的。

计算机言语输出有着广阔的应用前景。除了上述两个方面外,它还可应用于残疾人帮助,电话信息查询,文本校对,火车站、飞机场的航班信息报告等领域。

2.5.1 语音识别的发展和分类

对于机器识别语音的研究,可以追溯到 20 世纪 50 年代。1952 年美国的 Davis 等人研究成功了世界上第一个识别 10 个英文数字发音的实验系统。在 20 世纪 50 年代后期,也曾经研制出一套“自动语音识别器”,用来识别汉语的 10 个元音。1960 年,Denes 等人研究成功了第一个计算机语音识别系统。从此开始了计算机语音识别的正式阶段。进入 20 世纪 70 年代之后,语音识别,尤其是在小词汇量、特定人、孤立词的识别方面,取得了许多实质性的进展,像线性预测分析技术(LPC)、动态时间规整算法(DTW)、矢量量化技术(VQ)等,都已经在语音识别领域得到了广泛的应用。

从 20 世纪 70 年代后期开始,语音识别技术开始沿着三个不同方同来扩展研究领域,特定人向非特定人扩展;孤立词向连接词扩展;小词汇量向大词汇量扩展。在具体的应用系统中，采用了更加复杂的聚类算法，同时也产生了新的基本动态规划的匹配算法。

自从 20 世纪 80 年代中期以来，新技术的不断出现使语音识别有了实质性的进展。特别是隐马尔可夫模型（HMM）的研究和广泛应用，推动了语音识别的迅速发展，陆续出现了许多基于 HMM 模型的语音识别系统。其中美国 CMU 的 Sphinx 系统被认为是 20 世纪 80 年代至 90 年代初的典型代表，该系统在英语的大词汇量非特定人连续语音识别方面能够达 97%的识别率。IBM 的 Tangora20 及后来推出的商业系统 VoiceType 3.0 等也具有相当的水准，诸如此类的实际系统还有 DRAGON 公司的 Dragon Dictate 系统等。

当前，语音识别领域的研究正方兴未艾。在这方面的新算法、新思想和新的应用系统不断涌现。同时，语音识别领域也正处在一个非常关键的时期，世界各国的研究人员正在向语音识别的最高层次应用——非特定人、大词汇量、连续语音的听写机系统的研究和实用化系统进行冲刺。可以乐观地说，人们所期望的语音识别技术实用化的梦想很快就会变成现实。

对于语音识别的分类，存在多种方法，主要的分类标准如下：

（1）按可识别的词汇量多少，语音识别系统可分为小、中、大词汇量三种。一般来说，能识别词汇小于 100 的，称为小词表语言识别；大于 100 的称为中词表语音识别；大于 1000 的称为大词表语音识别。词表越大，困难越多。

（2）按照语音的输入方式，语音识别的研究集中于对孤立词、连接词和连续语音的识别。

词表中的每个条目，无论是单音节还是短语，发音时都是以条目为单位的，条目间有明显的停顿，而条目内的音节要求连续，这就是孤立词语音识别，如识别 0～9 十个数字、人名、地名、控制命令、英语单词、汉语音节或短语。

对连呼词表中的几个条目，识别时进行切分，最后给出连呼词的识别结果，这种识别需要用到词与词之间的连接信息，所以称为连接词识别。如连呼数字串的识别。自然语言的特点是使用连续自然的语音。语音识别的目标是让计算机能理解自然语言，这是语音识别中最困难的课题，如听写机、翻译机、智能计算机中人机语音对话都需要连续语音识别。

（3）按发音人可分为特定人、限定人和非特定人语音识别 3 种。对于特定人进行语音识别的系统，使用前需由特定人对系统进行训练，具体方法是由特定人口呼待识词或指定字表，系统建立相应的特征库，之后，特定人即可口呼待识词由系统识别，这样的系统只能识别训练者的声音；如果需要限定的几个人使用同一系统，则可以研制成限定人识别系统；如果一个系统不必经使用者训练就可以识别各种发音者的语音，则称为非特定人语言识别。

语音识别研究的最终目标是要实现大同汇量、非特定人连续语音的识别，这样的系统才有可能完全听懂并理解人类的自然语言。

（4）对说话人的声文进行识别：称之为说话人识别。这是研究如何根据语音来辨别说话人的身份、确定说话人的姓名。

上面所列举的几种分类标准，其实都是从识别系统的性能出发的。我们还可以从语音识别系统的实现细节的其他方面进行分类，例如基于模板语音识别系统、基于概率统计模型的语音识别系统、基于 ANN 的语音识别系统等；也可以根据语音识别系统所完成的任务来分，如语音命令系统、语音听写机系统、关键词确认系统等。

2.5.2 汉语语音识别系统的工作原理及其应用

1. 汉语本身的特点对语音识别系统的影响

汉语与西方语言（例如英语）相比，在语音识别方面具有如下的一些优势：

(1) 汉语是音节性很强的语言，每个字都是以单音节为单位的。汉语一共只有 400 多个音节，加上四声后了只有 1340 个左右，这表明，只用很少的识别基元就可以通过组合来覆盖几乎所有的语言现象。

(2) 汉语音节的构成比较简单和规整，一般是由声母和韵母组成，个别的仅含有韵母。这使得我们根据其组成特点，采用全音节、声韵母或半音节等作为识别基元的策略都是可行的。

(3) 汉语是一种有调语言，每个音节发音时间较长，且有较稳定的有调段，这一点对把握连续语音中的语气有很大的帮助。若能够将音调信息加入语音识别系统中，将可以大大提高听写机语言模型分辩同音字词，提高纠错能力。

(4) 汉语音节的协同发音和音变问题不如英语等其他语种普遍，相对发音较为稳定，这对于声学层面上的识别是很有利的。

反之，与其他西方语言相比，汉语语音识别具有如下一些难点：

(1) 汉语的同音字太多，常用字为 10 000 左右，而按照有调音节为 1340 左右来计算，平均每个音节拥有同音字大约为 7 至 8 个。中国地域辽阔，各地方言发音差异较大，再加上同一种方言中总是存在着许多发音差异很小的声韵母，这就给声学层识别和语言层纠错带来了不少困难。

(2) 汉语是一种内涵语言，实际上下文环境甚至语气和语调都对意义的理解起决定性的作用。同时由于汉语的语义单元是词，由于汉语构词法的复杂，词的边界不确定，动词没有明显的时态或单复数变化，对语言处理缺乏提示等，因而决定了语言模型处理的对象具有很高的复杂度。

在了解了语音识别技术的发展历史和东西方语言的差异之后，可以得出这样的结论：语音识别技术是一个综合性的学科，它的发展与语言学、声学、心理学、生理学(特别是神经生理学)、逻辑学、计算机科学等的发展密切相关，不过我们可喜地看到，虽然目前在理论上语音识别还有许多对于声学现象本质理解没有解决，但是在对使用环境加以限制和进行一定的假设之后，还是可以产生出比较令人满意的实用系统的。总而言之，现在的语音识别技术正处于实验室进入市场的阶段。历史经验表明，在这个阶段，无论是研究机构还是公司企业都是大有可为的。

2. 汉语语音识别系统的工作原理

汉语语音听写机(Chinese Dictation Machine，CDM)是非特定人、大词汇量的连续语流(或连接词)识别系统，其目的是由计算机将人的语流转化为相应的文本信息。

在当今人与计算机交互日益频繁的条件下，探索高效而自然的交互方式是人们不断努力的目标。汉语语音听写机正是这样一种十分有潜力的人机交互系统，它可望把人从不自然的信息输入方式中解放出来，从而大大推进计算机的应用和发展。图 2.23 是汉语听写机系统结构原理图。

(1) 连续语音流的预处理

- 波形硬件采样率的确定、分帧大小与帧移策略的确定；
- 剔除噪声的带通滤波、高频预加重处理、各种变换的策略；
- 波形的自动切分(依赖于识别基元的选择方案)。

对模拟语音信号采样，将其数字化，采样频率的选取根据模拟语音信号的带宽依采样定

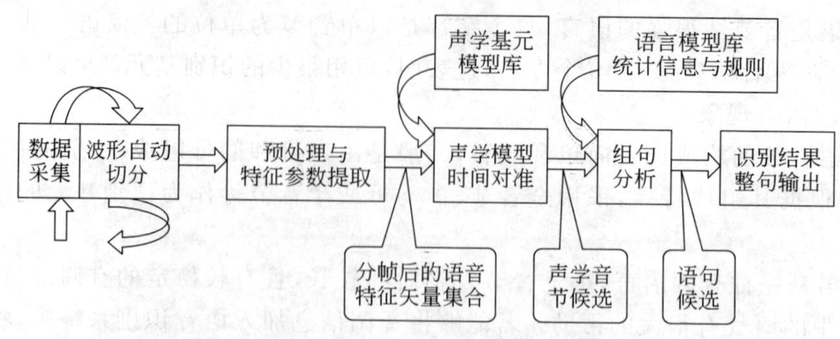

图 2.23　汉语听写机的系统结构

理确定，以避免信号的频域混叠失真。

连续语音流切分也被称为语音端点检测，它在连续语音识别的预处理中，是极其重要的环节。其目的是找出语音信号中的各种识别基元（如音素、音节、半音节、声韵母、单词或意群等）的始点和终点的位置，进而将对连续语音的处理变为对各个语音单元的处理，从而大大降低系统的复杂度，提高了系统的性能。

识别基元分点的准确确定，不仅可以使得解码出的状态序列具有很高的准确性，而且对于树搜索方式的 Viterbi 解码或帧同步搜索等算法来说，大大增加了直接剪枝的机会，因而会降低识别系统的时空复杂度，极大地提高系统总体性能。

语音流的切分引擎分为两个层次。

① 数据积累与粗略切分的有限状态自动机：它用来对连续采集的语音流进行积累，当达到适当的长度后，就可靠地分离出语音段与静音段。其功能是靠一个具有 5 个状态的有限自动机来实现的（如图 2.24 所示）。它所用到的特征主要是时域的，例如帧绝对能量、过零率等。

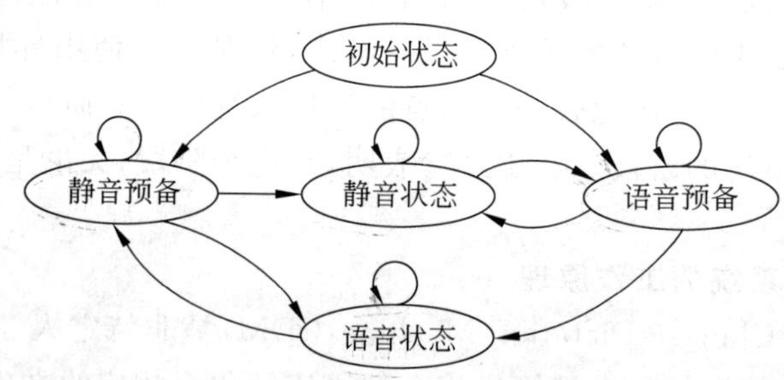

图 2.24　预切分有限状态自动机

② 细节切分扫描过程：对上面的状态机输出的蔡玛语音段进行细节切分，其最终的输出单位为上层语音识别系统所需要的基元（如音节、半音节、声韵母）或特定的段（如词或意群），并提供足够的附加信息（例如全音节的音调候选，词内所含音节个数范围、停顿时间等韵律信息）。它所用到的特征有时域的，也有频域和变换域的，例如基音周期的变化轨迹、FFT 或 LPCC 等。

③ 整个切分引擎的层次型结构示意如图 2.25 所示。

(2) 特征参数提取

识别语音的过程，实际上是对语音特征参数模式的比较和匹配的过程。语音特征参数

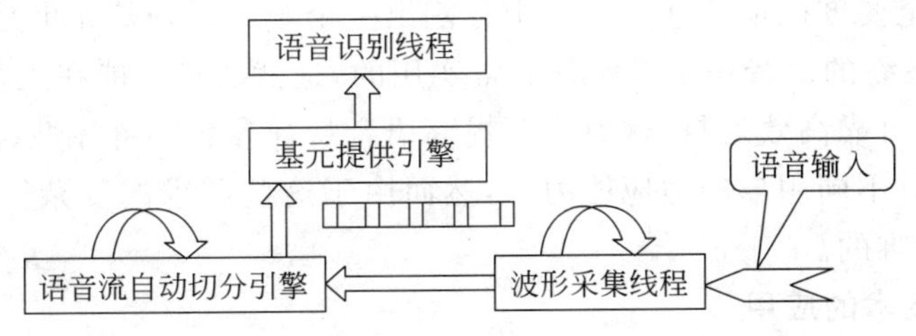

图 2.25 语音流自动切分引擎层次示意图

的选取对系统识别结果起着重要的作用。因此，必须寻找一个既能充分表达语音特征又能彼此区别的特征参数，这是语音识别中的一个最重要的基本问题。语音识别系统常用的特征参数有线性预测系数、倒频谱系数、平均过零率、能量、短时频谱、共振峰频率及带宽等。本系统采用的参数是 14 维倒谱、14 维差分倒谱、能量、一阶差分能量、二阶差分能量，共 31 维。计算参数时，分析帧长为 200，窗移 100。

(3) 参数模板存储

在建立识别系统时，首先进行特征参数提取，然后对系统进行训练和聚类。通过训练，系统建立并存储一个该系统需识别字(或音节)的参数模板库。这里声学识别采用基于段长分布的非齐次马尔可夫模型，模板是按半音节建立的，共 150 个。其中包括 103 个起始半音，47 个终止半音。起始半音用 2 个状态，终止半音用 4 个状态。

(4) 识别判决

识别时，待识语音信号经过与训练时相同的特征参数提取后，与模式模板存储器中的模式进行匹配计算和比较，并根据一定的规则进行识别判决，最后输出识别结果。本系统首先进行音节识别：从 408 个音节中选出 6 个候选，按声调选出 2 个候选，将结果提供给理解部分。理解是基于语料库统计方法。

我们希望实现的语音识别系统，也就是语音识别系统的最终目标，应该是：

① 不存在对说话人的限制，即非特定人的；

② 不存在对词汇量的限制，即基于大词汇表的；

③ 不存在对发音方式的限制，即可识别连续自然的发音的；

④ 系统的整体识别率应该相当高，接近于人类对自然语音的识别能力。这也正是听写机系统最终要达到的目标。

目前要完全实现上述要求，存在很多困难，这是因为：

① 由于使用者之间的年龄、性别、口音、发音速度、语音强度、发音习惯与方式等方面存在着较大的差异，如果系统不能把这些差异排除掉，那么要实现对语音的稳定识别是不可能的；而要做到能够排除这些因素的干扰，保留它们的共性，这是很困难的。

② 系统可以识别的词汇量越大，它所需要的空间和时间的花销就越多，并且随着词汇量的增多，词与词之间的差异，就会变得越来越细微，最终将导致系统的识别性能急剧下降而丧失可用性。

③ 尽管连续发音是人们最为自然的发音方式，但是识别系统不可能把连续语音作为一个整体来进行识别，即系统的基本识别单元只能是连续语音的一个部分，并且由这些识别基元可以组成任意的连续语音。然而，连续语音中的识别基元同孤立情况下的识别基元有时

并不是一致的，甚至要准确地从连续语音中分割出一个个的识别基元也是很困难的。

④ 我们希望最终的语音识别系统是非常实用的，这就要求它能在大多数的自然环境和计算机硬件环境下可靠高效运行，这就需要提高语音特征参数的鲁棒性、对不同非高斯噪声的非敏感性，以及对不同用户的适应能力等，然而由于这些需求的复杂性，使得对这些目标的实现也是非常困难的。

3. 语音识别技术的应用

语音识别技术应用于需要以语音作为人机交互手段的场合，主要是实现听写命令控制功能。

从技术成熟程度、实际需要以及应用面大小等多方面的因素考虑，办公自动化成为优先应用的领域，在办公业务处理中，起草和形成各种书面文件是一个重要内容，但录入是一个很麻烦的事，在有些场合，如移动工作中，人的手和眼都很忙，设备和键盘也变得越来越小，如使用个人的通信终端PDA，使用语音将使计算机的操作简单方便，而对于不能做键入动作的残疾人以及医学、法律和其他领域的工作人员，他们不能或不便用手将信息输入计算机，这些场合下，使用语音操作计算机就越发显得重要。

电话商业服务是语音识别技术应用的又一个重要领域，基于电话输入的语音信号系统将得到广泛应用。语音技术的推广一直由于缺乏直接和吸引用户的应用而受阻，而计算机和电话的结合以及远程计算平均通话的发展则可能促进语音技术应用的普及。语音拨号电话机，具有语音识别能力的电话订票服务和自动话务转换系统在国外已经有一定程度的应用。当然对于现代通信来说，最重要的莫过于具有多种语言的口语识别、理解和翻译功能的电话自动翻译系统，唯此才能实现不限地点、不限时间、不限语言的全球性自由通信。

目前，计算机领域多媒体技术发展很快，使多媒体产品具有语音识别能力，将成为商业竞争中优先考虑的问题，现在越来越多的功能处理器与先进的软件已经实现把声音和语音功能集成到微机系统中，借助于具有命令识别能力的多媒体操作系统和具有语音识别能力的数据库系统，语音可以命令和控制计算机像代理一样为用户处理各种事务，从而极大地提高用户的工作效率。

小　　结

声音从模拟信号转换成数字信号还仍然占有很大的存储空间。为了进一步提高计算机处理音频信号的效率，必须对数字声音信号进行编码处理，在数据通信中已有许多成熟的压缩编码技术和算法，较常用的有脉冲编码调制(PCM)、差分脉冲编码调制(DPCM)和自适应差分编码调制(ADPCM)等其他编码算法和标准等。

目前对音频信号的处理都有许多数学信号处理器，或者音频卡。典型的是新加坡创新科技有限公司开发的系列产品Sound Blaster系列音卡，它的功能有数字音频、音乐合成、MIDI音效等。它是集语音与音乐于一体的多媒体音频卡，它不但具有优良稳定的硬件特性，而且还有丰富的软件。

随着音频卡的发展和改进将进一步改善声音质量，统一音频的标准，三维环绕立体声、全双工声音处理，并与通信技术结合，集多种功能于一卡等，简化安装方法，即提供即插即用技术，使用户使用简便易行。

习　　题

1. 数字音频采样和量化过程所用的主要硬件是(　　)。

   A. 数字编码器　　B. 数字解码器

   C. 模拟到数字的转换器(A/D 转换器)　　D. 数字到模拟的转换器(D/A 转换器)

2. 音频卡是按(　　)分类的。

   A. 采样频率　　B. 声道数　　C. 采样量化位数　　D. 压缩方式

3. 两分钟双声道,16 位采样位数,22.05kHz 采样频率声音的不压缩的数据量是(　　)。

   A. 5.05MB　　B. 10.58MB　　C. 10.35MB　　D. 10.09MB

4. 目前音频卡具备以下哪些功能?(　　)

   (1) 录制和回放数字音频文件　　(2) 混音

   (3) 语音特征识别　　(4) 实时解压缩数字单频文件

   A. (1)(3)(4)　　B. (1)(2)(4)　　C. (2)(3)(4)　　D. 全部

5. 以下的采样频率中哪个是目前音频卡所支持的?(　　)

   A. 20kHz　　B. 22.05Hz　　C. 100kHz　　D. 50kHz

6. 1984 年公布的音频编码标准 G.721,采用的是(　　)编码。

   A. 均匀量化　　B. 自适应量化　　C. 自适应差分脉冲　　D. 线性预测

7. AC-3 数字音频编码提供了 5 个声道的频率范围是(　　)。

   A. 20Hz 到 2kHz　　B. 100Hz 到 1kHz

   C. 20Hz 到 20kHz　　D. 20Hz 到 200kHz

8. MIDI 的音乐合成器有(　　)。

   (1) FM　　(2) 波表　　(3) 复音　　(4) 音轨

   A. 仅(1)　　B. (1)(2)　　C. (1)(2)(3)　　D. 全部

9. 下列采集的波形声音哪个质量最好?(　　)

   A. 单声道、8 位量化、22.05kHz 采样频率

   B. 双声道、8 位量化、44.1kHz 采样频率

   C. 单声道、16 位量化、22.051kHz 采样频率

   D. 双声道、16 位量化、44.1kHz 采样频率

10. 简述音频编码的分类及常用编码算法和标准。

第3章 视频信号的获取与处理

本章要点

(1) 数字视频信号的获取与处理的基本概念，数字视频的采样、量化的基本原理；彩色空间的表示及转换和彩色全电视信号的组成。

(2) 视频卡的工作原理、彩色全电视信号的数字锁相和解码器的工作原理，以及视频卡的安装、使用和视频处理软件的使用。

(3) 静态图像和动态图像的文件格式及转换。

多媒体计算机需要计算机综合处理声、文、图信息，根据一项心理学测定和估计的结果，进入人类大脑的信息约有80%来自眼睛，10%来自耳朵，其余来自人的其他器官。客观世界中较多的是景物和图像，语言和文字是对客观事物的一种描述。在日常生活中人们会发现，有时用语言和文字难以表述的事物，用一张简单的图就能够精辟而准确地表达。因此，在多媒体计算机中视频信息的获取及文件格式就显得非常重要。

3.1 彩色空间表示及其转换

多媒体计算机处理图像和视频，首先必须把连续的图像函数 $f(x,y)$进行空间和幅值的离散化处理，空间连续坐标(x,y)的离散化，叫做采样；$f(x,y)$颜色的离散化，称之为量化。两种离散化结合在一起，叫做数字化，离散化的结果称为数字图像。

1. 采样

对连续图像彩色函数 $f(x,y)$，沿 x 方向以等间隔 Δx 采样，采样点数为 N，沿 y 方向以等间隔 Δy 采样，采样点数为 N，于是得到一个 $N\times N$ 的离散样本数组$[f(m,n)]_{N\times N}$。为了达到由离散样本数组以最小失真重建原图的目的，采样密度(间隔 Δx 与 Δy)必须满足惠特克-卡切尼柯夫-香农(Whittaker-Kotelnikov-shannon)采样定理。

采样定理阐述了采样间隔与 $f(x,y)$频带之间的依存关系，频带愈窄，相应的采样频率可以降低，采样频率是图像变化频率二倍时，就能保证由离散图像数据无失真地重建原图。实际情况是空域图像 $f(x,y)$一般为有限函数，那么它的频域带宽不可能有限，卷积时混叠现象也不可避免，因而用数字图像表示连续图像总会有些失真。

2. 量化

采样是对图像函数 $f(x,y)$的空间坐标(x,y)进行离散化处理，而量化是对每个离散点——像素的灰度或颜色样本进行数字化处理。具体说，就是在样本幅值的动态范围内进行分层、取整，以正整数表示。假如一幅黑白灰度图像，在计算机中灰度级以2的整数幂表示，即 $G=2^m$，当 $m=8,7,6,\cdots,1$ 时，其对应的灰度等级为256,128,64,…,2,2级灰度构成二值图像，画面只有黑白之分，没有灰度层次，通常的A/D变换设备产生256级灰度，以保证有足够的灰度层次。而彩色幅度如何量化，这要取决于所选用的彩色空间表示。

3.1.1 颜色的基本概念

彩色可用亮度、色调和饱和度来描述，人眼看到任意彩色光都是这三个特性的综合效果。

亮度是光作用于人眼时所引起的明亮程度的感觉，它与被观察物体的发光强度有关。由于其强度不同，看起来可能亮一些或暗一些，显然，如果彩色光的强度降到使人看不到了，在亮度标尺上它应与黑色对应，同样，如果其强度变得很大，那么亮度等级应与白色对应。对于同一物体照射的光越强，反射光也越强，也称为越亮；对于不同的物体在相同照射情况下，反射越强者看起来越亮。此外亮度感还与人类视觉系统的视敏函数有关，即便强度相同，不同颜色的光当照射同一物体时也会产生不同的亮度。

色调是当人眼看一种或多种波长的光时所产生的彩色感觉，它反映颜色的种类，是决定颜色的基本特性。红色、棕色等都是指色调。某一物体的色调，是指该物体在日光照射下，所反射的各光谱成分作用于人眼的综合效果，对于透射物体则是透过该物体的光谱综合作用的结果。

饱和度是指颜色的纯度即掺入白光的程度，或者说是指颜色的深浅程度，对于同一色调的彩色光，饱和度越深颜色越鲜明或说越纯。例如，当红色加进白光之后冲淡为粉红色，其基本色调还是红色，但饱和度降低，换句话说，淡色的饱和度比鲜色要低一些。饱和度还和亮度有关，因为若在饱和的彩色光中增加白光的成分，增加了光能，因而变得更亮了，但是它的饱和度却降低了。如果在某色调的彩色光中，掺入别的彩色光，则会引起色调的变化，只有掺入白光时仅引起饱和度的变化。

通常把色调和饱和度通称为色度，上述内容总结为：亮度表示某彩色光的明亮程度，而色度则表示颜色的类别与深浅程度。

三基色(RGB)原理：自然界常见的各种彩色光，都可由红(R)、绿(G)、蓝(B)三种颜色光按不同比例相配而成，同样绝大多数颜色也可以分解成红、绿、蓝三种色光，这就是色度学中最基本原理——三基色原理。当然三基色的选择不是唯一的，也可以选择其他三种颜色为三基色，但是，三种颜色必须是相互独立的，即任何一种颜色都不能由其他两种颜色合成。由于人眼对红、绿、蓝三种色光最敏感，因此由这三种颜色相配所得的彩色范围也最广，所以一般选这三种颜色作为基色。

把三种基色光按不同比例相加称之为相加混色，由红、绿、蓝三基色进行相加混色的情况如下：

红色＋绿色＝黄色

红色＋蓝色＝品红

绿色＋蓝色＝青色

红色＋绿色＋蓝色＝白色

称黄、品红和青色为相加二次色，此外还可以看出：

红色＋青色＝绿色＋品红＝蓝色＋黄色＝白色

我们称青色、品红和黄色分别是红、绿、蓝三色的补色。

由于人眼对于相同亮度单色光的主观亮度感觉不同，所以，用相同亮度的三基色混色时，如果把混色后所得单色光亮度定为100％的话，那么人的主观感觉是绿光仅次于白光是三基色中最亮的。红光次之，亮度约占绿光的一半；蓝光最弱，亮度约占红光的1/3。当白

光的亮度用 Y 来表示时，它和红、绿、蓝三色的关系可用如下的方程描述：

$$Y = 0.299R + 0.587G + 0.114B \tag{3.1}$$

这就是常用的亮度公式，它是根据美国国家电视制式委员会的NTSC制式推导得到的，如果采用PAL电视制式时，白光的亮度公式将作如下改动：

$$Y = 0.222R + 0.707G + 0.071B \tag{3.2}$$

式(3.1)与式(3.2)不同的原因，是由于所选取的显示三基色不同，三基色及其补色的亮度比例图如图3.1所示，其中三补色亮度比例等于合成补色的基色亮度比例之和。

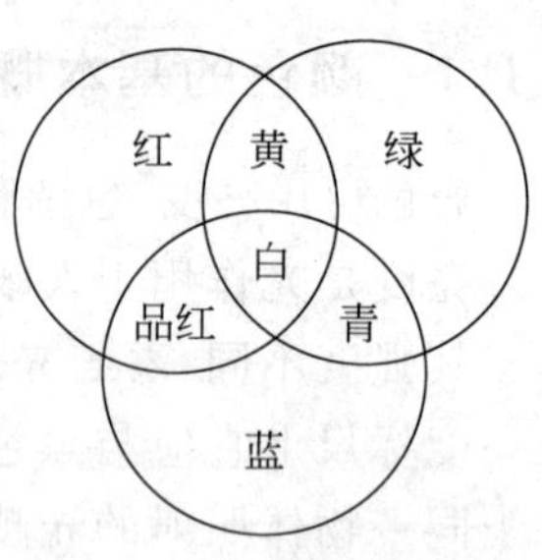

图3.1 相加混色之三基色及其补色

3.1.2 彩色空间表示

1. RGB彩色空间

在多媒体计算机技术中，用得最多的是RGB彩色空间表示，因为计算机彩色监视器的输入需要RGB三个彩色分量，通过三个分量的不同比例，在显示屏幕上合成所需要的任意颜色，所以不管在多媒体系统中采用什么形式的彩色空间表示，最后的输出一定要转换成RGB彩色空间表示。

在RGB彩色空间，任意彩色光 F，其配色方程可写成：

$$F = r[R] + g[G] + b[B] \tag{3.3}$$

其中 r、g、b 为三色系数，$r[R]$、$g[G]$、$b[B]$ 为 F 色光的三色分量。任意一种色光，其色度可由相对色系数中的任意两个唯一的确定。因此，各种彩色的色度可以用二维函数表示。用 r 和 g 作为直角坐标系中两个直角坐标所画的各种色度的平面图形，就叫RGB色度图，如图3.2所示。

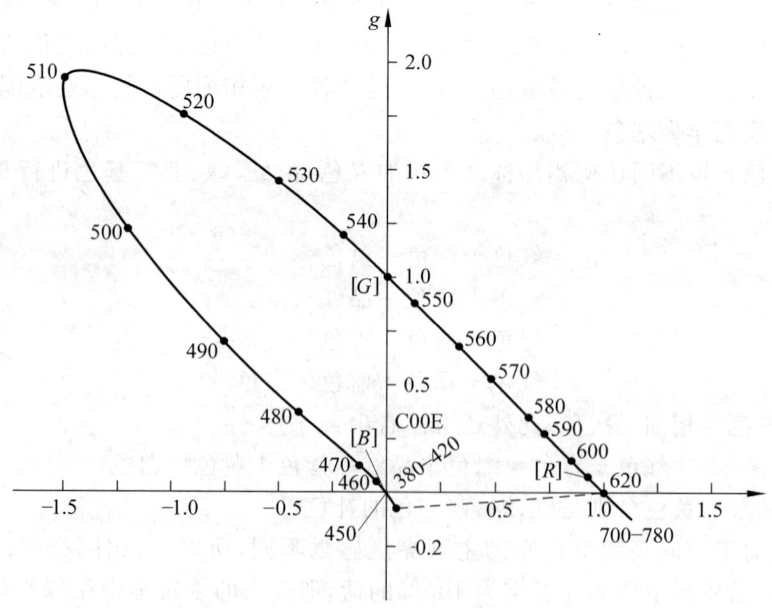

图3.2 RGB色度图

2. YUV 和 YIQ 彩色空间

在现代彩色电视系统中，通常采用三管彩色摄像机或彩色电荷耦合器件(Chargecoupled Derice,CCD)摄像机，它把摄得的彩色图像信号，经分色棱镜分成 $R_0G_0B_0$ 三个分量的信号，分别经放大和 γ 校正得到 RGB，再经过矩阵变换电路得到亮度信号 Y、色差信号 R-Y 和 B-Y，最后发送端将 Y、R-Y 及 B-Y 三个信号进行编码，用同一信道发送出去。这就是我们常用的 YUV 彩色空间，采用 YUV 彩色空间的好处如下：

(1) 亮度信号 Y 解决了彩色电视机与黑白电视机的兼容问题；

(2) 大量实验表明，人眼对彩色图像细节的分辨本领比对黑白的低得多，因此对色度信号 U、V，可以采用"大面积着色原理"。用亮度信号 Y 传送细节，用色差信号 UV 进行大面积涂色。因此彩色图像的清晰度由亮度信号的带宽保证(PAL 制亮度信号 Y 的带宽采用 4.43MHz)，而把色度信号的带宽变窄(PAL 制色度信号带宽限制在 1.3MHz)。

正是由于这个原因，在多媒体计算机中采用了 YUV 彩色空间，数字化后通常为 $Y:U:V=8:4:4$ 或者是 $Y:U:V=8:2:2$，后者具体的做法是把亮度信号 Y 的每个像素都数字化为 8bit(256 级亮度)，而 U、V 色差信号每 4 个像素用一个 8bit 数据表示，即粒度变大。将一个像素用 24bit 表示压缩为用 12bit 表示，而人的眼睛却感觉不出来。

美国、日本等国采用的 NTSC 制，选用了 YIQ 彩色空间，Y 仍为亮度信号，I、Q 仍为色差信号，但它们与 U、V 是不同的，其区别是色度向量图中的位置不同(如图 3.3 所示)，Q、I 为互相正交的坐标轴，它与 U、V 正交轴之间有 33°夹角。

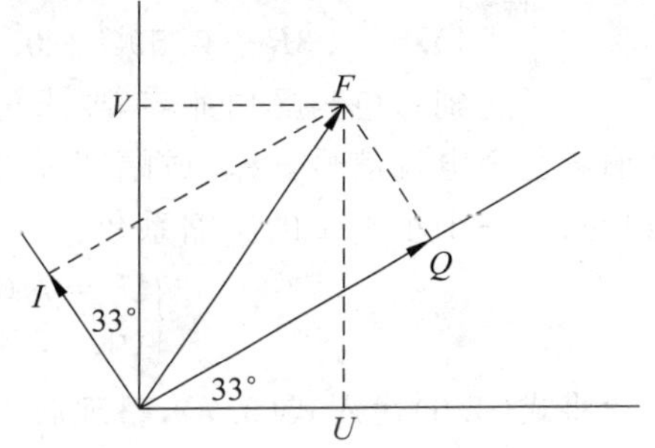

图 3.3 IQ 轴与 UV 轴的关系

由图 3.3 可知 I、Q 与 V、U 之间的关系可以表示成：

$$\begin{cases} I = V\cos 33^\circ - U\sin 33^\circ \\ Q = V\sin 33^\circ + U\cos 33^\circ \end{cases} \tag{3.4}$$

选择 YIQ 彩色空间的好处是，人眼的彩色视觉特性表明，人眼分辨红、黄之间颜色变化的能力最强，而分辨蓝与紫之间颜色变化的能力最弱。在色度向量图中，人眼对于处在红、黄之间，相角为 123°的橙色及其相反方向相角为 303°的青色，具有最大的彩色分辨力，因此把通过 123°～303°线即 IO 线的色度信号称为 I 轴，它表示人眼最敏感的色轴。与 I 正交的色度信号轴称为 Q 轴，表示人眼最不敏感的色轴。在传送分辨力弱的 Q 信号时，可用较窄的频带，而传送分辨力较强的 I 信号时，可用较宽的频带。在 NTSC 制中，I 的带宽取 1.3～1.5MHz 和 PAL 制的 U、V 带宽差不多，而 Q 的传送带宽只是 0.5MHz，仅是 I 带宽的 1/3。

3. 其他色彩空间表示

HSI 彩色空间，在 HSI 彩色空间中，人们常用 H、S、I 三参数描述颜色特性，其中 H 表示色调(hue)，S 表示颜色的饱和度(saturation)，I 表示光的强度(intensity)。彩色空间表示还有很多种，如 CIE(国际照明委员会)制定的 CIE XYZ、CIE LAB 彩色空间，国际无线电咨询委员会(Consultative Committee International Radio, CCIR)制定的 CCIR601-2YC_bC_r 彩色空间。

按照 CCIR601-2 建议，欧洲电视专家组将非线性的 RGB 信号编码成 YC_bC_r，编码过程开始是先采用符合 SMPTE-CRGB(它定义了三种荧光粉及一种参考白光，应用于演播室监视器及电视接收机标准的 RGB)基色作为 γ 校正信号。非线性 RGB 信号很容易与一个常量矩阵相乘而得到亮度 Y 和两个色差信号 C_b 和 C_r。靠近中心轴的彩色，其亮度信号与 CIE XYZ 的 Y 成分的 ν 校正形式非常接近，CCIR601-2YC_bC_r 通常在图像压缩时选作彩色空间，而在通信中是一种非正式标准。

3.1.3 彩色空间的转换及其实现技术

彩色摄像机最初得到的是经过 γ 校正的 RGB 信号，为了和黑白电视机兼容及压缩编码，在传送过程中包含亮度信号和色差信号，亮度方程简化如下：

$$Y = 0.3R + 0.59G + 0.11B \tag{3.5}$$

式(3.5)表明，用三基色显示彩色时，各基色组成亮度 Y 的比例关系是恒定的。这些比例系数有时称之为"可见度系数"，它们的和为 1，这表示当基色信号电压 E_R、E_G、E_B 各为 1V 时，构成亮度信号 E_Y 也是 1V。

三个色差信号 B-Y，R-Y，G-Y 中有两个是独立的，最后一个可用亮度方程和两个色差信号通过运算得到，表达式如下：

$$\begin{cases} B - Y = B - 0.3R - 0.59G - 0.11B = -0.3R - 0.59G + 0.89B \\ R - Y = R - 0.3R - 0.59G - 0.11B = 0.7R - 0.59G - 0.11B \\ Y = 0.3R + 0.59G + 0.11B \end{cases} \tag{3.6}$$

为了达到彩色与黑白兼容，要求传输的动态范围满足亮度信号的要求，如果按上述方法传输彩色全电视信号，会造成幅度失真，为此必须对彩色信号进行压缩，压缩方法是让色差信号乘上一个小于 1 的压缩系数：

$$\begin{cases} U = m(B - Y) = 0.493(B - Y) \\ V = n(R - Y) = 0.877(R - Y) \end{cases} \tag{3.7}$$

将式(3.6)代入式(3.7)，整理后得到：

$$\begin{bmatrix} Y \\ U \\ V \end{bmatrix} = \begin{bmatrix} 0.3 & 0.59 & 0.11 \\ -0.15 & -0.29 & 0.44 \\ 0.61 & -0.52 & -0.096 \end{bmatrix} \begin{bmatrix} R \\ G \\ B \end{bmatrix} \tag{3.8}$$

YIQ 彩色空间和 RGB 彩色空间的转换方法是：将 $V=0.877(R-Y)$，$U=0.493(B-Y)$，$\sin 33° = 0.545$，$\cos 33° = 0.839$ 代入式(3.4)，可得到：

$$\begin{cases} I = 0.74(R - Y) - 0.27(B - Y) \\ Q = 0.48(R - Y) + 0.41(B - Y) \end{cases} \tag{3.9}$$

将式(3.6)代入式(3.9)，整理后得到：

$$\begin{bmatrix} Y \\ I \\ Q \end{bmatrix} = \begin{bmatrix} 0.3 & 0.59 & 0.11 \\ 0.6 & -0.28 & -0.32 \\ 0.21 & -0.52 & 0.31 \end{bmatrix} \begin{bmatrix} R \\ G \\ B \end{bmatrix} \tag{3.10}$$

多媒体计算机系统涉及多种彩色空间，在 CD-I 系统中，支持的图像格式、视频方式有 DYUV、RGB5：5：5、CLUT8、CLUT7、CLUT4、RL7 以及 RL3。其中 DYUV 方式与 CCIR601-2YC_bC_r 有密切联系；RGB5：5：5 方式采用 RGB 彩色空间，RGB 每个分量占用 5 位；CLUT8、CLUT7、CLUT4、RL7 以及 RL3 采用的也是 RGB 彩色空间，它用彩色查找表(Color Look-up Table-CLUT，也叫调色板)进行映像和译码。在 DVI 系统中采用 YUV 彩色空间，它所支持的图像格式又涉及到 YIQ、RGB 彩色空间，其中 RGB 支持 8 位、16 位和 24 位。综上所述，搞清楚彩色空间表示以及它们之间的转换，是多媒体计算机彩色图形、静态图像以及动态图像(Video)处理算法的基础。

3.1.4 彩色全电视信号

电视摄像机是一种广泛使用的视频和图像的输入设备，它能将景物、图片等光学信号转变为全电视信号，目前主要有黑白和彩色两种摄像机。

1. 黑白全电视信号

电视摄像机把一幅图像信号转变成的输出信号就是全电视信号。全电视信号主要由图像信号(视频信号)、复合消隐信号和复合同步信号组成。这两种信号加在一起称为全电视信号，其波形如图 3.4 所示。

全电视信号的幅度是：以同步信号作为 100%，黑电平和消隐电平为 70%，白电平为 0%，图像信号介于白电平和黑电平之间，根据图像的灰度而变化。在标准的 1V 全电视信号中，同步信号为 0.3V±9mV，图像信号为 0.7V±20mV。

从时间上看，每一行的周期为 64μs，其中，图像占 52.2μs，行消隐占 11.8μs±250ns。行同步信号的带宽为 4.7μs±100ns，它比行消隐信号延迟 1.3μs±250ns。每一场的周期为 312.5H=20ms，其中，场消隐信号占 25H+1 行消隐信号，即等于 1600μs+11.8μs。均衡脉冲的宽度是 2.35μs±100ns，周期为半行，共 12 个(前 6 个，后 6 个)。场同步脉冲有 6 个槽脉冲，其宽度为 4.7μs±100ns。

在全电视信号中，把奇数场同步信号的前沿作为一场的起点，第 1、2、3 行是场同步信号，第 4、5、6 行是后均衡脉冲，7~22 行还是场消隐信号，该场消隐信号从前场 623 行开始，因此，整个消隐信号是 25 行加一个行消隐时间。图像信号从 23 行起到 309.5 行止，共 287.5 行，这就是第一场或称奇数场。从 309.5 行开始又是下一场的场消隐信号及前均衡脉冲，在 312.5 行出现下一个偶数场的场同步脉冲，奇数场到此结束。偶数场开始，图像信号及偶数场结束，如图 3.4 所示。奇数场加上偶数场称为一帧。

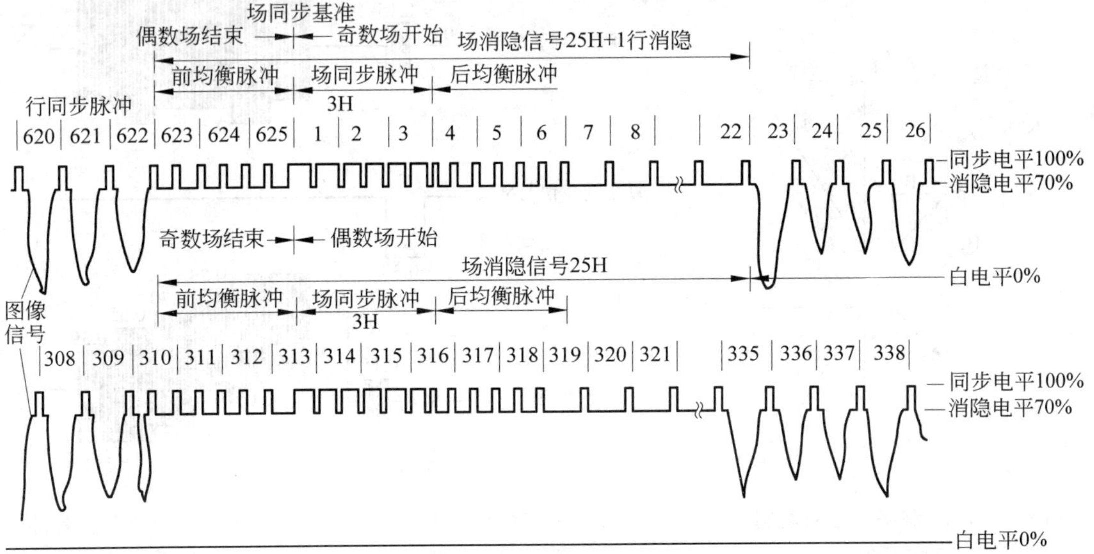

图 3.4 全电视信号

2. 彩色全电视信号

在现代彩色电视系统中，通常采用 YUV 彩色空间或 YIQ 彩色空间，Y 为亮度信号，它可以与黑白全电视信号兼容，U 和 V 用载波频率 ω_{SC} 调制加到亮度 Y 上，最后形成彩色全电视信号，如下式所示：

$$C_{VBS} = Y + U\cos\omega_{SC}t + S(t)\sin\omega_{SC}t \tag{3.11}$$

在 NTSC 制系统中，U 信号调制在副载波的零相位上，而 V 信号是固定地调制在 90°的相位上的。在 PAL 制系统中，调制情况略有差别。U 信号的调制与 NTSC 制相同，而 V 信号的调制是：第一行调制在 90°的相位上（与 NTSC 制相同，称为 NTSC 行）；下一行（同隔行扫描是下面的第三行）调制在 270°的相位上（称为 PAL 行）；再下一行又回到 90°的相位上。按此顺序，V 信号调制相位逐行倒相 180°。图 3.5 所示为 PAL 制的平衡正交调制的倒相原理。

根据如图 3.5 所示的矢量图，可写出 PAL 制色度信号 C_h 的表达式

$$C_h = U\cos\omega_{SC}t + S(t)\sin\omega_{SC}t \tag{3.12}$$

式中，$S(t)$称为 PAL 开关函数，它是双极性矩形脉冲，其重复周期为行周期 T_h 的两倍，幅度为+1 和−1。PAL 开关函数 $S(t)$代表 PAL 制系统的根本特征，它的引入相当有效地克服了 NTSC 制系统中对信道微分相位敏感的缺点，这是 PAL 制取得成功的原因。

最后将亮度、复合消隐信号与色度信号、复合同步信号混合放大，形成 PAL 制彩色全电视信号。以 100％幅度和 100％饱和度（简写为 100/100）的彩条信号为例的彩色全电视信号如图 3.6 所示，图中标出了各部分的标准电平数值。

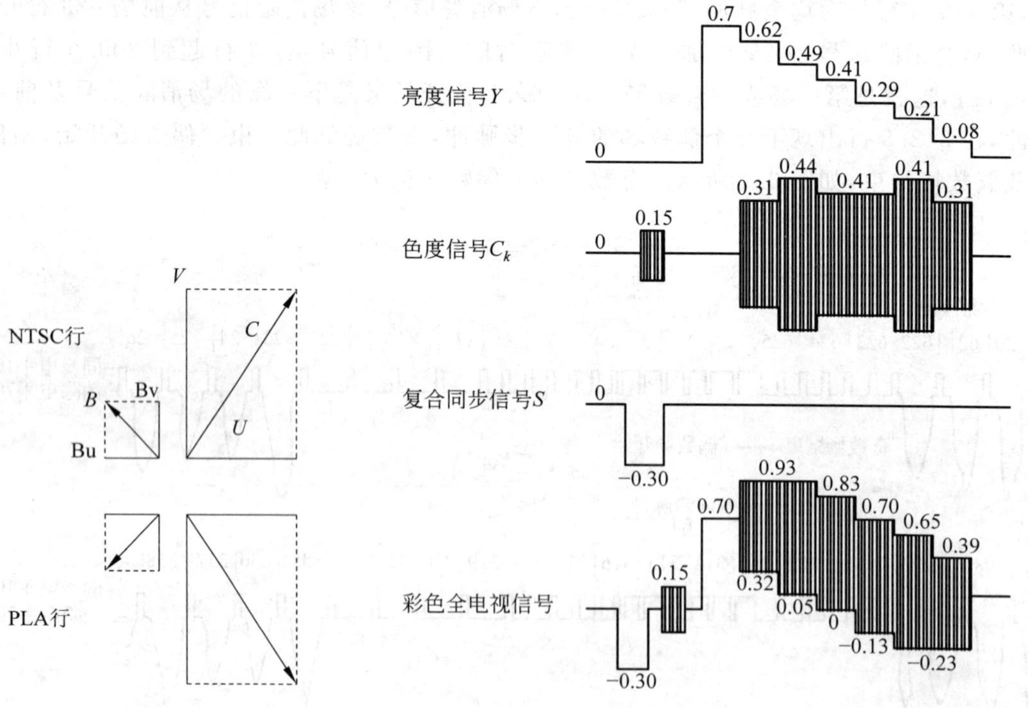

图 3.5 PAL 制平衡正交调制中的倒相原理

图 3.6 在 75Ω 负载上，100/100 彩条的彩色全电视信号各部分的电平标准（输入信号 R、G、B 幅度为 0.7V 时）

3.2 视频信息获取技术

多媒体计算机最常用的图像有下述三种：图形、静态图像和动态图像（也称视频）。获得这三种图像可用下述方法：

(1) 计算机产生彩色图形、静态图像和动态图像；

(2) 用彩色扫描仪，扫描输入彩色图形和静态图像；

(3) 用视频信号数字化仪，将彩色全电视信号数字化后，输入到多媒体计算机中，可获得静态和动态图像。

计算机用软件产生的图形和图像产品目前世界上已经很多了，如清华大学计算机系研制成功的计算机二维绘图系统以及交互式三维几何造型系统，能够产生需要的、各种漂亮的彩色图形和图像。选用彩色扫描仪能够把彩色图形和图像精确、方便地输入到计算机中，目前彩色扫描仪最高的分辨率已达到 4000dpi（dots per inch），颜色分辨率可达到 24 位（$R:G:B=8:8:8$），常用的分辨率是 600dpi。多媒体计算机用得最多的图形输入设备是视频信号数字化仪，它能够把彩色全电视信号数字化后，存在帧内存中，供多媒体计算机使用。这个技术很早就引起了计算机界的重视，他们竞先设计、开发制造视频信号数字化设备，概况如下：

20 世纪 80 年代初美国 Image Technology Incorporated 在国际市场上推出了适合 IBM PC ISA 总线的图像获取器 Pevision Frame Grabber，先后推出了三个型号形成一个系列，同时推出了支撑软件，包括开发工具、库函数以及 Demo 程序。20 世纪 80 年代中期，该公司又推出了新产品 Image Box，它具有较强的硬件快速处理功能以及更丰富的软件。Canada Matrax Electronic System Ltd. 也推出了类似产品——Real-Time Imaging On IBM PC/AT。产品最多、品种最齐全的是美国的 Data Translation Inc.，它在 1989 年就推出了以下产品：

适合 IBM PC ISA 总线	图像获取和处理板	12 种型号
适合 Macintosh Ⅱ	图像获取和处理板	1 种型号
适合 IBMPS/Ⅱ MC 总线	图像获取和处理板	1 种型号
适合 Micro VAX-Ⅱ	图像获取和处理板	2 种型号
适合 VME 总线（SUN Workstation）	图像获取和处理板	2 种型号

上述产品均采用模拟方法将彩色全电视信号或黑白全电视信号进行同步分离、模拟锁相和模拟译码，得到视频信号处理器所需要的各种时序信号和 RGB（或 YUV）信号，RGB（或 YUV）信号经数字化后存到帧内存中供计算机使用。模拟电路的同步分离、锁相和译码设计制造复杂，调试困难，最近几年随着高清晰度电视的发展，数字锁相、数字式译码电路的专用芯片相继出现，Philips 公司和 Chips 公司于 1991 年首先在国际市场上推出了彩色电视多制式数字译码和视频窗口控制器两个专用芯片，有效地解决了多制式彩色全电视信号数字式锁相和译码技术，从而使计算机视频信号获取器的设计变得简单，制造和调试变得容易。

3.2.1 视频采集卡的功能简介

视频采集卡有很多，例如新加坡 Creative Labs 公司的 Video Blaster SE、Video Blaster

SE100、Video Blaster FS200 和 Video Blaster RT300 等。它们只能接收 AV 信号，不能收看电视节目，多用于与录像机或摄像机相接。还有如 Video Plus，它其实是一块 TV 转 VGA 的转换卡。另外有一些具有组合功能的几合一卡，如北京银河公司的四合一卡、台湾丕文公司的 PV123 三合一卡，都是集视频采集、MPEG 解压、电视于一身的卡，只不过这些卡并没有标准、形形色色，难以一概而论。表 3.1 给出了若干视频采集卡的名称、产地及产品性能，以供参考。

表 3.1 视频采集卡及其产地和性能

名　称	生产厂商	性能参数
SNAP Plus	Cardinal Technologies	160×120，320×240，640×480
Video Blaster	Creative Labs	4 种，从 80×60 到 640×480
Video Spigor for Windows	Super Mac	5 种，从 80×60 到 640×480
Computer Eyes/RT	Digital Vision	4 种，从 64×50 到 512×480
Computer Eyes/RT SCSI MAC	Digital Vision	160×120，320×240
Action Media 2	IBM	最高到 256×240
ProMotion	IEV International	160×120，320×240，480×360
Smart Video Recorder	Intel	160×120，320×240，640×480
MacVision SCSI Color	Koala	640×480
Pro MovieStudio	Media Vision	5 种，从 80×60 到 640×480
Video Vision Studio	Radius	640×480
WinMovie	Sigma Designs	5 种，从 80×60 到 640×480
Digital Film	Sigma Designs	320×240，640×480
Captivator	Video Logic	32×32，640×480
Meida Space	Video Logic	1024×768
Xing It	Xing	160×120 到 320×240
Mega Motion	Alpha System Lab	25 种，从 96×72 到 640×480
Video Blaster RT300	Creative Labs	12 种，从 160×120 到 640×480
Video Star Pro	Diamond Multrimedia	320×240
Video It!	ATI Technologies	4 种，从 160×120 到 640×480

下面简单介绍一下目前市场上流行的几种视频采集卡的功能，供读者选购时参考。

1. Video Blaster SE100 卡

SE100 具有视频叠加和视频捕获能力，可以通过视频摄像机在显示器上实时显示视频，并可以从实时视频中捕获单帧，且以不同格式保存起来，或者将实时视频序列保存为 AVI 文件。捕获单帧可以支持的文件格式有 JPEG、PCX、TIFF、BMP、GIF 和 TGA。

SE100 支持 NTSC、NTSC-443、PAL、PAL-M、PAL-N，SECAM 制式。有两路复合视频和一路 S-Video 输入。具有单个像素为边界的窗口定位和改变窗口大小的能力及色键选择。可用软件选择其 I/O 地址，还可选择帧缓存基地址，硬件跳线选择 IRQ。在 SVGA 上的显示分辨率可达 800×600×256 色。

图像处理功能包括进行实时图像压缩和播放、冻结、保存和加载视频图像，支持改变图像大小、抖动、淡入、淡出等，支持色度、饱和度、亮度和对比度控制。SE100 套件中还包括以下几个图像处理和编辑软件：Asymetrix Digital 公司的 Video Producer，Aldus 公司的 PhotoStyler 以及 HSC 公司的 Digital Morph。

2. Video Blaster RT300

Creative Labs 公司出品的这种视频采集卡，采用了 Intel 的高性能 Indeo 压缩芯片。它是一种 ISA 全长卡，用 8 个跳线来设置基本互 I/O 地址，有 3 个复合视频和一个 S-Video 输入连接器。该卡是一种单纯的捕获卡，不具备视频叠加和视频编码功能。它使用双倍时钟的 i750 压缩引擎来支持卡上压缩，这对于该卡高效的捕效性能具有决定性的作用。

这块卡还包括了 Adobe Premiers V1.1 软件，用于捕获和压缩，同时提供了 raw 和 Indeo3.2 压缩两种捕获模式。在压缩模式下可以捕获 3 种分辨率的视频，即 160×120、240×180 和 320×200。在 raw 模式下，捕获时可选择最大到 640×480 的 9 种分辨率。

3. MegaMotion 卡

此卡是 Alpha System Lab 公司的产品，其主要特点是能叠加多个视频源，但其图像质量一般，安装过程也很麻烦。

必须移动主板上的跳线来改变 IRQ 设置。此外，基于 ISA(Industry Standard Architecture) 总线的 MegaMotion 卡要使用特性连接器(feature connector)来作为和图形卡(或由 MegaMotion 所提供的图形卡)之间的接口工具。因而，它无法以 8 位 256 色以上的颜色深度来使用 32 位 RAMDAC 的图形卡协同工作。尽管这种卡只有 S-Video 输入/输出连接器，但包装中却包括了用于将复合视频(也称合成视频)设备连接到这些插头的适配电缆。

与 MegaMotion 卡一起捆绑销售的视频捕获编辑软件是 Adobe Premiers V1.1。该软件设计巧妙，功能强大，实现各种基本的编辑功能时显得游刃有余，但像剪贴和粘贴等一些功能显得有点难以驾驭。

可以任意选择从 96×72 到 640×480 之间的 25 种分辨率之一来捕获视频。有 5 种捕获格式可以使用：15 位、16 位和 24 位 raw，YUV，Motion-JPEG。视频显示对话框中的一些滑块可以设定亮度、对比度、饱和度和色调。该卡同时还有 3 种级别的 Gamma 校正、可选的 low-color 探测、自动增益控制、颜色自动增益控制，这些功能都可以在将模拟信号数字化之前调整其质量。

MegaMotion 在每秒 15 帧的捕获中性能较好，10 分钟的捕获，只会丢掉 9 帧。

4. Video It!卡

ATI Technologies 公司的 Video It!卡包括一块用于 VESA 扩展槽(ISA 扩展槽也可使用)的卡，一条用于复合 NTSC 输入的 RCA 视频电缆，一条用于输入 S-Video 视频源的电缆等硬件，以及制作多媒体演示所必需的各种软件。

这种卡可将视频捕获成 Indeo 格式，Cinepak，RLE，YUV9，YUV12 和 8 位、16 位、24 位彩色的 RGB 等格式，静态图像可以最大 640×480 的像素分辨率捕获。还可以每秒 30 帧捕获 160×120 像素的窗口，以每秒 24 帧捕获 240×180 像素的窗口，以每秒 15 帧捕获 320×240 像素的窗口。

由于使用了软件来选择 IRQ 设置，Video It!卡的安装相对较容易。卡上唯一的跳线仅用于改变 I/O 地址。另外，该卡不需要任何特性连接器(feature connector)和子板。

ATI 随卡附送了一些很有用的软件包。其中包括一个用于活动视频的工具，以及 ATI 的一个很完美的视频捕获和编辑软件 Media Merge V1.1。Media Merge 的优点在于其易于领会的菜单和细致深入的在线学习辅导。后者包括叙述性的动画和几个安装的例子，还有关于如何连接必配硬件的说明。ATI 还将 Macromedia 公司的多媒体演示制作软件 Action!V 3.0 一起奉献给了用户。

5. SNAPplus-VL 卡

由 Cardinal Technologies 公司出品的 SNAPplus-VL 卡具有无卡图形加速能力，它在保持叠加视频优点的同时，避免了特性连接器可能带来的麻烦。该卡在 1024×768 的分辨率下可提供 256 色；在 800×600 分辨率下为 64 000 色；在 640×480 分辨率下约为 1700 万种颜色。该卡使用了 Aura Vision 的 VxP500 芯片，捕获时可支持从 40×30 到 640×480 之间的 16 种大小的窗口，可使用的文件格式有 8 位调色板、16 位 raw、24 位 raw 以及 YUV 4∶2∶2。

该卡还包括一套 Sentfactor Multimedia Tools，这实际上是一个具有视频捕获工具的多媒体数据库软件包。在 320×240 像素分辨率下，该卡可以每秒 15 帧的速度和 YUV 捕获格式进行捕获。

6. Video Star Pro 卡

Diamond Multimedia 公司的 Video Star Pro 配备了 Motion-JPEG 的板，可以按不同的 Motion-JPEG 压缩率以每秒 30 帧的实时速度捕获 320×240 像素的视频片段，其捕获结果也几乎无可挑剔。它使用 VGA 特性连接器来访问 VGA 图形设备，但 8 位的特性连接器却无法处理从今天尖端水平的 RAMDAC 中得到的数据流。

与该卡一起打包的视频软件 Adobe Premiere V1.1 在少于 256 色时无法运行。因此，在 VGA 方式下可采用 Video for Windows 中的 Vid Cap 来捕获视频，用 Vid Edit 来做初步的编辑压缩工作。Video Star Pro 组合地运用跳线和 DIP 开关来建立 DMA，IRQ 和 I/O 地址等设置。如果安装了子板，则另外还需要用 2 个 IRQ 和 2 个 I/O 地址。

该卡以每秒 30 帧的实时速度对 320×240 像素的视频作 Motion-JPEG 捕获时，平滑连贯，准确无误。由于采用了 Aura Vision 的 VxP500 视频处理芯片，因而可提供硬件添加的变焦镜头，可支持从 YUV 到 RGB 的颜色空间的转换，同时支持 Indeo、CinePak、Video 1 和 Motion-JPEG。因而，即使视频文件的压缩率较低时，使用视频叠加，在全屏幕分辨率下变焦放大播放时，其效果也还算平滑。另外，Video Star Pro 有一路 S-Video 和两路复合视频输入，但无 S-Video 输出。捕获音频另需单独的声音卡。除 Motion-JPEG 外，该卡还支持 8 位调色板、16 位或 24 位 RGB 格式不带压缩的捕获。

7. Intel Smart Video Recorder Pro 卡

Intel 公司推出的这种卡，是在其前 Intel Smart Video Recorder 基础上的改进。和旧卡一样，新卡仍有复合视频和 S-Video 连接器，可接受 NTSC 和 PAL 两种制式的视频输入。它采用了一种新的 64 位 50MHz 双倍时钟，还增加了一个 i750 压缩引擎，以及已升级的 Indeo 3.2 压缩算法和最新的 Philips 视频解码芯片。

该卡的安装只用软件设置即可。安装程序能自动地搜索所需的 IRQ 和 I/O 端口。Intel 公司将 Asymetrix 公司的 Digital Video Producer(DVP)软件一起捆绑销售，该软件可用于视频捕获、编辑和压缩。作为一个基本的视频编辑器，DVP 可轻松实现 Vid Edit 中所有基本编辑功能，而且性能稳定，操作迅速。不过，也和其他许多视频编辑器一样，DVP 在压缩性能上无法和 Vid Edit 匹敌。

Smart Video Recorder Pro 是采用 raw 和 Indeo 3. 2 压缩方式进行捕获的。压缩方式捕获只适用于三种分辨面：160×120、240×180 和 320×240；不过以 raw 捕获还另有一种分辨率，即 640×480。

8. MiroVideo DCI 卡

Miro Computer Products 公司的 MiroVideo DCI 卡除了具有视频捕获和图像的良好品质，还具有模拟视频信号输出功能。由于不用跳线配置，没有视频传送电缆，故只需在 Windows 的 Control Panel（控制面板）中使用增加驱动程序的对话框即可安装驱动软件。该驱动软件可自动测知 IRQ 或 DMA，并且在有冲突时还会提出警告。软件配置包括设置 16 个 I/O 地址范围，16 个视频内存范围，4 个 IRQ 和 4 个 DMA 通道。由于避免了传送电缆，该卡也就不再有 Windows 16 色 VGA 方式的局限，因而可以捕获和播放任何分辨率与颜色深度的视频。

MiroVideo DCI 有复合视频和 S-Video 的输入/输出端子。输入源可以是 NTSC、PAL 或 SECAM 制式的。该卡所支持的捕获分辨率只有 80×60、160×120 和 320×240 三种，这是由于它采用了 C-Cube Microsystems 公司的 Motion-JPEG 芯片 CL550。

MiroVldeo DCI 套件中包括 Adobe 公司的 Premiere V1. 1。

3.2.2 视频采集卡的工作原理

视频采集卡也称视频信号获取器，计算机视频信号获取器总体结构如图 3.7 所示，工作原理概述如下：视频信号源、摄像机、录像机或激光视盘的信号首先经过 A/D 变换，送到多制式数字解码器进行解码得到 Y、U、V 数据，然后由视频窗口控制器对其进行剪裁，改变比例后存入帧存储器。帧存储器的内容在窗口控制器的控制下，与 VGA 同步信号或视频编码器的同步信号同步，再送到 D/A 变换器模拟彩色空间变换矩阵，同时送到数字式视频编辑器进行视频编码，最后输出到 VGA 监视器及电视机或录像机。根据图 3.7 可将它分成 6 大部分，简述如下：

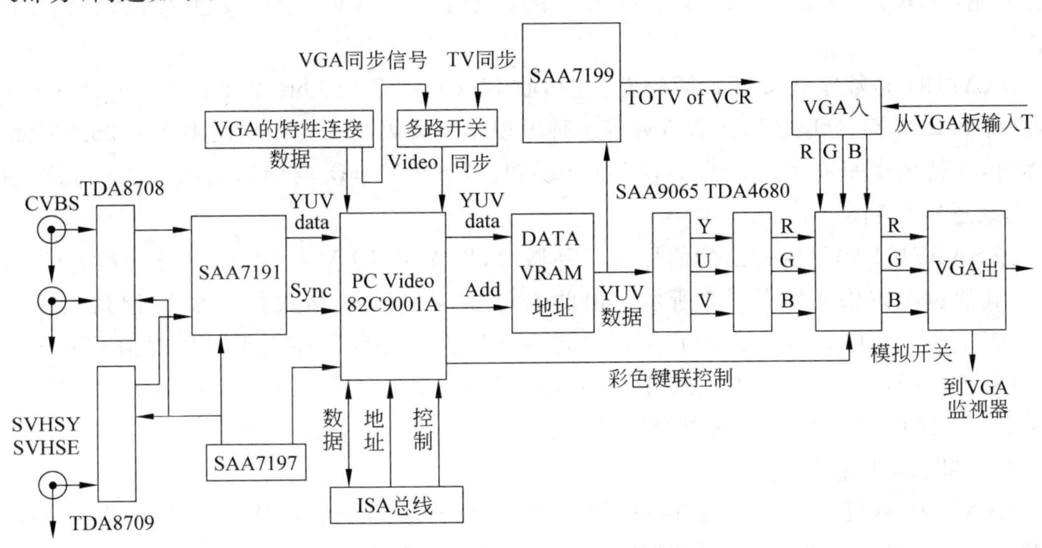

图 3.7 多媒体计算机视频信号获取器总体框图

1. A/D 变换和数字解码

从彩色摄像机、录像机或其他视频信号源得到的彩色全电视信号，首先送到视频模拟输入端口，即 TDA8708 或 TDA8709 进行 A/D 变换，TDA8708 的工作原理如图 3.8 所示。它有三个视频输入端，通过编程可控制视频选择位 0 和选择位 1，选中三个输入端的任一个作为输入，然后送到具有钳位电路和自动增益功能的运算放大器，最后经过 A/D 变换器将彩色全电视信号转换成 8 位数字信号，送给彩色多制式数字解码器。A/D 变换器的时钟、同步脉冲以及黑电平的同步脉冲，全由多制式数字解码电路提供。

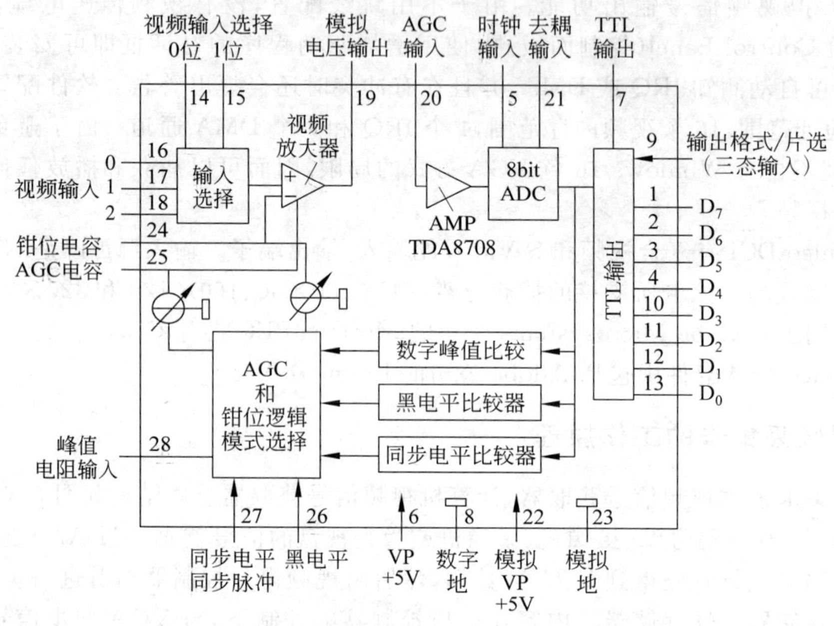

图 3.8 视频模拟输入接口 TDA 8708 原理方框图

全电视信号的峰值电平比较器、黑电平比较器及同步电平比较器，与运算放大器的自动增益控制(AGC)电路一起，减少了放大器的零点漂移，保证 A/D 变换器在线性范围内工作。

SAA7191 是数字式多制式解码器，它接收 8bit CVBS 或 8bit Y、8bit C super VHS 输入，支持 PAL-B/G、NTSC-M、SECAM 等多种电视彩色编码制式。在只使用一个 26.8MHz 的晶体时，支持的水平有效像素为 768(50Hz 场频)或 640(60Hz 场频)，它的工作状态可通过 I^2C 总线进行控制。

经 SAA7191 解码后输出的信号有两种格式，即 $Y:U:V=4:1:1$，$Y:U:V=4:2:2$，其数据组织格式如表 3.2 所示。由此表可知，4:1:1 格式是 4 个 Y 像素共用一对 U、V，而 4:2:2 格式则是 2 个 Y 像素共同一对 U、V。如前所述人眼对亮度信号分辨率敏感，对彩色空间信号分辨率不敏感，因此不必使 U、V 彩色空间分辨率与 Y 亮度分辨率相同。事实上 $Y:U:V=4:1:1$ 的图像质量已达到了一般的电视要求，而 $Y:U:V=4:2:2$ 的图像质量已是广播级的了。

SAA7191 不仅产生数字式 YUV 信号，还产生行场同步信号及一些控制信号，如控制 A/D 转换控制器进行消隐电平钳位的 HC 信号，指示同步位置以便进行自动增益控制

表 3.2 YUV411 和 YUV422 数据格式

Y∶U∶V=4∶1∶1

OUT	1	2	3	4
bit0	Y0	Y0	Y0	Y0
bit1	Y1	Y1	Y1	Y1
bit2	Y2	Y2	Y2	Y2
bit3	Y3	Y3	Y3	Y3
bit4	Y4	Y4	Y4	Y4
bit5	Y5	Y5	Y5	Y5
bit6	Y6	Y6	Y6	Y6
bit7	Y7	Y7	Y7	Y7
bit8	X	X	X	X
bit9	X	X	X	X
bitA	X	X	X	X
bitB	X	X	X	X
bitC	V6	V4	V2	V0
bitD	V7	V5	V3	V1
bitE	U6	U4	U2	U0
bitF	U7	U5	U3	U1

Y∶U∶V=4∶2∶2

OUT	1	2	3	4
bit0	Y0	Y0	Y0	Y0
bit1	Y1	Y1	Y1	Y1
bit2	Y2	Y2	Y2	Y2
bit3	Y3	Y3	Y3	Y3
bit4	Y4	Y4	Y4	Y4
bit5	Y5	Y5	Y5	Y5
bit6	Y6	Y6	Y6	Y6
bit7	Y7	Y7	Y7	Y7
bit8	U0	V0	U0	V0
bit9	U1	V1	U1	V1
bitA	U2	V2	U2	V2
bitB	U3	V3	U3	V3
bitC	U4	V4	U4	V4
bitD	U5	V5	U5	V5
bitE	U6	V6	U6	V6
bitF	U7	V7	U7	V7

HSY 信号。同时还产生 LFCO(行锁定频率控制)信号,LFCO 信号送到时钟发生器 SAA7197,LFCO 信号由离散时间振荡器、数字锁相环产生。时钟发生器 SAA7197 是基于锁相环的同步时钟发生器,在正常工作时能产生输入时钟 LFCD 的两倍频和四倍频的时钟信号,并能在加电时产生 power-On Reset 信号,其主要作用是配合 SAA7191 或 SAA7199(数字式视频信号编码器)产生所需的行锁定时钟,该时钟是整个编码、解码系统的基础,并给这两个芯片提供加电复位信号。

2. 窗口控制器

窗口控制器 82C9001A PC-video 是 Chips 公司生产的适用于 ISA 总线 PC 的视频获取、显示用的专用控制芯片。其内部功能大致可分为 PC 总线接口,视频输入剪裁、变化比例;输出窗口 VGA 同步、色键控制以及视频帧存储器 VRAM 读、写、刷新控制。PC-Video 在视频信号获取器中的作用集总线接口、窗口控制逻辑和存储器接口于一体。窗口控制器通过对控制状态寄存器编程可以提供下述功能:

- 在计算机图形监视器上,能够显示全屏幕的活动图像;
- 为显示运动图像,PC-Video 能够改变扫描速度,实现窗口控制;
- 通过独立的 X、Y 坐标和彩色键联信号可实现窗口位置控制;
- 真彩色图像的获取和显示;
- 用广播质量的视频带宽,输入分辨率可达 1024×512;

• 支持工业标准视频输入格式，如 NTSC、PAL、SECAM、S-VHS、RGB；
• 支持标准 4∶1∶1 和 4∶2∶2YUV，及 16 位 RGB 格式；
• 输出放大因子可为 2、4 和 8。

窗口控制器总体逻辑框图如图 3.9 所示，可分成 4 部分。

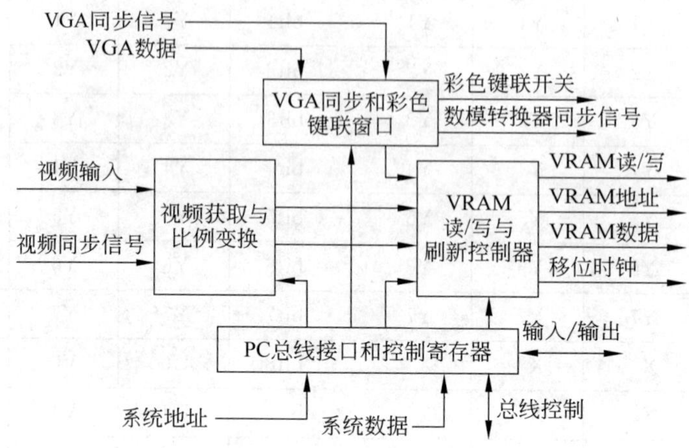

图 3.9　PC-Video 窗口控制器总体逻辑框图

（1）PC 总线接口部分

这部分主要包括 I/O 寄存器地址映射、帧存储地址映射，以及帧存储器读写等功能。主机访问 PC-Video 内部功能模块要由这部分控制，同时这部分还包括 I^2C 总线接口和 4 个用户扩展寄存器选通接口。通过设置寄存器，可把 PC-Video 的 I/O 地址设在 128 个位置之一，帧存储器的线性地址则可位于系统的 1MB～15MB 的一个空间上。访问方式为 16bit 字。

（2）视频输入剪裁、变比例部分

这部分的主要功能是把视频数据按照使用者的定义处理后，送到 VRAM 读写模块中。首先视频数据根据用户的定义确定是选择奇数场，或偶数场，还是选择全帧，紧接着要定义输入窗口的大小和位置。然后再确定是选择捕获窗口外的图像，还是捕获窗口内的图像，或者是选择整个视频图像的有效区域。最后，视频数据可对横向、纵向分别改变比例，改变比例范围为原图大小的 1/64～64/64。改变比例的过程是靠周期性地减少像素和扫描行来实现的。因此，对 YUV422 或 411、RGB444 等做了不同的处理，以保证图像内容的正确性。

（3）VRAM 读写、刷新控制部分

这部分主要完成对外接 VRAM 的访问和选体等控制。按照 PC 总线接口部分、视频输入剪裁、变比例部分，以及输出窗口 VGA 同步、色键控制部分的要求把数据写入或读出帧存储器。由于视频获取输入和 PC 主机读写都是通过 VRAM 的随机读写端口，因此两者不能同时进行。而视频数据输出到 D/A 转换器是通过 VRAM 的串行数据端口，所以，不论是视频获取，还是主机读写，显示输出均可正常工作。此外，在视频数据写入时，还可设置写屏蔽字，对帧存储器中的某些位禁止写入。帧存的字宽为 16bit，空间分辨率为 1024×512 像素。

（4）输出窗口 VGA 同步、色键控制部分

这部分主要用来驱动帧存储器的数据同 VGA 的视频信号同步读出，并送到 D/A 转换

器变成模拟的 R、G、B 信号，然后通过一个模拟开关与 VGA 视频信号叠加输出到 VGA 监视器上。模拟开关的控制信号可以是：①定义一个显示窗口；②定义某个彩色键值，当色键值与 VGA 输入数据值相等时，即称色键匹配；根据①、②定义的 VGA 屏幕可产生 4 个不同的区域，如图 3.10 所示，可对任意区域选择视频输出或 VGA 输出。图 3.10 中 F_0 为非窗口，非色键区；F_1 为窗口区，非色键区；F_2 为非窗口区，色键区；F_3 为窗口和色键共同作用的区域。

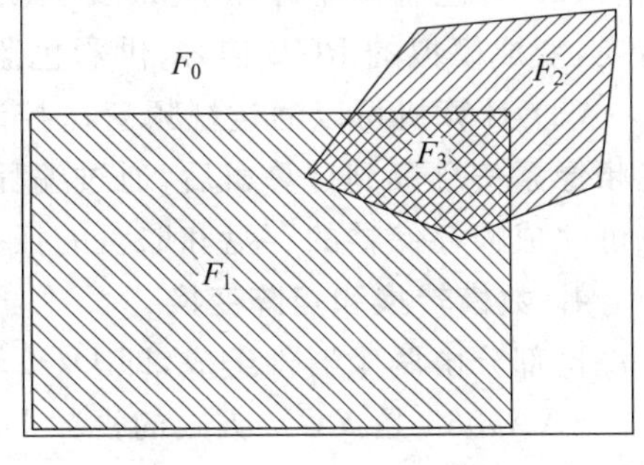

图 3.10　VGA 屏幕叠加结果

3. 帧存储器系统

PC-Video 控制图像的采集和存储，采集数据率高达 14.75MHz，即要求最小访问时间小于 67ns。而设计中选用的 VRAM 是 TC524256Z-10，其访问时间约 100ns。为解决存储速度问题，采用了双体结构的存储器，即顺序的两个像素一次打入两个存储体，使访问周期下降到 134ns。TC524256Z-10 有一个随机端口，还有一个串行访问端口，当输出像素数据时，其串行输出的时钟为像素时钟的 1/2 频率，用锁存器和数据选择器使两个存储体的输出交替送入 D/A 转换器，其原理框图及时序图如图 3.11 所示。图中 DATAA 为存储器 0 体的输出，DATAB 为存储器 1 体的输出，SRCLK 为串行访问口时钟。串行数据在行消隐期间打入内部移位寄存器中。

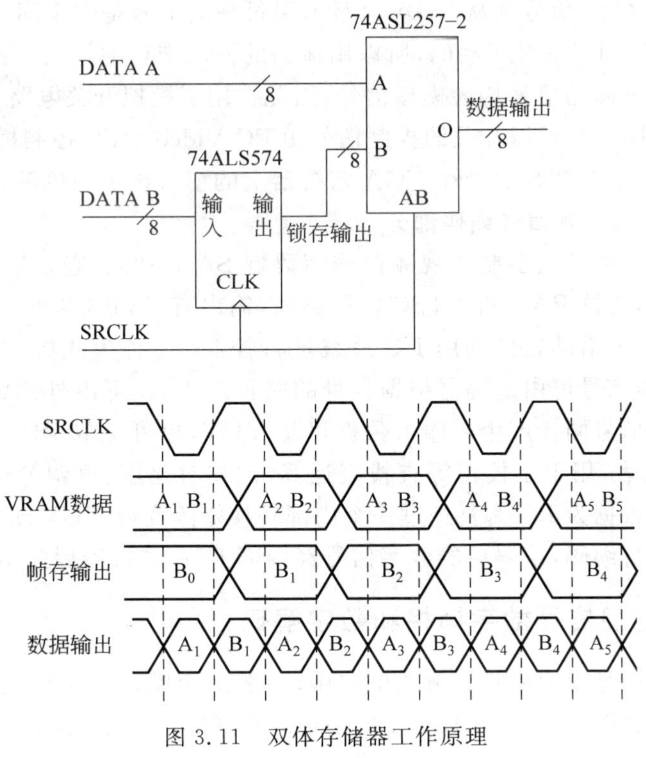

图 3.11　双体存储器工作原理

帧存储器的主要作用有 3 个：

(1) 从摄像机来的视频信号，经过 A/D 变换，数字解码，在视频窗口控制器的控制下，将它们实时地存到帧存储器，大约74ns存一个像素数据。

(2) 彩色监视器每隔74ns要从帧存储器取一个像素数据(在视频信号正程时)，经D/A转换，变成模拟的RGB信号，供彩色监视器显示帧存储器中真彩色全屏幕运动图像使用。

(3) 计算机可以通过视频窗口控制器，对帧存储器的内容进行读写操作。帧存储器的视频像素信息读到计算机后，通过编程可以实现各种算法，完成视频图像处理的任务。同时也可完成帧存储器的存盘和取盘的任务。

4. 数模转换和矩阵变换

这部分由两个器件组成，即D/A转换器SAA9065和视频信号处理器TDA4680。

SAA9065是YUV方式的视频D/A转换器，其输入数据为YUV411或YUV422的视频数据。最高数据率为30MHz，内部设有色差信号插值电路和增强图像用的滤波器。输出是Y，－(R－Y)，－(B－Y)，或Y，R－Y，B－Y，1V峰峰值(75Ω)信号。内部功能控制通过I^2C总线实现。

TDA4680是用于处理亮度和色度信号的模拟电路，其输入是Y，－(R－Y)，－(B－Y)，输出是R、G、B。TDA4680本来是作为彩色电视机显像管电子枪的前级，此处用来实现YUV到RGB的转换，以及对亮度、色饱和度、对比度等参数的调整。

YUV到RGB的转换是通过一个YUV-RGB矩阵变换网络变成RGB，其中矩阵因子因制式不同稍有差别，目的是补偿信号传输中的失真。

5. 视频信号和VGA信号的叠加

视频输出的R、G、B信号和从VGA显示卡引过来的信号是完全同步的，因为PC-Video的输出是靠VGA的同步信号驱动的，所以用适当的方法交替地切换两路信号，即可实现两路输出的叠加。由于两路信号均为模拟信号，因此选用了模拟开关电路实现两信号的叠加，具体器件为74HCT4053，模拟开关的控制信号由PC-Video给出，控制模拟开关在两路信号间切换，从而实现了输入视频信号在VGA监视器上的窗口显示和色键。

6. 数字式多制式视频信号编码部分

这部分只选用了数字式多制式视频信号编码器SAA7199。它是以数字方式进行视频信号编码的编码器，支持PAL和NTSC两种制式，输出有CVBS和Super VHS两组信号，工作与模式有4种，可借助软件利用I^2C总线进行控制。4种模式的主要区别是同步信号的产生方式，即同步信号可由编码器根据自身的时钟产生，也可由外部电路产生，或者还可以由编码器和外部信号同步产生。输入数据可是YUV，也可是RGB。SAA7199内部设有3×256字节的查找表，用于γ校正等查找表运算，比如对比度、色调等运算，该查找表也可跳过不用。若输入数据为RGB，要经过一个内部转换矩阵变成YUV，送到内部全数字方式工作的编码器中进行编码，编码后的数字信号经内部D/A转换器后输出模拟视频信号。

3.2.3 彩色全电视信号数字锁相和数字解码

在彩色全电视信号模拟锁相和解码电路中，一般采用模拟式锁相回路跟踪输入信号的行频，其工作原理(如图3.12所示)为：PD是相位检测器，它检测压控振荡器(VCO)输出的系统时钟和输入行同步之间的相位差，经过低通滤波器(LF)，或称校正环节，能改善锁相系统的品质指标，提高锁相精度，改善相位锁定时间。低通滤波器的输出给压控振荡器，改变振荡频率，经过分频器(÷N)使其与给定行频一致，完成锁相任务。

在数字式锁相和数字式解码电路中用 DTO(Discrete Time Oscillitor)代替压控振荡器(VCO)。DTO 的工作原理如图 3.13 所示。DTO 的核心部件是加法器,加法器的输出通过一个寄存器反馈到输入端,和另一个增量 p 在每个时钟的上升沿相加,使得 X_n 为线性增长序列。当 X_n 超过加法器的最大值 q 时,产生溢出,忽略进位,则又产生由小到大的序列,如图 3.14 所示。

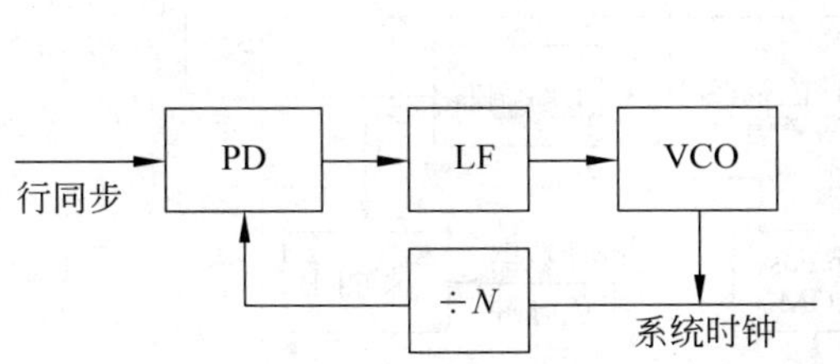

图 3.12　模拟锁相电路原理图

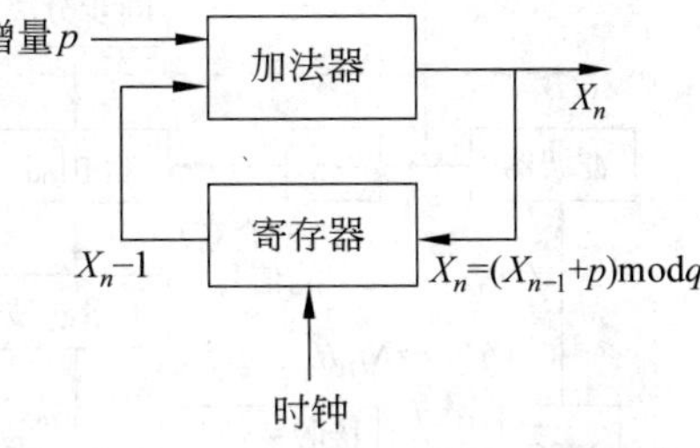

图 3.13　离散时间振荡器

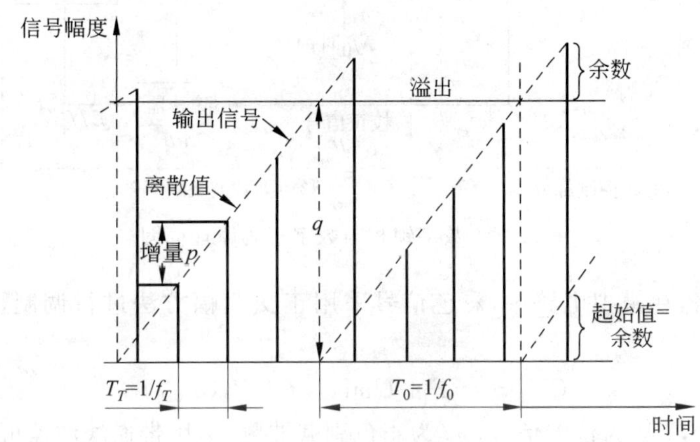

图 3.14　离散时间振荡的输出信号

加法器的输出为:

$$X_n = (X_{n-1} + P)\bmod q \tag{3.13}$$

由上式可知,X_n 是一个离散时间锯齿信号,时间间隔 $T_0=1/f_0$。由图 3.14 可知,p 和 q 的比例与时间 T、T_0 的比例相等,即

$$\frac{p}{q} = \frac{T}{T_0} = \frac{f}{f_T} \tag{3.14}$$

若将 q 归一化为 1,则有

$$f_0 = pf_T \tag{3.15}$$

因此,离散时间振荡器的输出频率 f_0 受 p 控制,像模拟锁相回路一样,输入频率为 f_T 的信号,会产生输出频率 $f_0=pf_T$ 的信号。

彩色全电视信号数字锁相和解码的具体电路和工作原理如图 3.15 所示。数字式彩色全电视信号,首先经过一个带通滤波器,把色差信号滤出,最终得到 UV 信号,另外一路经过彩色副载波陷波电路,去掉色差信号,得到 Y 信号。再经过数字式同步分离电路,得到输入信号的行同步,通过检相器检测输入行频和系统时钟,经分频后得到的行频,两者之间的相位差，再经过平滑滤波得到增量 p，由式(3.15)可知，它由线性控制离散时间振荡器，得到系统时钟信号 f_0，这即数字锁相的工作原理，具体电路框图如图 3.15 左半部所示。

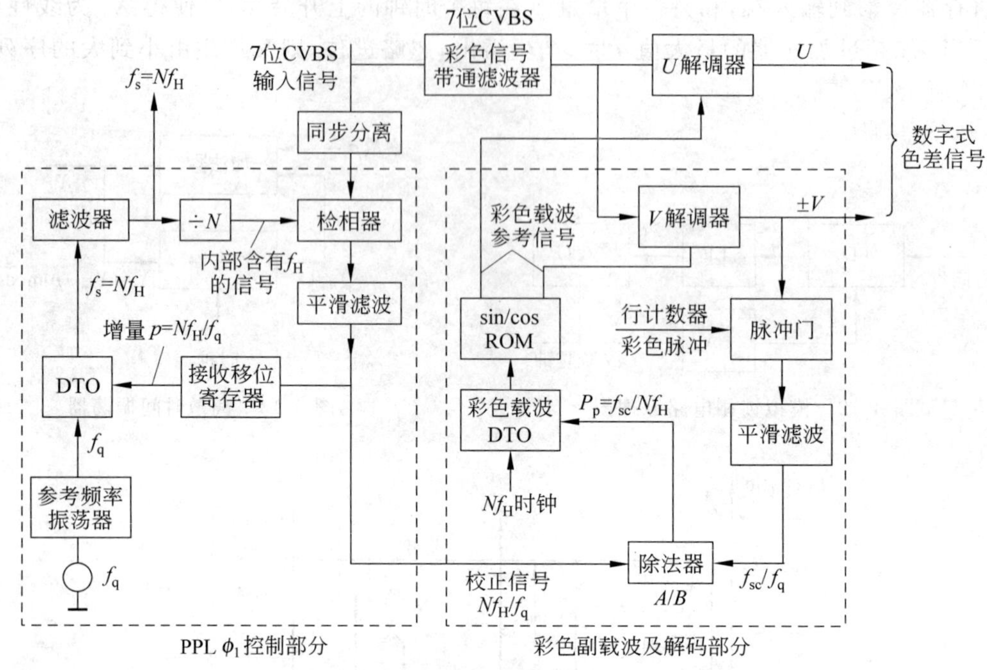

图 3.15　数字锁相与数字解码原理框图

数字解码电路，在模拟电路中，彩色信号采用正交调幅方法进行调制，彩色全电视信号的表达式为：

$$\text{CVBS}=Y+U\sin\omega_{SC}t+V\cos\omega_{SC}t \tag{3.16}$$

其中 Y 为亮度信号，UV 为色差信号，ω_{SC}为彩色副载波频率，用带通滤波器可分离出 C 信号：

$$C(R-Y)\sin\omega_{SC}t+(B-Y)\cos\omega_{SC}t \tag{3.17}$$

再用一个具有同样频率和相位的副载波信号乘以 C 得：

$$\begin{aligned}C\sin\omega_{SC}t&=(R-Y)\sin\omega_{SC}t\cdot\sin\omega_{SC}t+(B-Y)\cos\omega_{SC}t\cdot\sin\omega_{SC}t\\&=(R-Y)-(R-Y)\cos2\omega_{SC}t\end{aligned} \tag{3.18}$$

用低通滤器滤掉$(R-Y)\cos2\omega_{SC}t$，即可恢复 $R-Y$ 分量，同样用 $\cos\omega_{SC}t$ 乘 C，即可恢复 $B-Y$ 分量。具体电路如图 3.15 右半部所示，也采用数字锁相的办法，产生副载波频率，将它作为地址去找 ROM 中 sin、cos 表，读出的结果和输入的数字彩色信号相乘，就达到了解码的目的。

在图 3.15 的右半部，数字式彩色全电视信号首先经过副载波滤波器，得到 U、V 的调制信号，再经过解调，即分别乘以 $\sin\omega_{SC}t$ 和 $\cos\omega_{SC}t$ 得到 U、V 分量。在此电路中，数字锁相电路是将 V 的解调信号，经过脉冲门和平滑滤波得到 $A=f_{SC}/f_q$(其中 f_{SC}是彩色副载波频率，f_q 是参考时钟频率)，如前所述，另一路 $B=Nf_H/f_q$(其中 f_H 是行频，N 是分频器值，对于 PAL 制，$N=864$，对于 NTSC 制，$N=858$)，经过 A/B 除法器，得到离散时间振荡器的增量 $p=f_{SC}/Nf_H$，控制 DTO 的输出。DTO 的输出作为地址，到 ROM 中查 sin 和 cos 值，与从数字式彩色全电视信号分离的 U、V 信号相乘，再经过低通滤波器就得到了数字式 U、V 信号。数字式彩色全电视信号,如式(3.16)所示,经过陷波器滤掉彩色副载波分量,去掉噪声,经过校正就能得到数字式 Y 信号。

在设计制造视频信号获取器的过程中,为了调试硬件的正确性,为给用户提供方便的编程环境,还需要设计:诊断软件,在 DOS 和 Windows 环境下的演示软件,应用软件以及库函数。

视频信号获取器诊断软件的设计:根据视频信号获取器的组成部分,需要编制诊断视频窗口控制器 PC-Video 寄存器读写测试程序,I^2C 总线接口测试程序;帧存储器存储的读写测试,多路开关正确性的测试;解码器的测试;读状态字,修改寄存器,选择输入端以及选择输入制式;编码器的测试:读状态字,读写寄存器,选择制式,输出测试;数据转换器的测试:读状态字,修改寄存器;输出测试:读状态字,修改寄存器,输出全屏黑,输出全屏白,彩条测试,输出颜色调整等。在调板过程中,利用诊断软件,必要时再配合使用示波器或逻辑分析仪,即可查出硬件的错误,诊断程序的菜单如图 3.16 所示。

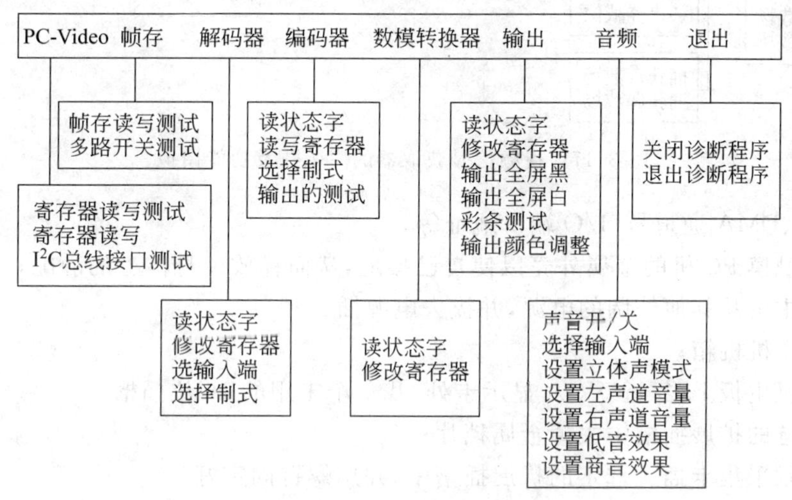

图 3.16 视频信号获取器诊断调试软件框图

为了给用户提供方便的编程环境,还需要编制在 DOS 和 Windows 条件下的库函数,演示软件主模块及功能子函数模块,具体菜单如图 3.17 所示。库函数包含多个底层函数调用,通过 PC-Video 各控制寄存器编程,可实现视频信号获取器的各种图像处理功能。通过对 I^2C 总线编程,实现对多制式数字解码器及编码器的控制。演示软件主模块包含所有函数调用,功能子函数模块包含各种函数调用,每一个都能完成某一特定功能。用户调用时只写一个调用命令即可,因此方便了用户的编程。

3.2.4 视频采集卡的安装和使用

市面上可供用户选择的视频采集卡有很多种,但其安装和使用的方法则大同小异。

1. 视频采集卡的安装

现以 Creative Labs 公司的 Video Blaster SE100 为例,说明视频采集卡的安装步骤。

1) 视频采集卡的硬件安装

(1) 插入视频采集卡

在把视频采集卡插入计算机之前,应先通过调整卡上的开关和跳线来配置帧缓存的基

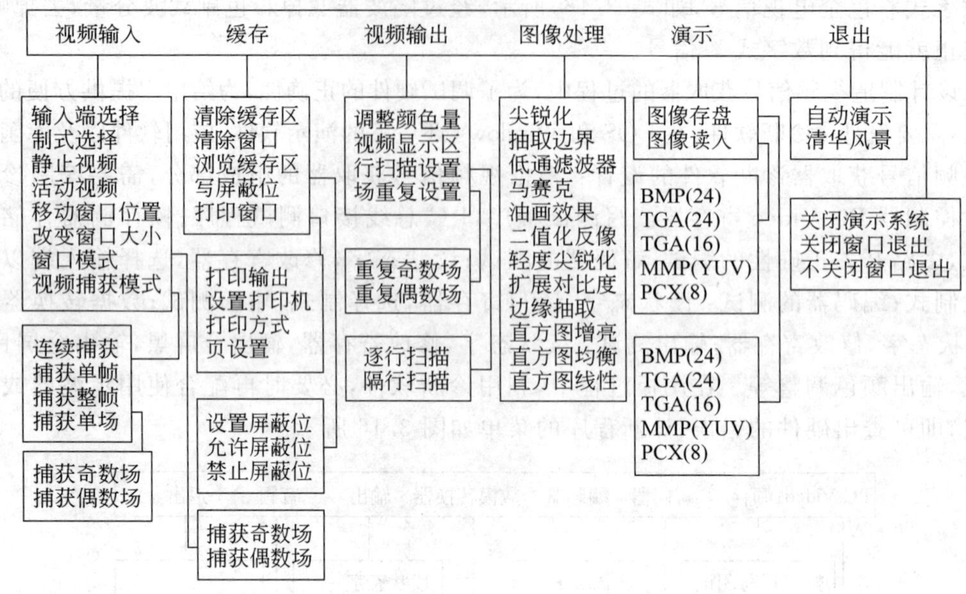

图 3.17　视频信号获取器的库函数及功能模拟

地址、IRQ 号、DMA 通道号、I/O 端口地址等。

- 用手触摸 PC 机的金属外壳以使自己接地，从而释放掉身体上的静电；
- 关闭主机及其他外调的电源，并拔去电源插头；
- 打开主机机箱；
- 在主机主板上，靠近 VGA 显示卡处，找一个未用的 16 位插槽；
- 在所选的扩展插槽中去掉金属挡片；
- 把视频采集卡插人选定的扩展插槽中，并用螺钉固定好。

(2) 与 VGA 卡的连接

- 将视频采集卡的 VGA Feature 连线与 VGA 卡相连，如图 3.18 所示；
- 将视频采集卡的 VGA 输入连接头与 VGA 显示卡的输出连接头相连，如图 3.19 所示。

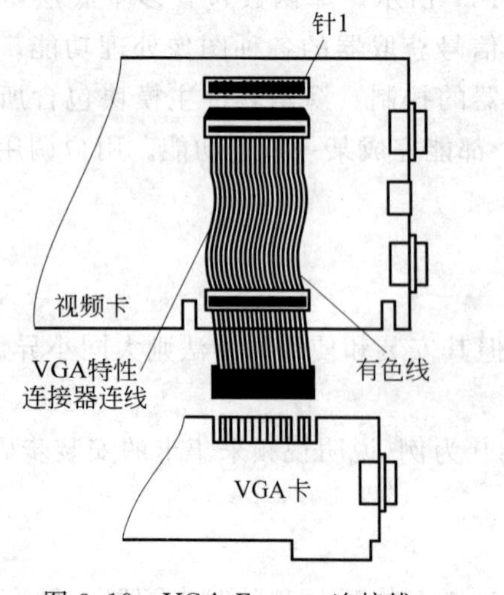

图 3.18　VGA Feature 连接线

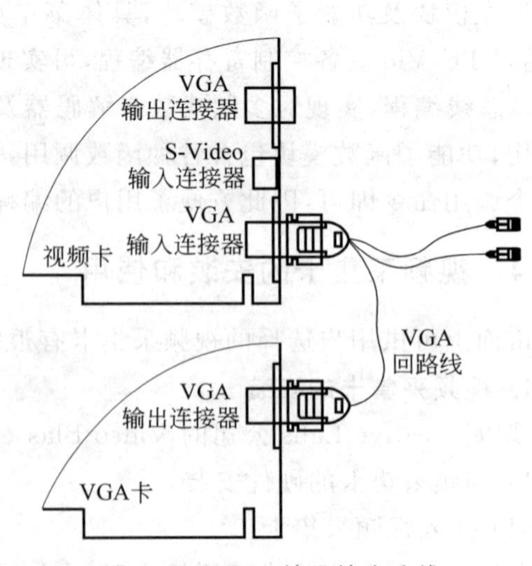

图 3.19　VGA 输入输出连线

(3) 与 VGA 显示器相连

为了能够通过视频采集卡和 VGA 显示卡在显示器上观看图像,必须把 VGA 显示器的连接线连接到视频采集卡的 VGA 输出连接头上。如图 3.20 所示。

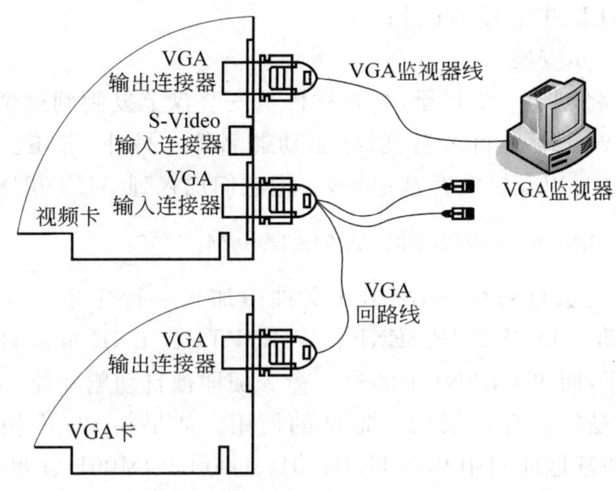

图 3.20 视频采集卡与 VGA 显示器的连接

(4) 与视频信号源的连接

视频采集卡可以连接到带有合成视频或 S-Video 输出的视频设备(视频信号源)上。合成视频输出来源于 RCA 插头,而 S-Video 输出则来源于 S-Video 连接器。这样,录像机、影碟机、摄像机等就都可以接到视频采集卡上了,Video Blaster SE100 最多可以同时连接两路合成视频信号源和一路 S-Video 源,如图 3.21 所示。

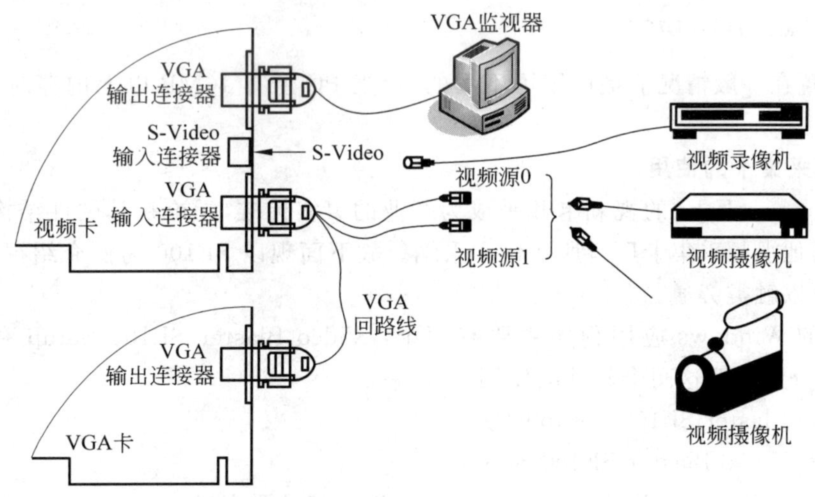

图 3.21 视频采集卡与视频信号源的连接

2) 软件安装

下面仍以 Creative Labs 公司的 Video Blaster SE100 为例,介绍视频采集卡的软件安装。视频采集卡的软件一般都包括几个 Windows 和 DOS 的应用程序,用这些程序可以显示视频图像以及控制视频采集卡上的硬件部件。这些软件(包括 Windows 的和 DOS 的)可以通过安装盘上的 DOS 程序 INSTALL. EXE 来安装，操作步骤如下：

(1) 把安装盘插入软驱中；

(2) 在 DOS 提示符下，改变盘符到安装盘所在软驱；

(3) 输入 INSTALL 并按 Enter 键；

(4) 按屏幕提示逐步安装。

INSTALL. EXE 将创建一个目录，并把软件从安装盘上复制到这个目录中。它自动询问你，该目录的名字、Windows 目录名、引导驱动器名等。另外，它还会自动查询视频采集卡的 I/O 基地址、IRQ 号以及帧缓存基地址，并把它们加入到 AUTOEXEC. BAT 文件中。

```
SET VIDEOBLST. SE100=C:\VBSE100 A: 718 I: 10 M: 13 T: 5
```

INSTALL. EXE 还会自动在 WIN. INI 文件中加入一行命令。以便在你下一次进入 Windows 时，自动启动 WINSETUP. EXE。WINSETUP. EXE 可以自动建立视频采集卡的 Windows 应用程序，而 WIN. INI 中的这一命令随即被自动删除掉。

特别值得注意的是帧缓存扩展内存地址的使用。如果在 PC 中使用了扩展内存管理器，并且想让帧缓存的基地址使用 B000H、B400H、D000H、D400H、D800H 或 DC00H，必须为帧缓存保留一块内存空间，这块内存地址空间一般大小为 16KB。例如，如果你使用 D400H 作为起始地址，并且使用扩展内存管理程序 EMM386. EXE，则需在 CONFIG. SYS 文件中加入一行：

```
DEVICE=EMM386. EXE X=D400-D7FF
```

如果是在 Windows 中使用这一功能，则需在 SYSTEM. INI 文件中的[386Enh]段中加入一行：

```
EMMExclude=D400-D7FF
```

这种设置在一般情况下是可用可不用的，但当 PC 上有 16MB 以上内存时是必须要使用的。

2. 视频采集卡的使用

由于 Creative Labs 的视霸卡几乎成为行业的事实标准，无论是其硬件结构，还是软件功能，都被其他视频采集卡厂有所效仿和采纳。故下面现以 SE100 为例介绍视频采集卡的使用，读者可以触类旁通。

SE100 的 Windows 应用程序主要有两个：Video Blaster SE100 Setup 和 Video Kit SE100，以下分别说明这两个软件的使用。

1) Video Blaster SE100 Setup 的使用

(1) 进入 Video Blaster SE100 Setup

双击 Video Blaster SE100 Setup 目标即可进入其设置窗口。

(2) Video Blaster SE100 Setup 窗口

这一窗口有 4 个重要功能：控制菜单、视频屏幕、菜单条以及工具条。

- 控制菜单：包括所有操作的标准命令，如改变位置、改变大小以及关闭窗口。
- 视频屏幕：显示来自视频信号源的图像，它可以被移动或改变大小。
- 菜单条：包括文件、编辑、配置、观察和帮助菜单。这些菜单中的命令可以用于配置视频屏幕、改变视频信号源以及访问联机(在线)帮助等。

- 工具条：包括经常使用的菜单命令，它可通过配置菜单中的“工具条”命令来打开或关闭。

(3) 改变 Video Blaster SE100 Setup 的窗口大小

- 按下鼠标键，拖动窗口的角或边；
- 放开鼠标键，则可使窗口变为所需的大小。

(4) 选择视频信号源

由于在同一时刻，视频屏幕中只能显示一个视频源的图像，因此在显示一个视频源的图像之前，必须选择视频信号源。在配置菜单中选择“系统设置”，然后即可选择视频信号源。一旦正确选择了视频信号源，图像就会出现在视频屏幕中，这时视频源的制式标准也同时自动被选择出来，并显示在 Signal Type 框中。SE100 所支持的制式标准有 NTSC、NTSC-443、PAL、PAL-N、PAL-M 以及 SECAM。

(5) 调整视频图像

当第一次显示所选择的视频信号源时，其信号可能与 VGA 显示不相协调，导致在视频图像的边缘周围出现洋红色的边，图像有可能还会出现黑边。对这些洋红色边缘和黑色边界，都可以通过使用 Video Alignment 和 Display Alignment 来调节，它们都在系统设置对话框中。

(6) 增强显示质量

通过改变图像中的颜色和亮度的成分，可以增强图像在视频屏幕中的显示质量。这一调节可通过 Color Setting 对话框中的滑动杆来进行，它可调节色度、亮度、饱和度和对比度。

(7) 取消改变设置

如果不想再保持对系统和颜色设置的修改，可以用所存储的值来恢复。

(8) 使用在线帮助

在线帮助是一个方便快捷的参考手册，它提供了关于各种菜单命令的信息。

(9) 退出 Video Blaster SE100 Setup

一旦完成了对设置的改变，则可退出 Video Blaster SE100 Setup 应用程序。如果没有将改变过的设置保存下来，在退出之前，Video Blaster SE100 Setup 将提示是否保存。

2) Video Kit SE100 的使用

Video Kit SE100 应用程序可以在 PC 的 VGA 显示器上，在 Windows 环境中显示采自视频源的活动图像。用户可以看到较好效果的活动图像，还可以从显示画面上捕获图像，并把它们存入图形文件中，以备演示或其他目的所使用。Video Kit SE100 软件主要包括以下功能：

- 进入 Video Kit SE100 软件；
- Video Kit SEi00 窗口功能；
- 定制 Video Kit SE100 窗口；
- 显示活动视频；
- 调节视频的显示质量；
- 捕获视频图像；

- 对已捕获图像的操作；
- 打开一个文件。
- 视频与 VGA 图像的叠加；
- 把视频输出到另一个窗口中；
- 转动浏览视频；
- 放大视频图像；
- 旋转视频源的显示；
- 加入急速闪动(快速定格)功能；
- 退出 Video Kit SE100 软件。

3.3 图像文件格式及其转换

多媒体计算机通过彩色扫描仪能够把各种印刷图像及彩色照片，数字化后送到计算机存储器中；通过视频信号数字化器能够把摄像机、录像机、激光视盘等彩色全电视信号数字化存到计算机存储器中；还有计算机本身可以通过计算机图形学的方法编程，生成二维、三维彩色几何图形及三维动画，存在计算机存储器中。采用上述三种形式形成的数字化的图形、图像及视频信息，都以文件的形式存储到计算机的存储器，我们希望能够有国际标准的文件格式，但是目前流行大多数是工厂或企业的标准。下面将其分成两类，一类是静态图像文件格式；另一类是动态视频图像文件格式。对于静态图像文件格式，将讨论 6 种当前比较流行的图像格式，即 GIF、TIFF、TGA、BMP、PCX 及 MMP；对于动态视频图像文件格式，将简单介绍一下 MPG、AVI 等文件格式。与此同时，还简单介绍一下静态图像文件格式的转换方法和用户界面。

3.3.1 静态图像文件格式

目前世界上静态图像文件格式比较多，除了我们将介绍分析的比较流行的 6 种之外，还有 Utah RLE、PICT Version 2(Macintosh)、IFF(Interchange File Format)、Sun Rasterfile、Cell array(GKS)、Pixel array(CGI)、CCITT Fax(T4)及 RLE(Run-Length Encoding)等。下面将介绍比较流行的 6 种。

1. 图形变换格式

图形变换格式(Graphics Interchange Format，GIF)文件格式是由 Compu-Serve 公司在 1987 年 6 月为了制定彩色图像传输协议而开发的，它支持 64 000 像素的图像，256～16M 颜色的调色板，单个文件中的多重图像，按行扫描的迅速解码，有效地压缩以及硬件无关性。

该文件格式利用一些标识段，虽然文件的很多信息是存储在文件头的位置，但是这种格式倾向于多利用标识结构。在 GIF 中，标识块(标识段)也叫做扩展块，当前它支持两个扩展块。一个扩展块是关于图像的注释块，它包括图像的创造者、所使用的软件、扫描设备等。另一个扩展块是图像的控制命令，它规定了相对各种类型图像显示的附加的控制功能。

图 3.22 给出了 GIF 文件格式的结构。扩展块可能放在图像数据的前边和后边。能够显示 2～256 种颜色或 256 级灰度(1～8bit/pixel)。图像数据用彩色编码形式存储，彩色编码可在起作用彩色码表中找到相应的颜色。对于每种调色板(红、绿、蓝)彩色码表项用一个

字节表示，它能够使调色板有 16M 种颜色输出。最后必须把彩色码表项转换成所用计算机可用的最近的彩色值。

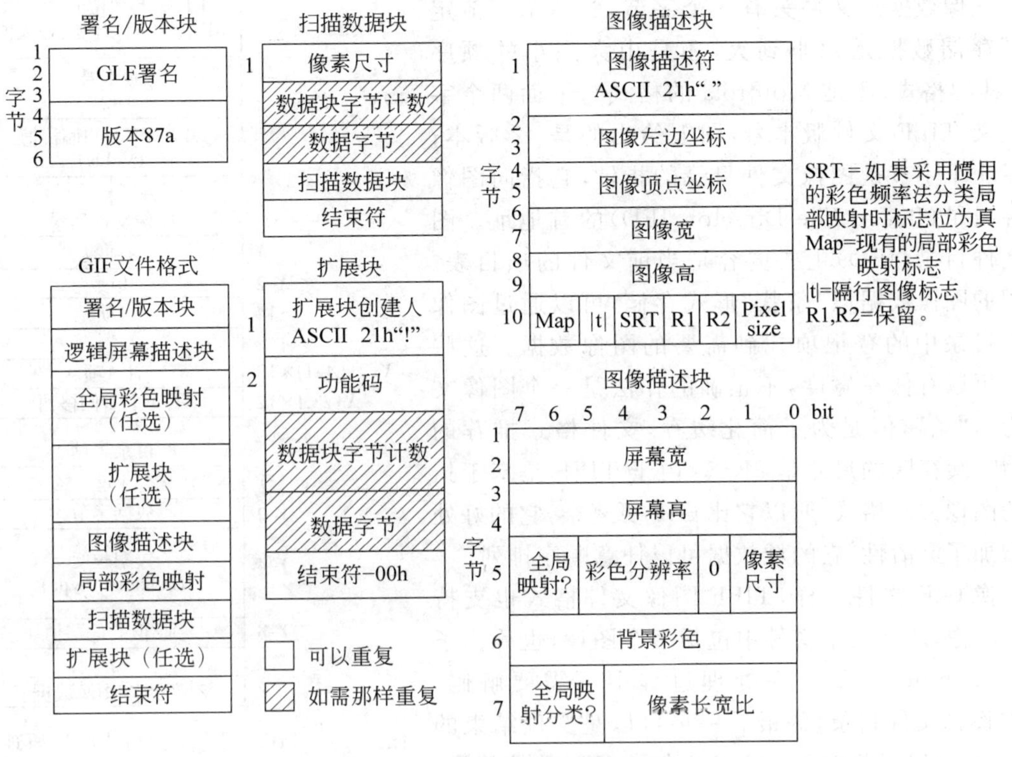

图 3.22　GIF 图像文件格式结构原理图

GIF 文件可能有几种彩色映射关系，最有用的是全局映射关系（Global Map），除此之外还有局部映射关系。局部映射关系（Local Color Map）可以在光栅数据块中定义，而且只能在它所在数据块中使用，如果使用局部映射时，不能使用全局映射。GIF 格式还可以和小系统中的图像变换联系起来，因为它是较大的最终用户格式，它支持隔行扫描特性。

2. 标记图像文件格式

标记图像文件格式（Tag Image File Format，TIFF）鉴于 GIF 文件格式，为了放弃一些过时的格式引进了标志域的方法，而 TIFF 文件格式全部都是基于标志域的概念。Alaus 和 Microsoft 公司为扫描仪和桌上出版系统研制开发了 TIFF 较为通用的图像文件格式，TIFF 一出现就得到广泛的应用，这大大超过了设计者的想象，TIFF 文件格式如图 3.23 所示。关于图像所有的信息都存储在标志域中，例如，它规定图像尺寸大小，规定所用计算机型号，制造商、图像的作者、说明、软件及数据。TIFF 文件是一种极其灵活易变的格式，它支持多种压缩方法，特殊的图像控制函数以及许多其他的特性。因为 TIFF 文件比较大，为了研究开发它的复杂的实现技术，它需要扩展码。为了帮助编程人员详细了解它的复杂性，TIFF 文件定义了 4 类不同的 TIFF 文件格式：TIFF-B 适用于二值图像；TIFF-G 适用于黑白灰度图像；TIFF-P 适用于带调色板的彩色图像以及 TIFF-R 适用于 RGB 的彩色图像。TIFF-X 是一种通用型，通过编程可以适用于上述所有 4 种类型。为了保证它们的兼容性，每类都有一个最小的域，编程时不需要使用其他的域。

TIFF 文件格式的结构如图 3.23 所示，共有 4 部分组成：分别为文件头、文件目录、目录表项和点阵图像数据。文件头有 8 个字节，头两个字节定义了存储数据是由小到大，还是由大到小的顺序(Intel 的格式，还是 Motorola 的格式)；下面两个字节定义 TIFF 文件版本号，图上给出的是 42 版本；最后 4 个字节是图像文件目录的指针，它指向图像文件目录(Image File Director，IFD)的首地址。图像文件目录(IFD)主要内容是当前文件的项目表。有用的图像数据以"条状"形式存储，可以通过图像文件目录中的登记项找到需要的图像数据。这些"条"可以有任意宽度，不正确的作法是一个图像文件为一"条"，但是为了简化缓存，文件格式推荐的"条状"缓存区的尺寸是 8KB。由于 TIFF 是基于指针的图像文件格式，所以它比 GIF 更复杂，它的好处是增加了灵活性，它的域数据可以任意顺序排列。

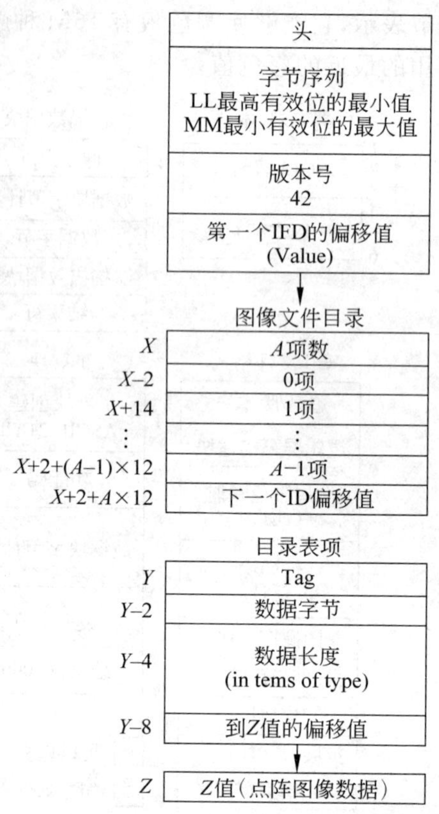

图 3.23　TIFF 图像文件格式结构原理图

像 GIF 文件一样，TIFF 图像文件格式也支持多个图像，即在一个文件中包括多个图像，也称为子文件(subfiles)，不过在处理过程中不需要解码。IFD(图像文件目录)的最后一项可以是文件结束的 0000，也可以是指向下一个子文件的 IFD 的偏移量。TIFF 有两种方法存储彩色图像数据：TIFF-P 和 GIF 文件格式相似，在一个域中定义一幅图像的彩色映射(Color Map)，存储彩色图像时就存储彩色映射的编码值，这种存储是有效的，但是存储的彩色图像的颜色只有 256 种；另一种方法是 TIFF-R 它能够定义 RGB 全彩色的图像，每个像素可用 3 个 8bit 表示，它可以提供 16M 种颜色。

图像域数据即目录表项(Directory Entry)有 12 个字节长，具体结构如下：2 个字节的 Tag，它说明这个域的特性；2 个字节的 Type(类型描述符)，它说明数据类型(ASCII，短，长，字节，有理数，以及 IEEE 浮点或双倍字长)；4 个字节的数据长度，它说明数据值的长度，数据类型值的长度；最后是 4 个字节域值的偏移量，它指向具体的图像数据值。

TIFF 可能是一种最复杂的图像文件格式，它支持多种编码方法：RLE(Run-Length Encoding)编码数据、LZE(Lempel-Ziv Encoding)编码数据、CCITT 格式的数据以及 RGB 的数据。

3. 目标图像文件格式

目标图像文件格式(Targe Image Format，TGA)是 Truevision 公司为 Targe 和 Vista 图像获取板设计的 TIPS 软件所使用的文件格式，Targa 和 Vista 图像获取板插在 PC 上得到了广泛的应用，因此，TGA 图像文件格式的应用也变得越来越广泛。TGA 图像文件格式结构比较简单，它由描述图像属性的文件头(header)以及描述各点像素值的文件体(body)组成，如图 3.24 所示。

文件头共有 18 个字节，第一个字段是一个字节，它表示图像 ID 字段的尺寸。彩色映射类型字段(Color Map Type)是一个字节,它描述图像彩色映射类型,它的值对应如下的含义。

0：文件中没有图像数据；

1：有调色板非压缩类型；

2：真彩色非压缩类型；

3：黑白图非压缩类型；

9：有调色板用 RLE 压缩编码；

10：真彩色用 RLE 压缩编码；

11：黑白图压缩编码。

彩色映射规定映射的坐标和长度各为两字节,同时还规定了每个映射项的比特数。在 Image Specs 域中,Origin x、Origin y、Width、Height 为两字节,其他均为一个字节。

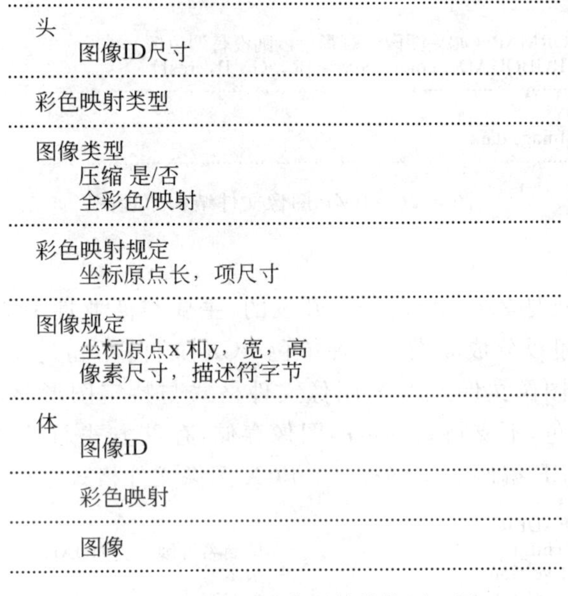

图 3.24　TGA 图像文件结构原理图

文件体是由图像文件的标识符 ID,图像文件的彩色映射(Color Map)关系以及图像像素数据组成。

4. 位图

位图(Bitmap,BMP)是一种与设备无关的图像文件格式,它是 Windows 软件推荐使用的一种格式,随着 Windows 的普及,BMP 的应用会越来越广泛。BMP 是一种位映射的存储形式,其结构如图 3.25 所示。

BMP 图像文件格式共分 3 个域。第一个域是文件头,它又分成两个字段：一是 BMP 文件头,二是 BMP 信息头。在文件头中主要说明文件类型,实际图像数据长度,图像数据的起始位置;同时还说明图像分辨率,长、宽及调色板中用到的颜色数。第二个域是彩色映射(Color Map)。最后一个域是图像数据,BMP 文件存储数据时,图像的扫描方式是从左向右,从下而上。

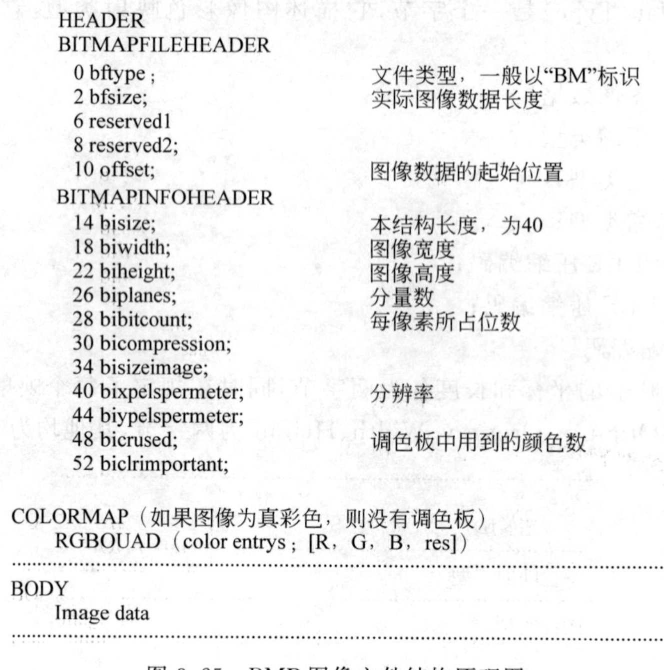

```
HEADER
BITMAPFILEHEADER
  0 bftype ;                     文件类型，一般以“BM”标识
  2 bfsize;                      实际图像数据长度
  6 reserved1
  8 reserved2;
  10 offset;                     图像数据的起始位置
BITMAPINFOHEADER
  14 bisize;                     本结构长度，为40
  18 biwidth;                    图像宽度
  22 biheight;                   图像高度
  26 biplanes;                   分量数
  28 bibitcount;                 每像素所占位数
  30 bicompression;
  34 bisizeimage;
  40 bixpelspermeter;            分辨率
  44 biypelspermeter;
  48 bicrused;                   调色板中用到的颜色数
  52 biclrimportant;

COLORMAP（如果图像为真彩色，则没有调色板）
  RGBOUAD（color entrys；[R，G，B，res]）
..............................................................
BODY
  Image data
..............................................................
```

图 3.25　BMP 图像文件结构原理图

5. PCX

PCX 图像文件格式是 Zsoft 公司研制开发的，主要与商业性 PC-Paint brush 图像软件一起使用。PCX 文件可以分成 3 类：各种单色 PCX 文件；不超过 16 种颜色的 PCX 文件；具有 256 颜色的 PCX 图像文件。PCX 图像文件格式与特定图形显示硬件密切相关，其格式一般为 256 色和 16 色，不支持真彩色的图像存储，存储方式通常采用 RLE 压缩编码，读写 PCX 时需要一段 RLE 编码和解码程序。PCX 图像文件格式结构如图 3.26 所示。

```
HEADER
  0 mfgr ;                       厂商名，现一般为OAH
  1 version;                     版本号
  2 encoding                     编码方式
  3 pixbits                      每像素所占位数
  4 Xmin;                        左上角
  5 Ymin;
  8 Xmax;                        右下角
  10 Ymax;
  12 hres;                       分辨率
  14 vres;
  16 rgb[16][3]                  16 色调色板
  64 reserved ;
  65 nplanes ;                   分量数
  66 linebytes;                  每行字节数
  68 paltype;                    1：color/bw，2：gray
  70 ylines;
  72 filer[56];
..............................................................
BODY
  Image data（RLE）
..............................................................
256 color map
  256 color entry（RGB）
```

图 3.26　PCX 图像文件结构原理图

PCX 图像文件结构分三个域：一是文件头，二是文件体，最后是 256 彩色映射部分。PCX 文件均携带 128 字节的表头，用于定义图像的尺寸，彩色调色板及其他有关的图像数据。具体规定如下：PCX 表头中的 Manufacture 字节始终保持为 OxOa，这个值是 PCX 格式提供的唯一标志，使得读取 PCX 的软件可以识别它。Version 字节说明 PCX 文件的版本：

0：PC Paintbrush 2.5 版

2：PC Paintbrush 2.8 版

5：PC Paintbrush 3.0 版

Encoding 字节表示压缩编码方式，其值为 1 时表示采用 RLE 压缩编码的方法，Zsoft 公司可以用不同的值表示不同的压缩编码方法。bits per Pixel 说明每个像素的位数。Xmin，Ymin，Xmax 及 Ymax 4 个值定义文件的图像尺寸，图像的实际尺寸是 max 一值减去 min 值，在多数情况下 min 为零。hres 和 vres 是文件中建立图像所用的水平和垂直分辨率。palette 是彩色调色板，它的长度是 48 个字节，只适用 16 个颜色。byte per line 它代表每一行图像数据所需的字节数，可以省去程序中计算的麻烦。

文件体中存放的是 PCX 图像文件中的图像数据，它采用了行程压缩编码技术，读取 PCX 文件时需要设计一段 RLE 解码程序。同样，将采集的一幅图像数据写成 PCX 文件格式时，需要设计一段 PLE 编码程序，将图像数据变成 RLE 码，写到 PCX 文件体中的图像数据中。最后一个域是 256 Color entry，一个 256 色的调色板要用 3 个字节描述一种颜色，因此，共需 768 个字节才能完整地描述 256 种颜色的调色板。尽管 PCX 原始文件格式在表头部分预留了一些空间，以便扩充存放调色板数据，但是 256 色 PCX 文件的调色板数据无法存入原始表头中，因此，只能把它放在文件的最后，形成最后一个域 256 Color Map。

6. MMP

MMP 图像文件格式是 Ani-Video 公司以及清华大学计算机系，在他们设计制造的 Ani-Video 和 TH-Video Ⅰ、Ⅱ、Ⅲ视频信号采集板中采用的图像文件格式。根据最近几年新的发展趋势，为了使视频数据能和电视视频信号兼容，它的图像数据采用 YUV 的形式，这和计算机图形数据(RGB)有较大的不同，因此，它的通用性不如前面几种格式。具体结构如图 3.27 所示。

```
HEADER
  0     flag;                  文件标志
  6     reserved[3]
  12    width;
  14    height;
..............................................................
BODY
Image data
..............................................................
```

图 3.27　MMP 图像文件结构原理图

MMP 图像文件格式分成两个域：一个是文件头，另一个是文件体。文件头中有 MMP 文件标志，文件中图像的宽和高。在文件体中，图像数据采用 $8:2:2=Y:U:V$ 存储方式，用 6 个字节存储 4 个像素，其中 Y 分量每个像素占一个字节，余下 2 个字节被 U、V 分量占用，像素的排列顺序为：

UUVVYYYYYYYY

多媒体计算机在处理图像信息时遇到的最大问题就是图像文件格式的多样性。目前世界上用得比较多的就有十几种，随着多媒体技术发展越来越快，图像文件格式的转换就显得很重要。

虽然前面讨论的图像文件格式都互不兼容，但图像数据本身是通用的，所以在编制图像文件格式转换程序时，主要解决下述几个问题。

- 识别文件头和产生文件头的程序；
- 文件体的解码和编程程序；
- 文件体的数据转换程序。

在编制图像文件格式转换程序时，要考虑程序的通用性问题，对于一种输入格式需要转换成多种输出格式，所以程序满足的转换关系不是一对一的关系，而是一种多对多的网状关系。在编制程序时最好选用 RGB 原始格式作为理想的中间格式，这是因为很多格式中的图像数据都是以 RGB 的形式存放的，RGB 形式到 YUV 的形式采用式(3.8)线性变换关系。RGB 原始格式需要三个文件 *R、*G、*B，它们分别存放像素的红、绿、蓝三个分量，此种格式文件没有头信息，有关属性信息需要外部表示，它存储的只是实际的图像数据转换网络，如下所示：

输入格式	中间格式	输出格式
TGA		TGA
TIFF		TIFF
BMP	RGB	BMP
PCX		PCX
MMP		MMP
IMY(IMU,IMV)		IMY(IMU,IMV)
CMY(CMU,CMV)		CMY(CMU,CMV)
⋮		⋮

在编制图像文件格式转换时，除了通用性问题外，还要考虑执行速度问题。因为图像数据一般都很大，转换程序要对所有图像数据进行色度空间的转换，图像数据的编码和解码，图像数据的存储，时间消耗都很大，为了提高速度，可以采用技巧编程，例如选用合适的缓冲区、用不用长指针、块读取还是字符读取、对各种格式的头信息定义结构说明等，都可以想办法提高运行速度。

3.3.2 动态图像压缩编码文件格式

关于动态图像的文件格式目前在多媒体计算机中常用的有 MPG、AVS 及 AVI 等。MPG(MPEG)是 ISO/IEC 1993 年 8 月 1 日正式颁布的国际标准。MPG 数据流结构分为 6 个层次：序列层(Sequence layer)、图像组层(Group of Picture)、图像层(Picture)、片层(Slice)，宏块层(Macroblock)以及块层(Block layer)。

1. 序列层

MPG 序列文件头，在这里规定了 MPEG 解码器的运行状态，即所处理的图像信息以及一些重要的控制信息集，例如，图像的水平尺寸，图像的垂直尺寸，长宽比，帧速率，位速率，宏块总数，缓冲区大小以及运动补偿的范围等。

2. 图像组层

一个 MPEG 图像序列分成若干个组，每组即为一个随机存取点，这样便可以实现对图像的随机存取，一个图像组可以单独地进行解码，于是，只要在压缩数据流中查找首部的信息便可实现随机存取。图像组第一帧为 I 图像，第一个图像组有 7 帧图像，跟着的图像组有 9 帧图像，一个图像组可以有任意长度，但是一个图像组必须包含一个或多个 I 图像。

编码输入时(或显示时)：

‖ 1 2 3 4 5 6 7 ‖ 8 9 10 11 12 13 14 15 16 ‖

‖ I B B P B B P ‖ B B I B B P B B P ‖

编码输出时(或存储数据流，或解码输入)：

‖ 1 4 2 3 7 5 6 ‖ 10 8 9 13 11 16 14 15 16 ‖

‖ I P B B P B B ‖ I B B P B B P B B ‖

3. 图像层

一幅图像对应一帧，MPEG 标准中定义了 4 种图像形式：I 帧内图，P 预测图，B 双向预测图及 D 直流分量图。D 图很少用到，I 图信息量最多，是预测和运动补偿的基础，P 图是经前面的 I 或 P 运动补偿后得到的，有一定的数据压缩，而 B 图是由前后的 I、P 图补偿后得到的，它的数据压缩率最大。

4. 片层

设置片层主要是为容错考虑的，将一幅图划分若干片，每片中都存有解码所需的信息，这样，当图中某一片出错时，可以通过继续查找下一片的起始信息继续进行解码，而不会因为图像的某一部分出错导致整幅图的损坏。每个片至少包含一个宏块，在每帧图像片的位置可以不同。

5. 宏块层

宏块层是一个 16×16 的样本块，它是运动补偿和更换量化级的单位，宏块由该样本块的 4 个亮度块(编号分别为 1,2,3 和 4 块)和 2 个色度块 C_b 和 Cr(编号分别 5 和 6 块)构成，在其首部存放着量化级和运动补偿的信息。

6. 块层

一个块是 8×8 的矩阵，它是编码的基本单元，DCT 变换是对 8×8 的块进行处理的，对块的处理要运用高层中规定的各种控制信息。

ISO/IEC 11172 MPEG 数据文件结构如图 3.28 所示，这是一个限定系统的例子，数据流只有视频和音频，它是按下述规定产生的。

(1) 音频

① 48kHz 采样速率；

② 24 000B/s 每对立体声通道速率；

③ 1152 样板/每个演示单元；

④ 567 字节/每个存储单元。

(2) 视频

① 视频限定参数编码 150 000B/s；

② 帧速 25Hz；

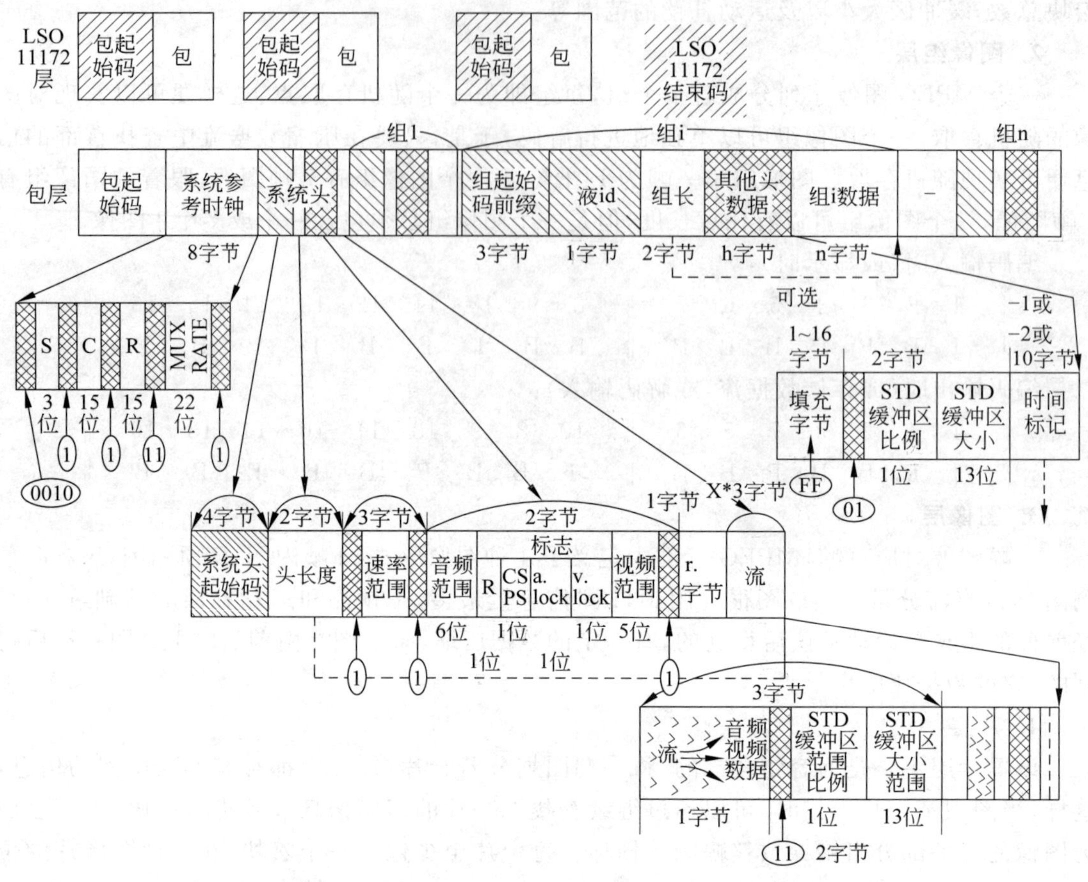

图 3.28　ISO/IEC 11172 MPEG 数据文件结构原理图

③ 40×1024 字节视频缓冲区校验；

④ 在解码输入时图像的顺序是：

1I　4P　2B　3B　7P　5B　6B　10P　8B　9B　13I　11B　12B　16P

14B　15B　19P　17B　18B　22P　20B　21B　25I

每个 I 图有 19 000 字节；

每个 P 图 10 000 字节；

每个 B 图 2800 或 2900(平均 2875)字节。

每个包头包含 5～9 个字节系统参考时钟(System Clock Reference,SCR)字段,在每个视频和音频包中,还包含演示时间戳(Presentation Time-Stamp,PTS)和解码时间戳(Decoding Time-Stamp,DTS)字段,它详细规定了延迟时间。

AVS 和 AVI 是 Intel 和 IBM 公司共同研制的 DVI(Digital Video Interactive)系统动态图像文件格式,AVS 文件格式只能在 DVI 系统硬件支撑下才能读写,这样系统的硬设备投资比较大,为了降低系统造价,Intel 公司最近又推出了 Indeo 系统,它可以在 Microsoft 公司的 Video for Windows 支持下,用软件播放 AVI 文件。

AVS 文件格式比起图像文件格式能够提供较多的灵活性,它能够支持多个数据流同时操作。例如一个 AVS 文件可以包括一个视频和两个立体声音频数据流。更复杂的情况是，一个 AVS 文件可以包括 4 个视频数据流和 4 个音频数据流，可以一个多窗口视听效果播放，或者是应用程序希望播放 4 个视频数据流中的一个，需要时立即切换到另一个。

根据视频和音频数据流的类型，AVS 文件又提供了三种附加数据流的类型：底层数据、数据和图像。底层数据是任意一种类型的数据，它必须同视频和音频信息一起实时提供，例如一种底层数据是时间码，它与 AVS 文件的每一帧数据一起存储。数据是由计算机常用的数据序列组成，直到全部数据存储到存储器之前应用程序不能使用该数据。图像流由静止图像序列组成，可能是压缩编码数据，也可能不是压缩编码数据。DVI 系统能够把 AVS 文件中的视频、音频和图像流转换成声音和图像。DVI 系统允许应用程序使用底层数据，并为其提供方便，例如当底层数据到达时，存取底层数据；从数据流中收集底层数据并把它存到应用程序规定的缓冲区中；当底层数据到达时，通知应用程序。

在 DVI 和 Indeo 系统中，保存 AVS 和 AVI 文件的介质，通常是 CD-ROM、硬盘和 RAM，只能使用二进制代码的单数据流，因此 AVI 和 AVS 文件中的多数据流只能采用图 3.29 所示方法，将多数据流定义变成单数据流文件，这是 AVS 和 AVI 的最基本格式，正因为如此，有些人把 AVS 或 AVI 文件格式称为视频和音频交替存放文件(Audio/Video Inter leaved)。

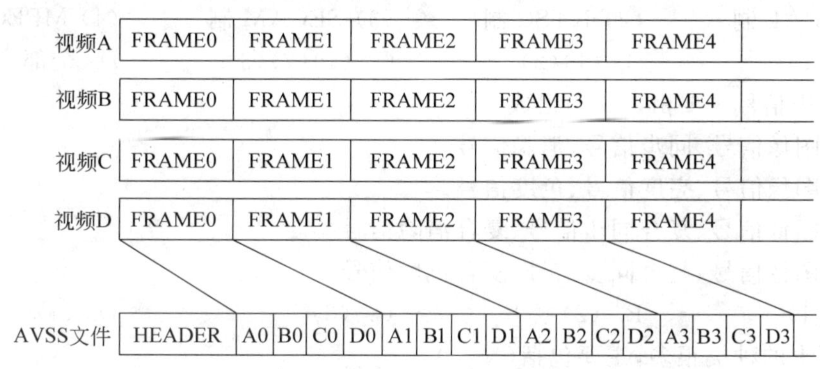

图 3.29　多数据流交叉变成单数据流文件

AVS 文件的一帧可能没有固定的尺寸，特别是经过压缩编码的视频数据，某些帧可能比另外的一些帧多些或少些数据。播放时要保持一定的平均速率，对于慢速的存储设备，例如播放一个长序列数据必须克服 CD-ROM 较长的寻找时间(CD-ROM 要引进几百毫秒的延迟)，为了控制平均字节速率，AVS 文件中常常增加一些缓冲衬垫数据，通常附加一些空位数据流与其他有用的数据流交织在一起。

除了上述静态和动态图像文件格式之外，为了适用多媒体数据库系统以及多媒体通信系统的需要，IBM 和 Microsoft 公司推荐了为多媒体资源文件而开发的一种带标记的文件结构，叫做 RIFF(Resource Interchange File Format，资源交换文件格式)。文件范式实际上它不是一种文件格式，而是一种定义标准的范式。目前，很多多媒体资源文件都是按 RIFF 范示定义的，如多媒体影片文件(MMM)、波形音频文件(WAV)和位图文件(RDIB)。

Microsoft 公司在 Windows 3.1 中提供了对多媒体文件 I/O(MMIO)的支持，为 RIFF 文件的应用开辟了新的途径。

小 结

彩色空间的表示及其转换，主要讲述了常用的RGB色彩空间、YUV和YIQ色彩空间、HIS色彩空间以及它们之间的转换(RGB、YUV和YIQ之间的转换)；彩色全电视信号的组成。掌握彩色空间的表示及它们之间的转换，是多媒体计算机色彩图形、静态图像以及动态图像处理算法的基础。

本章对视频卡的功能分类以及视频卡的工作原理，特别是关于双体存储器的工作原理，彩色全电视信号的数字锁相和数字解码电路的工作原理作了全面的介绍。

在实际应用中，要掌握视频卡的安装(包括硬件安装和软件安装)，并能熟练地使用这些基本的技能。还有要掌握图像文件格式及其转换，静态图像文件格式的表示和动态如图像压缩编码文件格式的表示以及转换等。

习 题

1. 国际上常用的视频制式有(　　)。

(1) PAL制　(2) NTSC制　(3) SECAM制　(4) MPEG

A. (1)　B. (1)(2)　C. (1)(2)(3)　D. 全部

2. 全电视信号主要由(　　)组成。

(1) 图像信号、同步信号、消隐信号

(2) 图像信号、亮度信号、色度信号

(3) 图像信号、复合同步信号、复合消隐信号

(4) 图像信号、复合同步信号、复合色度信号

A. (1)　B. (2)　C. (3)　D. (4)

3. 视频卡的种类很多，主要包括(　　)。

(1) 视频捕获卡　(2) 电影卡　(3) 电视卡　(4) 视频转换卡

A. (1)　B. (1)(2)　C. (1)(2)(3)　D. 全部

4. 在YUV彩色空间中数字化后Y∶U∶V是(　　)。

(1) 4∶2∶2　(2)8∶4∶2　(3) 8∶2∶4　(4)8∶4∶4

A. (1)　B. (2)　C. (3)　D. (4)

5. 彩色全电视信号主要由(　　)组成。

(1) 图像信号、亮度信号、色度信号、复合消隐信号

(2) 亮度信号、色度信号、复合同步信号、复合消隐信号

(3) 图像信号、复合同步信号、消隐信号、亮度信号

(4) 亮度信号、同步信号、复合消隐信号、色度信号

A. (1)　B. (2)　C. (3)　D. (4)

6. 数字视频编码的方式有哪些？(　　)

(1) RGB视频　(2) YUV视频　(3) Y/C(S)视频　(4) 复合视频

A. 仅(1)　B. (1)(2)　C. (1)(2)(3)　D. 全部

7．在多媒体计算机中常用的图像输入设备是(　　)。

(1) 数码照相机　　(2) 彩色扫描仪

(3) 视频信号数字化仪　　(4) 彩色摄像机

A. 仅(1)　　B. (1)(2)　　C. (1)(2)(3)　　D. 全部

8. 视频采集卡能支持多种视频源输入，下列哪些是视频采集卡支持的视频源？(　　)

(1) 放像机　　(2) 摄像机　　(3) 影碟机　　(4) CD-ROM

A. 仅(1)　　B. (1)(2)　　C. (1)(2)(3)　　D. 全部

9. 下列数字视频中哪个质量最好？(　　)

(1) 240×180 分辨率、24 位真彩色、15 帧/秒的帧率

(2) 320×240 分辨率、30 位真彩色、25 帧/秒的帧率

(3) 320×240 分辨率、30 位真彩色、30 帧/秒的帧率

(4) 640×480 分辨率、16 位真彩色、15 帧/秒的帧率

A. (1)　　B. (2)　　C. (3)　　D. (4)

10. 视频采集卡中与 VGA 的数据连线(如图 3.18 所示)有什么作用？(　　)

(1) 直接将视频信号送到 VGA 显示器上显示

(2) 提供 Overlay(覆盖)功能

(3) 与 VGA 交换数据

(4) 没有什么作用，可连可不连

A. (1)　　B. (1)(2)　　C. (1)(2)(3)　　D. 仅(4)

11. 简述视频信息获取的流程，并画出视频信息获取的流程框图。

12. 简述视频信号获取器的工作原理。

第4章 多媒体数据压缩编码技术

本章要点

(1) 多媒体数据压缩编码的重要性和分类。

(2) 常用压缩编码算法的基本原理及实现技术，预测编码、变换编码(K-L 变换、DCT 变换)、统计编码(Huffman 编码、算术编码)。

(3) 量化的基本原理和量化器的设计思想。

(4) 静态图像压缩编码的国际标准(JPEG)原理、实现技术，以及动态图像压缩编码国际标准(MPEG)的基本原理。

进入信息时代，人们将越来越依靠计算机获取和利用信息，而数字化后的视频和音频等媒体信息具有数据海量性，与当前硬件技术所能提供的计算机存储资源和网络带宽之间有很大差距。这样，就给多媒体信息的存储和传输造成了很大困难，阻碍人们有效获取和利用信息。一段时期内，数字化的媒体信息数据以压缩形式存储和传输仍将是唯一的选择。

4.1 多媒体数据压缩编码的重要性和分类

4.1.1 多媒体数据压缩编码的重要性

信息时代的重要特征是信息的数字化，数字化了的信息带来了“信息爆炸”。多媒体计算机系统技术是面向三维图形、立体声和彩色全屏幕运动画面的处理技术。数字计算机面临的是数值、文字、语言、音乐、图形、动画、静图像、电视视频图像等多种媒体承载的由模拟量转化成数字量信息的吞吐、存储和传输的问题。数字化了的视频和音频信号的数量之大是非常惊人的。下面列举几个未经压缩的数字化信息的例子：

(1) 一页印在 B5(约 180mm×255mm)纸上的文件，若以中等分辨率(300dpi 约 12 像素点/毫米)的扫描仪进行采样，其数据量约 6.61MB/页。一片 650MB 的 CD-ROM，可存 98 页。

(2) 双通道立体声激光唱盘(CD-A)，采样频率为 44.1kHz，采样精度 16 位/样本，其一秒钟时间内的采样位数为 $44.1\times10^3\times16\times2=1.41$Mbps。一个 650MB 的 CD-ROM，可存约 1 小时的音乐。

(3) 数字音频磁带(DAT)，采样频率 48kHz，采样精度 16 位/样本，一秒钟时间内采样位数为 $48\times10^3\times16=768$kbps，一个 650MB 的 CD-ROM 可存储近 2 小时的节目。

(4) 数字电视图像。

① 源输入格式(Source Input Format，SIF)，NTSC 制、彩色、4∶4∶4 采样。

每帧数据量 352×240×3=253KB

每秒数据量(位率) 253×30=7.603MB/s

一片 CD-ROM 可存帧数 650÷0.253=1.226 千帧/片

一片 CD-ROM 节目时间(650÷7.603)/60=1.42 分/片

② ICCR(International Consultative Committee for Radio)格式,PAL 制、4:4:4 采样。

每帧数据量:720×576×3=1.24MB

每秒数据量:1.24×25=31.3MB/s

一片 CD-ROM 可存帧数:650÷1.24=0.524 千帧/片

一片 CD-ROM 可存节目时间:650÷31.1=20.9 秒/片

再举一个陆地卫星(LandSat-3)的例子(其水平、垂直分辨率分别为 2340 和 3240,四波段、采样精度 7 位),它的一幅图像的数据量为 2340×3240×7×4=212Mb,按每天 30 幅计,每天数据量为 212×30=6.36Gb,每年的数据量高达 2300Gb。

从以上列举的数据例子,看出数字化信息的数据量是何等庞大,这样大的数据量,无疑给存储器的存储容量、通信干线的信道传输率以及计算机的速度带来了极大的压力。这个问题是多媒体技术发展中的一个非常棘手的瓶颈问题,要解决这一问题,单纯用扩大存储器容量、增加通信干线的传输率的办法是不现实的。数据压缩技术是个行之有效的方法。通过数据压缩手段把信息数据量压缩下来,以压缩形式存储和传输,既紧缩节约了存储空间,又提高了通信干线的传输效率,同时也使计算机实时处理音频、视频信息,以保证播放出高质量的视频、音频节目成为可能。

4.1.2 多媒体数据压缩编码的可能性

人们研究发现,图像数据表示中存在着大量的冗余。通过去除那些冗余数据可以使原始图像数据极大地减少,从而解决图像数据量巨大的问题。图像数据压缩技术就是研究如何利用图像数据的冗余性来减少图像数据量的方法。因此,进行图像压缩研究的起点是研究图像数据的冗余性。

下面我们将介绍常见的一些图像数据冗余的情况。

1. 空间冗余

这是静态图像存在的最主要的一种数据冗余。一幅图像记录了画面上可见景物的颜色。同一景物表面上各采样点的颜色之间往往存在着空间连贯性,但是基于离散像素采样来表示物体颜色的方式通常没有利用景物表面颜色的这种空间连贯性,从而产生了空间冗余。我们可以通过改变物体表面颜色的像素存储方式来利用空间连贯性,达到减少数据量的目的。例如:在静态图像中有一块表面颜色均匀的区域,在此区域中所有点的光强和色彩以及饱和度都是相同的,因此数据有很大的空间冗余。

2. 时间冗余

这是序列图像(电视图像、运动图像)表示中经常包含的冗余。序列图像一般为位于一时间轴区间内的一组连续画面,其中的相邻帧往往包含相同的背景和移动物体,只不过移动物体所在的空间位置略有不同,所以后一帧的数据与前一帧的数据有许多共同的地方,这种共同性是由于相邻帧记录了相邻时刻的同一场景画面,所以称为时间冗余。

3. 结构冗余

有些图像的纹理区,图像的像素值存在着明显的分布模式,如方格状的地板图案等,我们称此为结构冗余。已知分布模式,可以通过某一过程生成图像。

4. 知识冗余

有些图像的理解与某些基础知识有相当大的相关性。例如：人脸的图像有固定的结构。比如说嘴的上方有鼻子，鼻子的上方有眼睛，鼻子位于正脸图像的中线上等。这类规律性的结构可以由先验知识和背景知识得到，称此类冗余为知识冗余。根据已有的知识，对某些图像中所包含的物体，可以构造其基本模型，并创建对应各种特征的图像库，进而图像的存储只需要保存一些特性参数，从而可以大大减少数据量。知识冗余是模型编码主要利用的特性。

5. 视觉冗余

事实表明，人类的视觉系统对图像场的敏感区是非均匀和非线性的。然而，在记录原始的图像数据时，通常假定视觉系统是线性的和均匀的，对视觉敏感和不敏感的部分同等对待，从而产生了比理想编码(即把视觉敏感和不敏感的部分区分开来编码)更多的数据，这就是视觉冗余。通过对人类视觉进行的大量实验，发现了以下的视觉非均匀特性。

(1) 视觉系统对图像的亮度和色彩度的敏感性相差很大。

当把 RGB 颜色空间转化成 NTSC 制的 YIQ 坐标系后，经实验发现，视觉系统对亮度 Y 的敏感度远远高于对色彩度(I 和 Q)的敏感度。因此对色彩度(I 和 Q)所允许的误差可大于对亮度 Y 所允许的误差。

(2) 随着亮度的增加，视觉系统对量化误差的敏感度降低。这是由于人眼的辨别能力与物体周围的背景亮度成反比。

由此说明，在高亮度区，灰度值的量化可以更粗糙些。

(3) 人眼的视觉系统把图像的边缘和非边缘区域分开来处理。

这是将图像分成非边缘区域和边缘区域分别进行编码的主要依据。这里的边缘是指灰度值发生剧烈变化的地方，而非边缘区域是指除边缘之外的图像其他任何部分。

(4) 人类的视觉系统总是把视网膜上的图像分解成若干个空间有向的频率通道后再进一步处理。

在编码时，若把图像分解成符合这一视觉内在特性的频率通道，则可能获得较大的压缩比。以后我们提到的小波编码就是在一定程度上利用了这一特性。

6. 图像区域的相同性冗余

它是指在图像中的两个或多个区域所对应的所有像素值相同或相近，从而产生的数据重复性存储，这就是图像区域的相似性冗余。在以上的情况下，记录了一个区域中各像素的颜色值，则与其相同或相近的其他区域就不再需记录其中各像素的值。向量量化(vector quantization)方法就是针对这种冗余性的图像的压缩编码方法。

7. 纹理的统计冗余

有些图像纹理尽管不严格服从某一分布规律，但是它在统计的意义上服从该规律。利用这种性质也可以减少表示图像的数据量，所以称之为纹理的统计冗余。

随着对人类视觉系统和图像模型的进一步研究，人们可能会发现更多的冗余性，使图像数据压缩编码的可能性越来越大，从而推动图像压缩技术的进一步发展。

4.1.3 多媒体数据压缩方法的分类

多媒体数据压缩方法根据不同的依据可产生不同的分类。第一种，根据质量有无损失可分为有损失编码和无损失编码。第二种，按照其作用域在空间域或频率域上分为空间方法、变换方法和混合方法。第三种，根据是否自适应分为自适应性编码和非适应性编码。一般来说，每一个编码方法都有其相应的自适应方法。

下面介绍一种多媒体数据依据压缩算法进行分类的方法，如图 4.1 所示，并作简单的说明解释。

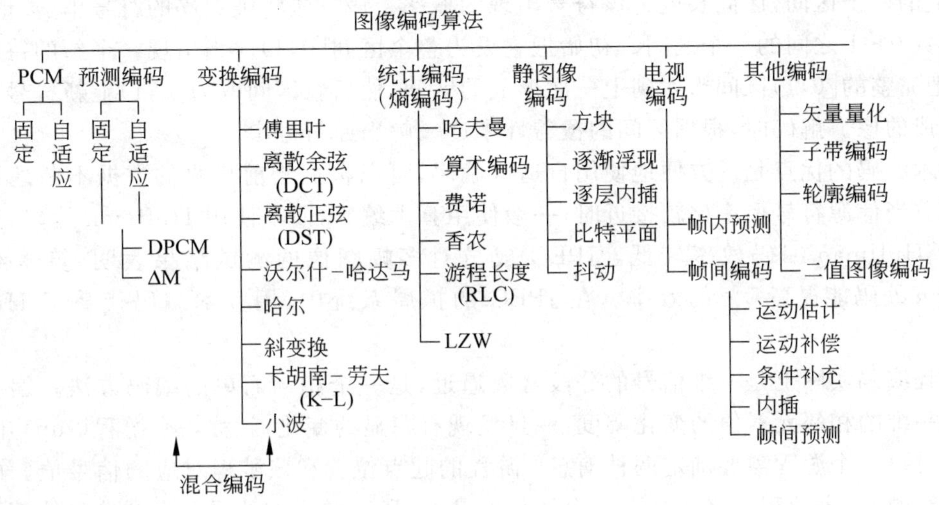

图 4.1　多媒体数据编码法分类

1. 脉冲代码调制

它实际上是连续模拟信号的数字采样表示。通常使用 Nyquist 采样速率。若量化器为 N 级，$N=2^b$，则每一个采样用 b 位的二进制代码表示。在信号的量化中，每一色彩分量一般用 8 位表示。PCM 编码器和解码器位于一个图像编码系统的起点和终点。它们实际上分别是 A/D 转换器和 D/A 转换器，我们以下讨论的编码方法都是在多媒体数据模拟信号经过 PCM 编码后再进行的压缩编码方法。

2. 预测编码

编码器记录与传输的不是样本的真实值，而是它与预测值的差。这一方法称为差值脉冲编码调制(Differential Pulse Code Modulation，DPCM)方法。预测值由欲编码图像信号的过去信息决定。通常采用线性预测，比例系数由其统计特性估计得到。预测不仅可以在相邻像素值之间进行，而且可以在行与行之间进行。由于空间相关性，真实值与预测值的差值变化范围远远小于真实值的变化范围，因而可以采用较少的位数来表示。另外，若利用人的视觉特性对差值进行非均匀量化，则会获得更高的压缩比。

3. 变换编码

其主要思想是利用图像块内像素值之间的相关性，把图像变换到一组新的基上，使得能量集中到少数几个变换系数上，通过存储这些系数而达到压缩的目的。在变换编码中，由于对整幅图像进行变换的计算量太大，所以一般把原始图像分成许多个矩形区域子图像独立进行变换。常用的变换有 KLT(Karhunen-Loeve Transform)、DCT(Discrete Cosine Transform)、WHT(Walsh-Hadamard Transform)和 DFT(Discrete Fourier Transform)。其中，KLT 是消除相关性最有效的变换，但是由于其计算量较大而没被采用。DCT 变换消除相关性的效果接近KLT变换，而且存在快速的算法，所以被人们普遍接受。

4. 统计编码

最常用的统计编码是Huffman编码。它对于出现频率大的符号用较少的位数来表示，而对出现频率小的符号用较多的位数来表示。其编码效率主要取决于需编码的符号出现的概率分布，越集中则压缩比越高。另一个较好的统计编码是算术编码方法。每一符号对应[0,1)上的一子区间，区间长度为该符号出现的概率。该方法将被编码的符号串(数值串)表示成实数0～1之间的一个区间。初始把它设为整个区间[0,1)。当出现一个新的待编码符号，先把完整的[0,1)区间影射到上一次形成的区间，然后新区间取为[0,1)上新符号对应区间所映成的像。解码时，根据区间的覆盖性来逐一解出原符号串。

算术编码的优点是可方便地使用自适应编码，可以根据当前接收的数据不断地更改概率模型。当信源符号概率比较接近时，一般使用算术编码，而不使用Huffman编码，这是由于此时Huffman编码效率较低。JPEG成员对多幅图像的测试结果表明，算术编码比Huffman编码能提高5%的效率。在JPEG的扩展系统中，用算术编码代替了Huffman编码。

游程编码实际上是一维信号的分段常数逼近，是一个相当简单的编码方法。编码器不断比较一维的相邻元素值的变化幅度，一旦发现有明显的变化，就称一个游程(run)开始了。编码器对每一个游程需要确定两种信息：游程的起点位置和该游程对应的信号值。由于游程是连续的，一个游程的终止是下一个游程的开始，所以游程的位置信息和信号值都可以用两种方式记录：差分方式和绝对数值方式。一般情况下，差分方式具有较高的效率。对游程编码来说，显然游程越长效率越高。

5. 混合编码

它是指合并变换和预测技术的编码方法。通常有两种编码形式，第一种为在某一方向上进行酉变换(如X方向)，而在另一方向(如Y方向)上用DPCM对变换系数进行预测编码。另一种形式是对动态图像而言，二维变换再加上时间方向上的DPCM预测。

在这一章将重点讲述上述压缩编码方法，同时还要介绍现有的多媒体数据压缩的国际标准：JPEG标准(静态图像)、MPEG标准(运动图像)，以及H.261、H.263可视通信的国际标准。这些压缩算法和国际标准可以广泛地用在多媒体计算机、多媒体数据库、常规电视数字化、高清晰度电视(HDTV)以及交互式电视(Interactive TV)系统中。目前正在开展应用的项目有可视电话、视频会议、多媒体电子邮件、电子出版物、家庭卫星广播业务(Broadcasting Satellite Service to the Home, BBS)、地面数字电视广播(Digital Terrestrial Television Broadcast, DTTB)、电子影院(Electronic Cinema, EC)、电子新闻采集系统(Electronic News Gathering, EMG)、个人通信(Inter Personal Communication, IPC)、网络数据库(Nerworked Database Service, NDBS)、家庭电视剧场(Home Television Thestre, HTT)、遥控监视(Romote Video Surveillance, RVS)以及电视点播系统(Video On Demand, VOD)等。

4.2 量　　化

通常，量化是指模拟信号到数字信号的映射，它是模拟量转化为数字量必不可少的步骤。由于模拟量是连续的，而数字量是离散量，因此量化操作实质上是用有限的离散量代替无限的连续模拟量的多对一映射操作。

4.2.1 量化原理

量化处理是使数据比特率下降的一个强有力的措施。脉冲编码调制(PCM)的量化处理是在采样之后进行,从理论分析的角度看,图像灰度值是连续的数值,而我们通常看到的是以(0～255)的整数表示图像灰度,这是经 A/D 变换后的以 256 级灰度分层量化处理了的离散数值,这样可以 $\log_2 256=8$ 比特表示一个图像像素的灰度值,或色差信号值。

数据压缩编码中的量化处理,不是指 A/D 变换后的量化,而是指以 PCM 码作为输入,经正交变换、差分或预测处理后,熵编码之前,对正交变换系数、差值或预测误差的量化处理。量化输入值的动态范围很大,需要以多的比特数表示一个数值,量化输出只能取有限个整数,称作量化级,希望量化后的数值用较少的比特数便可表示。每个量化输入被强行归一到与其接近的某个输出,即量化到某个级。量化处理总是把一批输入,量化到一个输出级上,所以量化处理是一个多对一的处理过程,是个不可逆过程,量化处理中有信息丢失,或者说会引起量化误差(量化噪声)。

4.2.2 标量量化器的设计

1. 量化器的设计要求

通常设计量化器有以下两种情况:(1)给定量化分层级数,满足量化误差最小。(2)限定量化误差,确定分层级数,满足以尽量小的平均比特数,表示量化输出。

显然,这是一对相互矛盾的要求,设计量化器只能折中。

2. 量化方法和量化特性

量化方法有标量量化和矢量量化之分,标量量化又可分为均匀量化、非均匀量化和自适应量化。图 4.2 所示为一个标量量化过程的示意图。图 4.2 图中的(a)图是待量化的函数,是一幅图像的灰度差值直方图。其灰度值范围为(0～255),灰度差的范围是(－255～255),需要 $\log_2 512=9$bit 表示一个输入。当限定量化输出级 $M=8$ 时,那么量化输出仅用 $\log_2 8=3$bit 表示就可以了。图 4.2 中的(b)图画出了均匀量化处理的量化箱的示意图。$M=8$,共有 $W_1,W_2,W_3\cdots,W_8$,8 个等宽的量化箱,量化箱的宽度和等于输入的动态范围(－255～255),也就是说把(－255～255)数分成 8 等分,每一等分对应一个量化箱。第 k 个 1/8 间隔内的中心值,对应第 k 个量化箱的量化值,其量化级定义为“k”级,该区间内所有的输入均被定义为 k 级。

图 4.2(c)图中的量化箱不等宽,中间大概率处箱窄、两边小概率处箱宽,表示不均匀量化。同样被量化为 8 级,(c)图的量化误差小于(b)图的。

箱宽变窄,量化误差下降,但平均比特数增高。

量化器的量化特性曲线多种多样,图 4.3 给出一个 8 级、均匀量化特性曲线,x 表示量化输入,y 表示量化输出。

当$x=(0 \sim t_i)$ 时,$y=l_i$

当$x=(t_i \sim t_{i+1})$ 时,$y=l_{i+1}$

图 4.4 给出一个非均匀量化特性曲线。横坐标表示量化输入,纵坐标表示量化输出。

当输入在$\hat{b}_1 \sim \hat{b}_2$范围内量化特性的台阶(量化步长)大。

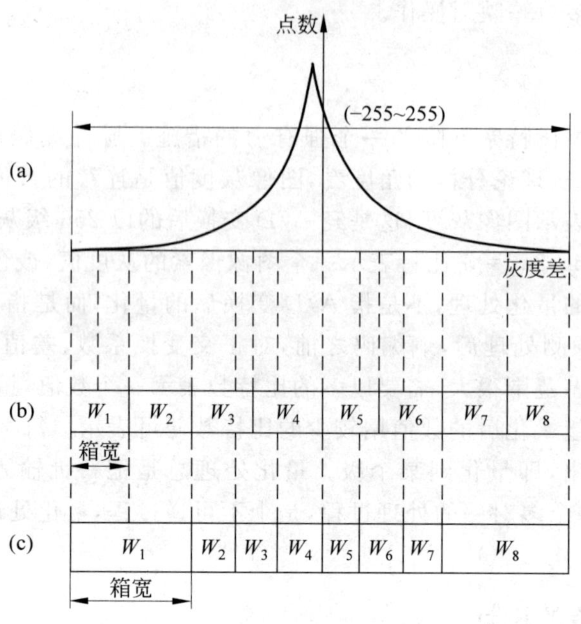

图 4.2 量化过程示意图

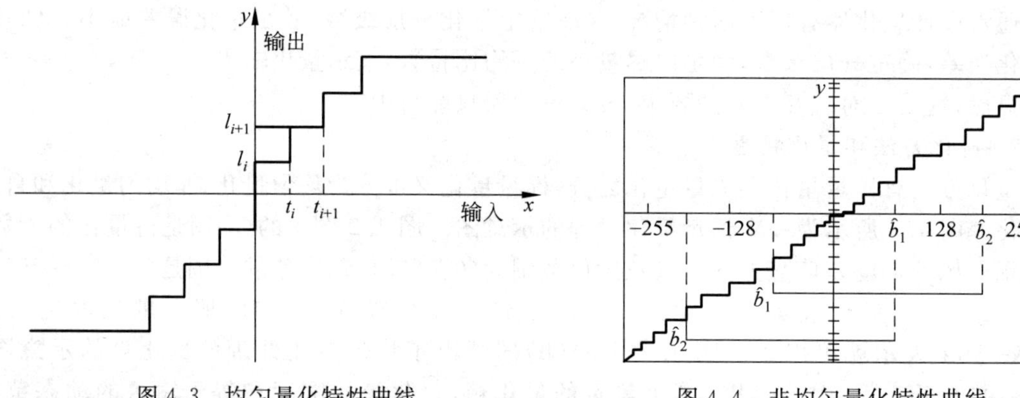

图 4.3 均匀量化特性曲线　　　图 4.4 非均匀量化特性曲线

当输入在 0 ～$\hat{b}_1$，$\hat{b}_2$～255 范围内，量化输出的台阶小，而且这两段的特性对称。

输入 0 ～－255 的量化输出特性与 0～255 范围以零点对称。

量化器的设计和量化特性的选择，是数据压缩技术中的一个关键问题。因为量化是一个有信息丢失的不可逆过程，量化器的好坏直接影响数据压缩率。量化误差对解压缩后的恢复图像的质量有很大影响，如斜率过载、边缘繁忙、颗粒噪声、假轮廓等现象都会使图像产生不愉快的视觉效果。

自适应量化器，可弥补上述缺点。

4.2.3 矢量量化

矢量量化编码是近年来图像、语音信号编码技术中颇为流行的一种新型量化编码方法。矢量量化编码方法一般是有失真编码方法。矢量量化的名字是相对于标量量化而提出的。

对于 PCM 数据，一个数一个数地进行量化叫标量量化。若对这些数据分组，每组 K 个数构成一个 K 维矢量，然后以矢量为单元，逐个矢量进行量化，称矢量量化。

矢量量化可更有效地提高压缩比。以图 4.5 所示的矢量编、解码原理框图说明矢量量化的优越性。

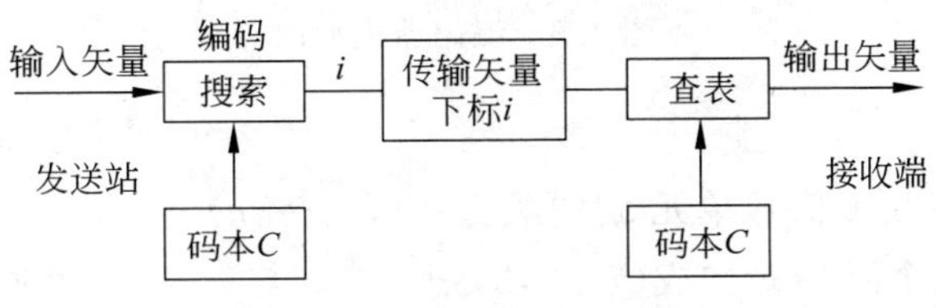

图 4.5　矢量量化编码解码框图

图中输入量是一个待编码的 K 维矢量，即先将输入图像分割成 m 个方块，每个块的尺寸为 n^2，然后把每一个方块以列(行)堆叠成 K ($K=n^2$) 维矢量，作为编码输入矢量。码本 C 是一个具有 N 个 K 维矢量的集合，$C=\{y_i\}$，$i=1,2,\cdots,N$。码本 C 实际上是一个长度为 N 的表，这个表的每一个分量是一个 K 维矢量 y_i，称其为码字。在接收端有一个与发送端完全相同的码本 C。

矢量量化编码过程就是从码本 C 中搜索一个与输入矢量最接近的码字 y_i 的过程。在码本中寻找到与输入矢量完全一致的码字的概率很小，但只要二者之间误差最小时，便可用该码字 y_i 代表输入矢量。传输时并不传送码字 y_i 本身，只传送其下标号“i”。当码本长度为 N，为传送下标所需要的比特数为 $\log_2 N$。传送　个像素所需要的平均比特数为 $\frac{1}{K}\cdot\log_2 N$。

矢量量化的关键是设计一个良好的码本。

4.3　统计编码

数据压缩技术的理论基础是信息论。根据信息论的原理，可以找到最佳数据压缩编码方法，数据压缩的理论极限是信息熵。如果要求在编码过程中不丢失信息量，即要求保存信息熵，这种信息保持编码又叫做熵保存编码，或者叫熵编码。熵编码是无失真数据压缩，用这种编码结果经解码后可无失真地恢复出原图像。当考虑到人眼对失真不易觉察的生理特征时，有些图像编码不严格要求熵保存，信息可允许部分损失以换取高的数据压缩比，这种编码是有失真数据压缩，通常运动图像的数据压缩是有失真编码，这就是著名的香农(Shannon)率失真理论，即信息编码率与允许的失真关系的理论。本节只讨论无失真熵保存编码方法。

4.3.1　统计编码原理——信息量和信息熵

图像的概率分布、信息量和信息熵之间有什么关系？在图像编码压缩理论研究中，为什么要引入信息论中“熵”值的概念？这有什么重要意义？这是下面需要说明的问题。

以一个信源编码器为模型说明，如图 4.6 所示。

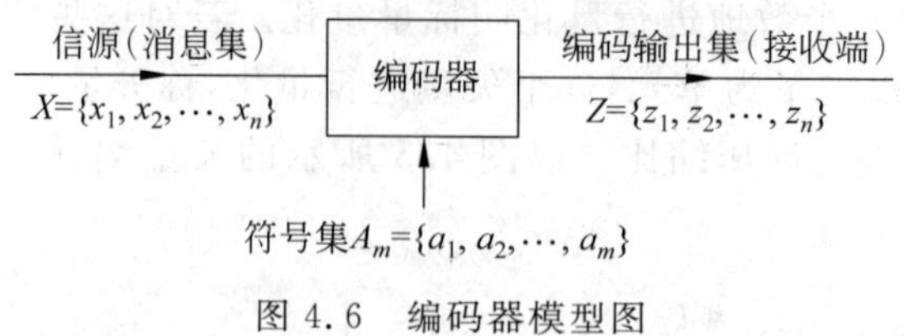

图 4.6　编码器模型图

其中：

X 是消息集合，由几个信号单元 x_j 构成($j=1,2,\cdots,n$)。

Z 是输出集，由几个码字 z_j 构成($j=1,2,\cdots,n$)，z_j 与 x_j 一一对应。

A_m 是符号集，由 m 个码元 a_i 构成($i=1,2,\cdots,m$)，符号集中的码元组成输出码字。

当信源发出某个随机事件(消息)x_j 后，接收端收到一个相应的码字 z_j，从数量上说，所收到的码字中包含多大的信息量，或者说有多少有用的信息呢?

信息是用不确定性的量度定义的。一个消息的可能性愈小，其信息愈多；而消息的可能性愈大，则信息愈少。在数学上，所传输的消息是其出现概率的单调下降函数。所谓信息量是指从 N 个相等可能事件中选出一个事件所需要的信息度量或含量，也就是在辩识 N 个事件中特定的一个事件的过程中所需要提问"是或否"的最少次数。例如，要从 64 个数字中选定某一个数，可以先提问"是否大于 32"，这样不论回答是或否都消去了半数的可能事件，如此继续问下去，只要提问 6 次这类问题，就能从 64 个数中选定某一个数。这是因为，每提问一次都会得到 1 比特的信息量。因此，在 64 个数中选定某一个数所需要的信息量是

$$\mathrm{lb}64=6(\mathrm{b})$$

设从 N 个数中选定一个数 x 的概率为 $p(x)$，假定选定任意一个数的概率都相等，即

$$p(x)=\frac{1}{N}$$

因此信息量为：

$$I(x)=\mathrm{lb}N=-\mathrm{lb}\frac{1}{N}=-\mathrm{lb}p(x)=I[p(x)]$$

信息论定义的一种度量信息量的方法为

$$I(x_j)=-\log_a P(x_j)\quad j=1,2,\cdots,n \tag{4.1}$$

其中，$P(x_j)$是信源 X 发出 x_j 的先验概率。$I(x_j)$的含义是，信源 X 发出 x_j 这个消息(随机事件)后，接收端收到信息量的量度；或者说接收端可能收到信源发出的是那一个随机事件的不确定性。

显然，当随机事件 x_j 发生的先验概率 $P(x_j)$ 大时，由式(4.1)计算出的 $I(x_j)$ 小，那么这个事件发生的可能性大，不确定性小，事件一旦发生后提供的信息量也少。必然事件的 $P(x_j)$ 等于 1，$I(x_j)$ 等于 0，所以必然事件的消息报导不含任何信息量，比如"太阳东升西落"这是个人所共知的事实，毫无信息价值；但是一件人们都没有估计到的事件($P(x_j)$ 极小)，其一旦发生后，$I(x_j)$ 大，包含的信息量也大，即所谓爆炸性新闻。所以随机事件的先验概率，与事件发生后所产生的信息量有密切关系。$I(x_j)$ 称 x_j 发生后的自信息量，它也是一个随机变量。

信源 X 发出的 x_j($j=1,2,\cdots,n$)，共 n 个随机事件的自信息统计平均(求数学期望)，即

$$H(X) = E\{I(x_j)\} = \sum_{j=1}^{n} P(x_j) \cdot I(x_j) = \sum_{j=1}^{n} P(x_j) \cdot \log_{\alpha} P(x_j) \tag{4.2}$$

$H(X)$在信息论中称为信源 X 的“熵”(Entropy)，它的含义是信源 X 发出任意一个随机变量的平均信息量。

在式(4.2)中，当

α 取 2 时，$H(X)$的单位为 bit(比特)；

α 取 e 时，$H(X)$的单位为 Net(奈特)。

图像编码中，α 取 2。

等概率事件的熵最大，例如以 $n=8$ 为例，$P(x_1)=P(x_2)=P(x_3)=\cdots=P(x_8)=\dfrac{1}{8}$

$$H(X) = -\sum_{j=1}^{8} \frac{1}{8}\log_2 \frac{1}{8} = 3\text{bits}$$

另外，当 $P(x_1)=1$ 时，必然 $P(x_2)=P(x_3)=P(x_4)=P(x_5)=P(x_6)=P(x_7)=P(x_8)=0$，这时熵

$$H(X) = -P(x_1)\log_2 P(x_1) = 0$$

熵的范围为

$$0 \leqslant H(X) \leqslant \log_2 N$$

在编码中用熵值衡量是否最佳编码。若以 $\overline{N}$ 表示编码器输出码字的平均码长，则

当 $\overline{N} >> H(X)$有冗余，不是最佳；

$\overline{N} < H(X)$不可能；

$\overline{N} \approx H(X)$最佳编码($\overline{N}$ 稍大于 $H(X)$)。

熵值是平均码长 $\overline{N}$ 的下限。

4.3.2 哈夫曼编码

香农的信息保持编码只是指出存在一种无失真的编码，使得编码平均码长逼近熵值这个下限，但它并没有给出具体的编码方法。信息论中介绍了几种典型的熵编码方法，如 Shannon 编码法、Fano 编码法和哈夫曼(Huffman)编码法，其中尤以哈夫曼编码法为最佳，在多媒体编码系统中常用这种方法作熵保持编码。在介绍这种方法之前，首先证明一个变字长编码的最佳编码定理。

定理：在变字长编码中，对于出现概率大的信息符号编以短字长的码，对于出现概率小的信息符号编以长字长的码，如果码字长度严格按照符号概率的大小的相反顺序排列，则平均码字长度一定小于按任何其他符号顺序排列方式得到的码字长度。

证明：设最佳排列方式的码字平均长度为 $\overline{N}$，则有

$$\overline{N} = \sum_{i=1}^{m} n_i p(a_i)$$

式中 $p(a_i)$为信源符号 a_i 出现的概率，n_i 是符号 a_i 的编码长度。规定 $p(a_i) \geqslant p(a_s)$，$n_i \leqslant n_s$，$i=1,2,\cdots,m$，$s=1,2,\cdots,m$。如果将 a_i 的码字与 a_s 的码字互换，其余码字不变，经过这样的互换后，平均码字长度变成 $\overline{N}'$，即

$$\overline{N}' = \overline{N} + [\ n_s p(a_i) + n_i p(a_s)\ ] - [\ n_i p(a_i) + n_s p(a_s)\ ]$$

$$= \overline{N} + (n_s - n_i)[p(a_i) - p(a_s)]$$

因为 $n_s \geqslant n_i$，$p(a_i) \geqslant p(a_s)$，所以 $\overline{N}' \geqslant \overline{N}$，也就是说 $\overline{N}$ 是最短的，证毕。

哈夫曼编码方法于 1952 年问世，迄今为止，仍经久不衰，广泛应用于各种数据压缩技术中，且仍不失为熵编码中的最佳编码方法。

Huffman 编码方法就是利用了这个定理，把信源符号按概率大小顺序排列，并设法按逆次序分配码字长度。在分配码字长度时，首先将出现概率最小的两个符号的概率相加，合成一个概率；第 2 步把这个合成概率看成是一个新组合符号的概率，重复上述做法，直到最后只剩下两个符号的概率为止。完成以上概率相加顺序排列后，再反过来逐步向前进行编码，每一步有两个分支，各赋予一个二进制码，可以对概率大的赋编码为 0，概率小的赋编码为 1。反之，也可以对概率大的赋编码为 1，概率小的赋编码为 0。

哈夫曼编码的具体步骤归纳如下：

(1) 概率统计（如对一幅图像，或 m 幅同种类型图像作灰度信号统计），得到 n 个不同概率的信息符号。

(2) 将 n 个信源信息符号的 n 个概率，按概率大小排序。

(3) 将 n 个概率中，最后两个小概率相加，这时概率个数减为 $n-1$ 个。

(4) 将 $n-1$ 个概率，按大小重新排序。

(5) 重复(3)，将新排序后的最后两个小概率再相加，相加和与其余概率再排序。

(6) 如此反复重复 $n-2$ 次，得到只剩两个概率的序列。

(7) 以二进制码元(0,1)赋值，构成哈夫曼码字。编码结束。

哈夫曼码字长度和信息符号出现概率大小次序正好相反，即大概率信息符号分配码字长度短，小概率信息符号分配码字长度长。

下面以一个具体例子，说明哈夫曼编码过程（如图 4.7 和图 4.8 所示）。

输入信息符号	输入概率	第一步	第二步	第三步	第四步	第五步
x_1	0.35	0.35	0.35	0.35	0.40	0.60
x_2	0.20	0.20	0.20	0.25	0.35	0.40
x_3	0.15	0.15	0.20	0.20	0.25	
x_4	0.10	0.10	0.15	0.20		
x_5	0.10	0.10	0.10			
x_6	0.06	0.10				
x_7	0.04					

图 4.7 哈夫曼编码步骤

码字的平均码长 $\overline{N}$ 以下面公式计算：

$$\overline{N} = \sum_{j=1}^{n} P_j L_j = \sum_{j=1}^{7} (P_j L_j)$$

$$= (0.35 + 0.20) \times 2 + (0.15 + 0.10 + 0.10) \times 3 + (0.06 + 0.04) \times 4$$

$$= 2.55\text{bits/pel}$$

熵

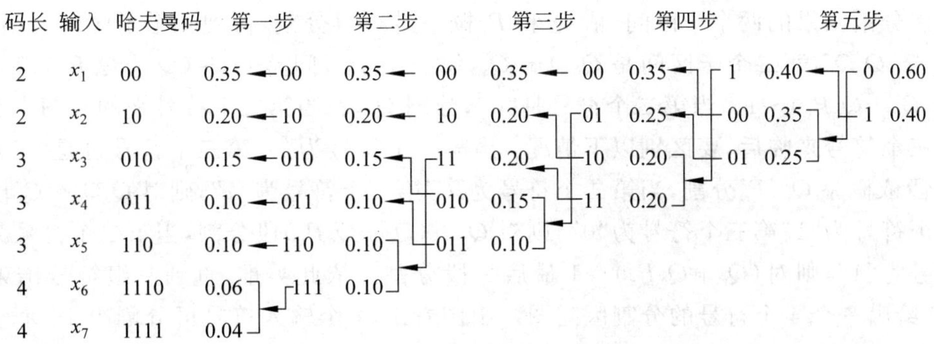

码长	输入	哈夫曼码	第一步		第二步		第三步		第四步		第五步	
2	x_1	00	0.35	00	0.35	00	0.35	00	0.35	1	0.40	0 0.60
2	x_2	10	0.20	10	0.20	10	0.20	01	0.25	00	0.35	1 0.40
3	x_3	010	0.15	010	0.15	11	0.20	10	0.20	01	0.25	
3	x_4	011	0.10	011	0.10	010	0.15	11	0.20			
3	x_5	110	0.10	110	0.10	011	0.10					
4	x_6	1110	0.06	111	0.10							
4	x_7	1111	0.04									

图 4.8　哈夫曼码字的构成

$$
\begin{aligned}
H &= -\sum_{j=1}^{n} P(x_j)\cdot\log_2 P(x_j) = -\sum_{j=1}^{7} P(x_j)\cdot\log_2 P(x_j) \\
&= -[0.35\times\log_2 0.35 + 0.20\times\log_2 0.20 + 0.15\times\log_2 0.15 \\
&\quad + (0.10\times\log_2 0.10)\times 2 + 0.06\times\log_2 0.06 + 0.04\times\log_2 0.04] \\
&= 2.13\text{bits/pel}
\end{aligned}
$$

通过这个例子，可以总结如下特点：

(1) 平均码长 $\overline{N}>H$(熵)；

(2) 平均码长 $\overline{N}<3$bits(等长码需要的比特数)；

(3) 保证解码的唯一性，短码字不构成长码字的前缀；

(4) 在接收端需保存一个与发送端相同的哈夫曼码表(输入与哈夫曼码的对应表)。

4.3.3　算术编码

1. 算术编码基本原理

算术编码方法比哈夫曼编码、行程长度等熵编码方法都复杂，但是它不需要传送像哈夫曼编码的哈夫曼码表，同时算术编码还有自适应能力的优点，所以算术编码是实现高效压缩数据中很有前途的编码方法。

算术编码初始化可置两个参数 P_e 和 Q_e。P_e 代表大概率，Q_e 代表小概率，以表示大概率符号(Most Probable Symbol, MPS)，与 P_e 对应；以表示小概率符号(Least Probable Symbol, LPS)，与 Q_e 对应。当符号流中“0”符号对应 MPS 和 P_e 时，则符号“1”对应 LPS 和 Q_e；反之当符号流中“1”符号对应 MPS 和 P_e 时，则符号“0”对应 LPS 和 Q_e。值得注意的是上述对应关系并不是一成不变的，随着被编码符号流中，符号“0”和符号“1”出现的概率，上述关系将自适应地改变。

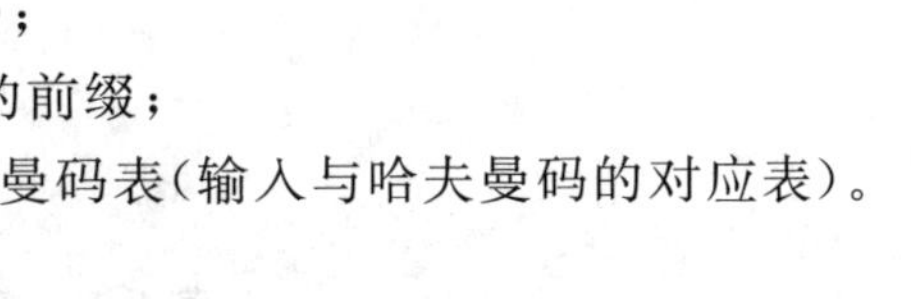

图 4.9　[0,1)区间分割

算术编码的第一步，根据概率 Q_e 和 P_e 值，将半开区间[0,1)分割成两个子区间，如图 4.9 所示。Q_e 为小概率，从 0 算起，那么 $P_e=1-Q_e$。

随后，当编码输入符号流中来的是“0”，其输出码字应落在 $0\sim Q_e$ 子区间内，在此区间内的一个最短二进制码作为输出；如果符号流中第一个符号来的是“1”，那么其输出码字应落在 P_e 段中，即 $Q_e\sim 1$ 子区间内。此后当第二符号来临后，这时相当于对两个符号编码。方法是，对第一次分割结果的两个子区间，依 Q_e 和 P_e 概率进行再分割，得到 4 个子区间。第一个子区间是 $0\sim Q_eQ_e$，第二个子区间是 $Q_eQ_e\sim Q_e$，第三个子区间是 $Q_e\sim(Q_e+Q_eP_e)$，第四个子区间是 $(Q_e+Q_eP_e)\sim 1$。当第二个符号是“0”，分割 Q_e 段；当第二个符号来的是“1”，分割 P_e 段。第三个符号来临后，要区别以下情况：当第二个符号为“0”第三个符号也是“0”，则对 $0\sim Q_eQ_e$ 段依概率 Q_e、P_e 分割，当第二个符号为“0”第三个符号为“1”，则对 $Q_eQ_e\sim Q_e$ 段分割；当第二个符号为“1”第三个符号为“0”，则对 $Q_e\sim(Q_e+Q_eP_e)$ 段分割，当第二个符号为“1”第三个符号为“1”，则对 $(Q_e+Q_eP_e)\sim 1$ 最后一段分割。依此类推，直到一组符号结束为止。图 4.10 给出一个 4 个符号的分割区间图。由图看出，4 个输入符号可分割出 16 个子区间，子区间宽度不相等，所以落在不同子区间的输入，可用不等长码字编码。表 4.1 给出与图 4.7 对应的 4 个符号的分割区间与码字分配表。表中列出每个区间起始点用二进制小数表示的数据，落入该区间的输入符号，以区间两端(起始，结束)二进制小数中最小者表示。以小数点后的二进制码作为输出码字。但应注意，短码字不能成为长码字的前缀。

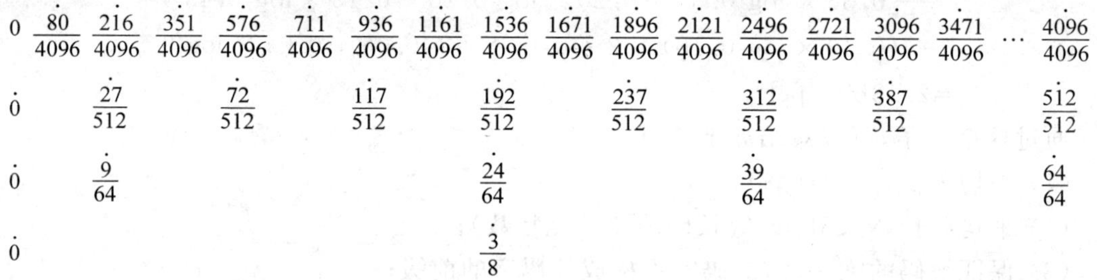

$0\quad \frac{80}{4096}\quad \frac{216}{4096}\quad \frac{351}{4096}\quad \frac{576}{4096}\quad \frac{711}{4096}\quad \frac{936}{4096}\quad \frac{1161}{4096}\quad \frac{1536}{4096}\quad \frac{1671}{4096}\quad \frac{1896}{4096}\quad \frac{2121}{4096}\quad \frac{2496}{4096}\quad \frac{2721}{4096}\quad \frac{3096}{4096}\quad \frac{3471}{4096}\quad \cdots\quad \frac{4096}{4096}$

$0\quad \frac{27}{512}\quad \frac{72}{512}\quad \frac{117}{512}\quad \frac{192}{512}\quad \frac{237}{512}\quad \frac{312}{512}\quad \frac{387}{512}\quad \frac{512}{512}$

$0\quad \frac{9}{64}\quad \frac{24}{64}\quad \frac{39}{64}\quad \frac{64}{64}$

$0\quad \frac{3}{8}$

图 4.10 算术编码区间分割图

表 4.1 算术编码分割区间与码字

符号	子区间	起始点	起始点 (用二进制小数表示)	落入子区间 位数短的小数	码 字	子区间宽
第四个符号	0000	0	0.000000000000	0.00000		81/4096
	0001	81/4096	0.000001010001	0.00001	00001	135/4096
	0010	216/4096	0.000011011000	0.0001	0001	135/4096
	0011	351/4096	0.000101011111	0.00100	00100	225/4096
	0100	576/4096	0.001001000000	0.00101	00101	135/4096
	0101	711/4096	0.001011000111	0.0011	0011	225/4096
	0110	936/4096	0.001110101000	0.0100	0100	225/4096
	0111	1161/4096	0.010010001001	0.0101	0101	375/4096
	1000	1536/4096	0.011000000000	0.0110	0110	135/4096
	1001	1671/4096	0.011010000111	0.0111	0111	225/4096
	1010	1896/4096	0.011101101000	0.1000	1000	225/4096
	1011	2121/4096	0.100001001001	0.1001	1001	375/4096
	1100	2496/4096	0.100111000000	0.1010	1010	225/4096
	1101	2721/4096	0.101010100001	0.1011	1011	375/4096
	1110	3096/4096	0.110000011000	0.1101	1101	375/4096
	1111	3471/4096	0.110110001111	0.111	111	625/4096
		4096/4096	1.000000000000			

2. 编码算法及举例

以上为说明算术编码不断分割的原理，在图 4.10 和表 4.1 中将 4 个符号输入，所有可能的 16 个子区间的头尾和其码字全部列出，实际不需要这样。实际问题是，只针对某个输入“0”、“1”符号组合，求出其输出码字，也就是说求出这组符号将落入子区间的起点（头）和子区间的宽度，在这个范围内便可确定输出码字。下面介绍子区间头和宽的计算方法，并通过例子说明其过程。

编码时设置两个专用寄存器，A 寄存器和 C 寄存器，这两个寄存器中的内容是存储符号“0”或“1”到来之前子区间的状态参数。

设 C 寄存器内的数值为子区间的起始位置，A 寄存器内的数值为子区间的宽度，该宽度正好是已输入符号串的概率（初始化时 $C=0, A=1$）。

随被编码符号流“0”符号和“1”符号不断输入，C 寄存器中的值和 A 寄存器中的值，按以下规律不断修正。

当低概率符号 LPS 到来时

$$\begin{cases} C = C \\ A = AQ_e \end{cases} \tag{4.3}$$

当高概率符号 MPS 到来时

$$\begin{cases} C = C + AQ_e \\ A = AP_e = A(1 - Q_e) \end{cases} \tag{4.4}$$

$C+A$ 等于子区间的右端点，算术编码的结果落在子区间内。输入编码符号串中大概率的符号出现频率愈高，对应的子区间变宽，这时可用短的码字表示编码结果；相反输入符号串中小概率的符号出现频率增加，相应的子区间变窄，落入该区间的编码结果，需要一个长的码字表示。下面我们举一个简单的例子来具体说明编码过程。

按以上规则，对一个“11011111”符号串进行算术编码。

设“0”符号对应小概率符号，以 LPS 表示，其对应概率 $Q_e=(0.001)_b=(1/8)_d$；“1”为大概率符号，以 MPS 表示，其对应概率为 $P_e(0.111)_b=(7/8)_d$。图 4.11 所示为对符号串“11011111”算术编码过程。初始化时 $C=0, A=1$。当

第 1 个符号“1”到来后

$$C = C + AQ_e = 0.001$$
$$A = AP_e = 0.111$$

第 2 个符号“1”到来后

$$\begin{aligned} C &= C + AQ_e \\ &= 0.001 + (0.111) \cdot (0.001) \\ &= 0.001111 \\ A &= AP_e \\ &= (0.111) \cdot (0.111) \\ &= 0.110001 \end{aligned}$$

第 3 个符号“0”到来后

$$C = C = 0.001111$$
$$A = AQ_e = (0.110001) \cdot (0.001) = 0.000110001$$

<table>
<tr><th>事件序号</th><th>判决符号</th><th>$C=\begin{cases}C=C & \text{符号“0”} \\ C=C+AQ_e & \text{符号“1”}\end{cases}$</th><th>$A=\begin{cases}AQ_e & \text{符号“0”} \\ AP_e & \text{符号“1”}\end{cases}$</th><th>子区间分段($P_e=7/8;Q_e=1/8$)</th></tr>
<tr><td>1</td><td>1</td><td>0.001</td><td>0.111</td><td> 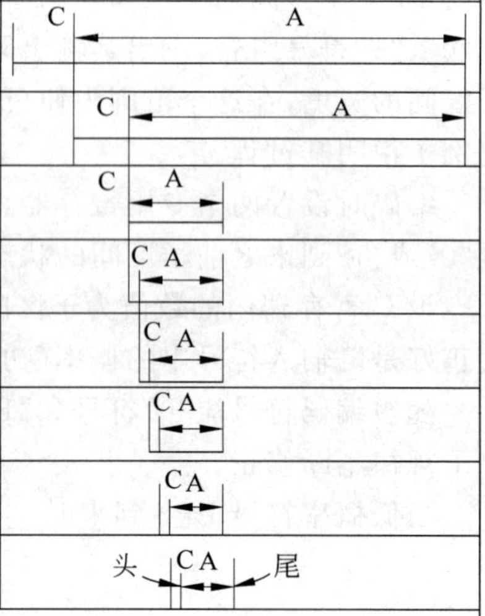C A</td></tr>
<tr><td>2</td><td>1</td><td>0.001111</td><td>0.110001</td><td>C A</td></tr>
<tr><td>3</td><td>0</td><td>0.001111</td><td>0.000110001</td><td>C A</td></tr>
<tr><td>4</td><td>1</td><td>0.001111110001</td><td>0.000101010111</td><td>C A</td></tr>
<tr><td>5</td><td>1</td><td>0.010000011011111</td><td>0.000100101100001</td><td>C A</td></tr>
<tr><td>6</td><td>1</td><td>0.1000100000001011001</td><td>0.000100000110100111</td><td>C A</td></tr>
<tr><td>7</td><td>1</td><td>0.0100011000100011011111</td><td>0.0000111001011100001001</td><td>C A</td></tr>
<tr><td>8</td><td>1</td><td>0.0100011111110111100000001</td><td>0.0000110010010000101111 11</td><td>头 C A 尾</td></tr>
<tr><td></td><td colspan="4">符号串“11011111”落入范围：　头=0.0100011111110111100000001
+　0.0000110010010000101111 11
尾=0.0101010001111111111000000
头<0.0101<尾　　传送码字0101</td></tr>
</table>

图 4.11　算术编码原理图

以后 5 个符号陆续到来，依式(4.3)和式(4.4)分别计算 C 值和 A 值，其计算结果列于图 4.11 中。经 8 次计算后，最后以 C 寄存器中的数为下限，以 $C+A$ 数据为上限的某个二进制小数，即为所求结果。或者说，编码输出应落在子区间的头尾之间的数值范围内。在这个范围内选取一个码字较短的作为输出，如 0.0101，传送时只传小数点后的二进制码字“0101”即可，这就是符号串“11011111”的编码输出结果。详细计算过程如图 4.11 所示。

3. 解码算法及举例

解码是编码的逆过程。在解码过程中同样设置两个寄存器 C′和寄存器 A。C′寄存器和 A 寄存器中的内容，要根据每次符号“1”或“0”按照以下公式修改。

当 C' 落在 $0\sim Q_eA$ 子区间内，解码符号赋以“0”，这时

$$\begin{cases}C'=C' \\ A=Q_eA\end{cases} \tag{4.5}$$

当 C' 落在 $Q_eA\sim A$ 子区间内

解码符号赋以“1”，这时

$$\begin{cases}C'=C'-Q_eA \\ A=A(1-Q_eA)\end{cases} \tag{4.6}$$

利用式(4.6)多次重复计算，求得与解码输入符号串所对应的解码输出。解码结果是由“0”、“1”构成的符号串。现在以上面编码结果“0101”为例，对它进行解码。

设开始时，MPS 对应“1”符号，LPS 对应“0”符号，$Q_e=(0.001)_b$，$A=1$，$C'=0.0101$。首先将区间[0,1]分割成两个子区间，分割方法是让 Q_e 靠近零的一侧，P_e 靠近 1 的一侧，以

$Q_e A$ 为分界，$0 \sim Q_e$ 构成一个子区间，$Q_e A \sim A$ 构成另一个子区间。解码开始后，判断 $C' = 0.0101$ 的值落在哪个区间。

当 C' 落在 $0 \sim Q_e A$ 子区间，解码符号赋以“0”。

$$\begin{cases} C' = C' \\ A = Q_e A \end{cases}$$

当 C' 落在 $Q_e A \sim A$ 子区间，解码符号赋以“1”。

$$\begin{cases} C' = C' - Q_e A \\ A = A(1 - Q_e A) \end{cases}$$

图 4.12 所示为以 $(0.0101)_b$ 为输入，进行 8 次分割计算结果，及其计算过程，最后解码结果是“11011111”，与图 4.11 编码输入完全相同。

序号	解码	判 C' 落在	C' 值计算	A 值计算	解码子区间
1	1	$Q_eA \to A$ 之间	$C' = C' - Q_eA$	$A = A(1-Q_e)$	0；$Q_eA=0.001$；$C'=0.0101$；$A=1$
2	1	$Q_eA \to A$ 之间	$C' = C' - Q_eA$	$A = A(1-Q_e)$	0；$Q_eA=0.000111$；$C'=0.0011$；$A=0.111$
3	0	$0 \to Q_eA$ 之间	$C'=C'$	$A=Q_e)$	0；$Q_eA=0.000110001$；$C'=0.000101$；$A=0.110001$
4	1	$Q_eA \to A$ 之间	$C' = C' - Q_eA$	$A = A(1-Q_e)$	0；$Q_eA=0.000000110001$；$A=0.000110001$；$C'=0.000101$
5	1	$Q_eA \to A$ 之间	$C' = C' - Q_eA$	$A = A(1-Q_e)$	0；Q_eA；$A=0.000101010111$；$C'=0.00010000111$
6	1	$Q_eA \to A$ 之间	$C' = C' - Q_eA$	$A = A(1-Q_e)$	0；Q_eA；$A=0.000100001100001$；$C'=0.000011100100001$
7	1	$Q_eA \to A$ 之间	$C' = C' - Q_eA$	$A = A(1-Q_e)$	Q_eA；$A=0.000011101010100111$；$C'=0.000011000100111$
8	1	$Q_eA \to A$ 之间	$C' = C' - Q_eA$	$A = A(1-Q_e)$	Q_eA；$A=0.000011001101010010001$；$C'=0.000010100101010010001$

图 4.12　算术解码原理图

4.4 预测编码

预测编码(Predictive Coding)是统计冗余数据压缩理论的三个重要分支之一，它的理论基础是现代统计学和控制论。由于数字技术的飞速发展，数字信号处理技术不时渗透到这些领域，在这些理论与技术的基础上形成了一个专门用作压缩冗余数据的预测编码技术。预测编码主要是减少了数据在时间和空间上的相关性，因而对于时间序列数据有着广泛的应用价值。在数字通信系统中，例如语音的分析与合成，图像的编码与解码，预测编码已得到了广泛的实际应用。

预测编码是根据某一模型利用以往的样本值对于新样本值进行预测，然后将样本的实际值与其预测值相减得到一个误差值，对这一误差值进行编码。如果模型足够好且样本序列在时间上相关性较强，那么误差信号的幅度将远远小于原始信号，从而可以用较少电平类对其差值量化得到较大的数据压缩结果。

如果能精确预测数据源输出端作为时间函数使用的样本值的话，那就不存在关于数据源的不确定性，因而也就不存在要传输的信息。换句话说，如果我们能得到一个数学模型完全代表数据源，那么在接收端就能依据这一数学模型精确地产生出这些数据。然而没有一个实际的系统能找到其完整的数据模型，我们能找到的最好的预测器是以某种最小化的误差对下一个采样进行预测的预测器。

通常预测器的设计不是利用数据源的实际数学模型，因为数据源的实际数学模型是非常复杂的，而且是时变的，以至于对实际的应用根本无法求得。相反，利用输出产生的任何影响并不直接涉及到数据源，所以预测器可以独立进行工作，而且不会影响数据源样本。利用样本的预测器可以以这些样本的线性或非线性函数为基础，大部分的预测都采用了线性预测函数。科尔莫戈罗夫(1941 年)和维纳(1942 年)进行了关于线性预测的开创性工作，他们以最小均方量化误差为准则，从而建立了以最小均方预测误差为最优预测，和以最小量化误差作为最优量化基础的预测原理。但同时，人们也注意到了人的主观评价准则，既依据人的主观评价设计预测器，这样也导致了人们对信源的主观评价的进一步研究，寻求适合人的主观评价的预测算法。

4.4.1 预测编码的基本原理

模拟量经 A/D 变换，得到二进制码的过程，就是著名的脉冲编码调制(Pulse Code Modulation，PCM)编码过程，也称作 PCM 编码。

对于图像信号，经 A/D 变换后，为避免假轮廓出现，黑白单色图像灰度(亮度)量化级是 256 级分层，8 位 PCM 编码。红、绿、蓝或 Y、U、V 彩色图像信号也分别以 8 位 PCM 编码。

PCM 编码是 8 位等长二进制码，其编码率(每像素所需的比特数)不够小，比如，对于 256 级灰度的黑白图像，每像素需 8 位(8bits/Pel)；对于彩色图像，每像素需 24 位(24bits/Pel)。所以直接以 PCM 编码，存储或传送数字图像，其总数据量还是太庞大，无法实现。因此需采用更高压缩比的压缩编码方法。预测编码方法是一种较为实用的被广泛采用的一种压缩编码方法。预测编码方法原理，是从相邻像素之间有强的相关性特点考虑的。比如当前像素的灰度或颜色信号，数值上与其相邻像素总是比较接近，除非处于边界状态。那么，当前像素的灰度或颜色信号的数值，可用前面已出现的像素的值，进行预测(估计)，得到一个预测值(估计值)，将实际值与预测值求差，对这个差值信号进行编码、传送，这种编码方法称为预测编码方法。

预测编码方法分线性预测和非线性预测编码方法。线性预测编码方法，也称差值脉冲编码调制法(Differention Pulse Code Modulation，DPCM)。预测编码方法在图像数据压缩和语音信号的数据压缩中都得到广泛的应用和研究。

1. DPCM 的基本原理

一幅二维静止图像，设空间坐标(i,j)像素点的实际灰度为 $f(i,j)$，$\hat{f}(i,j)$是根据以前已出现的像素点的灰度对该点的预测灰度，也称预测值或估计值，计算预测值的像素，可以是同一扫描行的前几个像素，或者是前几行上的像素，甚至是前几帧的邻近像素。实际值和预测值之间的差值，以下式表示：

$$e(i,j) = f(i,j) - \hat{f}(i,j) \tag{4.7}$$

将此差值定义为预测误差，由于图像像素之间有极强的相关性，所以这个预测误差是很小的。编码时，不是对像素点的实际灰度 $f(i,j)$进行编码，而是对预测误差信号 $e(i,j)$进行量化、编码、发送，由此而得名为差值脉冲编码调制法。

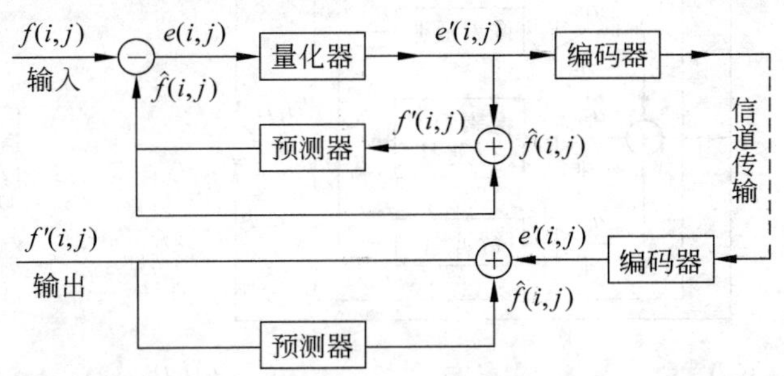

图 4.13　DPCM 编解码原理图

DPCM 编解码系统原理图如图 4.13 所示。系统包括发送、接收和信道传输 3 个部分。发送端由编码器、量化器、预测器和加/减法器组成；接收端包括解码器和预测器等，信道传送以虚线表示，由图可见 DPCM 系统具有结构简单，容易用硬件实现（接收端的预测器和发送端的预测器完全相同）的优点。图中输入信号 $f(i,j)$是坐标为(i,j)像素点的实际灰度值，$\hat{f}(i,j)$是由已出现先前相邻像素点的灰度值对该像素点的预测灰度值。$e(i,j)$是预测误差。假如发送端不带量化器，直接对预测误差 $e(i,j)$进行编码、传送，接收端可以无误差地恢复 $f(i,j)$，这是可逆的无失真的 DPCM 编码，是信息保持编码；但是，如果包含量化器，编码器对 $e'(i,j)$编码，量化器导致了不可逆的信息损失，这时接收端经解码恢复出的灰度信号，就不是真正的 $f(i,j)$，以 $f'(i,j)$表示这时的输出。可见引入量化器会引起一定程度的信息损失，使图像质量受损。但是，为了压缩比特数，利用人眼的视觉特性——对图像信息丢失不易觉察的特点，而使用带有量化器的有失真的 DPCM 编码系统还是很普遍的。

2. 最佳线性预测

图 4.14 给出像素(i,j)的预测域图，图中示出(i,j)像素的三个相邻像素，$\hat{f}(i,j)$由先前（同行一点，上一行两点）三点预测，定义为

$$\hat{f}(i,j) = a_1 f(i,j\text{-}1) + a_2 f(i-1,j-1) + a_3 f(i-1,j) \tag{4.8}$$

构成三阶预测器。其中 a_1、a_2、a_3称预测系数，都是待定参数。如果预测器中预测系数是固定不变的常数，称之为线性预测。

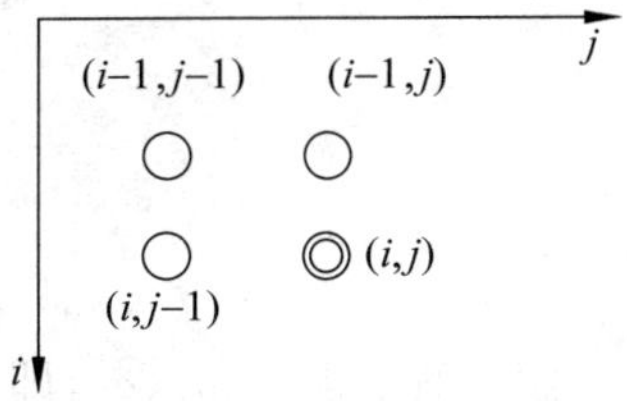

(i–1,j–1)　(i–1,j)　(i,j–1)　(i,j)

图 4.14　预测域

预测误差为

$$\begin{aligned} e(i,j) &= f(i,j) - \hat{f}(i,j) \\ &= f(i,j) - [a_1 f(i,j-1) + a_2 f(i-1,i-1) + a_3 f(i-1,j)] \end{aligned}$$

图 4.15 给出一个典型的三阶线性预测 DPCM 框图。

图 4.15 中虚线框是三阶线性预测器，接收端具有与发送端完全相同的三阶线性预测器。线性预测器中 a_1、a_2、a_3是待定参数，当 a_1、a_2、a_3满足使预测误差最小，且保持固定不变

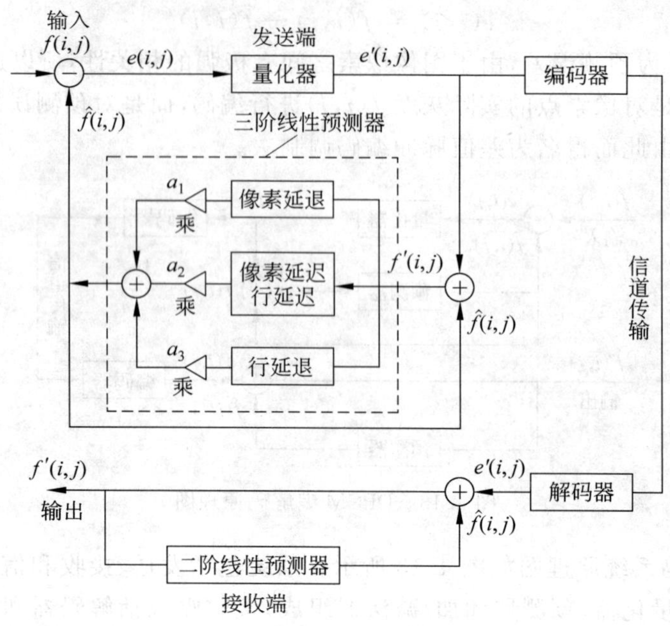

图 4.15　三阶 *DPCM* 线性预测框图

时，便构成最佳线性预测器。

现在我们以图 4.15 这个三阶线性预测器，应用均方误差最小准则，求出预测系数 a_1、a_2、a_3，以获得 $f(i,j)$的最佳线性预测值$\hat{f}(i,j)$。

均方误差的表达式为

$$
\begin{aligned}
\overline{e}^2 &= E\{[e(i,j)^2]\} \\
&= E\{[f(i,j) - \hat{f}(i,j)]^2\} \\
&= E\{[f(i,j) - a_1 f(i-1,j) - a_2 f(i-1,j-1) - a_3 f(i,j-1)]^2\}
\end{aligned}
\tag{4.9}
$$

将预测值与实际值之间的均方误差$\overline{e}^2$，对 a_1、a_2、a_3 求偏导，令

$$
\begin{cases}
\dfrac{\partial \overline{e}^2}{\partial a_1} = 0 \\
\dfrac{\partial \overline{e}^2}{\partial a_2} = 0 \\
\dfrac{\partial \overline{e}^2}{\partial a_3} = 0
\end{cases}
\tag{4.10}
$$

解方程，得 a_1、a_2、a_3，即为最佳线性预测系数。

可以证明，假定图像信号符合平稳的马尔可夫过程的要求，那么，可以直接用相关系数来确定预测系数。

4.4.2　自适应预测编码

对于前面叙述的 DPCM 系统，其预测系数和量化器参数一次设计好后，整幅图都用这套参数，不再改变。但是在图像平坦区和边缘处要求量化器的输出差别很大，否则会导致图像出现令人讨厌的噪声。下面将简要介绍一下关于自适应 DPCM 系统，即 ADPCM

(Adaptive DPCM)系统。自适应技术的概念是预测器的预测系数和量化器的量化参数，能够根据图像的局部区域分布特点而自动调整。实践证明 ADPCM 编解码系统与 DPCM 编解码系统相比，不仅能改善恢复图像的评测质量和视觉效果，同时还能进一步压缩数据。

ADPCM 系统包括：自适应预测，即预测系数的自适应调整；自适应量化，即量化器参数的自适应调整两部分内容。

1. 自适应预测

由式(4.8)可知，一个三阶预测器的预测值计算公式为

$$\hat{f}(i,j) = a_1 f(i,j-1) + a_2 f(i-1,j-1) + a_3 f(i-1,j)$$

现在增加一个可变参数 m，得

$$\hat{f}(i,j) = m \cdot [a_1 f(i,j-1) + a_2 f(i-1,j-1) + a_3 f(i-1,j)] \tag{4.11}$$

式中 m 是一个自适应参数，m 的取值根据量化误差的大小自适应调整。

设量化器最大输出为 $e_{\max}$，最小输出为 $e_{\min}$，某一个预测误差的量化输出为 e'，

当 $e_{\min} < |e'| < e_{\max}$　m 不变

$|e'| = e_{\max}$　m 自动增大

$|e'| = e_{\min}$　m 自动减小

m 自动增大，使 $\hat{f}(i,j)$ 随之增大，预测误差减小，使斜率过载尽快收敛；m 自动减小，使 $\hat{f}(i,j)$ 随之减小，预测误差加大，使量化器输出不致正负跳变，减轻颗粒噪声。大多数情况下 $|e'|$ 处于 $e_{\min}$ 和 $e_{\max}$ 之间，m 取常数不变。

2. 自适应量化

自适应量化的概念是，根据图像局部区域的特点，自适应地修改和调整量化器的参数。包括量化器输出的动态范围，量化器判决电平(量化器步长)等，下面介绍一种利用视觉阈值曲线导出自适应量化特性，这种情况下的量化属于非线性量化。实际上是在量化器分层确定后，当预测误差值小时，将量化器的输出动态范围减小，量化器步长减小；当预测误差大时，将量化器的输出范围扩大，量化器步长扩大。参数改变的原则是，量化误差低于该误差下的视觉阈值，将误差掩盖。

自适应量化的具体实现方法是，先定义一视觉掩盖函数 M

$$M = \max\{|f_1 - f|, |f_2 - f|, |f_3 - f|, |f_4 - f|\} \tag{4.12}$$

其中：

$$|e_1| = |f_1 - f|$$
$$|e_2| = |f_2 - f|$$
$$|e_3| = |f_3 - f|$$
$$|e_4| = |f_4 - f|$$

f_1, f_2, f_3, f_4 是 f 点相邻像素点的灰度值，如图 4.16 所示。

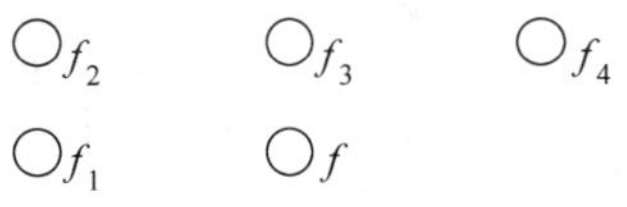

$\bigcirc f_2$　$\bigcirc f_3$　$\bigcirc f_4$

$\bigcirc f_1$　$\bigcirc f$

图 4.16　f 像素的相邻像素

由式(4.12)定义的掩盖函数的含义是，当 4 个差值 e_1, e_2, e_3, e_4 中有一个较大数值，那么对预测 f 时所形成的量化误差构成“掩盖效应”，即掩盖量化噪声，使人眼难以察觉。

设量化分层级数为 16，确定以下 4 种情况下的量化输出电平值。

(1) 当视觉掩盖函数 $M<20$ 时，只取 $|e|=0$ 两侧的 16 个量化分层，量化器步长较细。

(2) 当视觉掩盖函数 $20\leqslant M<36$ 时，$M=20$，可见度阈值约 3.5，那么 3.5 以内的量化误差可掩盖，这时略去 $|e|=5$，补 59，增加较大步距的量化输出。

(3) 当 $36\leqslant M<72$ 时，$M=36$ 的可见度阈值约 5.5，略去“2”，“8”，取回“5”，再补充一个较大的量化输出。

(4) 当 $M>72$ 时，$M=72$ 的可见度阈值约 7.5，略去“2”、“5”、“8”和“20”，量化输出可扩大到 100。

从以上过程看到，据 M 的大小，改变量化器的步长，从而实现了自适应量化。

4.4.3 帧间预测编码

帧间编码技术处理的对象是序列图像(也称为运动图像)。随着大规模集成电路的迅速发展，已有可能把几帧的图像存储起来作实时处理，利用帧间的时间相关性进一步消除图像信号的冗余度，提高压缩比。帧间编码的技术基础是预测技术，这种方法的概况如图 4.17 所示。如果是狭义帧间预测，设 $\hat{x}=x'$，则预测误差为

$$\varepsilon = x - \hat{x} \tag{4.13}$$

如果是复合差值预测 $\hat{x}=x'-(A-A')$，预测误差为

$$\varepsilon = x - \hat{x} = (x - x') - (A - A') \tag{4.14}$$

当后帧相对于前帧其图像亮度变化相同，即 $x-\hat{x}=(x-x')-(A-A')$，$\varepsilon=0$，式(4.14)中的 A 可以用任意的帧内预测函数 $f(A,B,\cdots)$ 来代替(例如 $f(A,B,C)=A+B-C$)。

下面我们介绍两种基于预测技术的帧间预测编码方法：条件补充法和运动补偿技术。

1. 条件补充法

Mounts，Pease 等人提出条件像素补充法规定，若帧间各对应像素的亮度差超过阈值，则把这些像素存在缓冲存储器中，并以恒定的传输速度传送；而阈值以下的像素则不传送，在接受端用上一帧相应像素值来代替。这样一幅电视图像可能只传送其中较少部分的像素，且传送的只是帧间差值，可以得到较好的压缩比。据统计，在可视电话中，用条件补充法需要传送的像素只占全部像素的 6%左右。

条件补充法还可以和内插法相结合应用，称为条件次取样。在时间轴采用次取样，对于未取样的当前场某点，可以用隔场的四邻点的亮度的均值作为该点亮度的预测值，像素位置如图 4.18 所示。

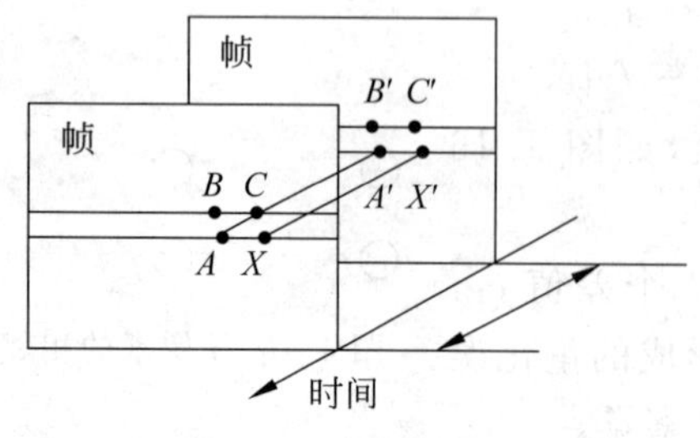

图 4.17 帧间预测

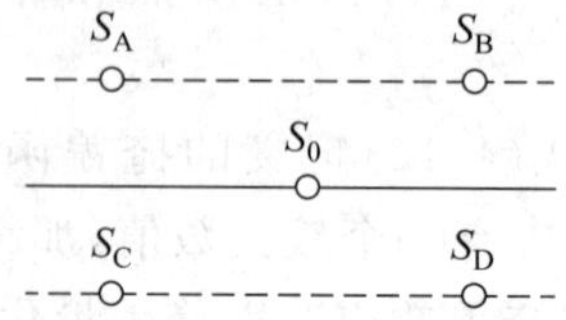

图 4.18 隔场邻近点预测

图 4.18 中两场像素取样点错开半个像素，称为梅花状取样，在时间轴采用次取样。预测值为$\hat{S}_0=\frac{1}{4}(S_A+S_B+S_C+S_D)$，如果像素的亮度实际值与预测值之间的差值小于阈值，则此像素信息就不传输；如果这个差值超过阈值，则补充传送。

2. 运动补偿技术

近十年来，运动补偿(motion conpensation)技术得到特别的重视，在标准化视频编码方案 MPEG 中，运动补偿技术是其使用的主要技术之一。使用运动补偿技术对提高编码压缩比很有好处。尤其对于运动部分只占整个画面较小的会议电视和可视电话，引入运动补偿技术后，压缩比可以提高很多。用这一技术计算图像中运动部分位移的两个分量可使预测效果大大提高。运动补偿方法是跟踪画面内的运动情况对其加以补偿之后再进行帧间预测。这项技术的关键是运动向量的计算。下面介绍对运动向量的估值方法。

块匹配算法是把图像分成若干子块图像，设子图像是 $M\times N$ 的矩形块。设当前帧图像亮度信号为 $f_k(m,n)$，前一次传送的图像为 $f_{k-N_s}(m,n)$，这里 N_s 为帧差数目。通常帧差 N_s 可能是 1,3 或 7。我们假定当前帧中的一个 $M\times N$ 子块是从第 $k-N_s$ 帧平行移动而来，并设 $M\times N$ 子块内所有像素都具有同一个位移值(i,j)。假定运动物体在 N_s 帧差时间内水平和垂直最大位移均为 L，这样我们可以在第 $k-N_s$ 帧搜索区 SR 内进行搜索，这里 SR 搜索区为$(M+2L,N+2L)$，如图 4.19 所示。

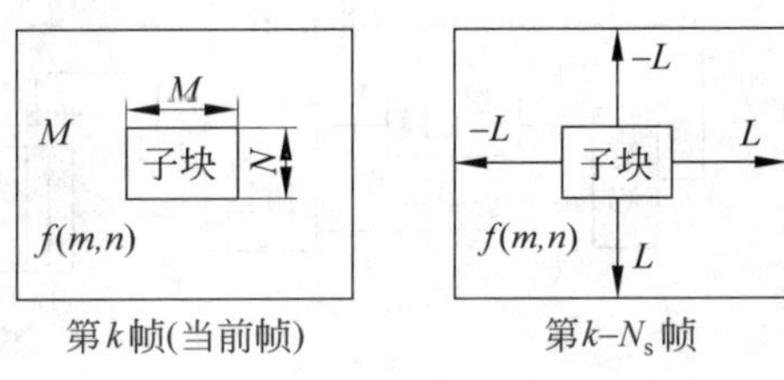

图 4.19 块匹配位移估计算法

可以计算两帧中子块的相关函数

$$\mathrm{NCCF}(i,j)=\frac{\sum_{m=1}^{M}\sum_{n=1}^{N}f_k(m,n)f_{k-N_s}(m+i,n+j)}{\left[\sum_{m=1}^{M}\sum_{n=1}^{N}f_k^2(m,n)\right]^{1/2}\left[\sum_{m=1}^{M}\sum_{n=1}^{N}f_{k-N_s}^2(m+i,n+j)\right]^{1/2}} \tag{4.15}$$

当相关函数 NCCF(i,j)达到最小值时，它的 i 和 j 值就被认定为子块的水平和垂直位移值。式(4.15)计算工作量很大，实际应用中常用式(4.16)或式(4.17)代替。

$$\mathrm{MSE}(i,j)=\min\sum_{m=1}^{M}\sum_{n=1}^{N}[f_k(m,n)f_{k-N_s}(m+i,n+j)]^2,\quad (i,j)\in \mathrm{SR} \tag{4.16}$$

$$\mathrm{MAD}(i,j)=\min\sum_{m=1}^{M}\sum_{n=1}^{N}\mid f_k(m,n)f_{k-N_s}(m+i,n+j)\mid,\quad (i,j)\in \mathrm{SR} \tag{4.17}$$

MSE 是均方误差，MAD 是帧间绝对差，取 MSE 或 MAD 最小时的 i,j 值就是水平和垂直的偏移量。

在搜索范围内寻找某一块使其与被匹配的块的差平方或绝对值达到最小，就认为子块已经匹配,得到水平和垂直位移(i,j)。当前帧的$M \times M$子块的任意位置(m,n)的像素完全可以用$K-N_s$帧的位置的像素来预测,其效果是相当好的。使用块匹配算法后的图像容易产生"方块效应(blockness effect)",要借助预处理或后处理技术才能消除。

4.5 变换编码

4.5.1 变换编码的基本原理

变换编码不是直接对空域图像信号编码,而是首先将空域图像信号映射变换到另一个正交矢量空间(变换域、或频域),产生一批变换系数,然后对这些变换系数进行编码处理。图4.20所示为一个变换编解码进行过程的示意图。在发送端将原始图像分割成$1 \sim n$个子图像块,每个子图像块送入正交变换器作正交变换,变换器输出变换系数经滤波、量化、编码后送信道传输到达接收端,接收端作解码、逆变换、综合拼接,恢复出空域图像。

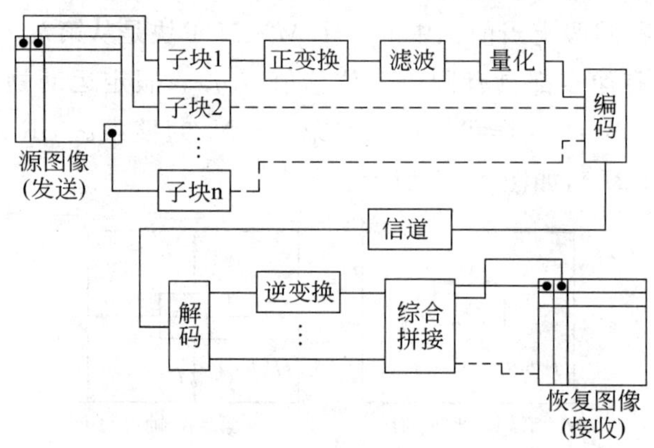

图4.20 变换编、解码过程示意图

数字图像信号经过正交变换为什么能够压缩数据量呢?先看一个最简单的时域三角函数$y(t)=A\sin 2\pi ft$的例子,当t从$-\infty$到$+\infty$改变时,$y(t)$是一个正弦波。假如将其变换到频域表示,只需幅值A和频率f两个参数就足够了,可见$y(t)$在时域描述,数据之间的相关性大,数据冗余度大;而转换到频域描述,数据相关性大大减少,数据冗余量减少,参数独立,数据量减少。

现在举一个例子,设有两个相邻的数据样本x_1与x_2,每样本采用3bit编码,因此各有$2^3=8$个幅度等级。而两个样本的联合事件,共有$8 \times 8=64$种可能性,可用图4.21的二维平面坐标表示。其中x_1轴与x_2轴分别表示相邻两样本可能的幅度等级。对于慢变信号,相邻两样本x_1与x_2同时出现相近幅度等级的可能性较大。因此,如图4.21(a)阴影区内$45°$斜线附近的联合事件,其出现概率也就较大,不妨将此阴影区之边界称为相关圈。信源的相关性愈强,则相关圈愈加扁长。或者形象地说,x_1与x_2呈现"水涨船高"的紧密关联特性。为了要对圈内各点的位置进行编码,就要对两个差不多大的坐标值分别进行编码。当相关性愈弱时,此相关圈就愈显方圆形状,说明x_1处于某一幅度等级时,x_2可能出现在不相同的任意幅度等级上。

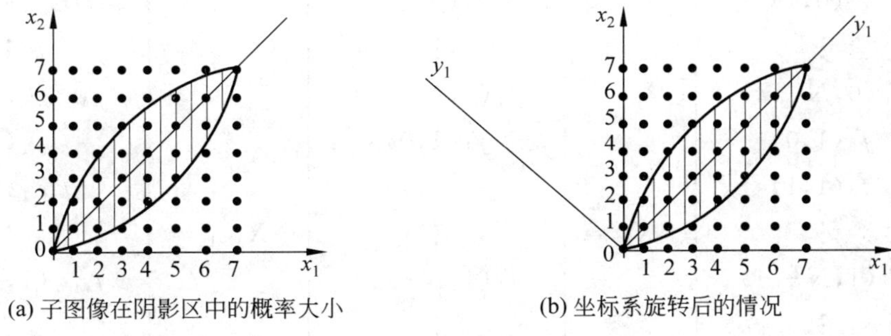

(a) 子图像在阴影区中的概率大小　　(b) 坐标系旋转后的情况

图 4.21　正交变换的几何意义

现在若对该数据对进行正交变换，从几何上相当于坐标系旋转 45°，变成 y_1，y_2 坐标系，如图 4.21(b)所示。那么此时该相关圈正好处在 y_1 坐标轴上下，且该圈愈扁长，其在 y_1 上的投影就愈大，而在 y_2 上的投影就愈小。因而从 y_1，y_2 坐标来看，任凭 y_1 在较大范围内变化，而 y_2 却巍然"不动"或"只有微动"。这就意味着变量 y_1 和 y_2 之间在统计更加相互独立。因此，通过这种坐标系旋转变换，就能得到一组去掉大部分甚至全部统计相关性的另一种输出样本。

变换编码技术已有近 30 年的历史，技术上比较成熟，理论也比较完备，广泛应用于各种图像数据压缩，诸如单色图像、彩色图像、静止图像、运动图像，以及多媒体计算机技术中的电视帧内图像压缩和帧间图像压缩等。

正交变换的种类很多，如傅立叶(Fouries)变换、沃尔什(Walsh)变换、哈尔(Haar)变换、斜(slant)变换、余弦变换、正弦变换、K-L(Karhunen-Loeve)变换等。

4.5.2　最佳的正交变换——K-L 变换

离散 Karhunen-Loeve(K-L)变换是以图像的统计特性为基础的一种正交变换，也称为特征向量变换或主分量变换。主分量变换技术早在 1933 年被霍特林(Hotelling)发现，他曾对这种正交变换作了深入的分析。当今在图像处理书中霍特林变换、K-L 变换都出现，其实所指的是同一种正交变换方法——主分量法。

1. 离散 K-L 变换的变换核矩阵

离散 K-L 变换(以下简称 K-L 变换)的变换核矩阵不是固定不变的，而是随原始输入图像而改变。根据某批图像，也许是某种类型的图像集合，或者是某幅图，而求出适合于这批图像，这种类型的图像，或者是针对某幅图的 K-L 变换的变换核矩阵。

假定对某幅 $N\times N$ 的图像 $f(x,y)$ $(x,y=0,1,\cdots,N\text{-}1)$ 在通信干线上做 M 次传送，由于物理通道的随机噪声，在接收端所接收的图像集合为$\{f_1(x,y),f_2(x,y),\cdots,f_i(x,y),\cdots,f_M(x,y)\}$。K-L 变换可据 M 次传送的总体集合以确定其变换核矩阵。为此将 M 次传送的图像集合，写成 M 个 N^2 维的向量，生成向量的方法可以采用行堆叠或列堆叠的方法，如式(4.18)所示。

$$X_1=\begin{bmatrix} f_0(0,0) \\ f_0(0,1) \\ \vdots \\ f_0(0,N-1) \\ f_0(1,0) \\ f_0(1,1) \\ \vdots \\ f_0(1,N-1) \\ \vdots \\ f_0(N-1,0) \\ f_0(N-1,1) \\ \vdots \\ f_0(N-1,N-1) \end{bmatrix} \quad X_2=\begin{bmatrix} f_1(0,0) \\ f_1(0,1) \\ \vdots \\ f_1(0,N-1) \\ f_1(1,0) \\ f_1(1,1) \\ \vdots \\ f_1(1,N-1) \\ \vdots \\ f_1(N-1,0) \\ f_1(N-1,1) \\ \vdots \\ f_1(N-1,N-1) \end{bmatrix} \cdots X_{M-1}=\begin{bmatrix} f_{M-1}(0,0) \\ f_{M-1}(0,1) \\ \vdots \\ f_{M-1}(0,N-1) \\ f_{M-1}(1,0) \\ f_{M-1}(1,1) \\ \vdots \\ f_{M-1}(1,N-1) \\ \vdots \\ f_{M-1}(N-1,0) \\ f_{M-1}(N-1,1) \\ \vdots \\ f_{M-1}(N-1,N-1) \end{bmatrix} \tag{4.18}$$

对于原始图像是单幅图的情况，可以切分成块，然后堆叠成向量。比如一幅 256×256 图像，可以把它切分成 1024 ($M=1024$)个 1×64($n=64$)向量，如图 4.22 所示，即将 256 ×256 图像，分成 M 个($M=1024$)1×64 子图块的模式。

构成向量集合为

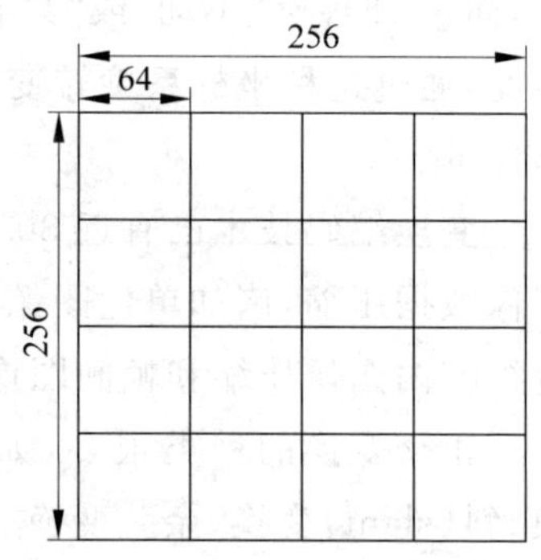

图 4.22　256×256 图像分成 1024 子图块的模式

$$X_0=\begin{bmatrix} X_{00} \\ \vdots \\ X_{0n-1} \end{bmatrix} \quad X_1=\begin{bmatrix} X_{10} \\ X_{11} \\ \vdots \\ X_{1n-1} \end{bmatrix} \cdots X_i=\begin{bmatrix} X_{i0} \\ X_{i1} \\ \vdots \\ X_{ij} \\ \vdots \\ X_{in-1} \end{bmatrix} \cdots$$

$$X_{M-1}=\begin{bmatrix} X_{M-1,0} \\ X_{M-1,1} \\ \vdots \\ X_{M-1,n-1} \end{bmatrix} \tag{4.19}$$

式中 $M=1024$，X_{ij} 代表 X_i 的第 j 个分量，每个向量维数 $n=64$。

对于式(4.18)的向量表达式，可写出 X 向量的协方差矩阵定义为

$$C_X=E\{(X-m_X)(X-m_X)^{\mathrm{T}}\} \tag{4.20}$$

式中，

$$m_x=E\{X\} \tag{4.21}$$

是平均值向量，E 是期望值。M 个向量的平均值向量可用式(4.22)确定。

$$m_X \approx \frac{1}{M}\sum_{i=0}^{M-1} X_i \tag{4.22}$$

X 向量的协方差矩阵为

$$C_X = \frac{1}{M}\sum_{i=0}^{M-1}(X_i - m_X)(X_i - m_X)^{\mathrm{T}} = \frac{1}{M}\left[\sum_{i=0}^{M-1}X_iX_i^{\mathrm{T}}\right] - m_Xm_X^{\mathrm{T}} \tag{4.23}$$

式中，平均向量 m_X 是 N^2 向量，协方差矩阵 C_X 是 $N^2 \times N^2$ 方阵。

令 λ_i 和 e_i，$i=1,2,\cdots,N^2$ 是协方差矩阵 C_X 的特征值和对应的特征向量，并将特征值按减序排列，即

$$\lambda_1 > \lambda_2 > \lambda_3 > \cdots\lambda_i\cdots\lambda_{N^2} \tag{4.24}$$

与每个特征值相对应，有一个 N^2 维特征向量。其对应关系如下：

$$\text{特征值 } \lambda_1 \text{ 对应的特征向量 } e_1 = \begin{bmatrix} e_{11} \\ e_{12} \\ \vdots \\ e_{1N^2} \end{bmatrix} \tag{4.25}$$

$$\text{特征值 } \lambda_2 \text{ 对应的特征向量 } e_2 = \begin{bmatrix} e_{21} \\ e_{22} \\ \vdots \\ e_{2N^2} \end{bmatrix} \tag{4.26}$$

$$\text{特征值 } \lambda_i \text{ 对应的特征向量 } e_i = \begin{bmatrix} e_{i1} \\ e_{i2} \\ \vdots \\ e_{iN^3} \end{bmatrix} \tag{4.27}$$

依此类推

$$\text{特征值 } \lambda_{N^2} \text{ 对应的特征向量 } e_{N^2} = \begin{bmatrix} e_{N^21} \\ e_{N^22} \\ \vdots \\ e_{N^2N^2} \end{bmatrix} \tag{4.28}$$

以特征向量 e 作为 K-L 变换的基向量，令其作为 K-L 变换核矩阵的行，共 N^2 个基向量，构成 $N^2 \times N^2$ 方阵，称之为 K-L 变换核矩阵，即

$$A = \begin{bmatrix} e_{11} & e_{12} & \cdots & e_{1N^2} \\ e_{21} & e_{22} & \cdots & e_{2N^2} \\ \vdots & \vdots & & \vdots \\ e_{N^21} & e_{N^22} & \cdots & e_{N^2N^2} \end{bmatrix} \tag{4.29}$$

2. 离散 K-L 变换表达式

将 K-L 变换核矩阵 A 与 X 向量减去平均值向量 m_x 相乘，可得到一个新的向量 Y，Y 向量就是 K-L 变换的结果。其表达式如下：

$$Y = A(X - m_X) \tag{4.30}$$

式中，$X-m_X$ 是中心化图像向量。

由协方差矩阵定义出发，可得到 K-L 变换结果向量 Y 的协方差矩阵为

$$C_Y = E\{(Y - m_Y)(Y - m_Y)^{\mathrm{T}}\} \tag{4.31}$$

式中

$$\begin{aligned} m_Y &= E\{Y\} \\ &= E\{A(X - m_X)\} \\ &= AE\{X\} - Am_X \\ &= Am_X - Am_X \\ &= 0 \end{aligned} \tag{4.32}$$

可见，经过 K-L 变换后，所得的 Y 向量是一个平均向量为零的向量集，其坐标原点已移到中心位置。将 $m_Y=0$ 代入式(4.31)，则

$$\begin{aligned} C_Y &= E\{Y(Y)^{\mathrm{T}}\} \\ &= E\{[A(X - m_X)][A(X - m_X)]^{\mathrm{T}}\} \\ &= E\{A(X - m_X)(X - m_X)^{\mathrm{T}}A^{\mathrm{T}}\} \\ &= AE\{(X - m_X)(X - m_X)^{\mathrm{T}}\}A^{\mathrm{T}} \\ &= AC_XA^{\mathrm{T}} \end{aligned} \tag{4.33}$$

由变换核矩阵 A 的推导过程可知，A 矩阵由协方差矩阵 C_X 的特征向量 e_i 的转置构成，即

$$A = \begin{bmatrix} e_1^{\mathrm{T}} \\ e_2^{\mathrm{T}} \\ \vdots \\ e_{N^2}^{\mathrm{T}} \end{bmatrix} \tag{4.34}$$

且

$$A^{\mathrm{T}} = [e_1 e_2 \cdots e_{N^2}] \tag{4.35}$$

由于 A 矩阵是正交矩阵，所以

$$AA^{\mathrm{T}} = I \tag{4.36}$$

同时，C_X 矩阵与其特征值 λ_i 和特征向量 e_i 应符合以下关系

$$C_Xe_i = \lambda_ie_i \quad i = 1,2,\cdots,N^2 \tag{4.37}$$

将以上关系代入式(4.33)，则得

$$C_Y = \begin{bmatrix} \lambda_1 & & & \\ & \lambda_2 & & 0 \\ & & \ddots & \\ & 0 & & \\ & & & \lambda_{N^2} \end{bmatrix} \tag{4.38}$$

以上结果说明，Y 向量的协方差矩阵 C_Y 是对角矩阵。C_Y 为对角线的元素，是 Y 向量的方差，其值是 C_X 矩阵的特征值，左上角上的 λ_1 值最大，λ_{N^2} 值最小；C_Y 矩阵非对角线上的元素是协方差，而协方差为零，说明 Y 向量之间的相关性甚小。原始图像向量的协方差矩阵 C_X 的非对角上元素不为零，说明其相关性强，这就是采用 K-L 变换进行编码，数据压缩比大的原因。

对 K-L 正交变换公式(4.30)等号两端同时左乘 A^{-1}(A 矩阵的逆矩阵)，且考虑 $A^{-1}=A^T$，便可导出离散 K-L 逆变换公式为

$$X = A^{\mathrm{T}}Y + m_X \tag{4.39}$$

使用式(4.39)，可以无误差地重建原图向量 X，但是，如果只取前 m 个特征值所对应的

特征向量，构成一个 $m\times N^2$ 的变换核矩阵 A_m，即

$$A_m = \begin{bmatrix} e_1^{\mathrm{T}} \\ e_2^{\mathrm{T}} \\ \vdots \\ e_m^{\mathrm{T}} \end{bmatrix}_{m\times N^2} \tag{4.40}$$

则得到

$$Y_m = A_m(X - m_X) \tag{4.41}$$

Y_m 向量的维数为 m，且 $m<N^2$。

作逆变换，得到一个原图向量的近似值

$$\hat{X} = A_m^{\mathrm{T}} Y_m + m_X \tag{4.42}$$

3. 均方误差

能够证明，X 和 X 之间的均方误差 ε 由式(4.43)给出，即

$$\varepsilon = E\{\parallel X - \hat{X} \parallel^2\} = \sum_{i=1}^{N^2}\lambda_i - \sum_{i=1}^{m}\lambda_i = \sum_{i=m+1}^{N^2}\lambda_i \tag{4.43}$$

由于 λ_i 是按单调递减排序，通常 $\sum\limits_{i=m+1}^{N^2}\lambda_i$ 值很小，或近似于零，X 和 $\hat{X}$ 之间的均方误差达到最小。K-L 变换从最小均方误差的意义上讲，是最优的。

4. K-L 变换举例

下面以二维平面上，可用图示方式表示的几个点(4 个向量，见图 4.23)为例，小结 K-L 变换算法。

设已知 $X_1=\begin{bmatrix}-1\\1\end{bmatrix}, X_2=\begin{bmatrix}0\\3\end{bmatrix}, X_3=\begin{bmatrix}1\\5\end{bmatrix}, X_4=\begin{bmatrix}2\\7\end{bmatrix}$

(1) 求 m_X(期望)平均值向量

$$\begin{aligned} m_X &= E\{X\} \\ &= \frac{1}{4}\left\{\begin{bmatrix}-1\\1\end{bmatrix}+\begin{bmatrix}0\\3\end{bmatrix}+\begin{bmatrix}1\\5\end{bmatrix}+\begin{bmatrix}2\\7\end{bmatrix}\right\} \\ &= \begin{bmatrix}\frac{1}{2}\\4\end{bmatrix} \end{aligned}$$

(2) 求$[X_i - m_X]=\begin{bmatrix}x_1\\x_2\end{bmatrix}-m_X$

$$[X_1 - m_X] = \begin{bmatrix}-1\\1\end{bmatrix} - \begin{bmatrix}\frac{1}{2}\\4\end{bmatrix} = \begin{bmatrix}-\frac{3}{2}\\-3\end{bmatrix}$$

$$[X_2 - m_X] = \begin{bmatrix}0\\3\end{bmatrix} - \begin{bmatrix}\frac{1}{2}\\4\end{bmatrix} = \begin{bmatrix}-\frac{1}{2}\\-1\end{bmatrix}$$

$$[X_3 - m_X] = \begin{bmatrix}1\\5\end{bmatrix} - \begin{bmatrix}\frac{1}{2}\\4\end{bmatrix} = \begin{bmatrix}\frac{1}{2}\\1\end{bmatrix}$$

$$[X_4 - m_X] = \begin{bmatrix} 2 \\ 7 \end{bmatrix} - \begin{bmatrix} \frac{1}{2} \\ 4 \end{bmatrix} = \begin{bmatrix} \frac{3}{2} \\ 3 \end{bmatrix}$$

(3) 求 C_X

$$\begin{aligned}
C_X &= E\{(X - m_X)(X - m_X)^{\mathrm{T}}\} \\
&\approx \frac{1}{M}\sum_{i=1}^{M}\{(X_i - m_X)(X_i - m_X)^{\mathrm{T}}\} \\
&= \frac{1}{4}\sum_{i=1}^{4}\{(X_i - m_X)(X_i - m_X)^{\mathrm{T}}\} \\
&= \frac{1}{4}\left\{\begin{bmatrix} -\frac{3}{2} \\ -3 \end{bmatrix}\begin{bmatrix} -\frac{3}{2} & -3 \end{bmatrix} + \begin{bmatrix} -\frac{1}{2} \\ -1 \end{bmatrix}\begin{bmatrix} -\frac{1}{2} & -1 \end{bmatrix} + \begin{bmatrix} \frac{1}{2} \\ 1 \end{bmatrix}\begin{bmatrix} \frac{1}{2} & 1 \end{bmatrix} + \begin{bmatrix} \frac{3}{2} \\ 3 \end{bmatrix}\begin{bmatrix} \frac{3}{2} & 3 \end{bmatrix}\right\} \\
&= \frac{1}{4}\left\{\begin{bmatrix} \frac{9}{4} & \frac{9}{2} \\ \frac{9}{2} & 9 \end{bmatrix} + \begin{bmatrix} \frac{1}{4} & \frac{1}{2} \\ \frac{1}{2} & 1 \end{bmatrix} + \begin{bmatrix} \frac{1}{4} & \frac{1}{2} \\ \frac{1}{2} & 1 \end{bmatrix} + \begin{bmatrix} \frac{9}{4} & \frac{9}{2} \\ \frac{9}{2} & 9 \end{bmatrix}\right\} \\
&= \frac{1}{4}\left\{\begin{bmatrix} 5 & 10 \\ 10 & 20 \end{bmatrix}\right\} = \begin{bmatrix} \frac{5}{4} & \frac{5}{2} \\ \frac{5}{2} & 5 \end{bmatrix}
\end{aligned}$$

(4) 求协方差矩阵 C_X 的特征值 λ 及特征向量 $\begin{bmatrix} e_1 \\ e_2 \end{bmatrix}$

$$C_X\begin{bmatrix} e_1 \\ e_2 \end{bmatrix} = \lambda\begin{bmatrix} e_1 \\ e_2 \end{bmatrix}$$

$$\begin{bmatrix} \frac{5}{4} & \frac{5}{2} \\ \frac{5}{2} & 5 \end{bmatrix}\begin{bmatrix} e_1 \\ e_2 \end{bmatrix} = \lambda\begin{bmatrix} e_1 \\ e_2 \end{bmatrix}$$

$$\begin{cases} \frac{5}{4}e_1 + \frac{5}{2}e_2 = \lambda e_1 & (1) \\ \frac{5}{2}e_1 + 5e_2 = \lambda e_2 & (2) \end{cases}$$

化简：

$$\begin{cases} \left(\lambda - \frac{5}{4}\right)e_1 - \frac{5}{2}e_2 = 0 & (1)' \\ -\frac{5}{2}e_1 + (\lambda - 5)e_2 = 0 & (2)' \end{cases}$$

$(1)'$,$(2)'$是以 e_1,e_2 为未知数的齐次方程，它有非零解的充要条件是系数行列式等于零，即

$$\begin{vmatrix} \lambda - \frac{5}{4} & -\frac{5}{2} \\ -\frac{5}{2} & \lambda - 5 \end{vmatrix} = 0$$

$$\left(\lambda-\frac{5}{4}\right)(\lambda-5)-\left(-\frac{5}{2}\right)^2=0$$

解得 $\lambda_1=\dfrac{25}{4}, \lambda_2=0$

以 $\lambda_1=\dfrac{25}{4}$ 代入(1)′和(2)′时，得

$$5e_1-\frac{5}{2}e_2=0,\quad 5e_1=\frac{5}{2}e_2\quad -\frac{5}{2}e_1+\frac{5}{4}e_2=0,\quad \frac{e_1}{e_2}=\frac{1}{2}$$

以 $\lambda_2=0$ 代入(1)′和(2)′时，得

$$-\frac{5}{4}e_1-\frac{5}{2}e_2=0,\quad -\frac{5}{2}e_1=5e_2\quad -\frac{5}{2}e_1-5e_2=0,\quad \frac{e_1}{e_2}=-2$$

要求满足

$$e_1^2+e_2^2=1 \tag{3}$$

当 $\lambda_1=\dfrac{25}{4}$ 时，将 $e_1=\dfrac{1}{2}e_2$ 代入(3)得

$$\frac{1}{4}e_2^2+e_2^2=1,\quad e_2=\frac{2}{\sqrt{5}},\quad e_1=\frac{1}{\sqrt{5}},\quad 得\begin{bmatrix}e_{11}\\e_{12}\end{bmatrix}=\begin{bmatrix}\dfrac{1}{\sqrt{5}}\\[2ex]\dfrac{2}{\sqrt{5}}\end{bmatrix}$$

当 $\lambda_2=0$ 时，将 $e_1=e_2$ 代入(3)得

$$4e_2^2+e_2^2=1,\quad e_2=\frac{1}{\sqrt{5}},\quad e_1=-\frac{2}{\sqrt{5}},\quad 得\begin{bmatrix}e_{21}\\e_{22}\end{bmatrix}=\begin{bmatrix}-\dfrac{2}{\sqrt{5}}\\[2ex]\dfrac{1}{\sqrt{5}}\end{bmatrix}$$

(5) K-L 变换核矩阵

$$A=\begin{bmatrix}e_{11}&e_{12}\\e_{21}&e_{22}\end{bmatrix}=\begin{bmatrix}\dfrac{1}{\sqrt{5}}&\dfrac{2}{\sqrt{5}}\\[2ex]-\dfrac{2}{\sqrt{5}}&\dfrac{1}{\sqrt{5}}\end{bmatrix}$$

由变换核矩阵 A，可得 K-L 变换向量 Y_i。

(6) $Y_i=A(X_i-m_X)$

$$Y_1=\begin{bmatrix}\dfrac{1}{\sqrt{5}}&\dfrac{2}{\sqrt{5}}\\[2ex]-\dfrac{2}{\sqrt{5}}&\dfrac{1}{\sqrt{5}}\end{bmatrix}\begin{bmatrix}-\dfrac{3}{2}\\[2ex]-3\end{bmatrix}=\begin{bmatrix}\dfrac{-15}{2\sqrt{5}}\\[2ex]0\end{bmatrix}$$

$$Y_2=\begin{bmatrix}\dfrac{1}{\sqrt{5}}&\dfrac{2}{\sqrt{5}}\\[2ex]-\dfrac{2}{\sqrt{5}}&\dfrac{1}{\sqrt{5}}\end{bmatrix}\begin{bmatrix}-\dfrac{1}{2}\\[2ex]-1\end{bmatrix}=\begin{bmatrix}\dfrac{-5}{2\sqrt{5}}\\[2ex]0\end{bmatrix}$$

$$Y_3 = \begin{bmatrix} \frac{1}{\sqrt{5}} & \frac{2}{\sqrt{5}} \\ -\frac{2}{\sqrt{5}} & \frac{1}{\sqrt{5}} \end{bmatrix} \begin{bmatrix} \frac{1}{2} \\ 1 \end{bmatrix} = \begin{bmatrix} \frac{5}{2\sqrt{5}} \\ 0 \end{bmatrix}$$

$$Y_4 = \begin{bmatrix} \frac{1}{\sqrt{5}} & \frac{2}{\sqrt{5}} \\ -\frac{2}{\sqrt{5}} & \frac{1}{\sqrt{5}} \end{bmatrix} \begin{bmatrix} \frac{3}{2} \\ 3 \end{bmatrix} = \begin{bmatrix} \frac{15}{2\sqrt{5}} \\ 0 \end{bmatrix}$$

(7) 协方差矩阵

$$\begin{aligned} C_Y &= E\{(Y - m_Y)(Y - m_Y)^{\mathrm{T}}\} \\ &\approx \frac{1}{4}\sum_{i=1}^{4}\{Y_i(Y_i)^{\mathrm{T}}\}(\because m_Y = 0) \\ &= \frac{1}{4}\left\{\begin{bmatrix} \frac{-15}{2\sqrt{5}} \\ 0 \end{bmatrix}\begin{bmatrix} \frac{-15}{2\sqrt{5}} & 0 \end{bmatrix} + \begin{bmatrix} \frac{-5}{2\sqrt{5}} \\ 0 \end{bmatrix}\begin{bmatrix} \frac{-5}{2\sqrt{5}} & 0 \end{bmatrix} + \begin{bmatrix} \frac{5}{2\sqrt{5}} \\ 0 \end{bmatrix}\begin{bmatrix} \frac{5}{2\sqrt{5}} & 0 \end{bmatrix}\right. \\ &\quad \left. + \begin{bmatrix} \frac{15}{2\sqrt{5}} \\ 0 \end{bmatrix}\begin{bmatrix} \frac{15}{2\sqrt{5}} & 0 \end{bmatrix}\right\} \\ &= \frac{1}{4}\left\{\begin{bmatrix} \frac{225}{20} & 0 \\ 0 & 0 \end{bmatrix} + \begin{bmatrix} \frac{25}{20} & 0 \\ 0 & 0 \end{bmatrix} + \begin{bmatrix} \frac{25}{20} & 0 \\ 0 & 0 \end{bmatrix} + \begin{bmatrix} \frac{225}{20} & 0 \\ 0 & 0 \end{bmatrix}\right\} \\ &= \begin{bmatrix} \frac{25}{4} & 0 \\ 0 & 0 \end{bmatrix} \end{aligned}$$

C_Y为对角矩阵,方差大,协方差为零。对角元素为 C_X的特征值,λ 从大到小沿对角线排序,即 $\lambda_1 = \frac{25}{4}$,$\lambda_2 = 0$。

(8) K-L 逆变换($\hat{X}_i = X_i$)

$$X_i = A^{-1}Y_i + m_X = A^{\mathrm{T}}Y_i + m_X(\because A^{-1} = A^{\mathrm{T}})$$

$$X_1 = \begin{bmatrix} \frac{1}{\sqrt{5}} & -\frac{2}{\sqrt{5}} \\ \frac{2}{\sqrt{5}} & \frac{1}{\sqrt{5}} \end{bmatrix}\begin{bmatrix} \frac{-15}{2\sqrt{5}} \\ 0 \end{bmatrix} + \begin{bmatrix} \frac{1}{2} \\ 4 \end{bmatrix} = \begin{bmatrix} -1 \\ 1 \end{bmatrix}$$

$$X_2 = \begin{bmatrix} \frac{1}{\sqrt{5}} & -\frac{2}{\sqrt{5}} \\ \frac{2}{\sqrt{5}} & \frac{1}{\sqrt{5}} \end{bmatrix}\begin{bmatrix} \frac{-5}{2\sqrt{5}} \\ 0 \end{bmatrix} + \begin{bmatrix} \frac{1}{2} \\ 4 \end{bmatrix} = \begin{bmatrix} 0 \\ 3 \end{bmatrix}$$

$$X_3 = \begin{bmatrix} \frac{1}{\sqrt{5}} & -\frac{2}{\sqrt{5}} \\ \frac{2}{\sqrt{5}} & \frac{1}{\sqrt{5}} \end{bmatrix}\begin{bmatrix} \frac{5}{2\sqrt{5}} \\ 0 \end{bmatrix} + \begin{bmatrix} \frac{1}{2} \\ 4 \end{bmatrix} = \begin{bmatrix} 1 \\ 5 \end{bmatrix}$$

$$X_4 = \begin{bmatrix} \frac{1}{\sqrt{5}} & -\frac{2}{\sqrt{5}} \\ \frac{2}{\sqrt{5}} & \frac{1}{\sqrt{5}} \end{bmatrix} \begin{bmatrix} \frac{15}{2\sqrt{5}} \\ 0 \end{bmatrix} + \begin{bmatrix} \frac{1}{2} \\ 4 \end{bmatrix} = \begin{bmatrix} 2 \\ 7 \end{bmatrix}$$

(9) K-L 变换图示如图 4.23 所示。

图 4.23 是以上述例题的数据作图，从其中来看 K-L 变换的物理意义。可以看出 K-L 变换实质上是作坐标系的转换。首先将坐标原点平移至 $m_X\left(\frac{1}{2},4\right)$处，然后以 m_X 为中心旋转得新坐标系 Y_1，Y_2，完成 K-L 变换。其原则是，尽量让这些向量落在最少的坐标轴上，或者其周围。也就是说 Y_1 有数，Y_2 等于或趋于零，我们所举的例子是 $Y_2=0$，4 个点全部落在 Y_1 轴上。通常情况下，Y_2 不一定全等于零，因为点不可能全落在 Y_1 轴上，只集中在 Y_1 轴的附近（或其他坐标轴），为此 K-L 变换又称主分量法。正是由于 K-L 变换在变换域中有如此能量集中现象，因而 K-L 变换保留较少的变换系数可恢复出质量不错的图像，其具有压缩效率高，均方误差小的优点。但是 K-L 变换对不同的输入图像都要求相应的变换核矩阵，特别是由协方差矩阵 C_X 求其特征值 λ 和特征向量 e 的解方程工作是很困难的。一般情况下 K-L 变换没有快速算法，这也是它的应用受到限制的原因。

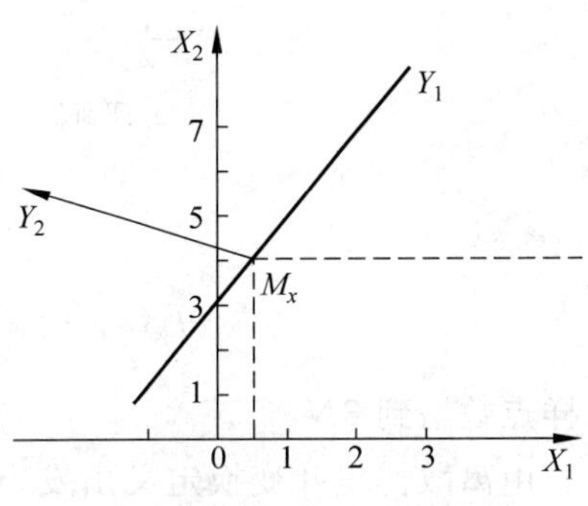

图 4.23　K-L 变换例题图示

4.5.3　离散余弦变换

余弦变换是傅里叶变换的一种特殊情况。在傅里叶级数展开式中，如果被展开的函数是实偶函数，那么，其傅里叶级数中只包含余弦项，再将其离散化由此可导出余弦变换，或称之为离散余弦变换(Discrete Cosine Transform，DCT)。

离散余弦变换在数字图像数据压缩编码技术中，可与最佳变换 K-L 变换媲美，因为 DCT 与 K-L 变换压缩性能和误差很接近，而 DCT 计算复杂度适中，又具有可分离特性，还有快速算法等特点，所以近年来在图像数据压缩中，采用离散余弦变换编码的方案很多，特别是 20 世纪 90 年代迅速崛起的计算机多媒体技术中，JPEG、MPEG、H.261 等压缩标准都用到离散余弦变换编码进行数据压缩。

1. 一维离散余弦变换

设一维离散函数 $f(x)$，$x=0,1,\cdots,N-1$，把 $f(x)$扩展成为偶函数的方法有两种，以 $N=4$ 为例，可得出如图 4.24 所示的两种情况。图 4.24(a)称偶对称，图 4.24(b)称奇对称，从而有偶离散余弦变换(EDCT)和奇离散余弦变换(ODCT)。

由图 4.24 可以看出，对于偶对称扩展，对称轴在 $x=-\frac{1}{2}$处。

$$f_s(x) = \begin{cases} f(x) & \text{当 } 0 \leqslant x \leqslant N-1 \\ f(-x-1) & \text{当 } -N \leqslant x \leqslant -1 \end{cases} \tag{4.44}$$

采样点数增到 $2N$。

奇对称扩展，对称轴在 $x=0$ 处。

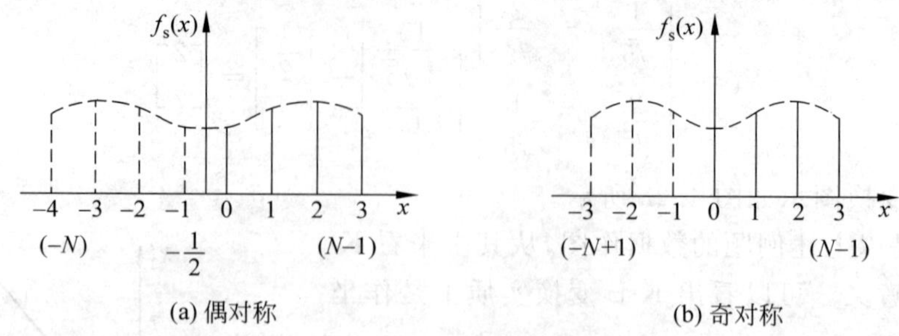

图 4.24　偶对称与奇对称

$$f_s(x)=\begin{cases} f(x) & \text{当 } 0\leqslant x\leqslant N-1 \\ f(-x) & \text{当 } -N+1\leqslant x\leqslant -1 \end{cases} \tag{4.45}$$

采样点数增到 $2N-1$。

由离散傅里叶变换定义出发，对式(4.43)作傅里叶变换，以 $F_s(u)$ 表示，则得

$$F_s(u)=\frac{1}{2N}\sum_{x=-N}^{N-1}f_s(x)e^{\frac{j2\pi}{2N}u\left(x+\frac{1}{2}\right)}=\frac{1}{N}\sum_{x=0}^{N-1}f(x)\cos\left(\frac{2x+1}{2N}u\pi\right) \tag{4.46}$$

式中，$u=-N,-N+1,\cdots,N-1$。

当 $u=0$，　$F_s(0)=\frac{1}{N}\sum_{x=0}^{N-1}f(x)$

当 $u=-N$，　$F_s(-N)=\frac{1}{N}\sum_{x=0}^{N-1}f(x)\cos\left(-x\pi-\frac{\pi}{2}\right)=0$

当 $u=\pm 1,\pm 2,\cdots,\pm(N-1)$，$F_s(u)=F_s(-u)$，且

$$F_s(u)+F_s(-u)=2\left[\frac{1}{N}\sum_{x=0}^{N-1}f(x)\cos\left(\frac{2x+1}{2N}u\pi\right)\right]$$

考虑正变换公式与逆变换公式的对称性，令

$$\left.\begin{array}{l} u=0,\ C(0)=\sqrt{\frac{1}{N}}\sum_{x=0}^{N-1}f(x) \\ u=1,2,\cdots,N-1 \end{array}\right\} \tag{4.47}$$

$$C(u)=\sqrt{\frac{2}{N}}\sum_{x=0}^{N-1}f(x)\cos\left(\frac{2x+1}{2N}u\pi\right) \tag{4.48}$$

式中

$$u=0,\quad g(0,x)=\sqrt{\frac{1}{N}} \tag{4.49}$$

$$u=1,2,\cdots,N-1,\quad g(u,x)=\sqrt{\frac{2}{N}}\cos\left(\frac{2x+1}{2N}u\pi\right) \tag{4.50}$$

定义式(4.47)和式(4.48)为离散偶余弦正变换公式，式(4.49)和式(4.50)为离散偶余弦变换核公式。

离散偶余弦逆变换公式为

$$f(x)=\sqrt{\frac{1}{N}}C(0)+\sqrt{\frac{2}{N}}\sum_{u=1}^{N-1}C(u)\cos\left(\frac{2x+1}{2N}u\pi\right) \tag{4.51}$$

$$x = 0,1,\cdots,N-1$$

将式(4.47)和式(4.48)合并、化简，可得到一维离散偶余弦正变换公式，即

$$C(u) = E(u)\sqrt{\frac{2}{N}}\sum_{x=1}^{N-1} f(x)\cos\left(\frac{2x+1}{2N}u\pi\right) \tag{4.52}$$

式中，$u=0,1,\cdots,N-1$。

当 $u=0$ 时，$E(u)=\frac{1}{\sqrt{2}}$

当 $u=1,2,\cdots,N-1$ 时，$E(u)=1$

2. 二维离散偶余弦变换

设空域变量取值范围为

$$x=0,1,\cdots,N-1$$
$$y=0,1,\cdots,N-1$$

频域变量取值范围为

$$u=0,1,\cdots,N-1$$
$$v=0,1,\cdots,N-1,\text{那么}$$

二维离散偶余弦正变换公式为

$$C(u,v) = E(u)E(v)\,\frac{2}{N}\sum_{x=0}^{N-1}\sum_{y=0}^{N-1} f(x,y)\cdot\cos\left(\frac{2x+1}{2N}u\pi\right)\cdot\cos\left(\frac{2y+1}{2N}v\pi\right) \tag{4.53}$$

式中，$u=0,1,\cdots,N-1$；

$v=0,1,\cdots,N-1$。

$E(u),E(v)=\frac{\sqrt{2}}{2}$，当 $u=0,v=0$

$E(u),E(v)=1$，当 $u=1,2,\cdots,N-1;v=1,2,\cdots,N-1$

二维离散偶余弦逆变换公式为

$$f(x,y) = \frac{2}{N}\sum_{u=0}^{N-1}\sum_{v=0}^{N-1} E(u)E(v)C(u,v)\cdot\cos\left(\frac{2x+1}{2N}u\pi\right)\cdot\cos\left(\frac{2y+1}{2N}v\pi\right) \tag{4.54}$$

式中，$x,y=0,1,\cdots,N-1$。

$E(u),E(v)=\frac{1}{\sqrt{2}}$，当 $u=0,v=0$

$E(u),E(v)=1$，当 $u=1,2,\cdots,N-1;v=1,2,\cdots,N-1$

二维离散余弦变换核具有可分离特性，所以，其正变换和逆变换均可将二维变换分解成一系列一维变换(行、列)进行计算。

3. 借助 FFT 实现离散余弦变换

由式(4.47)和式(4.48)一维离散偶余弦正变换公式，略加变换，即

$$C(u) = \sqrt{\frac{1}{N}}\sum_{x=0}^{N-1} f(x),\quad u=0$$

$$C(u) = \sqrt{\frac{2}{N}}\sum_{x=0}^{N-1} f(x)\cos\left(\frac{2x+1}{2N}u\pi\right),\quad u=1,2,\cdots,N-1$$

$$= \sqrt{\frac{2}{N}}R_e\left\{\left[e^{-j\frac{u\pi}{2N}}\right]\cdot\left[\sum_{x=0}^{2N-1} f(x)e^{-j\frac{2\pi}{2N}ux}\right]\right\} \tag{4.55}$$

式中，$\left[\sum_{x=0}^{2N-1} f(x) e^{-j\frac{2\pi}{2N}ux}\right]$可用FFT算法计算，其结果乘以 $e^{-j\frac{2\pi}{2N}}$，取实部即可得到离散余弦变换结果。计算FFT时，$x=0,1,\cdots,2N-1$ 求和，但实际上，在 $x=N,N+1,\cdots,2N+1$ 范围内，$f(x)$均得零，故仍然计算 N 个点。

4. 二维快速离散余弦变换

二维快速离散余弦变换算法是直接对二维图像数据 $M\times N=2^{\gamma}\times 2^{\beta}$ 逐层对半分块，并重新排列数据，直至被分割的子块尺寸为1×1为止。这种算法既不是将二维分离成行、列，再进行一系列的一维变换算法，也不是借助于FFT再取实部的算法。二维快速余弦变换，只需做实数乘法和加法，对于 x 方向取样点数为 M，y 方向采样点数为 N 的 $f(x,y)$ 图像数据块，其快速余弦变换的实数乘法次数为 $3/8MN\cdot\log_2(MN)$。为了公式推导简化，把采样点数 MN 和常数4都放在正变换式中，即

正变换(DCT)：

$$C(u,v)=\frac{4}{MN}E(u)E(v)\sum_{x=0}^{M-1}\sum_{y=0}^{N-1}f(x,y)\cdot\cos\left(\frac{2x+1}{2M}u\pi\right)\cdot\cos\left(\frac{2y+1}{2N}v\pi\right) \quad (4.56)$$

式中，$u=0,1,\cdots,M-1$；$v=0,1,\cdots,N-1$。

$$\text{其中，}E(u),E(v)=\begin{cases}\frac{1}{\sqrt{2}}, & \text{当 } u=v=0 \text{ 时}\\ 1, & \text{其余}\end{cases}$$

逆变换(IDCT)：

$$f(x,y)=\sum_{u=0}^{M-1}\sum_{v=0}^{N-1}E(u)E(v)C(u,v)\cdot\cos\left(\frac{2x+1}{2M}u\pi\right)\cdot\cos\left(\frac{2y+1}{2N}v\pi\right) \quad (4.57)$$

式中，$x=0,1,\cdots,M-1$；$y=0,1,\cdots,N-1$。

$$\text{其中，}E(u),E(v)=\begin{cases}\frac{1}{\sqrt{2}}, & \text{当 } u=v=0 \text{ 时}\\ 1, & \text{其余}\end{cases}$$

4.6 多媒体数据压缩编码的国际标准

跨世纪之交的20世纪90年代，是网络的时代，是信息的时代，是多媒体的时代。从20世纪80年代开始，世界上已有几十家公司纷纷投入到多媒体计算机系统的研制和开发工作中。20世纪90年代初已有不少精彩的多媒体产品问世。诸如，荷兰Philips和日本Sony公司联合推出的CD-I，苹果公司Macintosh为基础的多媒体功能的计算机系统，Intel和IBM公司联合推出的DVI，此外，还有Microsoft公司的MPC及苹果的Quick Time等。这些多媒体计算机系统各具特色，竞争异常激烈。

具有人机交互特色的多媒体技术，使久居科学殿堂，供专业人员使用的计算机，进入了普通人的家庭，进入人们的生活、学习、娱乐及人们的精神生活领域，人们像使用家用电器一样地使用计算机。计算机能听懂人的讲话，计算机也能讲话的实用型产品，在不久的将来，也会进入市场。

Internet技术的迅猛发展与普及，推动了世界范围的信息传输和信息交流，波澜壮阔的信息化浪潮将席卷全球。

在色彩缤纷、变幻无穷的多媒体世界中，用户能自由地组合、装配来自不同厂家的产品部件，构成自己满意的系统，这就提出了一个不同厂家产品的兼容性问题，因此需要一个全球性的统一的国际技术标准。

国际标准化协会(International Standardization Organization，ISO)、国际电子学委员会(International Electronics Committee，IEC)、国际电信协会(International Telecommunication Union，ITU)等国际组织，于20世纪90年代领导制定了3个重要的多媒体国际标准。

4.6.1 静态图像压缩编码的国际标准

JPEG(Joint Photographic Experts Group)是联合图像专家小组的英文缩写。其中“联合”的含义是，国际电报电话咨询委员会(CCITT)和国际标准化协会(ISO)联合组成的一个图像专家小组。联合图像专家小组，多年来一直致力于标准化工作，他们开发研制出连续色调、多级灰度、静止图像的数字图像压缩编码方法。这个压缩编码方法称为JPEG算法。JPEG算法被确定为JPEG国际标准，这是国际上彩色、灰度、静止图像的第一个国际标准。JPEG标准是一个适用范围广泛的通用标准。它不仅适于静态图像的压缩、也适于电视图像序列的帧内图像的压缩编码。

JPEG的目的是为了给出一个适用于连续色调图像的压缩方法，使之满足以下要求：

(1) 达到或接近当前压缩比与图像保真度的技术水平，能覆盖一个较宽的图像质量等级范围，能达到“很好”到“极好”的评估，与原始图像相比，人的视觉难以区分。

(2) 能适用于任何种类的连续色调的图像，且长宽比都不受限制，同时也不受限于景物内容、图像的复杂程度和统计特性等。

(3) 计算的复杂性是可控制的，其软件可在各种CPU上完成，算法也可用硬件实现。

(4) JPEG算法，具有以下4种操作方式：

① 顺序编码。每一个图像分量按从左到右，从上到下扫描，一次扫描完成编码。

② 累进编码。图像编码在多次扫描中完成。累进编码传输时间长，接收端收到的图像是多次扫描由粗糙到清晰的累进过程。

③ 无失真编码。无失真编码方法，保证解码后，完全精确地恢复源图像采样值，其压缩比低于有失真压缩编码方法。

④ 分层编码。图像在多个空间分辨率进行编码。当信道传送速率慢，接收端显示器分辨率也不高的情况下，只需做低分辨率图像解码。

下面举一个基于离散余弦变换(DCT)的有失真JPEG编解码的示例，来了解一下JPEG编解码的全过程。图4.25是基于DCT JPEG编码的过程框图，图4.26是解码过程框图。这两个图表示的是一个单分量(如图像的灰度信号)图像的压缩编码和解码过程，表示出基于DCT顺序工作方式编解码的完善工作过程。对于彩色图像，可以近似看作多分量进行压缩和解压缩处理。

1. 离散余弦变化

JPEG采用的是8×8大小的子块的二维离散余弦变换(DCT)。在编码器的输入端，把原始图像顺序地分割成一系列8×8的子块，设原始图像的采样精度为P位，是无符号整数，输入时把$[0,2^{P-1}]$范围的无符号整数变成$[-2^{P-1},2^{P-1}-1]$范围的有符号整数，以此作为离散余弦正变换(Forward DCT，FDCT)的输入。在解码器的输出端经离散余弦逆变换

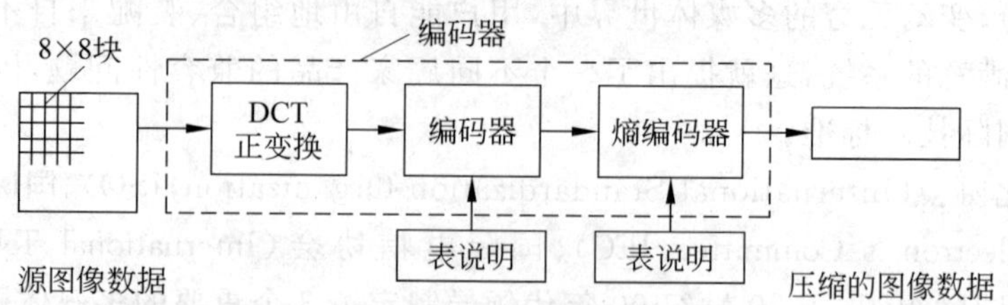

图 4.25　基于 DCT 编码器处理步骤

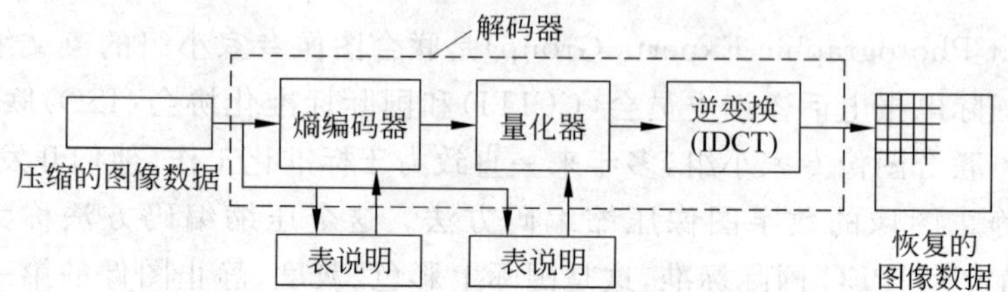

图 4.26　基于 DCT 解码器处理步骤

(Inverse DCT,IDCT)后，得到一系列 8×8 的图像数据块，需将其数值范围由$[-2^{P-1},2^{P-1}-1]$再变回到$[0,2^{P-1}]$范围的无符号整数，来获得重构图像。

下面的公式是 8×8 FDCT 和 8×8 IDCT 数学定义表达式。

正变换：

$$F(u,v)=\frac{1}{4}C(u)C(v)\left[\sum_{x=0}^{7}\sum_{y=0}^{7}f(x,y)\cdot\cos\frac{(2x+1)}{16}u\pi\cdot\cos\frac{2y+1}{16}v\pi\right] \quad (4.58)$$

逆变换：

$$f(u,v)=\frac{1}{4}\left[\sum_{u=0}^{7}\sum_{v=0}^{7}C(u)C(v)F(u,v)\cdot\cos\frac{(2x+1)}{16}u\pi\cdot\cos\frac{2y+1}{16}v\pi\right] \quad (4.59)$$

其中：

$$\begin{cases}C(u),C(v)=\dfrac{1}{\sqrt{2}}, & \text{当 } u=v=0\\ C(u),C(v)=1, & \text{其他}\end{cases}$$

从二维 DCT 的计算公式看出，它们具有可分离的变换特征，所以二维 DCT 可分解成行向的一维 DCT 计算和列向的一维 DCT 计算的组合运算。二维快速余弦变换(2-FDCT)是把 8×8 块不断分成更小的无交叠子块，直接对数据块进行运算操作。

对基于 DCT 压缩算法的简单而直观的认识，可把 FDCT 看作一个谐波分析仪和把 IDCT 看作一个谐波合成器。8×8 数据块输入分解成 64 正交基信号，每个基信号对应于 64 个独立二维空间频率中的一个，这些空间频率是由输入信号的“频谱”组成的。FDCT 输出 64 个基信号的幅值称作“DCT 系数”，即 DCT 变换系数值。64 个变换系数中包括 1 个代表直流分量的“DC 系数”和 63 个代表交流分量的“AC 系数”。IDCT 是 FDCT 的逆过程，它把 64 个 DCT 变换系数经逆变换运算，重建一个 64 点的输出图像。如果 FDCT 和 IDCT 变换计算所使用的设备的计算精度足够高，且系数未经过量化，那么原始的 64 点信号就能精确的恢复。

2. 量化

为了达到压缩数据的目的，对 DCT 系数 $F(u,v)$需作量化处理。量化处理是一个多到一的映射，它是造成 DCT 编解码信息损失的根源。在 JPEG 标准中采用线性均匀量化器，量化定义为对 64 个 DCT 系数除以量化步长，四舍五入取整，如式(4.60)所示。

$$F^{Q}(u,v)=\text{Integer Round}(F(u,v)/Q(u,v)) \tag{4.60}$$

其中，$Q(u,v)$是量化器步长。它是量化表的元素，量化表元素随 DCT 变换系数的位置和彩色分量的不同有不同值。量化表的尺寸为 8×8 与 64 个变换系数一一对应。这个量化表应该由用户规定(在 JPEG 标准中给出参考值)，并作为编码器的一个输入。量化表中的每个元素值为 1～255 之间的任意整数，其值规定了它所对应 DCT 系数的量化器步长。

反量化的计算公式如式(4.61)所示。

$$F^{Q'}(u,v)=F^{Q}(u,v)\cdot Q(u,v) \tag{4.61}$$

量化处理的作用是在一定的主观保真度图像质量的前提下，丢掉那些对视觉效果影响不大的信息。不同频率的余弦函数对视觉影响不同，所以可据不同频率的视觉阈值来选择量化表中的元素值的大小。这样通过心理视觉实验，可确定对应于不同频率的视觉阈值，以确定不同频率的量化器步长。图 4.27 所示为量化特性图。

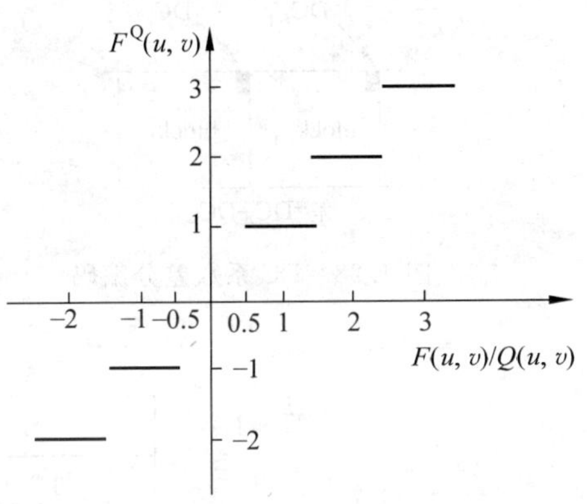

图 4.27 量化特性

表 4.2 给出一个根据心理视觉加权函数而得出的亮度分量量化矩阵，即亮度量化表。表 4.3 给出根据心理视觉加权函数而得到的色度分量量化矩阵，即色度量化表，是 JPEG 标准给出的参考值。

DCT 变换系数 $F(u,v)$除以量化表中对应位置的量化步长，其幅值下降，高频系数的零值数目增加。

表 4.2 亮度量化表

16	11	10	16	24	40	51	61
12	12	14	19	26	58	60	55
14	13	16	24	40	57	69	56
14	17	22	29	51	87	80	62
18	22	37	56	68	109	103	77
24	35	55	64	81	104	113	92
49	64	78	87	103	121	120	101
72	92	95	98	112	100	103	99

表 4.3 色度量化表

17	18	24	47	99	99	99	99
18	21	26	66	99	99	99	99
24	26	56	99	99	99	99	99
47	66	99	99	99	99	99	99
99	99	99	99	99	99	99	99
99	99	99	99	99	99	99	99
99	99	99	99	99	99	99	99
99	99	99	99	99	99	99	99

3. DC 系数编码和 AC 系数的行程编码

64 个变换系数经量化后，坐标 $u=v=0$ 的 DC 系数是直流分量，即为 64 个空域图像采样值的平均值。相邻 8×8 块之间的 DC 系数有强的相关性，JPEG 中对 DC 系数采用 DPCM 编码，或差分编码，即对相邻块之间的 DC 系数差值 $\text{DIFF}=\text{DC}_i-\text{DC}_{i-1}$ 编码，如图 4.28 所示。

其余 63 个交流系数采用行程编码。从左上方 AC_{01} 开始，沿对角线方向，以“Z”字形行程扫描，直到 AC_{77} 扫描结束，如图 4.29 所示。量化后待编码的 AC 系数通常有许多零值，沿“Z”字形路径进行行程编码，可增加行程中连续零的个数。63 个 AC 系数行程编码的码字，可用 2 个字节表示，如图 4.30 所示。

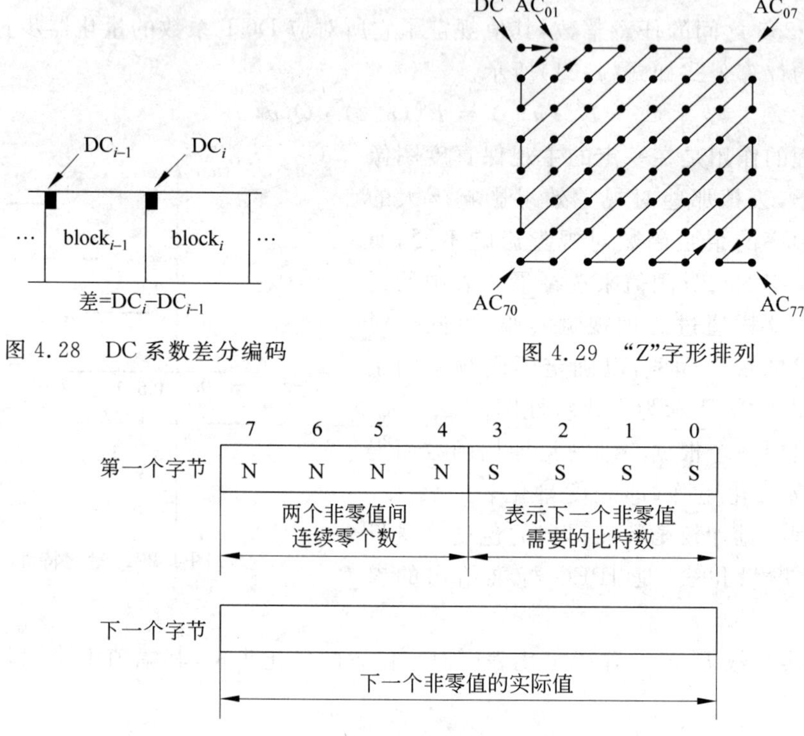

图 4.28　DC 系数差分编码

图 4.29　“Z”字形排列

图 4.30　AC 系数行程编码码字

4. 熵编码

为了进一步达到压缩数据的目的，需对量化后的 DC 码和 AC 行程编码的码字再作基于统计特性的熵编码。JPEG 建议使用两种熵编码方法：哈夫曼(Huffman)编码和自适应二进制算术编码(Adaptive Binary Arithmetic Coding)。熵编码可分成两步进行，首先把 DC 码和行程码字转换成一个中间格式的符号序列，然后给这些符号赋以变长码字。

(1) 熵编码中间格式表示

熵编码的中间格式由 2 个符号组成：

符号 1(行程，尺寸)

符号 2(幅值)

符号 1 中的第一个信息参数“行程”，表示前后两个非零 AC 系数之间连续零的个数；第二个信息参数“尺寸”是后一个非零 AC 系数幅值表示需要的比特数。一个基本符号 1，可表示的行程范围为 1～15，其结构如表 4.4 所示，当两个非零 AC 系数之间连续零的个数超过 15 时，用增加扩展符号 1“(15,0)”的个数来扩充。对于 8×8 块的 63 个 AC 系数最多增加 3 个“(15,0)”扩展符号 1。符号 2 中的幅值代表非零 AC 系数的幅值大小，其范围为 $[-2^{10}, 2^{10}-1]$，结构形式如表 4.5 所示。

表 4.4　基本哈夫曼编码符号—1 结构

		SIZE				
	0	1	2	…	9	10
RUNEENGTH 0	EOB	RUN. SIZE VALUES				
·	×					
·	×					
·	×					
15	ZRL					

表 4.5　基本熵编码符号—2 结构

SIZE	AMPLITUDE	SIZE	AMPLITUDE
1	−1,1	6	−63..−32,32..63
2	−3,−2,2,3	7	−127..−64,64..127
3	−7..−4,4..7	8	−255..−128,128..255
4	−15..−8,8..15	9	−511..−256,256..511
5	−31..−16,16..31	10	−1023..−512,512..1023

对于 8×8 块的直流分量 DC 系数，也以类似于 AC 系数的符号 1 和符号 2 格式表示。只是 DC 系数的符号 1 只代表尺寸信息，用以表示 DC 差值的幅值所需的比特数；符号 2 表示差值的幅值，其动态范围为 $[-2^{11}, 2^{11}-1]$，在表 4.5 的末尾再多加一级，所以幅值尺寸大小以 1～11 比特表示。

(2) 可变长度熵编码

熵编码的下一步工作是将 63 个 AC 系数表示成为符号 1 和符号 2 对的序列。零行程长度超过 15，有多个符号 1，块结束(EOB)时只有一个符号 1 以(0. 0)表示。可变长度熵编码就是针对这种符号序列进行编码的。对 DC 系数和 AC 系数中的符号 1 采用哈夫曼表中的变长码(Variable-Length Code，VLC)进行编码。哈夫曼变长码表必须作为 JPEG 编码器的输入。需要说明的是，在数据流中哈夫曼表的表示格式是一个间接的说明，在解码时，解码器利用这个间接说明重构真正的哈夫曼表。符号 2 用码字长度已在表 4.7 给出的变长整数(Variable-Length Integer，VLI)码编码。VLI 是变长码但不是哈夫曼码，VSI 的长度存放在 VLC 中，VLI 的码字被固化在 JPEG 建议中，供计算用。JPEG 解码器最多能够同时存放 4 套不同的熵编码表。表 4.6 和表 4.7 分别给出直流系数 DC 的亮度分量典型的哈夫曼表和 DC 的色度分量典型的哈夫曼表。

对典型的直流分量(DC)差分编码表的说明如下。

下面 16 个字节是说明亮度 DCT 系数表的码字长度表：

x′ 00 01 05 01 01 01 01 01 01 00 00 00 00 00 00 00′

表 4.6 亮度 DC 系数表

分类	码长	码字	分类	码长	码字
0	2	00	6	4	1110
1	3	010	7	5	11110
2	3	011	8	6	111110
3	3	100	9	7	1111110
4	3	101	10	8	11111110
5	3	110	11	9	111111110

表 4.7 色度 DC 系数表

分类	码长	码字	分类	码长	码字
0	2	00	6	6	111110
1	2	01	7	7	1111110
2	2	10	8	8	11111110
3	3	110	9	9	111111110
4	4	1110	10	10	1111111110
5	5	11110	11	11	11111111110

紧跟在 16 个字节之后是一组值(说明亮度表的分类):

x′ 00 01 02 03 04 05 06 07 08 09 0A 0B′

下面 16 个字节是说明色度 DC 系数表的码字长度表:

x′ 00 03 01 01 01 01 01 01 01 01 01 00 00 00 00 00′

紧跟在 16 个字节之后的是一组数值(说明色度表的分类):

x′ 00 01 02 03 04 05 06 07 08 09 0A 0B′

表 4.8 和表 4.9 分别给出交流系数 AC 的亮度分量典型的哈夫曼表和 AC 系数色度分量典型的哈夫曼表。

表 4.8 亮度 AC 系数表

行程/尺寸	码长	码　字	行程/尺寸	码长	码　字
0/0(EOB)	4	1010	0/7	8	11111000
0/1	2	00	0/8	10	1111110110
0/2	2	01	0/9	16	1111111110000010
0/3	3	100	0/A	16	1111111110000011
0/4	4	1011	1/1	4	1100
0/5	5	11010	1/2	5	11011
0/6	7	1111000	1/3	7	1111001

续表

行程/尺寸	码长	码　字	行程/尺寸	码长	码　字
1/4	9	111110110	4/6	16	1111111110011001
1/5	11	11111110110	4/7	16	1111111110011010
1/6	16	1111111110000100	4/8	16	1111111110011011
1/7	16	1111111110000101	4/9	16	1111111110011100
1/8	16	1111111110000110	4/A	16	1111111110011101
1/9	16	1111111110000111	5/1	7	1111010
1/A	16	1111111110001000	5/2	11	11111110111
2/1	5	11100	5/3	16	1111111110011110
2/2	8	11111001	5/4	16	1111111110011111
2/3	10	1111110111	5/5	16	1111111110100000
2/4	12	111111110100	5/6	16	1111111110100001
2/5	16	1111111110001001	5/7	16	1111111110100010
2/6	16	1111111110001010	5/8	16	1111111110100011
2/7	16	1111111110001011	5/9	16	1111111110100100
2/8	16	1111111110001100	5/A	16	1111111110100101
2/9	16	1111111110001101	6/1	7	1111011
2/A	16	1111111110001110	6/2	12	111111110110
3/1	6	111010	6/3	16	1111111110100110
3/2	9	111110111	6/4	16	1111111110100111
3/3	12	111111110101	6/5	16	1111111110101000
3/4	16	1111111110001111	6/6	16	1111111110101001
3/5	16	1111111110010000	6/7	16	1111111110101010
3/6	16	1111111110010001	6/8	16	1111111110101011
3/7	16	1111111110010010	6/9	16	1111111110101100
3/8	16	1111111110010011	6/A	16	1111111110101101
3/9	16	1111111110010100	7/1	8	11111010
3/A	16	1111111110010101	7/2	12	111111110111
4/1	6	111011	7/3	16	1111111110101110
4/2	10	1111111000	7/4	16	1111111110101111
4/3	16	1111111110010110	7/5	16	1111111110110000
4/4	16	1111111110010111	7/6	16	1111111110110001
4/5	16	1111111110011000	7/7	16	1111111110110010

续表

行程/尺寸	码长	码　字	行程/尺寸	码长	码　字
7/8	16	1111111110110011	A/A	16	1111111111001111
7/9	16	1111111110110100	B/1	10	1111111001
7/A	16	1111111110110101	B/2	16	1111111111010000
8/1	9	111111000	B/3	16	1111111111010001
8/2	15	111111111000000	B/4	16	1111111111010010
8/3	16	1111111110110110	B/5	16	1111111111010011
8/4	16	1111111110110111	B/6	16	1111111111010100
8/5	16	1111111110111000	B/7	16	1111111111010101
8/6	16	1111111110111001	B/8	16	1111111111010110
8/7	16	1111111110111010	B/9	16	1111111111010111
8/8	16	1111111110111011	B/A	16	1111111111011000
8/9	16	1111111110111100	C/1	10	1111111010
8/A	16	1111111110111101	C/2	16	1111111111011001
9/1	9	111111001	C/3	16	1111111111011010
9/2	16	1111111110111110	C/4	16	1111111111011011
9/3	16	1111111110111111	C/5	16	1111111111011100
9/4	16	1111111111000000	C/6	16	1111111111011101
9/5	16	1111111111000001	C/7	16	1111111111011110
9/6	16	1111111111000010	C/8	16	1111111111011111
9/7	16	1111111111000011	C/9	16	1111111111100000
9/8	16	1111111111000100	C/A	16	1111111111100001
9/9	16	1111111111000101	D/1	11	11111111000
9/A	16	1111111111000110	D/2	16	1111111111100010
A/1	9	111111010	D/3	16	1111111111100011
A/2	16	1111111111000111	D/4	16	1111111111100100
A/3	16	1111111111001000	D/5	16	1111111111100101
A/4	16	1111111111001001	D/6	16	1111111111100110
A/5	16	1111111111001010	D/7	16	1111111111100111
A/6	16	1111111111001011	D/8	16	1111111111101000
A/7	16	1111111111001100	D/9	16	1111111111101001
A/8	16	1111111111001101	D/A	16	1111111111101010
A/9	16	1111111111001110	E/1	16	1111111111101011

续表

行程/尺寸	码长	码　　字	行程/尺寸	码长	码　　字
E/2	16	1111111111101100	F/1	16	1111111111110101
E/3	16	1111111111101101	F/2	16	1111111111110100
E/4	16	1111111111101110	F/3	16	1111111111110111
E/5	16	1111111111101111	F/4	16	1111111111111000
E/6	16	1111111111110000	F/5	16	1111111111111001
E/7	16	1111111111110001	F/6	16	1111111111111010
E/8	16	1111111111110010	F/7	16	1111111111111011
E/9	16	1111111111110011	F/8	16	1111111111111100
E/A	16	1111111111110100	F/9	16	1111111111111101
F/0(ZRL)	11	11111111001	F/A	16	1111111111111110

表 4.9　色度 AC 系数表

行程/尺寸	码长	码　　字	行程/尺寸	码长	码　　字
0/0(EOB)	2	00	1/9	16	1111111110001010
0/1	2	01	1/A	16	1111111110001011
0/2	3	100	2/1	5	11010
0/3	4	1010	2/2	8	11110111
0/4	5	11000	2/3	10	1111110111
0/5	5	11001	2/4	12	111111110110
0/6	6	111000	2/5	15	111111111000010
0/7	7	1111000	2/6	16	1111111110001100
0/8	9	111110100	2/7	16	1111111110001101
0/9	10	1111110110	2/8	16	1111111110001110
0/A	12	111111110100	2/9	16	1111111110001111
1/1	14	1011	2/A	16	1111111110010000
1/2	6	111001	3/1	5	11011
1/3	8	11110110	3/2	8	11111000
1/4	9	111110101	3/3	10	1111111000
1/5	11	11111110110	3/4	12	111111110111
1/6	12	111111110101	3/5	16	1111111110010001
1/7	16	1111111110001000	3/6	16	1111111110010010
1/8	16	1111111110001001	3/7	16	1111111110010011

续表

行程/尺寸	码长	码　字	行程/尺寸	码长	码　字
3/8	16	1111111110010100	6/A	16	1111111110101110
3/9	16	1111111110010101	7/1	7	1111010
3/A	16	1111111110010110	7/2	11	11111111000
4/1	6	111010	7/3	16	1111111110101111
4/2	9	111110110	7/4	16	1111111110110000
4/3	16	1111111110010111	7/5	16	1111111110110001
4/4	16	1111111110011000	7/6	16	1111111110110010
4/5	16	1111111110011001	7/7	16	1111111110110011
4/6	16	1111111110011010	7/8	16	1111111110110100
4/7	16	1111111110011011	7/9	16	1111111110110101
4/8	16	1111111110011100	7/A	16	1111111110110110
4/9	16	1111111110011101	8/1	8	11111001
4/A	16	1111111110011110	8/2	16	1111111110110111
5/1	6	111011	8/3	16	1111111110111000
5/2	10	1111111001	8/4	16	1111111110111001
5/3	16	1111111110011111	8/5	16	1111111110111010
5/4	16	1111111110100000	8/6	16	1111111110111011
5/5	16	1111111110100001	8/7	16	1111111110111100
5/6	16	1111111110100010	8/8	16	1111111110111101
5/7	16	1111111110100011	8/9	16	1111111110111110
5/8	16	1111111110100100	8/A	16	1111111110111111
5/9	16	1111111110100101	9/1	9	111110111
5/A	16	1111111110100110	9/2	16	1111111111000000
6/1	7	1111001	9/3	16	1111111111000001
6/2	11	11111110111	9/4	16	1111111111000010
6/3	16	1111111110100111	9/5	16	1111111111000011
6/4	16	1111111110101000	9/6	16	1111111111000100
6/5	16	1111111110101001	9/7	16	1111111111000101
6/6	16	1111111110101010	9/8	16	1111111111000110
6/7	16	1111111110101011	9/9	16	1111111111000111
6/8	16	1111111110101100	9/A	16	1111111111001000
6/9	16	1111111110101101	A/1	9	111111000

续表

行程/尺寸	码长	码　　字	行程/尺寸	码长	码　　字
A/2	16	1111111111001001	D/2	16	1111111111100100
A/3	16	1111111111001010	D/3	16	1111111111100101
A/4	16	1111111111001011	D/4	16	1111111111100110
A/5	16	1111111111001100	D/5	16	1111111111100111
A/6	16	1111111111001101	D/6	16	1111111111101000
A/7	16	1111111111001110	D/7	16	1111111111101001
A/8	16	1111111111001111	D/8	16	1111111111101010
A/9	16	1111111111010000	D/9	16	1111111111101011
A/A	16	1111111111010001	D/A	16	1111111111101100
B/1	9	111111001	E/1	14	11111111100000
B/2	16	1111111111010010	E/2	16	1111111111101101
B/3	16	1111111111010011	E/3	16	1111111111101110
B/4	16	1111111111010100	E/4	16	1111111111101111
B/5	16	1111111111010101	E/5	16	1111111111110000
B/6	16	1111111111010110	E/6	16	1111111111110001
B/7	16	1111111111010111	E/7	16	1111111111110010
B/8	16	1111111111011000	E/8	16	1111111111110011
B/9	16	1111111111011001	E/9	16	1111111111110100
B/A	16	1111111111011010	E/A	16	1111111111110101
C/1	9	111111010	F/0(ZRL)	10	1111111010
C/2	16	1111111111011011	F/1	15	111111111000011
C/3	16	1111111111011100	F/2	16	1111111111110110
C/4	16	1111111111011101	F/3	16	1111111111110111
C/5	16	1111111111011110	F/4	16	1111111111111000
C/6	16	1111111111011111	F/5	16	1111111111111001
C/7	16	1111111111100000	F/6	16	1111111111111010
C/8	16	1111111111100001	F/7	16	1111111111111011
C/9	16	1111111111100010	F/8	16	1111111111111100
C/A	16	1111111111100011	F/9	16	1111111111111101
D/1	11	11111111001	F/A	16	1111111111111110

对交流分量(AC 系数)哈夫曼表的说明如下。

下面 16 个字节是说明亮度 AC 系数表的码字长度表：

X′ 00 02 01 03 03 02 04 03 05 05 04 04 00 00 01 7D′

16 个字节之后紧跟着一组数值(此值对应于亮度 AC 系数符号 1 的值)：

X′01 02 03 00 04 11 05 12 21 31 41 06 13 51 61 07
22 71 14 32 81 91 A1 08 23 42 B1 C1 15 52 D1 F0
24 33 62 72 82 09 0A 16 17 18 19 1A 25 26 27 28
29 2A 34 35 36 37 38 39 3A 43 44 45 46 47 48 49
4A 53 54 55 56 57 58 59 5A 63 64 65 66 67 68 69
6A 73 74 75 76 77 78 79 7A 83 84 85 86 87 88 89
8A 92 93 94 95 96 97 98 99 9A A2 A3 A4 A5 A6 A7
A8 A9 AA B2 B3 B4 B5 B6 B7 B8 B9 BA C2 C3 C4 C5
C6 C7 C8 C9 CA D2 D3 D4 D5 D6 D7 D8 D9 DA E1 E2
E3 E4 E5 E6 E7 E8 E9 EA F1 F2 F3 F4 F5 F6 F7 F8
F9 FA′

下面 16 个字节是说明色度系数表的码字长度表：

X′ 00 02 01 02 04 04 03 04 07 05 04 04 00 01 02 77′

16 个字节之后紧跟着一组数值(此值对应于前面色度 AC 系数符号 1 的值)：

X′00 01 02 03 11 04 05 21 31 06 12 41 51 07 61 71
13 22 32 81 08 14 42 91 A1 B1 C1 09 23 33 52 F0
15 62 72 D1 0A 16 24 34 E1 25 F1 17 18 19 1A 26
27 28 29 2A 35 36 37 38 39 3A 43 44 45 46 47 48
49 4A 53 54 55 56 57 58 59 5A 63 64 65 66 67 68
69 6A 73 74 75 76 77 78 79 7A 82 83 84 85 86 87
88 89 8A 92 93 94 95 96 97 98 99 9A A2 A3 A4 A5
A6 A7 A8 A9 AA B2 B3 B4 B5 B6 B7 B8 B9 BA C2 C3
C4 C5 C6 C7 C8 C9 CA D2 D3 D4 D5 D6 D7 D8 D9 DA
E2 E3 E4 E5 E6 E7 E8 E9 EA F2 F3 F4 F5 F6 F7 F8
F9 FA′

5. 压缩比和图像质量

基于 DCT 的 JPEG 压缩算法，对于中等复杂程度的彩色图像的压缩比与恢复图像的质量比较如表 4.10 所示。

表 4.10 压缩效果与图像质量

压缩效果(比特/像素)	量　质	压缩效果(比特/像素)	量　质
0.25～0.50	中～好，满足某些应用	0.75～1.5	极好，满足大多数应用
0.50～0.75	好～很好，满足多数应用	1.5～2.0	与原始图像分不出

为了更清楚地了解 JPEG 编码过程，下面以一个亮度子块编码的示例来说明。设亮度子块按 Z 序排列的系数如下：

K	0	1	2	3	4	5	6	7	8	9～30	31	32～63
系数	12	5	－2	0	2	0	0	0	1	0	－1	0

请按 JPEG 基本系统编码给出该子块的编码。

(1) 对于 DC 系数 12，因落入(－15～－8，8～15)范围，查表 4.5 得到 4；再查表 4.6，得到码字为 101；因为 12＞0，故 4 位附加位可直接写出 12 的二进制码“1100”，因此 ZZ(0)＝12 的编码为“1011100”。

(2) ZZ(1)＝5，它与 ZZ(0)之间无零系数，故 NNNN＝0，因 5 落入表 4.6 的第 3 组，所以 SSSS＝3，而 NNNN/SSSS＝0/3 的哈夫曼码可由表 4.8，查得亮度 AC 系数为“100”，故 ZZ(1)＝5 的编码为“100101”。

(3) ZZ(2)＝－2，NNNN/SSSS＝0/2，查表 4.8，为“01”，而 ZZ(2)－1＝－3，其码字低位二进制数为“01”，所以 ZZ(2)＝－2 的编码为“0101”。

ZZ(K)中非零值的实际值的编码规定如下：若 ZZ(*K*)＞0，附加位为 ZZ(*K*)的最低 *B* 位，如(1)、(2)中所示；若 ZZ(*K*)＜0，则为 ZZ(*K*)－1 的最低 B 位，如(3)中所示。

(4) ZZ(3)＝0，ZZ(4)＝2 中间有一个零系数，即 NNNN/SSSS＝1/2，查表 4.8 得到“11011”，而 2 的二进制码字为“10”，所以 ZZ(3)～ ZZ(4)的编码为“1101110”。

(5) ZZ(5)～ZZ(7)＝0，ZZ(8)＝1，则 NNNN/SSSS＝3/1，查表 4.8 得到“111010”，故 ZZ(5)～ ZZ(8)的编码为“1110101”。

(6) ZZ(9)～ZZ(30)，ZZ(31)＝－1，由于 NNNN＝30－9＋1＝22＞15，故先编一个 F/0 码，从表 4.8 可查得其码字为“11111111001”；此后有 NNNN＝22－16＝6＜15，故再编码 NNNN/SSSS＝ 6/1，查表 4.8 得到码字为“1111011”，而－1－1＝－2 的编码为“0”，所以 ZZ(9)～ ZZ(31)的编码为“11111111001＋1111011＋0”。

(7) ZZ(32)～ZZ(63)＝0，由于 ZZ(63)＝0，所以直接用“EOB(％)”结束本子块，其码字查表 4.5 为“1010”。综合(1)～(7)，可知本子块的编码位流为：

“1011100＋100101＋0101＋1101110＋1110101＋11111111001＋11110110＋1010”

共用了 54b，而原始图像子块要用 8×8×8＝512b 表示，压缩比为 512∶54＝9.48∶1。

4.6.2 MPEG-1 标准

1. 引言

运动图像专家小组(Moving Picture Experts Group，MPEG)的活动开始于 1988 年，其目标是要在 1990 年建立一个标准的草案。MPEG 和 JPEG 两个专家小组都是在 ISO 领导下的专家小组，其小组成员也有很大的交叠。JPEG 的目标是专门集中于静止图像压缩，MPEG 的目标是针对活动图像的数据压缩，但是静止图像与活动图像之间有密切关系。一个视频序列图像可以看作为独立编码的静止图像序列，只是以视频速率顺序地显示。

MPEG 专家小组的研究内容不仅仅限制于数字视频压缩，音频及音频和视频的同步问题都不能脱离视频压缩独立进行。MPEG-1 视频是面向位率大约为 1.5Mbps 的视频信号的压缩，MPEG-1 音频是面向每通道速率为 64kbps、128kbps 和 192kbps 的数字音频信号的压缩，MPEG-1 的最终目标还得解决数字视频和数字音频等多样压缩数据流的复合和同步的问题。所以，MPEG-1 是将数字视频信号和与其相伴随的音频信号在一个可以接受的质量下，能被压缩到位率约 1.5Mbps 的一个 MPEG 单一位流。

MPEG 专家小组，承担制定了可用于数字存储介质上的视频及其关联音频的国际标准，这些国际标准简称为 MPEG 系列标准。数字存储介质的概念包括传统的存储设备、CD-ROM、DVD、数字音频磁带(DAT)、磁带设备、温彻斯特硬盘、可写光盘，以及电信通道，如综合服务网(ISDN)和局域网等。

MPEG 标准的制定过程，竞争异常激烈，它综合了学术界和产业界的最新研究成果，并且为达到目标做了大量测试工作。不仅考虑新技术、新概念、高质量，同时在实现方案和成本之间尽量折中。仅 MPEG 视频竞争方案，就有 17 个公司或学术机构提出建议，有 14 个建议接受分析和测量。

综上所述，多媒体运动图像和伴音的数据压缩编码标准，即 MPEG-1 标准，实际上包括 3 个部分：MPEG 视频、MPEG 音频和 MPEG 系统。本节的重点放在 MPEG 视频和音频压缩技术上。

2. MPEG-1 视频

1) MPEG-1 视频压缩的特点

MPEG 视频压缩技术，为满足应用需要，须具有以下特点。

(1) 随机存取

随机存取是存储媒介上视频信息必不可少的特性。随机存取要求能在被压缩的视频位流中间进行存取，并且能在限定的时间内对视频的任一帧进行解码。随机存取意味着存在可随机存取的单元，即某段信息编码的结果仅与该段自身的信息有关。在质量不下降的前提下，随机存取时间大约可达 0.5s。

(2) 快速正向/逆向搜索

根据存储媒介的特点，对压缩数据流可进行扫描(可借助于应用规定的目录结构)和利用合适的存取点来显示所选择的图像，以实现正向快速搜索和逆向快速搜索。

(3) 逆向重播

交互式的应用有时需要视频信号能够逆向重播，但并非所有的应用都需要在逆向重播时保持完好的画面质量。

(4) 视听同步

视频信号应该准确地与相关的音频信号相同步。如果音频和视频信号分别由两个稍有差别的时钟产生，那么应该提供一个机制，使这两个信号能持久地重新同步。同步特性是由 MPEG 小组提出的，MPEG 小组定义一个用于多音频、视频信号同步和合成的工具或手段。

(5) 容错性

大多数数字存储介质和通信并不是不产生错误的。所以希望有一个合适的信道编码方案能适用于多种应用。并且要求这种编码方案对残存的未被校正的误差有强的鲁棒性，这样即使是在有误差的情况下，也能避免编码失败。

(6) 编码/解码延迟

在视频电话的应用中，必须能够保证系统的延迟时间低于 150ms，以便保证这种面对面进行对话的应用质量要求。出版应用中，可以允许一个较长的延时，这种情况要求编、解码延时不超过 1 秒。传输质量和延迟在一个相当的范围内是可以折中考虑的，因此压缩算法应在可接受的延迟范围内可充分地被执行。延迟时间被看作为一个阈值参数设定。

除以上所述的特点之外，还要求视频压缩技术具有可编辑性和灵活格式，运用计算机视频窗口技术，以支持各种格式，允许各种光栅尺寸（视频屏幕的宽、高）和帧速率等。同时要求编码方案的实时完成，解码器尽可能用少量的芯片实现，以控制成本不致过高。

2) MPEG-1 视频压缩策略

MPEG-1 视频压缩技术是针对运动图像的数据压缩技术。为了提高压缩比，帧内图像数据压缩和帧间图像数据压缩技术必须同时使用。帧内压缩算法与 JPEG 压缩算法大致相同，采用基于 DCT 的变换编码技术，用以减少空域冗余信息。帧间压缩算法采用预测法和插补法，预测法有因果预测器（纯粹的预测编码）和非因果预测，即插补编码。预测误差可再通过 DCT 变换编码处理，进一步压缩。帧间编码技术可减少时间轴方向的冗余信息。

(1) 去时域冗余

由于 MPEG 对视频信号作随机存取的重要要求，以及通过帧间运动补偿可有效地压缩数据比特数，MPEG 采用了 3 种类型的图像：帧内图（Intra pictures，I），预测图（Predicted Pictures，P）和插补图，即双向预测图（Bidirectional Prediction，B）。帧内图可提供随机存取的存取位置，但压缩比不大；帧间插补可减少时域的冗余信息。帧间预测编码时，要用到先前（过去）的图（帧内图或预测图），当前的预测图通常又作为后面（将来）的预测图的参考值；双向预测图的数据压缩效果最显著，但是它在预测时需要先前和后续的信息，另外，双向预测图不能作为其他图的预测参考图。帧内图（I）和预测图（P）及双向预测图（B）沿时间轴上的顺序排列如图 4.31 所示。

I B B P B B P B B P B B P B B I B B P B B P B B P B B P B B

图 4.31 按图像显示次序排列的图像流

MPEG 中这些图的组织结构是十分灵活的，它们的组合可由应用规定的参数决定，如随机存取和编码延迟等。

① 运动补偿

运动补偿是减少帧序列冗余信息的有效办法。运动补偿是基于 16×16 子块的算法，每个子块可作为一个二维的运动矢量处理。运动补偿实际上是一种广义的预测技术，它适用于单纯性预测（因果预测）和非因果预测（插补）。运动补偿预测是以子块（16×16）为预测单元，把当前子块认为是先前某一时刻图像子块的位移，位移的内容包括运动方向和运动幅度。所以运动补偿预测是用先前（过去）的局部图像来预测当前的局部图像，16×16 的运动矢量块是预测误差，它必须进行编码、传送，供解码时恢复图像用。

运动补偿中的非因果性预测，即插补编码是基于时间轴上的多分辨率技术，是对时间轴（帧序列方向）方向上低分辨率的子信号进行编码。比如，通常仅对帧率为 1/2（15 帧/秒）或帧率为 1/3（10 帧/秒）的低分辨率图像进行编码，然后作图像插值及附加校正，最后得到满分辨率的图像信号。插值法重建满分辨率图像信号的方法是，把校正信息加到前面和后面参考图像组合而成的。

运动补偿插补编码，也叫双向预测编码。通过双向预测编码，可以获得一个高的压缩比。一个电视图像的帧序列中，不能全部是插补图 B。B 图必须由参考图进行插补，参考图可以是帧内图（I）或预测图（P），B 图不能作参考图。在两个参考图之间出现双向预测图 B 的频度，是可选择的。当增加参考图之间 B 图的数目时，将会减少 B 图与参考图之间的相关性。B 图数目的选择与被编码的图像景物有依赖性，对大多数景物来说，参考图以大约十分之一秒的间隔隔开较为合适。

由于I图、P图、B图三者之间存在因果关系。如第4帧的P图是由第1帧的I图预测，第1帧I图第4帧P图共同预测出它们之间的双向预测B图，所以接受端解码器的输入(发送端编码器的输出)，不能按照时间的顺序，而是按照以下的排列顺序：

I P B B P B B P B B P B B I B B……

这种帧图排列顺序，完全符合解码需要。解码器的输出，又恢复为图4.31编码器输入顺序显示。

② 运动表示

MPEG标准中，运动补偿估算是基于16×16的块为单元表示的。这样的补偿单元称为宏块。宏块有不同的类型。比如在双向预测图(B)的每个16×16的宏块，可以是帧内型的、前向预测型的、后向预测型的或者是平均型的。对于一个给定的宏块，其预测器的表达式取决于参考图(前向和后向)和运动矢量。

不同区域宏块的运动矢量可有不同的选择，运动矢量的选择范围是基于帧间图像的时间分辨率和块内图像的时间分辨率，以及帧序列图像的性质而选定。当两个16×16宏块所包含的画面内容在待送中完全静止不动，那么宏块的运动矢量为零(宏块坐标没有改变)。

对于每个16×16宏块的运动信息与其相邻块之间可作不同的编码处理。采用宏块运动补偿方法，可减少电视图像帧间完整图像传送帧数，去除冗余信息，获取高压缩比和良好重建图像质量的压缩效果。

③ 运动估算

运动的估算涉及到从视频序列中抽取运动信息所使用的一整套技术。MPEG标准说明了怎样表示运动信息，根据运动补偿的类型：前向预测、后向预测和前后向预测，每个16×16的宏块中可包含有一个或两个运动矢量，然而MPEG标准并没有说明运动矢量的求取方法。但是可基于块的运动表示算法，按照尽量减小匹配误差的方法来获得运动矢量。这个匹配误差可由一个表示该块与每个预测的候选块之间的不匹配程度的代价函数来测量。设M_i是当前帧图像I_C中的一个宏块，ν是相对于参考图I_r的位移量，那么由最佳匹配获得的运动矢量表达式(4.62)表示。

$$\nu_i = \min \sum_{\overline{X} \in M_i} D[I_C(\overline{X}) - I_r(\overline{X} - \overline{\nu})] \tag{4.62}$$

$$\nu \in V(V\text{ 是一个 }\nu\text{ 变量的集合})$$

其中，运动矢量的可能搜索范围和匹配误差函数D的选择，可在实现过程中完成。穷举搜索对全部可能的运动矢量都作了考虑，结果很好，但是这个结果是以很大的计算复杂性为代价而得来的，所以在实现过程中，必须对运动矢量场的质量与运动估算过程的计算复杂性折中考虑。

(2) 去空域冗余

电视图像的帧内图像和预测误差信号都有很高的空域冗余信息。可用于减少空域冗余信息的技术很多，MPEG优先考虑了基于块的技术。在基于块的空间冗余技术领域中，变换编码技术和矢量量化编码技术是两种可选用的方法。离散余弦变换(DCT)编码有明确的优点和相对简单的实现方法，因此DCT技术与视觉加权标量量化及行程编码和熵编码技术，是被优先考虑的变换编码技术。基于DCT的变换编码技术在JPEG标准中已作过介绍，这里只简单归纳如下：

MPEG 标准用 DCT 技术进行帧内图像的数据压缩编码，与 JPEG 标准对静止图像的压缩编码和 CCITT H. 261 标准中可视电话压缩编码处理方法是相同的。在这 3 个国际标准中都采用离散余弦变换编码方法。DCT 变换编码方法归纳起来，可分离散余弦变换(DCT)、对变换系数进行量化(包括量化、Z 字扫描、行程编码)及熵编码 3 个阶段。

① 离散余弦变换

DCT 是把一个 8×8 空间窗口(块)的图像采样数据，或者是预测误差数据，作离散余弦正交变换，得出 64 个变换系数。

② DCT 的量化

DCT 系数的量化是一步关键的操作，因为量化器结合行程编码使大部分数据得以压缩。通过量化器的量化操作，使编码器就能使它的输出与给定的位速率匹配。

a. 视觉加权量化：量化误差的主观感觉随 DCT 系数的频率可有很大的变化，利用这一特性可对高频系数作比较粗的量化。精确的量化矩阵依赖于许多外部参数，诸如图像的显示特性，观察距离和源图像中的噪声数量，因此对某种应用或者甚至对一个单独的序列设计一个专用的量化矩阵是合理的。一个特别的矩阵可作为编码环境和压缩的视频数据一起存储。

b. 帧内块和非帧内块量化的比较：对于来自帧内块的信号的量化，应不同于由预测或插补得来的信号的量化。帧内编码的块包含所有频率的能量，如果量化太粗的话，很有可能产生块效应。另外，预测误差类型的块主要包含高频，可作更粗的量化处理。假设编码过程可以精确地预测低频，那么预测误差信号的低频分量一定是很小的。假如不是这样，在编码时就要采用帧内块类型，帧内块类型与差分编码块类型的差别导致使用两种不同的量化器结构，虽然两种量化器都是接近均匀的量化器(有一个固定的步长)，但它们在零附近的特性是不同的。帧内块量化器没有死区(即量化为零值的区域比步长要小，而帧外量化器有一个大的死区)。

c. 可调量化器：并不是所有的空间信息都能使人眼视觉系统产生同等的感觉，特别是对于那些信号变化梯度平稳的块，如果有一个非常小的误差，人眼就会觉察到块的边界(块效应或称假轮廓)，而对信号变化剧烈(包含边界)的块，视觉对误差的敏感察觉被掩盖。为了适应块之间信号的不均匀性，可在块与块的基础上对量化器步长进行调节。这个机制也可用于对特定的位率提供非常平滑的自适应调整(速率控制)。

③ 熵编码

为了进一步提高 DCT 固有的压缩性和减小运动信息对整个位率的影响，使用可变长度的码字进行编码(即变长码)。对 DCT 系数，使用一个类似哈夫曼的表，对相应于数对{行程，幅值}的符号进行编码。为了避免出现太长的符号，使用一个换码符后面跟随一个固定长度的码字。

3）MPEG-1 视频的分层结构

MPEG-1 视频图像数据流是一个分层结构，目的是把位流中逻辑上独立的实体分开，防止语意模糊，并减轻解码过程的负担。对分层的要求是支持通用性、灵活性和有效性。MPEG 标准的通用性可以用 MPEG 位流来更好地说明。通用性的含义是使 MPEG 标准的语法规定可满足不同的应用要求。比如存储在计算机硬盘上的视频信号的随机存取和可编辑性，随机存取和可编辑性需要许多存储点，具有一定时间间隔的图像组（例如6帧图，⅕秒）；并以固定数量的比特数进行编码，使可编辑性成为可能。编码单元是一组图，它的编码只用组内的参考图数据。对于有噪声信道上的传送，在信道上残留未校正的误差，为提高鲁棒性（Robustness），预测器经常复位，帧内和预测图像被分割成许多片段，另外，为了支持在位流中间的"调准"，要经常对视频序列的编码内容进行重复。MPEG标准的灵活性可通过视频序列头上所定义的许多参数来说明。虽然MPEG标准针对位率约为1.5Mbps、分辨率约为360像素/行，但更高的分辨率和更高的位率也是可行的。MPEG标准的有效性是MPEG压缩算法需要对附加信息，如位移域、量化器步长、预测器或插值类型等，提供有效的管理。

MPEG视频位流分层结构如图4.32所示。其共包括6层，每一层支持一个确定的函数，或者是一个信号处理函数（DCT，运动补偿），或者是一个逻辑函数（同步，随机存取点）等。

图像序列层(随机存取单元：上下文)
图像组层(随机存取单元：视频编码)
图像层(基本编码单元)
宏块片层(重同步单元)
宏块层(运动补偿单元)
块层(DCT单元)

图4.32　MPEG视频位流语法的6个层次

MPEG语法把MPEG位流定义为一个符合语法的二进制数字序列。另外，位流必须满足用一个合适大小的缓冲区来进行解码的要求。在解码器的输入端，设置一个尺寸适当的缓冲区，不能要求缓冲区的尺寸过分庞大，使位率和缓冲大小匹配（既不溢出，又不浪费）便可。保证缓冲区大小给出了在视频缓冲区校验器环境内对位流进行解码所必需的最小的缓冲区的尺寸。

3. MPEG-1音频

MPEG-1音频编码过程如下：输入的音频抽样被读入编码器；映射器建立经滤波的输入音频数据流的子带抽样表示，如在层1或层2是子带抽样，在层3则是经变换的子带抽样；心理声学模型建立一组控制量化和编码的数据；各子带系数经过量化和编码，再加上其他一些附加信息；最后形成已编码的数据流。

有4种不同的编码模式：单声道、双声道、立体声和联合立体声。

根据应用需求，可以使用不同层次的编码系统，编码器的复杂性和性能也随之变化。

（1）层1包括将数字音频变成32个子带的基本映射。将数据格式化成固定分段的块。决定自适应位分配的心理声学模型。利用块压扩和格式化的量化器。理论上，层1编/解码最小延迟为19ms。

（2）层2提供了位分配、缩放因子和抽样的附加编码。使用了不同的帧格式。这一层最小编/解码延迟为35ms。

（3）层3采用混合带通滤波器来提高频率分辨率。它增加了差值量化（非均匀）、自适应分段和量化值的熵编码。这一层最小编/解码延迟为59ms。

符合 MPEG-1 标准的编码器，是产生一个合乎 MPEG-1 标准的语法结构的 MPEG-1 位流的编码器。在多媒体存储媒介上 MPEG-1 标准为视频信号规定了一个语法，以及与这个语法相关的含义，一个解码器能够对 MPEG-1 位流进行解码，产生的结果在解码过程所规定的可接受的范围内的解码器称之为 MPEG-1 解码器。MPEG-1 标准只规定了位流语法和解码过程，用户可很好地利用这个语法的灵活性来设计非常高质量的编码器和非常低成本的解码器。编码器的设计中一些重要参数，如运动估算、自适应量化和位速率控制等可由用户自由确定。

速率约为 1.2Mbps 的用 MPEG-1 算法压缩的视频图像的质量相当于 VHS(家用视频系统)记录质量。空间分辨率限制为每视频扫描行 360 个像素，并且在源编码器端的视频信号为 30 帧/秒，非隔行扫描。对大多数原始图像内容，可得到无人工痕迹的图像质量。

MPEG-1 中视频序列参数的灵活性使之产生了许多特性，诸如支持很宽范围的空间和时间分辨率，能使用很大范围的位率。但是保证使用 MPEG-1 标准的设备之间的相互操作性更为重要，不能强迫设备厂商再建造一个额外设计的系统。由于这个原因，MPEG-1 定义了参数空间的一个特殊的子集，它给出了 MPEG-1 标准主要目标内的一个较为合理的折中。MPEG-1 标准的主要目标是要使编码的视频信号位率约为 1.5Mbps。用表中的参数定义了一个约束参数位流。

MPEG-1 标准是 VCD 工业标准的核心，现在已经走入千家万户。MPEG-1 音频第 3 层的 MP3 音乐格式也备受青睐。

4.6.3 MPEG-2 标准

同 MPEG-1 标准一样，MPEG-2 标准也包括系统、视频和音频等部分内容。它克服并解决了 MPEG-1 不能满足日益增长的多媒体技术、数字电视技术对分辨率和传输率等方面的技术要求的缺陷。

MPEG-2 标准的系统功能是将一个或更多的音频、视频或其他的基本数据流合成单个或多个数据流，以适应于存储和传送。符合 MPEG-2 标准的编码数据流，可以在一个很宽的恢复和接收条件下进行同步解码。MPEG-2 系统支持 5 项基本功能：

① 解码时多压缩流的同步；

② 将多个压缩流交织成单个的数据流；

③ 解码时缓冲器初始化；

④ 缓冲区管理；

⑤ 时间识别。

MPEG-2 标准的压缩编码系统是将视频和音频编码算法结合起来而开发的。系统编码可有两种方法，其编码输出包括程序流和传送流两种定义流。程序流和 MPEG-1 系统定义的流相似，而传送流是一种用来传送和保存程序的编码数据或其数据的数据流。

MPEG-2 视频体系要求必须保证与 MPEG-1 视频体系向下兼容，并同时应力求满足数字在存储媒体、会议电视/可视电话、数字电视、高清晰度电视(HDTV)、广播、通信、网络等应用领域，对多媒体视频、音频通用编码方法日益增长的新需要。如分辨率要求有低(352×288)、中(720×480)、次高(1440×1080)、高(1920×1080)不同档次；压缩编码方法也要求从简单到复杂有不同等级。

MPEG-2 国际标准详述了数字存储媒体和数字视频通信中的图像信息的编码描述和解码过程。MPEG-2 标准支持固定比特率传送、可变比特率传送、随机访问、信道跨越、分级解码、比特流编辑以及一些特殊功能，如快进播放、快退播放、慢动作、暂停和画面凝固等。MPEG-2 视频标准与 MPEG-1 视频向前兼容并与 EDTV、HDTV、SDTV 格式向上或向下兼容。

MPEG-2 标准作为计算机可处理的数据格式，主要应用于数字存储媒体、视频广播和通信。存储媒体可以直接与 MPEG-2 解码器相连，或者通过总线、局域网、电信通信线路等通信手段与其相连。所以符合 MPEG-2 标准的数据可以在现在或未来的网络上传送、接收和在现在或未来的广播信道上传播。MPEG-2 视频具有以下特色：

(1) 框架和级别

框架是 MPEG-2 标准中定义的语法的子集。级别是 MPEG-2 标准规范的一个特定框架中的参数所取值的集合。一个框架可以包含一个或多个级别。MPEG-2 标准为了实现一个完整的语法体系，通过框架和级别的方式来约定有限数目的语法子集。给定某框架所规定的语法范围后，比特流参数的取值仍然要影响编码和解码过程，所以在每个框架中定义了"级别"。级别是一个对比特流各参数进行限定的集合。例如，MPEG-2 图像规范中，以帧宽(水平像素数)、帧高(垂直像素数)和帧率(帧数/秒)的乘积作为约束分辨率等级参数：低级[352×288×29.79]、基本级[720×480×29.79/720×480×25]、次高级[1440×1080×30/1440×1080×25]、高级[1920×1080×30/1920×1080×25]。框架和级别提供了一种定义 MPEG-2 规范的语法和语义的子集的手段。框架和级别限定之后，解码器的设计和解码校验就可针对限定的框架在限定的级别中进行。同时以框架和级别的形式定义规范，为不同的应用领域之间的数据交换提供了方便和可行性。

(2) 视频压缩编码的数据结构

视频压缩编码的视频数据结构是分层的比特流结构，第 1 层称为基本层，基本层可以独立被解码；其他层称之为增强层，增强层的解码依赖于基本层。基本层的结构与 MPEG-1 相一致。视频数据结构的编码比特流包括有视频序列层、图像组块层、宏块层和块层。视频序列处于最高层。视频序列从视频序列头开始，后面紧接着是一系列数据单元。当序列头中除了包括有序列头函数[Sequence-header( )]之外，还有序列扩展函数[Sequence-extension()]时，MPEG-1 规范不再适用，只适用于 MPEG-2 规范。在视频序列头中有编码扫描方式(逐行/隔行，帧图/场图)；图类型(I 图，P 图，B 图)中，I 图使用自身图进行编码，P 图是使用先前的 I 图或 P 图信息预测编码图，B 图是由过去或将来的 I 图或 P 图双向预测编码图。MPEG-2 没有 D 图，D 图是变换系数的直流分量(DC 系数)，代表能量分布的图，而 MPEG-1 中有 D 图。

为了提供随机访问的功能，在编码比特流中可有重复序列头出现，重复序列头只可以在 I 图或 P 图前面出现，不能在 B 图前面出现。I 图用以解决视频序列的随机访问问题，如节目重播、快进播放或快退播放等。

视频序列层之下是图像组块层，组块是由宏块构成，一个组块可由多个宏块组成。宏块结构可有 3 种格式：

① 4∶2∶0 格式，一个宏块由 6 个块组成。其中包括 4 个亮度(Y)块，2 个色差块(C_b 块和 C_r 块)。

② 4∶2∶2 格式，这种宏块结构由 8 个块组成。其中包括 4 个亮度(Y)块，4 个色差块(2 个 C_b 块和 2 个 Cr 块)。

③ 4∶4∶4 格式，这种宏块结构由 12 个块组成。其中包括 4 个亮度(Y)块，8 个色差块(4 个 C_b 块和 4 个 C_r 块)。

对帧图使用 DCT 编码的宏块结构和场图使用 DCT 编码的宏块结构是不一样的。帧 DCT 编码中，每个块由两场扫描行交替组成；场 DCT 编码中，每个块仅由两场中之一的场扫描行组成。

组成宏块的块是 DCT 变换的最基本单元。块尺寸为 8×8(以图像像素为单位)。像素即图像采样样本，是画面显示的最小单元，其尺寸大小取决于分辨率。每个像素携带有亮度 Y 和色差信号 C_b、C_r 信息。MPEG-2 视频采样格式也有 3 种格式：4∶2∶0、4∶2∶2 和 4∶4∶4。

(3) 语义规则

MPEG-2 对视频比特流的语义规则也做了具体规定，制定了更高层语法结构的语义规范。其高层比特流组织中，不带扩展功能的数据流与 MPEG-1 规范一致。

MPEG-2 视频解码器的芯片级产品已被世界上许多著名的大公司纷纷推出，是工业标准 DVD 的核心标准。

MPEG-2 音频与 MPEG-1 差别不大，不过它支持 5+1 声道。

要了解 MPEG-2 标准的详细情况，请参阅钟玉琢、乔秉新和祁卫译著的《运动图像及其伴音通用编码国际标准——MPEG-2》，清华大学出版社 1997 年出版。

4.6.4 MPEG-4 标准

1. 引言

MPEG-2 视频体系要求必须保证与 MPEG-1 视频体系向下兼容，并同时应力求满足数字存储媒体、会议电视/可视电话、数字电视、高清晰度电视(HDTV)、广播、通信、网络等应用领域，对多媒体视频、音频通用编码方法日益增长的新需要。如分辨率要求有低(352×288)、中(720×480)、次高(1440×1080)、高(1920×1080)不同档次；压缩编码方法也要求从简单到复杂有不同等级。

MPEG-4 在扩展性上具有很好的灵活性，可进行时域和空域的扩展。这在 MPEG-2 中也有一些体现，但它并不是很突出。而在 MPEG-4 中，可根据现场带宽和误码率的客观条件，在时域或空域进行扩展，时域扩展是在带宽允许时在基本层之上的增强层中增加帧率，在带宽窄时可在基本层中减少帧率，以便充分利用带宽，使图像质量更好；在空域扩展时是指对基本层中的图进行采样插值，增加或减少空间分辨率。

为了支持前面提到的各种功能：高效压缩、基于内容交互(操作、编辑、访问等)以及基于内容分级扩展(空域分级、时域分级)，必然要求 MPEG-4 要以基于内容的方式表示视频数据。因此，MPEG-4 中引入视频物体(Video Object，VO)和视频物体平面(Video Object Plane，VOP)等概念来实现基于内容的表示。VO 的构成依赖于具体应用和系统实际所处的环境，对于低要求应用情况下，VO 可以是一个矩形帧(即传统 MPEG-1、H.263 中的矩形帧)，从而与原来的标准兼容；对于基于内容的表示要求较高的应用来说，VO 可能是场景中的某一物体或某一层面，VO 也可能是计算机产生的二维、三维图像等。当 VO 被定义为场景中截取出来的不同物体时，每个 VO 有 3 类信息来描述：运动信息、形状信息、纹理信息。所以 MPEG-4 标准的视频编码是针对这 3 种信息的编码技术。

基于内容的视频编码过程可由 3 步完成。

① VO 的形成：先要从原始视频流中分割出 VO。

② 编码：对各 VO 分别独立编码，即对不同 VO 的 3 类信息(运动信息、形状信息、纹理信息)分别编码，分配不同码字。

③ 复合：将各个 VO 的码流复合成一个符合 MPEG-4 标准的位流。

在编码和复合阶段可以加入用户的交互控制或由智能化算法进行控制。

MPEG-4 标准提供灵活的框架和开放的工具集，它通过工具集和句法描述语言(MSDL)不同的组合，支持功能的不同组合。以下对基于 VOP 的编码进行介绍。

VO 是场景中的某个物体，它由时间上连续的帧画面序列构成。VOP 是某一时刻某一帧画面的 VO，VOP 编码即针对某一时刻该帧画面 VO 的形状、运动、纹理等 3 类信息进行编码。

(1) 形状编码

一个从场景中截取出的 VOP 如图 4.33 所示。由图可见，VOP 是一个不规则的形状。表示 VOP 的开头可用二值图表示，或者用灰度图描述。通常以 8 位表示灰度，可有 256 级(0～255)灰度分层，二值图形状只需 1 位表示(0，1)。标准约定“0”表示非 VOP 区域(背景)，“1”表示 VOP 区域；对于用灰度图表示的 VOP 形状，“0”表示非 VOP 区域，“1～255”表示 VOP 区域。以灰度表示 VOP 形状时，物体与背景的边界轮廓线比二值图表示要柔和。

MPEG-4 标准形状编码方法是用位图法，VOP 被一个边框“框住”，边框长、宽均为 16 的整数倍，同时保证边框最小。位图表示法实际上就是一个边框矩阵，矩阵元素为 0～255(或 0，1)，编码变为对这个矩阵的编码。矩阵被分成 16×16 的“形状块”(如图 4.33 所示)，边界信息包含在块中。位图法不是 VOP 形状编码的唯一方法，比如将 VOP 用梯度图表示，形状边界被抽出，用边界跟踪方法进行编码也很方便，可以断定，将来的标准中将会引入其他基于几何轮廓的编码技术。

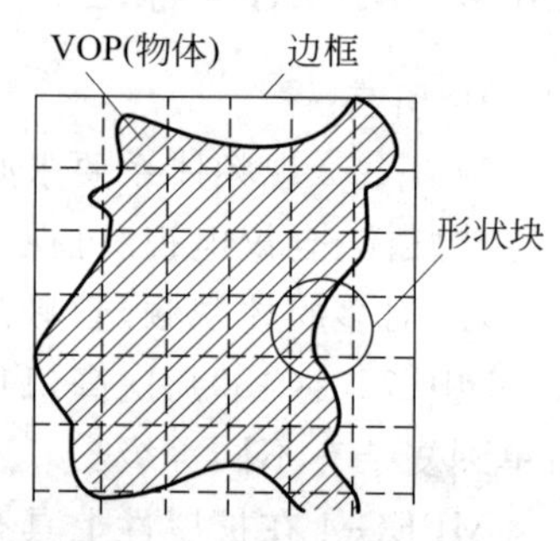

图 4.33　VOP 形状编码

(2) 运动估计和运动补偿

MPEG-4 标准中的 VOP 运动估计和运动补偿与以前的压缩标准(MPEG-1、H.263 等)一样。

类似于以前的压缩标准(MPEG-1、H.263 等)的 3 种帧格式：I(帧内)-帧图、P(预测)-帧图和 B(双向预测)-帧图。MPEG-4 中 VOP 也有 3 种相应的帧格式：I-VOP、P-VOP、B-VOP，如图 4.34 所示，以表示运动补偿类型的不同。

VOP 也如形状编码那样，外加了边框，边框分成 16×16 的宏块，宏块由 8×8 的块构成，运动估计和补偿即可基于宏块，也可基于块。

MPEG-4 的运动估计和补偿与 H.263 非常接近，采用了 H.263 中的“半像素搜索”(half pixel searching)技术和“重叠补偿”(over lapped motion compensation)技术。为了使

H.263 的运动估计和补偿算法能适用于任意形状的 VOP 区域，引入了所谓“重复填充”(repetitive padding)和“修改的块(多边形)匹配”(modified block(polygon)matching)技术。

(3) 纹理编码

纹理信息有两种，可能是内部编码的 I-VOP 的像素值，也可能是帧间编码的 P-VOP、B-VOP 的运动估计残差值。为了达到简单、高性能、容错性好的目的，仍采用基于分块的纹理编码。VOP 边框仍被分成 16×16 的宏块，宏块由 8×8 的块构成，图 4.35 所示为 VOP 的基于宏块的纹理编码图。DCT 变换基于 8×8，仍有 3 种情况(见图 4.35)：VOP 外、边框内的块，不编码；VOP 内的块，用传统 DCT 方法编码；部分在 VOP 内、部分在 VOP 外的块，现用“重复填充”方法将该块在 VOP 外的部分进行填充(对于残差块只需填零)，再用 DCT 编码。这样是为了增加块内数据的空域相关性，从而利于 DCT 变换和量化去除块内的空域冗余。

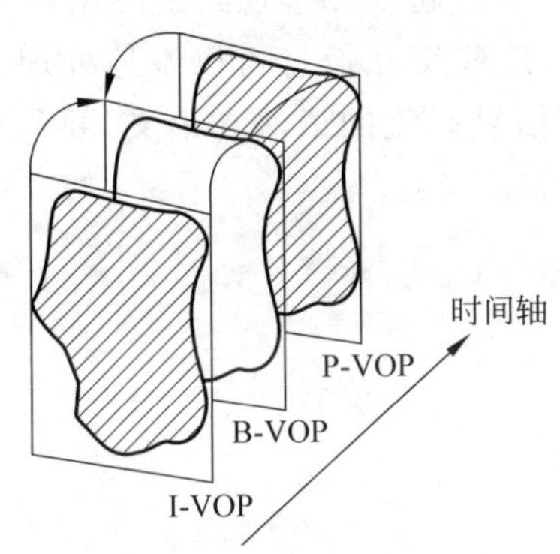

图 4.34 VOP 帧编码类型

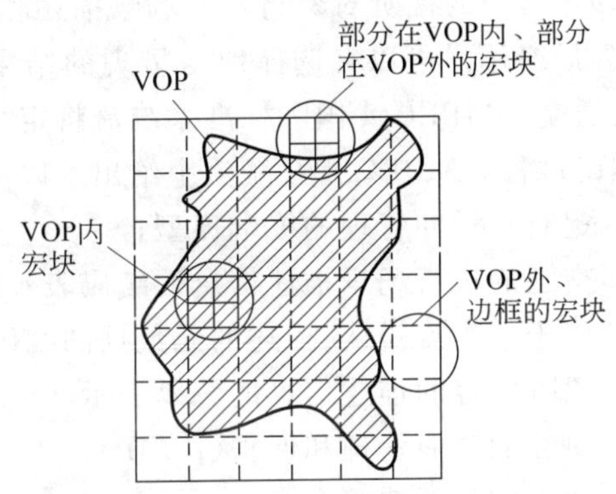

图 4.35 任意形状 VOP 的基于宏块的纹理编码

DCT 系数要经量化、Z-扫描、游程及哈夫曼熵编码。

(4) 分级扩展编码

MPEG-4 的数据结构如图 4.36 所示。

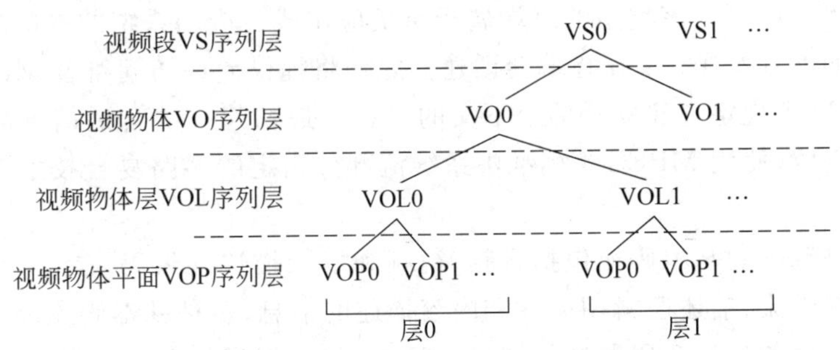

图 4.36 MPEG-4 的数据结构类分级图

一个完整的视频序列由几个视频段 VS 构成，每个 VS 由一个或多个 VO 构成，每个 VO 又由一个或多个视频物体层 VOL 构成。每个 VOL 代表一个层次(基本层、增强层)，每个层表示某一种分辨率。在每个层中，都有时间上连续的一系列 VOP。

利用 VOL 结构来实现空域分级扩展和时域分级扩展，这是 MPEG-4 的一个重要功能。要实现分级扩展至少要有两个 VOL，一个基本层，一个增强层。空域分级是用增强层来增加基本层的空域分辨率，时域分级就是由增强层来增加基本层中感兴趣区域的时域分辨率——帧率。

2. MPEG-4 系统流

MPEG-4 系统流将描述交互式的视听场景通信系统，这样的系统有以下要求：

① 对于可听对象和可见的二维或三维对象能够编码表示；

② 对于视听对象(Audio-Visual Object)的时空位置能够编码表示，另外与交互命令(场景描述)相对应的对象行为也能用编码表示；

③ 与码流数据操作(同步、识别、有关码流内容的描述)能够通过编码表示。

该通信系统的整个工作过程是：首先由发送端压缩视听场景信息，并增加一些同步信息，然后将这些信息传递给一个传输层，再由传输层通过多路复合(Multiplex)技术将其打包成一个或多个用于传输或存储的二进制码流；在接收端再将这些码流分解(Demultiplex)和解压缩，其中的视听对象将根据场景描述和同步信息被复合起来并呈现给最终用户(End User)。最终用户可以有选择地与呈现的结果进行交互，这些交互信息可以本地处理或发回给发送端。MPEG-4 国际标准系统流将定义表示场景信息码流的语法和语义，并包括它们的解码过程。MPEG-4 系统流中给出了以下一些工具和定义：

- 定时和缓冲管理的终端模型；
- 交互的视听场景描述信息的编码表示(BIFS)；
- 用于基本流辨认、描述的元数据的编码表示；
- 视听内容的描述信息的编码表示(OCI)；
- 属性的智能管理和保护(IPMP)；
- 同步信息的编码表示；
- 各个基本码流在一个复合流的表示(FlexMux)。

1) 系统体系结构

MPEG-4 系统流中指定了根据编码的视听信息和相关的场景描述信息来产生交互方式的方法。一般将这样的实体称为“视听终端”，它能复合发送并能接受和显示经过编码表示的一个交互的视听场景。该类型的终端属于单机应用或者应用系统的一部分。这样的接受型终端将进行如下基本操作：在终端会话建立之初将提供允许访问符合 MPEG-4 标准的信息，MPEG-4 标准中规定了建立会话上下文的过程。最初建立的会话信息能够对码流中的基本码流进行定位，使用 MPEG-4 标准中系统流部分指定的多路复合技术能将其中某些流分为同一组。

MPEG-4 码流中的基本码流包括音频、视频和场景描述的编码表示。系统流和基本流可表示用于识别码流、描述逻辑相关性和内容描述的信息，每种基本码流都只包含一种数据类型。基本码流用各自的解码器进行解码，视听对象是根据场景描述信息复合并由终端显示设备所显示出来的，这些过程都是根据系统解码模型中同步层所提供的同步信息同步的。终端体系结构如图 4.37 所示。

2) 系统解码器模型

系统解码器模型是为了说明符合 MPEG-4 标准的终端的功能。发送端可以利用此模型预测接收端在接收到基本码流数据时是如何根据缓冲区管理和同步信息来解码的。系统解码器模型包括定时模型和缓冲区模型。

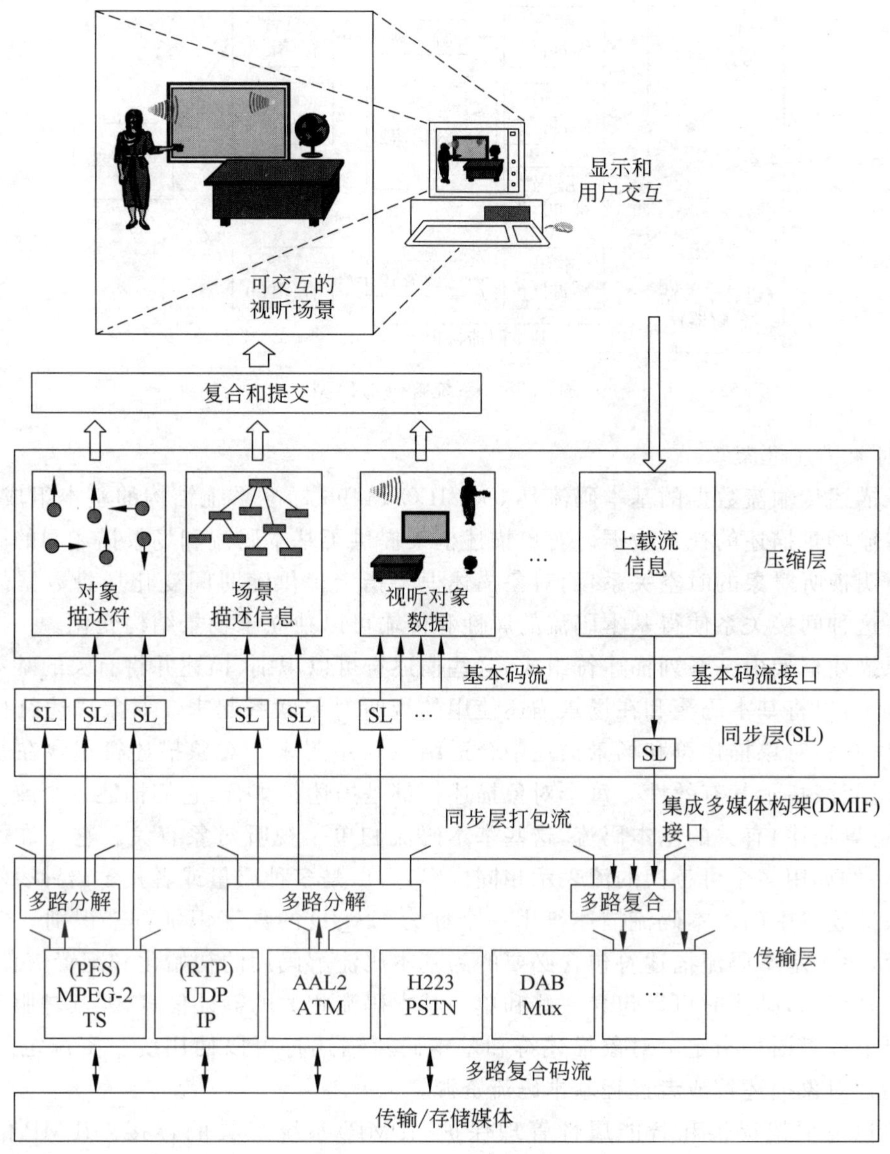

图 4.37 终端的体系结构

系统解码器模型将规范如下内容：

- 访问多路分解数据流(DMIF 应用接口)的接口；
- 用于存储每个基本码流数据(编码数据)的解码缓冲区；
- 基本码流解码器的解码方式；
- 存储解码器解码数据的复合存储区；
- 复合存储区输出到复合器的方式。

图 4.38 中显示了这些要素。每个基本码流都有一个单独的解码缓冲区。单个解码器可以解多个基本码流(例如扩展的视听对象的解码)。

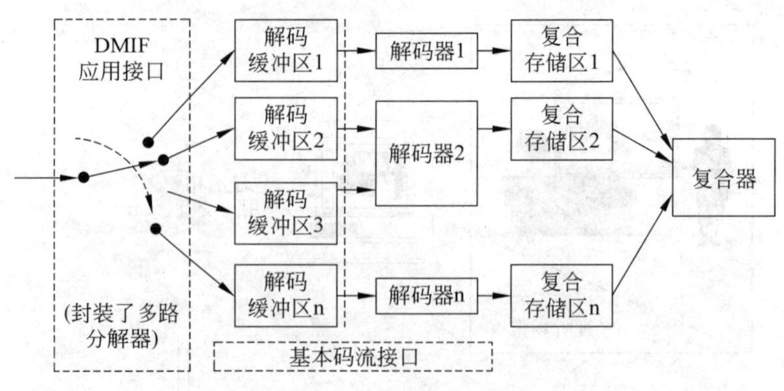

图 4.38　系统解码器模型

3）对象描述框架

场景描述传输流数据的基本码流是 ISO/IEC 14496 标准系统结构的基本组成部件，基本码流传输场景描述的视听数据。对象描述框架提供了基本码流和场景描述间的联结。场景描述声明视听对象的时空关系，而对象描述框架指定提供随时间变化场景数据的基本码流资源。这种间接关系使得基本码流的属性和传输可以独立于场景结构变化。

对象描述框架由一系列描述符组成，这些描述符可以识别、描述并将有关的基本码流联系起来，还可以将基本码流和在场景描述使用的视听对象联系起来。对象描述符代码是数字识别符，它将对象描述符和场景描述中合适结点联系起来。对象描述符包含在基本码流中，并有时间戳指示其有效性。每个对象描述符都是描述符集合，它们描述一个或多个和一个结点（场景描述）有关的基本码流，这些基本码流和单一视听对象有关。它允许可扩展的内容表示，例如用多个可替换的流表示相同内容，可以是多种质量或者是多语种表示。

对象描述符中的基本码流描述符用一个称为 ES_ID 的数字识别符来识别一个单一的基本码流，每个基本码流描述符包含必要的为基本码流解码用的初始化和配置信息，还有智能属性识别信息，必要时可以包含一些和单一基本码流相关的额外信息，尤其是服务质量对传输的要求或者语种指定。对象描述符和基本码流描述符可以使用统一资源定位（URL）来指定远程对象描述符或者远程基本码流资源。

对象描述框架提供和智能属性管理保护（IPMP）系统工具的连接。IPMP 信息通过对象描述符流中的 IPMP 描述符和包含 IPMP 时间变化信息的 IPMP 流来传输。对象内容信息（OCI）允许包含和整个内容或者单一对象描述符或基本码流描述符相关联的元数据。OCI 描述符由组成对象描述符或基本码流描述符的一部分定义，由合适的 OCI 流来传输。

图 4.39 所示为对象描述符联结场景描述和基本码流。

4）场景

（1）范围和合成

ISO/IEC 14496 强调不同类型的视听对象编码，有自然的视频和音频对象以及纹理、文本、二维和三维图形以及合成音乐和声音效果等。为了在终端处重新构建一个多媒体场景，只传输原始的视听数据到接收端是不够的，需要额外的信息在接收端来组合这些视听数据并创建和给用户显示一个有意义的多媒体场景。这个信息就是场景描述，它决定视听对象

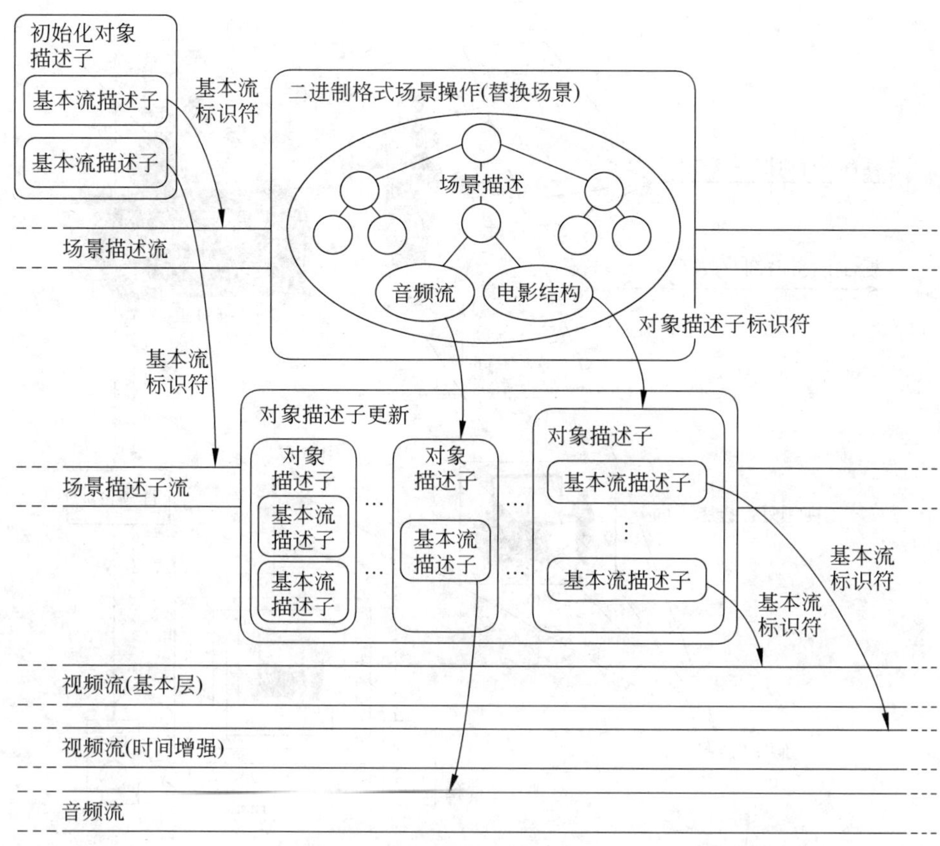

图 4.39 对象描述符联结场景描述和基本码流的示意图

在时间和空间中的位置，它和编码对象一起传输，如图 4.40 所示。注意，场景描述只描述场景结构。将这些对象集成到同一个表示空间中称为合成，将这些视听对象从一个一般的表示空间变换到一个特定的输出设备上称为表现。

不同对象的独立编码可以取得较高的压缩性能，同时也带来在终端处可以操纵内容的能力。对象行为和它们对用户输入的响应能够在场景描述中表示出来。ISO/IEC 14496-1 中使用的场景描述框架是基于 ISO/IEC 14772-1：1997(虚拟现实模型语言-VRML)的。

ISO/IEC 14496-1 定义位流的语法和语义，它们描述视听对象的时空关系。对于视频数据特殊的合成算法没有要求，这是因为它们是相互依赖完成的；对于音频数据，AudioBIFS 结点的语义中标准地定义了合成过程。音频和视频数据合成的场景显示给用户的方式没有指定。场景描述的表示称为"二进制格式场景"(BIFS)。

(2) 场景描述

为了使创作、编辑和交互工具开发较容易，场景描述被独立编码，不依赖于构成场景一部分的视听媒质。这允许在不以任何方式解码和处理视听媒质的条件下修改场景。下面将详细讲述 ISO/IEC 14496-1 规范中提供的场景描述能力。

① 视听对象的分组

一个场景描述都带有一个可以用图表示的层次结构。图结点构成了视听对象，如图 4.41 所示。结构不必是静态的，结点可以增加、删除和修改。

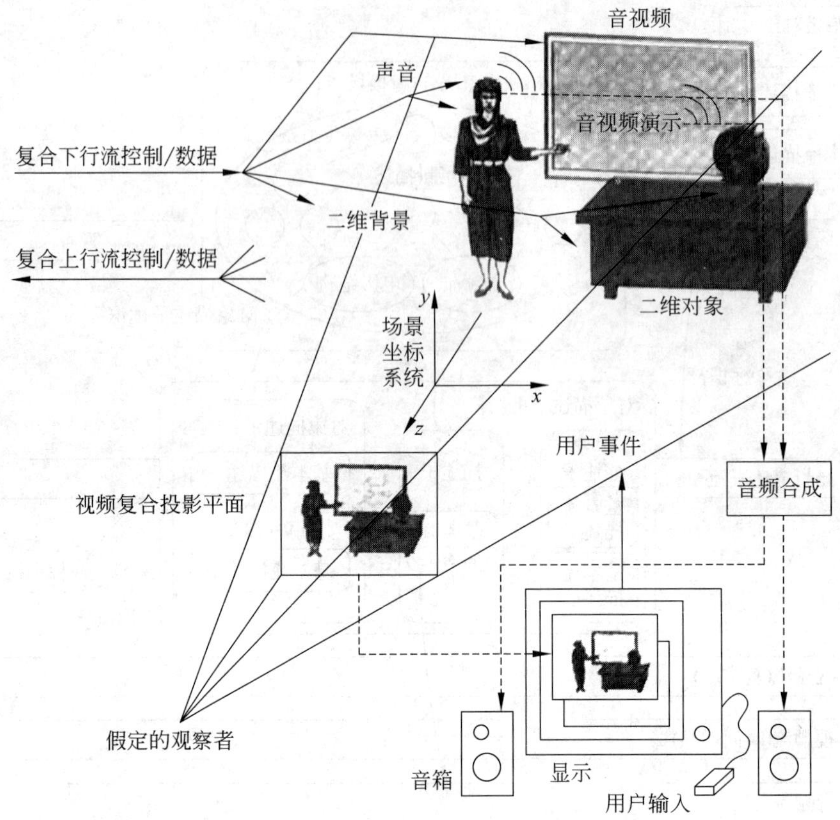

图 4.40　一个基于对象的多媒体场景示例

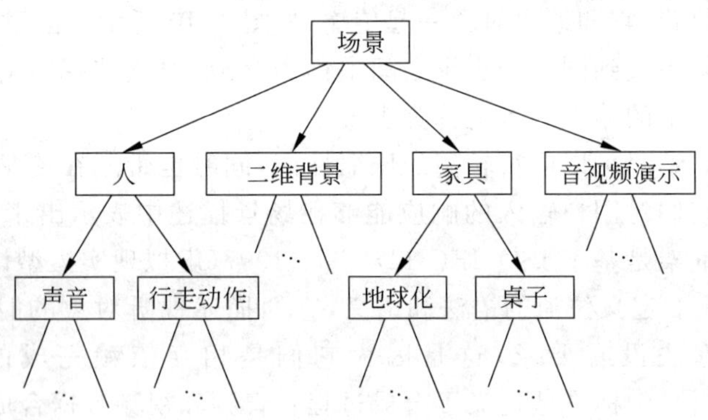

图 4.41　图 4.40 中的场景逻辑结构

② 对象的时空位置

视听对象具有时间和空间的位置。复杂视听对象通过结合合适的构成场景图的场景描述结点来构造。视听对象可以在 2D 或者 3D 空间中定位，每个视听对象都有一个局部坐标系统，在局部坐标系统中视听对象有一个已知的时空位置和大小方向。视听对象通过从对象的局部坐标系到另一个坐标系的变换，这个坐标系由场景图中的父结点指定，从而完成它在场景中的重新定位。

③ 视听对象的属性

场景描述结点使用一系列参数,通过这些参数来控制它们的外观和行为。例如声音大小、合成视频对象的颜色、视频流的源等。

④ 视听对象的行为

ISO/IEC 14496-1 提供了使场景行为动态变化和用当前内容和用户交互的工具。用户交互可以分为主要两类:客户端和服务器端。客户端交互是场景描述的一部分,服务器端没有受理。客户端交互涉及到内容操纵,这些在用户终端处本地解决,它包含根据特定用户动作来修改场景对象属性。例如一个用户在场景上单击来启动一个动画或者视频序列,用来描述这样交互行为的工具是场景描述的一部分,这保证符合 ISO/IEC 14496-1 规范的所有终端都有相同的行为。

5) 基本码流的同步

在同步层中,一个基本码流被映射成一个数据包序列,称为一个同步层打包流(SPS)。打包信息用来在产生基本码流的实体和同步层之间交换信息,这两层之间的抽象接口很好地描述了这个关系,该接口称为基本码流接口(ESI)。ESI 是一个参考点,在具体实现时不必是可访问的。同步层打包流通过一种传输机制被传输,传输机制不在本规范范围之内,它只在 DMIF 应用接口(DAI)中描述,DAI 语义在 ISO/IEC 14496-6 标准中定义,它指定在同步层和传输机制之间需要交换的信息,这种传输机制提供的基本数据传输特征是同步层产生的数据包的组帧。DAI 也是参考点在实际实现中不必是可访问的。同步层(SL)和 ESI 以及 DAI 的关系如图 4.42 所示。

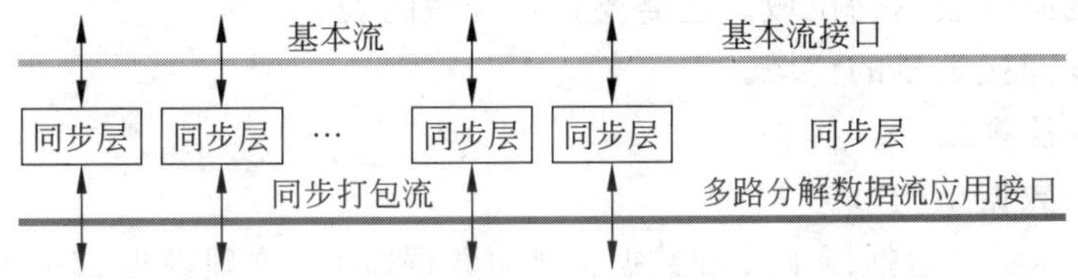

图 4.42　同步层(SL)和 ESI 以及 DAI 的关系

6) 基本码流的多路合成

封装在同步层打包流中的基本码流数据通过 DMIF 应用接口来发送和接收,多路合成和传输协议层的结构不在系统流规范之内,但是在定义同步层语法和语义时已经考虑到要能很容易地将同步层打包流内嵌到不同的传输协议。

对已经存在的传输协议分析表明,和固定长度数据包(MPEG-2 传输流)或者与高的多路复合开销(RTP/UDP/IP)相比,拥有一个普适的、允许低开销和低延迟的数据交织的低复杂度多路合成工具是有优势的。这对于低码率应用非常重要,所以本节将指定一个多路复合工具,它可以选择使用。

FlexMux 工具是一个灵活的复合器,它能够容纳瞬时比特率变化的多个同步层打包流的交织。FlexMux 的基本数据实体是一个 FlexMux 数据包,数据包长度是可变的,一个或者多个 SL 数据包可以内嵌在一个 FlexMux 数据包中,具体细节在下面讲述。FlexMux 工具通过 FlexMux 信道数来识别来自不同的基本码流的 SL 数据包。每个 SL 打包流都被映射到一个 FlexMux 信道,因此包含不同 SL 打包流数据的 FlexMux 数据包可以任意交叉。

安排在一个码流中的 FlexMux 数据包序列称为一个 FlexMux 码流。

从存储或者传输媒质得到的一个 FlexMux 码流能够作为一个单一数据码流被解析出来,不必考虑任何边界信息。但是为了允许随机访问和错误恢复,FlexMux 需要通过底层实现 FlexMux 数据包的组帧,对于每个单独的 FlexMux 数据包组帧没有要求。FlexMux 也要求通过底层实现可靠的错误检测。这个设计已经考虑了在许多情况下底层传输协议已经提供了组帧和错误检测功能。

FlexMux 提供了两中不同特征和复杂度的模式操作,它们被称为 Simple 和 MuxCode 模式。一个 FlexMux 码流可以使用这两种模式来包含 FlexMux 数据包的任意混合。

7) 句法构造描述语言

这部分描述在 ISO/IEC 14496 标准中表述码流语法的机制,这种方法是基于一种语法描述语言(SDL)的,这些文档都是根据语法描述规则来写的,它是直接从类似 C 的语法扩展而具有一个定义很好的框架的语法,这些类 C 语法在 ISO/IEC 11172: 1993 和 ISO/IEC 13818:1996 标准中使用,新语法是面向对象的数据表示。特别是 SDL 假定了一个面向对象的底层框架,在这个框架中码流单元是由“类”组成的。这个框架是基于 C++ 和 Java 编程语言的。SDL 通过定义码流级的长度和怎样解析它们而扩展了底层框架。

SDL 使用下列基本数据类型:

- 固定长度直接表示的位域或者固定长度编码。
- 可变长度直接表示的位域,或者参数的固定长度编码。它们的长度由码流上下文决定。
- 固定长度间接表示的位域。这需要查找合适的表。
- 可变长度间接表示的位域。

3. MPEG-4 视频流

1) 视频流的数据结构

MPEG-4 视频流中包括以下几种数据:视频数据、静态纹理数据、2-D 网格数据和人脸活动参数数据等。这些结构化数据称为对象,对象和它们的属性按分层形式组织,以便支持码流可扩展性和对象可扩展性。

编码的视频数据是由一种被称为层的视频码流组成的有序集。如果只有一层,那么称这个视频流是不可扩展的;反之,如果有两层以上,那么就称这个视频流是可扩展的。这些层中有一层称为基本层,它总是可以单独解码的;其他层称为增强层,它们只能同基本层和较低的增强层一起解码。这些层的多路技术在 MPEG-4 系统流(ISO/IEC 14496-1) 中讨论。基本层可以用其他标准编码,而增强层的编码将遵循 MPEG-4 视频流(ISO/IEC 14496-2)语法。一般地说,MPEG-4 视频流可以看作一个语法层次,其中的一个语法结构包含一个或更多的从属结构。

视觉纹理(参看这里的静态纹理编码)是纹理在各种条件下(以二维和三维合成场景的交互为典型)传输和复制时为维持高视觉质量而设计的。静态纹理编码提供了亮度、颜色和形状的多层表现。这支持了纹理的累进传输,可以实现分辨率和质量的扩展性编码,对网络下载十分有利。

一些可以被映射成网格的纹理对象单独编码。编码的网格数据由一个不可扩展的码流组成。这个码流定义了 2D 网格对象的结构和运动。

编码的人脸活动参数数据也由一个不可扩展的码流组成，它为解码器定义了人脸模型。人脸活动数据按一个标准格式组织，它包括一个可下载的人脸模型和为远程操纵这个模型而使用的控制参数。人脸的形状、纹理和表示一般用码流中的面部定义参数（Facial Definition Parameter，FDP）集和面部活动参数（Facial Animation Parameter，FAP）集控制。在初始化之前，人脸对象是一个自然表示的通用人脸，在不断从码流中接收面部活动参数时逐渐生成面部活动。如果码流中有面部定义参数，那么就可以生成特定形状和外表的人脸。

(1) 视觉对象序列

视觉对象序列是视频流的最高语法结构。一个视觉对象序列由视觉对象序列起始码（visual_object_sequence_start_code）开始，后面跟着一个或多个视觉对象。视觉对象序列由视觉对象序列结束码（visual_object_sequence_end_code）指示其结束。

(2) 视觉对象

一个视觉对象由视觉对象起始码（visual_object_start_code）开始，后面接着是框架和级标识和视觉对象标识，然后是视频对象、静态纹理对象、网格对象或人脸对象。

(3) 视频对象

一个视频对象由视频对象起始码（video_object_start_code）开始，接着是一个或多个视频对象层。

① 帧

一帧由三个整数矩阵组成：一个亮度矩阵（Y）和两个色差矩阵（Cb 和 Cr）。

② 视频对象平面（VOP）

一个重建的 VOP 由解码一个编码的 VOP 获得，而编码的 VOP 来源于一个累进帧或交织帧。

③ VOP 类型

有 4 种类型的 VOP，它们用不同的方法编码：

- 内部 VOP(I-VOP)只用自己的信息编码。
- 单向预测 VOP(P-VOP)根据它前面的 VOP 利用运动补偿技术来编码。
- 双向预测 VOP(B-VOP)根据它前面和后面的 VOP 利用运动补偿技术来编码。
- 全景 VOP(S-VOP)用来编码 Sprite 对象。

④ I-VOP 和 VOP 组

I-VOP 是对序列进行随机访问的标识。一些需要随机访问的操作（例如快进和快退），常常要频繁地访问 I-VOP。I-VOP 还被用于场景剪切和运动补偿失效时。VOP 组（GOV）是由一个 I-VOP 开始的若干 VOP 的组合，并用一个头标志来指示解码器。

⑤ 格式

在这里两个色差（Cb 和 Cr）矩阵无论在水平还是在垂直方向都可以是亮度（Y）矩阵尺寸的 1/2（亮度矩阵要保证采样为偶数）。亮度和色差的采样位置由图 4.43 所示。对交织 VOP 在垂直和时间上采样的两种变化如图 4.44 和图 4.45 所示。图 4.46 显示了累进编码时在垂直和时间上的采样位置。

每一个 VOP 的形状用二值 α 平面表示时，指示形状的矩形总是和包围亮度 VOP 的矩形尺寸相当。在这个矩形中，采用 4∶2∶0 格式时亮度和色差像素的采样位置如图 4.43 所

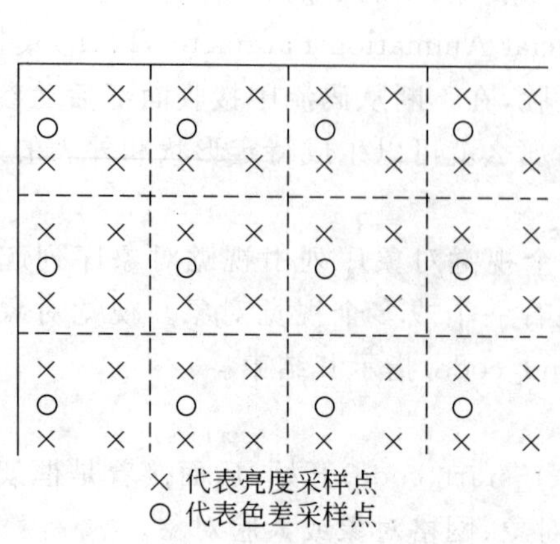

图 4.43　4∶2∶0 格式时亮度和色差采样位置

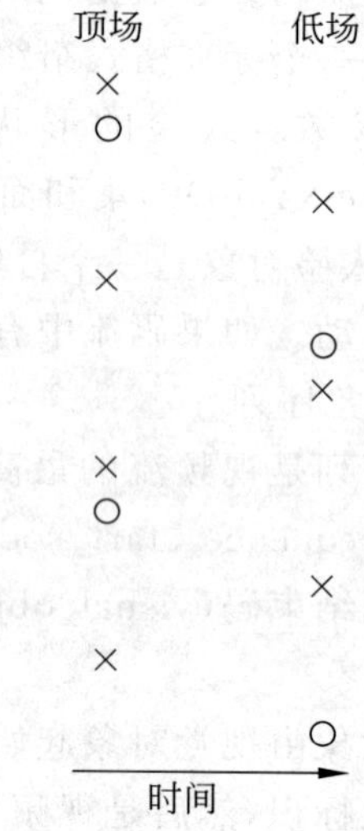

图 4.44　在交织帧中 top_field_first=1 时垂直和时间的采样位置

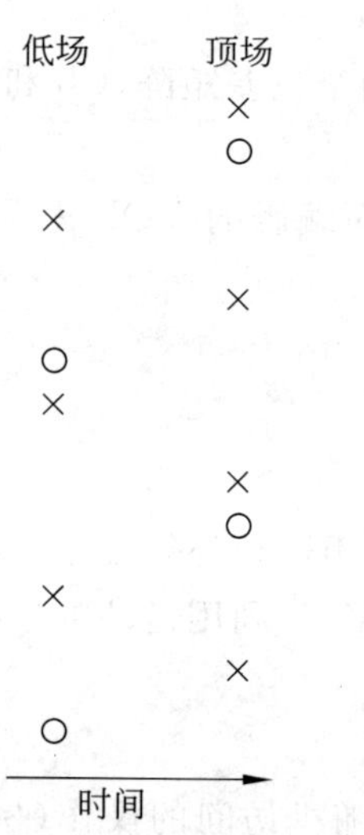

图 4.45　在交织帧中 top_field_first=0 时垂直和时间的采样位置

图 4.46　在累进帧中垂直和时间的采样位置

示。在累进情形下，亮度像素的每一个 2×2 子块对应一个色差像素；而在交织情形下，亮度像素的每一个 2×2 子块对应同一场中的一个色差像素。

为了在两个色差平面中进行填充过程，必须为色差平面生成和它相适应的 α 平面来指示其形状(长和宽均约为亮度 α 平面的 1/2)。因此，当使用不可扩展的形状编码时，色差 α 平面就必须用亮度 α 平面生成，这是一个亚采样过程，如下所示。

对于亮度 α 平面(不分累进和交织情形)的每一个 2×2 子块，只要 4 个采样值中有一个是 255，那么色差 α 平面中的采样值就设定为 255。

⑥ VOP 重排

当一个视频对象层包含 B-VOP 时，连续 B-VOP 的数目是变化的，而且是巨大的。但是编码的第 5 个 VOP 不可以是 B-VOP。

一个视频对象层可以不含 P-VOP，也可以不含 I-VOP，在这种情形中视频对象层的开始和内部必须提供有效的随机访问和错误恢复手段。

在码流中 VOP 的编码顺序（也称为解码顺序）是解码器用来重建视频对象时需要的 VOP 顺序。而解码过程输出的重建 VOP 的顺序（也称为显示顺序），一般不和解码顺序相同，因此解码器必须用一定的规则在解码过程中对 VOP 进行重排。

当视频对象层中不含 B-VOP 时，解码顺序和显示顺序是相同的。

而当 B-VOP 出现在视频对象层中时，重排按以下规则进行：

如果在解码顺序中当前的 VOP 是 B-VOP，那么输出的 VOP 就是这个 B-VOP。

如果解码顺序中当前的 VOP 是 I-VOP 或 P-VOP，那么输出的 VOP 是前一个解码的 I-VOP 或 P-VOP。当然，如果是在视频对象层的开始，前面没有已解码的 VOP，那么没有输出。

下面是一个从视频对象层开始的 VOP 序列的例子，这里 2 个 P-VOP 或相邻的 I-VOP 和 P-VOP 之间都有 2 个 B-VOP。VOP'1I'作为 VOP'4P'的参考 VOP，而 VOP'4P'和'1I'一起作为 VOP'2B'和'3B'的参考 VOP。因此在码流中 VOP 的编码顺序是'1I'、'4P'、'2B'、'3B'，而在解码器解码时的输出为'1I'、'2B'、'3B'、'4P'。

编码器的输入顺序如下：

1	2	3	4	5	6	7	8	9	10	11	12	13
I	B	B	P	B	B	P	B	B	I	B	B	P

编码器的输出顺序也就是解码的输入顺序，如下：

1	4	2	3	7	5	6	10	8	9	13	11	12
I	P	B	B	P	B	B	I	B	B	P	B	B

解码器的输出顺序如下：

1	2	3	4	5	6	7	8	9	10	11	12	13
I	B	B	P	B	B	P	B	B	I	B	B	P

⑦ 宏块

一个宏块包含有亮度成分和相应的色差成分。宏块这个术语既可以描述未编码的源数据和解码后的重建数据，也可以来描述编码的数据。一个略过宏块是不携带任何信息的宏块。目前宏块中只有一种色差格式（称为 4∶2∶0）。宏块中块的顺序如下面所述：

一个 4∶2∶0 的宏块包含 6 个块，其中 4 个 Y 块、1 个 C_b 块和 1 个 C_r 块。块和块的顺序如图 4.47 所示。

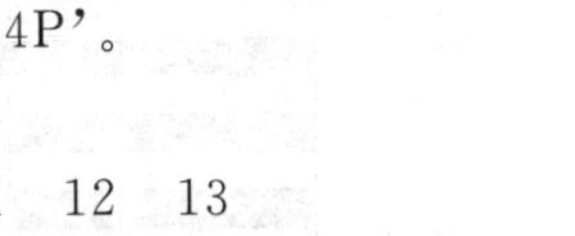

0	1
2	3

Y　　4 C_b　　5 C_r

图 4.47　4∶2∶0 宏块结构

VOP 中宏块的组织如下所述：

对累进 VOP 情形，交织标志（在 VOP 头中）被设为 0，这时 VOP 中宏块的组织被称为帧组织格式，如图 4.47 所示。这种情形下，帧 DCT 编码被使用。

对交织 VOP 情形，交织标志被置为 1。这时 VOP 中的宏块组织既可以采用帧组织方式，也可以采用场组织方式，同时也相应地使用帧 DCT 编码和场 DCT 编码。

- 在帧 DCT 编码情形，每一个亮度块被逐行放在一起形成，如图 4.48 所示。
- 在场 DCT 编码情形，每一个亮度块被隔行放在一起形成，如图 4.49 所示。

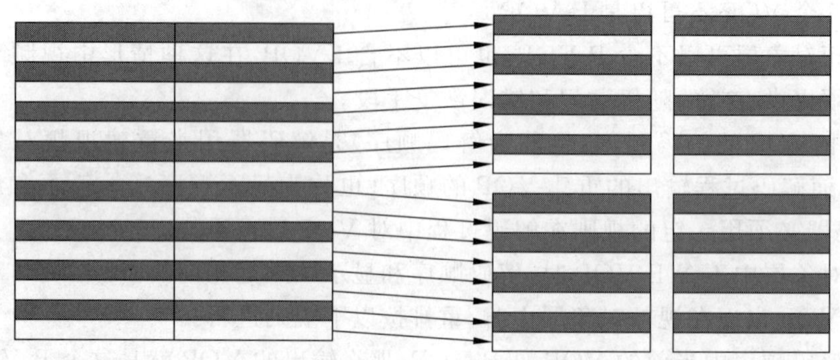

图 4.48　帧 DCT 编码时亮度宏块的组织

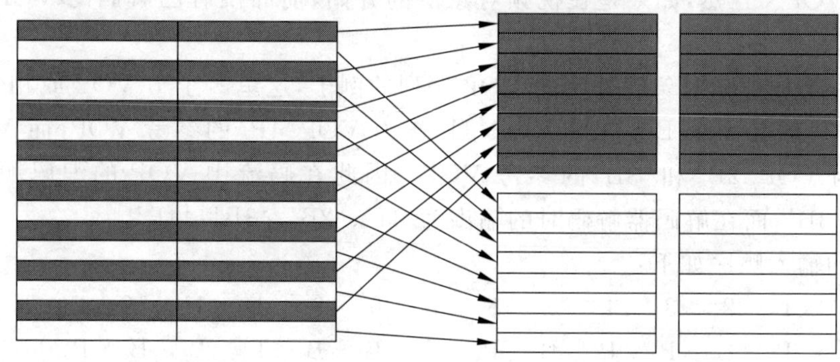

图 4.49　场 DCT 编码时亮度宏块的组织

在编码色差块时，只能用帧 DCT 编码。这时需要注意，这些色差块可以使用基于场的预测，因为可能要在 8×4 的区域内进行预测(在半采样滤波后)。

⑧ 块

块这个术语既可以描述未编码的源数据和解码后的重建数据，又可以描述 DCT 系数，还可以指编码的数据元素。这里的块是 8 行×8 列的。

(4) 网格对象

① 概述

一个 2D 的三角形网格涉及到将 2D 视觉对象平面分割成小三角形。这些三角形小片的顶点被称为结点。结点之间的直线段被称为边。如果两个三角形共用一条边，称它们相邻。

一个动态 2D 网格由一个 2D 三角形网格的时间序列组成，这些网格必须有相同的拓扑结构，但是它们的顶点位置彼此不同。因此一个动态 2D 网格可以用 2D 网格的几何学和网格结点的运动向量(这些运动向量指明了视频对象序列中网格结点的运动情况)来描述。一个 2D 动态网格可以利用纹理映射创建 2D 动画，例如将视频对象平面映射成连续的 2D 网格。

一个网格可以带暗示结构，用来描述统一的或具有 Delaunay 拓扑结构的 2D 网格。在这两种情形下，初始化网格的拓扑结构可以不编码（因为已经暗中定义了），不过初始化网格的结点位置还需要编码。注意在这两种情形中，网格被限制得很简单，它只能包含一些简单连接，而不能有洞。

一个网格对象表现为 2D 网格的几何形状和运动。网格对象由一个或多个网格对象平面（在一定时间内符合 2D 三角形网格的一个实例）组成。网格对象的一个例子如图 4.50 所示。

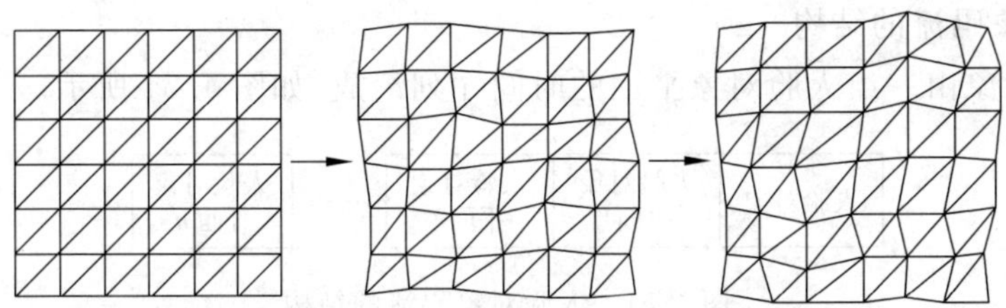

图 4.50　单一三角形的网格对象

一网格对象平面的序列表现了由小片组成的物体的变形情况，它可以利用视频对象平面和静态纹理对象产生合成动画对象。视频对象平面的三角形小片可以用符合三角形网格元素的方式扭曲。网格元素的运动可以用网格结点在时间上的移动来说明。

网格对象的语法和语义只适合网格的几何学和运动，如果视频对象要用作动画需要单独编码。那么使网格对象变成视频对象平面的扭曲或纹理映射由场景合成的上下文控制。此外，这个语法不能清楚地说明其他网格属性的编码，例如颜色和纹理。

② 网格对象平面

有两种类型的网格对象平面，它们用不同的方式编码：

内部编码的网格对象平面是编码单一的 2D 网格的几何形状，它既可以是统一型，也可以是 Delaunay 类型。当网格是统一型时，网格的几何形状用小参数集编码；而网格是 Delaunay 类型时，网格的几何形状用结点和边的位置来编码。三角形网格结构用编码信息隐含说明。

预测编码的网格对象平面根据过去的参考网格对象平面利用时间预测来编码。预测编码网格的三角形结构和参考网格是相同的，只是结点位置有所变化。结点的移位表明了网格的运动，这用当前网格对象平面相对参考网格对象平面的结点运动向量来说明。

网格结点的位置和视频对象和静态纹理对象中位置概念一致。网格对象结点位置和运动向量也是半像素精度的。

(5) 人脸对象

从概念上说，人脸对象由一个场景图（在人脸码流中描述）的结点集合组成。人脸的形状、纹理和表示一般由包含人脸定义参数（FDP）集和人脸活动参数（FAP）集的码流来控制。在解码之前，人脸对象包含一个带自然表示的一般人脸。这个人脸可能已经被展现，可以马上从码流中接收 FAP 来生成人脸的活动，例如表示和语言等。如果收到 FDP，就利用 FDP 中确定的形状和纹理将一般的人脸变换成特定的人脸。一个完整的人脸模型通过 FDP 集用类似向场景图中插入人脸结点的方法生成。

FDP 集和 FAP 集用来定义人脸的形状和纹理，也就是重构人脸表示、表情和语言的活动。恰当地说，FAP可以在对不同的人脸模型时对表示和语言取得相当好的结果，而不需要重新初始化和校准模型。FDP可以在设置时定义人脸形状和纹理的精度。如果在初始化时使用FDP，可以对特定人脸特征得到更精细的运动。在FAP转化中利用音位和书签，可以通过TTS系统得到FAP来控制人脸模型。从音位到FAP的转化并未标准化，它假设每一个解码器都有带默认参数的默认人脸模型。因此，在初始化阶段并不需要建立人脸活动，解码器端在初始化阶段只要将人脸用户化。

① 人脸对象码流的结构

一个人脸对象由一组人脸对象平面的时间序列组成，如图4.51所示。

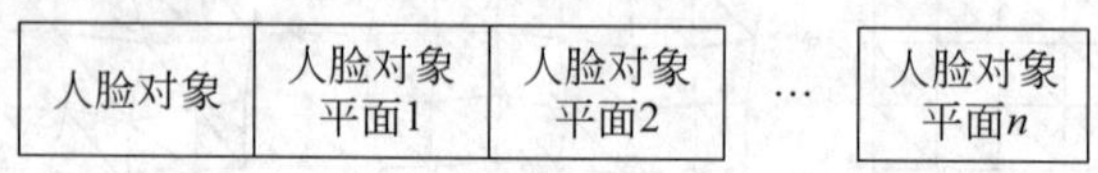

图4.51 人脸对象码流的结构

一个人脸对象表现了MPEG-4标准（ISO/IEC 14496）的场景图的一个结点。一个MPEG-4标准的场景根据一些时空关系当作视听对象来理解，这些场景图是分层表现的。

作为选择，人脸对象也可以由人脸对象平面组的时间序列来组成，其中一个人脸对象平面组是由16个人脸对象平面的时间序列组成的，如图4.52所示。

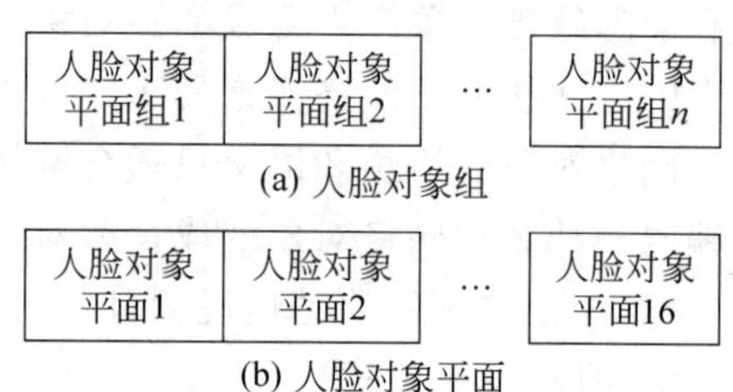

图4.52 人脸对象平面组序列

当这种可选择的人脸对象码流结构被采用时，人脸编码用的是基于DCT的人脸编码。否则，人脸编码用的是基于帧的人脸对象编码。

② 人脸活动参数集

FAP是基于最小人脸活动的研究而得出的，和肌肉活动密切相关。它们描述了基本人脸活动的一个完全集，因此可以对绝大部分自然人脸进行表示。夸张地说，它可以定义常人不可能作出的人脸动作，这可以用来生成幽默讽刺画。

FAP集包含两种高级参数：Viseme和Expression。Viseme与音素的视觉相关。Viseme参数允许Viseme翻译其他参数没有的表示，并且增强其他参数的表示结果。只有静态的Viseme包括在标准集中，附加的Viseme才可能被加到将来的标准扩展中。类似地，Expression参数定义了高级的人脸表示，它通过纹理描述来定义。为了使人脸活动简单，常聚在一起表示人脸的FAP被编成一个FAP组。这些表示参数是描述人脸活动的非常有效的手段。

③ 人脸活动参数单元

所有包含运动信息的参数都在人脸活动参数单元（Facial Animation Parameter Units FAPU）中表示。这些单元为用统一的方式对人脸模型进行描述而定义，以便对表情语言等生成合理的结果。它们符合一些人脸关键特征之间的距离因素，作为特征点之间的距离来定义。一些测量单元如表4.11所示，在这里符号3.1.y描述了特征点3.1的Y坐标，可以参见图4.53所示。

表 4.11 人脸活动参数单元

描 述		FAPU 值
IRISD0＝3.1.y－3.3.y＝3.2.y－3.4.y	自然人脸的虹膜直径	IRISD＝IRISD0 / 1024
ES0＝3.5.x－3.6.x	两眼距离	ES＝ES0 / 1024
ENS0＝3.5.y－9.15.y	眼睛和鼻子的距离	ENS＝ENS0 / 1024
MNS0＝9.15.y－2.2.y	嘴和鼻子的距离	MNS＝MNS0 / 1024
MW0＝8.3.x－8.4.x	嘴的宽度	MW＝MW0 / 1024
AU	角度单元	10^{-5} rad

④ 自然人脸的描述

在码流开始时，人脸被假设为一个自然姿势；当 FAP 全为 0 时也显示一个自然人脸。所有 FAP 参数表示了自然人脸特征点位置的移动。自然人脸有以下定义：

- 坐标系统是右手坐标系，头轴平行于世界轴；
- 凝视方向是 Z 轴；
- 所有人脸肌肉是松弛的；
- 眼皮接触虹膜；
- 瞳孔是 IRISD0 的 1/3；
- 两片嘴唇接触，唇线水平，并且两嘴角等高；
- 嘴紧闭，上下齿接触；
- 舌头平坦，舌尖接触上下齿。

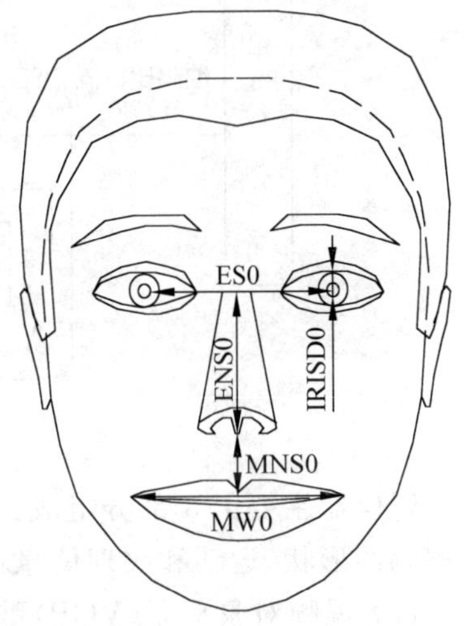

图 4.53 人脸活动参数单元

⑤ 人脸定义参数集

FDP 来用户化私有的人脸模型，以便让解码器得到特殊的人脸模型(当然还要附加活动信息)。FDP 参数通常每一个镜头传输一遍，然后才是压缩的 FAP 参数。然而如果解码器没有收到 FDP 参数，要保证仍然可以利用 FAPU 中的 FAP 参数解释人脸。这样可以在广播和视频会议中只使用最小的操作。FDP 集在 BIFS 中说明(参见 MPEG-4 系统流 ISO/IEC 14496-1)。FDP 结点定义了接收器使用的人脸模型，有两种意见被支持：

- 校准信息是下载的，以便使接收器的私有人脸信息可以随意地用人脸特征点、3D 网格和纹理配置；
- 人脸模型和人脸活动参数定义一起下载，由接收器替换人脸模型。

2) 视频流解码

这一部分定义了视频解码过程，解码器用它从编码位流中恢复视频对象。如图 4.54 所示，视频解码包括几个过程，例如形状-运动-纹理解码、静态纹理解码、网格解码和人脸解码等。解码后，将这些对象发送给合成器，由它来集成各种视频对象。

(1) 解码过程

这一部分讲述了 VOP 的解码过程，即解码器如何从编码位流中恢复一个 VOP。

除了逆离散余弦变换(IDCT)之外，所有解码器按此解码过程应该生成相同的结果。

IDCT 的不同实现是允许的。

图 4.54 是没有任何扩展特征的视频解码过程的框图，为描述清楚此图作了一些简化。对于给定镜头的 VOP 解码，使用相同的解码过程。

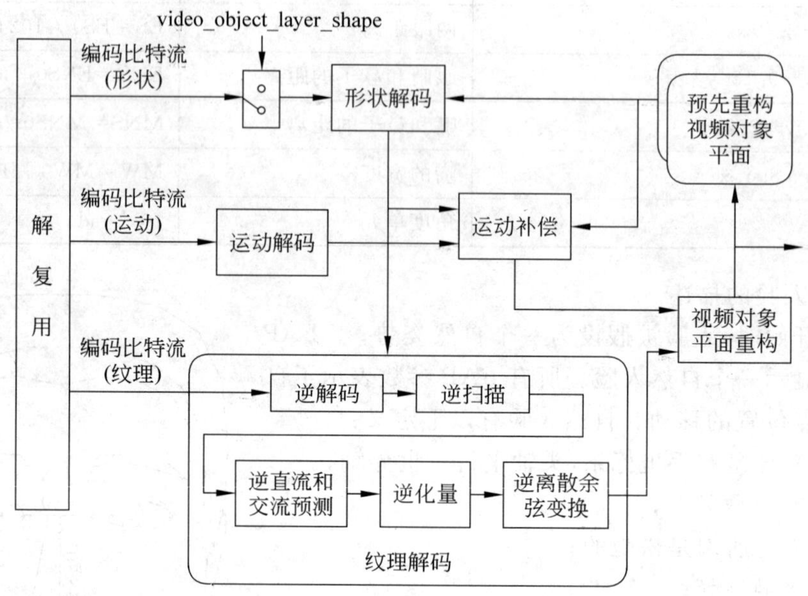

图 4.54 简化的视频解码过程

解码器主要由 3 部分组成：形状解码器、运动解码器和纹理解码器。重建的 VOP 由合并解码的形状、运动和纹理信息而得。

(2) 视频对象平面(VOP)重建

VOP 的亮度和色差值由解码的纹理和运动信息作如下恢复：

① 对内部宏块，由解码的纹理数据得到的亮度和色差值 $f[y][x]$ 形成重建 VOP 的亮度和色差值：$d[y][x]=f[y][x]$。

② 对帧间宏块，首先利用解码的运动向量信息和参考 VOP 的纹理信息计算出预测值，然后将解码的纹理数据与预测值相加，得到实际的亮度和色差值：$d[y][x]=p[y][x]+f[y][x]$。

③ 最后，将计算的亮度和色差值限制在给定范围之内，即 $0\leqslant d[y][x]\leqslant 2^{bits\_per\_pixel}-1$。

(3) 解码方法

MPEG-4 视频流的解码方法分为：

- 纹理解码。
- 形状解码。
- 运动补偿解码。
- 交织视频解码。
- Sprite 解码。
- 一般扩展性解码。
- 静态纹理对象解码。
- 网格对象解码。

• 人脸对象解码。

3）视频系统合成

（1）时域扩展性合成

当 enhancement_type 和 background_composition 的值都为 1 时，背景合成在为时域扩展的增强层对象形成背景区域时使用。当增强层的 VOP 和参考层的 VOP 的部分区域相对应时，这个过程是有用的。在这个过程中，使用参考层的显示顺序中的前一个和下一个 VOP 合成当前增强层 VOP 的背景。

图 4.55 显示了在增强层中当前帧的背景合成。点线表示了参考层的前一个 VOP 的选择对象的形状（称为前向形状）。由于对象的运动，参考层的后一个 VOP 的选择对象的形状（称为后向形状）用虚线表示。

对这些形状外边的区域，参考层中最近的 VOP 的像素值用来合成背景。只被前向形状占据的区域，参考层中下一个 VOP 的像素值用来合成帧。这个区域在图 4.55 中用光亮形状表示。另一方面，只被后向形状占据的区域，使用参考层中前一个 VOP 的像素值。这个区域在图 4.55 中用阴影表示。对被这些形状重叠包围的区域，通过填充周围区域来给出它的像素值。在重叠区域外边的像素在填充之前要被填满。

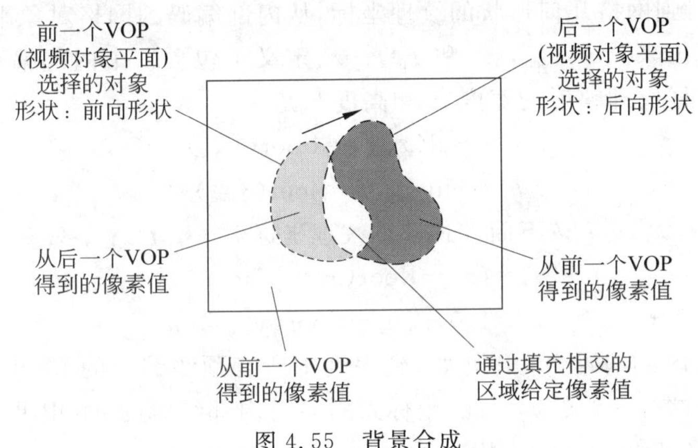

图 4.55　背景合成

（2）Sprite 合成

静态 Sprite 技术可以有效地编码视频对象，它的内容可能不在视频序列的任何时刻出现。例如，它特别适合表示场景的背景。

一个静态 Sprite（有时称为 mosaic）是包含单个对象的空域信息的一帧，它是从收集在这个序列中出现的对象信息获得的。一个静态 Sprite 可以是很大的一帧，它可以对应一个视角很宽的场景。

ISO/IEC 14496-2 语法定义了从静态 Sprite 获得 VOP（称为 S-VOP）的精巧的编码方式。S-VOP 是使用由几个（0，2，4，6 或 8）参数控制的扭曲操作从静态 Sprite 中抽取。

对于和其他 VOP 的合成，对 S-VOP 没有空域准则。然而，使用 S-VOP 作为背景对象添加对象是经典的方法。

（3）网格对象合成

一个网格对象表示了 2D 三角形网格序列的几何形状。这些数据和编码的图像纹理一起通过定义在 ISO/IEC 14496-1 中的合成过程得到纹理映射图像。网格对象流可能包含在定义在 ISO/IEC 14496-1 中的 BIFS 活动流的一部分内。在使用 ISO/IEC 14496-1 和 ISO/IEC 14496-2 的实现网格活动功能的终端中，解码的网格数据用来更新定义在 ISO/IEC 14496-1 中的 BIFS IndexedFaceSet2D 结点的适当区域。在这种情形下，BIFS IndexedFaceSet2D 结点的适当区域使用下面描述的过程更新。

① 网格结点的坐标是从网格对象解码器中获得的输出。网格对象使用基于像素的局部坐标系统，其中 x 轴向右，y 轴向下。然而，ISO/IEC 14496-1 指定的坐标系统 y 轴是向上的。因此为了保证合成后对象的适当方向，对网格结点的 y 坐标要进行一个简单的坐标变换。解码网格的第 n 个结点的 y 坐标 y_n 将按如下公式变换：

$$Y_n = -y_n$$

这里 Y_n 是在 ISO/IEC 14496-1 中指定的坐标系统中的网格结点的 y 坐标。这个对象的原点位于左上角的结点。对每一个网格对象平面(MOP)的结点的坐标将使用同样的变换。

② 坐标索引是形成从网格对象解码器输出获得的人脸(三角形)的网格结点的索引。解码的人脸是许多三角形。网格对象的拓扑从内部编码 MOP 开始，到序列中所有预测编码的 MOP(直到遇到下一个内部编码的 MOP)都是一致的。因此，坐标索引只对内部编码的 MOP 更新。

③ 将纹理映射到网格几何形状的纹理坐标，从内部编码的网格对象平面和它的范围矩形的结点位置计算出来。令 $x_{\min}, y_{\min}$ 和 $x_{\max}, y_{\max}$ 定义了包含一个内部编码 MOP 的所有结点的范围矩形。这样纹理映射的宽度 w 和高度 h 是：

$$w = \text{ceil}(x_{\max}) - \text{floor}(x_{\min})$$

$$h = \text{ceil}(y_{\max}) - \text{floor}(y_{\min})$$

对每一个结点 $p_n = (x_n, y_n)$ 按下面方式计算纹理坐标对 (s_n, t_n)：

$$s_n = (x_n - \text{floor}(x_{\min}))/w$$

$$t_n = 1.0 - (y_n - \text{floor}(y_{\min}))/h$$

网格对象的拓扑从内部编码 MOP 开始，到序列中所有预测编码的 MOP(直到遇到下一个内部编码的 MOP)都是一致的。因此，坐标索引只对内部编码的 MOP 更新。

④ 纹理坐标索引和坐标索引相同。

4. MPEG-4 音频流

1) 概述

ISO/IEC 14496-3(MPEG-4 音频)是一种新的音频标准，它综合了许多种不同类型的音频编码，例如带合成声音的语音编码、高质量低码率的传输编码、带音乐的话音编码、复杂的音轨编码和一些交互以及虚拟现实的内容。通过单独标准化一些成熟的编码工具，形成了完美且灵活的音频编码和合成的框架，MPEG-4 音频标准的开发者创建了交互式数字化音频世界的新技术。

MPEG-4 和从前由 ISO/IEC 或其他组织创建的音频标准不同，它不针对单一的应用，例如实时技术或高质量音频压缩。确切地说，MPEG-4 音频是可以应用到所有需要使用先进的语音压缩、合成、控制和回放等应用领域的标准。MPEG-4 音频中有许多领域的编码工具，但是 MPEG-4 音频不止是这些部分的总和。这里描述的工具和 MPEG-4 标准的其余部分结合起来，可以实现基于对象的音频编码、交互式表示和动态音频跟踪等。

因为工具的一个子集用来覆盖多种应用的需要，所以互用性是 MPEG-4 音频系统的自然特征。使用特殊编码的系统，例如使用 MPEG-4 语音编码工具集的实时语音通信系统，可以方便地和其他系统共享数据和开发工具，甚至可以和使用相同工具的不同领域的系统互用数据和工具，例如使用 MPEG-4 语音编码的语音检索系统。一个能解码 MPEG-4 音频的主要框架的多媒体终端有能力覆盖所有现在和将来可用的音频功能。

2）MPEG-4 中音频的新概念

MPEG-4 中的许多新概念和从前的 MPEG 音频标准相比有许多不同。为了方便熟悉 MPEG-1、MPEG-2 和 MPEG-AAC 的读者，下面简单叙述一下这些不同之处。

(1) MPEG-4 没有传输标准。在所有 MPEG-4 的音频和视频编码工具中，编码标准在创建包含压缩数据的单元序列后就结束了。MPEG-4 系统（ISO 14496-1）描述了如何将各个单独编码的对象转换为一个包含多个子码流的码流，没有码流在信道上传输的标准机制。

(2) MPEG-4 音频能实现低码率编码。先前的 MPEG 音频标准的主要着眼点在需要的各种码率下的高质量音频的透明或几乎透明的编码。MPEG-4 为这个目的提供了新的改进工具，这些标准化工具可以用在适合 Internet、数字广播或其他带宽有限的传输中使用的低码流语音的传输。

(3) MPEG-4 是有多种工具的基于对象的编码标准。从前的 MPEG 音频标准提供了单一的工具集，通过不同的配置使这些工具适用于多种应用。MPEG-4 提供了几种工具集，它们之间没有特别的联系。MPEG-4 音频的框架描述了如何将这些工具使用在各种不同应用中。此外，在从前的 MPEG 标准中传输单一内容；而在 MPEG-4 中则相反，声音轨迹的概念很灵活。多种工具用来传输几个音频对象，当共同使用多种工具时，一个音频合成系统用来从音频码流中创建一个声音轨迹。

(4) MPEG-4 提供了声音合成能力。在自然语音编码中，用服务器压缩存在的声音，传输它，在接收端解压缩。这样的编码类型是许多存在的声音压缩标准的主题。MPEG-4 还标准化了合成声音（包括语音和音乐）描述。

和从前的 MPEG 一样，MPEG-4 没有标准化音频编码方法。这样，作者在创建音频码流时就可以各尽所长，使用最好的方法。现在，如何将自然声音转换为合成音频或多对象描述是一个开放的问题。

3）MPEG-4 音频的性质

(1) 性能综述

MPEG-4 音频工具可以组织为几个种类：

① 语音工具（speech tool）：关于合成的和自然的语音的传输和解码。

② 音频工具（audio tool）：关于记录的音乐和音轨的传输和解码。

③ 综合工具（synthesis tool）：关于合成的音乐和其他声音的低码率描述、传输和在终端的合成。

④ 合成工具（composition tool）：关于基于对象的编码、交互的功能和视听对象的同步。

⑤ 可扩展性工具（scalability tool）：关于在不同码率下传输码流的准则。

(2) MPEG-4 语音编码工具

① 介绍

在 MPEG-4 中提供了两种语音编码工具。自然语音编码工具允许为电话、个人通信和监视应用进行人类语音的压缩、传输和解码。综合语音工具提供了一个文语转换综合系统的接口，使用合成语音可以提供甚低码率操作，建立和低码率视频电话会议应用的联系。下面将逐个讨论这些工具。

② 自然语音编码

MPEG-4 语音编码工具集包括了码率范围从 2kbps 到 24kbps 的自然语音的压缩和解码。当允许变码率编码时，那么也可以支持低于 2kbps 的编码。一个是参数化语音编码算法 HVXC(Harmonic Vector eXcitation Coding)，另一个是 CELP(Code Excited Linear Prediction)编码技术。MPEG-4 语音编码器针对的应用从移动卫星通信到 Internet 技术、多媒体包装和语音数据库。

使用码率扩展技术，MPEG-4 的 HVXC 可以在码率 2.0～4.0kbps 之间工作。它还可以在更低的可变码率下工作，典型为 1.2～1.7kbps。HVXC 提供了在 8kHz 采样率下使用 100～3800Hz 频带的通信质量。HVXC 还允许在解码过程中独立地改变速度和音高，这对于快速访问语音数据库是一个强大的功能。

MPEG-4 的 CELP 是众所周知的具有新功能的编码算法。传统的 CELP 器提供单一码率的压缩，并且为了指定应用可以进行优化。压缩只是 MPEG-4 CELP 提供的一个功能，MPEG-4 还允许在多种应用中使用一个基本的编码器。它在码率和带宽上提供了扩展性，也就是可以在任意码率下产生码流。MPEG-4 CELP 编码器支持两种采样率：8kHz 和 16kHz。和 8kHz 相对应的带宽是 100～3800Hz，而和 16kHz 相对应的带宽是 50～7000Hz。

③ 文语转换接口

文语转换功能在各种多媒体应用领域中起着重要的作用。例如，通过使用 TTS(Text To Speach)功能，带叙述的多媒体内容可以在不录制自然语音的情况下轻松地创建。在 MPEG-4 之前，多媒体内容提供者没有办法为未知的 TTS 系统给出说明。在 MPEG-4 中，将对于 TTS 系统的单一的公共的接口标准化。

MPEG-4 TTS 包(混合/多级可扩展 TTS 接口)可以考虑为传统 TTS 框架的一个超集。这个扩展的 TTS 接口可以利用输入文字的自然语音产生的韵律信息，从而产生更高质量的合成语音。这个接口和它的码流格式在附加信息项中是高度可扩展的，例如，如果韵律信息的某些参数不可用，解码器可以通过某些规则产生丢失的参数。语音合成和文字到音素转换的标准算法不在 MPEG-4 中指定，但是要符合 MPEG-4 TTS 接口的目标，解码器要按照用户需要使用提供的所有信息。

作为文语合成系统的接口，MPEG-4 指定了韵律信息、人脸活动参数和其他活动参数的联合编码方法。使用这个技术，一个码流可以用来控制文语接口和人脸活动视觉对象解码器。这样扩展 TTS 的功能范围从传统的 TTS 到自然语音合成，它的应用领域从简单的 TTS 到利用 TTS 进行音频表示和运动图像配音。

(3) MPEG-4 通用语音编码工具

MPEG-4 标准化了码率从 6 ～64kbps(这是对每一个声道而言，也就是对立体声最大可到 128kbps，对 5 声道的环绕立体声可到 320kbps)的自然语音的编码。使用 MPEG-2 AAC 标准(ISO/IEC 13818-7)可以提供通用的高质量的压缩，在 MPEG-4 中做了一定的改进。

MPEG-4 通用语音编码技术使用了感觉滤波器组、一个成熟的屏蔽模型、噪声形状技术、声道合并、无噪声编码和为给定质量下提供最大压缩的比特分配。MPEG 开发心理声学编码标准已经有十年了,MPEG-4 通用语音编码继续了这一传统。

对于码率从 6～64kbps 的情形,MPEG-4 标准化了码流语法和在工具集中项目的解码过程,提供的不同工具可以让作者依赖信号的特征选择使用的工具获得高质量的结果。

(4) MPEG-4 音频综合工具

提供了通用音频合成能力的 MPEG-4 工具集称作 MPEG-4 结构化音频。MPEG-4 结构化音频(SA)为合成声音描述提供了非常通用的能力,也为解码器端的综合声音提供了准则。

和综合的特殊方法不同,SA 为描述综合方法定义了灵活的语言。这个技术为内容作者提供了两个有利条件。①可用的合成技术集并不限于标准创建者指定的,MPEG-4 结构化语音可以使用当前或未来的各种合成方法。②MPEG-4 中结构化描述的合成语音准则是精确标准化的,所以 SA 编码器保证了它在各个终端上以相同的方式工作。

合成语音通过工具模块传输,这些工具模块可以在一定范围的控制下创建音频信号。一个工具是信号处理的小网络,它按照一些算法控制了语音的参数生成。几个不同的工具可以在单个结构化语音中传输和使用。

通过提供和 MIDI 制造组织下载声音级别 2(DLS-2)标准(它是结构化语音标准的参考)的互用性可以完成在采样合成中使用的声音采样(也叫做波表)的有效的传输。通过使用 DLS-2 格式,波表合成的简单而通俗的技术可以在 MPEG-4 结构化音轨中使用。为了进一步允许和存在内容和创作工具的互用性,通俗的 MIDI 控制可以代替或加在控制合成的 SASL 的使用范围中。

通过包含和 MIDI 标准的兼容性,MPEG-4 结构化音频标准表示了当前的声音合成描述(基于 MIDI 的波表合成)的技术和未来的技术(一般目的的算术合成)的统一性。因而指定的标准不仅解决了甚低码率的编码问题,也解决了虚拟环境、视频游戏、交互式音乐、卡拉 OK 系统和其他的一些应用。

(5) MPEG-4 语音合成工具

音频合成工具和视频合成工具一样,在 MPEG-4 系统标准(ISO/IEC 14496-1)中指定,这里提供了一个综述。

音频合成用来控制单独的音频对象,它也是创建单一音轨的混合技术。这和多路(包括音乐工具、话音和音效)混合中记录音轨的过程是类似的,然后把它们合成一个或两个声道。在 MPEG-4 中,可以传输多声道的混合,其中每一个音频源可以使用不同的编码工具,不过混合的说明也要在码流中传输。在收到多个音频对象时,分别独立地把它们解码,但不要把它们播放给用户;然后使用混合说明生成给定对象的单一音轨,再把最终的音轨播放给用户。

下面用一个例子说明这种方法的有效性。假设为了某种应用,要在高质量的立体声背景音乐的回响环境下传输人说话的声音。传统的编码方法要使用每声道 64kbps 或更高的通用音频编码,因为这个音频源对使用基于简单模型的编码器的编码而言太复杂了。然而,在 MPEG-4 中可以用音轨表示几个对象的联合,这里可以让说话人通过合成音轨加到反射器上。使用 16kbps 的 CELP 工具传输说话人的嗓音,而合成音乐使用 2kbps 的 SA 工具,并且用很小的头(可能只用几百字节)来描述它们的混合和反射器。使用 MPEG-4 和基于对象的方法可以在相同质量下用小于 20kbps 的码流描述在传统编码中要 128kbps 以上的音频。

另外,解码端结构化的音轨信息表示可以允许更多的客户端交互。例如,可以允许收听者(如果内容创建者希望)取消背景音乐。如果音乐和语音编码到同一个音轨上,这个功能是不可能的。

和场景的 MPEG-4 二值格式(BIFS,在 MPEG-4 系统中指定)一起,一个被称作 AudioBIFS 的子工具集允许作者使用基于对象的框架描述声音场景。多个声音源可以被混合和合并,并且为它们的合并提供了交互控制。混合的采样率控制就是在这种方法中提供的。用户信号处理过程的动态下载允许内容创建者精确地请求特殊的标准滤波器、反射器和其他的效果处理过程。最后,3D 音频的接口可以提供虚拟现实和其他 3D 声音资料的描述。

因为 AudioBIFS 是通用 BIFS 描述的一部分,因此相同的框架用来同步音频和视频、音频和计算机图形,或者音频和其他资料。AudioBIFS 的更多信息请参阅 ISO/IEC 14496-1 (MPEG-4 系统)。

(6) MPEG-4 语音扩展工具

MPEG-4 中许多码流类型都是按某种方式可扩展的。下面讨论了标准中几种扩展的类型。

码率可扩展性允许将一个码流分割成低码率的码流,而将它们合并在一起又可以得到更高质量的信号。码流的切分可以发生在传输中,也可以发生在解码器中。扩展性可以在每一种自然音频编码方案中使用,也可以在不同的自然音频编码方案中合并。

带宽可扩展性是码率扩展性的一种特殊情形,因为表示频谱的某部分的码流部分可以在传输或解码时丢弃。这个技术可以用在 CELP 语音编码器中,这里扩展层将窄带的基本层编码器转换成宽带的语音编码器。在频域工作的通用音频编码工具也提供了对不同编码层的灵活的带宽控制。

编码器复杂性的可扩展性允许编码器在不同复杂度的情形下产生合理而有意义的码流。其中的一个例子是宽带 CELP 编码器的高质量和低复杂性的扩展性,它允许在降低编码器复杂度和优化编码质量之间作出选择。

解码器复杂性的可扩展性允许解码器在不同的复杂性级别上解码给定码流。解码器复杂性的可扩展性的一个子类型是完美的退化(Graceful Degradation),这里解码器可以动态地监视可用资源,当资源受到限制时可以降低解码复杂性(也降低了音频质量)。结构化音频解码器允许这类扩展性,内容创建者可以对不同的声音提供几种合成算法,依赖可使用的资源解码器可以选择其中一种。

4.6.5 MPEG-7 标准

1. 概述

如今,越来越多的声像信息以数字形式存储和传输,这为人们更灵活地使用这些信息提供了可能性。但随之而来的问题是,随着网络上信息爆炸性的增长,获取到感兴趣的信息的难度却越来越大。传统的基于关键字或文件名的检索方法显然不适于数据量庞大,又不具有天然结构特征的声像数据，因此近些年来多媒体研究的一个热点是声像数据的基于内容的检索，例如“从这段新闻片中找出有克林顿的镜头”这种形式的检索。实现这种基于内容检索的一个关键性的步骤是要定义一种描述声像信息内容的格式，而这与声像信息的存储形式（编码）又是密切相关的。国际标准化组织 ISO/IEC 下辖的运动图像专家组（简称 MPEG）注意到了这方面的需求和潜在的应用市场，在推出影响极大的 MPEG-1、MPEG-2 之后，尚未完成 MPEG-4 的最后定稿，便开始着手制定专门支持多媒体信息基于内容检索的编码方案——MPEG-7。

MPEG-7 作为 MPEG 家族中的一个新成员，正式名称叫作“多媒体内容描述接口”（Multimedia Content Description Interface），它将为各种类型的多媒体信息规定一种标准化的描述，这种描述与多媒体信息的内容本身一起，支持用户对其感兴趣的各种“资料”的快速、有效地检索。

各种“资料”包括：静止图像、图形、音频、动态视频，以及如何将这些元素组合在一起的合成信息。

这种标准化的描述可以加到任何类型的多媒体资料上，不管多媒体资料的表示格式如何，或是什么压缩形式，加上了这种标准化描述的多媒体数据就可以被索引和检索了。

各种类型的信息的标准化描述可以分成一些语义上的层次。以视频资料为例：较低层次的描述就是颜色、形状、纹理、空间结构等信息；而最高层次的语义描述信息可以是“画面中有一只棕色的狗在左边，而一个蓝色的球落在右边”。也可以有介于上面两种层次之间的中层语义描述信息。同样的内容根据不同的应用领域要求，可以携带不同类型的描述信息。

以下一些应用领域将从 MPEG-7 标准的制定中获益：

- 数字化图书馆（图像分类目录，音乐字典，…）
- 多媒体目录服务
- 广播式媒体选择（收音机频道，电视频道，…）
- 多媒体编辑（个人电子新闻服务，媒体著作）

还有一些潜在的应用领域：

- 教育
- 旅游信息
- 娱乐（例如寻找游戏、卡拉 OK 节目）
- 购物（例如寻找你喜欢的衣服）

2. MPEG-7 的制定工作

在叙述 MPEG-7 的制定之前，先介绍一些基本术语。

(1) 数据（Data）。MPEG-7 的数据指的是使用 MPEG-7 标描述的视听信息，而不管它是以何种方式存储、编码、显示和传输的。这就是说 MPEG-7 的数据可以包括视频、电影音乐、文本以及其他一些媒体，例如 MPEG-4 流、录像带和打印的一本书。

(2) 特征（Feature）。特征是数据的与众不同的部分，它既可以是主观的，也可以是客观的。例如图像中的颜色和纹理、视频中的形状和运动等。

(3) 描述符（Descriptor）。描述符和一个或多个特征的表述值相联系。一个特定的特征可以有多种表示。例如颜色直方图表示颜色，多边形定点集表示形状。

(4) 描述方案（Description Scheme）。描述方案定义了描述以及它和数据模型之间的关系结构和语义。一个 DS 可以看作是描述符之间关系的方案。

(5) 描述(Description)。描述是描述数据的实体，它由 DS 和相关的描述符的实例组成。

(6) 编码的描述(Coded Description)。编码的描述是描述的一个表示，它能有效的存储和传输。

(7) 描述定义语言(Description Definition Language)。描述定义语言是用来制定 DS 的语言。DDL 允许创建新的 DS。

MPEG-7 要标准化以下内容：

(1) 一个描述方案和描述符的集合；

(2) 一个指定描述方案的语言，即 DDL；

(3) 一个描述的编码策略。

注： MPEG-7的工作重点在于视听数据，而不在于为文本创建新的描述方案。

MPEG-7 不标准化特征或描述符的抽取算法，因此特征抽取不是 MPEG-7 的标准部分。和从前的 MPEG-7 标准一样，这样做的目的是：

① 可以使这些算法的新进展及时物化，避免影响未来的 MPEG-7 的应用；

② 厂家可以在这些算法中体现自己的特色，充分发挥自身优势。搜索引擎和数据库的组织也是 MPEG-7 的非标准部分。

和以前的 MPEG-7 standard 标准一样，MPEG-7 只标准化它的码流语法，亦即只规定解码器的标准，而编码器的标准不在标准之内。

4.6.6 MPEG-21 标准

世界正迈进数字化、网络化、全球一体化的信息时代。信息技术将渗透到人类社会的方方面面，其中网络技术和多媒体技术是促进信息社会全面实现的关键技术。

MPEG 曾成功地发起并制定了 MPEG-1、MPEG-2 标准，也因此赢得了 Emmy 奖。现在 MPEG 组织也已完成了 MPEG-4 标准的 1、2、3、4 版本的制定，2001 年 9 月还完成 MPEG-7 标准的制定工作，同时在 2001 年 12 月完成了 MPEG-21 的制定工作。

1. MPEG-21 的研究目标和用户需求

(1) 研究目标

构建于无所不在的国际通信网络如互联网基础之上的数字项消费市场，已经改变了原有的物质商品交易的商业模式，可以通过网络进行数字内容的电子交易。在这种新市场中，对于多媒体内容的知识产权很难分清楚数字视频、音频、合成图形等使消费者感到越发迷惑，这些内容将如何获取、如何得到等。这样就需要有一种新的统一的、和谐的方法来传送不同类型的多媒体，对于用户来说进行透明的多媒体信息服务。当然这只是研究问题的一个方面，还有许多其他方面的问题，如内容检索、服务质量的保证等。此外，许多私人生成了许多数据媒体来供私人使用和家庭或朋友分享，如大量的图片、音乐以及媒体贸易等共享网站。这些“内容提供者”(content prividers)同商业内容提供者一样关心相同的事情：内容的管理、基于消费者和设备能力的内容重定位、权利的保护、非授权存取和修改保护、内容提供者和消费者个人隐私的保护等。这就要求消费者的选择要全球化。当然，目前还没有什么标准或系统具有这种能力。

开展 MPEG-21 研究的目的就是：①是否需要和如何将这些不同的组件（协议、标准、技术等）有机地结合在一起。②讨论是否需要新的规范。③如果具备了前面两个条件，如何将不同标准集成在一起。MPEG-21 的范围可以描述成是一个决定性（关键）技术的集成，这些技术可以通过访问全球网络和设备实现对多媒体资源的透明和增强的使用。其功能包括：内容创建、内容产品、内容发布、内容消耗和使用、内容表示、知识产权管理和保护、内容识别与描述、财政管理、用户的隐私权、终端和网络资源抽取、事件报告等。MPEG-21 的基本框架如图 4.56 所示，包括数字项目说明（Digital Item Declaration）、内容表示（Content Representation）、数字项目的识别与描述（Digital Item Identification and Description）、内容管理与使用（Content Management and Usage）、知识产权管理与保护（Intellectual Property Management and Protection）、终端与网络（Terminals and Networks）、事件报告（Event Reporting）。虽说这七大要素存在功能上的重叠性，但它们之间的区别足以使它们标准化。

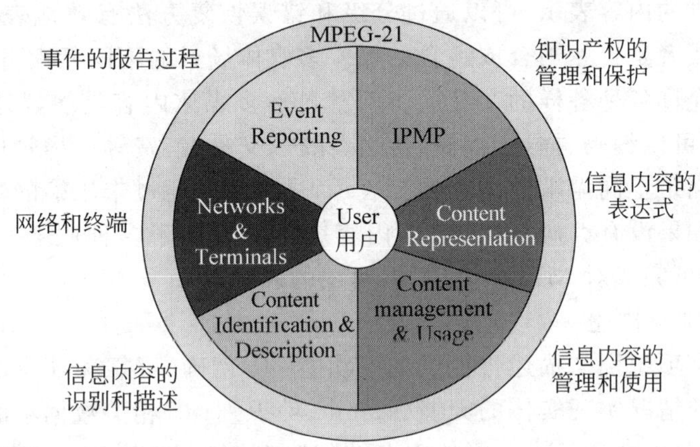

图 4.56　MPEG-21 的基本框架

(2) 用户需求

多媒体框架 MPEG-21 中的用户可以看作是任何与 MPEG-21 环境交互或使用 MPEG-21 数字项的实体。这些用户包括个人、消费者、团体、组织、合作者、财团、政府以及世界上所有其他的标准和自发的个人或团体。用户的界定依赖于交互中与其他用户之间的关系。从纯粹的技术角度看，MPEG-21 中“内容提供者”和“消费者”没有任何区别，他们都是用户。由于 MPEG-21 中的用户可以有多种方法利用或使用内容，所以与 MPEG-21 交互的所有部分都等同归类于用户。MPEG-21 中的用户特权或义务由与其他用户的交互来界定。图 4.57 为 MPEG-21 中用户定义的示意图。

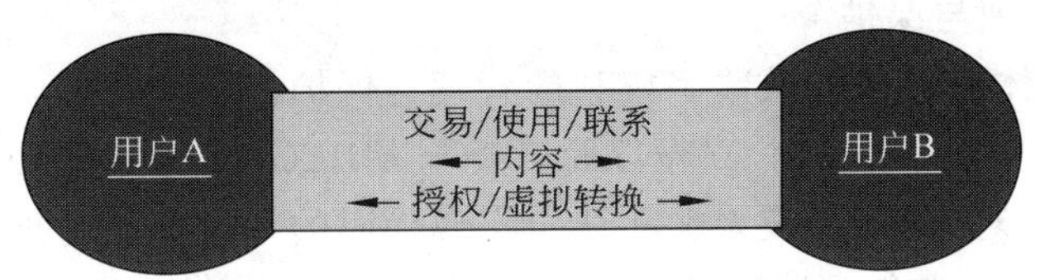

图 4.57　用户定义示意图

在 MPEG-21 的框架中一个用户与另一个用户所交互的对象为数据项，一般称这些数据项为内容，这种交互包括：建立内容、提供内容、存档内容、估价内容、增强和传送内容、合计内容、传送内容、联合内容、零售内容、消费内容、预定内容、调整内容、上述情况的交易以及上述情况的控制。

2. MPEG-21 框架中的要素

（1）数字项说明

数字项说明的目的是建立数字项的统一的和灵活的摘要和数字项的可互操作性方案，在 MPEG-21 的系统中有许多问题涉及到“数字项”，所以说对于数字项的定义应有一个具体的描述，什么可以代表“项”。显然对于同一内容有许多描述方法，因此希望有一个强有力的、方便的数字项模型来表示无数种形式中的数字项的描述。如果模型产生的数字项能够不模糊的表示并且可以与模型中所定义的其他数字项互操作，则这个图形是有用的。

（2）多媒体内容表示

MPEG-21 提供的内容表示，可以通过分级和错误恢复方法有效地表示任何数据类型，自然的和合成的，或者是自然与合成组合的等。多媒体场景的不同元素可以单独地访问，可以同步和复用，也允许各种各样的交互式访问。显然多媒体内容是多媒体框架中的基本要素。框架中的内容可以编码、描述、存储、传送、保护、交易、消费等。尽管框架中的内容是数字化的，但还需要满足不同需求的内容数字表示，这些需求通过未压缩的数据格式是不能完成的。大家知道，如果没有编码技术，数据内容就不能应用于多种服务。在 MPEG-21 中，多媒体的内容表示可完成对 MPEG-21 基本对象的表示。

（3）数字项识别与描述

MPEG-21 数字项识别与描述将提供如下功能：①精确、可靠和独有的识别；②不考虑自然、类型和尺寸的情况实现实体的无缝(seamless)识别；③相关数据项的稳固和有效的识别方法；④任何操作和修改下数字项的 ID 和描述都能够保证其安全性和完整性；⑤自动处理授权交易、内容定位、内容检索和内容采集。

（4）内容管理和使用

内容管理与使用是内容的发布、传递消费等，MPEG-21 框架能够对内容进行建立、操作存储和重利用等。随着时间的推移，网络的内容及对内容的存取将以指数的规律增长。MPEG-21 的目的是通过各式各样的网络或设备透明地使用网络内容，实现对于内容的检索、定位、缓存、存档、跟踪、发布，而且使用显得越来越重要。从这些方面考虑，内容管理应包括个性化及用户框架(Profile)管理。MPEG-21 的内容管理与使用标准化的目的可以归纳为：内容发送和消费链建立、操作、存储、传送和使用内容的接口和协议，重点是根据拥护的个性化的内容管理改善交互模型。

（5）知识产权管理与保护

MPEG-21 多媒体框架应提供数字权利的管理与保护。

① 允许用户表达他们的权利、兴趣以及各类与 MPEG-21 数字项相关的认定等，可通过大范围的网络和设备对这些权利、兴趣和认定实现稳固的和可靠的管理和保护。

② 某种程度上能够获得、编撰、传播相关的政策、法规、合约以及文化准则，从而建立针对于 MPEG-21 数字项的商业数字平台。

③ 从可能的某种程度上提供一个统一的领域管理组织和技术来管理与 MPEG-21 交互的设备、系统、应用等，提供各种商业交易的服务。

目前大多数存在的电子内容是通过基本 IPMP 系统管理的。现在没有什么框架可以实现这些系统的互操作性。对于消费者来说问题是，不同 IPMP 系统中电子内容交流的互操作性。电子内容的权利持有者希望能够自由选择通道和技术（包括 IPMP 系统）来提供他们的内容。消费者在某些情况下希望能够自由处理他们的私人问题，包括通过匿名与内容交互。大多数存在的 IPMP 系统不能精确地处理知识产权法律的相关问题。

（6）终端与网络

通过屏蔽网络和终端的安装、管理和实现问题，使用户能够透明地或互操作地存取或发布高级多媒体内容。框架允许与任意用户的连接，可根据用户的需求提供网络和终端资源。上面所述意味着：网络能够提供根据用户和网络的 QoS（服务质量）的内容传输。网络和终端应根据内容的要求提供内容的可分级性功能。应通过标准接口访问网络和终端资源。MPEG-21 的目标是允许通过宽范围的网络设备对多媒体资源的透明使用而不必考虑网络和终端。用户在存取内容时应提供一个明确的主题感知服务。他们应屏蔽于网络和终端的安装、管理和应用等相关问题。随着多种类型网络如有线的、无线的，GPRS、UMTS、DVB-T、DVB-S、xDSL、LMDS、MMDS 等的到来，这种方便的使用越来越显得重要了。这就意味着高组用户的要求参数可以在网络和终端上形成透明的映射，用户可以在不管内容在网络的终端上如何传输的情况下根据 QoS 获得服务。

（7）事件报告

事件报告使用户能够精确理解框架中所有可报告事件的接口和计量（metrics）。事件报告将为用户提供特定交互的执行方法，同样允许大量超范围的处理，允许其他框架和模型与 MPEG-21 实现互操作。

事件报告可为组织提供相关的及时的策略信息。包括精确的产品价值和利益信息、精确的消费价值和利益信息、精确的通道消耗和利益信息。可以将信息以正确的形式在适当的时候发给合适的人。用户可以模仿 what-if 场景而作出重大决策。允许用户理解操作过程，这样可以模拟操作过程来优化效率和输出。对于用户到用户、用户与数字项、数字项与数字项的事件计算结果有利于用户分析事件。通过这些计算和报告用户可以更好地理解 MPEG-21 中的活动事件，如交易完成与终止的比例、成员中用户的比例、用户所用的时间、消费者的平均忠实度、产品采用的比率等。

小　　结

本章详细介绍了多媒体数据压缩编码及算法的基本概念、原理以及各种编码压缩技术。这些压缩技术可以归纳为有失真压缩和无失真压缩。有失真压缩能提供较高的压缩比，但由于损失了信源的熵，压缩后的数据是无法准确无误的恢复的，无失真压缩则能准确无误地恢复原信源，它只是去掉了信源的冗余部分，但却不能提供较高的压缩比。

本章对多媒体数据压缩各种编码技术均作了详细的讨论。例如，统计编码的基本原理、信息量和信息熵的概念；哈夫曼编码、算术编码、预测编码的基本原理；自适应预测编码、帧间预测编码、变换编码的基本原理、K-L 变换、DCT 变换等。

本章对多媒体数据压缩编码的国际标准，如静态图像压缩编码标准 JPEG 的编码解码的基本原理及实现技术，以及动态图像压缩编码标准 MPEG 的基本原理均作了很详细的分析和讨论。本章的最后对新一代的声像编码国际标准 MPEG-7 作了有关的介绍。

习　题

1. 下列哪些说法是正确的?(　)

(1) 冗余压缩法不会减少信息量,可以原样恢复原始数据

(2) 冗余压缩法减少了冗余,不能原样恢复原始数据

(3) 冗余压缩法是有损压缩

(4) 冗余压缩的压缩比一般都比较小

A. (1)(3)　　B. (1)(4)　　C. (1)(3)(4)　　D. 仅(3)

2. 图像序列中的两幅相邻图像,后一幅图像与前一幅图像之间有较大的相关,这是(　)。

A. 空间冗余　　B. 时间冗余　　C. 信息熵冗余　　D. 视觉冗余

3. 下列哪一种说法不正确?(　)

A. 预测编码是一种只能针对空间冗余进行压缩的方法

B. 预测编码是根据某一模型进行的

C. 预测编码需将预测的误差进行存储或传输

D. 预测编码中典型的压缩方法有 DPCM、APCM

4. 下列哪一种说法是正确的?(　)

A. 信息量等于数据量与冗余量之和　　B. 信息量等于信息熵与数据量之差

C. 信息量等于数据量与冗余量之差　　D. 信息量等于信息熵与冗余量之和

5. P×64K 是视频通信编码标准,要支持通用中间格式 CIF,要求 P 至少为(　)。

A. 1　　B. 2　　C. 4　　D. 6

6. 在 MPEG 中为了提高数据压缩比,采用了哪些方法?(　)

A. 运动补偿与运动估计　　B. 减少时域冗余与空间冗余

C. 帧内图像数据与帧间图像压缩　　D. 向前预测与向后预测

7. 在 JPEG 中使用了哪两种熵编码方法?(　)

A. 统计编码和算术编码。

B. PCM 编码和 DPCM 编码。

C. 预测编码和变换编码。

D. 哈夫曼编码和自适应二进制算术编码。

8. 简述 MPEG 和 JPEG 的主要差别。

9. 信源符号及其概率如下:

a	a1	a2	a3	a4	a5
p(a)	0.5	0.25	0.125	0.0625	0.0625

求其 Huffman 编码,信息熵及平均码长。

10. 详述 JPEG 静态图像压缩编码原理及其实现技术。

第5章　多媒体计算机硬件及软件系统结构

本章要点

(1) 了解具有代表性的多媒体计算机系统结构(硬件、软件),如Intel/IBM公司研制的DVI(数字视频交互式)多媒体计算机系统成功和失败的经验教训,对于理想的DVI系统怎样设计实现。

(2) 将多媒体功能集成到CPU芯片中,一类是以多媒体和通信功能为主,融合CPU芯片原有的计算机功能;另一类是以通用CPU计算机功能为主,融合多媒体和通信功能。

(3) 把多媒体和通信功能集成到CPU芯片中的一些设计原则:在设计时采用国际标准,将多媒体和通信功能的单独解决变为集中解决,体系结构的设计和算法相结合等。

多媒体计算机需要计算机交互式地综合处理声、文、图信息,尤其是图像和声音信息数据量大,处理速度要求高,用过去的通用计算机很难完成上述任务。例如,多媒体计算机中用的最多的静态图像压缩和解压缩算法,如果选用Motorola公司生产的25MHz的68030处理器芯片,完成一幅分辨率为512×512×8×3的彩色静态图像的JPEG算法大约需要15分钟,用IBM PC/386(33M)完成上述算法大约需要1分钟,这是不能容忍的。为了较好地解决多媒体计算机综合处理声、文、图信息的问题,可以采用下述3种方法:

(1) 选用专用芯片设计专用接口卡单独解决。例如使用声霸卡解决声音的输入输出和实时编码、解码的处理问题;使用视霸卡解决视频信号的输入输出及多窗口的彩色键连问题;使用视频信号压缩编码和解码卡解决视频信号的压缩和解压缩问题;使用局域网的ISDN网接口卡解决局域网和远程网的多媒体通信问题。

(2) 设计专用芯片和软件,组成多媒体计算机系统,综合解决声、文、图问题。比较成功的系统是Philips/Sony公司研制的CD-I系统和Intel/IBM公司生产的DVI系统。例如DVI Action Media750 Ⅱ系统,Intel公司自己设计了Intel 82750 PB像素处理器及Intel 82750 DB显示处理器,还设计了3个专用的门阵电路:Intel 82750 LV VRAM/SCSI/Capture控制接口门阵,82750 LH主机接口门阵以及82750 LA彩色键连和声音接口门阵,组成了视频音频引擎——AVE。同时Intel/IBM公司还设计了AVSS和AVK(音频视频子系统和音频视频核)软件。

(3) 最后一种解决方案是把多媒体技术做到CPU芯片中。从目前的发展趋势看可以把它们分成两类:一类是以多媒体和通信功能为主,融合CPU芯片原有的计算功能,它们的设计目标是用在多媒体专用设备、家电及宽带通信设备上,可以取代这些设备中的CPU及大量的ASIC芯片,它们的代表产品是Philips公司设计制造的Trimedia。另一类是以通用CPU计算机功能为主,融合多媒体和通信功能,它们的设计目标是与现有计算机系列兼容,具有多媒体和通信功能,它们的代表产品是Motorola公司的Ve comp 701以及Intel公司的MMX技术。

5.1 数字视频交互式多媒体计算机系统

在 1987 年 3 月第二次 Microsoft CD-ROM 会议上首次公布了数字视频交互式(Digital Video In-teractive,DVI)技术的研究成果,1989 年 10 月 Intel 公司从 GE 公司买来了 DVI 技术,1989 年 Intel 和 IBM 公司在国际市场上推出了 DVI 技术的第一代产品 Action Media 750,1991 年又在美国 Comdex 展示会上推出了 DVI 技术的第二代产品 Action Media 750II,它荣获了 Comdex 91 最佳多媒体产品奖(Best Multimedia Product)和最佳展示奖(Best ofShown)。Comdex 的最佳奖相当于计算机工业的奥斯卡(Oscars)奖。

5.1.1 DVI 系统中的视频音频引擎(AVE)

Ⅱ型 DVI 系统 Action Media 750II 是一个比较成熟的多媒体计算机系统。如前所述,它获得了 Comdex 91 最佳多媒体产品奖和最佳展示奖。比起 I 型 DVI 系统,它有如下几点改进:

(1) 性能指标高。II 型 DVI 系统在硬件设计时采用了 82750 PB 像素处理器和 82750DB 显示处理器专用芯片,82750 PB 和 82750 DB 比起 82750 PA 和 82750 DA 在运算速度上快了一倍,而且在微码引擎和指令系统方面也有了明显的改进。

(2) 使用了专用的门阵电路。Intel 公司在 I 型 DVI 系统的基础上,将其周边逻辑设计成 3 个门阵电路: 82750 LH 主机接口门阵;82750 LV VRAM/SCSI/Capture 接口门阵;82750 LA 音频子系统接口门阵。

(3) 将多块处理板变成一块处理板。最早的 DVI 系统由 5 块板组成,后来 I 型 DVI 系统由 3 块板组成,II 型 DVI 系统将它们集成在一块板上,视频和音频获取板也装在上面,只占一个 IBM PC 标准插槽。

II 型 DVI 系统的核心是视频算法和显示引擎,即 82750 PB 像素处理器,82750 DB 显示处理器和静止图像压缩编码和解压缩算法。同时还要完成把最后得到的位映射转换成在监视器能够显示的模拟的 RGB 信号。

同视频引擎同时并行操作的是音频信号处理的硬件: 音频信号处理器,D/A 转换器,以及模拟滤波器。它们组成了音频信号处理子系统。它执行音频信号的压缩编码和解压缩、数字语音信号到模拟语音信号的转变等任务,最后在外部放大器和音响设备播放。

为了支持这些子系统,大量基本的数据必须在 DVI 的 VRAM 和其他外设、主机之间传送,例如主机 CPU,获取子系统和 VRAM 传送数据等。在 DVI 系统中数据通信通道是具有多路开关的数据和地址总线,也称为"DVI 总线"。不仅主机能够使用这个 DVI 总线与每个 DVI 子系统(视频、音频、CD-ROM 等)通信,而且每个子系统之间也能够用 DVI 总线通信。

82750 LH 主机接口门阵,能够把 DVI 总线连接到主计算机总线,如能够连接到 PS/2 的微通道总线,也能够连接到 IBM PC/AT 的 ISA(Industry Standard Architecture)总线。82750 LV 是第二个专用门阵芯片,它能够处理 VRAM/SCSI/Capture 接口功能,为数据从获取子系统和 CD-ROM 驱动器流向 VRAM 提供直接通道。该门阵还执行 VRAM 控制器的功能。第三个门阵是 82750LA,它提供在 DVI 总线上到音频子系统芯片的逻辑接口,它还执行彩色键连和锁相的功能。使用它能够把 DVI 的视频信息彩色键连到其他的彩色图形源上，典型的例子是 VGA 卡。

II 型 DVI 系统 ActionMedia 750 Ⅱ 的硬件体系结构如图 5.1 所示，分下面几个主要部分论述：

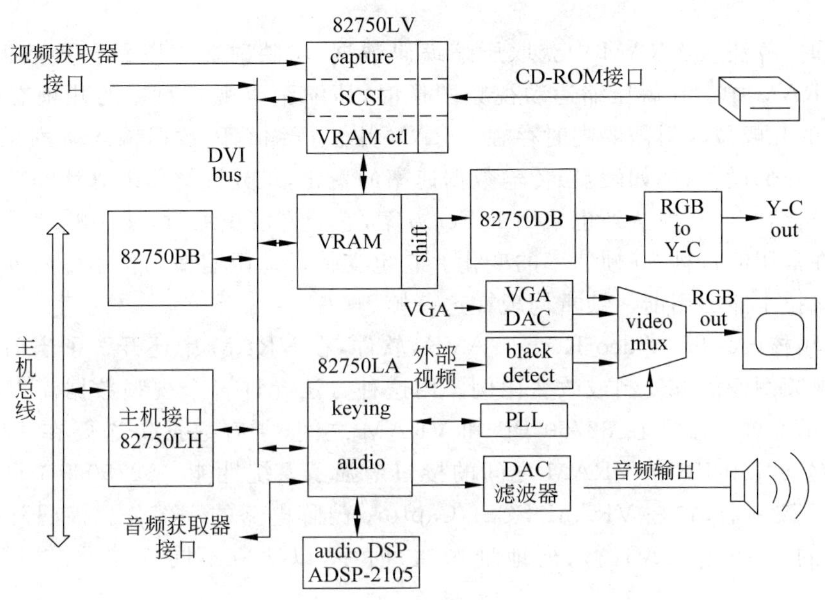

图 5.1　Ⅱ 型 DVI 系统结构原理图

1. 视频子系统

视频子系统的关键技术是视频处理和显示引擎，由 82750 PB 像素处理器、82750 DB 显示处理器以及 VRAM 组成。存储器阵列 VRAM 存放所有 DVI 系统数据，包括：位映射数据，压缩编码数据，算法微码，控制执行算法的数据结构以及控制显示功能的寄存器集数据。像素处理器 82750 PB 用微码执行视频图像快速处理算法，视频特技以及数字式运动图像和静止图像的压缩编码算法以及解码算法。显示处理器 82750 DB 是非常灵活的可编程的显示处理器，它能够将不同的位映射数据变换成在监视器显示需要的模拟的 RGB 信号。

82750 PB 像素处理器直接连到 VRAM 的随机或并行通道。82750 PB 是具有较宽的指令字长(48 位)的快速微码处理器。在 25MHz 时钟时，它的运行速度是 25MIPS(Million Instructions Per Second)。由于指令字的不同字段分别控制不同的硬件机构，所以这些指令可以同时执行多种操作。因此，82750 PB 像素处理器每秒钟可以执行 100M 操作(100MOPS)。

某些指令字段控制的硬件结构特性，特别适合于图像处理的运算操作，它包括两个分开并对称的内部 16 位数据总线，为 8 位像素计算专门分开的 ALU 操作；在解压缩时为运动补偿设计了像素插值器，为解释压缩编码数据流设计了统计解码器；以及为了同 DVI 的 VRAM 传输数据所设计的 4 个先进先出数据缓冲区(FIFO)。

一个典型的操作是 82750 PB 像素处理器运行较小的微码译码器，它定时询问在 VRAM 中的命令表。由主计算机建立命令表，微码命令由主机直接引导加载到 82750 PB 微码存储器中。当命令表指出某些操作需要运行时，例如解码操作，微码译码器从 VRAM

中将一个微码块加载到82750 PB内部的微码存储器中，并且执行它。这些微码是由主计算机设计并加载到VRAM中的。

一个微码块通常是一些循环指令，它将重复执行给定的算法。在82750 PB内部存储的微码允许以25MIPS速度执行。如果微码命令表是在VRAM中，要考虑大于40ns的存取延时时间。

在执行时，算法从VRAM中获取压缩编码数据、位映射数据以及参数数据，并把算法结果存到VRAM中。在解压缩运动视频图像时，压缩编码视频数据的几帧有效成分以及解压缩数据的几幅位映射需要同时存在VRAM中。压缩编码数据输入队列采用FIFO方案，它允许从外部设备(例如硬盘)传输数据速率的变化，也允许解压缩算法需要的数据速率的变化。解压缩的位映射队列也采用FIFO方案，它允许解压缩时，从一帧到另一帧速率的变化，即允许常用的每秒30帧速率的变化。它也支持运动压缩编码技术中所使用的差帧技术，即使用该技术能够用前一帧重构现在这一帧。

音频视频核(Audio/Video Kernel,AVK)软件，在VRAM中还开辟了当前的显示缓冲区，在这里视频图像能够复制或改变比例。用这种方法允许多个视频数据流以任意的窗口尺寸同时显示在屏幕上。在82750 PB和VRAM之间，所有数据传送要在一秒钟内完成30帧，有效的82750 PB和VRAM之间的接口增强了系统性能。82750 PB非常紧密地连接到VRAM控制器，它是VRAM/SCSI/Capture门阵电路的一部分。该门阵可编程改变随机存储器的RAS和CAS(行、列地址选通)时序，以适应不同存储器芯片所需的时序特性。

根据存储器的情况，82750 PB能够满足82750 DB显示处理器要求VRAM提供地址，提前传送数据以及刷新周期的需要。82750 PB像素处理器有三种类型的数据传输周期的三组指针和间距寄存器，它们是亮度、色差和82750 DB寄存器组。82750 PB像素处理器从82750 DB显示处理器得到4bit VBUS信号，以满足这些数据传送周期的需要。一旦接受到请求，82750 PB能够仲裁并把这个请求提前通知到存储器控制器，把相应的指针寄存器的内容送到VRAM地址总线，最后把间距增量加到指针中。

82750 PB默认VRAM是视频引擎的一个重要成员，核心外的其他数据(主计算机，CD-ROM，音频数据以及获取器数据)都必须经过VRAM，才能到达或送出82750 PB。主机和82750 PB之间的主机接口门阵，汇集和仲裁从各个不同数据源来的请求信息。

82750 DB显示处理器直接连到VRAM的串行或顺序通道。82750 DB是一个非常灵活的可编程的显示处理器，运算时钟最高可达45MHz，它能够支持各种不同的显示屏幕格式，包括NTSC PAL、VGA和XGA。在最高时钟速度28MHz时，不支持XGA和PAL，其他都支持。因为XGA需要44.9MHz，而28MHz时系统软件(AVK)不支持PAL。

82750 DB显示处理器有几种不同的VRAM的位映射格式，可直接解释成在监视器显示屏幕上所需要的模拟信号数据流。除了常用的彩色索引和RGB格式外，它还支持亮度(Y)和色差(U、V)的格式，这种格式对于高分辨率的静态图像和运动视频特别有用。

对于运动视频，9 bit YUV格式是最常用的，在VRAM位射图中它用8位表示亮度，每4个水平像素和4个垂直扫描行用一个8位表示色差信号U、V。YUV数据在VRAM中分别在三个位映射区存储。换句话说，运动视频用一个256×240采样集表示亮度信号Y的位映射，用64×60采样集表示一个U位映射和一个V位映射。

82750 DB 显示处理器把这三个位映射区取来并混合在一起，完成解压缩最后的一步。同时，通过计算水平和垂直方向每个 U 和 V 的 4 个采样点的平均值，完成色差信号的插值。一旦完成了插值运算，82750 DB 要进行从 YUV 到 RGB 彩色空间转换，把三个 8 位数字信号送到 D/A 变换器，最后输出 RGB 模拟信号到彩色监视器。

9 bit YUV 显示格式需要 82750 DB 和 82750 PB 特殊处理，为了支持恰当的数据传送周期，它们要把 VRAM 中随机存放的数据变成顺序数据，因为亮度和色差数据对于给定的扫描线不是存放在相邻的存储空间，串行的 VRAM 通道可能包括亮度和色差数据，但是不在同一时间。解决问题的办法是：在扫描正程时实时接受高密的亮度(Y)数据，而在扫描逆程时接受低密的色差信号(U、V)。

每一行，82750 DB 显示处理器最多请求 82750 PB 像素处理器两次数据传送周期，82750 PB 紧密地连接到存储器控制器，而且它有亮度和色差在 VRAM 中数据的地址指针。每扫描一行请求一次 Y 数据传送，每 4 行请求一次 U、V 的数据传送，因为它们的采样比为 4:1。

另外的数据传送形式，称之为“寄存器型”传送，每一帧至少一次。因为 82750 DB 显示处理器通过串行口要加载它自己的寄存器，所以在消隐的每一帧开始时，82750 DB 自动地建立寄存器传送请求。同样为了满足更高分辨率而改变帧的格式，在帧内请求也可编程。

对于任何一种寄存器传送请求，都存在影响 82750 DB 显示处理器编程的系统时序问题。像素处理器 82750 PB 和 VRAM 控制器对给定传送请求的响应时间是可变的。这就是说，控制器可能正在忙于其他的正在进行的存储周期，而且存储器它自己的存储周期的时间间隔也可能随着时钟速率在变化，解决的办法就是编程控制器。插入请求之后，对于数据传送周期，为了完成 VRAM 串行通道的加载任务，82750 DB 显示处理器必须等待。然后 82750 DB 把时钟数据加载到它自己的寄存器中。

82750 DB 中的像素控制寄存器的移位时钟延迟参数(SCLK Delay)必须编程反映 82750PB 和 VRAM 对它请求最快的反应时间。这个时间是下述几项的总和：

(1) 82750 PB 接受 VBUS 请求信号的同步时间；

(2) 当前使用的 VRAM 最长的存储周期；

(3) VRAM 传送数据的时间。

注意，这些时间必须算到 82750 DB 的时间周期中，因为 82750 PB 和 VRAM 控制器通常运行的时钟速率与 82750 DB 是不同的。增加一点点额外的溢出时间，在这里是安全可靠的。如果在这里给的时间不够的话，82750 DB 将接收错误的数据，即在一个时钟周期内 VRAM 串行口的内容是错误的。这时系统将失败，出现错误的亮度数据、错误的彩色数据或者错误的寄存器数据。检查和检测出的错误的寄存器数据将引起系统停止。82750 DB 显示处理器发一个停机码(Shut Down Code)到视频总线(VBUS)。

其他的时间问题也影响 82750 DB 的编程参数，例如视频总线的请求在视频总线上保持的时间长度(VBLEN)，以及 VRAM 串行时钟的速率等。时间问题决定在不同条件下 82750 DB 所能支持的最大的分辨率；如水平消隐时间和 VRAM 串行口传输速度的平衡问题，因为它能够决定在水平消隐时间有多少彩色数据传给 82750 DB 显示处理器。82750 DB 的时钟频率是很灵活的，但是对于任何给定的像素时钟速率以及给定的 VRAM 速度，这种灵活性需要重新考虑。

2. 彩色键连子系统

Ⅱ型 DVI 系统 Action Media 750Ⅱ通常认为在 IBM 主计算机上存在 VGA 或 XGA 图形系统，它能够为 DVI 系统提供高分辨率的图形。VGA 和 XGA 是标准化的图形接口，有很好的编程环境。这样就存在两个分开的帧缓冲区，一个是 DVI 运动视频的缓冲区，一个是 VGA 或 XGA 高分辨率图形的帧缓冲区，彩色键连子系统能够把这两个缓冲区结合在一起，在屏幕上显示。

在单个帧缓冲区的情况下，覆盖运动视频上的任何一个图形都需要以运动视频的帧速重新绘制这幅图形。这就是说运动视频帧每一次复制到显示窗口时，高分辨率的图形也要复制到同一视频帧，它包括先前的运动视频图像以及在运动视频图像上的图形。很明显，要完成这么复杂的事情，需要更多的软件支持以及更大的 82750 PB 绘图带宽。

对于单个帧缓冲区，另一个复杂问题是运动视频的分辨率与高分辨率图形的匹配问题。DVI 运动视频标准位映射分辨率是 256×240（水平×垂直），对于由 CD-ROM 提供压缩编码数据速率来说它是一个最佳图像质量和有效而合适的分辨率。82750 PB 能够提供足够的像素传输的带宽，可在一个任意尺寸内确定窗口的内部复制或改变位映射图像的尺寸。因此，如果把位映射分辨率扩大到 640×480（VGA 的分辨率），或者大于每秒 30 帧的位映射率，它的带宽会感到不足。如果 DVI 系统希望运动视频同时配上高分辨率的图形（VGA 或 XGA 产生的图形），就需要解决这个问题。

现有的 VGA 或 XGA 系统，采用了将 DVI 系统模拟输出和上述图形系统的模拟输出相合并的办法，对于运动视频，它没有调用 640×480 的能力，图像的结果仍旧是很好的。事实上Ⅱ型 DVI 系统增加了灵活性，它能够把运动视频合并到任意主机图形系统的分辨率。用两种不同的方法，在水平方向上能够将 256 运动视频的采样增强到全屏幕宽：一种是 82750 DB 内部的方法，另一种是外部方法。

内部方法：通过编程 82750 DB 显示处理器选用每个像素大于 1 的时钟周期，能够增强像素（即采用 1.5，0，2.5 时钟周期/每像素）。在水平方向上显示成人工的块状特性。更有用、更完美的内容技术是采用先进的 82750 DB 内插功能，在水平方向上将亮度信号扩展 2∶1。这就是说，对于位映射中的每个亮度信号，通过 82750 DB 显示处理器产生两个值。这些值中一个是位映射中的值，第二个值是邻近采样值的平均。彩色采样值的内插是用相同的方法，用这种方法就能把水平方向的 256 个像素扩展成 512 个像素。

外部方法：通过压控振荡器产生 82750 DB 需要的时钟，由锁相回路将压控振荡器的振荡频率锁到与主机图形系统振荡频率一致。这样就能把 512 个像素扩展到任意尺寸，在 VBA 的情况，640∶512 扩展比（5∶4）是需要的。键连（Keying）/音响（Audio）门阵寄存器控制锁相回路，能够建立产生这个长宽比，因此，在 20.140MHz DVI 512 像素系统上运行能够精确地与在 25.175MHz 640VGA 像素系统上运行相匹配。

这个技术解决了屏幕作用区的问题，但是当把 82750 DB 时钟系统锁相到外部的图形系统时，其他问题就表面化了。在锁相时，82750 DB 显示处理器的水平和垂直计数器由外部图形系统的水平和垂直同步信号置位到零。如果水平的置位没有合适的产生，没有保持相对于 82750 DB 的时钟特性，在一行到一行的扫描时就会出现水平方向的跳动。

无论如何，这种方法是一个先进可行的方法，它能解决一般情况下 DVI 显示系统与其他任意水平分辨率显示系统的匹配问题。为了提供较好的全屏幕的显示匹配，它不一定需要常用的 2∶1 或 5∶4 图像显示系统的长宽比。由 Intel 公司的软件直接支持标准显示格式的锁定，对于非标准的显示格式将需要开发 82750 DB 相应的寄存器集，并修改驱动器的源码。

注意，采用高频的 82750 DB(大于 45MHz)能够很容易将 DVI 显示分辨率匹配到高分辨率的图形系统上，如果从降低成本价格方面考虑，采用 28MHz 的 82750 DB 也能够匹配多种主机图形系统开发各种应用。

3. 音频子系统

同视频引擎并行操作的是音频子系统，它由音频信号处理器、数字到模拟的转换硬件以及模拟滤波器组成。它执行音频信号的压缩编码和解压缩，数字信号到模拟信号的转换，最后送到外部的音频放大器及音响系统进行播放。

音频子系统的核心是模拟设备公司生产的 AD 2105 数字信号处理器(Digital Singnal Processor，DSP)，通过它完成所有音频信号的压缩和解压缩任务。DVI 系统采用了自适应预测编码方法(Adaptive Differential Pulse Code Modulation，ADPCM)算法把 16 位的采样数据压缩编码成 4 位码。DSP 芯片还能控制音量、采样速率变化，从 VRAM 中抽取压缩编码数据，最后将解压缩的音频数据输出到 D/A 转换器。上述操作 DSP 的编程码及查找表(Look—up Table)内容由主计算机处理器通过键连音频门阵电路加载。

像视频引擎一样，音频的数字信号处理器 AD2105 把 VRAM 作为它的压缩编码数据源，而且键连/音频门阵提供直接存储器存取方式(DMA)，DSP 能够以 DMA 方式从 VRAM 获取数据，并把结果放到 VRAM 中。和视频引擎不同的是，在开始显示之前，音频 DSP 至少译码一或两帧位映射数据，译码之后音频 DSP 不需要把结果再返回到 VRAM 中。在它自己的 FIFO 中为输出数据只保存最短的队列。键连/音频门阵电路包括时序电路，在正常情况下每次新的采样输出时向 DSP 发出中断请求。在中断服务子程序中，DSP 将采样数据从 FIFO 队列中移开，通过门阵电路中的音频输出寄存器将它们传送到立体声的 D/A 变换器。音频输出寄存器完成 D/A 变换器接口需要的数据串行化任务。第二个 DSP 中断，是在获取音频数据进行压缩编码时，DSP 保持短的 FIFO，响应当门阵输入缓冲区满时从键连/音频门阵发出的中断请求信号。第三个 DSP 重要的中断是垂直消隐中断。这个中断每个显示帧出现一次，目的是解决视频数据流和音频数据流的同步问题。

在 DSP 和主计算机 CPU 之间，以及 DVI 任意设备之间的通信可能采用下述两种方法：一种方法是通过 VRAM 中的结构数据，另一种方法是通过在键连/音频门阵中提供的到 DVI 的信息寄存器(MDVIR)以及到 DSP 的信息寄存器(MDSPR)。到 DVI 的信息寄存器提供从 DSP 到 DVI 主机及 DVI 设备的信息，DVI 设备是挂到 DVI 总线的子系统。当 DSP 把一个信息写到 DVI 寄存器，键连/音响门阵就会发出一个音频中断信号，通过主机接口门阵接上这个信号，主机接口门阵把这个中断信号经过主机扩展总线的中断请求送给主处理器。当主机或 DVI 设备把信息内容读到 DVI 寄存器后复位音频中断。

在主机或其他 DVI 设备写一个信息到 DSP 寄存器时，键连/音响门阵将门阵内部某一位置 1，DSP 每 1ms 定时查询这一位。如果信息出现，DSP 把这个信息读到 DSP 寄存器后，DSP 消除这位的标志。

数字到模拟量的转换器是由 Burr-Brown 公司生产的 PCM66P 单片体音 16 位串行接口组成。跟着 D/A 变换器是双通道的模拟滤波器，它的截止频率近似固定在 17kHz，并且具有 5 个极点。音频采样输出的速率最高可达 44.1kHz,5 极点的模拟滤波器用 17kHz 上限的截止频率很好地消除了采样频率和图像频率的影响。由 DSP 能够完成上限采样的速率转换的计算,它支持几种不同音频数据流采样速率转换到 44.1kHz 输出速率。

4. DVI 总线

为了支持视频和音频子系统,大量的基本数据必须在 DVI 的 VRAM 和 DVI 的其余设备之间传送,其余设备包括外部设备、主机以及获取子系统。在 DVI 系统中数据的通信通道采用具有多路开关功能的 32 位数据和地址总线,也称之为 DVI 总线。用该总线,不仅主机能够同 DVI 每个子系统通信(视频子系统,音频子系统,CD-ROM 等),而且子系统之间也能够用 DVI 总线通信。

DVI 总线是由 VRAM 并行通道的数据信号组成的,所有三个门阵,82750PB 像素处理器以及 VRAM 都直接连到总线上,很多时候,DVI 总线作为 VRAM 和 82750 PB 之间单一的数据总线,它们是默认的 DVI 总线的主设备。有时 DVI 总线也要为 DVI 系统中其他设备传送数据,例如,当主机处理器需要读音响门阵寄存器的内容,在这种情况下,DVI 总线担当了不同的角色,它首先给出 DVI 设备的地址,然后再传送有用的数据。

为了在 DVI 总线上传输数据,首先必须把 DVI 总线控制权从 82750 PB 手中转让给申请控制权的 DVI 设备,主机接口门阵作为各种请求的仲裁器,这些请求可能来自主计算机音频子系统、CD-ROM 子系统或者获取子系统。CD-ROM 和获取子系统的请求通过 VRAM/SCSI/Capture 门阵合成一个信号。仲裁器采用按时间先后极其公正的方法,然后逐一执行。

一旦一个请求信号被仲裁器承认了,总线控制权从 82750 PB 手中转让给该设备,允许在 DVI 总线执行该设备的通信协议。当 DVI 总线可用时,主机接口门阵将从 82750 PB 得到主机总线允许信号(Host Bus Enable Signal,HBUSEN)。主机接口门阵给请求设备发一个回答信息、AUDACK 或 CACK 信号。这时,请求设备发地址到 DVI 总线。主接口门阵同时还要观察 82750 PB 的有效的地址允许信息(Valid Address Enable Signal),一旦这个信号建立起来,主接口门阵将不接受其他的设备请求,同时通知请求设备,DVI 总线已从地址总线切换到数据总线。

因为 DVI 总线实际上是由 82750 PB 的数据线组成的,当 82750 PB 需要存取其他 DVI 设备的数据时,问题就出现了,即具有多路开关的地址/数据总线的方法不能很好地解决问题,因为 82750 PB 是总线的主设备,而且把 DVI 总线只用作数据线。在这种情况下,选择几条 82750 PB 的地址线直接连到几个门阵电路,将 VA19:17 地址线连到所有门阵电路,用来获得 DVI 设备的 ID 信息,低位地址线用来选择 DVI 设备的内部寄存器。

5. 获取子系统

获取子系统通过 DVI 总线和信息交换控制线协议与外部数字化设备相连。在 VRAM/SCSI/Capture 内部是地址指针和计数器,用它把从数字化仪得到的数据送到 VRAM 中。数据流是通过 VRAM 的随机通道。这种方法相对于串行通道它受到存储器存取速率带宽的限制,连接方便,造价比较低。如果将获取的数据通过 VRAM 的并行随机通道存到存储器,VRAM 的串行输出通道就能立即把它送到监视器,显示帧存储器的内容。

采用并行通道方法的另一个好处是获取系统不需要锁相到显示系统的频率,甚至较慢的扫描仪的速度都可以。获取系统也能够从隔行电视扫描光栅源获取数据,如 NTSC 或

PAL，显示输出的图像照样可以选用非隔行扫描的设备，如 VGA 或 XGA。获取系统还能够获取 82750 DB 不支持的位映射形式，如 YUV12。

Ⅱ型 DVI 系统 ActionMedia 750Ⅱ获取器模块是 DVI 系统 Delivery 板的一块子板，即作为 Delivery 板的一块背板和 Delivery 板一起占用一个 IBM PC 的插槽。现在获取器模块设计是非卖品，还不能仿制生产，但是 Intel 公司已经在 ActionMedia 750Ⅱ技术参考手册中公布了获取器模块总线接口技术规定，为希望自己能够设计获取模块的用户提供方便。

6. CD-ROM 子系统

VRAM/SCSI/Capture 门阵包括了一个小型计算机系统接口(Small Computer System Interface，SCSI)，这个接口用于支持单个 CD-ROM 驱动器，作为压缩编码视频和音频数据源。把这个子系统加到Ⅱ型 DVI 系统中，不需要外部扩展卡，用较低的成本就能支持 CD-ROM 驱动器。另一个好处，从 CD-ROM 驱动器读出数据到 VRAM，采用上述方法可以减少对扩展总线带宽的需要。

在 CD-ROM 子系统中，采用了灵活的链块的直接存取器存取方式(Chain-block Direct Memory Access)，同时，提供一个语法解释器的工具，即把到来的压缩编码的数据流解释成连续的视频和音频成份，并把它们分别放到 VRAM 的不同区域中。Intel 公司的 AVSS2.20 全面地使用了这个特性，它需要这个语法解释器特性。Intel 公司的 AVK 软件执行数据流扫描方法，它把到来的数据流放到 VRAM 连续的空间中。

7. 主机接口

主机接口门阵为计算机系统监视并控制 DVI 系统提供多种方法。该门阵通过选择不同的门阵管脚能够连接到 IBM PC 的 ISA(Industry Standard Architecture)总线标准或者 PS/Ⅱ的微通道(Microchannel)总线标准。

VRAM 能够通过扩展存储器空间(Expanded Memory Space，EMS)窗口，或者经过 I/O 映射先进先出寄存器(First In First Out，FIFO)存取 VRAM 中的数据。上述方法具有自动加 1 的特性。

能够通过 EMS 窗口，或者通过使用 EMS 窗口的快速方法存取 DVI 设备寄存器的内容，同时，它还提供单周期修改 DVI 设备地址指针的方法。

除了支持综合的数据 I/O 外，主接口门阵还可作为从 DVI 子系统到主机扩展总线中断的仲裁中心，中断源可能是视频子系统(82750 PB)、音频子系统、CD-ROM 子系统以及获取器子系统。依据屏蔽和把这些中断源映射到变化的扩展总线的中断级，可编程现有的中断系统。

5.1.2 DVI 软件系统中的音频视频子系统(AVSS)

第一代的 DVI 系统软件如图 5.2 所示，图 5.2 给出了 DVI 运行软件的所有模块及它们的相互关系。图中最下层是 DVI 系统的硬件。较早的Ⅰ型 DVI 硬件系统包括 DVI 视频板、音响板、多功能板以及 IBM PC/AT 的硬件。直接和硬件打交道的软件叫驱动器，它也是一个软件模块。初始化时在引导程序作用下，把它安装到系统 RAM 中常驻内存。一种多媒体硬件设备需要一个驱动器模块，这里有为视频板设计的视频驱动器、为音响板设计的音响驱动器以及为多功能板设计的多功能驱动器。

再上一层是驱动接口模块，驱动接口模块建立了为高层应用软件所使用的虚拟设备。

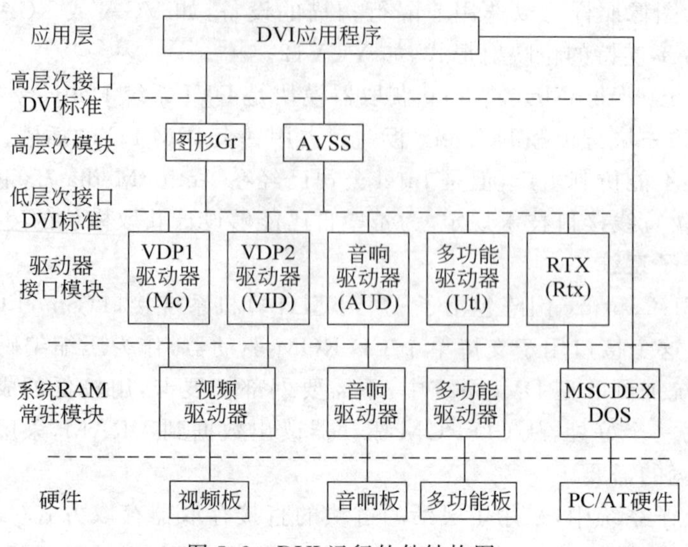

图 5.2 DVI 运行软件结构图

驱动接口的调用是应用程序最底层的存取功能。虚拟设备是软件的实体,它规定实际设备的接口特性。虚拟设备的描述与实际设备不同,从软件操作的角度来看,它可以描述得更详尽,例如中断,通道接口以及更复杂的软件操作。连接驱动器的是驱动器接口模块,在 DVI 系统中共有 4 个驱动器接口模块。

(1) 微码接口模块(Mc):它是 82750 PA 的接口模块,负责微码的加载和执行,同时也负责主机系统对 VRAM 的存取。

(2) 视频接口模块(Vid):它是 82750 DA 的接口模块,负责 82750 DA 的初始化。同时,它还包含了视频信号数字化器的接口软件。

(3) 多功能接口模块(Ut1):它提供 CD-ROM 和操纵杆的接口软件。

(4) 音响接口模块:它是音响板和音响数字化器的接口软件。

在同一层次上还有两个 IBM PC/DOS 的扩展模块:

(1) 实时执行模块(Rtx):它为 DVI 应用软件提供实时多任务操作环境。

(2) Microsoft CD-ROM 扩展模块(MSCDEX):它是 DOS 扩展模块,它能够使满足 ISO 9660 的 CD-ROM 文件用一般的方法在硬盘和软件上自由存取。

在 DVI 软件系统中还有两个高层次的软件包,一个是图形软件包(Gr),一个是音频视频支撑软件 AVSS(Av)。

(1) 图形软件包(Gr):它提供图像处理,图形绘图基元以及视频管理功能。图形软件包是一组管理位映射信息的子程序。图形子程序可以用结构图形、图像和文本三种不同形式进行操作。

(2) 音频视频支撑系统 AVSS(Av):AVSS 软件可管理用 AVSS 格式写的视频、音频文件。它也能播放从 CD-ROM、硬盘或 RAM 中读出的视频、音频数据。AVSS 文件格式比一般的文件复杂得多,它支持多数据流。例如,它可包括一个视频数据及两个立体声的音响数据,能够较好地解决视频信息和音频信息的同步问题。

最上面是应用层,它可以提供大量的应用程序,例如,导游、销售点、教育培训以及文档管理系统等。在应用层下面还有两个高层的DVI系统的接口。

(1) DVI系统生产工具软件：它能够获取、压缩和显示静态图像，同时能完成静态图像各种格式的转换。它能够实时获取、压缩运动的视频图像和音频数据，建立、复制、编辑以及播放AVSS音频和视频文件，记录、编辑和播放音响文件。完成上述功能它不需要用C语言编程，它能够在DOS提示符下解释执行各种工具命令，而不需要像C语言那样的编译和连接。

(2) 多媒体编程工具著作语言：用著作语言编制应用程序，它能够把应用程序构造成流程图或者故事板(story board)的形式。它能够用简单的语言描述所有不同的屏幕和序列，然后著作软件建立应用码，同时允许开发者根据经验交互式地改善和修改应用程序运行结果。上述过程结束，应用程序就生产出来了，应用者可以完全不了解C语言和DVI系统的详细情况。

1. DVI图形模块

DVI软件系统中图形软件包包含了一组管理位映射信息的子程序，在VRAM中任何地方的位映射都能够通过图形子程序进行操作，正在通过82750 DA显示的位映射也可用图形子程序进行操作。图形子程序可以通过下述3种形式进行操作。

- 结构图形：利用绘制基本图素的功能(绘制线，矩形，多边形等)绘制目的位映射图，这就是结构图形。使用基本图素的函数调用只能影响特殊物体中的像素。
- 图像：在图像操作时，首先定义一个源和目的矩形区，该区域的所有像素都用同一方法进行处理。
- 文本：使用取自不同的字体存储区的字符描述数据，在文本字符矩形区中操作目的位映射图。

(1) 结构图形

目前在个人计算机中广泛地使用结构图形，而且有很多工业标准，例如在Microsoft窗口中的GDI，DR公司的GEM，Apple公司的Quickdraw等。这些标准的意图是允许不同型号的计算机，不同的应用之间交换结构图形的命令数据，使用这些数据文件系统能够绘制任意复杂的屏幕图形。不同的工业标准系统是不兼容的。DVI软件系统必须解决这个问题，因此在DVI系统中必须制定DVI图形数据的标准格式，这样才能解决在不同DVI系统中的数据兼容问题。

某些工业标准试图使这个标准与设备无关，这就是说，用一般的形式存储图形数据，不要规定显示设备的特性，例如分辨率、像素格式等。显示硬件和软件驱动程序器将把一般形式的数据转换成显示这些数据所需要的命令。软件驱动器了解显示设备各种特性，为了显示图形，上述转换必须实时进行，这就要求图形硬件和CPU具有足够快的转换速度。

DVI结构图形环境与上述的设备无关系统有很大的不同，在标准接口后面，藏有设备特性。DVI系统让程序员通过调用显示处理器82750 DA显示子程序选定设备，使其具有使用时的最佳特性。例如分辨率、像素位数以及扫描方式等参数，都是程序员根据应用的需要而设置的。然后程序员通过DVI图形函数调用，使其工作在最佳设备状态。这是一个相当灵活，运行相当快的系统。

(2) 图像形式

在DVI图形软件包中有大量的像素矩形区操作子程序，这就是图像管理子程序。图像子程序的关键特性是在某一个区域中所有的像素接受相同的处理,或者是简单地复制一个图像到新的位置,或者是执行图像处理功能。这类功能在今天的个人计算机中还不普遍,而且标准化的考虑也很少。DVI 系统为图像定义的文件格式,为 DVI 系统的使用和进一步扩展新的功能提供了灵活性。下面将详细介绍静态图像系统和图像格式。

(3) 文本形式

在 DVI 图形软件包中执行文本功能使用了点阵字体,每个文本字符以位映射的方式存储在存储器的任意位置。点阵字体是一个简单的图像,它包括了所有字符的像素数据以及字符的大小和坐标位置表。在现在的 DVI 系统中点阵字体是每个像素一比特,该字体文件结构允许将来增加新的格式。还有能够提供其他特性的字体文件,如向量字体或笔画字体,该字体文件只包含每个字符外形提供的数学表示,即一串直线和曲线表示。字体处理软件必须实时将这种描述转换成实际有用的字符位映射。这种方法的优点是文本字符可以用任意尺寸和字体形式显示或打印输出来。当然,它的缺点是输出时需要较多的处理时间。DVI 系统中的 82750 PA 具有专门的微码子程序,能够快速绘制向量字体的文本字符。文本子程序支持大量的字体管理,它能够寻找每个字符的字体数据,并将其复制到目的位映射图中。DVI 文本子程序还在不断地扩展。

(4) 图形数据结构

在 DVI 图形软件包中定义了两种基本的数据结构,供 DVI 视频软件使用。一种是位映射描述符数据结构,一种是属性描述符数据结构。位映射描述符告诉运行时软件有关位映射情况,而属性描述符告诉运行时软件如何执行一个或多个位映射的操作。

应为每一个将要使用的应用程序的位映射建立一个位映射描述符。重复使用 VRAM 中的相同地址,能够规定任意多个位映射。基于软件的 VRAM 布局设计是 DVI 系统中众多灵活特性之一,因为它允许有限的 VRAM 资源构成最佳的应用,或者允许动态的重构。每个位映射描述符的数据包含位映射地址、尺寸、间隔、每个像素的位数以及格式。

位映射和属性描述符结构可在主计算机 RAM 中查出,但是在应用程序中不能直接存取它们,而要通过在 RAM 中表示结构起始地址的指针得到。使用指针存取结构可以在未来的 DVI 软件版本加以修改和扩展。所有这些图形功能都是通过位映射和属性指针完成的,这些指针指出要操作哪些位映射以及如何操作这些位映射。属性描述符典型的文件如下:

- 画颜色(DrawColor):告诉图形基元函数和文本函数使用什么颜色绘制物体。
- 填充(Filled):告诉矩形、多边形以及椭圆函数,使用画颜色功能是建立填充还是画轮廓。
- 光栅操作 2(Rop2):这个信息组表示图形函数,例如复制和绘制图形基元,能够用光栅扫描方式操作。光栅操作是执行图形函数时在每个像素作任意的逻辑处理。典型的逻辑处理由信息组中的属性描述符定义,如与、或、非、异或等。Rop2 中的 2 意味着光栅操作是两个路径,这种操作是在像素和第 2 个参数之间进行。
- 光栅操作类型(Rop Type):该信息组为光栅操作规定操作类型,例如图形函数中的复制,它可以使用几种不同类型的操作。假如选择了 DEST-SOURCE,它表示在源像素和目的像素之间直接进行光栅操作。或者选择了 SRC-COLOR,它表示在源像素值和由 Rop Color 字符段规定的颜色之间进行操作。

- 光栅操作的颜色(RopColor):这是两种方法光栅操作的第 2 个参数。
- 透明键(KeyTrans):告诉复制函数是使用透明性,还是不用。
- 色键(KeyColor):在复制出现透明性时,它规定原矩形区使用的颜色(仅与 KeyTrans 是真时有关)。
- 字体描述(FontDescr):它规定文本调用时将要使用的字体。
- 字符间隙(TextGap):它规定文本字符之间的像素数。
- 文本背景(TextBg):它规定文本是使用颜色背景还是透明。
- 文本背景的颜色(TexBgColor):当使用文本背景时,它规定背景的颜色。

在未来的 DVI 软件版本中增加的图形特性可以通过扩展属性描述符结构来实现的,即在属性描述符结构中增加控制新的特性信息组。在属性描述符初始化时,新的信息组将给出默认值。通过在属性描述符中设置新的信息值,在新的软件中将激活新的特性。

在图形模块中,将重点介绍静态图像文件格式、文件格式转换以及静态图像文件的管理和控制。DVI 系统的硬件包括了静态图像系统所有的组成部分,如图 5.3 所示。它主要由 3 部分组成:视频图像的获取、静态图像的处理和显示部分以及主机母板。用合适的编程方法,DVI 系统能够产生非常好的静态图形,由于它基于软件,所以可以提供极大的灵活性。

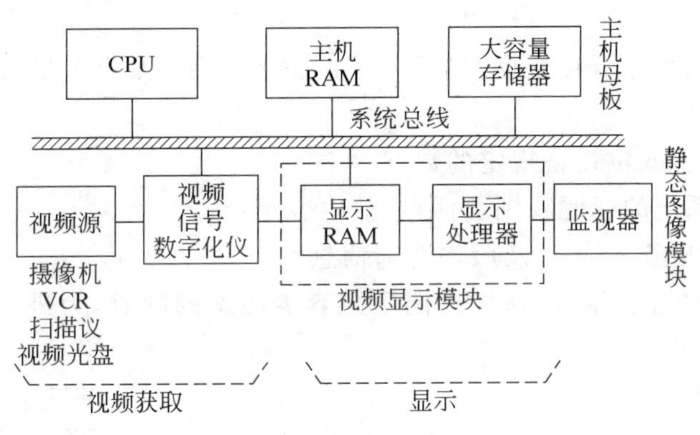

图 5.3 静态图像硬件结构图

(5) DVI 图像文件

在这里将讨论静态图像,即讨论用图像文件存储的静止图像。图像文件是一个特殊的二进制文件,它表达了单个画面或单个屏幕全部的像素数据。图像文件有多种格式,它取决于建立它们的系统,也取决于它们使用的分辨率和每个像素的位数。从视频摄像机源数字化一帧,或使用彩色扫描仪读一幅照片的数据,或者读一幅存储在内存中的位映射数据,都能形成图像文件,它可能包含图形、文本和其他数据。

为了使图像文件能够方便地加载或显示,最简单的图像文件也要具有一个文件标题信息。如上所述,这个文件是一个位映射文件,在文件中必须包含很多位映射描述符信息。至少在文件标题中应该包括 X 和 Y 方向像素分辨率的值。如果显示系统具有不同的每位像素数(b/p),在图像文件标题中也应该包括每位像素数的值。如果在图像文件标题中增加更多的信息,将会提供更多的灵活性。

DVI 软件可以使用上述的位映射图像文件,也可以使用经过压缩编码的非位映射文件。通过文件标题包括的信息以及文件扩展名,能够指出很多种可用的图像文件格式。下面是现有的具有文件扩展名的 DVI 图像文件格式。

组成部分的格式:

- imr 红分量,8 b/p;
- img 绿分量,8 b/p;
- imb 蓝分量,8 b/p;
- imY 亮度分量,8 b/p;
- imi i 彩色分量,8 b/p;
- imQ Q 彩色分量,8 b/p;
- imm 单色灰度,8 b/p。

设备规定的格式(程序存取这些文件,必须精确地知道像素的格式):

- i8 8b 设备规定的像素数;
- i16 16b 设备规定的像素数。

彩色图格式:

- imc 彩色图数据,包括 8b 索引像素值。

压缩编码的图像格式:

- cmy
- cmi 压缩编码彩色分量数据(最后一个扩展字符表示某个分量)。
- cmq
- c16 压缩编码 16 位设备规定的数据。

DVI 图像文件系统的标题特别灵活,它的内容是:

- 关于文件的内容、格式以及版本全部信息;
- 附加的系统和标题结构,在保持向下兼容老版本的同时,为进一步改进和增强提供方便和可能性;
- 文件管理特性。

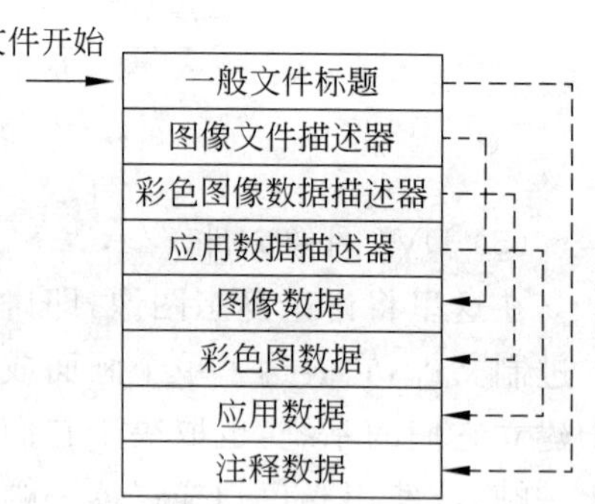

图 5.4 DVI 系统文件结构图

图 5.4 给出了 DVI 系统图像文件的结构,同时也给出了文件标题的概念。应该通过子程序函数存取文件标题,或者通过 DVI 文件标题(* h)文件名定义项的指针存取文件标题。这些描述只能看出文件标题的逻辑结构。存取方法的限制严格地保留了 DVI 系统与未来增强兼容的路径。

图像文件的第一部分是一般文件标题结构,现有的 DVI 所有文件类型都使用这种文件标题。在一般文件标题中有 4 个文件:一个叫做 FileID,4 个字节的字符串,它标明文件的类型,图像文件中的 FileID 是 VIM;另一个信息字段是 HdrSize,它用字节数定义整个文件标题的尺寸(长度),对于图像文件 HdrSize 是 60 个字节(这是现在版本中使用的数据,将来有可能改变);第三个信息段是 Har Version,它代表版本的号数,对于图像文件,现在的版本号是 4,从 1983 年开始,版本(1~3)代表了 DVI 系统软件的开发阶段。

一般文件标题的第四项，图像文件部分是32位的指针(AnnOffset)，指出该文件注释文本的字节位置。通常，注释放在文件的末尾，即图像文件之后，而且它包含原始的视频源、所使用的摄像机类型、原始的获取的数据以及开发者想要解释的任何事情。因为注释是在文件的结束位置，如果想要进行修改，附加的信息很容易加上。如果没有注释，AnnOffset将是空的。DVI系统中所有的文件都使用上述文件标题的标准，所以它们都具有上述特性。

图像文件标题具体规定如下：第一部分描述图像格式。该信息组包括描述符。描述符是定义图像平面或在文件中所包含的平面(R，G，B，RGB，Y，I，Q，YIQ等)的标志信息。信息组还包括每个平面的像素位数b/p，是不是编码图像(压缩编码图像)，是不是包含彩色图等。描述符定义文件的格式，而且由文件扩展名组成。当打开一个文件调用某个功能时，为确保合适的匹配，可以使用相同的描述符。

下一个信息组是为图像规定宽度和高度以及该信息组的像素数，即该图像文件每个像素的位数。下一个信息组是编码版本，作为一个编码文件，它告诉系统软件，为解码该文件需要使用什么样的软件。如果这个文件是一个非编码压缩的像素数据，这个信息组的值是零。还有图像偏移信息组，它是从文件开始到文件中有用的视频数据开始点的字节指针，如果该指针是零，就意味着文件不包含视频数据。图像描述符剩下的信息组是图像尺寸信息组，它代表图像数据字节数的多少。对于非压缩编码的图像，可以从宽、高和像素位信息组计算得到，但是对于压缩编码的图像数据就算不出来了。

当这个文件包含彩色图时，使用文件标题中的三项：ColorMapEntries是文件中彩色图像项目数，ColorMapBits是每个彩色图的位数，ColorMapOff是从文件开始到彩色图数据开始的偏移字节数。

在文件标题中还有两个字段允许应用者规定在图像文件中将要包含的任意类型的数据。AppDataOffset代表在文件中应用者规定的数据开始的字节位置，AppDataSize代表该数据块字节数的大小。使用具有数据位置偏移量的文件标题时，允许新的DVI软件版本，修改这个文件标题，但是现在的文件标题各项不要动，新的项目只要加在末尾就行。由新版本建立的文件，在老的系统中仍旧可读。借助于AppData和注释特性，使图像文件包含其他数据增加了更多的灵活性。

(6) 图像文件格式的转换

前面已经描述了DVI技术中图像文件格式的灵活性，而且其他的图像系统具有不同的图像文件格式。为了很好地利用这些文件，就需要通过编程进行文件格式的转换。当这种转换是由高质量的格式向低质量的格式进行，例如，由32 b/p向16 b/p转换时，就必须接受不可挽回的数据丢失。文件转换是非常有用的，事实上上述的例子是一种压缩编码的形式。

在DVI技术中图像文件转换的程序是Vimcvt，该程序能够相互转换的图像文件格式如表5.1所示。

Vimcvt能够较好地完成上述各种格式的转换，但是它不能建立更高质量的数据格式。在转换处理时图像分辨率的值是不能变换的。转换程序是通过主机的CPU进行的，没有使用像素处理器82750 PA，因此转换速度有点慢。例如，转换一幅t32分辨率为512×480的图像文件到i16，在6MHz的IBM PC AT机上，大约要花费5分钟的时间。

表 5.1 Vimcvt 程序转换的图像文件格式

码	格 式	文件数/每个图像
i16	DVI 16-bpp 格式	1
yiq	DVI 8-bit YIQ 格式	3
rqb	DVI RGB 8bit 格式	3
t16	Targa 16 bpp 格式	1
t32	Targa 32 bpp 格式	1
pix	Lumena * DVI 格式	1

* Lumena 是 DVI 技术中高质量的绘画程序

(7) DVI 图像管理功能

更复杂一些的图像管理功能应该包括视频的特技,如变换特技和运行特技,它们包括图像的淡入淡出,擦除,图像的重叠以及暗隐。在这里只介绍一些简单的图像管理功能。已经介绍了 GrCoypRecT(),它是一般的复制功能,它能够在很多种管理和卡通处理中使用。在运行软件中为了执行不同类型的操作,还有其他一些功能:

① GrWarp():图形交叉交换功能,它能够把一个多边形映射到另一个具有相同棱边的多边形。

② GrScaleRect():用相同的位映射,或用不同的位映射,把一个矩形复制成另一个具有不同尺寸的矩形。通过改变第一个矩形的比例,填满第二个矩形,完成上述复制功能。改变比例时,水平和垂直方向允许不同,源和目的矩形的长宽比也不一样。

下面是操作 16 bpp 图像格式的微码功能,它将使用低层次的微码管理调用。

① brightness(亮度):在复制规定的矩形时,每个像素的亮度值增加(减少)一个常数。

② contrast(对比度):在复制规定的矩形时,增加或减少每个像素亮度的对比度值。

③ edge(边缘):在复制规定的矩形时,执行简单的边缘检测子程序。

④ medianfilter(中值滤波):在复制规定的矩形时,执行简单的滤波功能。

⑤ monochrome(单色):在复制规定的矩形时,把每个像素转化成单色——黑和白。

⑥ mosaic(马赛克):在复制规定的矩形时,根据规定的数目合并像素。

⑦ pseudo color(伪彩色):在复制规定的矩形时,为了产生超现实的“伪彩色”特技效应,修改每个像素的彩色值。

⑧ tint(色调):在复制规定的矩形时,为了改变色调,要调整每个像素的彩色值。

2. AVSS 模块

播放 DVI 系统中运动的视频和音频数据,使用了叫做音频视频支撑系统(Audio/Video Support System,AVSS)的软件子程序模块。AVSS 需要视频和音频特殊格式的数据,叫做 AVSS 文件格式。下面将介绍 AVSS 操作的基本概念,例如,AVSS 播放运动视频,运动视频加上音频,单独的音频以及静态图像。AVSS 也允许应用程序同步播放视频数据。

(1) AVSS 文件格式

同上面讨论的图像文件格式一样,AVSS 文件格式(扩展名为.avs)能够提供较多的灵活性和扩展性。它比图像文件更复杂,能够支撑多数据流同时操作,例如一个 AVSS 文件可以包括一个视频数据流和两个立体声音频数据流。更复杂的情况是,一个 AVSS 文件可以包括 4 个视频数据流和 4 个音频数据流，以一个多窗口的视听效果播放，或者是应用程序希望播放 4 个视频数据流中的一个，需要时立即切换到另一个。

每个文件多个数据流的方法在多媒体软件系统中是非常需要的，当使用较慢的存储设备时，如 CD-ROM，一次能够连续播放运动的视听数据一定要采用这种方案。AVSS 系统曾经尝试过用并行的方案同时播放两个不同的 AVSS 文件，这需要较大的缓存和较快的存储设备。

根据音频和视频流的类型，AVSS 文件中又提供了三种附加数据流的类型：底层数据，数据和图像。底层数据是任意一种类型的数据，它必须同视频和音频信息一起实时提供，例如一种底层数据是时间码，它与 AVSS 文件的每一帧一起存储。数据流由计算机常用的数据序列组成，直到全部数据流存储到存储器之前，应用程序不能使用该数据。AVSS 系统有责任把视频、音频和图像流转换成声音和图像。AVSS 系统允许应用程序使用底层数据，并为其提供方便，例如当底层数据到达时，存取底层数据；从数据流收集底层数据并把它存到由应用程序规定的缓存区中；当数据流到达时，通知应用程序。

保存 AVSS 文件的介质，如 CD-ROM、硬盘的 RAM 盘，只能使用二进制代码的单数据流。因此在 AVSS 文件中的多数据流只能采用如图 5.5 所示的方法将多数据流交叉变成单数据流文件，这是 AVSS 文件最基本的格式。AVSS 文件可能是相同的视频帧信息，也可能不是。它们是一束数据，该数据包含一块从有用的数据流开始的完整的数据。通常在 AVSS 帧中一个视频块应该是单个图像或一个定义完整的视频帧（虽然视频帧可能是一个帧到一帧压缩码数据，但是它假设提供的帧数据是可用的），这个文件格式也能够表示不完整的图像的一个视频块的数据。

视频A	FRAME0	FRAME1	FRAME2	FRAME3	FRAME4
视频B	FRAME0	FRAME1	FRAME2	FRAME3	FRAME4
视频C	FRAME0	FRAME1	FRAME2	FRAME3	FRAME4
视频D	FRAME0	FRAME1	FRAME2	FRAME3	FRAME4

AVSS文件	HEADER	A0	B0	C0	D0	A1	B1	C1	D1	A2	B2	C2	D2	A3	B3	C3	D3

图 5.5　多数流交叉变成单数据流文件

AVSS 一帧单独的一块也可能没有固定的尺寸，特别是经过压缩编码的视频数据，某些帧可能比另外一些帧多些或少些数据。播放时要保持一定的平均速率，对于慢速的存储设备是非常重要的。要播放一个长序列数据必须克服 CD-ROM 需要的寻找时间，一圈的寻找时间至少要引进几百毫秒的延迟，也可能更多，或许它可能引进不能接受的数据中断。因此，AVSS 文件常常包含一些缓冲衬垫数据，为了控制平均字节速率，通常附加一些空位的数据流，与其他有用的数据流交织在一起。

(2) AVSS 文件的操作

通过 DVI 系统中的实时执行模块 RTX 操作 AVSS 文件。为了说明 AVSS，将引进一些 RTX 的概念。RTX 是运行 DVI 应用程序中的多任务形式。RTX 的基本工作单元是任务；建立 PC AT 的中断结构，因此，很多 RTX 任务能够“同时”操作。具体是每秒钟中断

80286 CPU 30 次来实现上述的“同时”。应用程序中任务的执行取决于中断优先排队的结构,RTX 调度将给每个任务顺序运行的机会。各个任务通过系统事件标志能够完成相互的通信。

当运行 AVSS 文件时,它将激活 3 个优先 RTX 任务:几个从外存送到 RAM 的数据传送任务;VDP1 任务,处理控制像素处理器 82750 PA 的任务;VDP2 任务,处理图像显示任务。这 3 个任务完成了播放视频和音频的全部工作。

图 5.6 给出了与 AVSS 有关的数据流方框图,在图的左下角读入数据,从硬盘、CD-ROM 或 RAM 读入数据。第一步是数据的语法分析,如前所述,把数据分解成单个的数据流:视频数据送到 VRAM,音频数据送到音频板的 RAM 中,底层数据送到应用程序在系统 DRAM 中建立的缓冲区。图 5.7 的中心部分给出 AVSS 用 VRAM 所做的工作,最左边是输入缓冲区,它存放经过压缩编码的视频位数据流。右边下一个是为 VDP1(82750 PA)存放显示命令表的 VRAM 区,图形软件模块使用视频的空间,通常在 VRAM 顶部的位置。再右边是一些显示缓存区,用来解压缩视频帧数据。显示缓存区典型数据是 6 个,当然有些情况需要更多一些。

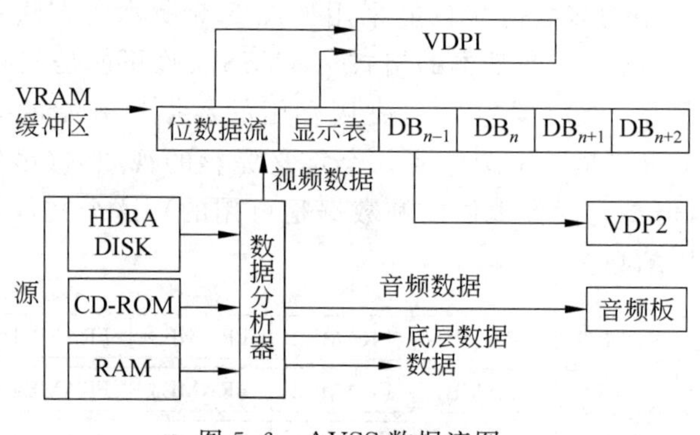

图 5.6 AVSS 数据流图

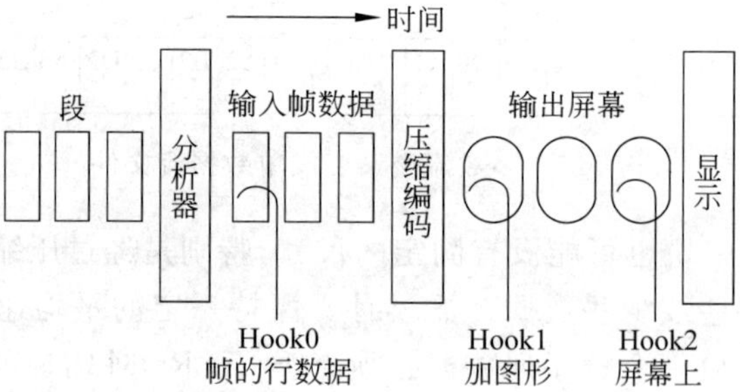

图 5.7 AVSS 流程图和 Hook 子程序位置

AVSS 的 VDP1 任务负责通知 VDP1 解压缩位数据流,并且把结果放到图上特殊的缓冲区,解压缩数据缓冲区 DB_{n+1}。当然,VDP1 也可能存取前一帧数据 DB_n,同时通过显示表得到操作命令。如图 5.6 所示,在同一时间,VDP2 任务告诉 VDP2(显示处理器 82750 DA)显示上一帧 DB_{n-1} 中已经完成了解压缩的数据。因此,在当前显示使用的一个缓冲区之前,已经有几个缓冲区正在使用。

当 AVSS 文件正在运行时应用程序要做另外其他事情是可能的,这是因为 AVSS 中有一个 Hook 子程序。Hook 子程序是一种 C 语言功能，应用程序能够为每个视频帧在 AVSS 进程的特殊点建立 Hook 子程序调用。图 5.7 给出了在 AVSS 流水处理时，3 个 Hook 子程序调用点。图中从左向右也说明视频帧数据在系统中的处理过程。3 个方块表示语法分析、解压缩以及显示激活的 3 个 AVSS 任务。在任何时间，每个任务的前面都要把某些东西存到缓冲区中。Hook 子程序能够在图上 Hook 符号表示的点建立 Hook 子程序的调用。当任何一帧压缩编码数据在压缩编码缓冲区完成压缩编码并且开始解压缩处理时，第 1 个 Hook(0)能够被调用。如果 Hook 子程序在这里激活，它标明了子程序将被调用、通过的帧数以及帧缓冲区的位置。

第二个 Hook 子程序调用点 Hook(1)是在帧解压缩之后的瞬间。通常这一点是在缓冲区中输入绘制的图形。最后一个 Hook 子程序调用点 Hook(2)是在帧数据将要显示之前的瞬间。在这一点是 Hook 子程序的一些与帧显示紧密相关的事情，例如根据鼠标器在屏幕上画游标。

由 Hook 子程序使用的 CPU 周期，或 VDP1 周期，必须注意统一规划。通常 VDP1 全部由解压缩任务占用，除非解压缩任务采用短时解码。Hook 子程序希望扩大 VDP1 的处理任务，对于压缩编码的服务必须更进一步减少解压缩的时间。因为减少解压缩时间意味着输出图像质量的折中，所以必须细心选择确实可接受的图像。另一个考虑是，Hook 子程序产生的 VDP1 显示命令表，要和 AVSS 的 VDP1 任务产生的显示命令表相结合，关键问题要考虑 Hook 点的位置，除非在发出 VDP1 任务前 Hook 子程序占有大量的处理时间，一般将没有什么问题。

在播放 AVSS 文件时，80286 CPU 通常不是满负荷工作，它有很多时间周期可用来完成其他任务。但是相反，在播放视频和音频任务时，要计划大量的使用 CPU 时间。为确保合适的操作，必须仔细地估算和实验。

(3) 附加的 AVSS 特性和能力

AVSS 有很多默认的参数值，如播放帧的速率、在屏幕上视频信号的位置、音频的速率、音量、视频音频相关的时序等。在播放之前和播放的瞬间，上述参数都能改变。通过 Hook 子程序在底层数据流包含的信息，改变上述众多参数是可能的。

如果有足够多的 CPU 周期和足够多的 VDP1 时间，就能够在同一时间运行两个或多个 AVSS 文件。如果文件都存在 CD-ROM，因为需要寻找时间，上述问题是不行的；但是如果把文件存在不同的存储设备中，上述问题是可能的。例如，在导游介绍的应用中，AVSS 播放的背景音乐是从 RAM 盘中调入，播放的视频数据是从 CD-ROM 中调入的。RAM 盘中的音响数据，作为单独的音响数据文件或者是伴随导游介绍视频信息，较早地从 CD-ROM 中读到 RAM 盘中。在同一时间播放视频流，另一种办法是一个视频数据流来自 CD-ROM，另一个视频数据流来自硬盘。如果运行多个 AVSS 视频处理，则必须注意要为每个视频处理提供充足的缓冲区。

AVSS 是为播放运动视频 DVI 的运行时软件。正如前面所说，VDP 芯片组(82750 PA 和 82750 DA)是 DVI 硬件系统的心脏，在这里应该称 AVSS 是 DVI 软件系统的心脏。AVSS 是演示 DVI 技术中所有视频和音频计算能力的软件，它允许应用设计者在同一时间单独或混合使用 DVI 技术中所有的演示模式。

*5.1.3 在窗口系统环境下开发的 AVK

1. AVSS 结构的新需要

AVSS VCR 的工作方式是一个很有用途的工作方式，它能够像磁带一样处理视频信息。要获得简单的培训，多媒体的演示或者联机的"视频 Help"对于 VCR 模式都是合适的例子。现在的 DVI 软件还有交互式图形效应以及动态音频数据流的混合等。由 AOM (Applied Optical Media)研制开发卡车驾驶员安全培训系统以及 CMU(Carnegie-Mellan University)研制开发的软件工程人员编码观察和检验的培训系统，都展示了多媒体计算机系统的能力，这种能力，VCR 系统是不能完成的。下一代的 DVI 系统希望进一步提高应用水平。例如视频会议以及多媒体的电子邮件等。为了扩大交互式多媒体技术的应用，需要建立综合的概念模型。

AVSS 解压缩和显示任务共享屏蔽阵列中的位映射图。这样就妨碍了在同一时间控制多个数据流的应用。为了使控制多个数据流成为可能，解压缩的位映射和显示位映射在存储空间必须分开，把视频数据从一个存储空间复制到另一个存储空间。复制应该包括改变将要显示的视频数据的比例因子，在窗口环境下重新定位和改变尺寸。

AVSS/RTX 的结构必须在特殊的 DOS 平台环境下执行，而且不容易移植到新的环境。调度各种任务采用的 RTX 技术必须重新考虑而找一个新的替代技术。AVK(Audio/Video Kernel)系统能够用新的任务调度机制满足上述两个需要，AVK 系统能够在不同操作系统支撑环境下工作，而且为了实时响应它，必须最少地依赖主机 CPU。

2. 新任务调度策略

新开发的 AVK 系统，Intel 公司考虑了很新的策略，以便进行任务调度，组成可能而有效的数据流。很多其他公司也宣布了他们研制的新的有效的方法，例如由 Philips 和 Sony 公司研制的 CD-I 系统(Compact Disk－Interactive)是一个完备的系统，基本上是面向家电消费市场。它是计算机控制的家电播放器，它能够播放标准家用电视机以及立体声设备。当 CD-I 播放器采用视频功能时，使用脱机的并行处理器能够建立 CD-I 系统的视频数据流。CD-I 系统的硬件包括 VLSI 解码器芯片、DRAM 模块、视频键连子系统以及专用的 CPU。同 CPU 连在一起的是包含叫做 CD－RTOS(Compact Disk Real-Time Operating System)实时操作系统的 ROM。CPU 从 CD-ROM 中读编码数据流并把它送到专用的解码芯片。在解码芯片中的系统控制器保证满足播放数据流实时的需要，从编码的位数据流中抽取时基数据组成播放数据流，这样才能保证播放的连贯性。因为 CD-I 播放器的硬件全部是独立的，它不考虑交叉平台的兼容性，而且它的应用系统考虑的只是使用完备的 CD-I 系统环境。这一点在原理上与 AVSS/RTX 的策略有很多相似之处，在这里它假定只有一个应用程序在运行，而且它控制所有的计算机的资源。这些系统之间的主要区别是 CD-RTOS 本身是一个完备的系统，它不需要另外的操作系统同时存在和它一起工作，而 RTX 必须和 MS-DOS 一起协同工作。

加利福尼亚大学研究小组已经提出一个叫做连续介质扩展的 X 窗口(Continuous Media Extensions to X-Windows，CMEX)服务器对 X 窗口进行扩展(CMEX)。服务器由运行在工作站上 CPU 的进程集组成，它采用实时截止期限优先调度的方案。这些进程把连续介质的输入/输出送到压缩编码和解压缩机构中去，例如 82750 PB 解压缩一帧视频数据之后,82750 PB 发一个中断信号给主 CPU。中断处理器激活 I/O 进程并为它设置截止期限,同时传送下一帧经过压缩编码的视频数据。然后通知压缩编码和解压缩机制,对上述数据进行操作。这个策略和 RTX 是相似的,它把调度各种任务的工作留给主 CPU,但是它们之间还有一个重要的不同:设计 RTX 时,为了达到多进程功能,假设用它的操作系统(MS-DOS)控制主机的 CPU,在这里 CMEX 是使用了主操作系统 UNIX 多进程的特性。由 CMEX 所使用的调度策略能够用到由具有足够能力的 CPU 和 I/O 带宽所支撑的任何一个多进程的操作系统。事实上,早期的 AVK 模型系统使用这个策略在 OS/2 上运行。DOS 操作系统以及更重要的 DOS/窗口系统都没有提供 CMEX 系统所需要的具有优先级的多任务系统的支持。

福隆特(Fluent)机器公司在它们的 Fluent 系统中使用了完全不同的策略。该系统在 IBM PC 386 机器上增加了两块新的插板,为了处理连续的多媒体数据,它采用了安装两个协处理器的策略。Intel 80960 RISC 处理器运行在流水线数据流任务调度的实时操作系统中,它能够同步多个音频和视频数据流。其他的处理器执行视频信号的压缩编码和解压缩的任务。该策略使主机 CPU 解脱了所有视频信号处理器的任务,允许该系统能够在任何操作系统环境下工作。这个双协处理器的策略是一个很完美的技术方案,但是它的不足是,比 Intel 公司单处理器的方法增加了硬件的设备费用。

3. 新的概念模型

对于下一代的 DVI 系统软件,新的模型——数字视频信号生产演播器,已经研制开发出来了。一个典型的生产演播器应包括混合器、磁带、监视系统、特技处理器以及为了记录、修改和播放视频和音频信息联在一起的其他设备。在概念模型中,数字式生产播放器是控制管理数字式音频和视频数据流子系统的集合。数据流试图集中一起播放,形成一个"组"。模拟量的输入和输出可以想象成一个"通道"。音频和视频数据流从输入通道通过连接,到输出通道。数据流能够混合在一起,例如输出到同一个输入通道,或者它们能够通过一个"效果处理器",用同样方法交换数据。如图 5.8 所示,数字式生产演播器主要的组成部分是模拟设备接口、显示管理器、采样器、效果处理器以及音频/视频混合器。

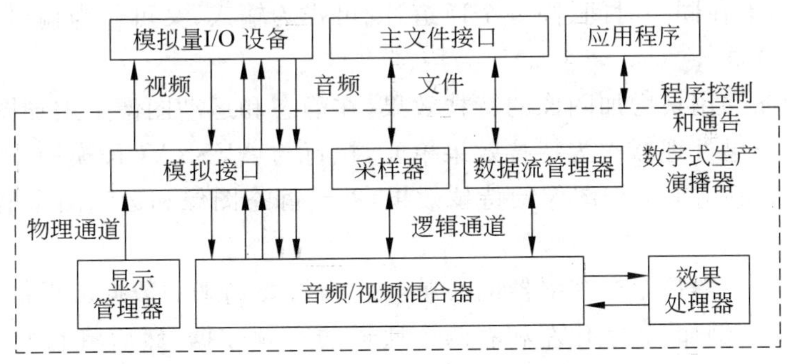

图 5.8　多媒体数字式生产演播器的概念模型

(1) 模拟接口

模拟接口允许系统连接到各种模拟的输入设备和输出设备,例如,激光视频盘、VCR、摄像机以及话筒和扩音器。把这些连接叫做物理通道,因为它们直接映射到外部实际的设备。一个实际通道不是双向的,它们的作用不是输入,就是输出信号数据流。这些连接实际上是对应 DVI 系统硬件的输入输出特性。DVI 系统Ⅱ型产品叫做 ActionMediaⅡ，它的硬件允许视频输出到计算机的监视器、Super－VHS 录像机、电视监视器以及立体声的音响。视频和音频的输入组成在一起，连接到一个信号插头上。所有的输出通道都要完成 D/A 变换，所有的输入通道都要完成 A/D 变换。

(2) 显示系统

显示子系统控制在计算机屏幕上可视数据的显示。多种可视数据类型(静态图像和运动图像)可同时显示在相同的屏幕上。这些集合可以想象成用户的"观察窗口"数据，系统可以定义多于一个"观察窗口"。显示子系统能够建立这些窗口，并且在任意瞬间能够选择并显示这些窗口。这就是具有多个子混合器的等效视频信号，在某一瞬间只能监视这些视频信息中的一个。

(3) 采样器

采样合成器或采样器是音响生产演播器中通用的附件。音响采样记录音响源所建立的波形，作为数字式的序列存在存储器中。通过控制这些值能够改变音响效果。这个概念也能扩展到视频数据。一帧数字化的照片可以想象成运动图像的采样，显示之前在存储器中能够进行控制和管理。

在我们的模型中，采样作为视频存储器块执行，该块可以用来暂时存放视频和音频的数据。从视频文件中能够采样一帧数据，并且可以作为静态图像存储。一幅图像可以送到效果处理器，并传送到其他部件，在传送时能够改变色调、亮度等视频属性，同时进行转换，从一种位映射格式转换成另一种。然后放回到采样器并且显示，或者存到盘上。

(4) 数据流控制器

数据流控制器特别像磁带机传输控制器，它负责控制数字式数据流，读写存储设备，例如 CD-ROM、磁盘或者局域网。数据流流过逻辑通道就像磁带的磁道一样，和物理通道的数据流不一样，逻辑通道的数据流不需要一对一地映射到物理设备上。例如，CD-ROM 设备能够把交错的视频和音频信号文件提供给数据流控制器，数据流控制器能够把它们映射到几个逻辑通道中去(一个视频通道和两个音频通道)。除了 CD-ROM 之外，逻辑通道是双向的。这就是说，不在同一时间、同一个通道，既可作为输入，又可作为输出。

(5) 效果处理器

效果处理器能够用来增加图像的特技效果，在静态和运动图像上增加图形，或者改变音响数据的特性。效果处理器作为特技效果单元，执行与 AVSS VCR 模型一样的功能。作为 VCR 播放时，它能够用来增加图像的特技效果，并给静态图像和运动图像增加图形。

(6) 混合器

音频和视频混合器是生产演播器的心脏。它为将要到来的数据流提供分配到输出通道的机制，或者相反。例如，数字化左和右两个通道的音频数据，然后将它们组合成单一立体声的数据流，视频通道也能够提供连续的运动的数据流或静态的图像。

当一个音频输入通道产生单个的音响数据流时，混合器能够把多个音响数据流用多种方法混合在一起送到音频的输出通道。混合器能够用多种方法控制数据流通过系统。录音机或音响演播器，通过从左向右滑动电位计能够使音响数据从左边输出通道向右边输出通道漫游。数字式音响数据流能够用各种百分比，范围从 0～100 分配给左边和右边的输出通道。

混合视频数据流到视频输出通道是简单的定义源实体(运动图像或静止图像)以及目的实体(在计算机屏幕上应用者的窗口)的问题。几个源能够分配到相同的目的实体,产生复合的图像或者是"可视性的混合"。混合器实际上为修改数据提供某些控制功能。在数字式视频的情况下,它包括定义源和目的实体的矩形区,可用于剪裁,改变尺寸,变换属性,如色调、对比度、亮度以及色饱和度。

(7) 带宽饱和

在音响生产演播器中,如果太多的输入通道分配到磁带的同一磁道上,磁带会产生饱和现象,它将严重的影响声音的质量。同样,能够通过计算机实时解决大量数据流和数据流组存在的各种实际限制。例如,各种设备的数据传输率,主机总线的带宽,可用的CPU周期的数量,所有这些都影响计算机处理这些复杂数据类型的各种可能的限制。这些限制在数字式生产演播器模型中用饱和这个词来描述。

逻辑磁道可能是这样分配的,它们超过了某些设备的数据传输率,例如CD-ROM或硬盘。结果,可能丢失记录数据,或者可能合适地播放文件。在这两种情况,都可以说成是饱和。

当太多的特技效果同时安排播放时,将出现另一种形式的饱和。视频和音频处理器也受带宽的限制,当视频播放时,分给视频音频处理器的任务超过了它们能够实时完成的范围,结果就会出现丢帧或使声音速度放慢以及产生很多噪声。

另一个限制因素是总线的带宽,即总线数据传输速率的限制。在DVI系统执行解压缩编码和显示之间,数字式数据必须从存储介质或局域网传送到DVI的局部存储器中。如果几个实际设备的数据同时传给混合器,这时系统总线的带宽会成为饱和,以至于不能传输数据。

4. AVK系统的结构

由于新的82750 PB增加了像素处理能力,可移植到多个操作系统环境,以及希望支持窗口环境,所有这些都影响AVK的设计。AVK的设计要满足下述一些新的设计目标:第一,AVK可用到多个主计算机平台和多种操作系统环境。第二,当系统硬件能力增加时,AVK系统具有可扩展性。例如,软件系统设计时,不限制同时播放的视频数据流的数目。最后一点是,依靠主CPU要最少。

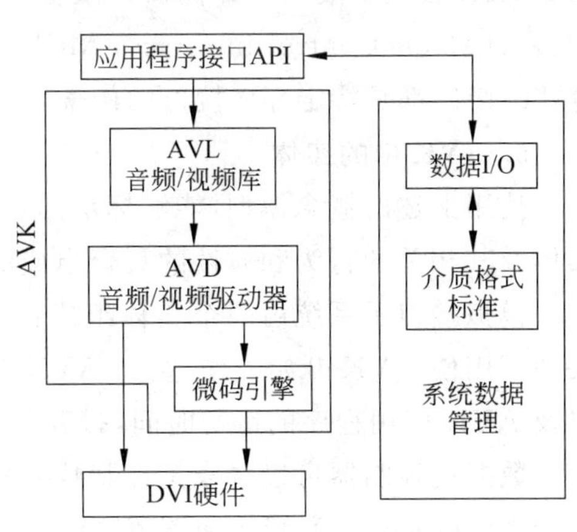

图5.9 AVK系统结构图

AVK的系统结构如图5.9所示,它具有多层模块结构,允许在多种支撑平台上工作,具有极大的可移植性。图中AVK的最下层是82750 PB像素处理器微码子程序的集合,称它为"微码引擎"。有一个功能叫做DoMotion,它管理解压缩的任务以及缓冲区,另一个功能叫做Copy Scale,它能够实时地、按任意任选的比例尺将一幅视频图像复制到显示缓冲区。微码也能用来调度显示任务。DoMotion微码功能允许其他的微码子程序及其相应的参数,为了增加视频效果而动态地加载和执行。

再上一层叫做音频视频驱动器(Audio/Video Driver, AVD),这一层是和DVI系统

ActionMedia 的硬件紧密相关，它和 AVK 系统的其他部分是分开的。AVD 的接口提供下述功能：存取在设备上局部视频存储(VRAM)，为 82750 DB 显示处理器设置显示格式以及从 VRAM 加载微码到 82750 PB 在片指令存储器中。AVD 还提供一个到声音子系统以及任选的音响获取子系统的接口。

第 3 层叫音频视频库(Audio/Video Library，AVL)。AVL 提供很多与新的数据类型紧密相关的功能，如上所述的数字式生产演播室模型的功能。管理控制视频和音频所需的数据类型规格化为数据流，这些数据流集成为一个数据流组。一个数据流组是一个或多个数据流的集合，目的是为了完成同步控制的需要。这里的控制功能就是播放、暂停、停止前一帧数据流组的操作。AVL 执行的控制功能是为获取和显示缓冲区读写数据的功能。AVL 还可提供控制这些数据类型的属性，例如，调整声频数据流的音量大小或者调整视频数据流的色调。这一层是独立的较大的平台，因此很容易移植到其他的硬件环境和操作系统中。

AVL 还包括一个内部使用的 C 功能集，如 VRAM 存储器的控制管理、位映射图的格式化以及产生和管理命令表。命令表是微码功能和它们的参数集合。命令表可作为存储器的内部指令，然后由 82750 PB 作为数据流组调度执行。这也可以看到，在我们设计的 AVK 模型中效果处理器是如何工作的。每个微码功能都可以看成是一个操作。把一个操作放到命令表里就相当于把一个"效果"安排给效果处理器进行特技处理。命令表在静态图像时与位映射有关，或者是与视频数据流有关。如果命令表与视频数据有关，那么它将一帧帧执行下去，直到命令表换掉或删除。

图 5.10 中最上一层是特定的支撑环境层，它有两个主要功能：读写数据到主文件系统，把 AVK 集成到窗口系统的支撑环境中。这些功能用特定环境的方法能够有效地执行，而且在这里把它放在 AVK 结构的外面，目的是为了更方便地移植到其他支撑环境。由 Microsoft 公司扩展的多媒体窗口系统(Multimedia Extensions to Windows)定义的媒体控制接口(Media Control Interface，MCI)以及快速电影工具盒(Quicktime Movie Tool box，QMT)接口都是特定环境接口的例子，它们都能在 AVK 上层执行。

5. AVK 中的实体

使用上述的概念模型，能够标示出众多个实体并抽象出基本的 AVK 接口。接口是由实体及其相关的行为和属性的集合组成的。图 5.10 给出 AVK 的实体和它们之间的关系。

模拟接口子系统由两个实体组成：AVK 的对话时间和 AVK 的设备。和这些实体有关的调用使 AVK 开始工作，定义 AVK 和应用程序之间的通信机制，允许询问设备的能力以及 AVK 应用程序的运行时间，打开和关闭 DVI 设备。

数据流控制器可以看成是控制数字式数据流实体的集合。AVSS 把这些实体当成紧密耦合文件的集合，而 AVK 把它们当成独立的存储数据的文件来处理。数据流组是控制同步和通信的单元，如磁带的传输控制器。数据流组的调用可执行播放、暂停以及记录等功能。数据流组的缓冲区相当于磁带，它可能包含用相同速率播放的多个数据流。数据流是音响或视频单个的数据轨迹，几个数据流能够存储在相同的文件中。

在 AVK 中混合器的功能是由叫做连接器的实体提供的。连接器可以想象或是个流水

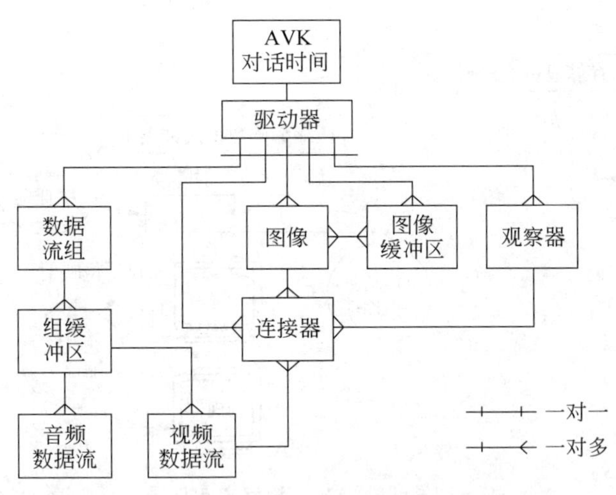

图 5.10　AVK 实体之间的关系图

线,它允许任选的传送数据流入和数据流出。连接器是复制功能高层次的抽象,连接为源和目的的位映射定义叫做"盒子"的矩形区。为了支持窗口需要改变图像的比例和重新定位,因此"盒子"的尺寸能够实时地修改。

在实体中把显示子系统具体叫做"观察窗",观察窗显示图像,而且是把应用程序映射到窗口的可视区域。观察窗常常是连接器的目的实体,在这里源是另外的可显示的实体,如图像或可视的数据流。应用程序能够在多个观察窗之间切换选择。

现在的设计是,采样器仅由图像和图像缓冲区实体组成。图像是可能存储静态图像VRAM 的一部分。图像缓冲区是压缩编码的图像,图像可能被压缩编码到图像缓冲区,而且图像缓冲区能够被压缩成一幅图像。在替代一幅图像时,或者使用连接器进行复制操作时,都能够执行图像特技操作。

6. AVK 的数据流

由于性能指标的原因,AVSS 选择使用了显示缓冲区的屏幕阵列位映射技术。老的A 型 82750 PA 像素处理器对于实时以每秒 30 帧的速度解压缩 256×240 的图像具有足够的能力,但是要很快地复制和改变图像比例尺,A 型的处理速度就显得不够了。新的 B 型82750 PB 像素处理器比 A 型处理速度快 2 倍多。利用增加的能力,能够用来更灵活地调度多个缓冲区,图 5.11 给出了 AVK 数据流程图。

从解压缩位映射阵列分离显示的位映射允许插入复制和改变比例尺的操作,也允许窗口的视频效果,例如,重新定位和重新改变视频图像的尺寸。使用 AVSS,为了使视频图像出现在 1/4 屏幕窗口,位映射全都需要 512×480 像素的分辨率,把它分成 4 个区域,解压缩的位映射将是 512×240 个像素,仅用一个 512×480 像素位映射作为显示缓冲区,因为有4 个最小的位映射需要解压缩,这种方式实际上是使用最少的存储器。

AVK 数据流另一个优点是:由于 DVI 硬件具有更多的功能,多个视频窗口能够同时显示在屏幕上。为了完成上述功能,当对于相同的显示位映射数据执行复制和变换比例尺操作时,为每个视频数据流定位压缩编码数据缓冲区和解压缩阵列数据。而 AVSS 结构是使用单个位映射阵列用于解压缩和显示。

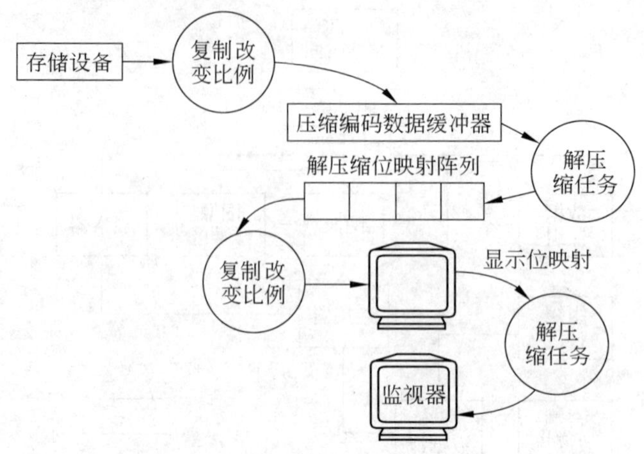

图 5.11　AVK 数据流程图

5.2　将多媒体和通信功能集成到 CPU 芯片中

计算机产业的发展趋势应该是把多媒体和通信技术融合到 CPU 芯片中，过去计算机结构设计较多的考虑计算功能，今天随着多媒体技术、计算机技术、网络技术的迅速发展，计算机结构设计需要考虑增加多媒体和通信功能。

计算机最早是在大学和研究机构用于数学运算的。30 年前计算机开始进入企业界，当时只被当作数值处理机，近一二十年计算机从机房搬到办公桌以后，使计算机增加了字符、文字、图形和图表的处理能力；最近几年由于多媒体和通信技术的飞速发展，需要计算机具有综合处理声、文、图信息及通信等功能，使其能够广泛地用在多媒体信息管理系统、多媒体信息点播系统、视频会议系统、电子图书馆、交互式电视系统、远程医疗诊断系统、虚拟教室、远程学习系统以及计算机支持的协同工作系统等领域。

为了使现有的计算机能较好地满足上述系统的各种需要，希望计算机在原有的硬件和软件支撑平台上增加如下功能：

- 多媒体数据的获取；
- 多媒体数据的压缩和解压缩；
- 多媒体数据的实时处理和特技；
- 多媒体数据的输出和多媒体通信。

5.2.1　集成的设计原则

在这里集成的含义是指在原有计算机体系结构中，如何增加上述新的功能。它们的设计原则如下。

1. 采用国际标准的设计原则

标准化是产业活动成功的前提，为了使新型的计算机增加多媒体数据的获取、压缩和解压缩、实时处理和特技、输出和通信等功能，设计时必须采用国际标准。前几年世界上许多国际性的大公司已经研制了很多种多媒体计算机系统，其中卓有成效的系统有：

Commodore 公司的 Amiga 系统、Philips/Sony 公司的 CD-I 系统、Apple 公司的 Quick Time 以及 Intel/IBM 公司的 DVI 系统，在这些系统中都有自己的视频音频信息压缩编码和解码算法，如 DVI 系统中的 PLV(Production Level Video)算法。为了提高速度，提高产品效益，进行实时处理，这些公司还投资了大量研究经费，设计制造了专用的硬件芯片。如 Intel 公司的 DVIAction Media 750 II 系统专门设计了 82750PB 像素处理器、82750DB 显示处理器、82750LV VRAM/SCSI/Capture 接口门阵，82750LA 音频和 Color Key 门阵以及 82750LH 逐级接口门阵。在当时的国际市场上取得了良好的经济效益和社会信誉，该公司的 DVI 系统荣获了 1991 年秋季 Comdex 国际计算机博览会的最佳多媒体产品奖(Best Multimedia Product)及最佳展示奖(Best of Show)。但是随着最近几年国际标准化组织(ISO)先后制定了：ISO/IEC 10918 连续色调静态图像的数字压缩和编码(JPEG)，ISO/11172 具有 1.5Mbps 数据传输率的数字压缩媒体运动图像及其伴音的编码(MPEG-1)，ISO/IEC 13818 带有伴音的运动图像的通用编码(MPEG-2)，ITU-T 协议 H.320 窄带 ISDN 可视电话系统和终端设备、ITU-T 协议 H.324 低位率多媒体通信终端以及 ITU-T 制定的 H.261p×64kbps 可视电话业务的视频编码等国际标准，使得上述产品进一步发展和销售遇到了较大的困难，它们必须改型设计采用上述国际标准，走标准化的道路。

2. 多媒体和通信功能的单独解决变成集中解决

要计算机同时具有综合处理声、文、图信息的能力和通信功能，过去的解决办法是设计专用接口卡分散单独解决，例如使用类似声霸卡解决声音的输入输出和实时编码、解码及处理问题；使用类似视霸卡解决视频信号的输入、显示输出及多窗口的彩色键连问题；使用视频信号压缩编码和解码卡解决视频信号压缩和解压缩问题；使用局域网和 ISDN 网接口解决局域网和远程网的通信问题。现在希望采用微码引擎，设计制造合适的 DSP 或阵列处理器通过微码编程综合解决上述问题。几年前 TI 公司设计制造的 Mwave 系统就是一个很好的实例。Mwave 的多媒体特性如图 5.12 所示，它形象生动地说明了 TI 公司把多媒体和通信功能从单独解决变成集中解决的方案。过去要想使计算机具有传真(Fax)和调制解调器(Modem)的功能，就要选用 Rockwall 公司的专用芯片，并设计一块专用的接口板；要想使计算机具有语音识别和语音合成的功能，就要选用 TI 公司的语音信号处理的专用芯片，

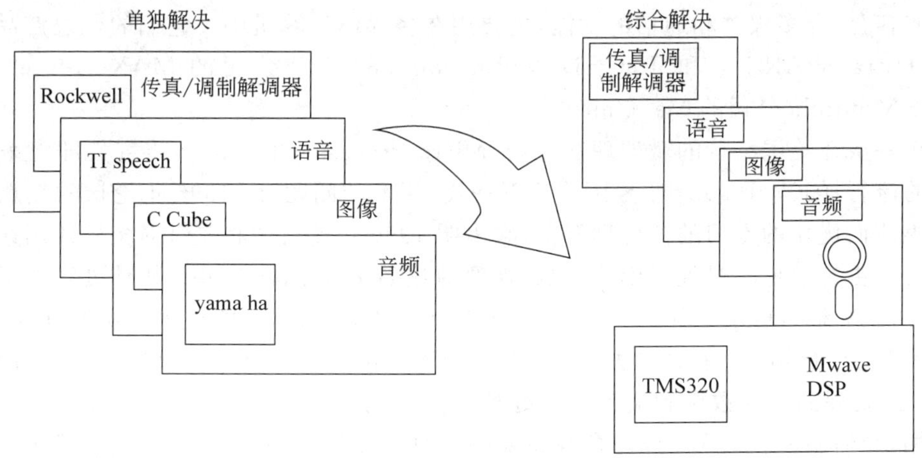

图 5.12　Mwave 的多媒体特性

并设计一块专用的接口板；要想使计算机具有图像处理、压缩编码和解码的功能，就要选用C-Cube公司生产的图像处理，压缩和解压缩的专用芯片，并设计一块专用的接口板；要想使计算机具有音乐合成的功能(MIDI)，就要选用Yamaha的音乐合成的专用芯片并设计一块专用的接口板。而现在可以选用TI公司生产的多媒体数字信号处理芯片TMS320，它采用微码引擎综合集中解决上述问题，通过加载不同的微码可以使TMS320 Mwave DSP分时具有传真、调制解调器、语音信号处理、图像信号处理及音乐合成的功能。

3. 体系结构设计和算法相结合

要想使计算机同时具有综合处理声、文、图信息的能力和通信功能，最佳解决办法是把计算机体系结构设计和算法相结合。具有综合处理声、文、图信息的能力和通信功能的算法的核心是数字信号处理、数组向量运算，即以乘加运算为核心的矩阵运算。例如，我们要执行符合国际标准的JPEG、H.320、MPEG等图像编码和解码以及通信的算法时，要进行离散余弦变换(DCT)、Huffman运算、行程编码(RL)及变长编码(VLD)运算等。这类运算大量重复使用乘累加运算，它们要求处理器具有如下的特点：

- 快速灵活的算术运算能力；
- 扩展的动态范围；
- 多操作数的同周期提取；
- 硬件的循环缓冲；
- 多个二维查找表(TD-LUT)；
- 无额外开销的循环和分支控制。

4. 把多媒体和通信技术做到CPU芯片中

为了使计算机具有多媒体和通信功能，最早的解决办法是采用专用芯片设计制造专用的接口卡；其次是把多媒体和通信功能做到母板上，最佳的方案是将多媒体和通信功能融合到CPU芯片中。从目前的发展趋势看可以把融合方案分成两类：一类是以多媒体和通信功能为主，融合CPU芯片原有的计算功能，它们的设计目标是用在多媒体专用设备、家电及宽带通信设备上，可以取代这些设备中的CPU及大量的ASIC及其他芯片，它们的代表产品是Philips公司的Trimedia，MicroUnity的Media Processor及Mpact Media Engine。另一类是以通用CPU计算功能为主，融合多媒体和通信功能，它们的设计目标与现有计算机系列兼容，融合多媒体和通信的功能，主要用在多媒体计算机中。它们的代表产品是Sun公司的Ultra SPARC-Ⅰ和Ⅱ，Cyrix Multimedia 586，HP公司的MAX-2，Intel公司的MMX及Motorola公司的VeComp701。

每年一次在美国举行的微处理器论坛(Micro-Processor Forum)，将宣告即将来临的微处理器的流行样式。1995年主要围绕着下一代CPU的问题，而1996年论坛的热点论题转到为多媒体而优化的专门的微处理器上，它表明1996年流行的将是针对多媒体用途的微处理器。为了更有效地实时处理模拟音响、视像的数字化数据流，这些多媒体处理器都采用了数字信号处理器(Digital Signal Processor，DSP)中采用的一些技术。实际上它们很像CPU/DSP的混合物，更好的方法将是CISC、RISC和DSP、Array Processor结构的融合。随着PC从处理简单的数字和文字走向处理更复杂的数据类型，老的处理数字的方法已不完全适用，今后新一代的PC处理音响和视像将和今天PC处理文字和表格一样平常。

1996年世界上很多厂商推出了多媒体处理器(Multimedia Processors)，其中的佼佼者是Chromatic Research公司的Mpact、Philips公司的Trimedia、MicroUnity的Media Processor(由MediaProcessor、Media Codec及MediaBridge三件组成)以及Nvidia NVI高度集成的多媒体加速器，它们引起了世界舆论界的普遍关注，人们认为它们将会成为多媒体时代多媒体计算机的协处理器。Microsoft公司总裁Bill Gates曾预测，未来的个人计算机只有三个主要元件，即存储模块、CPU及一个执行复杂I/O的处理芯片，多媒体处理器便是一枚可独立执行I/O处理的高速专用芯片。

1996年2月位于美国桑尼维尔的Chromatic Research公司开发的Mpact媒体处理器一经问世，就立即引起轰动，受到各种媒体的普遍关注，《华尔街邮报》、《今日美国》、《Byte》等数十家报纸杂志都刊登了一系列的评论。有人认为"媒体处理器——多媒体时代的计算机芯片"。除了Chromatic公司，还有IBM、MicroUnity、Mitsubishi、NEC、Philips、Samsung和SGS－Thomson等众多有影响的大公司正在推出自己的媒体处理器。在下面两小节中将重点介绍Mpact和Trimedia芯片、板卡及其软件。IBM公司的Mfast与上述两个产品不同的地方是增加了MPEG-Ⅱ的编码功能，对于需要高质量的MPEG-Ⅱ视频创作的用户而言，它可能是最好的选择。下面先简单介绍几种媒体处理器：

(1) Micro Unity的多媒体处理器

Micro Unity的多媒体处理器是由Media Processor、Media Codec及Media Bridge三件组成一套芯片组。它的设计目标是宽带交互式网络的用户终端设备，也可是交互电视(ITV)系统中的机顶盒(Set Top Box，STB)。在这里Micro Unity的芯片将取代通用的CPU以及许多其他外围器件。Micro Unity的媒体处理器的特点是：

① 适用于多媒体和宽带通信；

② 时钟频率可从300MHz到1GHz；

③ 使用32位指令系统进行信号处理和扩充数字运算；

④ Media Bridge的高速缓存和Media Codec I/O芯片有1Gb/s的I/O界面。

(2) Nvidia NVI

Nvidia NVI是高度集成的多媒体加速器，设计目标是用于视频游戏领域，可明显改进游戏的视频感官效果。它的特点是：

① 拥有波形表音响合成器；

② 拥有MIDI；

③ 拥有3-D图形加速器；

④ 拥有32个16位音响通道。

5.2.2 Trimedia媒体处理器、参考板及其软件开发环境

TM-1000是Philips公司于1996年底推出的新一代媒体处理芯片(Media Processor)。它是一款针对实时处理音频、视频、图像和通信数据流的通用微处理器，内部集成了一个极高性能的CPU，一些周边的I/O单元和协处理单元。综合运用内嵌DSP(Digital Signal Processing)的方案和通用CPU的高度可编程特性，使它以极高的性价比实现了高性能的多媒体功能。因此它在消费类电子产品和PC产品中得以广泛应用。它有以下几个主要特点：

• 在一块芯片上同时处理音频、视频、图像和通信数据流。

• 内部集成一个强大、通用的非常长指令字(Very Long Instruction Word, VLIW)的处理器内核,包含分离的数据和指令 cache(高速缓冲存储器),峰值计算速度达到 40 亿次/秒。

• 相互独立,DMA 驱动的多媒体输入输出单元接受和输出格式化的数据,并能实现特殊多媒体算法。

• 指令集包括 RISC、多媒体、DSP 以及和 IEEE 兼容的浮点运算。

• TM-1000 内部和功能单元之间通过一个高性能的总线和存储系统进行通信。

• 利用高性能的软件开发工具和预先构造的库,使多媒体应用的开发基于 C 或 C++ 语言。

1. Trimedia 处理器

参照图 5.13,下面对 TM-1000 各个功能部分分别给以详细地介绍。

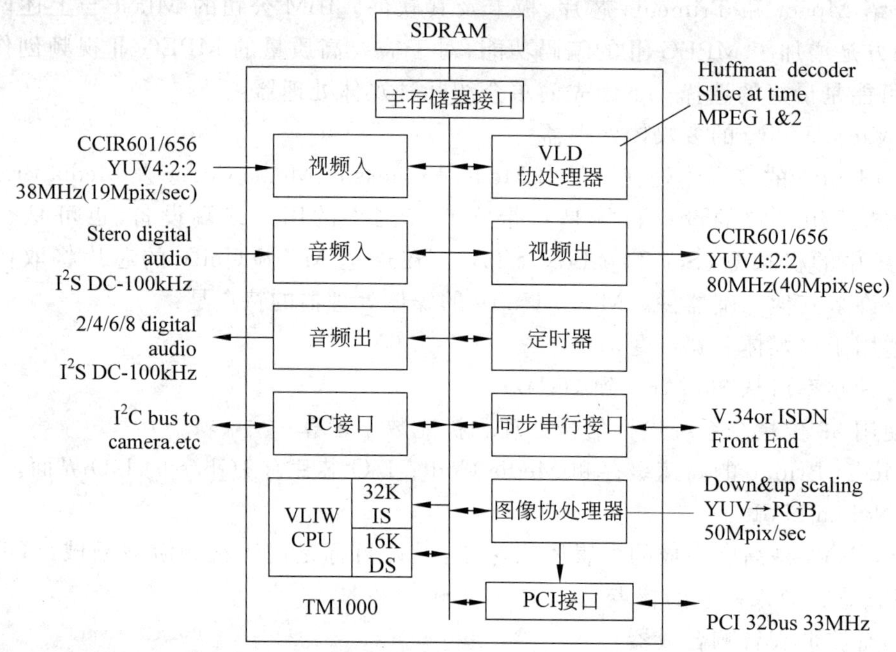

图 5.13 TM-1000 功能模块图

(1) 可编程的 VLIW CPU

TM-1000 的心脏是一个强大的类似 DSP 的 32 位处理器核心。处理器实现了 32 位线性地址空间,内部包含了 27 个流水线驱动的功能单元和 128 个通用寄存器,任何寄存器都可以被任何操作、任何操作数利用。它的高度并行的 VLIW 体系结构实现了一个 five-issue-slot 引擎。核心使用 VLIW 指令集,每个时钟周期内,允许同时发出 5 个运算,这些运算可以针对 27 个功能单元中的任何 5 个,其中包括整数单元、浮点数运算单元、类似于 DSP 的数据并行单元。大部分通常的运算需一个时钟周期即可得到结果,复杂一点的运算需要多一点的时钟周期。

TM-1000 的指令集包括通常的 RISC(精简指令集)运算、实现强大 SIMD(Single Instruction Multiple Data)功能和定制多媒体功能(custom multimedia functions)的专门

DSP 运算以及 32 位 IEEE 兼容的浮点运算，支持高字节顺序和低字节顺序。

TM-1000 的 CPU 还对指令和数据断点提供了特别的支持，这在应用程序的开发和调试中尤其有用。

(2) 专门的数据和指令 cache

TM-1000 内部具有专门的 16KB 数据 cache 和 32KB 指令 cache 支援 32 位处理器。为了提高 cache 的性能，两种 cache 都使用了一种锁定机制，cache 的数据一致性由软件维持。数据 cache 是双端口的高速缓冲存储器，它允许两个同时的访问。为了减少内部总线的带宽需求，存储器和 cache 里面的指令采用压缩格式，在指令被 CPU 处理之前，压缩的指令由指令 cache 解压缩单元完成解压缩。

(3) 无缝的存储系统接口

TM-1000 存储系统通过使用片上 cache 和一个对外部同步动态随机访问存储器(Synchronous DRAM，SDRAM)无缝接口相结合的机制找到了性能和价格的平衡点。它的存储器接口有了足够的驱动能力，可以直接驱动 100MHz、8MB 的存储系统。利用较低的系统时钟频率和外部的缓冲器，可以实现更大的存储空间。可编程的时钟比使存储系统和 CPU 可以运行在不同的时钟速度下。支持不同的存储器类型、总线宽度、时钟速度，使 TM-1000 可灵活设计满足不同系统的需求。

(4) 高速内部总线(数据高速通路)

TM-1000 内部的高速数据总线将内部各功能单元连接在一起，并且提供对各功能单元的控制寄存器、外部的 SDRAM 以及外部的 PCI 总线的访问。它由分离的 32 数据总线和地址总线组成，总线传输协议采用块传输协议。片上的周边设备单元和协处理器单元可以是总线传输的主设备也可以是从设备。总线带宽的分配是可编程的。内部总线有一个中央判优器，它有许多不同的工作模式，允许针对不同的应用选用不同的判优算法。根据判优模式，它控制对总线的访问和分配不同的带宽给请求单元。每种模式保证一个单元最小的带宽和最大的服务延迟。这种总线分配机制是使得 TM-1000 成为真正的音频和视频实时系统特点之一。

(5) 视频输入(Video In)单元

任何 CCIR601/656(8 位并行输出，4∶2∶2 的 YUV 时间复合信号)兼容的设备，如数字摄像机，都可以和视频输入单元直接连接。与 CCIR 不兼容的设备可以通过一个数字视频解码芯片(如 Philips SAA7111)与视频输入单元相连接。视频输入单元从片下单元获取数字视频，将复合 YUV 数据分离，如果需要的话可以进行子采样，然后回写到 SDRAM 中。许多数字摄像机获取 640 像素每行或 720 像素每行的图像，视频入单元自身对图像进行水平子采样，直接转换到 320 像素每行或 360 像素每行的图像，转换过程不需要 CPU 的介入，如果需要较低的解析度，那么获取信号过程中进行的子采样能够极大地减少存储和带宽需求。

(6) 视频输出(Video Out)单元

视频输出单元执行和输入单元相反的功能。它从 SDRAM 中分离的 YUV 数据结构产生 8 位复合的 YUV 数据流。它能执行任何可编程的任务，然后将数字视频数据输出到片下(off-chip)的视频子系统，例如数字视频编码芯片、数字视频录像机或其他 CCIR656 兼容的设备。视频输出单元可以用 PAL 或 NTSC 制式输出连续的数字视频，最高频率可以达到 40Mp/s(像素每秒)。在产生复合视频数据流的同时,视频输出单元可以进行可选的水平 2 倍放大,将 CIF 的解析度转换到 CCIR 的解析度。为了能够同时显示图形和活动视频,它也能在输出的图像的任意位置以任意尺寸产生复杂的图形覆盖(如 alpha 混合)。

(7) 音频输入和输出(Audio In/Out)单元

TM-1000 集成了音频输入和输出单元。它们自动利用 DMA 方式为片下(off_chip)的串行音频 AD 和 DA 提供数据流服务。两个单元都可以直接支持串行的 16 位立体声输入输出,采样频率最高可以到 100kHz。配合少量的外围电路,可以支持 8 路声道的输出。音频接口是高度可编程的,能够适应专门协议和未来的标准。TM-1000 可以编程,提供主时钟给外部的 ADC 和 DAC。片上时钟发生器的精度可以达到 0.0006p/m。如此高的解析度,使编程者能精确地控制采样时钟频率,以简化复杂多媒体系统中的同步算法。

(8) 专用的协处理器

TM-1000 具有很强的处理能力,又有便宜的价格,关键之一是它拥有专用的硬件协处理器。

(9) 图像协处理器(Image CoProcessor,ICP)

ICP 和 CPU 下载图像处理和调整任务,例如将图像从 SDRAM 中复制到显示卡的帧缓存中。它也可以当做一个存储器到存储器设备或存储器到 PCI 总线的协处理设备。在存储器到存储器的模式下,可以执行水平或垂直的图像滤波和任意图像放缩,这是它能执行输入像素 5 邻域的 32 有限冲击响应(Finite Impulse Response, FIR);滤波,滤波系数全是可编程的;在存储器到 PCI 总线的模式下,可以执行水平放缩,然后执行色彩空间变换。例如,如果一个像素数组将要显示在一个 PC 的图形用户界面的窗口中,ICP 首先在存储器到存储器模式下调整图像垂直大小(如果需要的话),然后在存储器到 PCI 总线模式下调整水平大小,最后执行 YUV 到 RGB 的色彩空间变换。ICP 也为重迭窗口中的活动视频显示提供支持,窗口的数目和大小仅仅受到带宽的限制。最后经重新采样和变换的图像像素通过 PCI 总线传送到片下的图形卡或帧缓存。

(10) 变长解码器(Variable Length Decoder,VLD)

VLD 帮助 CPU 解码非常高位速率的哈夫曼编码的视频数据流,如 MPEG-1 或 MPEG-2 数据流。VLD 工作在存储器到存储器的模式下。CPU 传递给 VLD 一个指向哈夫曼编码的位流的指针,结果产生一个为 MPEG 解压缩软件优化的符号化位流,因此 CPU 和 VLD 之间的通信是最小的。

(11) I^2C 接口

TM-1000 的 I^2C 接口使片内设备连接、控制外部 I^2C 设备成为可能。这样,TM-1000 可以配制和监测外部视频设备的状态,如视频解码器和编码器以及某些数字摄像机。它也用来在启动的时候从 EPROM 中读取启动程序。

(12) 同步串行接口(Synchronous Serial Interface,SSI)

TM-1000 的 SSI 接口为多种多媒体应用提供访问通路,例如电视电话或视频会议和 PC 一般的数据通信。SSI 包含了和模拟调制解调器相联结所需要的所有的缓冲区和逻辑(电路)。当和 Trimedia 的 V.34 软件库组合起来时,SSI 提供了完全和 V.34 兼容的调制解调器能力。另外,TM-1000 的 SSI 也能和 ISDN 接口芯片相连,以提供更好的数字调制解调器能力。

(13) 定时器

TM-1000 包含了 4 个定时器，程序员可以使用其中 3 个，另外一个保留给系统。

(14) 高速 PCI 总线接口

TM-1000 的 PCI 总线接口将 VLIW 的 CPU 和片上的输入输出单元以协处理器单元联结到 PCI 总线。在基于 PC 的应用中，TM-1000 可以直接联结到标准 PCI 总线上，因此它可以直接安装到 PC 的母板或是插入卡上。在 TM-1000 作为主处理器的嵌入式应用中(embedded application)，PCI 总线可以用来连接其他一些周边设备，这些周边设备实现了某些 TM-1000 未提供的功能。

2. Trimedia 软件开发环境

按照传统的做法，嵌入式的微处理器应用程序用汇编编写代码，结果是虽然代码执行效率较高，但是却损失了代码的移植性，而且也使产品开发周期变得很长。Trimedia 提供了一套复杂的系统软件工具帮助程序员使用标准的 C 或 C++ 语言开发多媒体应用程序。这一套工具包括编译器、调试器、优化工具和仿真器。Trimedia 的软件开发环境(Software Development Environment，SDE)保证了快速开发新的代码和移植已有的代码，从而缩短新产品开发周期，迅速占领市场。在 Trimedia 系列芯片中，软件的兼容性只限于源代码(C 或 C++)级别，强大的编译器使得程序员没有必要费力去编写没有任何移植性的汇编源程序。SDE 集成了许多通用 CPU 和实时系统开发环境所具有的共同特征，它由以下一些模块组成。

图 5.14 所示的框图说明了 SDE 各模块之间的关系。

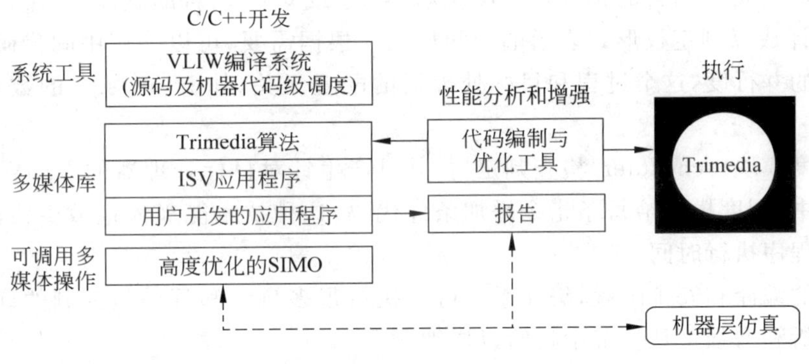

图 5.14 Trimedia 软件开发环境的组成模块

- VLIW 的标准 C 或 C++ 语言的编译器；
- 基于 GUI(图形用户界面)的多级调试器；
- 性能分析和增强工具；
- 中间代码和机器代码级的仿真器；
- 一个实时操作系统(RTOS)内核。

(1) VLIW 编译系统

图 5.15 说明了 Trimedia 编译系统对 C 或 C++ 源程序的操作过程。非常简单，Trimedia 的编译系统从 C 或 C++ 语言的源代码产生可执行程序。它的模块设计使程序员可以完全控制编译、调试和优化的每一步。中间代码和机器代码级的仿真器允许程序员在开发过程中评估指令级的并行度和校验程序的逻辑功能。

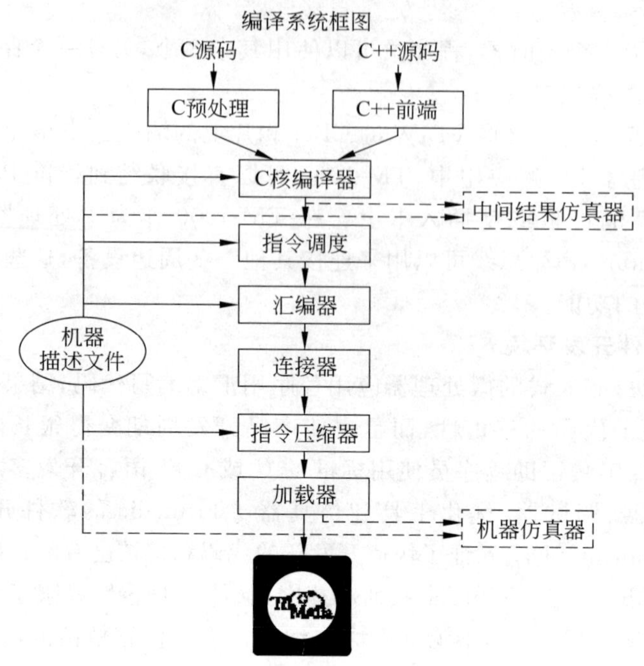

图 5.15 Trimedia 的编译系统

在编译块完成 C 语言的预处理(preprocessing)或 C++ 语言的翻译后,核心的 C 编译器将 C 代码翻译成以判定权形式表示的中间代码。根据需要,可以使用中间代码仿真器来检测中间代码的并行度,这个过程和目标处理器的配置无关(如 issue_slot 的数目,功能单元的数目等)。

指令调度模块(scheduler)检查判定树,并且产生针对目标处理器的 VLIW 指令。在这步处理过程中,调度模块给每条指令增加条件代码,这种技术能极大地减少代码的分支,因此也减少了程序执行时间。

在代码的编译和安排阶段,编译系统可以执行很多自动和程序员控制的优化操作。下面的性能分析和增强工具一节中将给以详细介绍。

当获得较好的并行代码后,代码和一个或多个目标模块或目标库组装、连接起来,然后指令压缩模块压缩代码以增加代码的密度,这样就缩短了指令 cache 和片下存储器之间传输时间。这时,可执行程序就可以被装入存储器,并且在处理器或仿真器上运行。

通过读入不同的机器描述文件(Machine Description File,MDF),编译系统模块可以为任何的 Trimedia 体系结构产生可执行代码,不论是现在的、将来的或是正在实验的体系结构。MDF 描述了特定的 Trimedia 处理器使用的参数,如 issue_slot 的数目,内部功能单元的类型和数目,完全的指令集等。

Trimedia 的编译提供了用标准的 ANSI C 语言进行系统级编程的能力,包括对中断处理例程和对数据 cache 精细控制的支持。另外,尽管绝大多数的汇编级指令可以在源代码里实现,Trimedia 还是提供了完整的汇编语言。

(2) 基于 GUI 的多级调试器

Trimedia 软件开发环境支持应用程序中间代码和机器代码级的调试。交互的、居于 GUI

的源代码级调试器使应用程序开发者能完全控制程序的动态执行，它使用编译器产生的符号化调试信息，提供检测中止程序的状态、观察变量和表达式的赋值、在代码里设置断点等功能。机器代码级调试器提供了相同的功能，使程序员可以每次单步执行一条 VLIW 的指令。

(3) 性能分析和增强工具

开发高度并行的应用程序代码是一个需要复杂工具和程序员能力的交互的过程。运行在 Trimedia 细颗粒(fine－grain)并行处理器上的特定的应用程序的性能依赖于编译器对程序指令级并行的开发程序。为了帮助多媒体开发者获得高度并行和高性能的程序，Trimedia 的编译系统集成了很多有用(强大)的编译选项和分析工具。

① 代码框架分析(Code Profiling)

它为应用程序的执行情况提供可靠的统计数字，这为增加代码的并行度提供了途径。Trimedia 的代码框架分析帮助程序员获得最大可能的并行度和代码执行程序。当代码框架分析有效时，程序的仿真执行能产生判定树和执行概率的统计数字。然后，利用产生的代码框架分析信息重编译该程序以期增加程序的并行度。这个过程可以对程序的部分模块和整体重复操作，以精细调整程序的性能。

② 判定树嫁接(Decision Tree Grafting)

通过减少分支数目，判定树嫁接可以增加指令级的并行度，提供每个时钟周期内更有效的操作码。在这过程里，从判定树上跳转或退出被它的目标判定树的复制所代替。嫁接过程可以被编译器自动执行，或通过读入一个包含控制参数的文件而被程序员引导执行。这些参数使程序员可以控制代码密度，其中包括最小概率阈值、最大代码复制因子、最小执行计数阈值、最大嫁接深度以及嫁接使能。

③ 别名分析(Alias Analysis)

编译器自动执行别名分析以决定是否可以采取某些优化措施，这是提高代码并行度的一个关键方法。编译器检测两个内存单元是否相同或相互重迭，如果两个都不是，编译器试着削弱内存操作的阶数(强度)，这样允许更多的操作并行执行。编译器支持 3 个层次的别名分析。

④ 受限指针(Restricted Pointer)

当编译器自动执行不安全的别名分析时，受限指针使程序员外部地强制编译器取消对该指针的别名分析。编译器利用这些信息去执行其他的优化操作。

⑤ 局间和全局优化(Local and Global Optimization)

通过对源代码的假定级别，编译器对局部判定树或全局判定树支持 4 个层次的优化。

⑥ 关键路径(Critical Path)绘图工具

Trimedia 的编译系统工具可以以图形方式输出关键路径以识别程序的并行。图形数据以 PostScript 格式输出。

⑦ 基于 GUI 的 cache 分析器

通过优化使用 cache 可以获得最高的性能。SDE 包含以图形方式显示动态 cache 使用统计数字的工具。分析指令和数据 cache 命中失败可以帮助程序员找到调整代码和数据的时机，以增加并行度。

除了上面提到的优化方法，Trimedia 编译系统还支持增值复制、常数合拢(folding)、死代码消除、循环重复优化(loop iteration optimization)和局部公共子表达式消除。

(4) Trimedia C-调用(C-callable)的特殊运算

这些高度并行的定制(custom)运算大大加速了数字信号处理和多媒体应用中常见的特殊运算的性能。定制运算提供了类似C函数调用的方式,源代码里的访问语法和C语言保持一致。这些运算被自动安排(调度),充分利用Trimedia高度并行的VLIW体系结构,可以提高应用程序的性能,从而减少代码开发时间。

(5) Trimedia的应用程序库

通过提供多种处理音频、视频、图形和通信的多媒体算法,Trimedia的应用程序库缩短了很多标准的多媒体应用程序的开发周期。这些库包含了C语言调用的例程,例如MPEG-1和MPEG-2的解码,V. 34调制解调器,浏览器,H. 32X视频会议,音频合成,2D/3D几何造型等。

(6) 中间代码和机器代码级的仿真

两个代码级的仿真使程序员在程序开发过程中就有机会评估代码的性能和并行度。在代码的初期开发阶段,中间代码可以进行仿真,允许交互的调试和估计指令级的并行度,测试程序的性能。中间代码级仿真假设CPU有无数个通用寄存器和功能单元。在代码开发的后期,机器代码级的仿真器使程序员能够测试和提高应用程序的性能。它能用来在一个实时操作系统里给定数目的时钟周期内单步执行单个、重定位的模块或者仿真整个程序。机器代码级的仿真器精确地模拟Trimedia CPU、存储子系统、系统周边设备单元、中断处理、时序和PCI接口。通过读入MDF文件,机器代码仿真器能够检测可执行程序在不同的Trimedia体系结构上的性能。

(7) 共享库、动态库的支持

Trimedia的编译系统还包括一个可重入的ANSI C库,以及其他共享库和动态库,连接和装入这些库,有利于减少可执行代码的大小。

(8) 实时操作系统(RTOS)内核

多媒体应用要求系统资源和活动得到高效的管理,Trimedia处理器支持pSOS+实时多任务操作系统内核。pSOS+操作系统Integrate Systems Inc(ISI)开发,基于开放操作系统标准(Open System Standard),并且针对多媒体应用作了专门的优化。它具有以下特点:

① 真正实现抢先式,基于优先级的任务调度。

pSOS+内核调度、管理和分配系统资源(如CPU、定时器、存储器、输入输出设备以及总线带宽等)、协调系统内异步的活动。pSOS+内核简单地将应用程序看成一个任务、输入输出设备驱动程序和中断服务例程(Interrupt Service Routine)的组合。一个任务是系统内竞争它自己的系统资源的最小单位。核心响应系统调用发送给它的信号,在不同的任务之间进行切换,从而使相互独立的任务得以并发执行。

② 合理的中断处理。

ISR处理中断并执行所要求的动作,如重新设定设备,读写数据等。ISR也驱动一个或多个任务去响应和处理与中断相关的情况。为了更好地响应实时应用和异步特性,内核实现了真正的抢先式和基于优先级的任务调度。内核保证任何时刻,正在运行的任务在所有准备好可以运行的任务中具有最高的优先级。更高优先级的外部事件可以抢先当前的任务。通过使抢先特性有效或无效,或改变调度任务时间片的大小,用户可以改变调度的行为。pSOS+核心通过核心外部的ISR来处理中断。为了提供可能的最快响应时间,中断可以直接被传递给 ISR。从 ISR 发出的系统调用返回到 ISR,消除了核心调度的时间消耗。

③ 动态的、基于对象的多任务。

pSOS+是一个动态的、基于对象的核心,它充分利用了为任务到任务通信、ISR 到任务通信、同步和互斥服务的自由竞争同步机制的优点。它支持的对象包括任务,存储区域,固定和可变长的消息队列、事件、定时器、信号量和异步信号等。

④ 动态的存储分配。

pSOS+核心存储管理提供动态分配可变尺寸的段和固定尺寸的缓冲区的能力。

⑤ 灵活的计时管理和时钟服务。

pSOS+核心提供许多有用的函数,其中包括维持系统时间、日期,超时设定任务,唤醒任务,周期性的外部事件的超时设定,跟踪一个正在运行的任务的时间片等的函数。

⑥ 先进的错误处理和故障恢复。

当系统遇到致命的故障时,pSOS+核心使用一种特殊的机制依次地挂起任务。

3. Trimedia 设计参考板

下面通过 Philips 公司提供的一块参考设计板,介绍利用 Trimedia 处理器进行设计的基本原理。可以看到,由于 Trimedia 处理器结构化的设计,只需增加一些外围的功能器件,就能组成一套高性能的多媒体应用系统。

图 5.16 是 Trimedia 参考板的方块图。这块 PCI 多媒体板卡以 Trimedia 处理器为核心,配合以相应的输入输出芯片,组成了一个实时、高效的多媒体系统。这具有 NTSC/PAL 制视频输入端,与 CCIR601 兼容的视频输出,通常两路的立体声输入和输出,AC-3 6 路中高品质立体声输出,调制解调器模块以及标准的 PCI 接口;另外配合相应的软件,它还可以完成各种复杂的视频和音频的压缩和解压缩。

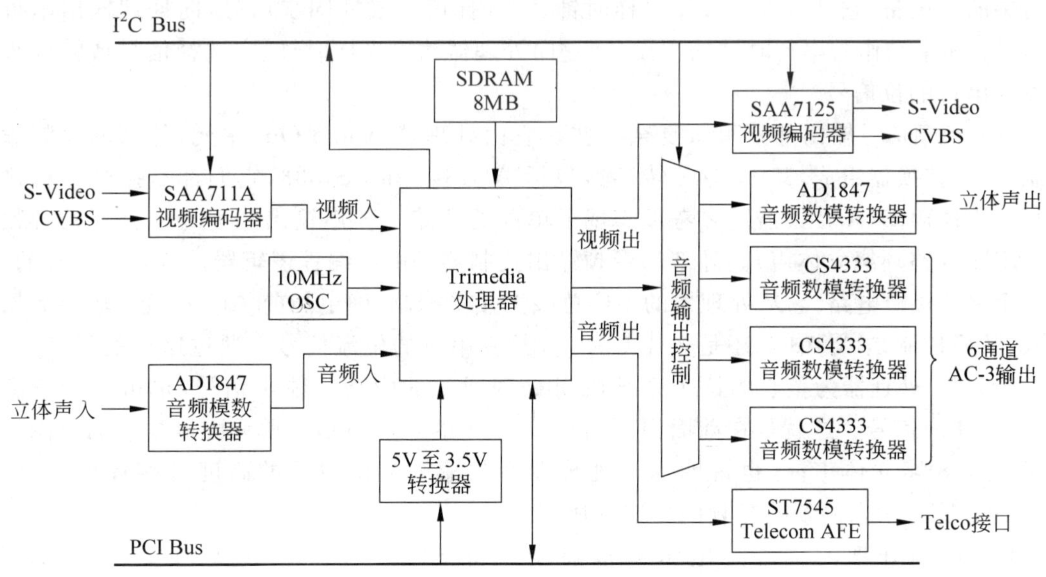

图 5.16 Trimedia 设计参考板与框图

(1) 视频信号输入处理和解码的核心是视频输入处理器(Video In Processor VIP)SAA 711A。VIP 内部包含了两通道的模拟预处理电路(包括信号源选择,反走样滤波,A/D 转换器，自动钳位和增益控制），时钟发生电路，多制式数字解码器（Digital Multi Standard Decoder DMSD），亮度—对比度—饱和度控制电路和一个色彩空间变换矩阵。它最多可以处理4路信号源，其中包括NTSC/PAL制的亮度和色度信号以及比家用录像机高一档次的S—VIDEO（射频）电视信号。由于SAA711A可以输出与CCIR601兼容的视频数据流，因此它的输出直接与Trimedia处理Video In单元相连，作为系统的视频处理前级，向处理器直接提供与CCIR 601/656兼容的YUV时间复合信号，实际上它也可编程输出数字化的RGB颜色分量。它还同时向处理器提供各种同步信号：水平同步、垂直同步、水平参考、垂直参考信号等。它还包含一个I^2C接口，通过这个接口它可以接受Trimedia处理器的控制信号，设置和调整自己的工作状态。

（2）视频信号输出处理和编码的核心是数字视频编码器（Digtal Video Encoder）SAA7185。它的内部包含了一个同步时钟发生电路和D/A转换器。它接受数字化的亮度和色差信号，编码形成NTSC/PAL制的CVBS或S-VIDEO信号。由于它输入CCIR601兼容的视频数据流（720像素/行，4∶2∶2复合格式，例如MPEG解码数据），因此它直接和Trimedia处理器的Video Out单元相连，接受处理器输出的YUV复合视频数据流，它还从处理器接受水平同步、垂直同步信号以及行锁定时钟。同VIP一样，它也包含了I^2C接口，通过这个接口从处理器的I^2C总线上接受控制信号，来配制和调整它的工作状态。

（3）音频信号输入处理的核心是立体声编码解码芯片（Stereo Codec）AD 1847，它可以接受4路立体声输入信号，并且可以提供模拟和数字信号的混合功能，内部可编程的增益和衰减，采样频率从5.5kHz一直到48kHz，串行地输出16位或8位的数字信号。由于它内部还包含有D/A转换电路，因此它也作为音频信号输出的一部分。由于处理器音频接口的高度可编程性，AD1847可以无缝地与处理器的Audio In单元相连。如果AD1847作为串行时钟的从设备，它从处理器接受采样时钟、字选择信号或帧同步信号，向处理输出串行的位信号：如果它作为串行时钟的主设备，它向处理器输出采样时钟、字选择信号或帧同步信号以及串行的位信号。

（4）音频信号输出部分稍微复杂一些。它由处理器Audio Out单元、外部的音频输出控制D/A转换器组成，其中D/A转换器包括AD1847和CS4333，它们都是接受串行输入信号的立体声D/A转换器。参考板实现了单独的两路立体声输出和Dobly公司的音频标准（AC-3六路环绕立体声）。外部的音频输出控制器是由可编程逻辑器件（PLD）实现的，通过一个I^2C接口电路，它从处理器的I^2C总线上接受控制，确定当前Audio Out输出数据的格式，然后控制是AD1847还是3片CS4333接受串行的位流信号。通过这样的设计，使得以Trimedia处理器为核心的这个系统既可处理通常的两路立体声信号，也可处理较新的AC-3立体声信号。这就是在前面提到的Trimedia的Audio Out单元配以少量的外围电路就可实现8路立体声；这也说明通过处理器音频输入输出单元的高度可编程性，可以使Trimedia适应未来的新的音频的标准和协议。

（5）通信处理的核心是电讯模拟前端设备ST7545（Telcom Analog Front End）。ST7545是高速的调制解调设备，完全兼容V.34标准，波特率最高支持到34 800b/s，和Trimedia的SSI接口一起，它们提供了良好的数字调制解调能力。如前面提到过，SSI接口包含了所有必要的缓冲区和逻辑电路，因此它们之间的连接是无缝的。

（6）时钟发生电路再简单不过，由于Trimedia处理器结构化设计，外部只需提供一个

40MHz 或 50MHz(决定于处理器的 CPU 时钟频率,参考板 CPU 的时钟频率是 80MHz)的晶振,通过处理器内部的数字锁相环(Phase Lock Loop,PLL),倍频得到处理器内部 CPU 时钟,通过同样方法得到存储系统的时钟。

(7) 整个系统的核心是 Trimedia 处理器,它通过各多媒体输入/输出单元和外围设备连接,通过 PCI 总线接口和主机的 PCI 总线相连。由于处理器 PCI 总线接口完全兼容 PCI 总线规范 2.1,因此它和主机之间连接只是增加了一片 5V 到 3V 的电平转换器。处理器具有一个 I^2C 总线接口,这样处理器作为 I^2C 总线的主设备,而各具有 I^2C 接口的外围芯片作为从设备,处理器通过 I^2C 总线向其他设备发送控制,外围设备都从 I^2C 上接受控制,这样处理器通过 I^2C 的两条控制线(SCL 串行时钟线和 SDL 串行数据线),就完成了通常许多控制线才能完成的控制功能。

从上面的分析中我们可以看出,由于 Trimedia 处理器设计的结构化和模块化,使得基于它的开发和应用相对简单,只需配合少量的外围电路,就可完成以往需要很多大规模集成电路才能完成的多媒体功能。这不仅降低了设计难度,减少了开发成本,而且基于它的应用很容易以低价格占领市场,实际上这也是当初 Philips 公司开发这款新型媒体处理器的初衷。

4. 典型的应用

Trimedia 媒体处理器的设计,使它不仅可作为 PC 系统的加速器,也可单独应用在独立的系统中。一个典型的应用是 Trimedia 系统作为一个视频解压缩的引擎以 PCI 卡的形式插入在 PC 里。这时,PC 无需知道 Trimedia 具有一个强大的通用 CPU,只是把它看成 PCI 卡上的"黑盒子"。PC 操作系统传递给 Trimedia 处理器一个在 PC 存储器中的指向压缩视频数据的指针。Trimedia 的 CPU 通过 PCI 总线获得压缩的视频数据流。从视频数据流中解出每帧图像,如果有需要,可以使用 VLD 辅助解码,然后把它们存放在局部的 SDRAM 中。当一帧准备好要显示时,Trimedia 的 CPU 传给 ICP 一个显示的命令。ICP 自动从 SDRAM 中获得解压缩帧,通过 PC 的 PCI 总线传递到 PC 的显示卡的帧缓存中。

Trimedia 的另一个典型应用是视频压缩。在这种情况下,没压缩的视频数据被直接传送到 Trimedia 的视频入单元。一个数字摄像机芯片直接连接到视频入单元,提供复合的 8 位 4∶2∶2 格式的 YUV 数据。视频入单元从数字摄像机芯片采样视频数据信号,把它们解复合,然后把分离的 Y、U、V 分量分别存放在 SDRAM 中。当完整的视频帧被获取以后,Trimedia 的 CPU 被中断,它将视频数据用软件压缩,然后回写到分离的 SDRAM 中。压缩的视频数据现在可以以多种方式进行处理:可以通过 PCI 总线传送到 PC,也可以存放在局部的海量存储器中,或者 PC 把压缩的视频数据流通过网络传输,也可通过集成的 V.34/ISDN 接口传输到远程系统中,例如视频电话和视频会议系统。

当 Trimedia 独立使用时最主要的用途就是设计数字机顶盒。

5.2.3 CPU 芯片中集成多媒体和通信功能—— Phenix 芯片和 MMX 技术

将多媒体和通信功能集成在 CPU 芯片内的另一类,是以通用 CPU 计算功能为主,融合多媒体和通信功能。它们的设计目标是与现有计算机系列兼容,融合多媒体和通信功能,主要用在多媒体计算机中。一种方案是采用标量处理器(Scalar Engine)和向量处理器(Vector Engine)或称阵列处理器(Array Processor)或者是 CPU 和 DSP(数字信号处理器)

相结合的方法，设计全新结构的 CPU。它们的典型产品是 Motorola 公司的 Phenix 芯片。它是把 Power PC 的扩充核(标量处理器－Scalar Engine)和向量处理器(Vector Engine)集成在一个芯片中称为向量通信处理器(VEComP701)。另一种方案是在原有 CPU 基础上扩充多媒体和通信的功能，它们的代表产品是 Sun 公司的 Ultra SPARC-Ⅰ和Ⅱ、Cyrix Multimedia 586、HP 公司的 MAX-2 及 Intel 公司的 MMX 技术。

1. Motolora 公司的 Phenix 芯片

Phenix 芯片把可扩展的 Power PC 的核作为标量处理器和阵列处理器(Array Processor，AP)融合在一起，第一代的产品称为向量通信处理器 VEComP701(Vector Communication Processor 701)。它可以用在信号处理、3-D 图形、人机接口以及图像处理等领域。VEComP 701 由两种类型的微处理器组成：一类是单片 32 位 RISC 标量处理器，另一类是 32 个 16 位单指令多数据流(SIMD)并行操作的向量处理器。VEComP 701 的功能和特性如下：

- 结构可扩充性，用 VEComP 701 芯片可组成流水线结构，支持 $1\times N$ 个阵列，N 最大值是 8。
- 高性能的标量 RISC 引擎支持设备驱动、中断处理及命令处理：Power PC 单流整数核、32 位地址和数据总线，灵活的数据和指令存储管理、4KB 双通道数据 cache 地址及 4KB 双通道指令 cache 地址。
- 8 组存储控制器：到 SRAM、EDO DRAM、EPROM、FLASH 和其他设备的接口、具有位屏蔽的 32 位地址译码。
- 系统集成单元：时钟合成器、电源管理器、复位控制器、实时时钟寄存器、优先中断时基、硬件总线监控器和软件时基及 IEEE1149.1 JTAG 测试存取通道。
- 高性能 SIMD 引擎包含 16 个 16 位处理元件：每个处理元件是由专用的 ALU 硬件组成能够同时并行计算数据，每个处理元件有 2KB 专用存储器存放本地数据，1KB 直接映射向量指令 cache，1KB 直接映射向量数据 cache，一个向量处理器时钟周期可执行多条指令及高性能的向量输入/输出缓存(VIOBs)。
- 两个内部的总线：T Bus 和 U-BUS。
- 总线接口支持工业标准 PCI 协议。
- 芯片中的 DMA 处理器不需要标量引擎调用可以加速数据传送。
- 具有调试查错模块。
- 同步串行接口(Synchronous Serial Interface，SSI)提供用于多种串行设备的全双功的串行通信，例如工业标准的数据压缩算法(Codecs)、DSP 及其他设备。

VEComP 701 的基本结构如图 5.17 所示，它由 3 个系统组成：标量引擎、向量引擎及外设和系统接口。

(1) 标量引擎

标量引擎协调 VEComP 701 所有的操作，它是由 32 位 Power PC RISC 微处理器组成，它调度下述各种任务：

- 对应于外部数据源的设备驱动器(例如：视频帧获取器)；
- 在板上各种任务的中断服务；
- 为了被动和监视 SIMD 向量引擎的操作，执行各种通信任务；

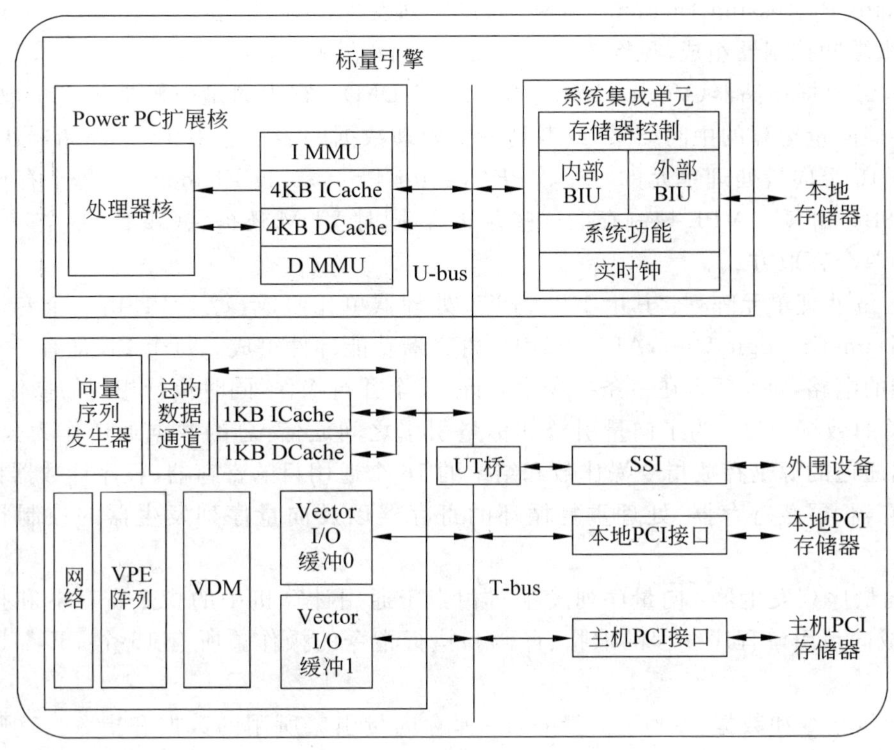

图 5.17 VEComP 701 结构框图

- 为了执行 VEComP701 各种应用程序，满足数据传送的需要，标量引擎控制多种 DMA 的操作。

① 标量引擎：这个核心模块在 VEComP701 内执行 Power PC 的指令系统：

- 执行 Power PC 分支处理器和定点处理的功能；
- 执行 Power PC 用户模式（问题模式）下所有指令，除了浮点指令，相关的特殊指令以及相关的寄存器；
- 支持开发特性：断点和观察点、程序流跟踪数据产生器以及 Debug 模式操作。

② 标量存储管理：VEComP 701 标量引擎执行虚拟存储管理方式，它提供 cache 控制、控制器存取保护以及到实际地址的有效转换。它的操作包括单独的指令和数据存储管理单元（MMU），标量引擎的 MMU 根据 Power PC 操作环境结构（Operating Environment Architecture）进行各种操作。标量引擎的存储管理单元具有：

- 32 项全功能联想数据传送后备缓冲区；
- 32 项全功能联想指令传送后备缓冲区。

③ 标量 cache：标量数据 cache 容量为 4KB，是两种方式相关物理地址的 cache。线性容量为 16B，32 位传输通道的存储单元允许每个时钟周期存取 4B 的数据。指令 cache（IC）容量也是 4KB、两种联想方式的 cache。cache 的组织方式共 128 组，每组两行，每行 4 个字。指令 cache 的行是放在存储器边界的 4 个字。

（2）向量引擎

向量引擎由高性能 SIMD 处理器组成，由数据驱动。它是由向量数据存储器、向量

VPE(Vector Processing Element)阵列、向量序列发生器、向量指令和数据 cache 以及向量输入/输出缓冲控制器组成(见图 5.17),各部分具体情况如下:

① 向量数据存储器(Vector Data Memory,VDM):它为向量引擎提供向量数据存储,它通常存储向量运算的中间结果,或者是将要处理数据的表。它由 16 个存储器块组成,每个块对应 16 个向量处理单元的一个 VPE(Vector Processing Element)。每个存储器的容量是 2048B。由每个 VPE 控制存取这些存储器,同时 VDM 还提供(16 位)半个字及 8 位一个字节的单个存取方式。

② 向量处理单元阵列:其由 16 个 16 位处理器单元组成,每个 PE 由一个专用的算逻部件(Arithmetic Logic Unit,ALU)和用户寄存器功能部件组成。每个 PE 都有一个单周期重加功能的电路,每个 PE 在一条指令中允许 16 个并行操作,同时执行相同的操作。

③ 总的数据通道:为了向量引擎和标量引擎之间通信,总的数据通道作为公共区域。总的数据通道的源是存放指令操作数和结果的 16 个通用目的寄存器、程序计数器控制向量 PE 的寄存器、屏蔽寄存器、处理重复循环的寄存器以及向量序列发生器的控制状态寄存器等。

④ 向量序列发生器:向量序列发生器相当于通用计算机中的指令寄存器和指令计数器,它完成向量引擎程序线程的取指、译码和执行指令的操作。所有 16 个 PE 都执行相同的操作。

⑤ 向量指令和数据 cache:向量 cache 保存向量引擎所用的数据和指令。这些直接映射的 Cache 是由 16 个 16 字节行组成。专用的控制块协调指令未命中和命中 I-Cache 以及数据未命中和命中 D-Cache。

⑥ 向量引擎输入/输出缓冲控制器:向量引擎输入/输出缓冲区控制器(Vector Engine Input/Output Buffer Controller,VIOBC)为在 VDM 和外部存储器之间协调 DMA 控制传送时能够提供有效的数据移动。

(3) 外设和系统接口

VEComP 701 用最小的设计复杂性为向量引擎数据传送提供最大的 I/O 带宽,VEComP 701 外设和系统接口包括:

- 两个内部总线:T 总线和 U 总线;
- UT 桥:它提供 T 总线和 U 总线之间的接口;
- 测试工具模块:提供应用程序和芯片功能的测试;
- 两个向量 I/O 缓存器(VIOB):为向量数据存储提供 I/O 控制功能;
- 直接数据存取(DMA);
- PCI 接口模块:为主机和在 PCI 总线上的其他设备提供通信功能;
- 系统接口单元(SIU):U 总线和外设之间的接口控制;
- 同步串行接口(SSI):为多种串行设备提供全双工串行通道。

① T 总线:T 总线是 VEComP 701 的内部总线,为下述 VEComP 701 模块提供通信通道(见图 5.17)。

- UT 桥,到 U 总线的接口;
- 主 PCI 的控制器;
- 本地 PCI 控制器;

- VIOB0 和 VIOB1；

T 总线的特性如下：

- 同序列输出终端同步处理等信号区；
- 采用固定优先级的仲裁方式，在这种方式中需要一个合理的协议；
- 带有两个先进的地址处理部件的流水线结构总线；
- 具有数据处理功能的终端序列输出；
- 不定长和定长段(4 个字)；
- 支持一个字节、半个字(16 位)及一个字数据宽度；
- 支持数据字节的交换；
- 支持用户定义的地址处理命令(可任意)；
- 每个时钟分 4 个滴答瞬间；
- 支持每个 T 总线时钟最多传送两个数据字，在 50MHz 时钟频率时最大总线带宽为 400MB/s。

② U 总线：VEComP 701 的 U 总线是下述几个模块的通信通道(参考图 5.17)；

- 标量引擎：Power PC 的指令和数据 cache、系统集成单元，它连接外部总线(EBUS)和本地存储器；
- 向量引擎：指令和数据 cache，总的数据通道；
- UT 桥，通过它连接到 T 总线。

U 总线的特点如下：

- 具有序列数据终端的同步处理等信号区；
- 具有固定优先级的仲裁方式；
- 具有两个突出地址处理功能的流水线总线结构；
- 具有数据交换功能的不定长和定长段(4 个字)；
- 支持 1 个字节，半个字(16 位)及一个字的数据宽度；
- 50MHz 时钟。

③ UT 桥：UT 桥接供 U 总线和 T 总线的连接，它的功能如下。

- 两个独立的本地存储器 DMA 控制器：LMDMA0 和 LMDMA1，它们可用于调用本地存储器时的所有 DMA 传送，一个可作为 DMA 读，一个作为 DMA 写；
- 用软件寻找 DMA 的源和目的；
- 具有两总线间直接数据传送的队列缓存；
- 具有解决 U 总线和 T 总线内部存取优先级的仲裁逻辑。

④ 测试模块：测试模块用来测试应用软件及芯片中某些特性功能，这个模块是 UT 桥的一部分，它具有 Power PC 扩展核的调试功能，可用于软件开发及选择合适时钟周期的功能。但是它不提供向量引擎和 DMA 的某些功能。它的特性是：

- 窥探缓冲器和跟踪缓冲器能够获取大量信息，它们包括 U 总线周期、T 总线周期、DMA 传送、VE 的指令调度周期以及特殊指令的地址；
- 在规定的 U 总线的地址范围内，能够重放窥探缓冲器和跟踪缓冲器获取的信息。外部逻辑分析器能够利用这些信息进行多层次的跟踪分析，这些相同的信息也能够被写到本地存储器中；

- 在每次窥探重放时，时序电路的时间标志都加到数据输出的时间戳中，允许测试模块把它用于各种性能分析及软件诊断；
- 具有使用检测各种事件的能力，去控制 VEComP 701 各个部分，例如停止向量引擎，启动和停止 DMA 部件，中断标量引擎到 Power PC 的诊断模式，可以选择 VE-I cache 的接通和断开并可观看 VE 中 E-总线的时钟周期；
- 允许外部逻辑分析器分析输出管脚的信号，并直接控制 VEComP 701 芯片中的相同部件。在测试模块中所有这些诊断逻辑都连到 UT 桥上。

⑤ 向量输入/输出缓冲器：VEComP 701 有两个向量输入/输出缓冲器（Vector I/O Buffer，VIOB），它们为向量数据存储器提供控制功能。每个 VIOB 具有独立的操作能力并有专用的 DMA 控制器。向量引擎向量数据存储器（Vector Data Memory，VDM）通过 256 位数据通道连接到两个向量输入/输出缓冲器（VIOB0 和 VIOB1）。每 VIOB 的 16 行对应一个向量处理单元，VIOB0 和 VIOB1 具有相同的功能。数据输入/输出 VIOB 都要通过 DMA 传送，DMA 传送的数据块和 VIOB 结构一致，即每次 DMA 写入和读出 VIOB 都要写满和读空。

⑥ 直接存储器存取：在 VEComP 701 芯片中直接存储器存取（Direct Memory Access，DMA）的主要目的是从本地存储器（LMEM1 和 LMEM2）、主机和本地 PCI 总线以及对应 VDM 两个 VIOB 的 6 个 DMA 设备中选择一对作为 DMA 主/从设备，进行数据传送。DMA 控制模块为在数据传送期间在两个 DMA 设备之间建立逻辑通道，数据流仅为一个方向。在 DMA 数据通道中的源是主 DMA 设备，目的是从 DMA 设备。VEComP 701 同时支持 3 个 DMA 通道，这时会有 3 个主设备和 3 个从设备，6 个 DMA 设备在某个瞬间只能是其中之一。

DMA 主从通信可出现在 T 总线，一个 DMA 的主设备也就是 T 总线的主设备，DMA 的从设备也是 T 总线的主设备，通信只是单方向的。在 T 总线和 U 总线之间的接口是 UT 桥，它有两个本地存储器 DMA 通道，每个都可作为 DMA 的主和从。DMA 数据传送的控制可以通过命令寄存器、状态寄存器及控制块实现，所有这些寄存器和控制块都在 DMA 主设备和 DMA 从设备中，在初始化 DMA 传送时，可以通过软件设置它们。通过不同的 DMA 主从设备，多个 DMA 传送可以同时发生。

DMA 通道的主设备要设置 4 个控制块，这些控制块决定数据源的寻址方法，如起始地址、整个容量、步距及传送字数。从设备也有 4 个控制块，它决定目的设备的寻址方法。

⑦ PCI 接口：VEComP 701 有两个 PCI 控制器，一个主机 PCI 控制器是在主 PCI 总线上，它是通过主机处理器配置；另一个是本地 PCI 控制器，它为外设提供 PCI 总线接口，它由 VEComP 701 芯片中的标量引擎配置。PCI 接口模块完成在主机同 PCI 总线上的其他设备之间通信所需的所有控制功能，它的特性如下：

- 本地和主机 PCI 接口支持 PCI 总线工业标准协议 2.1 版本（Version 2.1）；
- 本地 PCI 控制器和主机 PCI 控制器具有相同的功能。

VEComP 701 使用 PCI 总线进行数据传送有下述 3 种工作方式：

- VEComP 701 作为 PCI 总线的从存储器设备，这时 VEComP701 要为 PCI 从存储器设置两个独立的存储空间，即从存储窗口和文件区；

- VEComP 701 作为 PCI 总线的主设备；
- VEComP 701 作为 PCI 总线的直接存取设备。

⑧ 系统接口部件：系统接口部件(System Interface Unit，SIU)控制到外部资源的接口以及内部总线的结构。它主要由下述 4 个功能块组成。

- 系统控制和用户测试：它包括系统时钟发生器、系统复位功能、中断产生器及用户测试功能；
- 内部总线控制，内部总线控制为 U 总线提供多控制管理需要；
- 外部总线控制器：外部总线控制器(E-BUS-External Bus Controller)提供从 U 总线映射到外部存储器管理控制的各种需要。它的特性：32 位地址总线，32 位数据总线，为了支持外部和静态存储器设备具有内部产生的片选和等待状态，不同的存储器类型(SRAM、EEPROM 及 DRAM)，容易到从设备接口，对于总线时钟上升沿的所有信号为同步总线，支持数据的奇偶性。
- 外部存储器控制器：外部存储器控制器(External Memory Controller，EMC)能够使外部总线管理多种外部存储器类型和配置。存储器控制通过通用用户可编程接口达到，存储器控制特性如下：连接 SRAM、EDODRAM、DRAM、EPROM、FPROM、FLASH 及其他外设；字节写，可选择的奇偶发生器；带有屏蔽位的 32 位地址译码。

⑨ 同步串行接口：同步串行接口(Synchronous Serial Interface，SSI)为各种串行设备间提供全双工通信，包括一个或多个工业标准数据压缩算法(Codecs)、DSP 及外设。SSI 是由具有 FIFO 缓存及通用 SSI 时钟发生器的独立的接收和发送部分组成。由于所有串行传送对于时钟是同步的，所以 SSI 接口是同步的。

同步串行接口有 3 个工作方式：正常方式、网络方式及按需方式 On(Demand Mode)。正常方式是以一定的周期速率传输数据，但是每个周期只传一个字(一个串行数据字可以是 8 位、16 位或 24 位)。像正常方式一样，网络方式也是以固定周期传送数据，但是它支持每个周期传送最多 32 个字，这种方式可以用在网络上的多路复用器。按需方式是非周期的传送数据，这种方式可以高速串行传输数据。

SSI 控制器可以作为 UT 桥模块的一个部分运行为 U 总线的主设备或从设备。对于正常和按需方式，标量引擎软件能够直接存取发送和接收的 FIFO。对于网络方式，SSI 可以作为总线的主设备，为了提供线路发送和接收缓冲区可以使用本地存储器。SSI 的特性如下：

- 时钟频率最高为 16.6MHz(对应 50MHz 通用系统时钟)；
- 可以使用外部串行时钟源或提供时钟源；
- 字长可为 8 位、16 位或 24 位；
- 具有单独的接收和发送 FIFO，每个容量为 5 个 32 位字；
- 具有发送和接收功能的独立帧。

总结 VEComp701 的工作原理如图 5.18 所示。

2. Intel 公司的 MMX 技术

1996 年 3 月 5 日 Intel 公司首先对外公布了 MMX 技术，它是由设在以色列海法的 Intel 实验室完成的，1997 年 1 月 9 日 Intel 公司对外正式推出含有 MMX 技术，具有多媒体

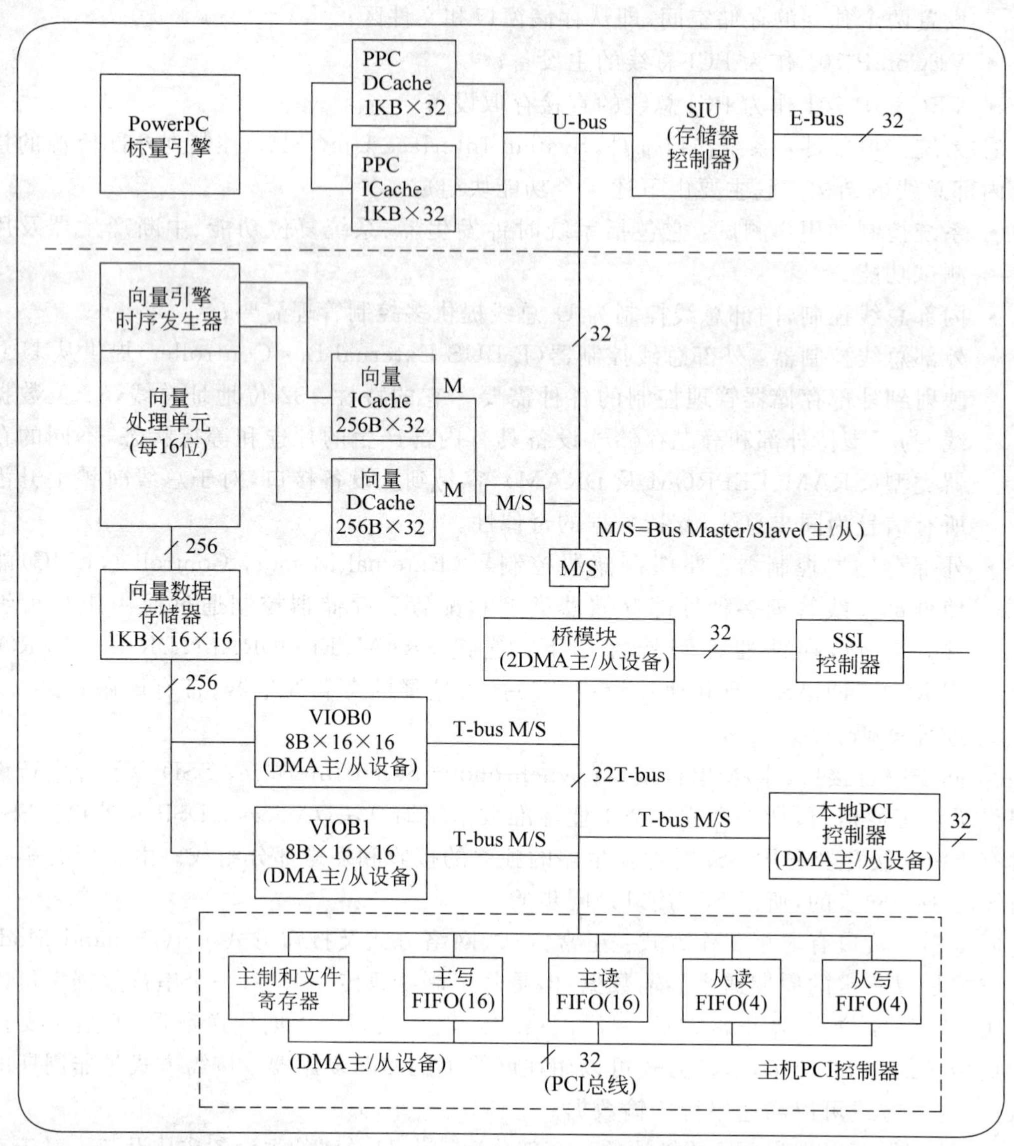

图 5.18　VEComp701 详细的原理方框图

扩充指令集的多能奔腾处理器 P55C,1997 年 5 月 Intel 又进一步推出了具有 MMX 技术的 P6 奔腾芯片,主频可达 300MHz 的 Pentium Ⅱ 300,进一步提高了性能。对计算机市场产生了较大的影响,尤其是对多媒体计算机市场,一些 PC 厂家认为 MMX 技术会对多媒体硬件支撑平台带来根本的变化,纷纷推出基于 P55C 和 P6 的多媒体计算机。有些厂家认为 MMX 技术是解决计算机、电信和家电三电一体化的较好的方案,因此积极投入人力和物力研制开发三电一体化的新产品;而另一些多媒体板级产品的厂家也在利用 MMX 技术设计制造新的多媒体板级产品以适应市场的需要。总之,MMX 技术的出现,已对多媒体计算机市场产生了深远的影响。

(1) MMX 技术的设计思想

为了改善 Intel 体系结构(Intel Architecture,IA)的多媒体和通信性能以及适应其数字信号处理的应用，Intel 公司采用 MMX 技术扩充 IA。为了保持和扩大 Intel 公司已有 CPU 芯片的国际市场，MMX 技术保证向下兼容性。MMX 技术利用 SIMD(单指令多数据流)技术，开发了很多算法内部蕴藏的并行机制，所以它能比没有 MMX 技术的 CPV 芯片运行速度快。

MMX 技术的开发者分析了大量多媒体和通信技术的应用软件，包括图形、MPEG 视频压缩、音乐合成、音频压缩编码和解码、图像处理、游戏、语音识别以及视频会议，发现虽然它们是不同的应用领域，但是在数据类型和计算方法方面有共性，它们只有简单的数据类型(8 位的像素 RGB 或 YUV 及 2,16 位的声音采样数据)，定点的矩阵向量运算、局部的循环以及高度的并行性。采用 SIMD 结构正好能够在一条指令中并行执行多数据流相同的操作，这就是 MMX 技术能够加速的最根本原因。

另一个设计思想是使 MMX 技术与现有 Intel PC 的操作系统和软件全兼容，因此对 MMX 的设计不得不加上许多限制，如不能引进新的状态寄存器、控制寄存器及新的条件码等，所以设计者便用浮点寄存器作为 MMX 的寄存器组。这样设计的原因是：同为浮点寄存器能够提供 64 位字长，可作定点 8 位、16 位或 32 位并行运算；另一个原因是保证了与现有应用软件与操作系统的全兼容性。

(2) Intel MMX 的核心技术

MMX 技术提供了面向多媒体和通信应用的新特性，同时保持了对全部现有 Intel 体系结构微处理器、IA 应用程序和操作系统向下全部兼容，其新特性如下：

- 增加了新的数据类型：把较小的数据元素的数据类型合并到一个寄存器中；
- 扩充了饱和型运算方式：定点运算时上溢下溢不中断，保持最大最小值；
- 扩充的 57 条新指令：扩充的 MMX 指令系统采用 SIMD 形式完成寄存器中所有数据元素的并行操作；
- 与 I A 结构的全兼容性：8 个 64 位 MMX 寄存储组可映射到 IA 结构的浮点寄存器中。

① 新的数据类型

音频采样数据是 16 位字长，灰度图像的像素数据是 8 位字长，彩色图像或图形的 RGB 各分量也是 8 位字长。如果在一个 64 位的数据通道中同时处理 4 个 16 位数据或 8 个 8 位数据，运算速度可以提高到原来的 4 倍或 8 倍，同时 MMX 技术定义了三种打包的(或称紧缩的)数据类型及一个 64 位字长的类型。在打包的数据类型中每个元素都是定点整数。4 种数据类型定义如下(见图 5.19)：

- 字节组类型：8 个字节组成的 1 个 64 位数据；
- 字组类型：4 个字组成的 1 个 64 位数据；
- 双字组类型：2 个双字组成的 1 个 64 位数据；
- 四字类型：1 个 64 位数据。

MMX 技术可以在一条指令中同时处理 8 个、4 个或 2 个数据，所以称它为单指令多数据流(SIMD)并行处理结构。

② 扩充的饱和型运算方式

定点运算经常会遇到运算结果上溢或下溢。对有符号数运算，上溢指的是结果超过正的最大数，下溢指的是结果比负的最小数还要小。当浮点处理器遇到这种情况时，通常是作

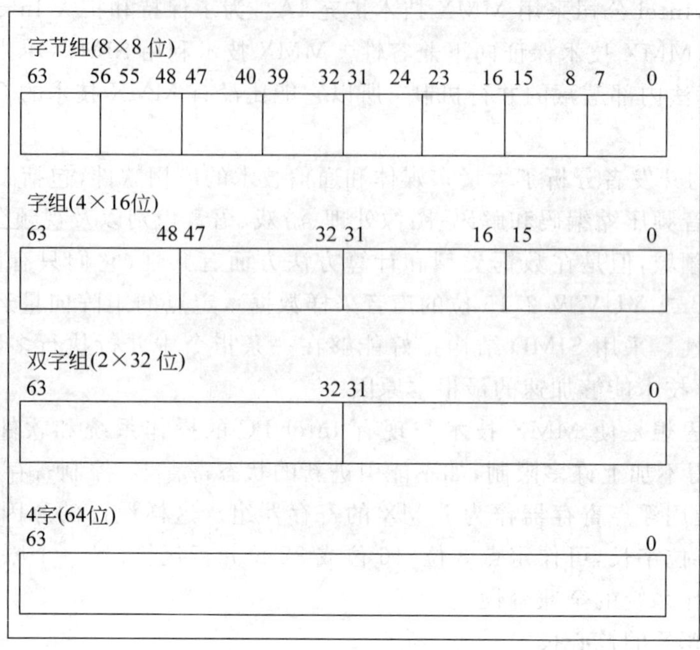

图 5.19 成组数据类型

为异常情况处理,设置溢出标志并产生中断,由系统软件处理,或者停机交程序员处理,因为这时产生的结果是完全错误的。在图形和图像处理运算中,经常用 8 位无符号数表示一个像素值或彩色分量值,其最大值 255 表示亮度最大值(最亮),如果运算结果超过这个值仍然表示为最亮,则是符合实际情况的。但实际上由于溢出进位使其数值变小,图像变黑或变灰,导致与实际情况不符。MMX 技术采用饱和式运算方式(Saturation Mode),当运算结果达到最大值时便不再增加,而是保持在这个值。这样就减少了溢出判断处理所需的内部操作而加快了运算速度。另一方面,饱和运算不是一种特殊的操作模式,也不用设置寄存器,它是某些指令操作码的一部分,只在加、减指令中才有饱和方式。例如,对于 8 位有符号数,上溢和下溢分别置成 7FH 和 80H;8 位无符号数置成 FFH 和 00H。

③ 扩充的 57 条新指令

扩充的丰富的 MMX 指令系统可以将多种数据元素(8×8,4×16 或 2×32 位定点)编组成 64 位进行并行操作。共有 57 条 MMX 指令增加到原有的 IA 中,表 5.2 给出了这些指令的类型及对它们的简单描述。

表 5.2 MMX 指令系统简表

类型	助 记 符	不同操作码个数	描 述
算术	PADD[B, W, D]	3	带绕转加
	PADDS[B, W]	2	带饱和的符号数加
	PADDUS[B, W]	2	带饱和的无符号数加
	PSUB[B,W,D]	3	带绕转减

续表

类型	助记符	不同操作码个数	描述
算术	PSUBS[B,W]	2	带饱和的符号数减
	PSUBUS[B,W]	2	带饱和的无符号数减
	PMULHW	1	压缩型字高位乘
	PMULLH	1	压缩型字低位乘
	PMADDWD	1	压缩型字相乘并相加结果对
比较	PCMPEQ[B,W,D]	3	压缩型数相等比较
	PCMPGT[B,W,D]	3	压缩型数大于比较
转换	PACKUSWR	1	字压成字节(无符号数带饱和)
	PACKSS[WB,DW]	2	字压成字节,双字压成字(有符号数带饱和)
	PUNPCKH[BW,WD,DQ]	3	把 MMX 寄存器高阶展开
	PUNPCKL[BW,WD,DQ]	3	把 MMX 寄存器低阶展开
逻辑	PAND	1	按位与
	PANDN	1	按位与非
	POR	1	按位或
	PXOR	1	按位异或
移位	PSLL[W,D,Q]	6	压缩型逻辑左移(位数由立即数或 MMX 寄存器指定)
	PSRL[W,D,Q]	6	压缩型逻辑右移(位数由立即数或 MMX 寄存器指定)
	PSRA[W,D]	6	压缩型算术右移(……)
转移	MOV[D,Q]	4	数据转码
状态	EMMS	1	清 MMX 状态

从表 5.2 可知,可以把新增加的 57 条 MMX 指令分成下述 7 组:

- 算术运算指令。
- 比较运算指令。
- 转换运算指令。
- 逻辑运算指令。
- 移位运算指令。
- 数据转移指令。
- MMX 状态置空(EMMS)指令。

指令细则分述如下:

a. 算术运算指令

数据组的加减:PADD(数据组加)和 PSUB(数据组减)指令对有符号或无符号数据元

素进行加减，按环绕式处理方式将源操作数加到目标操作数上或从目标操作数中减掉源操作数。这些指令支持字节组、字组和双字组。

PADDS(数据组饱和加)和 PSUBS(数据组饱和减)指令对有符号或无符号数据元素进行加减，按饱和处理方式将源操作数加到目标操作数上或从目标操作数中减掉源操作数，并按数据类型的取值范围对运算结果进行饱和处理。这些指令支持字节组和字组。

PADDUS(无符号数据组饱和加)和 PSUBUS(无符号数据组饱和减)指令对无符号数据元素进行加减，按饱和处理方式将源操作数加到目标操作数上或从目标操作数中减掉源操作数，并按数据类型的取值范围对运算结果进行饱和处理。这些指令支持字节组和字组。

数据组的乘法：数据组的乘法指令对 16 位无符号操作数按对应关系进行了 4 次乘法，产生了 32 位的中间结果。用户可以选择任何一个 32 位结果的高位或低位部分。

PMULHW(数据组高位字乘法)和 PMULLW(数据组低位字乘法)指令将有符号的源操作数和目的操作数的字(Word)相乘，并将每个结果的高 16 位或低 16 位写入目的操作数。

数据组的乘加：PMADDWD(数据组相乘并相加)指令将源操作数和目的操作数的有符号字部分相乘，并将所产生的 4 个 32 位双字的中间结果成对相加，产生两个 32 位双字。

b. 比较指令

PCMPEQ(数据组相等比较)和 PCMPGT(数据组大于比较)指令将源操作数和目的操作数对应的数据元素分别进行相等比较或大于比较。这些指令在目的操作数产生或 0 或 1 的掩码。逻辑操作可以根据这些掩码选择数据元素。它可以无须单个分支指令或一组分支指令就能实现有条件的赋值操作。指令不设置标志位。

这些指令支持字节组、字组和双字组和双字组的数据类型。

c. 转换指令

成组和分组指令在成组数据类型中执行类型转换的功能。

PACKSS(有符号饱和处理模式的类型转换)指令按饱和处理模式，将有符号字组转换成有符号的字节组或将有符号的双字组转换成有符号的字组。

PACKUS(无符号饱和处理模式的类型转换)指令按无符号饱和处理模式，将无符号字组转换成无符号的字节组。

PUNPCKH(成组数据高位分组)和 PUNPCKL(成组数据低位分组)指令可将字节组转换成字组、字组转换成双字组或将双字组转换成四字组。

d. 逻辑指令

PAND(逐位逻辑与)、PANDN(逐位逻辑与非)、POR(逐位逻辑或)和 PXOR(逐位逻辑异或)指令在 64 位运算中逐位执行逻辑运算操作。

e. 移位指令

逻辑左移、逻辑右移和算术右移指令按指定的比特数，移动每个数据元素。逻辑左移和右移也能够使 64 位(四字)数据作为一个数据块进行移动，辅助数据类型的转换和对齐操作。

PSLL(逻辑成组左移)和 PSRL(逻辑成组右移)指令执行逻辑左移、逻辑右移，并用 0 填充空出来的高位或低位部分，这些指令支持字组、双字组和四字组数据类型。

PSRA(数据组算术右移)指令执行一个算术右移，并将符号位复制到操作数的高端。

该指令支持字组和双字组数据类型。

f. 转移指令

MOVD(转移 32b)指令将成组的 32 位比特从内存移到 MMX 寄存器或逆向移动数据，或从整型寄存器中移到 MMX 寄存器中或逆向移动数据。

MOVQ(转移 64b)指令将成组的 64 位比特从内存移到 MMX 寄存器或逆向移动数据，或在 MMX 寄存器中进行数据移动。

g. EMMS(清 EMMS 状态)指令

EMMS 指令将 MMX 状态清空。该指令必须在一个 MMX 例程结束时执行。用于清除 IA MMX(清空浮点标志字)，使下一个例程能够执行浮点运算指令。

除 EMMS 指令外，所有的 MMX 的指令操作均涉及到两个操作数，即源操作数和目的操作数。右边的操作数为源操作数，左边的操作数为目的操作数。目的操作数也可作为第二个源操作数来使用。指令用结果来覆盖目的操作数。

例如，一个双操作数的指令可以按如下方式解码：

DEST(左边操作数)←DEST(左边操作数)OP SRC(右边操作数)

对于所有的 MMX 指令来说(除数据转移指令)，源操作数可以位于内存和 MMX 寄存器中。目的操作数寄存于 MMX 寄存器中。

对于数据转移指令，源操作数也可以是一个整型寄存器(对 MOVD 指令)或是内存单元(对于 MOVD 和 MOVQ 指令)。

④ 与 IA 结构的全兼容性

MMX 技术提供了 8 个 64 位通用寄存器(如图 5.20 所示)，实际上它们是 IA 中的浮点寄存器，在 MMX 技术指令中可以通过 $MM_0 \sim MM_7$ 直接对它们进行寻址操作。IA MMX 寄存器状态是建立在 IA 浮点寄存器状态上的别名，在 MMX 技术中没有增加新的状态和模式。对浮点状态进行存取的浮点指令，同时也处理了 IA MMX 状态(例如，在进行上下文切换时)。MMX 技术在浮点体系结构和操作系统之间使用了相同的接口技术(主要用于任务切换的功能)。

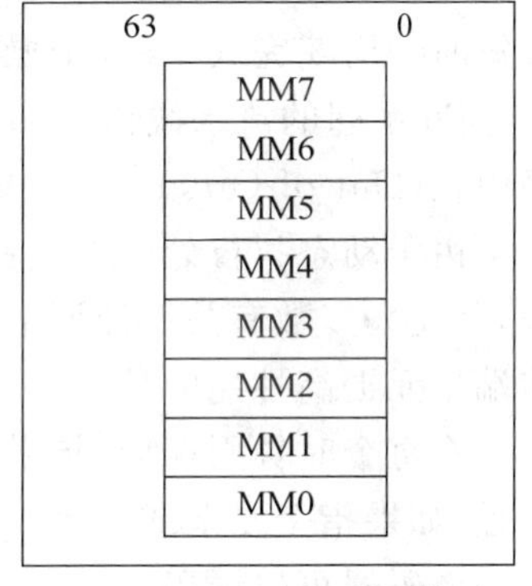

图 5.20 MMX 寄存器集合

(3) MMX 技术与奔腾处理器体系结构

在本部分将介绍具有 MMX 技术的奔腾处理器与 P6 系列处理器如何执行 MMX 指令流，从中可以了解到为什么这种优化能够提高代码的运行速度，这会帮助读者调度和优化自己的应用程序，以获得更高的运行速度。

① MMX 奔腾处理器

奔腾处理器是一个超标量的处理器，它具有 2 个通用的流水线和一个可流水作业的浮点单元。奔腾处理器在一个时钟内可完成两条指令，一个流水线完成一条指令。一个流水线称为 U 流水线，另一个称为 V 流水线。在任何一个给定的指令译码期间，将检查后面的两条指令，如果有可能第一条指令被安排到 U 流水线，而第二条被安排到 V 流水线。具有 MMX 技术的奔腾处理器为通用流水线增加了额外的处理阶段，具有 MMX 技术奔腾处理器中 MMX 指令流如图 5.21 所示。

奔腾处理器的流水线只有 E，它可以在两条流水线中放有 E_1，E_2…，而具有 MMX 技术

PF	F	D_1	D_2	E	Mex	WWM_2	M_3	WM_{UL}

图 5.21　MMX 指令流

的奔腾处理器指令从代码的高速缓冲区取出后，放到 PF 预取阶段，并在 F 提取阶段，对预取的指令字节进行语法分析，对有前缀的指令译码成至多两条指令，并压入 FIFO。如果每条 MMX 指令不超过 7 个字节则可压入两条指令，指令在先进先出缓冲区中将语法分析与指令译码分开，这个缓冲区位于 F 阶段与译码 1(D_1)阶段之间。整数、浮点和 MMX 指令在 D_1 流水线阶段译码。D_2 阶段为读取源操作数。E 阶段是执行指令阶段。Mex 批段为 MMX 指令的执行阶段，ALU 成组移位和分组在读时钟内完成。乘法指令所需的第一时钟阶段，无阻塞条件。WMM_2 批段为单时钟指令写入阶段，是乘法器的第二个时钟阶段，无阻塞条件。M_3 为乘法器的第三个时钟阶段。WM_{UL} 是写乘法器结果的操作阶段，到此一段 MMX 指令全部完成。

② P6 系列处理器

P6 系列处理器使用动态执行结构。该结构通过硬件寄存器重命名和分支预测的方法，将乱序执行和推测执行合成在一起。这些处理器有一个有序进入的流水线，它将宏指令分解成简单的微操作和一个可以处理这些微操作的乱序的超标量处理器内核。这个乱序的处理器内核包含了几条流水线，连接了整数、跳转、浮点和内存执行单元。几种不同的执行单元可以集成在同一流水线上。大多数简单操作(整数 ALU，浮点加法，甚至浮点乘法)可以按每时钟周期完成 1～2 个操作的吞吐量进行流水作业。

P6 系列的流水线由三部分构成：有序组织的前端(In-Order Issue Front-end)单元、乱序内核(Out-of-Order Core)单元和有序的退出(In-Order Retirement)单元。

由于动态执行处理器按乱序的方式执行指令，所以产生了数量充足的、可供执行的微操作，并使大多数有关性能调节方面的考虑得以实现。正确的分支预测和快速的译码是有序前端单元提高性能的核心。

在每个时钟周期内，指令译码阶段可以对多达 3 条的 Intel 体系结构宏指令进行译码。但是，如果指令复杂或指令长度超过 7 字节，译码器的译码指令数将有所下降。

译码器可以译码：

- 每个时钟周期多达 3 条宏指令。
- 每个时钟周期多达 6 条微操作。
- 指令长度大于 7 的宏指令。

P6 系列的处理器在 D1 阶段上有 3 个译码器。第 1 个译码器可在每个时钟周期完成一个由 4 个以下微操作构成的宏指令，其他两个译码器在每个时钟周期内完成一个由一个微操作构成的宏指令。由多于 4 个微操作构成的指令将耗费多个时钟周期来完成译码，在使用汇编语言编程时，微操作序列来安排指令将增加每个时钟周期内的译码指令数。通常：

- 简单的寄存器：寄存器格式的指令仅用一个微操作。
- 读取指令仅为一个微操作。
- 存储指令仅为一个微操作。
- 简单的读-修改指令为两个微操作。
- 简单的寄存器：内存格式的指令由 2～3 个微操作构成。

- 简单的读-修改-写指令由 4 个微操作构成。
- 复杂的指令通常超过 4 个微操作，故需耗费多个时钟周期译码。

一旦微操作被译码，它们从有序前端单元发送到保留站中，保留站是乱序核心管道段的开始部分。在保留站中，微操作等待它们的操作数变为有效。一旦一条微操作的所有操作数有效，它将从保留站中被送到一个执行单元。如果一个微操作在数据准备好的状态下进入保留站（即为全部数据有效），那么该微操作将立即被送到一个合适的且有效的执行单元中。在这种情况下，在保留站中的微操作只耗费了很少的时钟周期，全部的执行单元聚集在保留站的输出端口上，一旦微操作执行完将返回到全排序缓冲区 ROB，并等待退出。在这个管道阶段中，全部数据值被回写到内存并且全部的微操作按序退出，每次 3 条。

③ 高速缓存（cache）

具有 MMX 技术的处理器的在片高速缓存子系统，由两个 16K 的 4 路线长为 32 字节的关联高速缓存体构成。高速缓存具有一个回写机制和一个伪 LRU 的置换算法。数据的高速缓存由 8 个按四字节边界交错的存储体构成。

在具有 MMX 技术的奔腾处理器上，只要引用的数据不在同一个高速缓存体上，就可以被两个管道同时访问。在动态执行的（P6 系列）处理器上，只要引用的数据不在同一个高速缓存体上，就可以被一条读取指令和一条存储指令同时访问。在具有 MMX 技术的奔腾处理器上，高速缓存访问失败的迟延为 8 个内部时钟周期。在具有 MMX 技术的动态执行处理器中，最小迟延是 10 个内部时钟周期。

④ 分支目标缓存

具有 MMX 技术的奔腾处理器和动态执行处理器在分支预测方面，除一个较小的异常处理外，在功能上完全一样。

分支目标缓冲区（BTB）存储了预先所见的分支和它们的目标。当一个分支被预取后，BTB 将目标地址直接填入到指令读取单元（IFU）。一旦分支被执行，BTB 将随着目标地址而改变。使用分支目标缓存时，预先所见的分支被动态预告。分支目标缓存的预测算法包括了模式匹配和每目标多达 4 位的预测历史位。例如，一个具有 4 个迭代长度的循环将百分之百地被正确预测到。遵循下列原则将提高预测性能。

编写条件分支（除循环外）可将最常执行的分支紧接在分支指令后（即失败）。另外，具有 MMX 技术的处理器有一个堆栈返回缓存（Return Stack Buffer，RSB），可以连续地为不同地址上调用的过程，正确地预测其返回地址，进一步为展开具有函数调用的循环带来了益处，并删除了某些需要 in-line 的过程。

在具有 MMX 技术的奔腾处理器上，如果两个分支指令的最后一个字节在同一个按四字节对齐的内存段内，则分支不可预测。

这种情况发生在两个相连分支间没有间隔指令且第二个指令只有两个字节长的情况下（如±128 字节的相对跳转指令）。

为避免这种无法预测的情况发生，应使第二分支加长，在分支指令中用 16 位的相对位移代替 8 位的相对位移。

⑤ 写缓存

具有 MMX 技术的处理器具有 4 个写缓存（相对无 MMX 技术的奔腾处理器的两个写缓存）。另外，写缓存可以被 U 管道使用，也可以被 V 管道使用（相对无 MMX 的奔腾处理器的一个写缓存对应一个管道的情况)。通过对内存写操作进行安排调度,可以提高关键循环的性能。如果你不想看到写未命中,每组指令不能安排多于 4 条写指令。并在安排另外的写指令前调度其他指令。

(4) MMX 并发工具和编程技巧

由于 MMX 技术在汇编语言级增加了新的指令和数据操作类型,因此要想使用 MMX 指令必须熟悉这些指令和它们的格式。另外,MMX 新的指令是可以同时处理和存储多个数据的 SIMD 并行处理指令。必须严格按指令的要求去组织数据流,才有可能充分发挥 MMX 的潜力。我们所熟悉的并行语言(如并行 C),一般是针对多 CPU 环境下的多指令多数据流(MIMD)并行处理,而 MMX 技术是指令级并行 RISC 超标量结构,不能用并行 C 实现并行任务分配与处理。在现有情况下,建议采用下述工具和方法。

① 采用在高级语言中嵌入 MMX 指令的方法。微软的 VC++ 4.2 和 Powersoft/Watcom C 是最早以嵌入式汇编支持 MMX 扩展的 C 语言编译器。Intel 公司自己开发了几乎与 MMX 指令相对应的 C 指令库,可以避免记忆繁琐的汇编格式,减少寄存器分配等操作,但是数据流的组织仍然要由程序员完成。

② 采用 Intel 公司提供的 MMX 标准函数库。Intel 公司现在已经提供了用 MMX 指令系统实现的、面向多媒体应用的标准函数库:数字信号处理库(DSPL)和模式识别库(PRL)。这些库函数包含了多媒体应用中一些常用的操作,如快速傅里叶变换(FFT)、离散余弦变换(DCT)、特征抽取等。这两个库函数较新的 V3.0 版本是用 MMX 指令实现的,只要利用 6.11D 版本的宏汇编语言连接这两个库,就可以利用 MMX 指令。值得注意的是 DSPL 和 PRL 这两个库函数,无论是其标准函数的数量还是执行速度都在随着 MMX 技术的发展及用户的增加而不断改善。

③ 采用数据流描述方法。传统的算法语言建立在计算机结构控制流模型上,然而在计算机算法描述中,控制流的描述并不是本质的,例如,两个向量的加法既可用循环结构写成,也可以用顺序结构写成,还可以写成混合的折中形式,而所有这些程序的执行结果都是等效的。保证这些程序功能相同的关键是数据流,也就是说算法的功能被其数据流唯一地确定。基于这种思想,设计了一种数据流描述方法,把 MMX 的并行性能描述成可以让平行数据流并行通过的数据通道。用这种方法可以很方便地将传统程序转换为 MMX 程序,并且便于调试。

MMX 技术是为了扩充 CPU 的多媒体和通信功能而设计的,所以它为实现多媒体和通信应用程序带来了方便。最近 Intel 公司给出了一些应用 MMX 指令集编程的示例,如彩色键连、向量点积、矩阵乘法、淡入淡出等。我们也用 MMX 指令集在图形图像领域开发了一些应用程序,例如,RGB 到 YUV 彩色空间的转换、中值滤波及图像边缘提取等,运算速度可以提高 3.5~5 倍。

MMX 主要的编程技巧分述如下:

① 寻址方式的选择

在奔腾处理器上,当一个寄存器被用作基地址元素时,如果该寄存器是前一个指令的目的寄存器(假设所有的指令都已在预取队列中),将耗费一个附加的时钟周期。例如:

```
add esi,eax                    ;esi是目的寄存器
mov eax,[esi]                  ;esi是基地址,增耗费1个时钟
```

因为奔腾处理器有两条整数流水线，如果一个寄存器是前一时钟内任意指令的目的寄存器，这个用于计算有效地址（在任一管道）的基地址或索引元素的寄存器，将耗费一个额外的时钟周期。这种效应称为地址生成互锁（AGI）。为了避免 AGI，指令间应安排其他指令，并产生至少一个时钟周期的间隔来分隔这些指令。

新增的 MMX 寄存器不能当作索引寄存器或基地址使用，所以 AGI 不适用于 MMX 寄存器为目的寄存器的情况。

在 AGI 情况下，动态执行（P6-系列）处理器不产生额外迟延。

② 数据和代码的对准

奔腾处理器和动态执行的 P6 处理器都有一个 32 字节行长的 cache。由于预取缓冲区在 16 字节边界进行操作，代码对准对于预取缓冲区的效率有直接的影响。

对于在 Intel 体系结构下的优化，推荐以下几点：

- 如果循环入口标记距离下一个 O MOD 16 边界小于 8 字节，则应将这一入口标记置于该边界处。
- 条件转移后面的标记不必对准。
- 非条件转移或函数调用后面的标记应该进行与第一种情况相同的对准。

在 Pentium 中，数据 cache 或总线中的非对准访问至少要多消耗 3 个时钟周期。在动态执行处理器（Pentium Pro 系列）中，数据 cache 的非对准访问要额外消耗 9～12 个时钟周期。为了在所有的处理器中都得到最好的执行效率，Intel 建议数据要进行如下的对准：

- 2B 数据要全包含在对准的 4B 字中（即其二进制地址应为 xxxx00、xxxx01、xxxx10，但不可以是 xxxx11）；
- 4B 数据要对准于 4B 边界；
- 8B 数据（即 64bit，例如双精度实数据类型，所有的 MMX 紧缩寄存器数据等）必须对准于 8B 边界。

③ 有前缀的操作码

在 Pentium 处理器中，指令的前缀会延迟指令分析（parsing）过程和禁止指令的配对执行。下面给出了指令前缀在 FIFO 中的影响：

- 以 0Fh 为前缀的指令没有以上不良影响；
- 以 66h 或 67h 为前缀的指令要消耗 1 个时钟周期检测前缀，1 个周期作长度计算，1 个周期进入 FIFO（总共3 个时钟周期）。它必须是第一个进入 FIFO 的指令，后面的指令可以和它一起推入。
- 其他前缀（除了 0Fh，66h，67h 外）的指令要消耗 1 个多余的时钟周期来检测每个前缀。这些指令仅作为第一个指令时被推入 FIFO 中。一个有两个前缀指令要消耗 3 个周期推入 FIFO 中（前缀的处理需要 2 个周期，指令要 1 个周期）。在同一时钟周期中，下一个指令可以和第一个指令一起推入 FIFO 中。

仅当 FIFO 中只有一项时，才会产生性能上的降低。只要解码器（D1 状态）得到两个指令进行解码，就不会有性能的降低。如果从 FIFO 中以每个时钟周期两个指令的速度弹出指令，FIFO 会迅速变空。这样，如果带前缀指令之前的指令遇到性能缺失（例如，没有指令配对，由于 cache 不命中引起的阻塞，存储没有对准等），则带前缀指令的额外开销就会被屏蔽掉。

在动态执行(P6)处理器中,长于 7 字节的指令会限制每个周期解码的指令数。前缀会增加 1～2 字节的指令长度,从而限制了解码器的性能。

建议尽量不要使用带前缀的指令,或者将它们安排在会引起流水线阻塞的指令后面。

④ Pentium Pro 系列处理器中的寄存器部分阻塞

在动态执行处理器(P6)中,如果在写 1 个 16bit 或 18bit 寄存器(例如,AL、AH、AX)之后紧接着读 1 个 32bit 寄存器,读操作将阻塞,直到写操作完成(至少需要 7 个周期)。考虑如下的例子,第一条指令将立即数 8 写入 AX 寄存器,第二条指令访问了 EAX 寄存器。这段代码就会导致寄存器部分阻塞。

```
MOV  AX, 8
ADD  ECX, EAX
```

由于 Pentium Pro 系列 CPU 可不按严格的顺序执行代码,所以不是紧密相连的指令也会引起阻塞。下面的例子就包含了一个寄存器部分阻塞:

```
MOV  AL, 8
MOV  EDX, 0X40
MOV  EDI, new-value
ADD  EDX, EAX
```

在第四条指令访问 EAX 时会发生寄存器部分阻塞。

注意,Pentium 处理器没有以上的阻塞情况。

⑤ 配对

在所有的 Intel 处理器中,"配对"都是提高执行效率的有效方法。下面给出在 Pentium 和 P6 上进行配对的一些原则。在一些情况下,对于特定处理器的性能优化有一些折中,这些折中基于应用的特定性质而有所不同。在超标量的 Pentium 处理器中,指令的顺序对于最大限度地利用性能是十分重要的。

对指令顺序的重排,产生适当的配对,可以增加并发执行(利用 U-流水线和 V-流水线)两个指令的可能性。有数据相关的指令之间至少要相隔 1 个其他指令。

下面将讨论 MMX 指令与整数指令的配对问题,浮点指令是不能和 MMX 指令配对的。

- 如果 2 个指令中有 1 个长于 7 字节,Pentium 处理器就不能给它们配对。但是,MMX 技术的 Pentium 处理器仅当第一个指令长于 11 字节或第二个指令长于 7 字节时无法配对。
- 带前缀的指令在 U-流水线中可以配对。带 0Fh、66h 或 67H 前缀的指令也可以在 V-流水线中配对。
- 都要使用 MMX 移位单元(pack、unpack 和 shift 指令)的指令不能配对,因为 MMX 只有一个移位单元。移位操作在 U-流水线或 V-流水线都可以进行,但是不能同时在 1 个时钟周期中进行。
- 都要使用 MMX 乘法单元(pmull、pmulh 和 pmadd 等指令)的指令不能配对,因为 MMX 只有一个乘法单元。情形同前。
- 访问内存或整数寄存器堆的 MMX 指令仅可以在 U-流水线中使用。所以,这样的指令不能被配对。

- U-流水线指令的 MMX 目标寄存器和 V-流水线指令的源寄存器或目标寄存器不相同,才可以配对。不然,这种相关阻碍并发执行。
- EMMS 指令不能配对。

此外还有动态分支预测、静态预测、高速缓存优化及内存优化等编程技巧。

总之,MMX 程序的开发是一项技巧性很强的工作。MMX 技术的利用需要程序员具有良好的汇编语言编程能力,对 MMX 技术要有深入的理解,同时,还需要在实践中不断总结经验,才能写出高效的代码来。

小　　结

多媒体计算机能综合处理声、文、图信息,为了更好地发挥多媒体计算机的功能,必须有高性能的硬件支持,视频和音频的专用处理芯片和新型的体系结构是多媒体计算机硬件支持的关键。

本章详细介绍了具有代表性的 Intel/IBM 公司研制的数据视频交互式(DVI)多媒体计算机系统的组成和工作原理,Intel/IBM 公司设计的 AVSS 和 AVK 软件,以及 DVI 系统的成功和失败的经验教训。

为了更好地解决多媒体计算机综合处理声、文、图信息问题,对理想的系统提出了以下设计原则:

(1) 采用国际标准的设计原则;

(2) 多媒体和通信功能的单独解决变成集中解决;

(3) 体系结构设计和算法相结合;

(4) 把多媒体和通信技术做到 CPU 芯片中。

本章还对 Trimedia 媒体处理器的工作原理及其开发应用作了介绍和讨论。

习　　题

1. 组成多媒体系统的途径有哪些?(　　)

(1) 直接设计和实现

(2) 增加多媒体升级套件进行扩展

(3) CPU 升级

(4) 增加 CD-DA

A. 仅(1)　　B. (1)(2)　　C. (1)(2)(3)　　D. 全部

2. 下面硬件设备中哪些是多媒体硬件系统应包括的?(　　)

(1) 计算机最基本的硬件设备

(2) CD-ROM

(3) 音频输入、输出和处理设备

(4) 多媒体通信传输设备

A. 仅(1)　　B. (1)(2)　　C. (1)(2)(3)　　D. 全部

3. 下面哪些是 MMX 技术的特点？（　　）

(1) 打包的数据类型

(2) 与 IA 结构完全兼容

(3) 64 位的 MMX 寄存器组

(4) 增强指令系统

A. (1)(3)(4)　　B. (2)(3)(4)　　C. (1)(2)(3)　　D. 全部

4. 下面哪些称得上是多媒体操作系统？（　　）

(1) Windows 98　　(2) Quick Time

(3) AVSS　　(4) Authorware

A. (1)(3)　　B. (2)(4)　　C. (1)(2)(3)　　D. 全部

5. 详述 Intel/IBM 公司研制的 DVI 多媒体计算机系统成功和失败的经验教训，及理想的系统如何设计实现。

第6章 超文本和超媒体

本章要点

(1) 超文本和超媒体的基本概念、主要特点和基本特性。

(2) 超文本和超媒体的体系结构分为3个层次：表现层——用户接口层；超文本抽象层——结点和链；数据库层——存储、共享数据和网络访问。

(3) 超文本和超媒体组成要素。

(4) 超文本系统和超文本及超媒体的结构和文献模型。

(5) 超文本和超媒体存在的问题及发展前景。

在当今的信息社会里，信息以爆炸形式增长，影响着人类的工作、学习、生活各个方面。面对浩如烟海且相互关系复杂的信息，使得人们感到现有的信息存储与检索机制越来越不足以使信息得到全面而有效的利用，尤其不能像人类思维那样以通过“联想”来明确信息内部的关联性，而这种关联却可以使人们了解分散存储在不同地点的信息块之间的联系关系及相似性。因此，迫切需要一种技术或工具，它可以建立起存储于计算机网络中信息之间的链接结构，形成可供访问的信息空间，使得各种信息能够得到更广泛的应用。

随着多媒体计算机技术的发展，超文本和超媒体也蓬勃地发展起来。这种现象的出现不是偶然的。除了技术上的进步、市场的需要以外，另一个重要因素就是超文本和超媒体较适合于表达多媒体信息。多媒体技术使得计算机表达信息的方式更丰富、更直观，同时，提供了灵活的人机交互手段。多媒体表达信息的方式主要有两类：第一类在时间轴上对多媒体信息进行编辑和剪裁；第二类在空间上安排多媒体信息，共同表达事物，做到“声、文、图”一体化。超文本和超媒体提供了将“声、文、图”结合在一起，综合表达信息的强有力手段。同时，作为一种接口技术，超文本和超媒体提供了非常直观、灵活的人机交互方法，开拓了许多应用领域，是多媒体应用的有效工具。

随着多媒体技术的发展，超文本和超媒体技术以其能为人们提供简单、直观、快捷、灵活的数据表示、组织和管理手段而展现出美好的前景。它所提供的思想方法可建立各种媒体信息之间的网状链接结构，与传统的线性文本结构有着很大的不同，符合人们的“联想”式思维习惯。

6.1 概　　述

6.1.1 基本概念

文本是我们最熟悉的信息表示方式。文章、程序、书、文件等都以文本出现，通常以字、句子、段落、节、章作为文本内容的逻辑单位，而以字节、行、页、册、卷为物理单位。文本的最显著特点是它在组织上是线性的和顺序的。这种线性结构体现在你读文本时只能按固定的线性顺序一字一字、一行一行、一页一页地读下去。文本的这种线性结构如图 6.1 所示。

科学研究表明,人类的记忆是一种联想式的记忆,它构成了人类记忆的网络结构,人类记忆的这种联想结构不同于文本的结构。人类记忆的互联网状结构可能有多种途径,不同的联想检索必然导致不同的访问路径。例如,某人对“通信工具”一词可能会联想到“手机”,对自己童年的照片可能会联想到小时候的快乐生活,尽管我们对某一对象具有相同的概念,但由于文化基础和受教育的背景不同,由于不同时间或不同的地点,产生的联想结果就可能是千差万别的。

这种联想方式实际上表明了信息的结构及其动态性。显然,这种互连的网状信息结构用普通的文本是无法管理的,必须采用一种比文本更高一层次的信息管理技术,即超文本(hyper-text)。

超文本结构就类似于人类的这种联想记忆结构,它采用一种非线性的网状结构组织块状信息,没有固定的顺序,也不要求读者必须按某个顺序来阅读。采用这种网状结构,各信息块很容易按照信息的原始结构或人们的“联想”关系加以组织。例如,一部百科全书有许许多多“条目”,它可以按照字母次序进行排列,也可以按照各专业分类用链加以连接,以便于人们“联想”查找。图 6.2 是一个完整的小型超文本结构。从图 6.2 中可以看到超文本由若干内部互连的文本块(或其他信息)组成,这些信息块可以是计算机的若干屏,也可以是若干窗口、文件或更小信息块。这样一个信息单元就称为一个结点(node)。不管结点有多大,每个结点都有若干指向其他结点或从其他结点指向该结点的指针,这些指针被称为链(link)。链有多种,它连接着两个结点,通常是有向的,从一个结点(称之为源结点)指向另一个结点(称之为目的结点)。链的数量通常不是事先固定的,它依赖于每个结点的内容和信息的原始结构。有些结点与其他结点有许多关联,因此它就有许多链;有些结点没有启程链,它就只能作为目的结点。超文本的链通常连接的是结点中有关联的词或词组而不是整个结点。当用户主动点触该词时将激活这条链,从而迁移到目的结点。

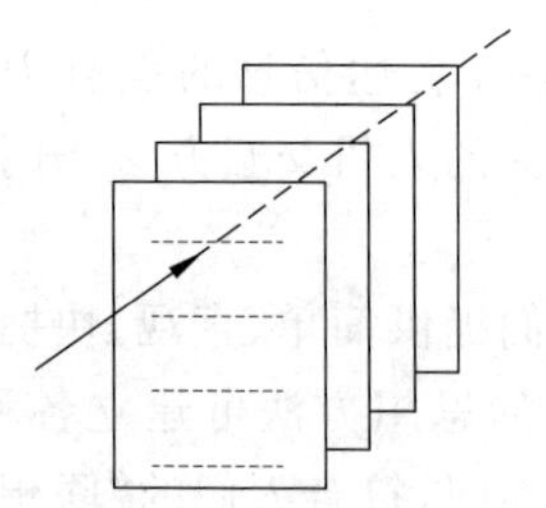

图 6.1　文本的线性结构

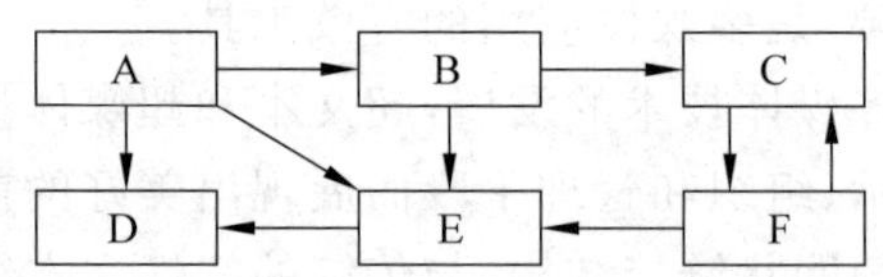

图 6.2　具有 6 个结点和 9 条链的超文本结构示意图

图 6.2 所表示的超文本结构实际上就是由结点和链组成的一个信息网络,称为 Web。读者可以在这个信息网络中任意“航行”浏览。这里要强调的不仅仅是“阅读”,而更重要的是用户可以主动地决定阅读结点的顺序。假如读者是从标记为 A 的文本块开始阅读,与单一路径的文本不同,该超文本结构有三条阅读路径摆在读者面前,即可到 B、D、或 E。如果读者选择 B,则可以继续选择到 C 或 E,从 E 又可以到 D。当然读者也可以从 A 选择直接到 D。这个例子表明,在超文本结构中任意两结点之间可以有若干条不同的路径,读者可以自由的选择最终沿哪条路径阅读文本。这同时要求超文本结构的制作者事先必须为读者建立

一系列可供选择的路径，或者由超文本系统动态地产生出相应的路径，而不是单一的线性路径。

超文本的主要特点可以概括为超文本不是顺序的，而是一个非线性的网状结构，它把文本按其内部固有的独立性和相关性划分成不同的基本信息块，称为结点。以结点作为信息的单位。一个结点就可以是一个信息块，也可以是若干结点组成一个信息块。超文本具有以下特点：

(1) 多媒体信息。超文本的基本信息单元是结点，它可以包含文本、图形、图像、动画、音频和视频等多种媒体信息，而且它的信息表现方式和大小等都可根据所要表述的主题自由选择、组合，不需要严格的定义。

(2) 网络结构形式。超文本从整体来讲是一种网络的信息结构形式，按照信息在现实世界中的自然联系以及人们的逻辑思维方式有机地组织信息，使其表达的信息更接近现实生活。

(3) 交互特性。信息的多媒体化和网络化是超文本静态组织信息的特点，而交互性是人们在浏览超文本时最重要的动态特征。

能对超文本进行管理和使用的系统叫超文本系统。超文本与超文本系统的关系和数据库与数据库管理系统类似。一个超文本系统一般具有以下特点：

(1) 在用户界面中包括对超文本的网络结构的一个显示表示，即向用户展示结点和链的形式。

(2) 给用户一个网络结构的动态总貌图，使用户在每一时刻都可以得到当前结点的邻接环境。

(3) 超文本系统一般使用双向链，这种链应支持跨越各种计算机网络，如局域网和因特网。

(4) 用户可以通过自己思想的联想及感知，根据自己的需要动态地改变网络中的结点和链，以便对网络中的信息进行快速、直观、灵活的访问，如浏览、查询、标注等。这种联想和感知被准确地定义，并要求有良好的性能价格比。

(5) 尽可能不依赖它的具体特性、命令或信息结构，而更多地强调它的用户界面的“视觉和感觉”。

多媒体信息与传统的单媒体信息有很大的不同，多媒体的表现是具有特定含义的，它是一组与时间、形式和媒体有关的动作定义。先进的多媒体表现的交互特性可提供用户控制表现过程和存取所需信息的能力。多媒体信息的组织将有助于信息的表达和交互。多媒体和超文本的结合大大改善了信息的交互程度和表达思想的准确性。多媒体的表现又可使超文本的交互式界面更为丰富。

早期超文本系统的表现形式仅是文字的，这就是它被称为“TEXT”的原因。随着多媒体技术的发展，各种各样的多媒体接口的引入，使表达信息的形式扩展到用视觉和听觉甚至触觉来表现。近年来，随着图形、硬件、大容量存储等技术的发展产生了第二代超文本系统，它的结点信息可将正文、图形、声音、动画、静止图像、活动图像结合在一起，因而更具魅力。第二代超文本系统与多媒体技术结合起来，为强调处理多媒体信息的能力而称为超媒体(hypermedia)系统，即多种媒体的超文本系统。

6.1.2 典型的超文本系统

1. HyperCard

1987 年 8 月,美国苹果公司在 Macintosh 微机上推出了 HyperCard 软件,这是一个十分形象的集图文声为一体的超文本系统,它的出现对超文本技术的推广起着重大作用。

HyperCard 的基本信息单元为卡片,相当于结点,第一个版本上一张卡片占有一个屏幕它可由用户通过工具来制作。这类工具有编辑器、图符库、剪辑板、绘图工具等。一张卡片有其固定背景部分,包括一些按钮、可填充的域及图形边框;一张卡片还有其本身的卡片名、索引号、域内容、正文及图形内容等。一组卡片由用户组成堆(stack),如"产品"堆卡片可包括公司的许多不同产品。卡片堆以索引号排序,堆的主人可对卡片堆进行各种操作:加一张卡片,修改某卡片内容,删一张卡片,按一域的内容重新排序卡片,按某字符串查找卡片,往前一张卡片,向后一张卡片,返回第一张卡片,显示最近看过的卡片清单等。

各堆卡片可组成堆的目录,目录也是一张卡片,可用浏览工具漫游各个卡片堆。在 HyperCard 2.0 版本中已构造了许多应用卡片堆,如电话本、日历、备忘录、产品目录、价格表、图片集、相片集、看图识字本等。在 HyperCard 软件中用户可交互地制作软件,也可通过该软件提供的一个面向对象语言 Hypertalk 来编写脚本,脚本附于按钮,按钮出现在 HyperCard 堆的卡片里。图 6.3 展示了 HyperCard 环境的概念结构。由于 Macintosh 具有许多方面的工具,因而 HyperCard 制作、浏览均十分方便灵活。HyperCard 的链只有顺序、重新排序等,比较简单,因而连接复杂关系时尚支持不够。但是,1987 年首先推出的这一商品软件以它丰富多彩的界面、灵活方便的构造工具,向广大计算机用户展示了超文本的生命力。

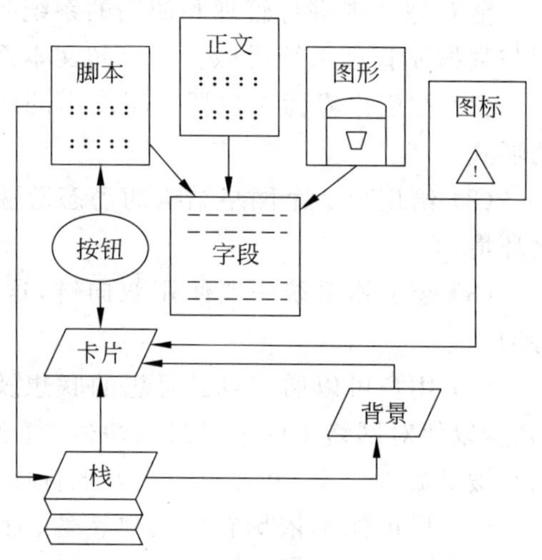

图 6.3 HyperCard 环境的概念结构

2. KMS

KMS 是卡内基-梅隆大学在工作站上开发的 Knowledge Management System 的简称它是该校于 1972 年开始研究的 ZOG 项目在工作站上的新版本。它作为一个通用工具,已用于联机手册、录像带盘的管理、飞机专家系统的界面及交互任务的管理等。KMS 的基本信息单元为帧(frame),最大占用一个屏幕。一帧有一个名字、一个标题、一个正文或图形描述以及多指向其他帧的标志。例如,一篇文献的第一页构成一帧,文章的标题及摘要作为该帧的标题及内容,文章的各结点名、关键字、交叉引用、注释等均可作为指向相应帧的标志(链源,也称 hotword)。在 KMS 屏幕上有一组通用菜单项,如 Save、Reset、Prev、Next、Home、Goto、Info、Disp、Exit,用户可对它进行所需要的操作。

3. Note Card

NoteCard是美国Xerox公司的PARC研究中心为研究设计人员或作家开发的一个基于工作站的超文本系统。NoteCard有一个良好的浏览工具,包括一个层次系统和组织复杂的NoteCard网络。

NoteCard与Augment(Engelbert,1984)的区别在于它基于网络而不是基于联机构成。NoteCard的基础是语义网络,这是按链归类互连的NoteCard集合。NoteCard提供了一组工具:包括对于网络的组织、显示和管理,还有为创建管理此网络的程序而提供的方法和协议。

NoteCard包含以下几个基础实体:

(1) 记事卡(NoteCard)是一张电子模拟的索引卡片。每一张记事卡都有一个标题和可以被编辑的内容资料,例如正文和图形。

(2) 链(Link)把单个的记事卡连成相关卡片的网络。每一链是一个在源卡片和目的卡片之间的有向连接。

(3) 浏览器(Browser)含有NoteCard网络的结构图。在NoteCard系统中,浏览器一般被视作支持编辑的工具。用户可以通过对在Browser表中的结点和边的操作来编辑网络结构。

(4) 文件盒(Filebox)帮助用户管理NoteCard的巨大网络。文件盒可以用于建立层次目录结构,这种结构对独立于网络互连的卡片提供有效的存储和检索。

NoteCard的主要特点可归纳如下:

在NoteCard系统中核心结构是一个语义网络,它由电子记事卡组成,这些电子记事卡通过分类链将结点连接起来。每一记事卡含有一任意数量的信息,具体表现为正文、图形、映像或某些其他可编辑的信息;每一个链设计为在两个记事卡之间的一种专门的关系,这种关系可以由用户或系统来定义。系统提供浏览器和文件盒这两种特殊类型的卡片,以帮助管理卡片和链的网络。一个浏览器含有卡片网络的结构图,它可以被系统生成或被用户生成,浏览器是一描述工具和编辑机制。文件盒可以用于聚集和组织记事卡,产生由系统管理的分层文件结构。NoteCard还包括一组协议和功能,以创建新的卡片类型和操纵在网络中的信息。这种面向应用的扩展在公式化表示中起着重要作用。

4. Guide

Guide系统是1986年由办公工作站有限公司(OWL)推出的,它推出时即为商品化软件,所以是第一个广泛应用的超文本,可以在Macintosh、IBM PC等多种个人机上运行。

Guide系统比HyperCard和NoteCard更面向正文,它有许多不同的链类型:

(1) 替换链(Replacement Links)使当前窗口的文本用该链的目的结点中的正文所代替。在文本中,一个链的实体通过光标位置的改变而被指明。用户也可以改变显示的文本(使用黑体、斜体),以增进对不同类型链的识别。

(2) 记事链(Note Links)弹出显示资料正文的窗口。

(3) 引用链(Reference Links)引用带有目的正文的新窗口。这些链允许用户在不同资料或同一资料的不同部分中的相关题目之间移动。

(4) 查询链(Inquiry Links)类同于表示链,但这种链是互斥的。在某一时刻,对某一查询只有一种表示可以被显示在屏幕上。

6.2 超文本和超媒体系统的组成和结构

6.2.1 超文本和超媒体的组成要素

1. 结点

超媒体是由结点和链构成的信息网络，结点是围绕一个特殊主题组织起来的数据集合，这个集合可以是有形的，例如是一个数据块；它也可以是无形的，是信息空间中的一个部分。把一篇文章分割成若干块，这些块就是有形的结点。若对文章不进行分解，而只是根据需要对相应的内容进行定位，则这个定位周围的信息就是一个无形的结点。结点中可以嵌入链，使它能与其他结点相连接。

结点有许多种，而且分类方法也不尽相同。在早期超文本中结点的内容一般是有形的结点，内容主要是文本、符号或数字。现在根据媒体的种类、媒体的内容和功能的不同，结点可以是媒体结点，其中可以包含各种媒体，也可以包含数据库、文献等；也可以是动作类结点、组织类结点、推理类结点等。

(1) 媒体类结点

媒体类结点中存放各种媒体信息，包括文本、图像、图形、视频、动画等各种媒体，也包括数据库、文献，存放这些媒体信息的来源、属性和表现方法等。在一些情况下，每一个结点中确实包含媒体数据本身，但也有一些情况特别是在网络环境下，许多媒体数据需要临时从网络或机器中得到，所以结点中只有路径、属性等信息，而没有数据本身。

结点中对媒体数据的描述直接关系到多媒体数据的表现，不同的媒体会有不同的属性和表现方法。例如，对文本要能够表现出文本的字体、排版和大小；对图像来说要能够指明位置和大小；对视频要能够定义诸如快进、暂停之类的操作；对数据库这种结构化的数据要能具有符合数据库操作的手段。对混合媒体来说，媒体之间的同步、配合和效果就要有更复杂的描述形式。

(2) 动作与结点

动作与操作也是一种媒体，因此可以当作一种动态结点，它通过超媒体的按钮来访问，所以有人也称之为按钮结点。在这种结点中常常定义了一些操作，例如电话通信、传真等，通过这种结点为用户提供动作和操作的可能。例如有些超媒体系统就专门提供了电话通信功能，只要用户选择一个“自动拨号盘”的按钮，就可以开始一次通话。还有一些超媒体系统将传真服务引入，并与电视通信相结合，用户按下“传真”按钮，系统就在当前结点上发送所需传送的内容。实际上这类结点通过按钮做一些超媒体表现以外的工作，赋予人的操作或动作。但要注意，动作和操作并不是非要专门的结点，可以嵌入到任何结点中，按钮也一般都与链相连接，只不过动作和操作的按钮连接的是执行链。

(3) 组织型结点

组织型结点是组织结点的结点。加索引是描述结点的一种方法，同时也是数据库管理的需要。组织型结点可以实现数据库的部分查询工作，如结构查询。组织型结点包括各种媒体结点的目录结点和索引结点。目录结点包含各个媒体结点的索引指针，指向索引结点。索引结点由索引项组成，索引项用指针指向目的结点，或指向相关的索引项，或指向相关表中相对应的一行，或指向原媒体的目录结点。

(4) 推理型结点

推理型结点用于辅助链的推理与计算，它包括对象结点和规则结点。推理型结点的产生是超媒体智能化发展的产物。

需要指出的是，现代的许多超媒体系统中有的已经没有了结点的概念，或者说结点已经无形了。也有的系统将结点分为原子结点和组合结点，原子结点是不能再进一步分割的对象，如标志、图元、背景、表格的字段等；组合结点由原子结点构成，例如文本的词或段落可以是原子结点，文本就是组合结点。但了解结点的有形概念，还是有利于对超媒体的理解的。

2. 链

链，又称超链(hyperlink)，是结点间的信息联系，它以某种形式将一个结点与其他结点连接起来。由于超媒体没有规定链的规范与形式，所以分类方法也不尽相同。但最终达到的效果却是一致的，即建立起结点之间的联系。链是有向的，一般结构可分为三个部分：链源、链宿及链的属性。链源是导致浏览过程中结点迁移的原因，可以是热标、媒体对象或结点等。链宿是链的目的所在，可以是结点，也可以是其他任何媒体内容。链的属性决定链的类型。

由于各个超媒体系统的链型不完全一样，这里仅介绍一些比较典型的链型，供读者参考。

(1) 基本结构链

基本结构链是构成超媒体的主要链形式，它具有固定明确的特点，必须在建立一个超媒体文献时事先由作者指明，是一种实链。基本结构链又包括基本链、交叉索引链和结点内注释链。

① 基本链。它是建立结点之间基本顺序的链，有些类似于一本书中具有的章、结、小结、段落等结构。它使信息在总体上呈现出层次结构，如图 6.4 中的实线所示。基本链的链源和链宿都是结点。在表现时常用“上一结点”、“下一结点”等来表现结点的先后顺序，也即链的方向。

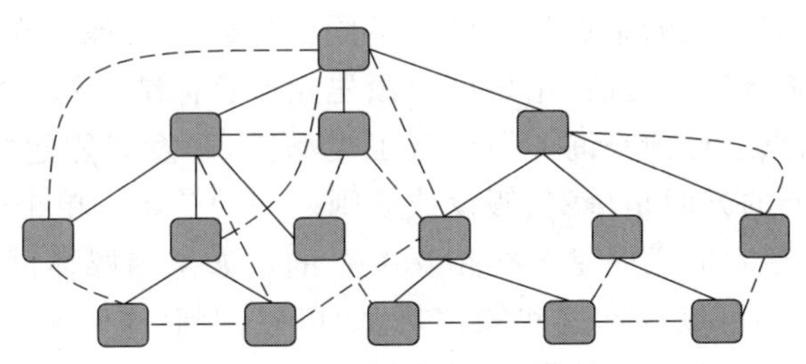

图 6.4　结点中的基本链和交叉索引链

② 交叉索引链。它将结点连接成交叉的网状结构，如图 6.4 中的虚线所示。交叉索引链的链源可以是各种热标、单媒体对象及按钮，链宿为结点或任何内容。在表现时常常用热标激活转移、“回退”、“返回”等表示先后顺序，要注意的是，这些操作基本链与交叉索引链是不同的，基本链的动作决定结点间的固定顺序，而交叉索引链的动作决定的是访问顺序。

③ 结点内注释链。它是一种指向结点内部附加注释信息的链，注释源主要通过热标确

定，注释体则为一单媒体对象。之所以称其为结点注释链，是因为链源和链宿均在同一结点内，一般这种结点都是混合媒体结点。采用结点内注释链的好处是不用另设结点，在需要时注释才出现。在表现形式上，注释需要对热标进行激活才能动作。

(2) 组织链和推理链

组织链用于结点的组织，推理链则在链的迁移过程中通过推理来决定目标。

① 索引链。它将用户从一个索引结点链接到该结点相应的索引入口。索引用于文献与数据库的接口及查找共享同一索引项的文献，按钮表现常是"总目录"、"影片索引"等。

② 执行链。执行链将一种执行活动与按钮结点相连。执行链使应用程序不再是孤立的，可以激发一个动作或操作。一般的操作系统无法记录程序的功能、目的等，但超媒体的按钮结点与执行链可以通过建立结点方便地解释应用程序的功能和目的，使超媒体成为高层程序的界面。

推理链将在后面专门介绍。

(3) 其他链型

① 自动链接。自动链接是超媒体中一个非常重要的概念，它允许系统自动把当前结点与相似主题或满足某些条件的所有其他结点链接在一起。例如可以在文本文件中搜索关键词并报告关键词所在的行数，或是通过基于内容检索确定某些特征，或是通过特殊的通信协议与外部的服务器中的内容建立联系等。但目前能够实现的主要是文本结点间的自动链接，实现其他类型媒体结点间自动链接的超媒体系统还未见到。自动链接的另一个意义在于对超媒体进行基于内容的检索，检索时输入某些主题、特征或条件，系统将能满足该主题、特征或条件的结点自动链接起来，提交用户浏览，这样就大大减少了用户在信息海洋中无用的操作。

② 类型链。有些超媒体系统允许用户描述在于两个结点之间的关系，也即用户可以定义链的类型。例如：结点B给出一个例子，来说明结点A中的规则或原理，连结A、B的链就称为"注释"链。但假设存在另一个结点C，它对结点B有一个更常用的解释，可以称"B、C"之间的链为"扩展"链。对于这种类型的链必须要用一个独立的数据实体来描述。链实体独立于结点，因为任何给定的结点都可以用不同的方式与其他结点链接。采用类型链的好处在于，首先，在一条链迁移之前，用户可以预先知道目标结点的自然属性。其次，从理论上讲，它允许用户对结点进行预查询。另外有了类型链，开发智能超媒体就大大方便了，这是因为关于知识最重要的方面是事实、假设或规则之间的关系。单个的事实、假设或规则都不能说明问题，除非知道它们之间是怎样相互关系的。如果超媒体网络中存储了关于各种结点之间关系的知识，则可以查询这些知识，例如可以询问："显示所有讨论某问题或与之类似问题的结点"，"显示包含与某问题相反论据的结点"等。

3. 热标

热标(hotspot)是确定信息关联的链源，由它将引起向相关内容的转移。很显然，不同的媒体应有不同的形式的热标。根据媒体种类的不同，热标的形式一般有以下几种：

(1) 热字(hot-word)

热字是文本中被指定具有特殊含义或需进一步解释的字、词或词组。图6.5便是一例。

在图6.5中，斜体加底线的词都是热字，触发这些词将会按照设计者的安排出现相应的进一步的解释，或出现更形象的演示，或转移到另外相关内容显示。例如，触发"商品价格"

一词,可以转移到另一段关于"商品价格"的更详细的说明,触发"图片"将会出现一幅图像等。

> 本商城的***商品价格***是按照国家有关规定制定的，所售出的商品在其规定的质量保证期内可以到本商城退换或者进行维修，查阅***商品信息***可以获得该商品的更多介绍。选择***图片***可以看到商品的式样。
>
> 商城在发展电子商务方面主要是面向客户***(B-C)***，目前我们也正在开展***(B-B)***业务。

图 6.5　带热字的文本

对于热字的处理关键是热字的识别和按要求进行转移。一个字或词究竟是不是热字,热字如何转移,都要由设计者进行定义。有的系统用特殊的符号标识热字,凡是热字一律用保留字括起,并指明转移的方向或处理的方式。下面是一些不同类型的例子:

① ……@图片|picture.bmp@所示…

② ……@商品价格|^(结点名称)@…

③ ……@商品信息|^(文献名)^结点名@…

④ ……@(B-C)|^9@…(转到第 9 段)

其中,"@"之后"|"之前的词为热字,在"|"之后则是相应的转移目的地,后一个@为结束符。在实际显示时,各个保留字及转移目的地等均不显示,热字被赋予特别的颜色,所以仍然可保持原有媒体的显示风格,并且很容易与一般的文本编辑器相兼容。转移的目的地与转移的处理方法,与超媒体系统本身的设计有关。

(2) 热区

热区(hot-area)是在所显示的图像或类似于图像的显示区上指明的一个敏感区域,作为触发转移的源点。在一幅图像上的不同区域可以有不同的信息表现。例如一幅人体图像中的不同区域可以设置成不同的热区,当触发这些热区时,系统就会按设定好的方法进行表现,介绍该人体部位的详细情况和细结。热区的设定不同于热字,由于图像十分直观但不便于用语言或文字描述,所以一般都采用所听即所得的方式在图中直接指定热区。早期的热区一般使用矩形,但当敏感区域为复杂边缘时,矩形会造成较大的误差,所以近来一般都改用多边形。事实上,当图像都是文字时,也可以用热区的方法模拟热字,但此时系统并不知道热区中的字或词是什么,文本本身也无法滚动;对文本的修改会引起图像位置的改变,从而使热区也不准确;同时也不利于对文本的查询。热区在触发后所引起的转移与文本中的热字相同,所不同的是文本热字必须在文中描述转移的目的地,而热区则需要在生成时指明并存储在结点的链中。

(3) 热元

在图形媒体中,图元是其最基本的单位,例如一个图、一条线、一串文字等。为了使这些相对独立的图形单位能够作为信息转移的链源,就引入了热元(hot-element)的概念。这种方式非常适合于在不影响图形本身的变换(例如移位、放大或缩小)的同时,又可以由该图元引发相应的进一步关联信息的表现。例如,在军事态势图上,某图标代表某个部队,该部队的进一步情报都由该图标触发。当图标移位后(如部队调动),仍能引发相应的信息。这用热区、热字都是无法做到的。同样,热元也可以在 CAD 工程设计中用于建筑图注释、机器设备联机维护手册等方面。由热元而导致的转移与热区相似。

(4) 热点

热点(hot-point)是另外一种热标的概念,主要用于时基类媒体如动态视频、声音等在时间轴上的触发转移。在应用中常常出现这种情况,例如当用一般视频在介绍某个重大历史事件的过程中,往往突然会对其中某个片段更感兴趣,从而希望了解更多的内容。这就要求能从这段视频的相应时间轴处转移到另外有关解释的其他内容处,这个起点处就称为热点。在这一点上它与文本媒体十分相似,帧序列可以像文本段一样在序列内、文献内或文献间进行转移。视频对象可以采用长序列,要由起始帧和结尾帧确定所选定的视频段,从而可以从一个视频段直接跳往另外一个视频段,也就可以实现自我解释。其他时基类媒体也基本相同。

由于时基类媒体是动态的,在使用时不能仅将热点定为时间上的某一时刻,因为用户很难准确地确定这一时间点。热点应是一个由用户设定的时间区间。热点如果定于 a,则在识别时应给出一个 $[b,a,c]$ 的敏感区间,在此区间内的触发都应算作有效。由于时基类媒体有"表现-理解"的滞后效应,往往在理解了某一段内容后才可能有了解它信息的愿望,而此时该时刻已过。为了正确地对应,热点区间亦往后对应,一般至少区间 $[b,a]$ 要远小于区间 $[a,c]$,以适应该滞后效应。

(5) 热属性

热属性(hot-attribution)是把关系数据库中的属性作为热源来使用。由于关系框架下的各元组可以根据操作产生许多不同的结果,比如不同的排序顺序、选择不同元组子集等,但总的来说,数据媒体是一种特定的格式化符号数据,所以大多数情况下可以采用类似于热字的热标方法。热标源单位一般为一个属性,用特定的保留属性字的方法指明热标触发表现的内容,如用! IMAGE 属性表示以下各元组中该属性中字符为图像对象名。属性中的元组有多个,每个元组又对应不同的内容,所以在把属性当作热源时,就要对每一个元组都能指明不同的链(转移方向)。元组改变,方向也就改变。

4. 宏结点

宏结点是指链接在一起的结点群,更准确地说,一个宏结点就是超文本网络的一个有某种共同特征的子集。当超媒体信息网络十分巨大时,或者该信息网络分散在各个物理地点上时,仅通过一个层次的超媒体信息网络管理会很复杂,因此分层是简化网络拓扑结构最有效的方法。国外有人专门定义了宏文本(macrotext)和微文本(microtext)的概念,来表示不同层次的超文本。微文本又称小型超文本,它支持对结点信息的浏览;而宏文本又称大型超文本,由多个微文本(称为宏结点)组成,支持对微文本(即宏结点)的查找与索引。宏文本强调存在于许多文献之间的链,构造出文献相互间的关系,查询与检索将跨越文献进行。例如,在计算机网络上,很多超媒体的 Web 网分散在多台计算机中,这些 Web 网称为宏结点或文献,它们之间通过跨越计算机网络的链进行链接,而多个宏结点或文献将组成宏文献。如图 6.6 所示。很显然,跨越网络的超链将需要更复杂的协议支持。

宏结点的引入虽然简化了 Web 网络结构,但却增加了管理与检索的层次。宏文本文献的查询与检索也是研究的主要问题之一,现已推出了许多模型系统,如 SMART 宏文本系统(康奈尔大学研制)、电子黄页系统(ETP),同 Guide 超文本系统相结合的宏文本系统 INDEX 系统等。事实上,宏文本与微文本之间的界限是十分模糊的,但在应用上却可以令人一目了然,符合常规的信息存取习惯。

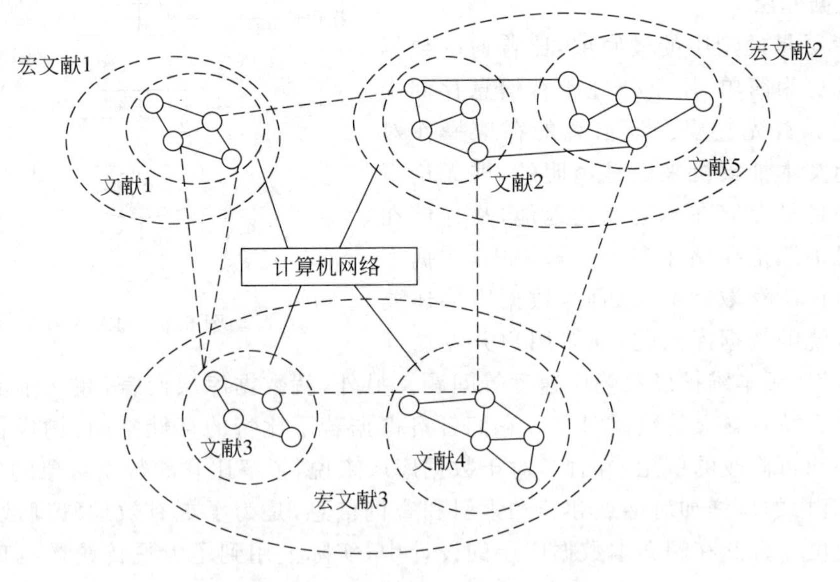

图 6.6　宏文献和宏结点示意图

6.2.2　超媒体和超文本系统结构模型

超文本与超媒体系统就是完成生成并只使用前述超文本或超媒体的软硬件的总称,从理论上讲可将其划分为三个层次:表现层——用户接口;超文本抽象机层——结点和链;数据库层——存储、共享数据和网络访问。这是 Combell 和 Goodman 提出的一个比较标准的超文本系统结构模型。但由于国际标准尚未形成,所以实际上现有的超文本与超媒体系统大都没有完全遵循这个系统结构模型。或多或少地混入了其他特征。目前正在从事超文本标准化研究的 Dexter 小组也提出了一种 Dexter 参考模型。与上述模型比较起来,Dexter 参考模型除了术语不同并且更加明确了层次之间的接口之外,两个模型还是基本相似的。图 6.7 给出了两个模型的层次图。

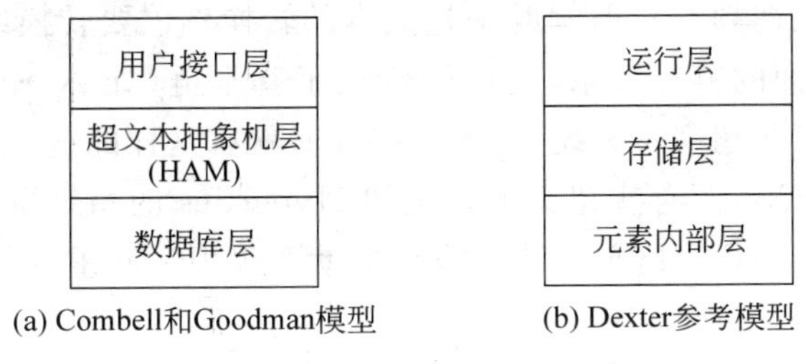

图 6.7　超文本与超媒体系统的两个模型

1. HAM 模型

1988 年,Campbell 和 Goodman 提出超文本抽象机(Hypertext Abstract Machine,

HAM)模型。HAM 模型把超文本系统划分为 3 个层次：用户界面层、HAM 层、数据库层。HAM 模型如图 6.8 所示。

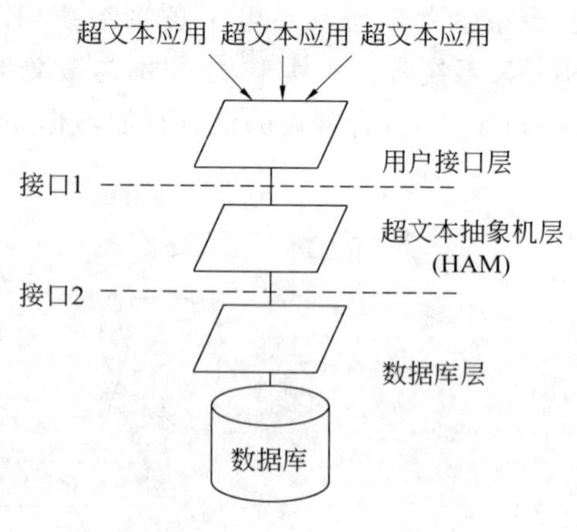

图 6.8 HAM 模型

(1) 数据库层

数据库层是模型中的最底层，比普通的数据库管理系统更为简单，用于处理所有信息存储中的传统问题。首先它要保证信息的存取操作对于高层的超文本抽象机来说是透明的，即无论高层访问的信息是存储在本地或是远地，是存储在一台计算机中还是存储在多台计算机中，数据库层都能保证正确存取。不仅如此，数据库层还要处理其他传统的数据库问题，如多用户并发访问信息的安全性、版本维护以及响应速度等问题。另外，就数据库层而言，超文本的结点和链都是没有什么特殊含义的数据对象。它们各自占据若干比特的存储空间，构成在同一时间只有一个用户可修改的单元。因此，对于数据库层来说，了解比它的数据对象的信息更多的信息，是很有用的。增加对结点和链的索引和查询信息，是为了更有效地管理数据空间，并提高响应速度。因此在超文本数据库层的设计中，实际上用到了大量传统数据库的思想和方法。

(2) 超文本抽象机层

超文本抽象机层(Hypertext Abstract Machine，HAM)介于数据库及用户接口层之间，这一层决定了超文本系统结点和链的基本特点，记录了结点之间链的关系，并保存了有关结点和链的结构信息。在这一层中可以了解到每个相关联的属性，如每个结点都有“主”属性(如用户修改权限、版本号或关键词等)。链则可定义其类型(如基本链，交叉索引链等)、访问权限、版本、条件等。

另外，虽然超文本与超媒体系统还没有统一的标准，但最终标准化工作要求超文本系统之间必须具有相互传送或接收信息的能力，因此必须提供信息转换格式。而 HAM 层就是实现超文本输入输出格式标准化转换的最佳层次。因为数据库层在存储格式上依赖于不同的机器。用户接口层各个超文本系统又各具风格，不尽相同，因此难以统一。超文本的格式转换比在结点中简单地转换混合数据要困难得多，尽管它也存在非 ASCII 码信息的非标准数据格式问题(如图形、视频等)，但问题是超文本的转换不仅要转换结点中的多媒体混合数据，还要求传送信息之间的链接关系，它可能传送了基本链(如 A→B)的信息，但丢失了其他的链接信息。例如有些超文本系统如 Intermedia，就有这样的链，它可以指向在目的结点中一个特殊字符的字符串，而有些超文本系统如 Hyperties 的指针则指向整个目的结点，那么从 Intermedia 到 Hyperties 超文本转换或传送就要丢失一些重要的链接信息。

(3) 用户接口层

用户接口层处理 HAM 中的信息表现，包括诸如什么命令对用户有效，如何显示结点和链，是否要包括总体图解及多媒体信息的表现组织等。我们可以假设超文本系统的 HAM 层定义了许多种类的结点和链，但在用户接口层它可以根据用户的权限规定哪些结点和链是可见的，哪些是不可见的。例如在辅助教学应用中要求学生回答一个问题，触发答案的链及答案结点对于学生来讲就是不可见的，但对教师却应是可见的。另外导航工具也是用户接口层的一个组成部分，它是用于浏览、查询结点、防止用户迷路的交互工具。它可以用图形化的方式，表示出一个超文本或超媒体网络的结构图，与在数据库层中存储的结点和链一一对应，这种导航工具被称之为导航图（或浏览器）。总之，用户接口层是超文本和超媒体系统人-机交互的窗口，随着多媒体技术的发展，用户接口层也会越来越接近于人的交互方式。

2. Dexter 模型

1980 年，由 J. Leggett 和 J. Walker 发起组织了一个研究超文本模型的团体，以后逐渐发展成了一个超媒体参考模型，并以当时讨论地旅馆的名字 Dexter 命名，简称 Dexter 模型。这个模型的目标是为开发分布信息之间的交互操作和信息共享提供一种标准或参考规范。

Dexter 模型如图 6.9 所示分为三层，即存储层（storage layer）、运行层（run-time layer）和元素内部层（within-component layer）。各层之间通过两个接口：锚定接口（anchoring）和表现规范（presentation specification）相互连接。

运输层
表现规范
存储层
锚定接口
元素内部层

图 6.9 Dexter 模型的层次

（1）存储层

Dexter 模型的关键是存储层，因为存储层描述了超文本系统最基本的也是最重要的元素之间的网状关系。实际上，存储层定义了由元素组成的数据模型。这里，元素是对超媒体系统中基本组成单元的抽象描述，也就是前述的结点和链等。在各个系统中对元素可以采用不同的名称，如在 NoteCards 和 HyperCard 系统中称结点元素为卡，在 KMS 系统中称为帧，在 Intermedia 系统中称为文献。在结点元素中的信息可由各种媒体组成。存储层的描述着重于定义元素间的连接关系，而不涉及元素的内部结构。

在存储层的描述中，超媒体是由一个有限元素组成的集合和两个函数组成：

$$\text{Hypermedia} = (E_1, E_2, \cdots, E_n, F_1, F_2)$$

其中 $E_1, E_2, \cdots, E_n$ 表示有限个元素，F_1 和 F_2 是两个用于检索定位的函数，一个称为分解函数（resolver），另一个称为访问函数（accessor）。

在存储层中最基本的单元是元素，一个元素可以是原子单元、链，或者是由原子单元和链组成的复合单元，更为复杂的是由复合单元和链组成的复合单元。原子单元是存储层中最简单的单元，原子单元的内部结构在元素内部层中描述。

链是用于表示元素与元素之间关系的一种实体。一般情况下链是由两个或多个元素“结点”组成的点序列。在 Dexter 模型中，链的形式多种多样，最常见的链是由两个结点组成的，一个称为源结点，一个称为宿结点。由于链是一种元素，因此一个链也可以作为另外其他链的“结点”。Dexter 模型还支持多头链（multiheaded link），主要用于从一个元素同时检索到多个元素的情况。它也支持少于两个结点的链，称为悬挂链（dangling link）。由于 Dexter 模型支持悬挂链，因此在超媒体系统中不再需要定义起始链和终结链。

在 Dexter 模型中，每个元素都有一个唯一的标识符，称为 UID。从整个超媒体系统的全局来看，每个元素的 UID 都是不同的。访问函数的功能就是当用户指定某个元素的 UID 时，能够在超媒体系统中成功地定位找到该元素。由于 Dexter 模型中元素的检索定位完全依赖于链，因此有时仅指定某个元素的 UID 并不能马上找到该元素。这时就需要分解函数起作用。分解函数的功能是当用户指定某个元素的UID而不能直接找到该元素时，需要将目标元素的UID分解为由一个或多个中间UID组成的集合，这样访问函数就可根据中间UID集合中的成员找到目标UID指定的元素。

在存储层中还定义了一个操作集合，它由多个函数组成。这些函数的功能主要是实时地对超媒体系统进行访问和修改。操作集合中的操作包括在超媒体系统中增加一个元素、删除一个元素、修改一个元素的内容及其附加信息等。主要操作函数如下：

- CreateComponent：创建一个新的元素并把它加到超媒体系统中。
- CreateAtomicComponent：创建一个仅由原子单元组成的元素。
- CreateLinkComponent：创建一个链。
- DeleteComponent：删除一个元素。
- ModifyComponent：修改一个元素。
- GetComponent：当给定元素UID时，返回该UID对应的元素。
- AttributeValue：当给定元素UID和属性时，返回该元素的属性值。
- SetAttributeValue：给定元素UID、属性和属性值时，将该属性设定为该属性值。
- AllAttribute：返回所有元素的属性集合。
- LinkToAnchor：给定元素UID和内部锚号时，返回所有指向该锚的链。
- LinkTo：给定元素UID，返回指向该元素的所有链或由链组成的路径。

(2) 元素内部层

元素内部层定义了各个元素内部的不同内容和结构。元素内部层并不是Dexter模型的核心，但是必不可少的组成部分。在一个元素中，其内容和结构是没有限制的，从内容来说，可以是任何媒体的任何可用数据模型；从结构上来说，元素可由简单结构和复杂结构组成。简单结构就是每个元素的内部仅由同一种数据媒体组成，而复杂结构的元素内部又由各个子元素组成，而子元素的结构又与元素相同。这种嵌套结构的元素定义为描述复杂的混合类型的元素提供了灵活性和多样性。在Dexter模型中，元素内部层是开放的，也就是说，Dexter模型对元素内部的实现不作硬性规定，可由应用程序根据实际情况作出灵活处理。

(3) 运行层

在存储层和元素内部层定义的数据及其时序和链接关系对用户来说是不可见的。运行层则为用户提供了一种可视可听的工具。它可以直接访问和操作在存储层和元素内部层定义的网状数据模型。

在运行层中最基本的概念是元素例示(instantiation of a component)。例示的过程实际上就是将元素播放给用户。在实现过程中，首先将元素的内容复制到缓冲区，用户可编辑或浏览缓冲区内的内容。当缓冲区的内容被改变后，运行层会定时将缓冲区的内容备份到存储层中。

(4) 定位机制

定位机制通过锚定接口完成。由于在Dexter模型中，描述元素间链接关系的存储层和描述元素内部结构的元素内部层是各自独立的，在检索定位的过程中就需要一个接口来维护从存储层到元素内部层、元素内部层到存储层的检索定位过程。在Dexter模型中，介于存储层与元素内部层之间的接口称为锚定接口，由它来完成定位工作。

锚定接口的基本组成部分是锚(anchor)。锚由两部分组成：锚号(anchor id)和锚值(anchor value)。锚号是每个锚的标识符,锚值用来指定元素内部的位置和子结构。从存储层来看锚值是没有意义的,只有元素内部层的应用程序才能解释锚值。锚号不同于元素的UID,元素的UID从整个超媒体系统来看都是不同的,而锚号只是在各个元素内部编号不同。因此,从整个超媒体系统全局来指定一个锚则必须使用(UID,锚号)才行。

在Dexter模型中,锚号是一个相对固定的值,而锚值则是一个经常变化的值。由于超媒体系统的元素内部结构在运行过程中可能会改变,因此元素内部层的应用程序必须实时调整锚值的变化,保持它原有的指向。锚与链的不同之处在于链仅指向元素,而锚则可指向元素内部的具体内容。

(5) 表现规范

在Dexter模型中介于运行层与存储层之间的接口称为表现规范。表现规范规定了同一数据呈现给用户的不同表现性质。比如在一个教学系统中,播放给教师看的习题可以有答案,而播放给学生看的同一习题就没有答案。对操作也是如此,给用户播放的不允许编辑,而播放给系统设计者的就允许其进行编辑。

Dexter模型的提出,为超媒体的设计起了重要的指导作用。相当多的系统虽采用了这个模型,但也很不一致。许多新的模型还在进一步的研究之中。

6.3 超文本和超媒体的文献模型

6.3.1 概述

文献是文章或文本的组合,它比一般文章和文本带有更多的存储、保留的意味,一旦定形后静态性较强。超文本的文献模型侧重于超文本的基本特征和一般的层次性结构的描述。文献结构可分为主结构和次结构。主结构是占优势的层次结构,它定义目标如何结合成更高层次的目标;次结构表达目标间的附加关系。超文本系统强调次结构,但没有很好地定义主结构,用户会产生混乱。

(1) 文献的一般结构

文献的结构包括内容组织和版面安排两个方面。内容组织指作者在不考虑版面的情况下如何组织和构造文献的信息内容;版面安排是相对于内容的表现形式来说的,即文献的各部分内容如何安排在每一页面(屏幕)上。

如把一本书当作文献来看,其内容组织主层次结构是：文献(内容)→章→节→小节→段落(内容实体)。内容实体可以是一段文字或是一个图表。相应地,也可以把版面安排层次化,以便和内容组织对应,可以分成：文献(版面)→页/整屏→框架/窗口→块/子窗口(内容实体)。

(2) 文献模型的基本任务

多媒体文献模型与普通文献相比在内容实体的媒体属性方面更加多样化,尤其是时基媒体的引入,不仅要考虑文献的版面安排,还要考虑时间安排。因此,多媒体文献模型的基本任务是：

① 能够表示多媒体文献的内容层次性;

② 能够表示多媒体文献的版面布局；

③ 能够表示多媒体文献的时间布局；

④ 能够将内容与布局对应起来。

下面介绍的 ODA 模型仅有版面布局，而国际标准 HyTime 还考虑了时间布局。

6.3.2 ODA 模型

ODA(the Office/Open Document Architecture)是 ISO 在 1988 年公布的一个标准化文献模型(ISO 8613：1988)，它为辅助办公文献的表示和交互而设计。它提供了文献的静态描述，还提供了与其他文献格式的接口。

1. ODA 文献结构

ODA 文献结构是层次的和面向对象的。一个 ODA 文献由两对结构来描述，即：一般结构和具体结构，逻辑结构和布局结构。前者体现面向对象性质，后者体现内容与表现的关系。

(1) 逻辑结构和布局结构

文献的内容层次性用逻辑结构描述，它首先按文献内容划分成逻辑目标，这些目标对作者或读者意味着某些事情。一个逻辑目标可以是一个一般项，如书中的一节、标题、段落等。它也可以是特殊项，如电话号码、价格或者产品的清单。只有最底层的目标才有内容。

文献的版面安排用布局结构描述。它按内容划分为页集、页和页中方框区域，其中定义有嵌套区域的方框区域称为框架(frame)，最底层的区域称为块。块是唯一有内容与之相联的区域。

我们以教科书的一章为例介绍这两种结构的对应关系。章从逻辑上可分为节、小节、段、内容，从布局上分为页、框架、块(实体)。两种结构相互依赖、相互对应，在最下层的"内容实体"一层达到统一。两种结构的对应关系如图 6.10 所示。

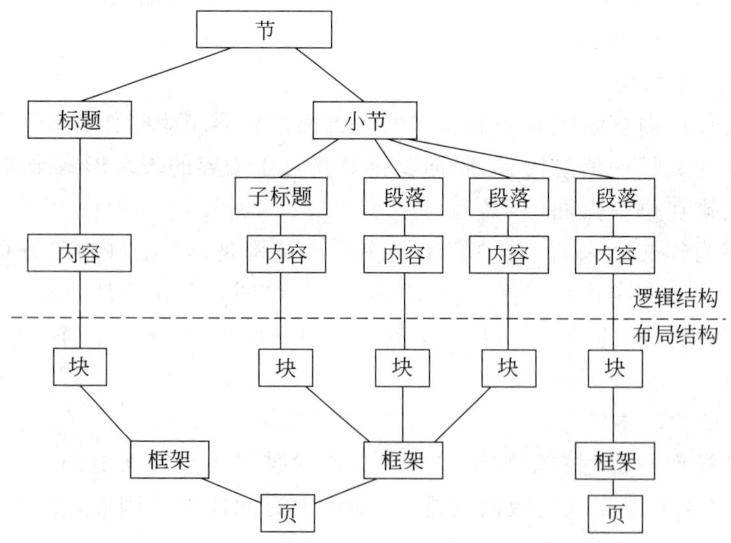

图 6.10 逻辑结构和布局结构的对应关系

(2) 一般结构和具体结构

每个文献都有具体的(specific)逻辑结构和布局结构,而具体结构的建立是由相应的一般(generic)结构控制的。一般结构是一系列关于对象的定义(对象分为逻辑对象集合和布局对象集合)。

每个非页结点的对象定义都有一个属性"从属产生器"(generator for subordinates),用来说明对象如何由其子对象构成。从属产生器属性有:

- 可选的(OPT)0 或 1 次事件;
- 要求的(REQ)仅 1 次事件;
- 重复(REP)1 次或多次事件;
- 可选并且重复(OPT REP)0、1 或多次事件;
- 一种顺序(SEQ)以固定顺序出现;
- 一种聚集(AGG)以任意次序出现;
- 一种选择(CHO)仅其中一个被选中。

图 6.11 表示期刊中某篇论文的一般逻辑结构。它指出论文必有标题,跟着是必有的作者名,接着是一个可选的摘要和一个或多个章节。如果存在摘要,则它由一段或多段组成。每节由子标题开始,REP CHO 结构指出子标题后跟一系列段落或列表,它们是以任意顺序出现的。列表包含一个或多个项。

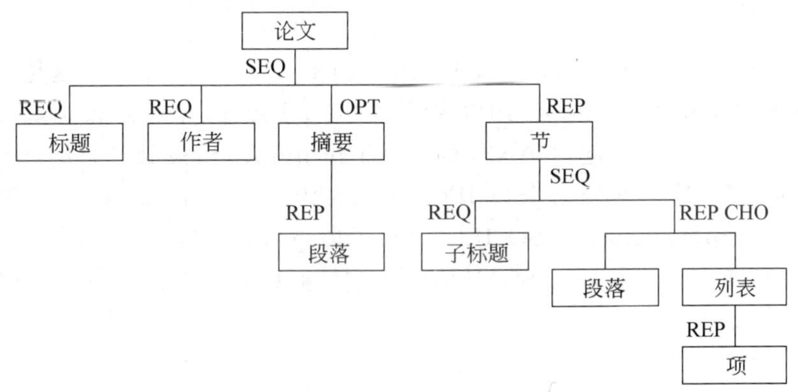

图 6.11 一般逻辑结构

相应的一般布局结构可以对论文的第一页定义一个风格,对其余的页定义另一个不同的风格,图 6.12 就表示了这种结构。标题页包括一个标题框架(header frame)和一个正文框架(body frame)。标题框架是为标题、作者名和摘要设立的表示区域,而正文框架则作为文章第一部分的开始。"继续页"包含"继续正文框架"以保存章节的其余部分。块并不包含在一般布局结构中,但在布局过程中它被分派到页或框架中。

2. 布局过程

ODA 的布局过程确切地决定文档中的每一项被放置的位置。它使用特定的逻辑结构、一般结构、内容体系以建立特定的布局结构。它工作在两个层次上:

(1) 内容布局处理内容部分,并将它们安排到块中。这个阶段依赖于涉及到的内容结构和称为表达风格的属性集。

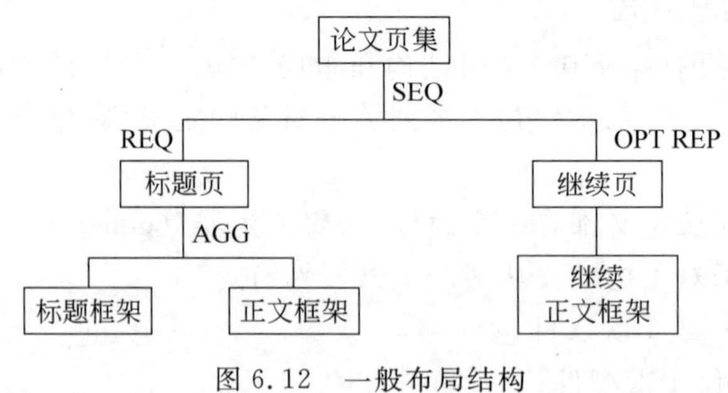

图 6.12　一般布局结构

(2) 文献布局将块安排到框架或页中。这个阶段依赖于称为布局风格的属性集。

内容布局处理字符集和项在块内的合理定位，更高一级的文献布局过程决定如何将块置入页或框架中。

布局目标类通常用来指定文档的主逻辑划分和特殊页或页集的对应关系。在一个布局目标类中，布局类别和允许类别属性能被用来把逻辑目标引导到不同的框架中。如果对一个页逻辑目标给定一个布局类别名，则它只能被放置在具有相同名字的框架中，此名为允许类别名之一。当特定布局结构被创建后，它将文献和页、框架、块联系起来，图 6.10 显示了在逻辑结构和布局结构的一一对应。

6.3.3　HyTime 模型

HyTime 全称为 Hypermedia/Time-based Structuring Language(时基超媒体结构化语言)，它是一个标准的中性标记语言，用以表示超文本、多媒体、超媒体和时基文献的逻辑结构。HyTime 从 1986 年 6 月起由 ANSI 的一个工作组开发，后被 ISO 采纳，于 1992 年 5 月成为 ISO 国际标准，其标准号为 ISO/IEC 10744：1992。HyTime 基于 SGML(Standard Generalized Markup Language，ISO/IEC 8879：1986)，用 HyTime 表示的文献与 ISO SGML 完全一致，HyTime 扩展了 SGML，使 SGML 更具抽象性、中立性，且增加了许多关于多媒体应用方面的考虑。

1. SGML 元素

SGML 用国际标准化的“标签”(tap)语法来标记一个数据合成体中各块信息的组成情况。如果“数据合成体”是一个文献，那么用 SGML 标记过的文献就是一个 SGML 文献。

(1) SGML 元素

元素是一个可标记的逻辑体，以 Book 为例，视 Book 为一类元素，将它可分为若干 Chapter，Chapter 还可分为 Title 和若干 Section。Chapter、Title 和 Section 也是元素。它们都是含有一定结构的逻辑体。一个元素的标记实例如图 6.13 所示。图 6.14 是一个 Book 类元素的实例。

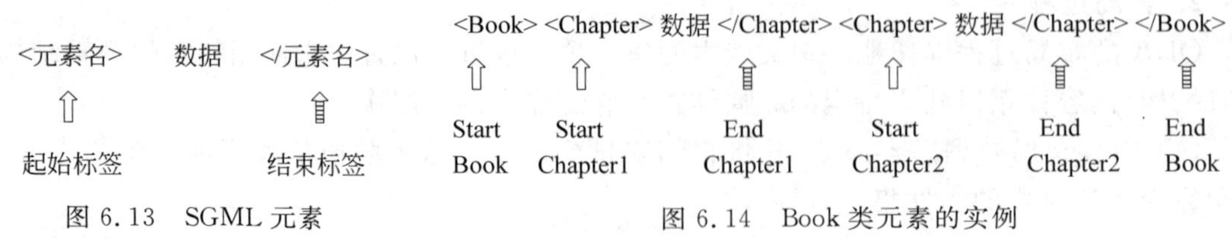

图 6.13　SGML 元素　　图 6.14　Book 类元素的实例

(2) SGML DTD

在 SGML 中，用 DTD(Document Type Definition)来定义文献(元素)的类型，描述其内部的一般逻辑结构。这就是元素的一般定义，像上面的例子就有如下 DTDs：

＜！ELEMENT Book－－(chapter＋)＞
＜！ELEMENT Chapter－－(Title,Section＋)＞
＜！ELEMENT Title|Section－－CDATA)＞

其中＋表示一个或多个。

(3) SGML 属性

SGML 用"属性"的方法来表示对某一个元素的必要的非结构化的信息。属性由"属性名"和"属性值"组成。属性名及其值包含在起始标签里面，是标签的一部分而非数据的一部分，如下所示：

＜Book author＝"JOGN"＞…(Chapters)…＜/Book＞

相应地，DTD 变为：

＜！ELEMENT Book－－(Chapter＋)＞
＜！ATTLIST Book author CDATA ＃REQUIRED＞

(4) SGML 唯一标识符

有两种特殊的属性值：ID 和 IDREF。如果一个元素有一个 ID 类型的属性，那么其值必须是该元素的唯一名字。如果因为某种原因，另外一个元素 A 要引用一个有唯一名字的元素 B，那么 A 的属性 IDREF 的值就是 B 的唯一名字。基于 SGML 的超媒体系统就用这种机制来表示文献内部的超链接。

(5) SGML 实体

如前所述，有两种 SGML 支持的结构：元素的层次结构以及隐藏于 ID 和 IDREF 机制中的有向图式的任意结构，第 3 种结构是实体结构。在 SGML 中，一个实体(entity)是任意数据资源，可以是文件、硬件子系统、存储缓冲区等。如果一个完整的 SGML 文献包含在一个单一的文件中，那么这个单一的文件是该 SGML 系统需要考虑的唯一实体。在一个较复杂的 SGML 文献中，"实体引用"就会发生。

实体定义形式为：＜！ENTITY…＞。

如＜！ENTITY"Myentity"SYSTEM"Usr/Local/text/myentity"＞，即如果在文献中发现"&Myentity;"字样，就会启动 SGML 系统来引用该实体。

2. HyTime/SGML：元 DTD

SGML 是 HyTime 的基础。SGML 提供了作为逻辑"元素"和物理"实体"的语法表示以及信息组织或层次结构的"文献"的语法。HyTime 利用称为"SGML 结构形式"的形式，提高了 SGML 的抽象性和中立性，可以用来更好地表示多媒体文献系统的特性。

(1) 元 DTD(meta DTD)

如果两个不同的用户分别开发的 DTDs 互不相同，后来发现自己的信息需要与另一个交互，于是需要将他们的不同的 DTD 一致起来，相应地重新整理各自的信息。于是有必要提出更高层次上的抽象。HyTime 提出了比 SGML DTD 更抽象的元 DTD。

元 DTD 形式并不描述一个 DTD，但它在人们建立实际 DTD 时给予严格的格式指导。

遵守元 DTD 的好处是软件重用性提高，而处理费用却相应减少。

元 DTD 由一系列组织和包装好了的“SGML 结构形式”构成。SGML DTDs 中的一个＜!ELEMENT…定义对应文献的类元素，正如元 DTD 中的一个 SGML 结构形式对应 DTDs 中的一类＜!ELEMENT…定义。即，如果称一个＜!ELEMENT…定义是一个元-元素的话，那么一个结构形式则是一个元-元-元素，因为 DTD 中的一个＜!ELEMENT…定义表示的是实际文献中一类元素的内部结构和属性必须遵守的规则，而元 DTD 的一个结构形式表示的是实际 DTDs 中一类＜!ELEMENT…定义的内部结构和属性必须遵守的规则。所以元 DTD 之于 DTD 正如 DTD 之于文献。元 DTD 是最抽象的结构，是最中立(独立)于具体应用的。HyTime 其实就是一个元 DTD 系统。

(2) HyTime 的 3 种基本逻辑结构

SGML 有 3 种结构：物理的实体结构、逻辑的元素结构及类似指针的 ID-IDREF 结构。HyTime 取其优点，加以提高。HyTime 支持 3 种基本的逻辑结构：

① SGML 层次性元素结构。这种结构可看作是一棵树，树的每个结点是一个元素。在 SGML 语法中，父元素包括其所有的孩子元素以及孩子元素的孩子元素，依此类推。

② HyTime 超链结构。这种结构可以在结点之间建立非层次性关系。超链结构类似于 SGML 的以 ID-IDREF 表示的任意有向图结构，但它又大有提高。如链尾不必是一个元素或实体；一个链可以有若干链尾，分别通向各自的语义目的地；可以表示复杂的遍历语义等。

③ HyTime 调度结构。HyTime 调度结构可以不重复某一个数据，而表示出若干与该数据相关联的“时间表”。这使人联想到数学里的坐标系，如最常见的三维空间(x,y,z)，该空间中任一点都对应着 3 个坐标轴上不同的值。HyTime 的有限坐标空间(Finite Coordinate Spaces，FCSs)便如是产生。FCSs 坐标空间的各个坐标轴就是前面说的所谓“时间表”。“时间表”的含义并非一定就是指时间，它还可以是其他任何与数据相关联的约束或说明范畴。图 6.15 中的(a)，(b)，(c)简单显示了上面 3 种结构。

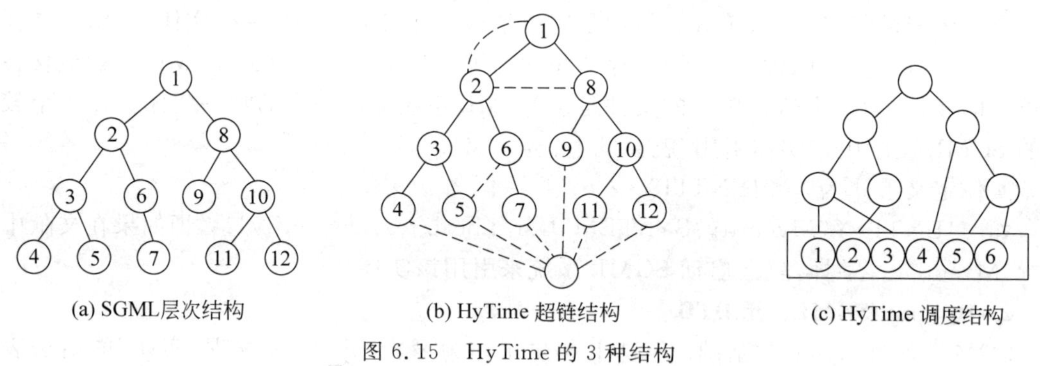

图 6.15　HyTime 的 3 种结构

6.4　超文本与超媒体存在的问题及发展前景

6.4.1　超文本与超媒体存在的问题

超文本与超媒体是一项正在发展中的技术，虽然它有许多独特的优点，但也存在许多不够完善的方面。这些问题也处于积极的研究中，具体表现在：

(1) 信息组织

超文本的信息是以结点作为单位。如何把一个复杂的信息系统划分成信息块是一个较困难的问题。例如一篇文章、一个主题,又可能分成几个观点,而不同主题的观点又相互联系,而将这些联系分割开来,就会破坏文章的本身表达的思想。这样结点的组织和安排就可能要反复调整和组织。

而且有些信息根本不适合组织成超文本的形式,超文本系统也没有提供工具来帮助用户完成信息的划分工作。

(2) 智能化

虽然大多数超文本系统提供了许多帮助用户阅读的辅助信息和直观表示。但因超文本系统的控制权完全交给了用户,当用户接触一个不熟悉的题目时,可能会在网络中迷失方向。要彻底解决这一问题,还需要研究更有效的方法,这实际上是要超文本系统具有某种智能性,而不是只能被动地沿链跳转。超文本在结构上与人工智能有着相似之处,使它们有机地结合将成为超文本与超媒体系统的必然趋势。

(3) 数据转换

超文本系统数据的组织与现有的各种数据库文件系统的格式完全不一样。引入超文本系统后,如何将传统的数据库数据转换到超文本中也是一个问题。

(4) 兼容性

目前的超文本系统大都是根据用户的要求分别设计的,它们之间没有考虑到兼容性问题,也没有统一的标准可循。所以要尽快制定标准并加强对版本的控制。标准化是超文本系统的一个重要问题,没有标准化,各个超文本系统之间就无法沟通,信息就不能共享。

(5) 扩充性

现有的超文本系统,有待于提高检索和查询速度,增强信息管理结构和组织的灵活性,以便提供方便的系统扩充手段。

(6) 媒体间协调性

超文本向超媒体的发展也带来了一系列需要深入研究的问题,如多媒体数据如何组织,各种媒体间如何协调,结点和链如何表示;对音频和视频这一类与时间有密切关系的媒体引入到超文本中,对系统的体系结构将产生什么样的影响,当各种媒体数据作为结点和链的内容时,媒体信息时间和空间的划分,内容之间的合理组织都是在多媒体数据模型建立时要认真解决的问题。

6.4.2 超文本与超媒体发展的前景

超文本与超媒体的发展主要表现为以下三个方面。

(1) 由超文本向超媒体发展

从超文本到超媒体是技术发展的进步,也是技术发展的必然性。超文本向超媒体的转变不仅是将文本媒体扩展到其他媒体,而且还要能使系统自动地判断媒体类型,并执行对应的操作。对图像的热区、视频的热点等都能引起类似于热字的反应,多媒体的表现及基本内容的检索等。超文本向超媒体的转变,大大地增强了功能和性能,也增加了系统实现的难度。

(2) 由超媒体向智能超媒体发展

在超媒体技术的研究中,有人提出智能超媒体或专家超媒体(Expertext)的概念。这种超媒体打破了常规超媒体文献内部和它们之间严格的链的限制,在超媒体的链和结点中嵌入知识或规则,允许链进行计算和推理,使得多媒体信息的表现具有智能化。

(3) 由超媒体向协作超媒体发展

超媒体建立了信息之间的链接关系,那么也可用超媒体技术建立人与人之间的链接关系,这就是协作超媒体技术。超媒体结点与链的概念使之成为支持协同性工作的自然工具。协同工作使得多个用户可以在一组超媒体数据上共同进行操作。这样未来的电子邮政、公共提示板等都可能应用到超媒体系统中。

小　结

本章讨论了超文本与超媒体的概念及其特点和特性,以及超文本与超媒体的体系结构,其分为 3 个层次:表现层、超文本抽象机层、数据库层。还介绍了超文本与超媒体组成的要素等,超文本与超媒体的应用和超文本与超媒体存在的问题及发展前景。

超文本与超媒体技术是通过结点和链将信息构成一个网状的互联结构。这是一种非常实用的技术,特别是对多媒体信息的管理,更突出它的特色。

超文本和超媒体也有其不完善的地方,但随着多媒体技术的发展,超文本和超媒体将向标准化、智能化方向发展,其体系结构将不断完善。

习　题

1. 在超文本和超媒体中不同信息块之间的连接是通过(　　)连接的。

A. 结点　　B. 字节　　C. 链　　D. 字

2. 超文本的三个基本要素是(　　)。

(1) 结点　　(2) 链　　(3) 网络　　(4) 多媒体信息

A. (1)(2)(4)　　B. (2)(3)(4)

C. (1)(3)(4)　　D. (1)(2)(3)

3. 超文本和超媒体体系结构的 3 层模型是(　　)年提出的。

A. 1985　　B. 1988　　C. 1989　　D. 1990

4. 下列的叙述哪些是正确的?(　　)

(1) 结点在超文本中是信息的基本单元

(2) 结点的内容可以是文本、图形、图像、动画、视频和音频

(3) 结点是信息块之间连接的桥梁

(4) 结点在超文本中必须经过严格的定义

A. (1)(3)(4)　　B. (1)(2)　　C. (3)(4)　　D. 全部

5. 下列的叙述哪些是错误的?(　　)

(1) 链的结构分为三部分:链源、链缩及链的属性

(2) 链是连接结点的桥梁

(3) 链在超文本中必须经过严格的定义

(4) 链在超文本和超媒体中是统一的

A. (1)(2)　　B. (1)(3)　　C. (3)(4)　　D. 全部

6. 超文本和超媒体系统中的数据库与传统的数据库有什么不同?

7. 超文本和超媒体的组成要素与操作工具有哪些?

第7章　多媒体计算机的应用技术

本章要点

(1) 多媒体电子出版物的创作过程和应用领域。

(2) 多媒体视频会议系统主要体系结构：视频会议终端、多点控制器、信道(网络)及控制管理软件等。多媒体视频会议系统的标准。

(3) 多媒体视频会议终端的设计原理和实现技术；多点控制单元(MCU)的结构和工作原理；视频会议系统的服务质量(QoS)及资源管理；视频会议系统的安全保密。

(4) 多媒体数据库与基于内容检索：多媒体数据库的组成、存储和管理；基于内容检索系统的体系结构和关键技术；基于内容检索系统的设计原理和实现技术。

7.1　多媒体电子出版物的创作

7.1.1　多媒体电子出版物的概述

一般出版物主要分为如下几类：传统的出版物；以缩微胶片、录音带、录像带等为代表的非纸面出版物；以电、磁、光等为信息载体的数字信息存储形式的电子出版物。以图、文、声、像等多种形式表现并且由计算机及其网络对这些信息以内在的统一方式进行存储、传送、处理及再利用的电子出版物即为多媒体电子出版物。

多媒体电子出版物是把多媒体信息经过精心组织、编辑及存储在光盘上的一种电子图书。它具有以下优点：①存储容量大，一张光盘可以存储几百本长篇小说；②媒体种类多，可以集成文本、图形、图像、动画、视频和音频等多媒体信息；③运输与携带方便，检索迅速；可长期保存，不会出现纸面出版物那样变色、发霉、虫蛀和粉化等现象；④传播及时，经由计算机网络可立即发行到国内外；⑤价格低廉，单位成本是普通图书的几分之一，甚至几百分之一。

多媒体电子出版物包括：电子图书、电子期刊、电子新闻报纸、电子手册与说明书、电子公文或文献、电子图画、广告、电子声像制品等。

下面简要介绍电子出版物的应用类型。

1. 教育应用

这方面的光盘片涵盖了少儿故事、自然科学、音乐、语文、文学及历史等类。

(1) 少儿故事类

将一些原本由大人讲解或以画报形式教育少儿的童话寓言故事，以多媒体电子书的形式出版，它既吸收了画报的图画及文字特点，又吸收了动画片的动画效果，更主要的是增加了交互性，使少儿可以参加到故事中来，有身临其境的感觉，可以通过发现来学习。典型的产品是BorderBund公司出品的《Living Books》，其中包括《龟兔赛跑》(The Tortose and the Hare)、《祖母和我》(Just Grandma and Me)等。

(2) 自然科学类

这类产品主要是通过多媒体来展示真实的照片、影片及声音等数据。另外借多媒体的绘图工具与3D动画来制作各种辅助性的图表、模型、分段式的呈现及动画模拟等。因此，它被视为各种多媒体节目当中最具潜力的一项。在自然科学教育上，多媒体有极大的开发潜力与空间。代表性的作品有由美国国家地理学会(Mammals :A Multimedia Encyclopedia)和创通多媒体公司(Creative Multimedia Corp.)发行的《哺乳动物》(Audubons Mammals)及《美国的鸟类》(Birds of American)，另外有《海洋大观第一集》(Ocean Digital Imagery Vol. 1)、《天然景观大全》(Wild Places)及《七号行星》(Stellar 7)等。

(3) 音乐类

此类电子出版物主要是用来介绍音乐史或音乐界的名人及其作品的。以往的音乐介绍是以书面文本或照片来完成的，不能欣赏真实的音乐，实在是一项很遗憾的事。现在以多媒体来完成的这类作品，用户可以直接听到音乐，受到爱好音乐的人士及音乐教育界的广泛欢迎。音乐方面的多媒体节目渐渐受到重视。这方面的代表作品有Microsoft的《贝多芬：第九交响曲》(Beethoven:The Ninth Symphony)。

(4) 语文类

通过多媒体结合声音、文字、图形及图像等来学习本国或外国语言，可以获得书籍、录音带甚至录像带等多重的效果，同时加上内容以光盘来储存，可以向前、向后、加快、减慢随意控制，充分配合了学习者的能力及速度，学习效果更好。这方面的代表作有《法语课程》(Viva 2000 French Course)、《西班牙语》(Viva 2000 Spanish)及CPI(Courseware Publishing International)公司所推出的《英语会话教学》(CPI English Active)。

(5) 文学类

将文学名著转化为光盘片，增加图画、声音、影片等效果，使小说更添趣味。例如在侦探故事当中加上一些现场的图画、照片及声音会使剧情更加悬疑，可以说是多媒体带给文学的一项新的尝试。另外，因为在多媒体光盘上查询快速，且光盘提供导读与查询的功能，可以使读者深入了解内容。这方面的代表作品有创通多媒体公司的《莎士比亚》(Shakes-pear)及《福尔摩斯》(Sherlock Holmes on Disc)，电子出版局(Baren of Electronic Publishing)发行的《大文学》(Great Literatrue Classic Edition)以及世界图书公司(World Library Inc.)所推荐的《未来的图书馆》(Library of the Future)等。

(6) 历史类

历史事件层出不穷，多且繁杂，以文字或插图来描述均不能尽其详情。而多媒体以时间顺序将历史事件一件一件地挂在时间轴(Timeline)上，并且增加照片、声音等类的数据，则可使读者面对各种事件如身临其境，获得更完整丰富的信息。这方面的代表作品有昆达出版社(Quanta Press)发行的《美国内战》(USA Wars:Civil War)及《美国总统》(US Presidents)等；其他作品还有《华盛顿点滴》(Washington Time)、《美国历史》(USA History on CD-ROM)等。

2. 电子图书

电子图书包括电子字典、百科全书、经典及参考杂志等。这些图书的数据非常庞大，且内容非常丰富，而多媒体除了充分发挥庞大的储存量外，还在其间增添不同形式的数据，如声音、照片与影片等，增加了图书的表现形式。查找传统的参考书籍是一项颇累人的事，现在以多媒体光盘来协助查找,既快速又正确。以下分别以字典、百科全书、经典及参考杂志等类加以说明。

(1) 字典类

字典所提供的功能除了查出字的拼法、音标及字义外,还有可以查出相关字。在多媒体字典中,除了可以协助查找字义,提供该字的读法及含有该字的整个句子的读法外,多媒体也提供动画与真实照片,且通过超媒体技术可在相关字上直接单击按钮而跳转到那些相关字的画面上去,便于读者使用,并可通过查找相关字而对该字的相关信息了解得更为深入透彻。这方面的代表作品有麦克斯韦电子出版公司(Maxwell Electronic Publishing)所推出的《儿童字典》(Macmillan Dictionary for Children)及牛津大学出版社出版发行的《牛津英语字典》(Ocford English Dictionary and Edition)以及《易查的韦伯字典》(Find it Webster)。

(2) 百科全书类

百科全书与字典相当类似,只不过它在提供某一个"字"或"词"所含本意之外,加上许多与他相关的数据,使与该字或该词所有相关的知识结合在一起成为一个单元的完整知识。百科全书提供事件或物品详尽的描述,也提供书表说明,并附加照片等数据。多媒体可以提供以上各项数据,还加入了声音、影片,使原本信息就很丰富的百科全书更增色不少。这类的作品很多,包括康普敦新媒体公司出版的《康普敦多媒体百科全书》(Compton's Multimedia Encyclopedia for Windows),葛洛里电子出版公司推出的《葛洛里多媒体百科全书》(Glories Multimedia Encyclopedia),以及Microlytics公司推出的《随机房百科全书》(Random House Encyclopedia,Electronic Edition)。

(3) 经典类

《圣经》被称为世界第一书,许多教徒每日必读。《圣经》的内容很多,所经历的年代也很久远,一般阅读《圣经》的人都会有前后引证,互相贯通的需要。因此利用光盘来查找或引经据典可以加强阅读的效果,如再配合图片与声音则更可加强融入拟情的效果。这方面的作品有《圣经图书馆》(Bible Library)。

(4) 参考书籍类

查阅参考书籍以便更进一步去找商品,或找到杂志期刊的目录,也是多媒体光盘数据库的特长。当然若能加入图片、照片及动画数据必定会比只有文字的资料受人欢迎。这方面的代表有UniDisc公司发行的《光盘索引1992》(CD-ROM Directory 1992)、计算机图书馆(Computer Library)公司发行的《PC杂志选择展示》(PC Magazine Select Demos)、软件工具公司(The Software Toolworks)出版的《工具参考图书馆》(Toolwork Reference Library)以及《吉尼斯世界纪录》(Guiness World Records)。很多国际会议的论文集也都采用光盘出版。

3. 地图与旅游

以电视或电影片来录制各地的风光、文化及习俗等,常成为很受欢迎的节目。这类节目使观众能坐在家中便能欣赏不同的风光名胜,增加见闻,有如身临其境之感。同样的,多媒体节目可以电影或电视的纪录片为基础,加上许多文字、动画、地图等资料,使观众更能获得完整的信息。另外它允许由用户自己来控制选择参观的地方(如国家、城市)与参观的速度,再加上提供交通住宿等相关信息,可以成为导游的利器,也是旅游社推销产品很有用的辅助工具。当然图书馆或家庭当中也可用这类的光盘节目来作为休闲的参考读物。这方面的节目可以大略分成地图与旅游两大类。

(1) 地图类

地图可以是全国性的地图,也可以是省的地图或城市的街道。利用多媒体可以使地图的查找更为方便,只要输入地名或街道名,系统会自动显示该地或街道的位置,还可以配合按键,形成另一个画面,来获取该城市的人口、市容、面积、气候等信息。这方面的产品有软件工具公司(The Software Toolworks)出版的《软件工具多媒体世界地图》(Software ToolWorks World Atlas Multimedia)及德洛米地图公司(Delorme Mapping)推出的《美国街道图》(Street Atlas USA)等。

(2) 旅游类

以多媒体介绍旅游地的风光、文物与习俗是非常好的构想。因为多媒体可以加入文字和图形以外的影片、照片及音乐等资料,可为使用者带来全方位的感观体验。这种旅游的多媒体产品可供旅行社或交通观光研究等单位用于吸引游客及实地勘察记录等使用,也可用当作个人消遣或增加见闻的资料。这方面的代表产品有电子出版局(Bureau of Electronic Publishing)发行的《CIA 世界导游》(CIA World Tour)及 InterOptica 出版公司出版的《世界的大城市》(Great City of the World);其他还有《世界的城市》(Cities of the World)、《世界上的国家》(Countries of the World)、《导游 42 城市》(Orient-Tour 42 Cities)、《世界概观》(World View)等。

4. 家庭应用

在家庭中只要有一台多媒体计算机及光盘机,便可以将许多以往在电视、电影及画报上看到的东西以及多种多样的信息,利用多媒体光盘片来获取从而增加知识,并且也可以达到全家同乐的效果。家庭当中的多媒体光盘片包括医药与娱乐两类。

(1) 医药类

在家庭中,对小伤小病的处理或家人身体有些不适时,做一些最基本的诊断与护理是非常必要的,因此家用护理箱与多媒体护理医疗的光盘片就是家庭咨询与护理必备的工具。这方面的产品有创通多媒体公司(Creative Multimedia Corp.)推出的《家庭医生》(Family Doctor),医药经济数据(Medical Economics Data)所发行的《医生的桌面参考书》(Physician's Desk Rrference);另外还有《家庭医药图书馆》(Family Medical Practice Library)及《专业医药图书馆》(Professional Medical Library)等。

(2) 娱乐类

一家人在一起除了共同生活起居外,更应有娱乐教育的活动。在与家人共处时,能够有共同的乐趣与娱乐是非常好的事,因此通过使用多媒体光盘来做游戏、讲故事及观赏电影等,以充实家庭生活的情趣,也是多媒体重要的市场之一。在这方面以各种 3D 游戏最为典型。

5. 商业

多媒体应用也可以成为商业市场上的利器。因为企业经营讲求效率,在商业中要充分把握时机,并及时以最强有力的方式来推销产品,吸引顾客,或给予顾客咨询及沟通的机会。多媒体可以充分发挥它的特长,协助商业界来训练员工,以最经济有效的方法给员工实施在职教育。也可以利用多媒体来展示商品或举办展览会,以多变、新颖的方式来吸引顾客。另外还可以提供顾客查询并可自动答询的信息渠道。

(1) 员工训练

传统的员工训练是教员和员工在同一时间、同一间教室里实施。这种方法成本相当高，包括员工的工资、教室设备及上课教材、员工的交通费等，而且效率较低。多媒体技术可以提供一个不错的替代方案，它可将员工训练及工作绩效密切地结合在一起。因为多媒体生动的教材及交互的特性，使员工乐于学习，效率也会较高。员工通过使用多媒体学习基本操作方法或一项新技术，都较传统的方法经济有效。这方面的产品以 Bethlehem Steel 工厂的《工业技术训练》(Industrial Technical Training in the Plant)为代表。另外，还有 Comsell 公司推出的《Windows Basics》训练课程，它使用多媒体技术为用户介绍 Microsoft Windows 3.0 软件的基本观念及操作。

(2) 商品介绍

以往由专人在商店里为顾客介绍商品，也有用录像带放映商品供顾客观赏。前者需要相当大的人力投资，后者却只是单向的沟通，两者均非最佳的商品介绍方法。现在已有愈来愈多的厂商利用多媒体来承担介绍商品的工作，顾客可以通过计算机来观赏商品的介绍，也可以利用多媒体的按钮来选择所需的信息与检索问题的答案，这样便形成了双向的沟通，除了增加说服力外，亦可满足顾客操作交互的需要。这方面的产品有美国商业信息(American Business Information)发行的《美国商业电话簿》(American Business Phone Book)；对话信息服务(dialog information service)推出的《光盘对话》(Dialog OnDisc)；其他还有《光盘上商业清单》(Business Lists on Disc)及《公务书籍》(Officers Book Case)等。

(3) 查询服务与浏览

近来百货公司正朝功能完整、货品齐全的方向发展。在一座百货公司中因为出售的物品繁多，故必须区分成不同的部门及楼层。固然，各楼层或部门均有标识图可查。但往往不很详尽，如果某一个顾客希望快速查出某一种必需品的部门及位置，就必须到服务台去查问，很不方便。现在若能提供一套可以自由使用的多媒体查询系统，顾客便可以很轻松地查阅该货品的所属部门与所在位置等数据，节省了许多人力。

我国的电子出版事业最近几年发展迅速，电子出版物的年出版量从 1994 年的 12 种，增至 1997 年的 1025 种，国内只读光盘年复制总量达 753 万张，平均每种只读光盘复制量达 7718 张。一批优秀电子出版物取得较好的社会效益，如《邓小平》、《周恩来》、《共和国将帅》、《长征》、《中国美术全集》、《中国玉器全集》、《侵华日军南京大屠杀》、《儿童辞海》、《大嘴英语》、《故宫》、《颐和园》等。其中《故宫》获得第六届法国莫必斯国际光盘大奖赛特别奖，《颐和园》获得第七届法国莫必斯国际光盘大奖赛文化奖。此外，现在我国每个月都有很多新的光盘上市，在 1998 年 8 月"多媒体世界"的光盘总汇上就刊登了《有问必答学计算机》、《学习 Windows 98 系列》、《八哥英语》、《渲染巨匠 Lightscape》、《再造紫禁城》、《世界各国知识百科》、《自然之谜(Ⅰ、Ⅱ、Ⅲ)》、《21 世纪小小百科》、《房地产通》、《高中英语"三点一测"》等光盘简介及其片头照片。

7.1.2 多媒体电子出版物的创作流程

1. 多媒体电子出版物创作队伍的组织与管理

多媒体电子出版物创作队伍的组织结构如图 7.1 所示。

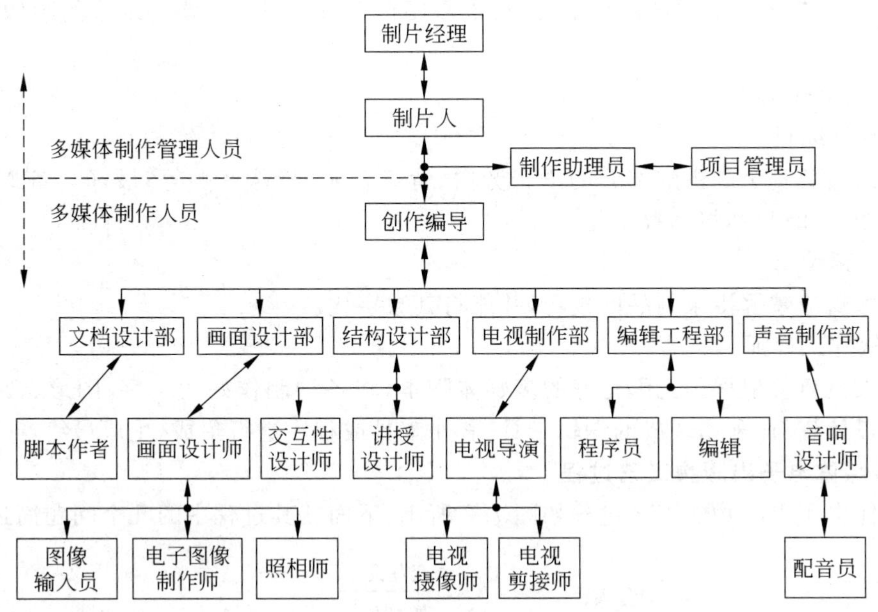

图 7.1 多媒体制作队伍的组织结构

多媒体电子出版物创作队伍一般由编导、文字编辑、美术编辑、音乐编辑、视频编辑和软件工程师组成。

多媒体电子出版队伍一般都采用工作组(workgroup)制,每个工作组由 3～5 人组成,其中主要人员有软件工程师(一般兼编导、音频编辑、视频编辑)、文字编辑和美术编辑。上面这种分工不是绝对的,可以根据项目的特点和工作组成员的实际情况作适当调整。

(1) 编导

① 负责控制及管理整个制作过程,他是工作组所有成员的领导人,其角色如同一般企业的产品经理。

② 从公司内部或客户寻求制作资金来源,管理制作基金,并作相应财务的处理。

③ 协调工作组所有成员的工作进度;使多媒体的制作能从文字剧本和粗略的分镜头丰富为完整的生动画面;决定节目整体的视听效果和表达方式,掌握每一视听要素以及整体感觉的一致性;确认节目的表达方法可以吸引目标客户的兴趣,并有效地将节目主体和内容传达给观众。

④ 负责对外联络,安排相关事务。例如,安排录音棚、摄影棚;寻找现成可用的资料,如照片、音乐或影带等;采购制作过程中所需的设备器材;负责外包工作的协调和洽谈。

⑤ 负责制作流程、时间的规划及预算控制,确认每一部分工作已得到客户或负责主管人员的核准,监管制作质量,并对最后的产品负责。

(2) 文字编辑

此类人员负责搜集专家和相关人员的意见,编写多媒体脚本。

(3) 美术编辑

① 决定节目的整体外观,包括背景颜色、字体格式及使用界面的复杂度等;进行细致的屏幕布图及分割,并决定个别区域所使用的视听要素;完成分镜头制作。

② 负责采集各种需要的图像资源，可能需要自行摄影、扫描、购买现成的图像库或者自己创作。

③ 负责创作动画。

(4) 音频编辑

此类人员负责录制讲解部分的语音旁白、背景音乐、特殊音响等，最好具备 MIDI 及录音工程的相关知识，并将其数字化。

(5) 视频编辑

视频编辑应掌握摄录制品的技巧，并能将其数字化。

(6) 软件工程师

此类人员负责根据预先编写好的多媒体脚本，将各种制作好的文字、图形、音频、视频、动画等多媒体资料，利用现成的编辑工具、著作工具或程序进行集成，生成最终产品。

2. 多媒体电子出版物工艺过程

多媒体电子出版物的工艺过程如图 7.2 所示，下面就其过程中的几个问题简述如下：

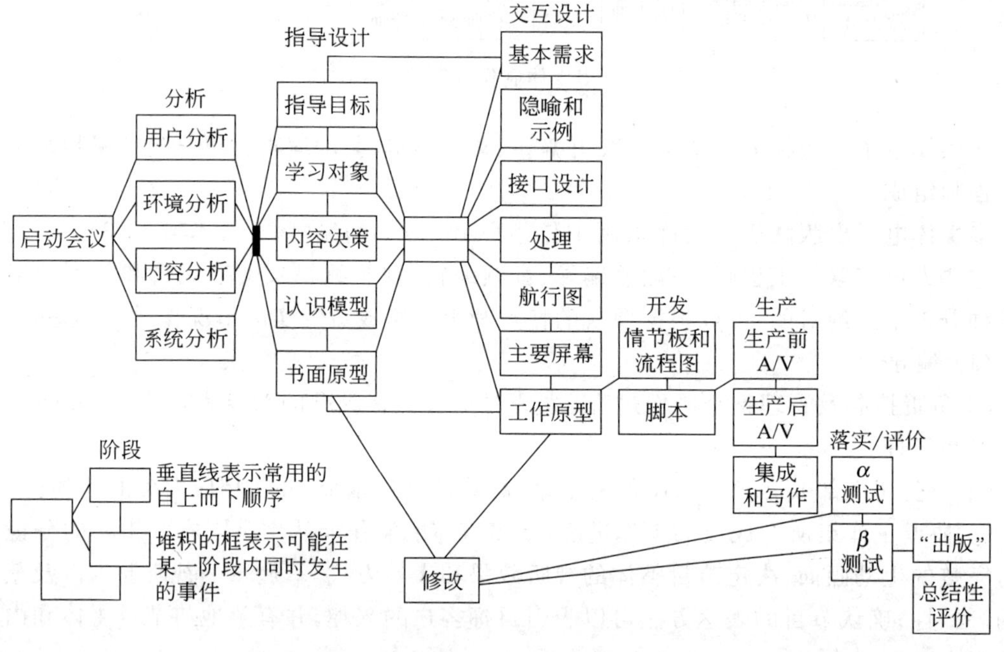

图 7.2　多媒体电子出版物的工艺过程

1) 选题

(1) 选题的原则

- 实用性：目前市场上的多媒体电子出版物和传统出版物相比大都是“锦上添花”，缺少创新性。也就是说，对购买者而言是可买可不买的，这是多媒体电子出版物市场不太景气的主要原因之一。试想一下，如果所有的电子出版物都能充分发挥多媒体技术的优势，具有灵活的交互性、声文图合一的吸引力，那市场定将是另外一番景象。
- 小而精：由于多媒体电子出版物需要耗费大量人力、物力和财力，如果追求大而全，势必会增加成本，进而导致价格抬高。可消费者的购买力又非常有限，因此在目前很难收回投资，所以要采取小而精的原则。

- 面向中小学生教育："百年大计，教育为本"，我国历来有重视教育的传统，因此面向中小学的多媒体电子出版物将成为最具潜力的消费市场。以多媒体电子出版物形式出版的辅助教材，形象、直观、生动、容易被学生接受，是任何其他教学手段所不能比拟的。

(2) 选择题目时应考虑的问题

- 使用者范围、消费能力、采购动机；
- 主题内容、资料版权；
- 表现策略；
- 播放环境；
- 开发成本、周期、资源；
- 价格定位；
- 发行量；
- 成本效益；
- 市场竞争力；
- 投资回收率；
- 软件内容复杂程度；
- 可行性分析。

2) 组织资源

在选定了题目之后，就可以组织资源了。

资源包括多种媒体信息，例如文字、图形、图像、声音(包括音乐)、动画、影视等。

组织资源就是搜集整理资源，比如：搜集整理你要用到的文字、图形、图像、录音带、录像带等。

在组织资源时，一定要严把质量关，尽可能多地向有关专家咨询，以保证资源的准确性、完整性和权威性。

3) 编写多媒体脚本

多媒体脚本是多媒体电子出版物的核心。由于多媒体产品的特点不同，其脚本格式和表述方法也不尽相同，但脚本创作者应把握多媒体的本质及特点，即多媒体的集成性和交互性。多媒体脚本在某种程度上和电影剧本很相似，最终应细化为"分镜头"剧本，包括版面设计、图文比例、显示方式、色调、音乐的节奏和交互方式等。具体内容如下：

① 制订节目目标、大纲与表现手法；

② 流程图与故事分镜头表；

③ 节目系统功能规划；

④ 交互式功能规划；

⑤ 定义制作环境平台与播放系统(硬件与软件工具)；

⑥ 屏幕画面设计；

⑦ 使用者界面设计/交互式设计；

⑧ 各类媒体脚本撰写：文字、图形、图像、声音(包括音乐)、动画、影视脚本；

⑨ 商品化包装设计；

⑩ 设计文件撰写与评估；

4）编辑资源

编辑资源就是把组织好的资源变成计算机能够接受的资源。也就是说，文字要输入到计算机，图形、图像要通过扫描进入计算机。当然，也可以利用现有的图像/图形库或者利用绘画工具自己画图。录音、录像就要分别通过声音卡、视频压缩卡数字化进入计算机。

组织编辑资源是相当繁重的工作，其工作量要占用制作多媒体电子出版物全部工作量的70%～90%。在此过程中，每个工作人员都必须树立很强的质量意识，课题负责人要严把质量关，因为只有高质量的资源，才有可能出高质量的产品。

5）系统制作

由软件工程师根据预先编写好的多媒体脚本，将各种制作好的文字、图形、音频、视频、动画等多媒体资料，利用现成的编辑工具、著作工具或程序进行集成，生成最终产品。

现在市场上多媒体著作工具很多，其中比较流行的有：Asymetrix 公司的 Multimedia、ToolBook，Macromedia 公司的 Authorware、Director，Microsoft 公司的 Viewer 等。但遗憾的是，没有任何一种工具能满足所有人的需要（当然这种希望也是不切实际的）。因此就有必要进行选择。Authorware 最适合于制作交互式培训教材；而 ToolBook 则是制作大型多媒体光盘图书的首选工具，比如像大百科全书。选择工具的标准是：能不能满足你的需要，好用与否，成本高低，其他因素都在其次。

在这里，值得一提的是，一定要购买原装正版软件，否则将后患无穷。现在市面上盗版软件很多，许多用户反映，在使用过程中经常莫名其妙地死机，甚至丢失信息，给工作带来巨大损失。因此，郑重建议用户一定要购买正版软件。

选择好著作工具之后，首先就需要熟悉工具，建议用户去参加有关培训，这可大大节省学习的时间。

另外，多媒体电子出版物毕竟是新生事物，因此借鉴别人的经验十分重要，不妨买几张比较经典的 CD-ROM 出版物作为参考。

6）产品测试、优化

系统制作完毕后，必须做彻底的检查，改正错误，修补漏洞。有可能的话还要进行优化，比如版式设计是否漂亮，速度是否可以提高等，具体内容如下：

① 节目内容的正确性测试；

② 系统功能测试；

③ 安装测试；

④ 执行效率测试；

⑤ 兼容性测试：跨平台（Windows、DOS、MAC）；

⑥ 内部人员测试；

⑦ 外部人员测试；

7）生产、发行

经过检查、优化，确认没有任何问题后，就可以“烧”金盘了。“烧”金盘必须有专门的设备，比如 Sony 公司的 CDW－900E Recording Unit。如果不“烧”金盘，也可以将你的全部文件存到磁带上，拿去生产厂印制。

生产厂把你的数据刻制成母盘，然后就可以上生产线生产了。

与此同时，还需要制作一些使用说明书、产品包装、宣传材料等。

7.1.3 多媒体电子出版物创作示例

清华大学计算机系和中国人民银行电教中心于 1997 年共同完成了多媒体电子出版物《金融博士》的创作任务，已出版了一套两张光盘，以它作为一个创作示例简述如下：

1.《金融博士》的系统配置

(1) 硬件：P586 多媒体计算机，16MB 内存，4 倍速以上光驱，主频 100MHz，20MB 以上硬盘可用空间，64KB 真彩色显示卡。

(2) 软件：中文 Windows 3.x 或中文 Windows 95。

以上软、硬件环境符合中国国情，具有广泛的应用基础。

2. 设计思想

《金融博士》是我国第一部大型金融百科电子图书，它的内容浩繁，涵盖了中国 16 000 多家金融机构，包含了经济基础理论、金融基础理论、金融业务管理运作、金融电子化、金融统计与分析、金融法律法规等最新资料，共计 650 万字。共收录 3980 个条目、2900 幅图片(其中真彩图片 2000 幅)、25 分钟视频。

应用国内外计算机多媒体技术成果，结合我国金融系统发展的需要，特别是对金融教育培训、科研进行了充分调研，确定了《金融博士》的应用目标。

(1) 应用目标

① 作为金融系统各级各类干部的学习、培训、经营管理、协助决策的工具。

② 可作为各类的经济管理干部、院校师生学习研究的重要资料库。

③ 开辟先进手段，力求为中国行业培训树立典范。

根据以上目标，课题组在光盘制作中，采用了非线性的超文本结构，来表达《金融博士》条目之间的复杂逻辑关系，使光盘具有快速检索、编辑打印功能，又保持了人们按逻辑顺序阅读的习惯。

(2)《金融博士》光盘特点

① 内容全面：机构概览，经济基础，金融基础，金融业务管理与运作，金融电子化，金融统计与分析，金融法律法规，词条检索字典。

② 功能齐全：查询、阅读、编辑、打印、灵活跳转、循环背景音乐、显示图文声像。

③ 使用简单：无需培训。

④ 技术含量高：自行开发 JPEG 图像处理系统；开发著名著作工具的动态库；中文检索技术；最新视频压缩技术；动态显示图像和文本、超文本。

⑤ 适应性强：可同时满足 Windows 3.x 与 Windows 95 用户，修改后可移植至 Internet 上运行。

3. 功能设计框图

功能设计框图(A)如图 7.3 所示。

本光盘采用非线性的超文本库结构，描述了金融百科的完整知识体系。它以词条条目与条目之间相互灵活跳转的方式，反映知识片断之间的内在关联。如：当看到“宏观经济学”条目时，可以通过鼠标拾取“经济”一词，直接检索到含有“经济”二字的所有条目。检索

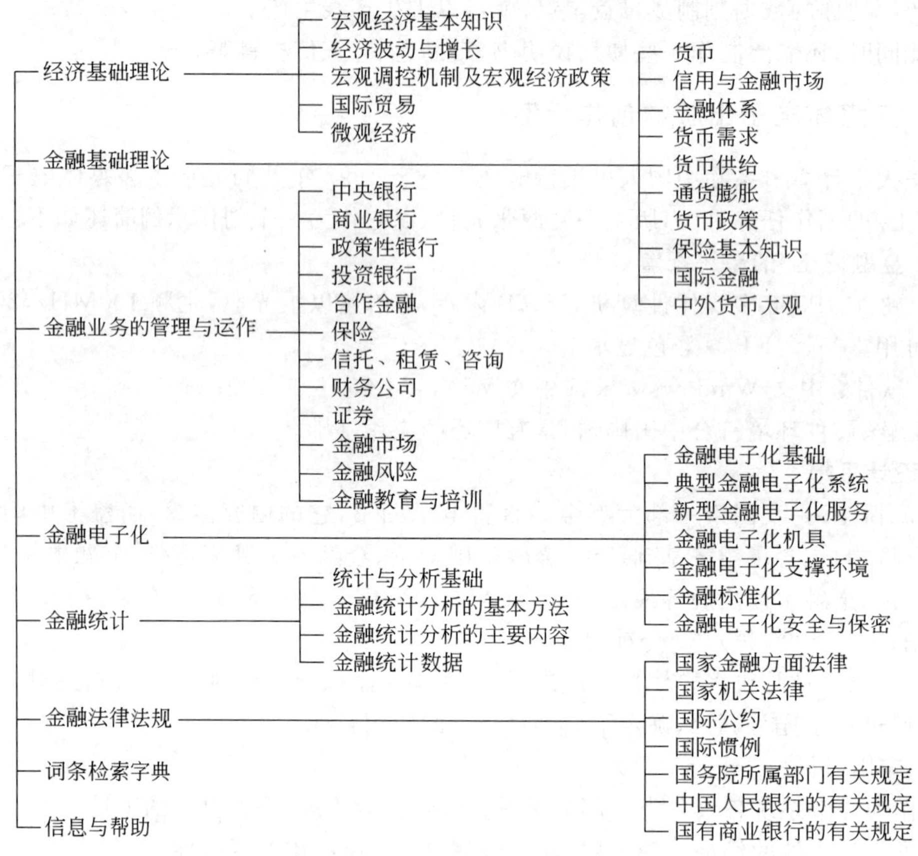

图 7.3 《金融博士》功能设计框图(A)

结果可以剪切、存盘和打印。在阅读过程中,可以选择背景音乐。光盘拥有大量的真彩色图片和 25 分钟视频导入增加了获取知识的生动性和趣味性。

功能设计框图(B)如图 7.4 所示。

《金融博士》(B)盘存储了全国 16 000 多家金融机构的信息。系统设计时,从三方面考虑:从类别上分为银行、保险、信托、财务、证券、租赁、外资、其他等;从行政区域上划分为全国 46 个省市、地区;从级别上分为国家级、省市级、地区级机构。研制中采用计算机智能判断:判断某机构是否有简介,是否有图像,是否为国家或省级机构。然后,做出决策。显示该机构所在区域的区域版图或该机构所属类别的徽标等。当某机构存在图像需要展示时,系统自动擦除已存在的版图或徽标。当使用者按中国版图点击某省(市)时,系统自动判断给出相应参数值,然后执行公共模块。机构简介自动排版美观大方。在查找香港金融机构时,系统还设置查找记忆功能,极大方便了使用者快速查询。程序模块化功能很强,逻辑结构严谨,有极高的可靠性。修改文本容易,为光盘日后不断更新改版提供方便。

4. 技术特色及性能指标

(1) 多媒体系统集成的技术

① 采用最新视频压缩技术(indeo. 4. 1)进行视频采集与加工。

② 文本预处理,字典 3980 个条目打包成仅有 2. 9MB 的库文件,机构打包成 1. 9MB 的库文件,大大减少了文件数,提高了读盘速度。

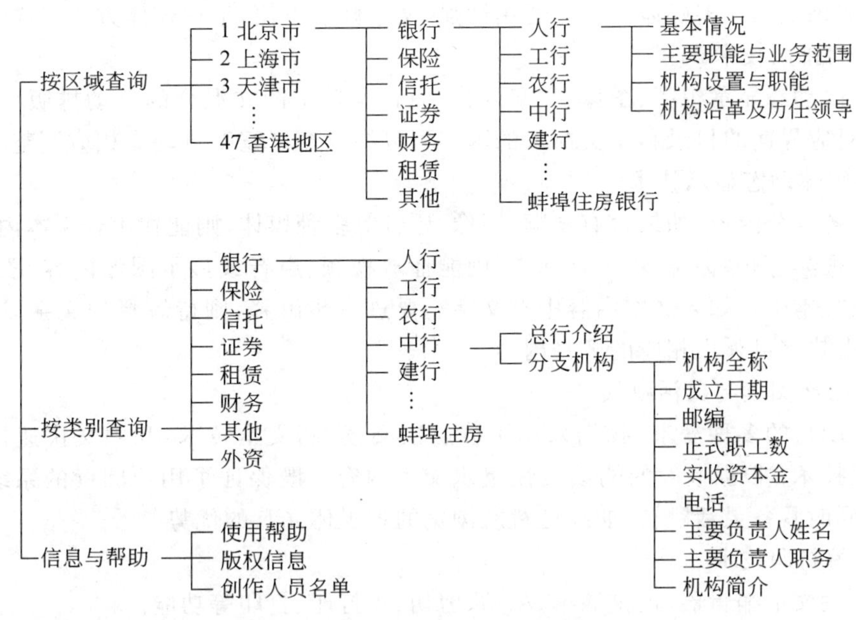

图 7.4 《金融博士》功能设计框图(B)

③ 图像转换：GIF 文件自动转换为 JPG 文件。

④ 视频、音频非线性编辑技术(如片头)。

(2) 开发 JPEG 图像处理系统

有效进行动态和静态图像压缩,并存储于光盘,这是一项关键技术。

一幅真彩图像(640×480,24 比特/像素)的数据量接近 100 万字节,1 张光盘仅能存储约 650 幅彩色图像。本项目需要存储 2900 幅图像。通常的做法是降低图像色彩即把真彩图像转化为 256 色图像。另一种方法是对真彩图像进行压缩。我们自行开发符合国际标准的图像压缩、解压缩系统。考虑到光盘读盘速度,采用边解压缩边存储技术,加快显示图像的速度,给使用者质量好的富于美感的图像。该图像压缩技术可广泛用于多媒体光盘制作以及档案信息等各种涉及大量图像的单位使用。

(3) 中文快速检索技术

运用国内先进的快速检索算法,检索速度极快且准确,无错查或漏查现象。在 Windows 环境下采用 C++ 语言开发,用户界面新颖、友好。运用多文档结构可同时打开多个窗口,阅读多篇文章,各窗口之间跳转灵活,实用美观。检索出的结果可任意编辑、修改、组合、存盘、打印,文本自动显示热字(蓝色),单击热字,显示相应图像或视频等。

根据条目名称组织文本内容,按用户不同的需求,分别设置了 3 种检索方式：

① 按词条条目检索；

② 按键盘输入内容检索；

③ 鼠标拾取检索。操作方便快捷。650 多万文字可做到秒级检索,准确率可达 100%。

(4) 扩展著名著作工具 Authorware 3.5 的功能,以保证用其开发的光盘功能齐全先进。

自行开发了两个动态库：JRUCD. DLL 和 JPEG. DLL。该项技术可用于制作企业名录、产品或成果展览等多媒体光盘。通用性强，文本修改方便，呈现媒体方式多样化。

(5) 自动排版技术

不仅可以动态显示视频、图像、文字内容，而且实现了图文混合的自动排版。当改变窗口大小时，对应界面的目录和正文窗口的内容可以根据窗口宽度自动作相应调整。

(6) 多媒体动态显示技术

对应于各部分内容，如果含有视频、图像、语音等多种媒体，则能在声音文本内容的相应位置显示出视频、图像标志，单击该标志，则能播放视频、声音或显示图像内容，图像内容还可直接嵌在文本中。如果文本内容中有文字需要进一步解释，则待解释的文字以蓝字显示(热字)，单击热字可弹出相应的解释内容。

(7) 分层次阅读与灵活跳转

为满足用户的多种需求，我们采用了分层次阅读(超文本技术)和中文快速检索技术。分层次阅读技术：根据一般的阅读习惯组织文本内容。既保证了用户阅读的系统性，逻辑层次分明，同时具备灵活跳转、非线性跳跃浏览的多媒体光盘的优势。

(8) 摘编打印技术

自行开发文本编辑器，提供摘编、粘贴、剪切、预打印、打印等功能。

(9) 多种编程方法结合

为保证光盘每个功能的先进性，我们采用 C++ 开发词条检索字典和动态库，采用 VB4.0 开发分层次超文本阅读，采用 Authorware 3.5 与 C++ 结合开发金融机构概览。

(10) 创意编辑独特

突破了传统编写百科光盘的做法，先出版书籍，再把书籍制作成光盘图书。本项目开始时，研制组就围绕着光盘出版而策划，节约了出版、印刷书籍所需的大量资金和时间，为光盘图书出版，尤其是大型光盘图书出版提供了示范的作用。

例如，在介绍金融机构时，从中国版图弹出各省市版图，版图有该地区代表景物，给使用者增加了乐趣，加深对金融机构的认识。在处理大文本量问题上，采用了既保持按逻辑结构逐本书打开阅读的习惯，又提供了灵活跳转和全文快速检索的非线性阅读方式。

(11) 内容丰富先进

本套光盘内容极少部分来源于近年来出版的有关书籍，而 90% 以上内容均为我国金融界权威专家撰写，首次以光盘形式出版。光盘中所用词条术语均采用国家最新标准。

(12) 表现形式生动形象

根据教学的要求，充分地利用了计算机多媒体技术，集成了大量的视频、动画、声音、图片、图形和文本。该光盘文本、声音、视频、图像相辅相成，生动形象。

(13) 界面友好，功能强，使用方便

基于 Windows 的多媒体光盘系统，操作简单，使用方便，不需特别的培训，就可以学会该光盘的使用。

所有的操作使用目标、菜单和按钮的图形的交互方式，使用鼠标点击即可。

(14) 表现形式规范

内容和表现形式相统一，在不影响界面美观的前提下，尽量使字体、颜色和字体大小等风格保持一致，提高学习效率。

5. 系统总体性能的分析与选择

在保证完成项目预期的全部功能的基础上，考虑到系统总体性能的先进性。研制组对光盘运行速度、色彩、兼容性与运行软、硬环境等诸多因素进行综合考虑，作出合理的选择。如大胆采用真彩色图像，采用高质量视频，确定以 Windows 95 为主要用户平台，同时又能满足广大 Wndows 3.x 用户。使该项目既能满足目前广大用户的需求，又面向未来的计算机发展。

6. 存在问题与发展方向

本光盘后期制作的时间少，我们认为还能做以下工作：

① 改为英文版，向世界发行；

② 可以加工改造，使光盘内容在 Internet 上发布全面宣传普及金融知识，使更多的人受益。

③ 使用过程中引导用户与先进的办公系统结合使用，效果会更好。

7.2 多媒体会议系统

当今信息社会的发展对通信提出了更高的要求，人们已不满足简单的话音和文字通信，希望拥有集话音、文字和图像于一体的多媒体通信。这是继电报、电话、传真及电子邮件(E-mail)后的又一新的通信手段。视频会议系统就是这种新型通信手段之一，它可以点对点通信，也可以多点对多点通信，它在同一传输线路上承载了多种媒体信息，如视频、音频和数据等，实现多点实时交互式通信，同时也可以将不同地点与会人员的活动情况、会议内容及各种文件以可视新闻的形式展现在各个分会场，这是一种快速高效、日益增长、广泛应用的新的通信业务。

7.2.1 视频会议系统的结构及标准

根据通信结点的数量，视频会议系统可分为：点对点视频会议系统和多点视频会议系统。

点对点视频会议系统支持两个通信结点间视频会议通信功能，它的主要业务是：

(1) 可视电话：可视电话是在现有公共电话网上使用的具有双工视频传送功能的电话设备。由于电话网带宽的限制，可视电话只能使用较小的屏幕和较低的视频帧率。例如使用 3.3 英寸的液晶屏幕，每秒钟可传送 2～10 帧画面。

(2) 桌面视频会议系统：这种视频会议系统利用用户现有的台式机(如 PC)平台以及网络通信设备和远地另一台装备了同样或兼容设备的台式机通过网络进行通信，这种系统仅限于两个用户或两个小组用户使用。Intel 公司的 Proshare Personal Conferencing Video System 200 是这类系统的一个典型实例，这是一种点对点的个人视频会议系统，支持 ISDN 和 LAN 的连接，采用硬件编码压缩，软件解压缩，为了方便协同工作，Proshare 还提供共享笔记本和共享应用程序。

(3) 会议室型视频会议系统：在会议室型视频会议系统的支持下，一群与会者集中在一间特殊装备的会议室中，这种会议室作为视频会议的一个收发中心，与远地的另外一个类似的会议室进行交互通信，完成两点间的视频会议功能。由于会议室与会者较多，因此对视听效果要求较高，一个典型的系统一般应包括：一台或两台大屏幕监视器、高质量摄像机、高分辨率的专用图形摄像机、复杂的音响设备、控制设备及其他可选设备,以满足不同用户的要求。

(4) 多点视频会议系统:多点视频会议系统允许3个或3个以上不同地点的参加者同时参与会议。多点视频会议系统的一个关键技术是多点控制问题,多点控制单元(MCU)在通信网络上控制各个点的视频、音频、通用数据和控制信号的流向,使与会者可以接收到相应的视频、音频等信息,维持会议正常进行。

1. 视频会议系统的结构

视频会议系统的结构如图7.5所示,它主要由视频会议终端、多点控制器、信道(网络)及控制管理软件组成。

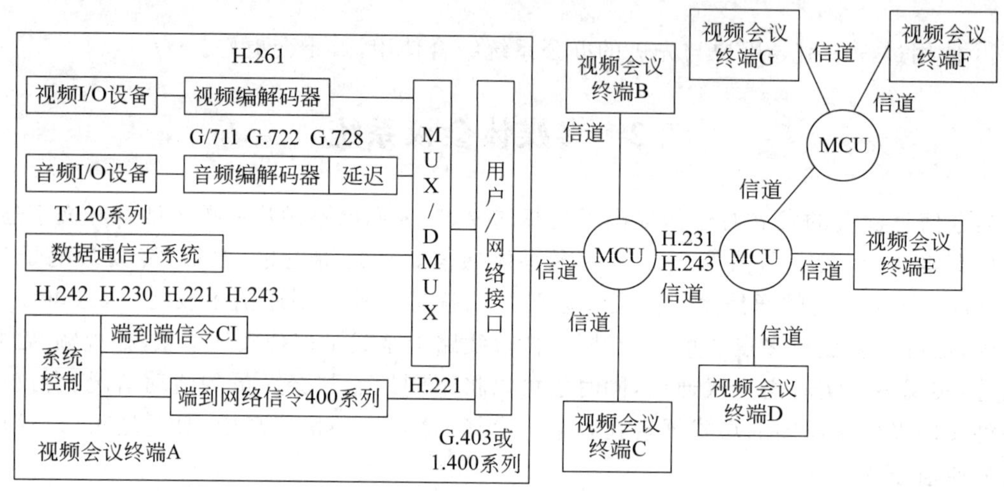

图7.5 视频会议系统结构框图

视频会议系统终端的主要功能是:完成视频信号的采集、编辑处理及显示输出,音频信号的采集、编辑处理及输出,视频音频数字信号的压缩编码和解码,最后将符合国际标准的压缩码流经线路接口送到信道,或从信道上将标准压缩码流经线路接口送到终端中。此外,终端还要形成通信的各种控制信息:同步控制和指示信号、远端摄像机的控制协议、定义帧结构、呼叫规程及多个终端的呼叫规程、加密标准、传送密匙及密匙的管理标准等。

多点控制单元(Mulitpoint Control Unit,MCU)是视频会议系统的关键设备,它的主要功能是对视频、语音及数据信号进行切换,例如它会把传送到MCU某会场发言者的图像信号切换到所有会场。对于语音信号,若同时有几个发言,可以对它们进行混合处理,选出最高的音频信号,切换到其他会场。MCU的主要组成部分是网络接口单元、呼叫控制单元、多路复用和解复用单元、音频处理器、视频处理器、数据处理器、控制处理器、密匙处理分发器及呼叫控制处理器。

视频会议系统的服务质量(Quality of Service,QoS)是满足视频会议系统需求的核心问题,视频会议系统要把用户的服务请求映射成预先规定的QoS参数,进而与系统和网络资源对应起来,通过资源的分配和调度满足用户的应用需要。资源的分配和调度可以选用资源的静态管理和动态管理去完成。资源的静态管理包括QoS的协商和解释、资源许可(Admission)、资源的保留和分配及资源的释放。资源的动态管理包括进程管理、缓冲区管理、传输率和流量控制及差错控制。

视频会议系统最后一个组成部分是安全保密系统，它也是视频会议一个重要问题。安全保密系统的主要组成部分是加密模块和解密模块，加密模块是将会议终端用户数据加密形成加密后的数据在网络上传输，解密模块接收加密数据进行解密得到用户数据。加密和解密模块的核心是密匙的生成和管理，密匙生成的核心是加密算法，加密算法不包含在国际标准的建议中，它由视频会议系统设计者研制或选用。

2. 视频会议系统的标准

标准化是产业兴旺发达的前提，视频会议系统各种设备的生产厂商，它们的产品必须符合相应的标准互相连接通信，这样才能使视频会议系统产品市场迅速发展。

总部位于瑞士日内瓦的国际电信联盟(ITU)，主要任务是制定通信标准，以便世界范围内通信的相互操作。它的成员来自不同的国家和公司，ITU 包括了著名的国际电报电话咨询委员会(CCITT)，现在改名为国际电信联盟-电信标准化部门(ITU-T)。

在 20 世纪 80 年代，ITU 就专门成立了一个小组研究视频会议，从那时起建立了一系列的建议和标准，关于视频会议最著名的标准是 H. 320 系列和 T. 120 系列建议。H 系列的建议和标准是专门针对交互式电视会议业务而制定的，而 T 系列是针对其他媒体的管理功能作出的规定，两种协议的结合将使多媒体会议的通信有更完善的依据。1994 年以 Intel 为首的 90 多家计算机和通信公司联合制定了一个个人会议标准(Personal Conferencing Specification，PCS)。

H 系列、T 系列及 PCS 标准简述如下：

(1) H. 320 系列标准

H. 320 系列标准(见图 7. 6)是会议系统中应用最早，最为成熟的协议，支持 ISDN、E1、T1，带宽从 64kbps 到 2Mbps，几乎所有会议系统厂家都支持它。甚至目前许多 LAN 会议系统产品如 Intel 的 Provision，Insoft 和 Communique 等也支持 H. 320。

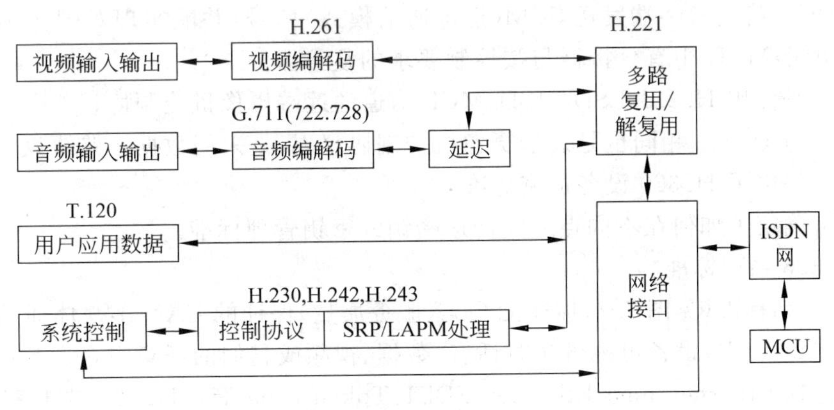

图 7. 6　H. 320 标准系统框图

H. 320 系列标准包括了视频、音频的压缩和解压缩，静止图像，多点会议，加密及一些改进的特性。

H. 320 可分为 5 个部分：通用体系，音频，多点会议，加密和数据传送。目前包括 15 个标准，简述如下。

H. 221：定义了视听服务中 64～1920kbps 信道的帧结构，后又增加了多点会议及加密的内容。

H. 221：可将不同媒体信息进行集成、复接。这种结构虽包含不同媒体信息，但并不是多媒体信息的复合结构。这种信息结构并没有深入到表示层与应用层。接收方是将不同媒体信息在时间上进行分离、缓冲、再同步。这种结构要求终端资源充裕，在终端资源有限的情况下，这种简单的同步方式就无法满足要求了。多媒体信息检索系统中的通信同步采用多媒体对象同步。对象作为一个进行传输交换的信息单元，给出不同媒体信息的连接机制，以及空间与时间上同步的详细规范。

H. 230：传递帧同步控制和指示信号，负责处理基于 H. 320 的 CODEC 设备之间传送的控制信息。

H. 242：描述了在高至 2M 的数字信道上，会议电视终端之间建立通信和设置呼叫的规程，定义了基于 H. 320 设备之间传送压缩视频和音频信号的协议。

H. 261：又称为 Px64，它是视频编解码器的标准，采用中间格式兼容不同电视制式间的差异，是一种有运动补偿的帧间预测编码＋变换编码(ZDDCT)＋量化＋可变长编码＋传输缓存器控制的混合编码方式。视频编码器按照图像内容进行帧内/帧间判决和处理。

G. 711：64kbps PCM 电话质量(3. 5KHz)语言压缩标准。

G. 722：48/56/64kbps ADPCM 高保真质量语音压缩标准。

G. 728：16kbps LD-CELP 语音压缩标准。

H. 231：定义了多点控制单元及如何连接 3 个或更多的基于 H. 320 CODEC 设备。H. 243 主要处理多个终端之间建立通信的过程，它定义了 H. 320 CODEC 与 MCU 之间控制过程。H. 231 和 H. 243 两个建议主要针对视听业务，对数据仅提供初步的支持。这两个建议的控制功能比较简单，有些专家认为这是多点通信控制的暂时解决方案。按照 H. 231、H. 243，要实现对多个视听业务终端的多点控制，需通过设计 MCU，桥接各个视听业务终端，MCU 将向各终端发送 SCM(选定通信模式)信号，并能实现对图像画面、声音等选择、切换功能，MCU 中有分接器与按控制要求的复接器。

H. 244：是使用 H. 221 LSD/HSD/MCP 信道的远端摄像机控制协议。

H. 281：与 H. 224 相同也是远端摄像机控制协议，只是采用数据链路协议。

H. 233：提供了 H. 320 设备加密标准。

H. 234：确定了如何在不同点之间传送密钥的密钥管理标准。

(2) H. 323 系列标准

H. 323 系列标准(见图 7. 7)描述无 QoS(服务质量)保证的 LAN 多媒体通信终端、设备和服务。H. 323 终端，设备可携带实时话音、数据、视频或它们的任意组合。其中无 QoS 保证的 LAN 包括 Ethernet、Fast Ethernet、FDDI、Token Ring 等。H. 323 的 LAN 可以是一个网段或环，也可以是复杂拓扑结构的多个网段。但多个网段(包括 INTERENT)可能会导致很差的性能。H. 323 终端可以是计算机或单独的设备(如视频电话)，其中话音是必须支持的，数据和视频则是可选的。

H. 323 系列包括下列一些标准。

• 视频

H. 261：P×64kbps 下音频视频业务的视频编码解码器。

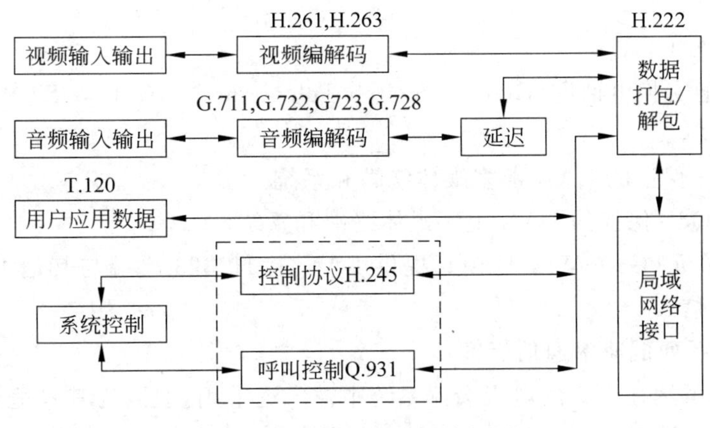

图 7.7　H.323 标准系统框图

H.263：低速率通信的视频编解码器。

• 音频

G.711、G.722、G.728 同前。

G.723：5.3kbps 和 6.3kbps 多媒体通信的双速率语音编码，将改名为 G.723.1。

• 复用

H.222：无 QoS 保证 LAN 下媒体流的打包和同步。

• 控制

H.230：视听系统中央同步控制和指示信号。

H.245：多媒体通信控制协议。

H.323 的网络接口要求能提供 H.225.0、H.222 定义的服务的网络接口，如 TCP、SPX、UDP、IPX 等。

H.323 与 ITU 定义的各会议系统之间的互操作性如图 7.8 所示。

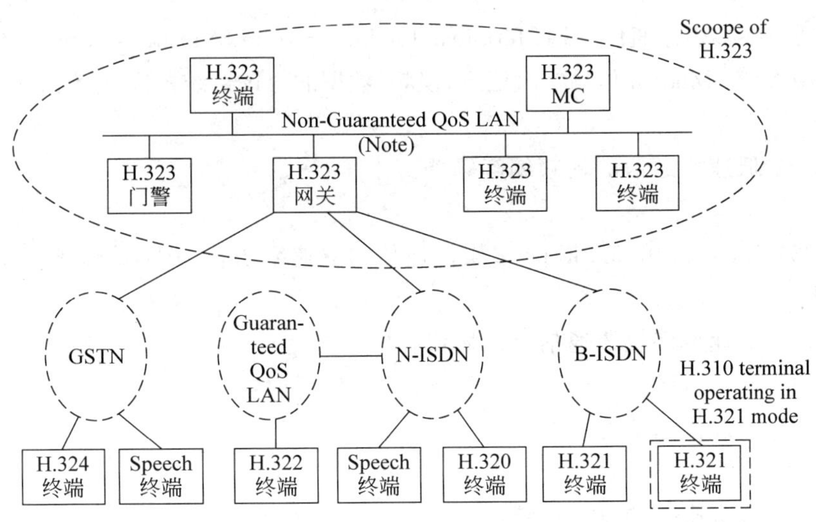

图 7.8　各 ITU 标准间的互操作

其中：

H. 310：H. 231-ISDN。

H. 324：普通交换电话网(General Switch Telephone Network,GSTN)。

H. 320：ISDN。

H. 322：QoS 保证的 LAN 上多媒体终端和系统。

H. 323：无 QoS 保证的 LAN 上多媒体终端和系统。

GW：网关单元(Gate Way Unit)，提供 LAN 上 H. 323 终端与其他 ITU 终端或其他 H. 323 网关的通信。

(3) H. 324 系列低速率通信标准

H. 320 标准虽然在今天的电视会议系统中被广泛采用，但因为其只适合于 ISDN、E-1、T-1 等高速率的数字网，而并不适合于在像电话线这种窄带网上使用。因此 ITU-T 又着手制定了适合于极低速率通信网络的 H. 324 标准。其系统框图如图 7. 9 所示。

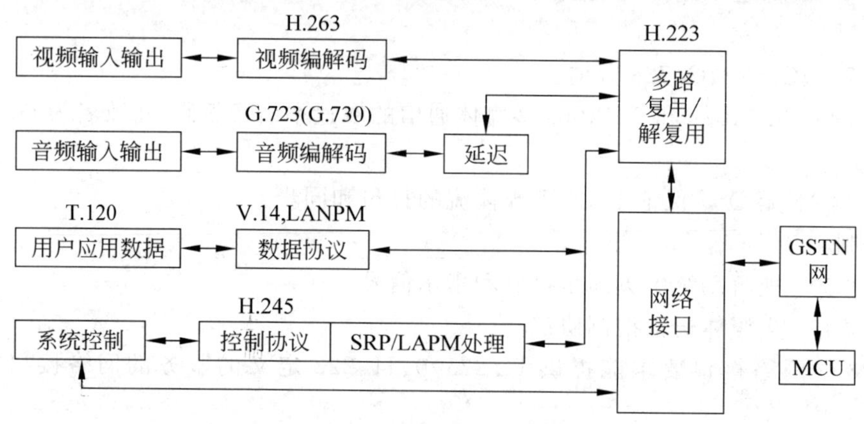

图 7. 9　H. 324 标准系统框图

H. 324 低速率多媒体通信终端(Terminal for Low Bitrate Multimedia Communication)用于在 GSTN 上用 V. 34 Modem 传输实时语音、视频、数据的会议系统标准，它包括如下 5 部分。

- 视频

  H. 263：低速率通信的视频编解码器。

- 音频

  G. 723：5. 3kbps 和 6. 3kbps 多媒体通信的双速率语音编码，将改名为 G. 723. 1。

- 复用

  H. 223：低速率多媒体通信复用协议。

- 控制

  H. 245：多媒体通信控制协议。

- 安全保密

  H. 233：视听服务的安全系统。

  H. 234：视听服务的密钥管理和验证系统。

表 7. 1 描述了 H 系列视频会议国际标准的组成部分及应用场合。

表 7.1　H 系列视频会议国际标准的组成及应用

终端类型	H. 320 系列	H. 324 系列	H. 323/ H. 322 系列	H. 321 系列	机顶盒
支撑环境	N-ISDN	PSTN/PSDN	LAN	ATM B-ISDN	HFC. PTTC
音频编码	G. 711 G. 722 G. 728	G. 723 AV. 25Y	G. 711，G. 722 G. 728	G. 711，G. 722 G. 728 H. 262	H. 262
视频编码	H. 261	H. 263 H. 264	H. 261	H. 261 H. 262	
复用	H. 221	H. 223		H. 221 H. 222. 0 H. 222. 1	H. 222. 0 H. 222. 1
网络接口	N-ISDN	V. 34	LAN	AAL ATM	电缆 Modem

(4) T 系列标准

T. 120 是国际电信联盟通信标准部开发的系列国际标准，此标准是为在多点和多媒体会议系统中发送数据而制定的。T. 120 也为连接白板和非会议电视应用及文件传输提供了应用规范。

T. 120 模型规定了一个通信的基础结构和在此基础上的应用规程。该模型遵循 ISO 开放系统互连 7 层模型，每一层向上一层提供业务并向上一层发送由低层提供业务使用的数据。T. 120 通信基础结构设计灵活，它能同时处理多个独立的应用，允许与电路交换的通信网络和基于分组的局域网以及数据网任意组合进行连接。

T. 120 由 3 部分组成：

- T. 123 传输规程框架规定了不同的网络之间的连接。包括在物理层使用的 V 系统标准调制解调器的公共交换网；使用 X. 25 规程的分组交换数据网；ISDN 和电路交换数据网，网上的语音、电视和 T. 120 数据根据 H. 221、H. 320 标准内的成帧规程复用。LAN 规程不在 ITU-T 权限内，但对于 TCP/IP 和 NOVELL 公司的 IPX 的参考框架已开发出来，它包括一个增强的传输层能力，因此起到了面向连接的网络作用。
- 多点通信业务(MCS)，包括 T. 122 业务定义和 T. 125 规程规范。MCS 提供面向连接的业务，它与 T. 123 传输堆栈操作无关。MCS 在 OSI 模型的会话层，将多个点对点传输连接分到多点通信领域。在 MCS 域内的结点按层次组织，向上连到多点控制单元(MCU)，MCS 可以是台式的或独立设备中的一个独立结点，如会议桥。

数据要沿最有效的路径送到结点，多点通信业务(MCS)能够保证从多个源结点来的数据在所有的结点按相同的顺序来接收。这可以在 MCS 内规定适当的优先级和为不同类型的数据确定选路的级别来实现。MCS 支持的种类包括一对一、一对多和多对一路径，它也可以在多种类型的网络和连接上操作。

- T. 124 普通会议控制(GCC)。GCC 可以用指定某种业务和管理多点会议来提供会议能力。这种能力包括建立和终止会议，多种应用中的协商能力和提供通用会议的管理能力，如参加人员的清单、主持人控制功能等。GCC 也装备了安全机制，如口令编码保护，能限制未被邀请的人参加会议。

T.120 系列标准为应用开发提供了规范，使不同的厂家的产品和不同的业务能够互相通信。ITU-T 在 T.120 规定了两个高层的规范。一个是 T.127，它为用户提供同时初始化多点文件传输能力。另一个是 T.126，它允许用户在多点文件会议中查阅图像和对它作注释、共享应用程序和交换传真图像。共享可以发生在运行不同操作系统的应用中。

T.120 的主要部分和 ITU-T 的 T.124、T.127 等正式建议一起在 1995 年 3 月的日内瓦会议上得到了批准(见表 7.2)。

表 7.2　T 系列国际标准

建　议	内　　容
T.120	多媒体数据传输规程
T.122	声像会议多点通信业务规程
T.123	声像会议的通信规程栈
T.124	通用会议控制
T.126	允许用户在多点文件会议中查阅图像或对它作诠释、共享应用和交换传真图像
T.127	为用户提供同时初始化多点文件传输能力

表 7.3 所示为 G.7XX 语音压缩编码标准。

表 7.3　G.7XX 语音压缩编码标准

标准	内　容	码率	带宽	算法	其　他
G.711	语音频带的脉冲编码调(PCM)	64kbps	300～340Hz	PCM	长途电话的语音质量
G.722	7kHz 频段的 64kbps 语音编码	48kbps,56kbps 64kbps	50～7000Hz	SB-ADPCM	可传送高质量语音和简单的音乐
G.728	16kbps LD-CELP 语音编码	16kbps	300～3400Hz	LD-CELP	ISDN 网传输设备必备

(5) PCS 标准

由于基于微机的桌面会议系统日益增多，由 Intel、AT&T、Lotus、HP、DEC 和另外 11 个主流软硬件公司，以及 96 个计算机和通信公司联合成立了一个个人会议工作组，简称 PCWG(Personal Conferencing Work Group)。它于 1994 年制定了一个个人会议标准(PCS, Personal Conferencing Specification)，适合于任何网络(数字、模拟、LAN 或 WAN)。此标准包括 PCS'S T120、ITU-T 桌面系统多点电视会议视频压缩协议。与 H.320 不同，PCS 是专为个人计算机制订的，并与各种个人计算机标准兼容，其中 TAPI 和 TSAPI 两种电话 API、Intel 公司的 Indeo 编码和解码器及 Microsoft 公司的 DVI 图形/图像标准接口。PCS 标准目前仅供 PCWG 成员使用，很快将提供给公众。满足此标准的个人会议系统用户可以无间隙地与其他个人会议系统用户通信。

7.2.2　综合业务多媒体终端的设计和实现

综合业务多媒体通信终端可以广泛用于多媒体通信、交互式分布多媒体系统，特别是各种计算机支持的协同工作系统(CSCW)的通用设备,它是目前世界各国大力研究的热点课题。由于各种技术发展较快,因此要求总体结构设计要考虑通用性和可扩展性。1996 年 3 月清华大学计算机系设计实现了一种综合业务多媒体通信终端(IMCT),它的方案是:①终端的软、硬件支撑环境采用多媒体个人计算机(MPC)与清华大学和中国银河公司共同设计制造的满足 H.320 系列标准的视频音频实时压缩和处理卡 VC-1000A。②系统应用软件采用模块化结构,如视频讨论、多媒体电子邮件、协同编著等,可相对独立运行,又能集成在一个统一的平台上。

1. VC-1000A 的结构和工作原理

VC-1000A 是综合业务多媒体终端的关键部件,它由下述 3 块卡组成(如图 7.10 所示),这 3 块卡在功能上既有联系,又相互独立。VC-9800 完成视频和音频信号的采集、显示、编辑等功能,VC-9810 完成压缩、解压缩、视音频复合 MVIP 传输等功能,VC-9820 将符合 H.320 标准的压缩码流经线路接口输出至通信网络。

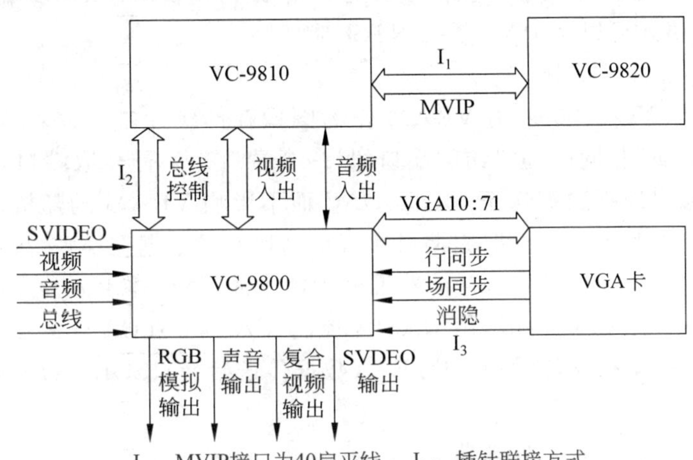

图 7.10　VC-1000A 整体框图

1) VC-9800 视频音频信号采集和处理卡

VC-9800 本身就是一个通用的多媒体处理硬件平台,可完成音视频信号的采集、显示、编辑等功能。图 7.11 是 VC-9800 的原理框图。VC-9800 可分为以下几个部分:

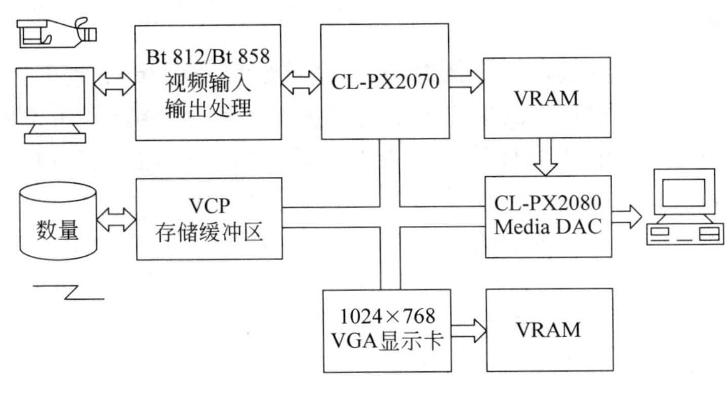

图 7.11　VC-9800 原理框图

(1) 视频输入前、后级

设计采用 Brooktree 公司的 Bt 812 作为视频输入前级芯片，Bt812 图像数字化芯片不仅可以接收 PAL 制、NTSC 制输入而且可以接收 S-VIDEO Y/C 分离信号输入，针对不同的使用情形，Bt 812 可以采用不同采样频率对输入视频信号进行采样，既可以按像素采样(NTSC 640×480×60 场/秒，PAL 768×576×50 场/秒)，又可按 CCIR601 标准进行采样，Bt 812 支持 24RGB、16RGB，及 4:2:2 16YC_rC_b 格式，默认采用 4 : 2 : 2 16YC_rC_b 格式，即 8:4:4。在 VC-1000A 设计中，Bt 812 输出至 PX2070 的 V1 口，作为本地视频图像输入。

VC-9800 还具有模拟视频输出的功能，这对于视频编辑等场合是十分有用的。特殊视频效果的模拟输出因此成为可能，精心制作的多媒体著作或特殊效果可以显示在电视或录像带上。当背板 VC-9810 与 VC-9800 结合使用时，模拟视频输出图像为远地视频，当 VC-9800 单独使用时模拟视频输出图像为 PX2070 多路视频图像，图形实时叠加输出。在设计中，使用 Bt 858 芯片将数字视频信号转化为模拟 Y/C 供 S-VIDEO 端子输出或复合模拟视频输出，输出格式可以为 PAL 制或 NTSC 制。

(2) 图像存储缓冲区部分

为了提高性能，VC-9800 采用 VRAM 作为图像存储缓冲。VRAM 有一个访问端口，一个端口是与 DRAM 相同的随机访问端口，另一个端口是串行存取端口，串行存取端口的串行数据流持续稳定地把数据送至 Media DAC 而不影响 VRAM 的随机存取性能，也不占随机存取的带宽。因此同一个存取周期可实现更高速率的数据交换，实现更高性能。

设计中，选用 512×32VRAM，存储器堆分为两个体，每个体由 8 片 256K×4VRAM 构成，低端体由 RASO * 控制，高端体由 RASI * 控制，CAS0 * 和 CAS1 * 分别存取高 16 位和低 16 位。SCLOCK(串行移位时钟)、DTE *(数据传送始能)、SOE[0:1](串行输出始能)控制串行数据的输出。

(3) CL-PX2070 数字视频处理器

CL-PX2070 由 4 个功能部分组成，核心视频处理单元 VPU 以及 3 个完成复杂交互功能子单元：视频总线单元 VBU、主机接口单元 HIU 和参考帧单元 RFU。

(4) PX2080 部分

PX2080 是一个多源，D/A 视频转换器。它能够管理、混合两路不同色度空间及解析度的视频流，PX2080 有 3 路输入：一路视频端口，一路 8bit VGA 数据端口及一路 32bit 高解析度图形数据端口。在设计中视频端口与 VRAM 的串行输出口相连。8bit VGA 数据端口与 VGA 卡相连。

PX2080 可完成色度空间转换、比例缩放、色度补偿以及图像灰度校正功能。在高性能要求应用领域中，例如图形扫描、图形艺术等要求显示颜色十分精确，在这种情况下，颜色查找表的线性与电子枪之间的非线性偏差不能被忽略，PX2080 通过特殊的图像灰度校正查找表对 DAC 输出进行非线性补偿，使显示在 CRT 上的最终颜色符合线性标准。

此外为避免视频或图形数据的丢失，PX2080 采用同 PX2070 类似的存储器控制策略，通过 FIFOFULL * 来实现，当 FIFOFULL * 有效时，表明 PX2080 256 个双像素大小的视频输入 FIFO 已满，VRAM 可暂缓向 Media DAC 送入数据。

(5) 总线控制部分

总线控制主要包含地址译码、地址锁存及生成控制信号等功能，这一部分电路与通常的总体控制思路没有什么不同，因此就不加以详细介绍了。

2）VC-9810 编解码卡

ITU H.320 标准是 ITU 针对电视会议制订的一系列标准的总称。这其中包括视频编解码应满足的 H.261 标准，音/视/用户数据分别复接应满足的 H.221 标准以及帧同步控制和指令应满足的 H.242 标准等。

编解码器的主要功能包括编码（对收发图像、声音信息的码流进行高倍数的压缩，以适应数字信道数据流的传输速率）和解码（将对方传来的图像、语言按一定的标准还原）。同时为满足点对点通信的要求，编解码器还包括相互的互通规程，以及为实现规程的信令部分。

图 7.12 为 VCP 板的设计框图。本地视频数据经 VC-9800 底板由 VIDEO IN 总线进入 VCP，声音压缩数据经串行总线进入 VCP，VCP 芯片在微码的控制下按照 H.261 标准对视频流进行压缩，然后按照 H.221 标准进行复接及向前纠错，符合 H.221 帧结构的压缩数据流经 TDM 总线送至网络接口板 VC-9820。与此同时，由网络接口板经 TDM 总线接收到的 H.221 帧结构压缩数据流在 VCP 内部进行分接、解压缩，视频数据经 VIDEO OUT 送至底板显示，音频数据送往音箱输出。

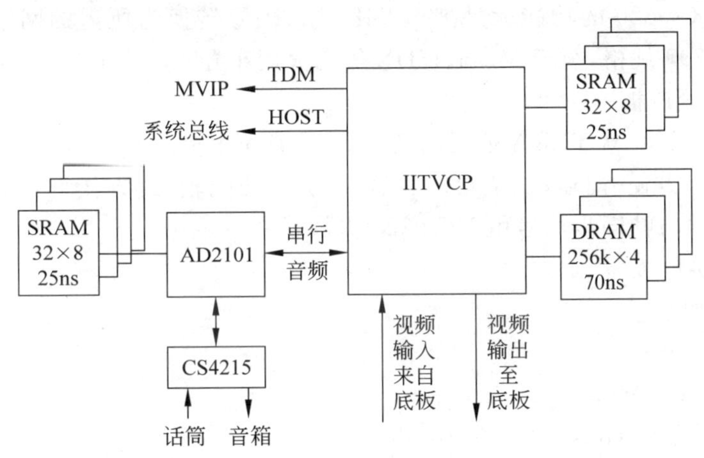

图 7.12 VC-9810 系统简图

VC-9810 主要分为几个部分：

(1) DRAM 缓冲区

DRAM 用于存储未压缩图像、参考帧以及中间数据。DRAM 按 YC_rC_b 格式组织数据，编解码进行时，解码后图像、编码所需的参考帧及中间处理结果也存储在 DRAM 中。

DRAM 分为 2 个体，所有控制信号来自 VCP。DCASO＃用来区分高低两个体，每个体由两片 256K×16DRAM 组成，数据带宽 32 位。

(2) SRAM 缓冲区

SRAM 速度快，无需刷新，因而用于存储 RISC 代码，堆栈及数据，同时作为 TDM、声音、主机及 H.221 的内部缓冲区。SRAM 同样由 VCP 控制，VCP 与 SRAM 数据带宽为 32 位，因此设计中把 4 片 128K×8 组合使用。VCP 一次可读取 32bit、16bit 或 8bit 数据，访问模式由 LCE[3...0]控制。

(3) 声音部分

音频编码器由 AD2101 及 CS4215 来实现。其中 CS4215 是一个串行控制的 A/D/A 转换器,AD2101 是定点运算通用 DSP 芯片。

整个音频编解码电路由 AD2101、CS4215、3 片 32KB SRAM,1 片 256KB EPROM 及时钟发生器和外围芯片组成。音频编解码电路与 VCP 相对独立,VCP 芯片不进行音频编解码,只进行 H. 221 的分复接,所有音频数据的 A/D、D/A 转换,音频编解码均由本部分电路完成。

(4) TDM 总线接口部分

VCP 芯片经过 TDM 总线接口与网络接口板相连,TDM 是一时分复用总线。

(5) VCP 功能

RISCIIT 微处理器是 VCP 的核心部件和总控单元,VCP 芯片内部的时序及数据流向均由 RISCIIT 管理,片内的 SRAM,DRAM 总线分别传送压缩及末压缩数据,片内数据传递全部采用 DMA,十路 DMA 传送的控制与配合由 RISCIIT 运行相应程序进行管理,至于缓冲区控制策略、外部接口控制、寄存器变量访问、主机交互等功能均由 RISCIIT 实现。

3) VC9820 接口卡

简而言之,VC-9820 的功能就是把 MVIP 接口信号转换为所需的网络接口信号,目前包括 RS-449、G. 703 规格,至于 V. 35、ISDN 等均大同小异。

(1) RS-449 接口板

实际设计中,采用 ALTERA 公司的 FPGA 可编程逻辑芯片进行设计,这样做,一是在设计和布线上较为方便、简洁;二是软件的模拟、仿真功能较强,方便设计和检查。设计中,MVIP 接口的时钟与帧同步信号由 VC-9820 提供。

(2) G. 703 接口板

其技术指标如下。

线路编码:HDB3。

线路速率:2. 048Mbps。

数据传输速率:64kbps~2. 048Mbps。

校验格式:CRC-4。

传输方式:全双工通信。

线路接口:G. 703(E1)75Ω 非平衡/120Ω 平衡;可软件设置 G. 704 帧结构接口;支持帧同步和复帧同步结构。

数据接口:MVIP、PC 总线。

应用领域:实时图像传输系统(MPEG、JPEG);320 视像会议系统;高速数据处理系统。

功能特性:VC-9820 卡上的 G. 703(E1)线路接口与计算机外部的各种高速数据传输设备上的 G. 703(E1)线路接口连接,可将计算机系统内的图像、声音、文件数据以 2Mbps 或 P×64kbps 的传输速率,通过与高速数据传输设备连接的光纤或同轴电缆等高速通信线路进行传输。

2. 综合业务多媒体终端的软件

VC-1000A 驱动程序软件运行平台为 Windows 3. 1 以上的环境,采用分层式,结构化的设计思想,用 V C++ 语言编程实现。主要有下述几个模块:

- 视频信号编解码模块；
- 视频开窗显示控制模块；
- 视频信号数字化处理控制模块；
- 声音压缩编解码模块；
- DSP 2101/2107 Boot 代码模块；
- DSP↔VCP 通信协议实现模块；
- VCP 图像通信微代码模块；
- Windows 总控模块。

它们可以分成两类：一类是以 IIT VCP 芯片为核心的视频音频压缩编解码及符合 H.320 系列标准的其他软件模块；另一类是视频信号数字化、处理及编辑驱动软件模块。

IIT VCP 芯片是 VC-9810 编解码卡的主要芯片，它采用微码结构，通过内存变量的读写、流输入和输出、告警、监控和执行程序等方式对 VCP 芯片进行初始化，控制执行 H.320 的编解码及其他标准模块。

全局变量既可以通过主机访问，也可以通过 VCP Risc 访问，主机正是通过设置和监控这些变量来控制 H.320 的进程。内存变量的读写过程是访问这些变量的方式，这些变量不仅包括字节、字和双字，同时也可以使用指针和多重访问来访问数组和结构，但是有些变量是只读的，无法通过主机接口改变其数值。

利用流输入输出机制，VCP 芯片的软件编程接口支持连续流或存储文件的操作。无论主机还是 VCP 均可打开、读写这些流，在 VCP 和主机之间通过流操作传送用户数据。

主机可以通过内存读写得知 VCP 状态，同时，VCP 还可以利用告警机制通知主机异常事件。例如，如果解码器在 CIF 和 QCIF 格式切换过程中，接收到 PTYPE 标志，将向主机发出告警信号。

主机通过主机接口与 VCP 联系，它包括中断方式、DMA 方式以及寄存器操作方式。VCP 的驱动程序存放在 VCP 的 SRAM 中。

视频信号数字化、处理及编辑驱动模块是通过 VC-9800 卡实现的。它介于操作系统和硬件平台之间。为了易于维护和扩展，也采用层次结构。第一层与硬件平台有关而与操作系统无关，支持硬件的最基本操作，称为增强模式虚拟设备驱动，它支持中断和 DMA 操作，之上还有一个动态连接程序(.DLL)，使硬件在虚拟机条件下更好地发挥作用。第二层是结构层和执行层(Construct Layer and Executive Layer)。下面通过一个例子说明它们的功能，应用程序要完成一个对象在参考帧空间的定位，因此应用程序把直角坐标参数 x,y 传递给执行子层，执行子层判断参数的有效性后，将参数转化为线性地址，送到结构子层，它把与对象有关的数据收集整理，转化为寄存器值，传递给另一层，经过硬件执行，达到应用程序所要完成的任务。

程序流程图如图 7.13 所示。要建立一个数据流单元(Data Flower Unit，DFU)，首先要初始化所用的视频端口，建立视频设备上下文(Video Device Context，VDC)，一个 Windows 程序在写显示内存之前，必须先分配给设备上下文一个句柄，与此类似，在设置 CL-PX2070 数字视频处理器和 CL-PX2080 数字显示处理器时，应用程序也必须先分配 VDC，VDC 负责管理视频操作所需的所有数据流单元，它与一个显示窗口相对应；将数据流单元 DFU 加入到视频设备上下文 VDC，每一个 DFU 对应一个数据，在一个 VDC 中可以包含多个 DFU；设置参考帧(Reference Frame Unit，RFU)，这一步设置对象在参考帧中的位置，显示窗口在参考帧中的位置及对应屏幕的显示位置，另外还有关于对象和显示窗口的其他特性，如隔行/逐行显示，镜像显示等；设置流参数，流参数用来设置 DFU 使用的资源，包括视频端口、视频处理单元、是否使用 ALU 以及操作时间等；初始化 DFU 的项目控制参数，项目控制是指设置与输入输出有关的视频处理单元，描述视频信号尺寸、裁剪尺寸等；设置 ALU，如果应用程序需要设置 ALU，对视频数据进行算术逻辑运算，完成视频特技处理则应设置 ALU，否则直接进入下一步；启动实时视频，将视频数据显示在计算机屏幕上；实时改变显示参数，如果应用程序想对显示图像窗口的大小、位置及其他属性做修改，可以实时变动设定参数；最后停止实时视频，进入下一种操作。

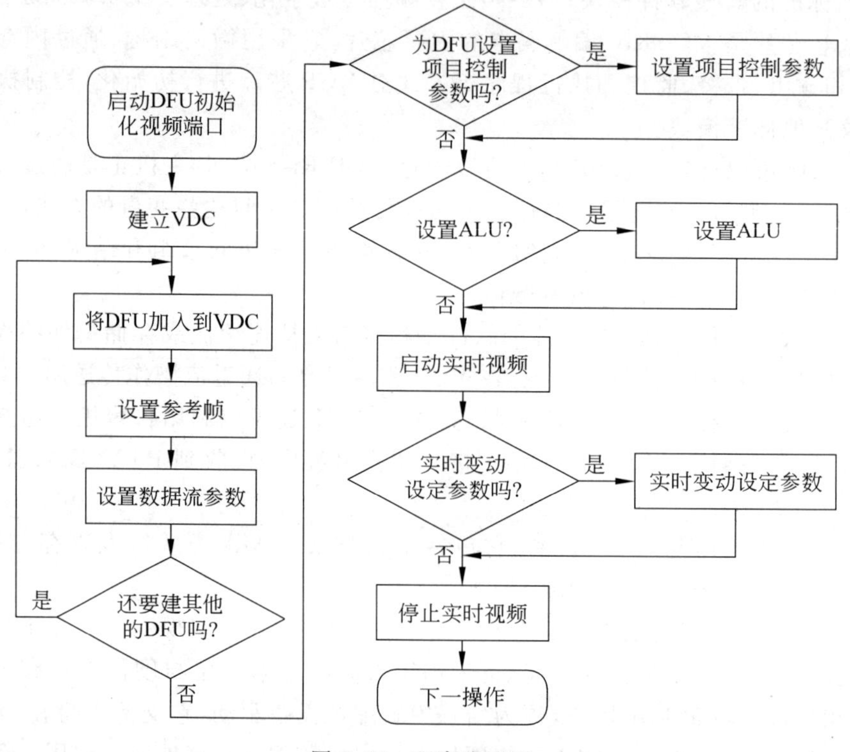

图 7.13　程序流程图

7.2.3　多点控制单元

传统的电话业务仅限于点对点的通信，为了支持位于不同地点的多个成员协同工作，有必要把多个地点连接起来。为此需要多点控制单元(MCU)，也可称为桥接设备，来提供这种功能。MCU 是视频会议系统中的关键设备，它的作用是对图像、语音、数据信号进行切换，而且是对数据流进行切换，并不像电话交换机对模拟信号进行切换。我们设计的工作速率为 64～2000kbps，每次会议工作在一个速率上，如果与它连接的终端速率不一致，它便自动地工作在几个终端的最低速率上，在同一次会议，所有终端都会选用同一速率。

MCU 对视频信号采用直接分配的方式，若某会场有发言者，则它的图像信号便会传递到 MCU，MCU 将其切换到它所连接的所有会场。对数据信号，MCU 采用广播方式将某一个会场的数据切换到其他的会场。对语音信号可以分两种情况：如只有一个会场发言，MCU 将其切换到其他所有会场；若同时有几个会场发言，MCU 将它们的音频信号进行混合处理，挑出电平最高的音频信号，然后切换到除该会场外的所有其他会场。

目前 MCU 产品，一个 MCU 最多可连接 12 个会议终端（或别的 MCU）。ITU-T H.320 系列建议的 H.231 和 H.243 分别描述了 2Mbps 以下数字信道的视听系统 MCU 的结构组成及利用 MCU 在 2Mbps 信道上对多个视听终端建立通信的方法。

1. MCU 的结构原理

MCU 的结构原理如图 7.14 所示。

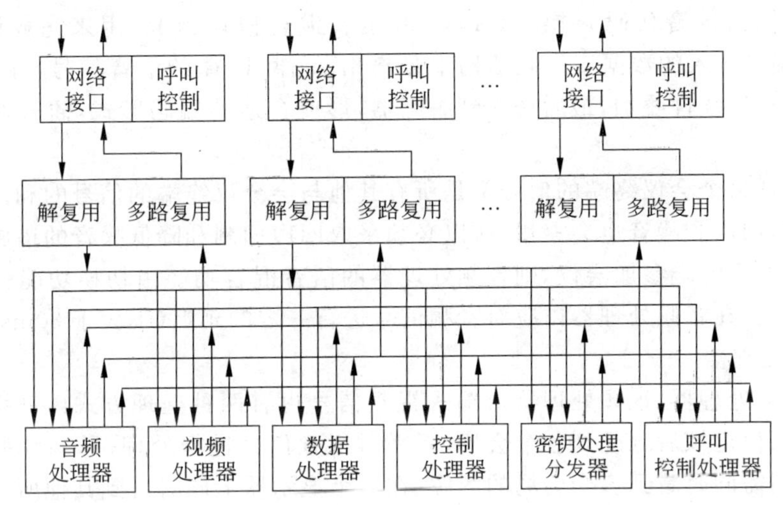

图 7.14 MCU 结构原理图

MCU 的每个端口都连接着一个与呼叫控制相连的网络接口单元，在网络接口单元的 MCU 这一边，数据流包含在按 H.221 建议列出的传输率传输的一个或多个双向通道内。引入数据流进入解复用器内，解复用器将引入数据流分解成视频、音频、数据和控制等几种类型的信息并分别把它们传递到相应的处理器内。多路复用器则将各个处理器送出的数据流组合成一个引出数据流以供传输给会议终端。

（1）网络接口单元

网络接口单元分输入、输出方向，该单元校正输入数据流中由 H.221 建议定义的 FAS 信号和输出由 H.221、H.230 定义的输出码，并按本系统的时钟定位输入的数据流。在接口模块的输出方向插入所需的 BAS 码和相关信令，形成信道帧，以便输出到数字信道。一网络接口单元可支持多个逻辑端口。

（2）端口

端口是一个可支持一个语音或视听终端的逻辑实体，它只与一对多路复用器/解复用器相连。

（3）解复用器

进入解复用器的信号是会议终端传送的完全符合 H.221 建议的数据流。解复用器的动作与会议终端接收方的动作类似，包括：

• 帧恢复和帧定界；

• 缓冲、同步及相关多个通道的定序；
• BAS的分解并把其中相应的某些信息送往控制处理器；
• 加密码的分解及解密；
• 分解音频信息并送往音频处理器；
• 分解视频信息并送往视频处理器；
• 分解数据信息并送往数据处理器。

模式控制BAS码及相关的音频、视频和数据信息之间必须保持正确的时序关系。

(4) 音频处理器

音频处理器由语音代码转换器(ATC)和语音混合模块组成，用来完成语音的处理。ATC从各个端口输入的数据流的帧结构中分离出A律、U律的语音信号，并进行译码，然后送入混合器进行线性叠加，最后送入到编码器，形成合适的编码形式，插入到输出的数据流中。

混合器送往每个会议终端的信号都是所有其他与会会议终端的信号的和。随着音频信号个数的增加，回声和噪音也会累积，所以必须采取回声抑制和降低噪音的措施。

如果只有两个终端参加会议，则音频处理器的语音混合功能由切换功能代替。考虑到视频信号的时延，在音频处理器内应对音频信号进行一定的延迟(不大于30ms)。

(5) 视频处理器

类似于音频处理器，视频处理器对输入视频信号也有两种处理方式：一种是进行视频切换，以便插入信道帧后分配到各个会场，无需对视频信号进行处理；另一种是进行视频混合，当一个会场需同时看到多个会场的图像(在一个显示器上同时看到其他所有会场的图像或分屏显示)时，MCU可对多路视频信号进行混合处理。这种混合是对多个图像以分屏形式空分复用一个组合图像。

目前的MCU产品只实现了视频切换的功能。

(6) 数据处理器

数据处理器为可选单元，包括H.243建议的数据广播功能，以及按照H.200/A270系列建议的多层协议MLP，完成非话信息的处理。

在数据广播功能下，任一时刻只能接收一路LSD(低速数据)和/或一路HSD(高速数据)，广播给由控制处理器按照接收这种数据的能力决定的相连终端。

在MLP数据处理功能下，数据处理器可执行以下的功能：

• 处理远端信息；
• 传输会议控制信号(请求/确认信号，主席控制令牌，音频/视频切换)。

(7) 控制处理器

控制处理器负责确定正确路由、混合/切换以及传递给每个多路复用器的音频、视频、数据及控制信号的格式和时序关系，同时具有会议控制功能。

(8) 多路复用器

多路复用器把从音频处理器、视频处理器、数据处理器和控制处理器送来的数据流组帧并插入BAS码值。

总之，MCU将各会议终端送来的信号进行分离，抽取出音频、视频、数据和信令信号，分别送到相应的处理单元，进行音频混合或切换、视频切换、数据广播和确定路由选择、定时和处理会议控制等，处理后的信号由复用器按 H.221 格式组帧，然后送往相应的端口输出。

MCU 与终端 MCU 之间的连接方式有星型、哑铃型、MCU 星型及分层结构等。

2. MCU 控制下的多点会议建立过程

1）多点会议通信过程的建立

（1）单 MCU 控制下通信过程的建立

在会议终端数目有限，业务量不大时，可由单个 MCU 控制整个会议。会议开始时，多个会议呼叫是逐次进行的，因此在建立呼叫的初始阶段，各个终端是按顺序加入会议的。

第 1 个加入会议的终端 Ta 向 MCU 发送"通信帧结构信号"，并接收 MCU 发来的 OF 模式的帧结构信号、SCM-cap（所选通信模式-能力）信号。OF 模式是指带有 SC（FAS、BAS）子信道的一个 64kbps 时隙，其中的 56kbps 为具有 G.711 建议的 A 律语音信号；SCM 为 MCU 所具有的"所选的通信模式"，意即对每一种传输速率有不同的视频、语音、数据信号速率的组合模式。在 H.243 中列举了不同通信模式的例子，例如在 128kbps 传输速率下，有多个视频、语音信号的速率的组合模式。一种为 16kbps 速率的语音信号、1.6kbps 的控制信号（FAS、BAS）和 110.4kbps 速率的图像信号，三者加起来的总传输速率为 128kbps，这是一种通信模式；也可以是由 48kbps 速率的 G.711 语音信号、1.6kbps 速率的控制信号、78.4kbps 速率的图像信号组成的另一种 128kbps 传输速率的通信模式。对每一种传输速率都有若干种通信模式。对于常用的几种传输速率（64kbps、128 kbps、384kbps、1.5Mbps、2.048Mbps）而言，MCU 都配置了它们的通信模式。若某次会议使用一种传输速率，MCU 工作过程为：

- MCU 发送该速率的 SCM-cap 标记给终端，以便根据终端现时的能力（性能）自动选择合适的通信模式。
- MCU 发送"OF 模式"信号，以便使终端从 FAS（Fast Access Stovage）信号中提取 8bit 组定位信号。
- 在发送上述能力标记后，MCU 又给终端发送 MCC 信令（多点会议命令），终端接收后调节输出传输速率，使它等于输入传输速率。
- 继 MCC 信令后，MCU 再发送 MIZ（多点零通信指示），意思是告诉该终端，此时没有其他终端加入会议，并指出会议呼叫已建立。
- MCU 搜索已连接的端口的输入帧定位，在建立帧和复帧定位之后，存储第一个会议终端的能力（性能），并指定它为 Ta，Ta 则处于等待状态。

第 2 个终端 Tb 加入会议的过程：MCU 向第二个终端传送它的 SCM 能力集和 MCC，指出会议呼叫已建立。MCU 搜索这个连接上的端口上所输入信号的帧和复帧定位，并存储第 2 个终端 Tb 的能力，当 Ta 和 Tb 都已完成和 MCU 之间的以上动作后，MCU 向 Ta 发送 Cancel-MIZ（取消 MIZ）信令，Ta 和 Tb 便可通过 MCU 进行正常的通信。注意 MCU 在切换视频时，应向发送视频的终端传送 VCU（快速刷新请求）。

第 3 个终端 Tc 加入会议的过程：MCU 向第 3 个终端传送它的 SCM 能力集和 MCC，指出会议呼叫已经建立，MCU 搜索与第 3 个终端相连接的端口上输入信号帧和复帧定位，存储 Tc 的终端能力后，Tc 便可以加入会议。MCU 在把某个终端（Ta 或 Tb）的视频切换给 Tc 时，要发送 VCU 给 Ta 或 Tb。同样，当把 Tc 的视频切换给其他终端时，MCU 要向 Tc 发送 VCU 信令。

第 4 个终端及以后的终端加入会议的过程与第 3 个终端加入会议的过程一样。

由于单个 MCU 所连的会议终端不多，所以这种情况下多点会议电视系统的会议控制方式（切换方式）适合采用语音控制、强制显像控制模式。

（2）多 MCU 之间的互联

① 初始化过程

两个及以上的 MCU 互联时，执行下列过程：

MCU 之间的每个初始化通道建立后，每个 MCU 像对一个会议终端那样在通道上发送能力集，然后是 MCU 命令。各 MCU 通过从另一个 MCU 收到的 MCC 的值识别到那个 MCU 的存在。

② 主 MCU 的指定

多个 MCU 相连时，为了统一控制，避免冲突，需要有一个 MCU 被指定为主 MCU 执行下面的过程一。在 3 个或多于 3 个的 MCU 采用星型连接时，一般主 MCU 应为位于星型中心的 MCU，因此应在呼叫之前被指定好。但对于哑铃型连接（只有两个 MCU），则应由其中一个 MCU 执行下面的过程二。

过程一（呼叫前指定主 MCU）：在这个主 MCU 与另外的 MCU 相连时（通过收到的 MCC 信令识别出来），它发送 MIM（多点指示主 MCU 信令），而忽略可能接收到的作为过程二的结果的任何其他 MIM 信令。

过程二（呼叫前未指定主 MCU）：若一个 MCU 从它的一个端口接收到 MCC 信令但并未从该端口接收到 MIM 信令时，则执行内容决定过程（即若两个相连的 MCU 同时发送了相互冲突的命令时，则各 MCU 先不对收到的信令作出反应，而是发送一个随机 SBE 数，收到的数比自己发送的数大的 MCU 维持原发送的信令，而另一个 MCU 必须对它收到的 MCU 作出反应，若两随机数相同，则再各发送一个 SBE 随机数，直到不同为止），如果结果是此 MCU 发送的随机数比收到的小，则此 MCU 即自认为是主 MCU 并向其他 MCU 发送 MIM 信令。

3 个及以上的 MCU 相连时，主 MCU 的自动指定尚有待进一步研究。

（3）会议结束

如果会议终端依次退出，直到只剩下一个终端时，则 MCU 向该终端发送 MIZ 信令，声明会议结束。

2）视频切换

视频切换有两种过程：在某些 MCU 中，视频信号不经过任何处理，只是执行切换功能；而另一些 MCU 中，视频信号在被切换之前经过了处理，以保证在输入信号的校错成帧时无不连续情况。

3）数据广播过程

在多点多媒体会议系统中，除了视频和音频外，还有其他数据媒体，如传真、计算机文件等，在会议过程中可以分发文件、传真等。这种数据分发由数据令牌方式控制。持有令牌的终端有权向所有其他终端广播它的数据。以下讨论 LSD（低速数据）令牌的管理。对于 HSD（高速数据）可以采用几乎相同的过程。

（1）令牌的分配

欲传送 LSD 的终端要先去索取 LSD 令牌。该终端用 TD 表示。TD 向 MCU 发送

{DCA-L,(B)}LSD 令牌的分配，其中(B)是要求的数据传输速率，如果未得到 MCU 的回答，TD 可以过适当时间后再次请求。

一旦 MCU 从 TD 接收了{DCA-L,(B)}，MCU 动作如下：

- 如果它已分配了令牌给另外的终端，或者已经接收了另一个请求，或者处在数据信道关闭、模式转换处理期间，或者请求的数据率不是当前公有的能力集中的一个数据率，或者 MCU 处于资源耗尽状态，则 MCU 应答 DCR-L，拒绝这一请求。
- 如果它既未分配令牌，又未接收其他的请求，又无拒绝条件发生，则 MCU 完成所需要的动态模式转换，动态模式转换完成之后，MCU 发送 DIT-L 给 TD，此时 TD 可以开始发送数据。

(2) 令牌的释放和重新分配

TD 完成了数据分发之后，通过发送 DIS-L 或 DCC-L 释放令牌，MCU 接收到 DIS-L 或 DCC-L 后，发送 DCR-L 给 TD，并发送 DCC-L 去关闭所有其他终端与这个 LSD 有关的数据信道，然后这个 LSD 令牌可以重新分配。

(3) 令牌的回收

主席控制终端可以向 MCU 传送 DCR-L 回收令牌，MCU 接收后再向其他终端广播 DCR-L，强行回收数据令牌。然后 MCU 关闭 LSD 信道。必要时(如为了解除某种错误) MCU 可以自选回收令牌。

终端在持有令牌期间接收了 DCR-L，必须停止在 LSD 信道上的数据传送，然后它必须传送 DIS-L 或 DCC-L 给 MCU。

4) MCU 控制模式

在多点会议电视系统进行会议控制时，可采用语音控制、强制显像控制、主席控制等三种方式。

(1) 语音控制模式

语音控制模式为全自动工作模式。

在一个多点会议进行的过程中，当同时有多个会场要求发言时，MCU 从这些会场终端送来的数据流中提取出音频信号，在语音处理器中进行电平比较，选出电平最高的音频信号，将最响亮的语音发言人的图像与语音信号广播到其他的会场，为了避免不必要的干扰引起的切换，MCU 的切换过程应有一定的时延。切换前的发言时间应为 1～3 秒。

为避免咳嗽、关门声等其他干扰造成的误切换，两次切换之间的时间间隔应为 1～5 秒。

(2) 强制显像控制模式

强制显像控制模式又称为演讲人控制模式。

当召开一次多点会议时，要发言的人(或称演讲人)通过编解码器向 MCU 请求发言。此时如按桌上的按钮，或触摸控制盘上相应的键，编解码器便给 MCU 一个请求信号 MCV (多点强制显像命令)，若 MCU 认可便将它的图像、语音信号播放到所有与 MCU 相连接的会场终端，同时 MCU 给发言人一个已“播放”的指示 MIV(多点显像指示)，使发言人知道它的图像、语音信号已被其他参加会议的会场收到。当发言人讲话完毕时，MCU 将自动恢复到语音控制模式。

需要说明，上述两种控制模式仅适用于参加会议的会场不多的情况。尤其是在语音控制模式下，比较的语音路数越多，则背景噪声越大，MCU 的语音处理器已很难选出最高电平的语音信号。为可靠起见,以一个 MCU 控制十几个会场终端数目为限,再多会场数目不适于采用语音控制。

(3) 主席控制模式

主席控制模式符合 H.243 建议。在这种控制模式下,会议主席行使会议的控制权,他掌握行使主席权力的令牌,该令牌为主 MCU 所承认。主席可点名某分会场发言,并与它对话,其他分会场接收他们的图像和语音信号。分会场发言需向主席申请。若主 MCU 收回令牌,则原主席将失去会议主席的权力;他在的会场也就不再是主会场。

3. 视频会议系统的控制

T.124 建议(通用会议控制)草案提供了会议管理和对声像与视听终端及 MCU 进行控制的高层框架。该建议与 T.122(用于声像会议和视听会议的多点通信服务 MCS)、T.125(用于声像会议和视听会议的多点通信服务规程)及 T.123(用于声像会议和视听会议应用的网路特定传输规程)一起建立和管理会议控制的机制。

T.124 建议包括下列通用会议控制(General Conference Control,GCC)功能组件:会议建立与结束,管理会议名表,管理应用名表,应用登记服务及会议指挥等。限于篇幅,这里只介绍会议建立与结束部分。

为便于说明,先介绍会议控制的几个关键概念。

(1) 会议轮廓(Conference Profile):由 GCC 提供者维护的一个数据库,由与会议整体相关的信息如会议名、口令等组成。

(2) 会议名表(Conference Roster):由 GCC 提供者维护的一个数据库,由组成会议的各结点的相关信息的一个列表组成。

(3) 指挥者(Conductor):指挥者是会议内的一个结点,它可控制该会议某些方面的情况(如对会议参加者的控制及对会议结束的控制等)。一个会议可有一个指挥者,或者没有。一个结点通过获取指挥者令牌或通过请求或接收现任指挥者的指挥权成为指挥者。

(4) 结点及结点控制器(Node,Node Controller):结点是一个会议终端或 MCU。一个结点可以同时是一个会议终端及 MCU。

结点控制器是控制一个结点的功能实体。

(5) GCC 提供者(GCC Provider):对一个会议终端或 MCU 上的结点控制器或应用协议实体提供服务的机构。

(6) 顶层 GCC 提供者(Top GCC Provider):与顶层 MCS 提供者同驻于一个结点的 GCC 提供者。顶层 GCC 提供者对同一会议内的其他 GCC 提供者无任何需求。

1) 会议轮廓

所有会议都有下列属性,这些属性在会议创建时定义并在整个会议举行期间保持不变,每个结点参加会议时,这些属性都被传递给它。把这些属性称为会议的轮廓。

- 会议名,一个数字字符串及一个可选的文本字符串,标识一个会议。
- 会议描述符,描述一个会议的一个可选的文本字符串。
- 口令保护或无口令保护。
- 可列表的或不可列表的,决定本会议是否列入查询会议时提供的会议列表。
- 可指挥的或不可指挥的,决定本会议可以置为指挥模式还是始终不可指挥。
- 结束方式,决定本会议是只要明确结束(手工结束)时就结束,还是直到所有参加者离开时自动结束。

- 特权列表，一些列表的组合，指示正常情况下只有会议召集者才能拥有的特权中，哪些可被指挥者享有，哪些可被指挥模式下的任一结点享有，哪些可被无指挥模式下的任一结点所享有。

2）会议建立过程举例

会议可在不同条件下通过不同的方式建立。最简单的会议是点对点会议，在这种情况下，呼叫过程不涉及 MCU。在会议通过一个或多个 MCU 建立的情况下，典型的呼叫方式是相遇方式，此时会议的所有参加者都向一个 MCU 拨号呼叫；或呼叫输出方式，此时由 MCU 向所有与会者拨号呼叫；或呼叫通过方式（Call-through Style），此时由会议召集者（终端）呼叫 MCU，然后再由 MCU 呼叫其他与会者。

（1）相遇会议的建立

在一个相遇会议中，会议在一个 MCU 上建立的，终端结点（如果需要，还有其他 MCU）向该 MCU 呼叫并参加会议。如果其他 MCU 已参加本会议，终端结点可以呼叫这些 MCU 中的一个已参加会议。

相遇会议的初始创建可在带外完成（例如由 MCU 本身创立），或由第一个呼叫 MCU 的结点创建。在前一种情况下，GCC 不参与创建。在后一种情况下，会议由召集结点在召集结点与该 MCU 之间的连接上发送会议创建请求原语在该 MCU 上创建。不论是哪一种情况，会议创建时所处的结点都成为顶层 GCC 提供者，而召集结点本身（前者为该 MCU，后者为发送创建请求原语的结点）则成为会议召集者，具有特殊的地位。

当使用会议创建请求原语远程创建一个会议时，在请求原语中固定了一个会议名。若该会议名在该 MCU 上已被其他会议使用，则该 MCU 的结点控制器使用一个会议名修改符保证该 MCU 上会议名的唯一性。其他结点若欲参加此会议时，在参加请求原语中必须提供这个会议名修改符。

远程创建一个会议时，创建请求原语也可包括一个可选的召集者标识符。这个标识符只在召集者想与会议断连且想以后重新参加并仍想继续拥有召集者特权时才有用。

欲参加一个会议的结点将在该结点与任一参加该会议的 MCU 之间的连接上发送会议参加请求原语。典型情况下，结点不必预先知道想参加的会议的名字。这时，在参加会议前，结点可查询 MCU 以获得可参加的会议的列表。这是由发送会议查询请求原语完成的。得到的回答是一个会议查询确认原语，该原语表明了该终端所连的结点的类型（即 MCU），并提供一个该 MCU 现在参加的所有可列出会议的列表。这个列表包括每个会议的会议名，如果需要还有会议名修改符，以及会议的其他特性如会议是否是口令保护的。一旦选择了会议名，即可通过发送一个规定了该会议的会议名（如果需要还有会议名修改符）的会议参加请求原语参加该会议。如果会议需要口令，参加请求原语中也需要包含正确的口令。

在会议名通过带外被通知给结点时，结点可通过在会议参加请求原语中提供会议名直接申请参加会议，而无需先查询可参加的会议。若结点参加会议时需与多个相对独立的 MCU 相连时，由于命名冲突某些 MCU 可能需要会议名修改符，由于不使用会议查询原语时获取会议名修改符可能很困难，故建议在有命名冲突的可能性时，参加一个相遇会议前先使用会议查询原语，并建议在创建一个相遇会议时规定一个会议描述符，这样，具有相同会议名的多个会议更可能通过拥有不同的会议描述符而区分开。但一般情况下，在创建一个相遇会议时，最好选择一个对所有 MCU 都具有唯一性的会议名，而无需使用会议修改符。

(2) 呼叫输出会议的建立

在呼叫输出会议的建立过程中，由 MCU 创建一个会议，并由该 MCU 呼叫及邀请与会者参加会议。典型情况下，会议创建时规定了锁定特性，并可能规定为不可列出的。

然后，召集者 MCU 将通过依次邀请每个结点参加会议来与各终端建立物理连接。这是由向被邀请结点发送会议邀请请求原语完成的。由于会议是由该 MCU 创建的，该 MCU 就成为该呼叫输出会议的顶层 GCC 提供者。

(3) 呼叫通过会议的建立

除了会议由一个启动终端启动创建外，呼叫通过会议的建立与呼叫输出会议的建立情况是相似的。在这种情况下，启动终端向 MCU 发起连接并使用会议创建请求原语创建会议。像呼叫输出会议一样，典型情况下，呼叫通过会议也是锁定的和不可列出的。呼叫通过会议创建时一般规定为自动结束，即在所有结点断连时会议将自动结束。典型情况下，呼叫通过会议规定一个空会议名，因为不需要别的结点明确地参加会议。如果在召集结点(MCU)上已有一个具有空会议名的会议存在，则结点控制器只简单地选择一个随机名作为新会议的会议名。

(4) 点对点会议的建立

点对点会议与以上讨论的几种会议有明显不同，因为它只涉及两个终端结点，而不需要 MCU。会议建立前，呼叫终端先向被呼叫终端发送会议查询请求原语，以获悉对方是终端还是 MCU。在点对点呼叫的情况下，响应查询请求原语的会议查询确认原语表明了对方是否为一个会议终端(或会议终端/MCU 的混合结点)。一旦知道对方是终端，呼叫终端即通过发送会议创建请求原语创建一个新的会议。典型情况下，该会议将被规定为空会议名、锁定的、不可列出的、自动结束的。

7.2.4 视频会议系统的服务质量及资源管理

视频会议系统是一种分布式多媒体信息管理系统，或称分布式多媒体通信系统。它不仅仅要求能够快速传送视频、音频和数据，而且要求要能满足一定的服务质量(Quality of Service，QoS)，如视频和音频连续媒体，必须保证在明确规定的时间内无差错地传送给用户，以便在终端系统播放具备良好的质量。为了获得服务质量保证，在业务执行过程中，需要对计算机、网络、MCU 及终端的各种资源进行控制和管理。

视频会议系统需要：

① 高数据吞吐量。视频会议系统中的视频和视频数据的特性需要高的数据吞吐量，即使经过压缩，一个视频数据流也需要 64～2000kbps 的数据吞吐率；

② 实时性。视频会议系统的终端同时要播放视频、音频和数据信息，这些信息之间存在较严格的时间要求，因此需要为无差错传送提供时间保证；

③ 服务质量保证。用户使用视频会议业务总是和其他业务进行对比，如果不能提供一定的服务质量保证，用户就会选择其他种类的业务，如无线电、电话等。

上述三种需求都表明需要时间、空间和频率资源管理系统，以满足视频会议系统对服务质量的要求。为此，在这一节中将进一步讲述：视频会议系统的服务质量，视频会议系统资源的静态管理，资源的动态管理以及视频会议系统的安全保密问题。

1. 视频会议系统的服务质量

视频会议系统的需求多样化，多媒体业务的多样化，为使这些需求和业务能够定量化的描述，往往采用参数化方法，这样不必每个应用都实行一套新的系统服务集。为使服务参数化，国际标准化组织采用服务质量 QoS 实现参数化，到 20 世纪 80 年代末，人们开始从不同角度深入研究 QoS，主要集中在 QoS 管理、QoS 标准、QoS 主客观的统一等问题。所谓 QoS 管理，是指计算机和网络系统采用一定的方法，满足用户应用的服务请求，并保证 QoS 的过程。在这一过程中计算机和网络系统将用户应用的服务请求映射成一些预先定义的 QoS 参数，进而与系统和网络的资源对应起来，通过资源的分配和调度，满足用户的应用需求，这一过程叫 QoS 协商。QoS 协商有时可能不成功，原因是系统和网络无法完全满足带宽、延迟和正确率的要求，这时通常又要进行 QoS 的重协商，以确定是否允许降低 QoS。

国际标准化组织 ISO 所制定的著名的七层标准计算机通信协议 OSI-RM 中，定义了一些数据通信应用的，局限于会议层和传输层的静态参数。OSI-RM 中将 QoS 参数分成面向功能的 QoS 参数和非面向功能的 QoS 参数两类，如表 7.4 及表 7.5 所示。ISO 定义的这些 QoS 参数，在实际操作中只允许用户应用将高层的 QoS 参数简单不变地映射到低层。而且，为传输层定义的 QoS 参数都是局限于会话的各个阶段的。

表 7.4　OSI 面向功能的 QoS 参数

参　数	意　　义
通量	单位时间内在一个连接上传递的最大字节数
传输延迟	从数据传输请求开始到数据传输完成确认为止的时间间隔
出错率	数据单元错传、丢失或重传的概率
建立连接延迟	从请求建立连接开始到建立连接确认为止的时间间隔
连接失败率	建立连接失败的概率
传输失败率	传输失败的概率
重置率	在给定的时间内服务提供者释放连接或重置连接的概率
释放延迟	从释放请求开始到释放请求确认为止的时间间隔

表 7.5　OSI 非面向功能的 QoS 参数

参　数	意　　义
访问权限	防止非法用户访问
优先级	包括传输优先级和使用优先级
成本	信息传输时所消耗的资源或资金

在用户层，一个网络多媒体系统可能包含 3 个抽象层：应用层、系统层（通信和操作系统）和设备层（网络和多媒体终端设备），这 3 层都需要考虑 QoS 参数。

应用层 QoS 参数描述了应用业务的需求，通常用媒体质量和媒体关系来说明，媒体质量包括源和接收设备的特性，如端对端的延时；媒体关系说明了媒体之间的关系，如媒体之间的同步关系，媒体转换流间和流内之间的关系。

系统层 QoS 参数描述了从应用层 QoS 得到的关于通信和操作系统的需求，这些参数以定量和定性的形式给出，定量的标准有每秒比特数、允许误差率、任务处理时间和数据单元大小等；质量判别准则说明期望的业务，如流间同步、按次序的数据传递、错误恢复机制和调度机制等。

网络层 QoS 参数可以用网络负荷及网络特性来说明，网络负荷指正在进行的服务的需求，如相继到达时间；网络特性如延时、带宽和抖动(多个包之间延时的变化)。网络服务依赖于网络业务量模型(连续请求的个数)和业务参数如峰值数据传输率或突发长度等。

设备 QoS 参数，如媒体的数据传输率等。如果没有明确指明 QoS 参数，则采用最佳服务。下面给出有关多媒体服务通用的 QoS 参数，如表 7.6 所示。

表 7.6 多媒体服务 QoS 参数

媒体类型	业务质量参数	范　围	质量特性
音频应用层 QoS	样本大小	8bit	电话语音质量
	采样率	8kHz	中间延时 125μs
	样本大小	16bit	CD 音频
	采样率	44.1kHz	中间延时 22.7μs
	回放点	大约从 100 到 150ms	取决于网络延时
音频网络层 QoS	端对端延时	0～150ms	绝大多数可接受
		150～400ms	可能会影响一些应用程序
		400ms 以上	不可接受
	环绕延时	直至 800ms	谈话情形可接受
	包丢失	$\leqslant 10^{-2}$	电话质量
		16kbps	电话语音
		32kbps	音频会议语音
		64kbps	接近 CD 音频
		128kbps	CD 质量音频
视频应用层 QoS	帧率	30fps	NTSC 制式
		25fps	PAL 制式
		60fps	HDTV 格式
	帧宽度	≤720	MPEG 编码后的视频信号
	帧高度	≤576	垂直大小
	颜色精度	每像素 8bit	256 色的灰度精度
		每像素 16bit	6536 种可能的颜色
	像素纵横比	4:3	NTSC 和 PAL 电视制式
		16:9	HDTV 格式
	压缩比	2:1	HDTV 无损压缩
		50:1	HDTV 有损压缩
视频系统层 QoS	解码器缓冲	≤376 832bit	与 MPEG 相关的参数

续表

媒体类型	业务质量参数	范 围	质量特性
视频网络层 QoS	带宽	≤1.86Mbps	MPEG 编码的视频
		64kbps～2Mbps	H.261 编码的视频
		1544kbps～2Mbps	H.120
		140Mbps	TV、PCM 编码
		超过 1Gbps	HDTV 未压缩质量
		500Mbps 左右	HDTV 无损压缩
		20Mbps	HDTV 有损压缩
	比特误码率	$\leqslant 10^{-6}$	长期比特误码率
	包丢失	$\leqslant 10^{-2}$	未压缩视频
		$\leqslant 10^{-11}$	压缩视频
	端对端延时	≈250 ms	
音频/视频	同步误差	±80ms	唇同步
音频/图像	同步误差	±5ms	带有注解的音乐
数据网络层 QoS	带宽	0.2～10Mbps	文件传输
	端对端延时	≈1 秒	
	包丢失	10^{-11}	

下面简单介绍一下 QoS 的管理和控制。

(1) QoS 的分层、分维和分类

早期 QoS 概念是笼统定义的，没有考虑应用和网络的分层，不能很好地描述用户 QoS 的请求，开放系统互连(Open System Interconnection，OSI)虽然按层次描述 QoS，但由于制定各层标准的工作小组是单独工作的，所以各层 QoS 之间没有明确统一的定义。CCITT 的 QoS 只局限在传输层上。最近有人把 QoS 划分为 4 层：应用层、综合层、传输子系统和网络层。每一层又划分成许多维，维用来描述系统行为的某一方面的特征，如吞吐量、延迟、误差率、同步和多模式，如果说层在服务质量体系中是上下纵向的，那么维就是左右横向的，类则是横向一些维的集合，类作为 QoS 管理的逻辑单元。

(2) QoS 参数的定义和映射(Specification and Mapping)

QoS 参数指的是能够为系统解释，用户需要的 QoS 的一些性能指标，QoS 参数的定义除了要包含相应指标的上下界限，还应包含达不到要求时系统的反应等。QoS 参数的定义在系统各个层次是不同的，但同一维所对应的不同层次的 QoS 参数含义是相关的。QoS 的映射是指系统自动将用户高层次 QoS 请求解释成较低层次的 QoS 参数，不必关心该 QoS 请求在较低层次是如何通过各种复杂方式表示的。

(3) QoS 的协商和准许控制

QoS 协商包括用户和系统之间的 QoS 协商和端到端的 QoS 协商。用户和系统之间的 QoS 协商过程如下：首先分析用户应用需求，将其分解为一些元素，使得每一个元素都可由一个独立的 QoS 参数表示，且这些参数合起来足以满足用户的 QoS 需求。然后把所得的参数组向下层进行映射，同时进行交换，以确定下层是否支持这些 QoS 要求。端到端的 QoS 协商分为前向和后向两个阶段，前向阶段由一端用户发起，将其 QoS 请求逐级向下层映射并作比较，如得到允许，就通过网络发给另一端的用户。在网络另一端，通过逆向映射，到达用户应用层。后向阶段，由网络另一端的应用根据其能力修改得到的 QoS 参数，然后再逐层向下协商，并通过网络传回发起端，这时所得到的 QoS 参数，就是两端用户最终通信的 QoS。

在 QoS 协商过程中，对于用户应用每一个新的需求，系统都要把其对应的 QoS 与系统当前的资源进行比较，并根据一定的策略确定该行为是否能够实施，这种比较过程和判断策略就是 QoS 准许控制的主要内容。

(4) 资源分配和调度

QoS 映射的最终的结果是将用户应用的 QoS 请求映射成系统可以控制的资源，这些资源包括计算机系统的 CPU、进程、线程、内存缓冲区、网络的带宽和路由等，系统通过分配和调度这些资源满足用户应用的 QoS 请求。合理地进行资源分配和调度是成功地进行 QoS 管理的关键，解决这个关键问题需要有效的资源分配和调度算法，如 Internet 中的资源预约算法(SRP)，基于公平队列和静态优先级的算法、分级带宽分配算法及广域网通道建立算法等。

(5) QoS 维护、监视和控制

QoS 的维护是指在网络负载不断变化的情况下，动态地管理资源，以确保 QoS 协商过程中所确定的 QoS 不受负载变化的影响。QoS 监视是指系统的每一层动态地监视下一层的行为是否保证了预期的 QoS。通常采用的维护方法是，采用反馈循环将实际所得到的 QoS 与预期的值作比较，通过调整系统资源来改善 QoS。在最上层的用户应用接口处，当系统检测到下层已无法保证用户的 QoS 要求时，通常应向用户报告 QoS 降级信息，让用户自行决定是适应还是终止，或者对该行为的 QoS 重新协商。QoS 控制是指在 QoS 监视基础上，对越界行为进行强制性处理。

(6) QoS 再协商

如果用户设置的初始 QoS 的要求得不到满足，用户修改 QoS 要求，需要重新协商称之再协商。在传输过程中，若用户对当前服务质量不满意，用户也可重新申请 QoS，这也称之为再协商。QoS 再协商所指的并不是某一个 QoS 元素的局部调整，而是指整个行为所有的 QoS 元素，由用户应用级开始往下重新进行 QoS 协商的过程，QoS 再协商通常用于 QoS 降级后的响应过程。

2. 资源的静态管理和动态管理

视频会议系统是一个复杂的计算机网络系统，它包含很多资源，这些资源分布在计算机、终端、多点控制单元、路由器、交换机以及通信信道上。分布在计算机上的资源主要有处理器、总线、内存、进程、线程、网络接口板、磁盘空间等，分布在路由器和交换机上的资源有处理器、总线、缓冲区、各种数据表格、数据接收端口、数据发送端口等。除了上述资源外，还有一些不可见成分，即对这些可见资源的使用策略，它包括内存管理策略、进程和线程调度算法、缓冲算法、差错恢复算法、流控制算法及阻塞控制算法等。也有人把视频会议系统的资源分成动态资源和静态资源，动态资源提供各种业务，如 CPU 或处理各种协议的网络适配卡等；静态资源标志了动态资源所需的系统能力，如主存（缓冲空间）或带宽（链路吞吐量）。资源可以被一个进程独占，有的也可被多个进程共享，例如一个扬声器可以是一个独占的资源，而带宽则可以是一个共享的资源。如果资源在系统中只存在一次，可以将该资源称为单次资源，相反可以称为多次资源，如在一个多处理器系统中，各个 CPU 是多次资源，而在传统的工作站中，CPU 则是单次资源。

在明确了视频会议系统的服务质量要求后，就可根据这些要求，研究资源管理问题，找出相应的解决方案。资源是由视频会议系统的资源管理子系统进行管理的，它包括主机和网络结点之间的资源管理协议，用它交换有关资源的信息。资源管理的主要目的是保证多媒体数据的传递，主要有下述三个内容：

① 在会议建立过程中保留和分配资源，以保证服务质量能够满足 QoS 的要求；

② 在多媒体数据传送过程中，采用适当的 QoS 服务策略进行资源分配；

③ 视频会议的各个阶段要进行相应的资源改变。

1）资源的静态管理

在视频会议系统中，终端用户都希望系统能够按用户提出的 QoS 需求提供服务，在多媒体数据发送之前，用户定义的需求必须和资源管理系统进行通信，然后协商 QoS 参数，如果有分歧，在层之间进行说明和解释；最后，所需资源必须在发送方和接收方之间的通路上进行准许、保留和分配。在会议建立过程中完成上述三步，会议结束后，要考虑资源的释放。

（1）QoS 的协商和解释

QoS 的协商可以是同一层，如应用层对应用层，也可以是不同层，如应用层对系统层，按照 ISO 的术语，对等协商就是呼叫者和被呼叫者的协商，而不同层地协商可以是业务使用者和业务提供者的协商。协商的目的是：

- 在服务的使用者和提供者之间建立公共的 QoS 参数值；
- 任何时刻为满足需要使用必要的资源，以达到充分利用资源的目的。

在视频会议系统中，最常见的 QoS 协商过程是能力交换的过程，在会议系统建立过程中，会议双方为了能够正确通信，必须进行能力的协商，达到一致后，才能进行后续的过程。能力的选择和确定，其目的是为了保证只提供和接收对方能够支持的业务，对于点对点的情况，能力交换的发起方必须对通信双方能力集进行分析，求取能力公共集的最大值，并采用该参数进行模式切换，对于多点会议的情况，上述协商过程是由多点控制单元（MCU）来完成的。

（2）资源许可

每层经过查询或通过协商和解释得到 QoS 说明后，接下来的一步，是资源许可。许可过程基于 QoS 说明并使用一个嵌入在资源管理器中的业务。许可业务检查是放在发送方和接收方之间通路的各个结点上。许可测试取决于在每层的控制机制的测试。同时，任何一个 QoS 协商和资源许可必须和一个开销函数紧密联系在一起，可以决定向一个事先预定服务的用户的收费少于一个需要即时服务的用户。

为了控制资源的有效性，我们在视频会议系统中采用了三种类型的许可测试策略：

- 共享资源的调度测试，例如 CPU 调度性测试和在网络接入点的包调度性测试以及在各个网络结点处进行的延时、抖动、吞吐量和可靠性的测试。
- 为保证延时和可靠性对分配的缓冲进行的空间测试。

• 为保证吞吐量在主机总线和网络中进行的链路带宽测试。

(3) 资源的保留和分配

资源的保留和分配基于许可测试的结果,在大多数系统中资源的保留和分配是简单的,即资源只在发送方和接收方单方向进行保留。资源的保留和分配需要嵌入在资源管理器中的一套保留和分配的函数以及在资源管理器之间进行信息通信的保留协议。

下面给出视频会议系统中所采用的资源保留和分配协议的工作流程:

• 呼收建立的发起方以一个保留消息(连接请求)发送一个 QoS 说明。
• 在路径中的每个路由器、交换机或其他实体中,保留协议向对应的资源管理器传递一个新资源保留请求。
• 经过许可决策,资源管理器保留资源并为 QoS 预备更新特定的业务信息。
• 在链路的末端,最后一个实体发回一个分配信息(连接确认)给发起方,其格式为或接受或修改和或拒绝的回答以及最后的 QoS 值。
• 分配消息通过路径返回到发起方。按照接受、修改或拒绝最后 QoS 参数的消息指令,每个资源管理器轮流分配或释放保留的资源。

(4) 资源的释放

经过传输之后,资源被释放。CPU、网络带宽和缓冲区空间都被释放,并且媒体流的连接也被关闭。关闭进程必须在不打断其他网络流的情形下进行并且通过资源管理器更新释放资源为可用资源。

在视频会议系统中,其资源释放有 3 种方式:

• 发送方请求关闭呼叫。这意味着在发送方和接受方路径上对应的呼叫的所有连接的资源都必须被释放,并且必须对每个结点更新资源的可用性。
• 接受方请求关闭呼叫。该请求发送给发送方,并按照发送方关闭的形式进行资源的释放。
• 资源维护系统指示关闭。这可能发生在,虽然传输已经中止但是资源没有被释放的情况下。因而,一个和定时器一道工作的监视子系统应该监视连接状况和检测参与方是否仍然处于活动状态。对于此种情形,资源释放由资源管理系统本身发起。

2) 资源的动态管理

假设已经完成了 QoS 的协商和资源分配的需求,资源管理器必须支持资源在传输期间的可访问性,即资源的动态管理。满足时间、空间、设备、频率和可靠性需求的工作属于不同的管理部件,如进程管理器、缓冲管理器和流量控制器等部件。

(1) 进程管理

多媒体传输涉及多个独立的任务:数据的移动、控制和同步等。由于所有这些任务是由同一个资源管理器进行处理的,因而其使用必须进行调度。调度由进程管理器完成,进程管理器是资源管理器的一部分。进程管理器的调度者按照特定的调度策略将任务映射到资源管理器中以使所有任务都满足需求。

(2) 缓冲区管理

主机系统的有限内存带宽为多媒体应用带来很多的限制,这些应用需要大量数据的有效移动,而这却不能通过传统的数据复制方法来实现。类似的,目前操作系统中用于扩大内存的有效的页面技术和磁盘交换技术也不适用,因为多媒体数据不能放在真正的主存中以满足时间的需求。

(3) 传输率和流量控制

因为多媒体数据以某个协商的传输率发送和使用网络资源,网络多媒体系统通信协议必须包括基于传输率的流量控制。因为现有的网络操作系统并不支持实时的视频会议信息,因此要提供在局域网和广域网上的连接方案。

下面给出在实际系统的研制过程中遇到的问题和相应的解决方案:

- 路由和桥接功能:路由器和网桥不是用来处理实时信息的,为了克服这个瓶颈,视频网关可用作视频路由器,路由器和网桥不处理视频信息。
- 网络协议:在局域网传输的环境下,为了建立高质量的对话,必须保证会议视频数据的可靠传输,因此需要开发在 TCP/IP 和 UDP/IP 上的传输层协议用来控制实时的音频和视频信息流量,利用这个协议能可靠地传输控制信息,音频信号可以几乎是即时的传输,视频和数据信号在保证音频传输的前提下,做到最好的传输,从系统的角度来说,呼叫的建立和拆除运行于 TCP/IP,会话的数据传送运行于 UDP/IP 上。
- 带宽的拨出和分配:视频会议需要固定的带宽来传送高质量的音频和视频信息,但是标准的网络(如以太网)不提供这种功能,因此必须提供这种带宽的需要。每个局域网上传输的 384kbps 的会话需占用带宽为 2×384+150K 左右的包头,加起来约为 900K,大约占 10M 以太网的 9%的带宽。视频网关控制网上的会话数,任何时候视频会议数据在网上传输的带宽不超过 10M 以太网的 40%,因此不超过 4 对 384kbps 同时的会话可在以太网上建立。会话的速率适当地降低,则同时建立的会话数也可以适当地增加,即也可同时支持 12 对 128kbps 的会话。当网络负载过重,平均负载超过 70%,应该考虑采用交换式的集线器,以增加局域网的吞吐量。
- 时钟同步:视频会议系统端站之间时钟是同步的,而有些网络是异步的,如局域网,因此需要有一个设备来完成。

(4) 差错控制

会议电视系统需要实实在在的可靠性,所以它的组成需要端对端的差错检测和差错纠正机制。

在差错控制方面必须做到:

- 差错检测机制应该嵌入在应用程序中。
- 时序错误的差错检测机制必须嵌入在系统层和网络层中。

差错检测机制应该嵌入在应用程序中。例如,在 H.263 压缩的 B 块中的 AC 参数的一些错误,不应该影响预测的编码数据(它们仅仅在一秒中的一部分时间出现并且肉眼几乎看不出来)。但是如果帧界被破坏了,则差错不能被复原。这意味着在应用数据流中的结构信息必须进行保护,同时也意味着现有的差错检测机制,如校验和数据单元序列化等,应该进行扩展以便包容更多的信息。现有机制允许在较低级进行数据的破坏、丢失、重复和次序混乱的检测(例如,网络层的包),但是在应用层,差错检测却被忽略了。

时序错误的差错检测机制也必须嵌入在系统层和网络层中。这样的检测机制可以在发送方-接受方路径上为其他连接打开资源,并且也可能在路径上指示出拥挤点。

传统的差错校正策略不适用于视频会议系统,预防性的差错校正方案如前向差错校正

(FEC)和信道优先级编码方案要更加适用。

在 FEC 中，发送方增加冗余信息以便接受方能够定位和校正比特和比特序列。为了使用 FEC，需要：

- 在发送方和接受方之间连接的错误概率；
- 应用程序所必需的可靠性。

FEC 方法其端对端的延时较低，在接受方和发送方建立控制连接和回放之前无需数据的排他性的缓存。它的缺点是仅仅只适用于包内的差错检测和校正，不适用于完整包，而且不能保证毁坏的或丢失的数据包的恢复，另外它的冗余信息也大大增加了吞吐量的需求。

7.2.5 视频会议系统的安全保密

随着计算机、网络、通信技术发展，视频会议系统会变成协同合作、信息交流越来越方便的手段。它可以广泛地用于政府各个部委、国防机构、工商企业等，会议内容常常会涉及许多国家机密、军事情报、商业秘密及私人信息等。因此，安全保密问题是视频会议系统的一个重要问题。

1. 视频会议系统安全保密结构原理

国际电信组织(ITU-T)在 1993 年专门制定了视声业务安全系统的建议 H.233，该建议规定的安全保密机制适用于窄带声视业务，并遵守 H.221、H.230 和 H.242 建议。安全系统应用于两个终端或一个终端和一个多点控制器(MCU)之间的点对点连接，当然也可以扩展到多点环境中，具体满足：

(1) 安全性与系统提供的其他保密业务无关，可以由其他机制如关于密钥鉴定和管理建议草案提供密钥，或者也可以手工输入。

(2) 它适用 H.221 建议的视声成帧信号，其传输率是 P×64kbps，这里的 P 是 1～30 的任何值，与 H.221 建议一致，帧结构本身没有加密。

(3) 给所有用户的语音、图像和数据信号在同一密钥下一起进行加密，保证传输安全保密。

(4) 系统所采用的加密方案是可扩充的模块化方法，它便于加密算法的更新。

(5) 系统的安全保密机制能够工作在点对点的视频会议系统中，也可以工作在多点会议系统中，此时允许 MCU 进行解密。

图 7.15 给出了一个视频会议系统安全保密方法的框图。它的主要组成是加密模块和解密模块，加密模块接收视频会议系统终端用户数据进行加密形成加密后的数据在网络上传输，解密模块接收加密数据进行解密得到用户数据。从图中可以看到，并没有给密钥的产生和管理作出较多的规定，开发者可以根据自己的需要和可能，为视频会议系统提供密钥并进行管理，密钥被加密器、解密器和数据同步使用。如果需要采用密钥，则必须通过控制信

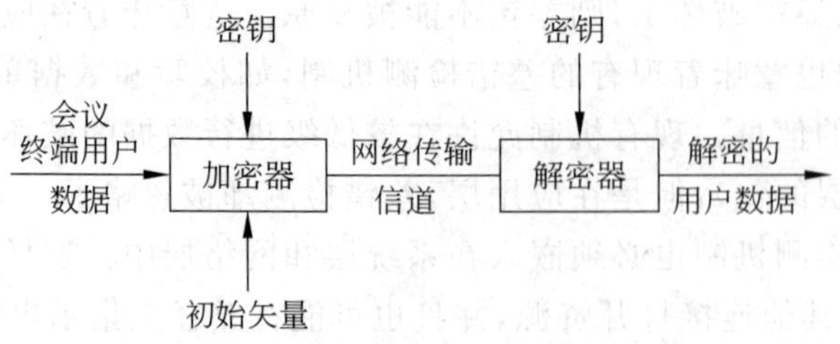

图 7.15 视频会议系统中安全保密结构框图

道发送一个加载新密钥的标志。数据加密由加密器进行控制，通过控制信道发送一个标志指示当前数据正处于加密状态；而解密器的相应标志指示在需要时对数据进行解密。

从应用角度来看，一个安全密码系统应包含如下功能：

- 秘密性(secrecy)：密文对非法接收者来说，不可被破译；
- 可验证性(authenticity)：可验证信息来源的合法性，检验信息是否伪造，或以前信息的全发；
- 完整性(integrity)：可检验信息是否被更改，取代或删除；
- 不可否认性(nonrepudiation)：发送方对发送的信息不可否认。

早在中世纪，古罗马皇帝凯撒就开始使用密码，早期的加密方式主要是简单的代替和置换，借助的工具则是一些表格等，这是与当时的手工加密方式相适应的，这些密码的强度很低，可用统计方法等进行攻击。

此后，数论、近世代数等数学工具的发展和信息理论研究的深入，特别是计算工具的改进，不断有新的加密思想和方法提出。现在，密码学的研究已取得了一系列较为系统的成果。密码系统按明文与密文的对应关系可分为序列密码和分组密码，其比较可参见表7.7。

表7.7　序列密码与分组密码的比较

	序列密码	分组密码
含义	一个明文符号转化成一个密文符号	一组明文符号转化成一组密文符号
优点	没有译码延迟，变换速度快	扩散能力强
	低错误扩散	在密文中插入信息破坏分组结构
缺点	低扩散能力	变换速度稍慢
	有可能拼凑出假消息	错误将影响同一分组

密码系统按加密密钥与解密密钥的对称性可分为：对称密码系统(也称传统密码系统或私钥密码系统)、非对称密码系统(也称公钥密码系统)和混合密钥系统，其对比可参见表7.8。

表7.8　私钥、公钥及混合密码系统的比较

	私钥密码系统	公钥密码系统	混合密码系统
含义	加、解密密钥相同	加密密钥公开	用公钥加密会话密钥
安全性基础	第三方不能获得密钥	依赖于计算复杂的问题	用公钥加密私钥
优点	加、解密速度快	多用户时，能减少密钥量对安全性有计算复杂性的估计	兼有私钥和公钥的优点
缺点	密钥传输依赖于保密信道 多用户时密钥量大 安全性不易分析	加、解密速度较慢	
典型体型	DES FEAL-N IDEA Shipjack	RSA Rabin McEliece EIGamal	MIX

视频会议系统涉及到加密算法范围级广，算法本身的说明并不包含在标准的建议中，但是加密算法的说明必须以某种方式给出，它必须包含下述细节：

- 初始矢量的长度和会话密钥；
- 从初始化矢量生成起始变量等。

2. 视频会议系统中常用的加密算法

下面简单介绍一下视频会议系统中常用的两种加密算法：

(1) FEAL 加密算法

下面结合具体的实际应用对 FEAL 算法作一简介。视频会议系统的两个终端都根据当前的密钥和初始矢量生成码流，采用在 ISO8372 中定义的 OFB 模式中的 FEAL-8 (8 round FEAL with 64-bit key)。在加密器方码流通过采用模 2 加和要加密的比特进行组合，而在解密器方对同样的码流采用模 2 加恢复原来的用户信息。启动矢量(SV)和初始化矢量(IV)相等。IV 在每个多帧的起始处加载。加密算法的 64 位的输出中，MSB 方的第一个 8 位用来和声视信号块中的 8 比特进行模 2 加；码字块的第一个比特和信号块的第一个比特进行模 2 加，并且结果比特首先通过信道传送，码字块的第二个比特和信号块的第二个比特进行模 2 加，并且结果比特通过第二个通过信道传送，依此类推。如果所有的 8 比特都发送完了，那么下一个周期的码流就接着生成并运用于加密中。

(2) DES 加密算法

数据加密标准(Data Encryption Standard，DES)是分组密码体系中最为成功的作品，也是运用的最为广泛的一种加密算法。它将 64 比特的输入块变成 64 比特的输出块，输出块的每一位都必须和输入块的每一位和 64 比特的密钥块(其中八位是奇偶校验位)联合确定。DES 模式 1 将采用 OFB-0 方法，DES 模式 2 和 DES 模式 3 留待将来研究。启动变量(SV)和初始化矢量(IV)相等，参数标志符设置为[00000000]。

上述两种加密算法的详细细节请参考书后有关的参考文献。

视频会议系统中允许多种加密算法并存，为此，必须有办法识别它们。采用一个字节表示算法标志，目前标志的几个算法如表 7.9 所示。

表 7.9 算法标志符及其定义

MSB　　LSB	Meaning
000000000	Not allocated, Reserved for future use
000000001	FEAL
000000010	DES Model 1
000000011	Reserved for DES Model 2
000000100	Reserved for DES Model 3
000000101	Reserved for ISO/IEC 9979 algorithm register, Registeration number 000001 (B-CRYPT)
Other values	Not allocated, reserved for future use

算法标志的默认值为[00000000]，通信设备至少应能解密所指定的算法中的一个：如

果具有解密几种算法的能力,那么需要系统的操作员来指定选用哪一种加密算法。

在现有的视频会议系统密码体系下,加密和解密所用的密钥都是相同的。因而,密钥的管理就显得异常重要,这是因为:密钥在使用了一定的时间以后就必须进行更改,否则就很难保证不失密,因为视频会议系统涉及的人员很多。而且加密方在每次启用新的密钥时,都要通过某种秘密的渠道把密钥传送给解密方。在传送过程中,密钥容易泄露。

可以用非对称密钥体制也称为公开密钥体制解决上述难题。系统工作流程如下:每个通信实体 x,都有一个私人密钥 R_x,该密钥仅为实体个人所知,和一个公共密钥 U_x,公共密钥为大家所知。系统具有这样一个性质即一旦消息采用用户的公共密钥加密以后就只能用其私人密钥才能解开;反之亦然(但对于大多数的系统往往只是单向的动作)。所以如果发送方想向接收方发送一条消息的话,那么发送方首先查找接收方的公共密钥,然后计算密文 $C=E(M,U_b)$ 并将密文发送给接收方。接收方使用他的私人密钥 R_b 通过计算 $M=D(C,R_b)$ 而恢复出明文来,反之如果有人不知道密钥 R_b 而想恢复出明文是不可能的。如果消息 M 就是我们视频会议系统使用的会话密钥 K 的话,那么它就解决了密钥管理的问题。

事实证明采用公开密钥体制来进行视频会议系统中的会话密钥的管理是一种行之有效的方法。它解决了现有公共密钥保密系统的有效性不够高,保密性不够强的缺点。

访问控制的任务是:防止非法用户进入系统及合法的用户对系统资源的非法使用。可以采取两种措施:身份鉴别和使用授权。在过去,鉴别差不多总是和口令系统是同义词,但在今天,鉴别要做的事更多。例如,在一个视频会议系统中,一个多点控制器面临的是多个会场,多个会议,这时多点控制器就必须能够鉴别出用户是否是一个合法的用户。进一步,鉴别系统还应提供单次登录的功能,这样用户就不用重复输入口令。虽然鉴别提供了身份的验证,但它并没有描述一个实体进程的优先权。例如,当你在加入到会议中来之前被鉴别并不意味着你有权去做任何事。后者的功能称之为授权。

对视频会议电视系统可以设立四级访问权限:超级、优先、一般及作废。

① 超级:这是为视频会议系统的管理员而设立的,他可以进行系统范围的安全控制和资源使用情况的审计。

② 优先:可以对系统的任何资源进行访问,可以申请作主席,可以申请数据令牌等。

③ 一般:访问操作受到一定的限制,根据需要才可以让他申请主席、数据令牌。

④ 作废:系统拒绝这一类的用户进行访问。

可以在每次会议预约的时候进行权限的分配,也可以在会议期间向系统管理员申请。

*7.3 多媒体数据库及基于内容检索

随着计算机技术的发展,计算机越来越多地用于信息处理,如财务管理、办公自动化、工业流程控制等。这些系统所使用的数据量大、内容复杂,而且面临数据共享、数据保密等方面的需求,于是便产生了数据库系统。数据库系统的一个重要概念是数据独立性。用户对数据的任何操纵(如查询、修改)不再是通过应用程序直接进行,而必须通过向数据库管理系统(DBMS)发请求实现。DBMS统一实施对数据的管理,包括存储、查询、处理和故障恢复等,同时也保证能在不同用户之间进行数据共享。如果是分布数据库,这些内容将扩大到网络范围之上。

依据独立性原则，DBMS一般按层次被划分为3种模式：物理模式、概念模式和外部模式（也叫视图）。物理模式的主要职能是定义数据的存储组织方法，如数据库文件的格式、索引文件组织方法、数据库在网络上的分布方法等。概念模式定义抽象现实世界的方法。外部模式又称子模式，是概念模式对用户有用的那一部分。概念模式通过数据模型来描述，数据库系统的性能与数据模型直接相关。数据模型的不断完善和变革，也就是数据库系统发展的历史。数据库数据模型先后经历了网状模型、层次模型、关系模型等阶段。其中，关系模型因为有比较完整的理论基础，"表格"一类的概念也易于被用户理解，因而逐渐取代网状和层次模型，在数据库中居主导地位。关系模型把现实世界事物的特性抽象成数字或字符串表示的属性，每一种属性都有固定的取值范围。于是，每一个事物都有一个属性集及对应它的属性值集合。

近年来，随着多媒体数据的引入，对数据的管理方法又开始酝酿新的变革。我们知道，传统数据库模型主要针对的是整数、实数、定长字符等规范数据。数据库的设计者必须把真实世界抽象为规范数据，这要求设计者具有一定的技巧，而且在有些情况下，这项工作会特别的困难。即使抽象完成了，抽象得到的结果往往会损失部分原始信息，甚至会出现错误。当图像、声音、动态视频等多媒体信息引入计算机之后，可以表达的信息范围大大扩展，但又带来许多新的问题。因为多媒体数据不规则，没有一致的取值范围，没有相同的数据量级，也没有相似的属性集。在这种情况下，如何用数据库系统来描述这些数据呢？表格还适用吗？另一方面，传统数据库可以在用户给出查询条件后迅速地检索到正确的信息，但那是针对使用字符数值型数据的。现在，我们面临着这样的问题：如果基本数据不再是字符数值型，而是图像、声音，甚至是视频数据，那将怎样进行检索？如何表达多媒体信息的内容？如何组织这些数据？查询该如何进行？这些都是值得考虑的问题。

7.3.1 多媒体数据库

1. 多媒体数据的存储问题

人们对文本透彻理解、广泛应用已经有很长一段时间了，而多媒体存储则是较新的议题。多媒体存储有一些新的需要考虑的问题，如巨大的存储空间、大型对象、多个相关对象、对检索时间的要求等。在此简单看一下其中的一些问题：

(1) 巨大的数据量

统计结果表明，我们所使用的全部重要信息中只有不到20%的部分被自动化了，而其余80%以上的信息一般是写在纸上，或在会议、讨论、演示中进行了交互。纸、胶片或磁带上的记录很难进行集成、控制、搜索、存取和分发。若要确定某一纸张文档、胶片、音频或视频带的位置，需要在只被少数关键人员（这成为信息流中的瓶颈部分）所掌握的众多存储文件、复杂索引系统中搜索，并要进行很好的组织，以确保按正确的顺序放回到最初的存储位置。比定位更复杂的是为文档、胶片和磁带建索引，尤其是当这些不同的媒体结合成一个单一的多媒体文档时。

(2) 存储技术

理想情况是，来自于纸张、胶片、音频和视频带，以及直接来自摄像机的信息可以用处理数据、文本和图形的同一计算机化信息系统进行管理。其结果是一种集成的战略信息库，它可以被许多人同时快速方便地访问。而实践上要达到这一点，需要将各种存储机制放在公共的存储和检索管理之下。

显微照片和微缩胶片是用作存储纸张文档的一种媒体，但这种方式的确非常麻烦，速度慢并且会频繁出故障。恢复胶片的物理损伤是非常费时的，还会造成信息损失。显微照片和微缩胶片易于发生很严重的机械故障，以及微缩胶片媒体的物理(光化学)变形。要注意的另一点是，显微照片或微缩胶片容易在文档上留下很多噪音(如很小的黑点)，因此，当从显微照片或微缩胶片转换到光存储系统(激光盘)上的压缩图像时，这种噪声会造成明显的压缩问题，导致极差的压缩率。致使A型(8.5英寸×11英寸，信纸尺寸)大小的图像，其平均的CCITT Group 4压缩文件的尺寸可以从60～70KB，上升到超过200KB。这种情况下，噪音是非常明显的，并会干扰从显微照片或微缩胶片上印出的文档。显微照片或微缩胶片要求特殊的空调存储条件，并不能为档案文档提供快速或方便的随机存取性能。

有两种主要的大型存储技术可以用于多媒体文档的存储：光盘存储系统和高速磁存储。显然，管理光盘库中的几个光盘要比管理范围更大的磁盘容易许多。维护这样一个系统的运行是很麻烦的。另一个要注意的重要因素是光盘存储对老的、不常用的文档进行脱机归档来说，是一种很好的工具，可保存很长时间。

(3) 多媒体对象存储

存储于光媒体中的多媒体对象要实际发挥作用就需要快速自动地定位。这里的一个关键问题是对超媒体文档或超媒体数据库记录进行随机存取。光媒体可提供非常密集的存储。例如，一个12英寸光盘可存储6.5GB的信息，这相当于大约12小时的压缩视频或多达128 000张以CCITT Group 4压缩格式压缩后的A型尺寸图像。注意，在全运动视频和音频中，还有第三维——时间，对压缩数据的容量有主要的影响。一段典型的经压缩的8位声音片断要求50KB/s的数据率，对于16位的声音(频率范围与乐声标准接近)，它的数据率将显著地提高到250KB/s，32位声音的要求更高。类似地，一幅视频图像在分辨率低于增强的图形适配器(Enhanced Graphics Adapter ，EGA)分辨率(640×350像素)时要求1.5MB/s，对于扩充图形适配器(Extebded Graphics Adapapter，XGA)或HDTV(1280×1024，或1125线)分辨率，它将增加到1MB/s，视频剪辑为超清晰度电视(Ultra Definition TV，UDTV)水平(3000线)时，要求更大的容量。

检索速度是另一个主要考虑的方面。检索速度与以下几个因素直接相关：存储等待时间(从存储介质中检索数据所需的时间)、相对于显示器分辨率的数据容量(压缩效率)、传输介质和速度(传输等待时间)及解压缩效率。对于快速信息检索来说，索引是必须的。

应用程序通常需要通过许多域访问文档。举个例子，一个犯罪分子的个人记录应通过其社会安全号码或指纹(指纹可能是通过他的社会安全号码定位的)、法庭记事号码、文件标识、名字、别名等来访问，把多媒体文档(如逮捕令、指纹、犯罪时图像、视频片断等)与犯罪嫌疑人相联系可能要求有能力记录这些关系以便把法庭审讯的多媒体文档加入数据库。在属性与图像、音频片断或视频片断的标识之间建立联系的过程称为索引。

(4) 多媒体文档检索

标识多媒体文档的最简单形式是存储盘标识和文档在盘上的相对位置标识(文件号)。这些对象可以分组后存在数据库夹中(类似于纸文档存在文件夹中)，或存在显示超媒体文档的复合对象中。这是在大多数多媒体系统中标识图像的基本方法。

用标识符访问存在数据库中的对象，这一功能要求数据库能完成所要求的多媒体对象目录功能。对于声音和全运动视频来说，另一个重要应用是能剪切它的某些部分，并将它们与另一段相结合。例如，一段语音或演示可以被剪下来用作另一个 RFT 文档中的引述。为使声音或视频素材能以参考单元的形式存储，并为许多用户使用，为它建索引的能力就变得很重要，因为这样可以避免在几个小时长的、缓慢运动的带子中搜索这样乏味的工作。当然，新的基于内容的检索技术可以提供更为智能的支持。

2. 多媒体数据的管理

1）传统的数据管理

传统的数据库系统有 3 种类型：关系型、层次型和网络型。Codd 关于关系数据库的开创性工作，建立了关系数据库的坚实理论基础，给出了清晰的规范说明，加上“表格”的概念直观易懂，使得关系数据库在理论和产品开发上都获得了巨大的成功，在数据库市场上占有明显的主导地位，特别是中小型数据库系统。

关系数据库采用关系框架来描述数据之间的关系，通过把数据抽象成不同的属性和相互的关系，建立起数据的管理机制。例如某公司用关系数据库管理雇员的资料。雇员的信息可以抽象为工号、姓名、年龄、性别、月工资、所在部门、该部门的经理等多项属性。按关系模型的要求，雇员信息可以用两个关系表示：雇员（工号、姓名、年龄、性别、月工资、部门编号）、部门（部门编号、部门名称、部门经理）。这两个关系就可以支持关于雇员的检索和查询工作。这个例子说明，对于一个具有复杂结构的实体（如雇员），关系数据库需要把它分解，分解的结果可以用最简单实用的关系（如雇员和部门）表示。实体的结构语义隐性地包含在两个关系的相同属性（部门编号）中。只有通过联结（join）、投影（project）等操作才能体现出结构语义。关系数据库的这一特性非常简洁，既可以用数学理论加以规范和证明，又通俗易懂，易于被人们接受。

2）多媒体带来的问题

在传统的数据库中引入多媒体的数据和操作，是一个极大的挑战。这不是一个只要把多媒体数据加入到数据库中就可以完成的问题。传统的字符数值型数据虽然可以对很多的信息进行管理，但由于这一类数据的抽象特性，应用范围毕竟十分有限。为了构造出符合应用需要的多媒体数据库，必须要解决从体系结构到用户接口一系列的问题。多媒体对数据库设计的影响主要表现在以下几个方面：

（1）数据量巨大且媒体之间量的差异也极大，从而影响数据库的组织和存储方法。如动态视频压缩后每秒仍达上百 K 字节的数据量，而字符数值等数据可能仅有几个字节。只有组织好多媒体数据库中的数据，选择设计好合适的物理结构和逻辑结构，才能保证磁盘的充分利用和应用的快速存取。数据量的巨大还反映在支持信息系统的范围的扩大。应用范围的扩大，显然不能指望在一个站点上就存储上万兆字节的数据，而必须通过网络加以分布，这对数据库在这种环境下进行存取也是一种挑战。

（2）媒体种类的增多就增加了数据处理的困难。每一种多媒体数据类型都要有自己的一组最基本的概念（操作和功能）、适当的数据结构和存取方法，以及高性能的实现。但除此之外也要有一些标准的操作，包括各种多媒体数据通用的操作及多种新类型数据的集成。虽然前面列出了几类主要的媒体类型，但事实上，在具体实现时往往根据系统定义、标准转换等演变成几十种媒体格式。不同媒体类型对应不同数据处理方法，这便要求多媒体

DBMS 能不断扩充新的媒体类型及其相应的操作方法。新增加的媒体类型对用户应该是透明的。

(3) 数据库的多解查询。传统的数据库查询只处理精确的概念和查询。但在多媒体数据库中非精确匹配和相似性查询将占相当大的比重。因为即使是同一个对象若用不同的媒体进行表示,对计算机来说也肯定是不同的;若用同一种媒体表示,如果有误差,在计算机看来也是不同的。与之相类似地还有诸如纹理、颜色和形状等本身就不易于精确描述的概念,如果在对图像、视频进行查询时用到它们,很显然是一种模糊的、非精确的匹配方式。对其他媒体来说也是一样。媒体的复合、分散、时序性质及其形象化的特点,注定要使数据库不再是只通过字符进行查询,而应是通过媒体的语义进行查询。然而,我们却很难了解并且正确处理许多媒体的语义信息。这些基于内容的语义在有些媒体中是易于确定的(如字符、数值等),但对另一些媒体却不易确定,甚至会因为应用的不同和观察者的不同而不同。

(4) 用户接口的支持。多媒体数据库的用户接口肯定不能用一个表格来描述,对于媒体的公共性质和每一种媒体的特殊性质,都要在用户的接口上、在查询的过程中加以体现。例如对媒体内容的描述、对空间的描述以及对时间的描述。多媒体要求开发浏览、查找和表现多媒体数据库内容的新方法,使得用户可以很方便地描述他的查询需求,并得到相应的数据。在很多情况下,面对多媒体的数据,用户有时甚至不知道自己要查找的是什么,不知道如何描述自己的查询。所以,多媒体数据库对用户的接口要求不仅仅是接收用户的描述,而是要协助用户描述出他的想法,找到他所要的内容,并在用户接口上表现出来。多媒体数据库的查询结果将不仅仅是传统的表格,而将是丰富的多媒体信息的表现,甚至是由计算机组合出来的结果"故事"。

(5) 多媒体信息的分布给多媒体数据库体系带来了巨大的影响。这里所说的分布,主要是指以 WWW(Word Wild Web)全球网络为基础的分布。Internet 网的迅速发展,网络上的资源日益丰富,传统的那种固定模式的数据库形式已经显得力不从心。多媒体数据库系统将来肯定要考虑如何从 WWW 网络信息空间中寻找信息,查询所要的数据。

(6) 传统的事务一般都短小精悍,在多媒体数据库管理系统中也应尽可能采用短事务。但有些场合,短事务不能满足需要,如从动态视频库中提取并播放一部数字化影片,往往需要长达几个小时的时间,作为良好的 DBMS(Database Management System)应保证播放过程不致中断,因此不得不增加处理长事务的能力。

(7) 服务质量的要求。许多应用对多媒体数据的传输、表现和存储的质量要求是不一样的,系统所能提供的资源也要根据系统运行的情况进行控制。对每一类多媒体数据都必须考虑这些问题:如何按所要求的形式及时地、逼真地表现数据?当系统不能满足全部的服务要求时,如何合理地降低服务质量?能否插入和预测一些数据?能否拒绝新的服务请求或撤销旧的请求?

(8) 多媒体数据管理还有考虑版本控制的问题。在具体的应用中,往往涉及对某个处理对象(如一个 CAD(Computer-Assisted Design)设计或一份多媒体文献)的不同版本的记录和处理。版本包括两种概念:一是历史版本,同一个处理对象在不同的时间有不同的内容,如 CAD 设计图纸,有草图和正式图之分;二是选择版本,同一处理对象有不同的表述或处理,一份合同文献便可以包含英文和中文两种版本。需解决多版本的标识和存储、更新和查询,尽可能减少各版本所占存储空间,而且控制版本访问权限。现有通用型 DBMS 大都没有提供这种功能，而由应用程序编制版本控制程序，显然是不合适的。

3）多媒体数据的管理

应用程序开发者和数据库管理者面临的最大挑战是，要把不同形式的信息，包括文本、图像和视频组合在他们的应用程序中。正如在前面看到的那样，即使是压缩了的多媒体对象容量也是非常大的。另外，目前大多数多媒体应用都与网络通信相结合，如电子邮件，因此数据库系统必须是完全分布式的。现在有若干数据库存储方法可供选择，这些方法将决定整个方案的灵活性和性能。可选的方法如下：

- 对现有关系数据库管理系统(Relational Database Management System，RDBMS)进行扩展，用二进制对象的方式支持各种多媒体对象。
- 把关系数据库中基本二进制对象扩展为继承和类的概念。支持这些特性的数据库管理系统提供程序设计前端扩展或 C++ 的支持。
- 将数据库和应用程序转换为面向对象的数据库，并使用 C++ 或 SQL 这样的面向对象的语言进行开发。

关系数据库是当前占主流地位的数据库，但它缺乏对多媒体数据库的支持，因为后者是数字和文本数据，GUI 前端的图像，CAD/CAM 系统和 GIS 应用程序，视频，音频和记录有音乐、伴音的全动作视频的组合。在关系数据库上实现多媒体应用程序的关键局限是：其关系数据模型和关系计算模型。

关系数据库在设计上就仅支持表结构的字母数字数据(包含用二进制方式存储的日期)，绝大多数关系数据库支持整型、浮点、字符串、货币、日期、布尔量以及其他一些数据类型，有一些也增加了一些新特点，如在 BLOB(Binary Large Object)中查询超文本，但它们不支持如派生和聚合这样的类关系。另外，未加修改的关系模型不支持自动管理数据的同步编辑，如版本管理。关系数据库的计算模型也不支持扩展结构的遍历操作所需要的内存驻留对象的概念，例如，在演示一个由包含有图像和全动作视频剪辑的 RTF 文本时的操作。而且，关系模型不能进行具有某种复杂度的长周期事务处理，像需要对被多个用户访问的分布式多媒体对象进行更新操作。

(1) RDBMS 的多媒体扩展

大多数先进的关系数据库将大二进制对象(BLOB)作为新的数据类型，看作二进制和自由格式文本。BLOB 构成关系表中的列，用于图像和其他的二进制数据类型。关系数据表包含 BLOB 的位置信息，而 BLOB 实际存于数据库外部的独立的图像、视频服务器中。关系数据库经过扩充能访问这些 BLOB，从而提供给用户一个完整的数据集。例如，RDBMS 可能支持传统图像服务器(如有多个盘片的光盘库)上图像的 BLOB 的存储，但对 BLOB 的使用和操作也不是没有问题，如索引的设计。图像管理系统的设计(也可以用到多媒体系统中)将文件名作为 RDBMS 表，这个域说明图像(声音和视频段)的位置(服务器、卷号、文件名)，图像或视频管理系统将索引域作为指向图像和视频文件的指针(关键字)以便读取所需对象。正如人们的想象，数据的读取需要一系列操作：从 RDBMS 中读取索引键传递给多媒体对象存储系统，该系统读取适当的对象，并传回给应用程序，应用程序把对象和相关的数据库信息显示出来。尽管属性数据和对象在不同的网络服务器上，这些工作必须紧密地配合。RDBMS 无法理解 BLOB 的内容，不能在 BLOB 内部进行索引。BLOB 可以有 2GB 或更大，这对大多数多媒体对象已经够了。

扩充的关系数据库正逐步向面向对象的系统发展。关系数据库具有进行严格的集合管理的能力，从而保证了数据库的完整性，而早期的DBMS中正是缺少这种完整性。RDBMS比ODBMS多出的其他两个重要特点是：安全性和事务的完整性。安全性是以对域级、表级和数据库级的访问形式提供的，多媒体数据事实上存放在数据库系统外部，因而无法获得数据库对其自身数据提供的安全保护。许多数据库外部的应用程序要不断对文件中存储的图像、声音信息或全动作视频进行访问。RDBMS的事务完整性是通过保证当事务更新失败时事务被退回以保持数据库中受影响的部分的同步性。由于复合文件中对所有多媒体部件的访问要进行很多操作，所以事务的完整性的实现是很复杂的。事务的许多活动是不包含在数据库的事务控制中的，如读取多媒体部件，将其集成到可演示的对象中，记录其变化，然后将更新写回存储器。例如，如果不进行特定的操作来完成更新，RDBMS是无法知道这一段视频被改变了的。

RDBMS模型的另一个有意思的扩展是，除了存储在数据库内部以外，BLOB也受到并发性和事务控制的影响。用户可以对BLOB有完全的事务控制进行读取和更新，也就是说，如果事务的后续部分失败了，对BLOB进行的所有修改都可以被退回。并发控制对BLOB的作用与对它数据类型的作用是一样的。

在基于RDBMS的客户-服务器应用程序中用得最多的过程化语言——标准SQL语言中，没有对数据库结构中的BLOB进行处理的协议。虽然许多独立的应用程序都可以操作RTF(有图形和其他数据类型嵌入其中的文本)、图形、声音、全动作视频和其他数据，但这些信息只能保存在数据库结构之外。为了克服SQL在多媒体对象处理方面的缺点，可以将基于SQL的非过程性语言和单纯面向对象的数据库合并起来，使得多媒体对象的控制更加方便灵活。结果是数据库可以支持封装(将软件实体作为单元来处理)和继承(从已存在的类派生出新的类)这两个面向对象概念中的基本原则。封装是使用嵌套的表格来提供类似关系数据库的支持。关系数据库模型包括一系列关系，称为表格，它由行列组成。表格中的一行表示单个关系，表格嵌套就是一个表格的一列中包含另一表格的所有行的内容。另外，表格允许有对每一行中某一列内容进行处理的过程。这样定义的关系表格就将数据库结构及行上的操作有效地封装起来。任何过程都可以与表格相联系并对表格中的每一行进行处理。这样，面向对象数据管理的两个先决条件——继承和封装，就已经具备了，并且整个是在关系数据库模式内部进行。

关系数据库提供的数据访问的灵活性是多媒体文档管理系统的重要特征。复合关键字使得对多媒体文档的访问可以有多种组合方式，这方面数据库提供了完全的适应性。但是，前面提到的显著缺点和面向对象系统在这些领域的优点是使用面向对象程序设计方法的最有力的证明。

(2) 多媒体的面向对象数据库

尽管有扩展的关系数据库，对象数据库(其中数据仍然是在关系数据库或一般文件之中)是对多媒体的支持的最快捷的途径。运用可复用代码和模板概念的面向对象编程使得数据库的维护更简单，但是它会带来危险。当前的对象数据库缺乏安全性和并发控制，使得目前大多数对象数据库无法用于商业应用。但是类的概念和面向对象数据库模型非常适合多媒体数据。只要建立了类，其中所有的对象都有了该类的属性。类的定义能加速应用程序的开发速度，还能提供更广泛的对象能力和对复杂的多媒体应用的开发和维护工具。对象数据库的诸如消息传送、可扩展性和对层次结构的支持等能力对多媒体系统是很重要的。

ODBMS(对象数据库管理系统)允许对数据库应用程序的增量修改,这些修改在过程化语言环境下会更困难。例如,"消息传送",允许对象之间以激发各自方法的方式相互作用,应用程序的一个成员的数据到另一个成员的传送过程能导致使数据的管理更适合下一层次。数据库中这种方式的分层支持使得设计更为简单,因为大多数产品设计都包容了客户与服务器之间的自然的分层结构。"可扩展性"意味着操作、结构、约束的集合都不是固定的,正如 RDBMS 中那样,开发者可为他们的应用程序增加新的操作。早期面向对象数据库缺乏关系数据库的鲁棒性,其中的事务完整性仍然难以控制,像恢复、撤销这些常用特性还没有被完全支持。尽管如此,面向对象数据库仍然为多媒体软件提供了新的有力的基础,下面我们来重温一下面向对象数据库的关键概念以理解它为什么对多媒体系统如此重要。

面向对象的软件技术基于下面 3 个概念,对多媒体系统是十分重要的:

- 封装性,或者说以预定义、可控制的方式把软件实体作为单元来处理,其中控制程序是与实体结合在一起的;
- 联系,或以与另一实体的差异来定义一个软件实体的能力;
- 分类,或以有相同行为、属性的数据项来代表一个单独的软件实体的能力。

面向对象的一个重要优势是以模块化和复用方式来组织软件。领域独立的类库定义了属性和控制程序的基本集,这个基本集是一种复杂的信息元素类型——对象所要求的。例如,对象可能是一个视频片断或一特别复杂的文档。

面向对象的另一个重要性是提供了较软件实体更直接的模拟复杂的现实世界的新方法。领域相关的类库被用来定义真实世界的属性而不是这些实体的抽象属性,这些属性在类的下一层定义。

类库还被用来支持诸如数据转换、符合用户环境的数据表示这样的函数。专用针对交互领域的类库简化了处理大量显示系统、压缩/解压缩技术的需要。

封装的另一个好处是,它允许真正开放系统的开发,在其中应用程序的一部分不需要知道另一部分的功能。封装成功地隐藏了内部成员的功能,只留下了交互接口。一个面向对象程序允许程序员直接表达封装、聚合、分类的概念。对开放系统,一个类库有可能为其他遵循相同运行规则的程序提供开放接口。

对开放系统,对象的接口(当从外部观察时它的公共特征)和实现(产生这些外观特征的私有属性和函数)之间的差别很重要。封装提供自治性,就是说,对各种外部程序的接口能在一类对象上实现而数据存储在其他类对象中。一个对象不能影响其他对象的运作,只限于使用其他对象的公共方法。

继承机制允许快速构造与父辈性质相近的对象,如从一基本显示对象继承得到一系列不同的显示对象来适应工作站的需要。

开放系统的用户能从为网络中不同系统建立的面向对象机制的基本标准中获得极大好处,该标准允许互相通信,提供在此之上的服务。对象管理群(Object Management Group)的对象请求代理(object request broker)就试图建立这样一个通信机制。例如,Windows NT、IBM Presentation Manager、NextStep、X-Windows 和 SUN 的 Open Look 等都有具有公共特性的面向对象的用户接口,但它们的结构很不一样,Windows 提供大量非面向对象的 API 函数，SUN 的 Open Windows 提供 X-Window 图形 API 函数(一个非面向对象的过程化的接口)。Next Step 提供了详尽的类库，但基本图形功能通过 Display PostScript System 提供，News System 建立在 PostScript 语言上，再加上覆盖整个用户界面的面向对象结构，X-Window 系统依靠工具包兼容性，它建立在类机制上(通过由编程语言以外的软件惯例库来实现的继承性)。对象请求代理可用来定义功能，而实际的操作由理解 API 的本地对象实现。以这种方式，对象请求代理只需要知道对 GUI 环境的公共接口，而不是具体编程机制。

3. 多媒体数据库体系结构

由于目前还没有完好的多媒体数据模型，所以还没有标准的多媒体数据库体系结构，现在大多数解决办法是采用扩展现有的关系数据库，一是扩展字段长度，二是扩展为对象，采用面向对象的方案。这里介绍的仅局限在专门的应用范围，只对专门应用进行结构设计。

(1) 组合型多媒体数据库结构

针对各种媒体单独建立数据库，每一种媒体的数据库都有自己独立的数据库管理系统。虽然它们是相互独立的，但可以通过相互通信来进行协调和执行相应的操作。用户既可以对单一的媒体数据库进行访问，也可以对多个媒体数据库进行访问以达到对多媒体数据进行存取的目的。这种多媒体数据库系统的体系结构示意图如图 7.16 所示。在这种数据库体系结构中，对多媒体数据的管理是分开进行的，可以利用现有的研究成果直接进行组装，每一种媒体数据库的设计也不必考虑与其他媒体的匹配和协调。但是，由于这种多媒体数据库对多媒体的联合操作实际上是交给用户去完成的，给用户带来灵活性的同时，也给用户增加了负担。该体系结构对多种媒体的联合操作、合成处理和概念查询等都比较难于实现。如果各种媒体数据库设计时没有按照标准化的原则进行，它们之间的通信和使用都会产生问题。

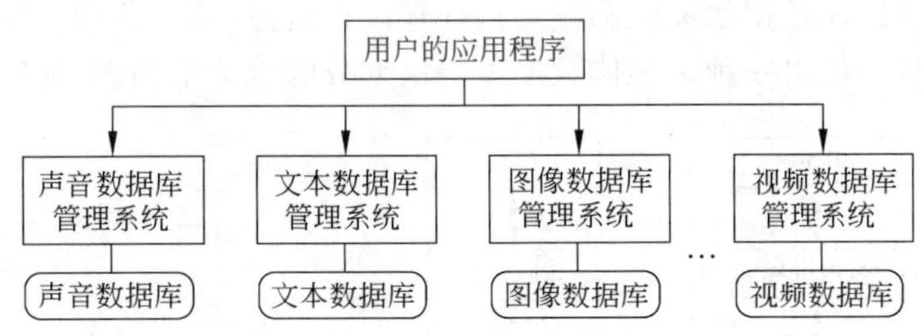

图 7.16　组合型多媒体数据库结构

(2) 集中型多媒体数据库结构

只存在一个单一的多媒体数据库和单一的多媒体数据库管理系统。各种媒体被统一地建模，对各种媒体的管理与操纵被集中到一个数据库管理系统之中；各种用户的需求被统一到一个多媒体用户接口上，多媒体的查询检索结果可以统一地表现。由于这种多媒体管理系统是统一设计和研制的，所以在理论上能够充分地做到对多媒体数据进行有效的管理和使用。但实际上这种多媒体数据库系统是很难实现的；目前还没有一个比较恰当而且效率很高的方法来管理所有的多媒体数据。虽然面向对象的方法为建立这样的系统带来了一线曙光，但要真正做到还有相当长的距离。如果把问题再放大到计算机网络上，这个问题就会更加复杂。结构示意图如图 7.17 所示。

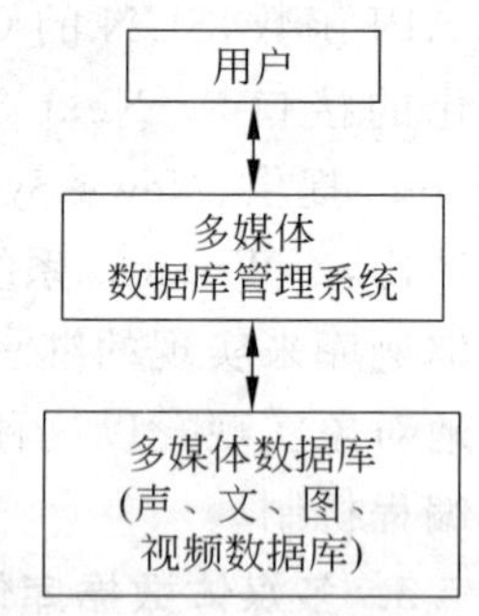

图 7.17 集中型多媒体数据库结构

(3) 客户/服务器型多媒体数据库结构

减少集中型多媒体数据库系统复杂性的一个很有效的办法是采用客户/服务器结构。各种单媒体数据仍然相对独立,系统将每一种媒体的管理与操纵各用一个服务器来实现,所有服务器的综合和操纵也用一个服务器来完成,与用户的接口采用客户进程实现。客户与服务器之间通过特定的中间系统连接。使用这种类型的体系结构,设计者可以针对不同的需求采用不同的服务器、客户进程组合,所以很容易符合应用的需要,对每一种媒体也可以采用与这种媒体相适合的处理方法。同时,这种体系结构也很容易扩展到网络环境下工作。但采用这种体系结构必须要对服务器和客户进行仔细的规划和统一的考虑,采用标准化的和开放的接口界面,否则也会遇到与组合型相近的问题。该体系结构的示意图如图 7.18 所示。

(4) 多媒体数据的层次结构

传统的数据库系统分为三个层次,按 ANSI 的定义分别为物理模式、概念模式和外部模式。传统的数据库采用这种层次结构是因它所管理的数据而决定的。在这种数据库中,数据主要是抽象化的字符和数值,管理和操纵的技术也是简单的比较、排序、查找和增删改等操作,处理起来容易,也比较好管理。由于数据种类单一,数据模型比较简单,对数据的处理也可以采取相对统一的方法,用户除了表格之外没有更复杂的数据表现工作。因此,如果要引入多媒体的数据,这种系统分层肯定不能满足要求,就必须寻找恰当的结构分层形式。

已经有许多人提出过多媒体数据库的层次划分问题,包括对传统数据库的扩展、对面向对象数据库的扩展、超媒体层次扩展等。虽然各有不同,但总的思路是很相近的,大都是从最底层增加对多媒体数据的控制与支持,在最高层支持多媒体的综合表现和用户的查询描述,在中间增加对多媒体数据的关联和超链的处理。在这里,综合各种多媒体数据库的层次结构的合理成分,我们提出一种多媒体数据库层次划分的概念结构图,如图 7.19 所示。

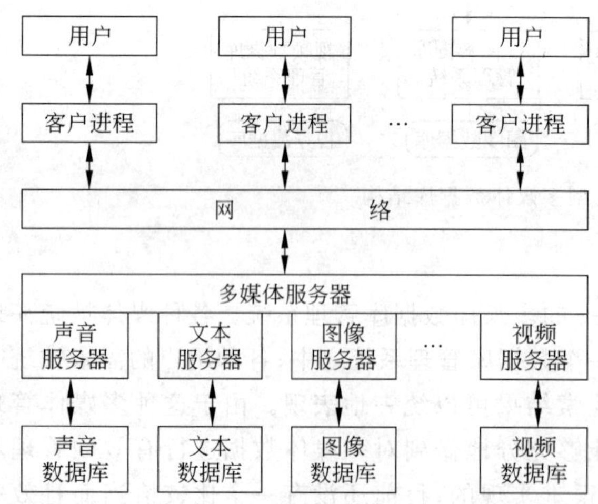

图 7.18 客户/服务器型多媒体数据库结构

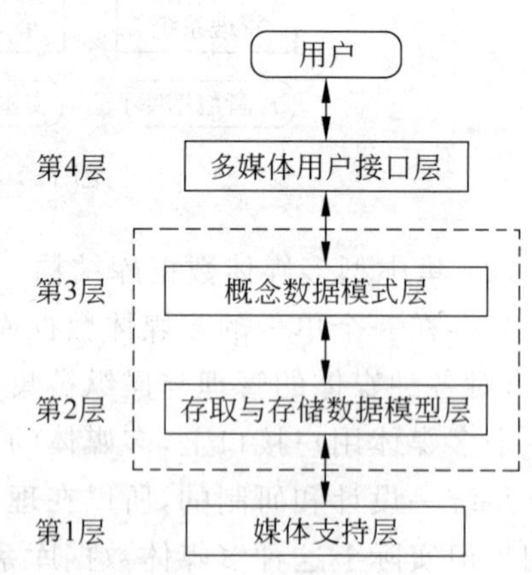

图 7.19 多媒体数据库的层次示意图

在该图中，最底层也就是第1层，称为媒体支持层，建立在多媒体操作系统之上。针对各种媒体的特殊性质，在该层中要对媒体进行相应的分割、识别、变换等操作，并确定物理存储的位置和方法，以实现对各种媒体的最基本数据的管理和操纵。由于媒体的性质差别很大，对于媒体的支持一般都分别对待，在操作系统的辅助下对不同的媒体实施不同的处理，完成数据库的基本操作。第2层称为存取与存储数据模型层，完成多媒体数据的逻辑存储与存取。在该层中，各种媒体数据的逻辑位置安排、相互的内容关联、特征与数据的关系以及超链的建立等都需要通过合适的存取与存储数据模型进行描述。第3层称为概念数据模型层，是对现实世界用多媒体数据信息进行的描述，也是多媒体数据库中在全局概念下的一个整体视图。在该层中，通过概念数据模型为上层的用户接口、下层的多媒体数据存储和存取建立起一个在逻辑上统一的通道。第3和第2层也可以统称为数据模型层。第4层称为多媒体用户接口层，完成用户对多媒体信息的查询描述和得到多媒体信息的查询结果。很显然，这一层在传统数据库中是非常简单的，但在多媒体数据库中这一层却成了最重要的环节之一。用户首先要能够把他的思想通过恰当的方法描述出来，并能使多媒体系统所接受，这在多媒体数据库系统中本身就是一个十分困难的问题，不是用某一种类似于SQL之类的语言所能描述的。次之，查询和检索到的结果需要按用户的需求进行多媒体化的表现，甚至构造出“叙事”效果，这也是表格一类接口所不能做到的。

上面的多媒体数据库的层次划分当然是非常概念化的，也是很初步的。多媒体数据库的结构应该能够包含像图像数据库、视频数据库、全文数据库等一系列的专业数据库类型，并能统一的管理和使用，但目前离这一目标还很远。

7.3.2 多媒体数据库的基于内容检索

随着多媒体技术的迅速普及，人们将大量接触和处理多媒体信息，而每一种媒体数据都具有难以用符号化的方法描述的信息线索，例如，图像中的颜色、对象分布，视频中的运动、事件，音频中的音调等。当用户希望利用这些信息线索对数据进行检索时，由于传统的数据库检索采用基于关键词的检索方式，一方面，在许多情况下多媒体内容难以用几个关键词来充分描述，而且作为关键词的媒体特征的选取也有很大的主观性；另一方面，用户很难将这些信息线索转化为某种符号的形式。因此，要求数据库系统能够对多媒体数据进行内容语义分析，以达到更深的检索层次。即所谓的基于内容的检索，它具有如下特点：

- 从媒体内容中提取信息线索。基于内容的检索突破了传统的基于关键词检索的局限，直接对图像、视频、音频进行分析，抽取特征，使得检索更加接近媒体对象。
- 提取特征的方法多种多样。以图像的特征提取为例，可以提取形状特征、颜色特征、纹理特征、轮廓特征等。
- 人机交互进行。一般来讲，人对于特征比较敏感，能迅速分辨出目标的轮廓、音乐的旋律等，但对于大量的对象，一方面难以记住这些特征，另一方面人工从大量数据中查找目标效率非常低，而这正是计算机的长处，因此，使用基于内容检索的系统时，人与计算机相互分工配合进行检索。
- 基于内容的检索是一种近似匹配。在检索过程中，采用逐步求精的办法，每一层的中间结果是一个集合，不断减小集合的范围，直到定位到目标。这一点与数据库检索的精确匹配算法有明显不同。

基于内容的检索可以利用图像处理、语音信号处理、模式识别、计算机视觉等学科中的一些方法作为部分基础技术。因为基于内容的检索不仅仅是基于内容,而且从应用的关键技术上看,其本质上是一门信息检索技术。它利用认知科学、用户模型、图像处理、模式识别、知识库系统、计算机图形学、数据库管理系统、信息检索等领域的研究成果和方法,研究新的媒体数据的表示和数据模型、有效和可靠的查询处理算法、智能查询接口以及与应用领域无关的系统结构。基于内容的检索与模式识别、图像理解、计算机视觉等学科的重要区别是,基于内容的检索是一种信息检索技术,要能够从大型分布式数据库中以用户可以接受的响应时间查询到要求的信息,它不一定需要去理解和识别媒体中的目标,关注的是以基于内容或特征的方法快速发现信息。

1. 基于内容检索系统的体系结构

(1) 基于内容检索的体系结构

基于内容的检索作为一种信息检索技术,接入或嵌入到其他多媒体系统中,如超媒体(浏览器)系统、会议系统、多媒体信息系统、关系数据库系统等,提供基于多媒体数据内容的信息查询和检索。因此,将基于内容的检索设计为多媒体数据库的检索引擎结构,在体系结构上划分为 2 个子系统:特征抽取子系统和查询子系统,如图 7.20 所示。

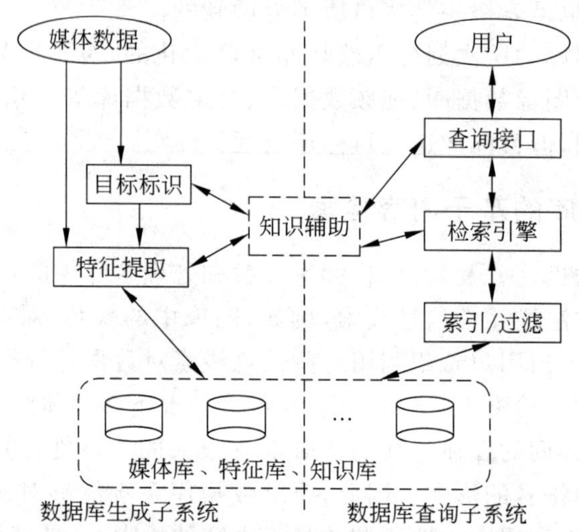

图 7.20 基于内容检索的体系结构

各个模块的主要功能如下:

① 目标标识

目标标识为用户提供一种工具,以全自动或半自动(需要用户干预)的方式标识静态图像、视频镜头的代表帧等媒体中用户感兴趣的区域,以及视频序列中的动态目标,以便针对目标进行特征提取并查询。当进行整体内容检索时,利用全局特征,这时不用目标标识功能。目标标识是可选的。

② 特征提取

对多媒体数据进行特征提取,提取用户感兴趣的、适合检索要求的特征。特征提取可以是全局性的,如整幅图像的视频镜头,也可以是针对某个目标的,如图像中的子区域,视频中的镜头和运动对象等。

③ 数据库

生成的数据库由媒体库(集)、特征库(文件)和知识库组成。媒体库包含多媒体数据,如图像、视频、音频、文本等。特征库包含用户输入的特征和预处理自动提取的内容特征。知识库中知识表达可以更换以适应各种不同的应用领域。

④ 查询接口

友好的人机交互界面是一个成功检索系统不可缺少的条件,它可以大大提高检索的效率。在基于内容检索中,由于特征值为高维向量,不具有直观性,因此必须为其提供一个可视化的输入手段。可采用的方式有三种:操纵交互输入方式、模板选择输入方式和用户提交特征样板的输入方式。同时应支持多种特征的组合。另外,查询返回的结果需要浏览,应在用户界面提供浏览功能。

⑤ 检索引擎

检索是利用特征之间的距离函数来进行相似性检索。模仿人类的认知过程,近似得到数据库的认知排队,对于不同类型的媒体数据有各自不同的相似性测度算法,检索引擎中包括一个较为有效可靠的相似性测度函数集。

⑥ 索引/过滤器

检索引擎通过索引/过滤模块达到快速搜索的目的,从而可以应用到数据库中的大型多媒体数据集中。过滤器作用于全部数据,过滤出的数据集合再用高维特征匹配来检索。索引用于低维特征,可以用 R * 树索引来加快检索。

(2) 基于内容检索的处理过程

基于内容的查询和检索是一个逐步求精的过程,存在着一个特征调整,重新匹配的循环过程,如图 7.21 所示。

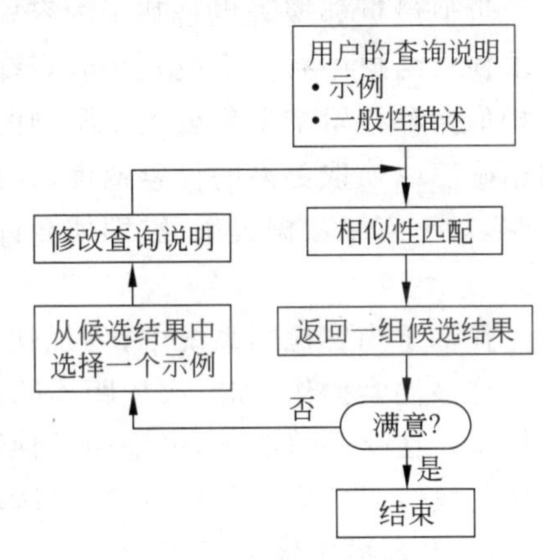

图 7.21 基于内容检索的处理过程

① 提交查询要求

用户查找一个数据对象时,利用系统人机界面提供的输入方式(可视化的输入界面或查询语言)形成一个查询条件。与传统的文本查询不同的是,在将查询条件传递给搜索引擎之前,一般要对所提交的数据进行预处理,在分布式应用中这一点尤为重要。

② 相似性匹配

将查询特征与数据库中的特征按照一定的匹配算法进行匹配。

③ 返回候选结果

满足一定相似性的一组候选结果按相似度大小排列返回给用户。

④ 特征调整

对系统返回的一组初始特征的查询结果,用户可以通过遍历(浏览)挑选到满意的结果,也可以从候选结果中选择一个示例,进行特征调整,最后形成一个新的查询。如此逐步缩小查询范围,直到用户对查询结果满意为止。

2. 基于内容检索的关键技术

基于内容检索需要解决两类关键技术:

- 多媒体特征提取和匹配;

• 相似检索技术。

1）基于内容检索索引方法

在基于内容检索系统中，快速索引技术是影响系统速度的关键。由于媒体对象的特征描述一般都是高维的，而特征空间中的相近意味着较大的相似度，因此问题的关键就在于如何在高维空间点集中寻找与给定点距离最近的一组点。在计算机科学中，在点集中寻找与给定点距离最近的点的问题叫做最近邻搜索问题，记作 NN-Search 问题。基于内容检索的索引问题要求寻找与给定点距离最近的一组点（不妨设为 k 个），常记作 k-NN-Search 问题。

在一维空间下，最近邻搜索可采用对顺序表进行简单的折半查找来完成，但在高维空间这种算法就难以直接应用了。最早的最近邻查找算法是所谓的桶算法（bucketing algorithm）。这种算法将数据集空间进行规则划分（如成格状），每个划分中的数据点存于一个桶中（bucket）。这样，最近邻搜索就转化为在所有的桶中寻找与给定点最近的桶。由于桶算法对数据集空间进行规则划分，因此其对于均匀分布的数据集十分有效。

对于主存中的最近邻搜索来说，一种比较实用的索引方法是 k-d 树方法，其思想是按照一定的准则选择某一坐标轴方向作为切分方向，将数据集切分为两个子数据集，再对此两个子数据集递归切分，形成一棵检索树。优先 k-d 树（priority k-d tree），这种索引结构不仅检索速度快，适用于 k-NN-Search 问题，而且其空间复杂度与数据集的维数成线性关系，且与二级存储器实现相容，因此是目前解决 k-NN-Search 问题最有效的一种索引算法。

近似最近邻搜索也是基于内容检索索引研究的一个热点。由于在多数应用中，用户只要求检索结果中有一个或几个满意媒体对象即可，而并不要求查询结果一定是信息库中满足相似度和检索结果集合大小限制的所有对象。相反地，在多数情况下用户希望牺牲检索的精确度以换取更高的检索速度，这就导致了近似最近邻搜索技术的产生。而大量的实验表明，对于高维数据集来说，即使允许极小的近似（检索误差），也会对检索速度带来很大的提高。

在基于内容检索系统中，为加快检索速度而经常使用的另一个技术是分层索引技术。对于许多检索操作（如二次型距离的直方图匹配）而言，特征间距离的计算往往需要很大的计算量。在这种情况下，可采用一种计算量较小的距离度量先对信息库进行检索，得到一组候选的媒体对象集，再对此候选媒体对象集采用原距离度量，以此来降低计算量。

2）内容描述技术

媒体分割和特征提取用来在基于内容检索系统中建立媒体对象的内容描述，其方法和技术直接来源于图像处理与理解和计算机视觉等媒体理解研究的成果。由于目前的媒体理解技术尚难建立通用的系统，因此在基于内容检索系统的实现中引入与领域有关的高层知识将是有益的（即图像/视频库涉及的内容），这将直接影响到系统所采用的媒体理解技术。以静止图像库为例，对于医疗图像库的检索，无疑需要结合专门领域的医学图像理解技术来进行图像的描述和组织。而面孔图像库或新闻人物照片的检索，结合面孔识别技术无疑可大大提高检索的准确率，像这样的专用基于内容检索系统，往往都需要针对系统的要求，专门设计用于检索和描述的特征。

也有一些图像检索系统由于其包含内容十分广泛（如 QBIC 系统和 Virage 系统），促使其选择更为普遍的特征来进行内容的描述、组织和检索。目前，对于通用的静止图像检索，用于检索的特征主要有颜色（color）、纹理（texture）、草图（Sketch）、形状（Shape）等，其中颜色、形状、纹理应用得尤为普遍。

对于视频信息检索，一般来说，领域知识的作用更为明显。除了底层的片段检测(Shotdetection)、图像拼接(mosaicing)等不需要语义信息的技术外，要进一步对视频片断进行组织，则需要充分利用领域的知识。如对于新闻节目的检索来说，利用视频信号的某些特点(电视台的台标)可有效地进行信号区分，从而大大简化检索难度。而利用先验知识，可更有效地完成对监控系统视频信号中被触动过物体的检索。

尽管由于不同的应用背景，不同的基于内容检索系统在底层描述中采用的技术也各有侧重，但一般都能在传统的计算机视觉和图像处理技术中找到其出处。可以说，媒体分割和特征抽取所使用的技术是图像处理和计算机视觉各种技术应用的综合。

(1) 图像的特征描述

对于通用图像库的检索来说，最常用的特征就是颜色、形状和纹理。

① 颜色特征的提取

在传统的注重几何特征的计算机视觉研究中，颜色未得到充分的重视，人们普遍认为颜色不是刻画一个物体的关键特征。然而，相对于几何特征而言，颜色具有一定的稳定性，其对大小、方向都不敏感，表现出相当强的鲁棒性。同时，在许多情况下(特别是对于自然景物来说)，颜色是描述一幅图像最简便而有效的特征。例如，在需要检索海滨景物图像时，指定图像中的主要颜色(如蓝色，对应海水；黄色，对应海滩)的大致比例后即可以此为依据查找与此颜色分布类似的图像，而此时其他检索特征往往难以奏效。所有这些，都促使颜色成为基于内容检索采用的主要手段之一。在 QBIC 和 Virage 系统中，颜色分别是最有效和权重最大的检索特征。

一种常用的颜色特征是图像的颜色直方图。在颜色检索算法中，采用了互补颜色(opponent color)空间直方图来描述物体，并通过定义在直方图的相交(intersection)及反投影算法(backprojection algorithm)来完成物体的识别(检索)和在图像中的定位。通过直方图相交算法，给定图像直方图后，颜色检索就变为在模型库中查找具有最大匹配度的图像。

颜色直方图反映的是图像的整体特征，而在许多情况下我们希望在检索中只对图像中的部分颜色加以指定(如检索出现蓝天的图像，而不管图像中出现的其他景物)。在这种情况下，若把颜色直方图作为特征直接进行比较难以满足检索的要求，而描述图像主要颜色组成的主颜色(dominant color)却十分有效。一般情况下，可通过图像分割或在颜色直方图空间聚类来对主颜色加以计算。

② 形状特征的提取

形状是传统计算机视觉刻画物体的本质特征之一，但对于通用图像库的检索而言，利用形状特征进行检索存在一定的困难。这是因为实际场景中物体的形状会发生很大的变化，而且从复杂场景中提取物体形状本身也并不是一件简单的事情。但针对某些特定应用(如 QBIC 中针对可明显分割为背景和前景的图像)，利用形状可以提高检索的准确性和效率。

对于基于形状的检索来说，形状的表示和匹配无疑是需要解决的重要问题。传统的计算机视觉中，曾先后用 Freeman 链码、Ψ-s 曲线、Fourier 描述子、二次曲线及 B 样条等来描述平面曲线。

对于形状匹配来说，Hough 变换是最经典的方法，而且对于噪声和遮挡具有良好的抗干扰性。但 Hough 变换仅能解决形状的平移、旋转和缩放所带来的匹配问题，而对实际应用中广泛的变形匹配问题无能为力。

在实际应用中，出于对算法时间和空间复杂性的考虑，形状的表达和匹配往往采用更为简单的方法，如形状参数(shape factor)——关于形状的一些定量测度(如距离、面积、周长等)常用来描述形状并进行形状的匹配。

③ 纹理特征的提取

作为物体的一个重要特征，纹理也是基于内容检索的一条主要线索。纹理检索和纹理分类技术有着密不可分的关系，针对不同系统的应用要求在纹理检索的实现中往往采用不同的纹理识别技术。

早期的纹理识别技术可分为三类：统计方法、结构方法和频谱分析方法。结构方法主要对规则的结构纹理，采用句法分析方法识别。从20世纪70年代开始，基于二阶灰度统计特征的统计方法得到了广泛的研究。

进入20世纪80年代后，随机场模型也用于纹理的分类和识别。采用了高斯马尔可夫随机场GMRF(Gaussian Markov Random Field)模型后，对9种自然纹理的识别正确率达到了99%～100%。

(2) 视频检索

与图像检索相比较，视频检索含有更丰富的内容，但与图像数据一样，原始的视频数据也是非结构化的，在检索前要对其结构化。为此，首要工作是将此连续的视频流划分为具有特定语义的视频片段来作为检索的基本单元，在此基础上才能作进一步地描述和组织。这样，视频检索就包括视频分割和描述建立两部分内容。

① 视频信号的结构化

视频信号的结构化主要包括视频分割和镜头组织两部分，其中前者用于将连续的视频流分割为可供检索的视频基元(镜头)，而后者则用于对分割产生的大量镜头建立更高层的组织结构，以便于测览检索。

a. 视频分割

如上所述，视频分割即将连续的视频流分割为相对独立的视频片段。根据应用背景的不同，对视频流的分割可以采用不同的标准，比如也可以把某一物体在图像中的出现和消失定义作为片段的头和尾。但根据视频信号的产生原理，我们知道一般的视频序列本身是由多段镜头(摄像机上从记录(RECORD)到停止(STOP)期间所获得的一段连续视频信号)通过拼接编辑而成的，而每个镜头本身具有一定的独立性和完整性。因此，在实际应用中多是以视频流中的自然分界——镜头场景的切换作为视频流的分割依据。从这个意义上说，视频分割即是对视频流中帧图像内容连续性中断的检测。

根据视频编辑特性的不同，镜头切换可分为不同的类型。对最简单的直接切换来说，由于视频流由两镜头不加编辑直接拼接而成，帧图像特性在拼接发生突变，因此可通过帧间特性的比较进行检测。通过对不同图像度量的比较得出，采用子窗口直方图比较的方法对于切换检测性能最佳。窗口的选择是影响性能的一个主要因素，大窗口算法对运动具有较好的鲁棒性，但在景物改变却具有类似颜色或灰度分布时可能漏检，而小窗口算法则对于运动过于敏感，因此在实现中往往需要将二者结合使用。

另一种常见的较为复杂的镜头切换是渐变(dissolves)，即是一段视频镜头在镜头转换处在一段时间内渐渐转变为后续视频镜头。淡入(fade-in)淡出(fade-out)可视为渐变的特殊情况。对于渐变,由于帧图像特性逐渐改变,相邻帧变化很小,就不能仅依靠相邻帧特性的比较,而需要在更大的窗口范围内进行检测。

由于大量视频信号都以压缩形式存储,对压缩视频流的直接片段检测也是人们感兴趣的研究内容。通过对视频编码中 DCT 变换系数性质的分析,可以对压缩视频信号直接执行片段检测的算法。以此为基础,人们对 MPEG 视频流又提出了许多改进的算法。

b. 镜头组织

通过视频分割,连续的视频流被切分为可供检索的镜头。但对于许多视频信号来说,其所含的镜头数可多到上百上千,使得用户难于直接检索。以电影为例,有多于 500 镜头的影片并不少见,而现代动作片中镜头数则更多(如在“终结者 II”中,15 分钟的影片就有 300 个片段)。在电视节目的新闻报导中,也有大量的关于同一报导内容的镜头。在这种情况下,就需要对镜头进行组织,生成一种更高级、更具有语义性的结构(如场景 scene 或幕 act),以便于用户的检索。

场景转换图(Scene Transition Graph,STG)是一种常用的镜头组织方法。该方法根据语义信息对镜头进行组织,从而对整个视频流建立一种层次化的表示。首先根据镜头间的相似性(主要利用颜色、形状及图像间相关等)在内容描述空间对镜头进行聚类,再根据聚类结果利用时间轴上的约束生成场景转换图。

② 描述建立

与图像检索有所不同。视频检索的描述建立除了特征提取外,还包括镜头的代表帧生成。特征提取用于对分割得到的镜头建立描述,常用的镜头特征是镜头的主运动,这个特征适用于景物中有一个大背景的镜头。在此条件下不能得到满足(如景物中存在多个较大运动物体的情况)时,就需要对镜头根据运动特性对不同景物分层并对分层建立描述。代表帧生成用于对镜头生成一个或多个可代表内容的图像,可在浏览检索用来代表镜头的内容。

a. 主运动估计(dominant motion estimation)

在多数视频图像中,往往有一个相对固定的背景,背景前面是运动的物体。此背景占据了大部分图像,其在图像平面中的变化是摄像机操作和运动(如聚焦、平移、追踪等)的结果。在这种情况下,主运动(即此背景的运动)估计无疑对图像的对准和拼接效果起着重要的作用。

不同算法所依据的运动模型不同。在背景景深变化不大的情况下,可以把整个背景作为二维平面来考虑,这样就得到了摄像机的二维运动模型。

对于背景景深变化较大的情况,此时单个二维运动模型已不能描述背景的运动,而必须考虑景深的影响。针对校准过的摄像机,提出了三维运动结构模型。

在模型参数的计算方面,为了去除前景运动的影响,在参数估计时一般不采用最小均方差(least squares)方法。而采用了 M 估计(M-Estimation)方法。

b. 层描述(layered representation)

在许多情况下,景物由多个具有不同运动特性的较大物体组成,很难指定哪一个运动是主运动。在这种情况下,就需要采用层描述方法,根据运动特性的不同对景物进行分割。将其划分为不同的“层”,并分别对每层建立相应的描述。层描述一般包括三个部分:Ⅰ.一个运动描述符的集合;Ⅱ.对每个运动描述符在图像序列中与之对应即满足其约束关系的“层”;

Ⅲ. 根据Ⅰ和Ⅱ及原始视频图像建立的对每个“层”建立的描述。

层描述所要解决的问题是：Ⅰ. 需要多少个运动模型来描述景物中的运动；Ⅱ. 运动模型参数的计算；Ⅲ. 每个运动模型支撑“层”的计算。为了对运动模型的数目加以限制，算法一般都采用 MDL(Minimum Discription Length)准则来进行计算。

在 QBIC 的实现中，就是根据 2D 运动模型，通过不同物体（由于在景物中远近不同所引起）的仿射变换的参数的不同，将景物划分为不同的层（layer），每一层具有自己的 2D 仿射运动参数以及在每一帧中的对应区域，这样，就对整个片段建立了一个运动的分层表述（layerd representation），供检索时使用。

c. 镜头代表帧生成

在许多视频检索应用中，浏览检索是一种十分重要的检索手段。在这种检索方式中，镜头的内容用一幅或多幅能够代表镜头内容的图像（称为代表帧 representative frame，简记为 r-frame）来表示。系统通过在检索界面上提供各镜头的代表帧，使得用户可通过浏览来选择相应的镜头。这样，如何生成代表帧，使其更好地表现镜头的内容，就成为一个需要解决的问题。

最简单的办法是直接从镜头的帧序列选择一幅或多幅图像作为代表帧。常用的方法是选择图像的首帧、中间帧和/或末帧，但这种方法的缺点是缺乏灵活性，不能根据镜头的内容变化选择代表帧，此外还可以采用根据对帧相关差（对应像素差）设阈值来选择代表帧的方法。

另一种常用的代表帧生成方法是图像拼接（mosaicing），即用分割得到的镜头融合镜头中多帧的背景信息生成一个全景的拼接图像（mosaic）来代表镜头内容。

3. 基于内容检索系统的设计和实现

随着多媒体技术的迅速普及，Web 上将大量出现多媒体信息，例如，在遥感、医疗、安全、商业等部门中每天都不断产生大量的图像信息。这些信息的有效组织管理和检索中都依赖基于图像内容的检索。目前，这方面的研究已引起了广泛的重视。例如，由 IBM 公司开发的 QBIC 是最有代表性的系统，它通过友好的图形界面为用户提供了颜色、纹理、草图、形状等多种检索方法；美国加州大学伯克利分校与加州水资源部合作进行了 Chabot 计划，以便对水资源部的大量图像提供基于内容的有效检索手段。此外还有麻省理工学院的 Photobook，可以利用 Face、Shape、Texture、Photobook 分别对人脸图像、工具和纹理进行基于内容的检索，在 Virage 系统中又进一步发展了将多种检索特征相融合的手段。澳洲的 New South Wales 大学已开发了 NUTTAB 系统，用于食品成分数据库的检索。

为了阐述基于内容检索系统的工作原理，列举下述两个例子：

- 清华大学研制的 Internet 上静态图像的基于内容检索的原型系统；
- IBM 公司开发的 QBIC 系统。

1) Internet 上静态图像的基于内容检索的原型系统

清华大学计算机科学与技术系结合国家 863 高技术研究发展项目“Web 上基于内容的图像检索”的研究，于 1997 年研制了一个 Internet 上的静态图像的基于内容检索的原型系统。该项目的研究目标是开发能在 Internet/Intranet 环境下，通过友好的人-机界面，以颜色、纹理等图像特征或样本图像检索图像的方法和工具。目前该系统对 12 000 张景物照片图像的高维特征建立了 GSS-索引，采用 Java 语言来实现人机交互模块，通过浏览器为检索用户提供一个友好的人机交互界面，得到的检索请求转换为 CbExpr 检索表达提交给检索引擎进行处理。与网络所造成的延时相比，检索时间基本上可以忽略，表现出了相当好的实时性。

(1) 系统结构

设计系统结构时根据 Web 技术和信息检索技术的实现特点，划分为检索相关模块和建库相关模块两部分，结构框图如图 7.22 所示。

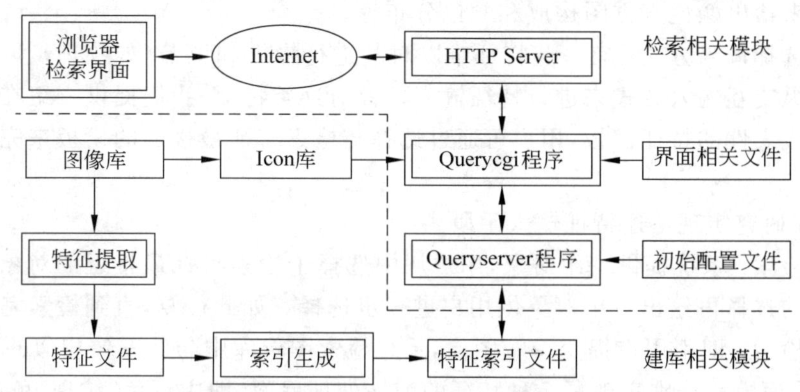

图 7.22　Web 上基于内容的图像检索原型系统的系统结构

① 检索相关模块

这个模块包括用户检索时用到的程序和文件，包括 Querycgi 程序、Queryserver 程序、初始配置文件和一些界面相关文件。

在检索时，用户通过本地的浏览器，通过 Http Server 访问 Querycgi，并提出检索请求。Querycgi 为一个 CGI 程序，通过 CGI 接口与 Http Server 通信。它负责提供检索界面，接受用户的检索请求，将检索请求传送给 Queryserver 程序并将 Queryserver 程序返回的检索结果以可视的形式(图像的 Icon 或图像本身)传给用户。Queryserver 程序为——“精灵”(daemon)程序，绑扎于指定端口上，接受 Querycgi 传来的检索请求，检索相应的索引文件，处理后返回检索结果。

界面相关文件是一些与检索界面有关的文件(如构成检索界面的 Java Class 文件，利用模板提供特征时的模板特征文件等)；初始配置文件则是提供 Queryserver 参数(如绑扎端口，各特征对应的索引文件名)的文件，供 Queryserver 启动时初始化使用。

② 建库相关模块

建库相关模块主要是用来建立和维护整个图像库和相关文件的，主要包括特征提取和索引生成两部分。

特征提取模块用来对图像库中的图像完成特定特征的抽取，并生成相应的特征文件；而索引生成模块则用来对得到的特征文件进行处理，根据相似检索(similarity indexing)原理生成相应的特征索引树和特征索引文件，供检索时使用。此外，建库相关模块还包括一些维护图像库(如完成图像格式转换，生成 Icon)的工具。

(2) 检索查询界面设计

友好的人机交互界面是一个成功检索系统不可缺少的条件，它可以大大提高检索的效率。在基于内容检索中，由于特征值为高维向量，不具有直观性，因此必须为其提供一个可视化的输入手段。目前采用的特征包括主颜色、颜色直方图、纹理分布、草图等 7 种,根据特征的种类不同,采用了两种特征输入手段。

- 操纵交互输入方式:适用于具有较强操纵性的特征。在这种方式中,用户可通过操纵工具来调整特征值,而特征值的变化直接向用户体现出来。通过这种方式,用户可得到想要的特征值,并提交来构成检索表达。如通过滑动条来调节主颜色,通过画笔来给出颜色直方图构成和颜色分布等。
- 模板选择输入方式:有一些特征难以对其进行操纵和调节(如纹理),因此也难以通过操纵交互输入方式来进行特征输入。针对这类特征,我们提供一组在特征空间中具有代表性的特征模板,用户可通过选择与检索特征最接近的模板来完成特征值的输入。

同时还在研究实现下述特征输入手段。

- 浏览检索:系统提供一组对象,用户从中选择于检索目标最接近的对象。系统根据用户的选择再给出一组对象供用户进一步选择。如此往复,直到检索完毕。
- 样本检索:即由用户提交一幅图像,系统检索图像库中与此图像相似的一组图像。

系统的界面模块分别实现了 7 种特征的前端处理界面,即主颜色、纹理、色调直方图、轮廓、颜色分布、彩色直方图和主题。界面设计如图 7.23 所示。

图 7.23 基于内容检索系统的主界面

界面结构由 3 部分组成:

- 检索特征预览:全部提供了 7 种特征,在任意时候只显示其中 3 个(如图 7.23 所示),用户可用鼠标拖动下面的滑动条以显示别的特征的当前查询值。对每一种特征,都有相应的特征名、使能选中框和权重滚动条(滚动条前面的编辑框显示当前的权重值，也可以直接输入）。用户必须选中该特征的使能框，权重滑动条和对应的特征输入区才可用。在该特征使能时，单击这一区域即可激活对应的特征输入模块。

- 检索控制参数：用户可以选择3种单特征查询组合方式——与、或、权重调节中的一种。它们直接影响对单特征查询结构集的处理：

最大返回结果数：由于图像检索是近似检索，所以查询结果一般都不止一个，我们将满足条件的图片按其相似度从大到小排序，返回前面的若干个。我们规定其合法值是16～100。

最小相似度：图片库中的任意图片与查询条件的相似度在区间[0,1]上，所以应该预定一个阈值，相似度大于它的图片才认为满足条件。在界面上，用户可以输入0～100之间的一个整数。

检索精度(epsilon)：合法值是0～100。在后台处理时，将它映射到[0,1]区间内。

- 特征输入区（工作区）：基于内容的图像检索的查询条件提交方式不同于传统的文本检索，针对每一种特征都应设计特定的交互方式。

(3) 提交特征分析

① 主颜色(Dominating Color)

主颜色就是图片中占较大比重的颜色。在图像处理中，主颜色的提取过程是：将图像的各点颜色值（一般是RGB值）量化到16×16×16的区间内，然后对图像的点聚类。如果某聚类颜色的像素点占图像全部像素的20%以上，就认为该聚类中心颜色是该图的主颜色。所以，一幅图片的主颜色可能不止一种。

② 纹理(Texture)

纹理特征适用于墙纸、布匹等具有简单、重复性的图案的检索。它的提取是用Gober算子分别从5个方向计算得到6个值，总共30个坐标。对纹理而言，如果用户没有一定的美术基础，很难直接用绘画的方式提交数据，因此采用了预定义的模板的方式，用户可以在特征输入区中浏览选择。目前提供了6个模板，以后还可以随时增减，这6个模板的选择是根据图像库中的常见纹理种类而定的。

③ 色调直方图(Histogram of Hue)

在常用的彩色空间中，除了R、G、B还有H(Hue色调)、S(Saturation饱和度)、B(Bright亮度)。其中Hue(色调)的合法取值是0～360，从视觉效果来讲，色调的变化范围就是：赤、橙、黄、绿、青、蓝、紫7色的逐渐过渡。图片的色调直方图表示了各种色调在其中的比例关系，这种关系有较大的变化范围，不宜使用模板，同时要求普通用户也能容易地表达查询要求，因此实现的是一个类似于Paint(画板)的特征提交界面。用户只需很简单的操作就可以画出若干彩色块，大致地从它们的面积就可以知道色调的分布。在正式提交查询数据时，前端模块还对整个画板的像素进行量化、统计，向服务器提交的是一个32维的直方图向量。

④ 彩色直方图(Histogram of HSB)

H、S、B直方图特征的“工作区”与色调直方图的完全一样，只是后台处理不一样。在提交最后的数据时，前端模块先将各像素值从RGB彩色空间转化到HSB彩色空间，然后量化到4×4×4的范围内，同时进行统计，最后向服务器提交的是一个64维的直方图向量。由于HSB的比例关系与人的直观感觉不太一致，所以这种特征的查询效果并不是很好。

⑤ 颜色分布(Color Distribution)

颜色分布是另外一个检索效果较好的特征。它同时表示了图像中颜色的值与位置属性，比较直观，在查询界面上以用户直接画图的方式提交数据。其工作区的外观和使用与色调直方图一样，但颜色分布特征的提取是这样的：将用户所绘制的图像分割成 6×6 个大小一样的 Icon，对每一个 Icon 中像素的 R、G、B 值分别求平均，这样得到了 36 个"平均像素值"，其中既包含了位置的信息，又有颜色值信息。最后，前端模块向服务器提交的是一个 6×6×3＝108 维的向量。例如，用户想查询有"蓝天与大地"内容的图片，他可以简单地画出一幅上面是蓝色，下面是绿色的画，得到的结果如图 7.24 所示。可以看出，颜色分布特征的查询效果是比较好的。

图 7.24　颜色分布特征得到的结果

⑥ 轮廓(Sketch)

在图像库中有很多图片的内容难以用颜色、位置、纹理来描述。比如想查询"画面分为上下两部分"的图像，用前面提到的特征无法方便地描述，可以用 Sketch 特征来描述画面中的各个部分的相对位置关系。提取特征的步骤是：先用颜色聚类的方法对画面进行划分，然后用中值滤波去掉噪声，得到若干均匀的颜色块(称为 Segment)。接着，提取图像的边缘特征，得到一个二值图像，最后将它缩小为 16×16 的大小，取得一个 256 维的特征向量，其中每一维的值或为 1 或为 0。对该特征的提交，我们仍采用了用户直接绘画的方式，因为它的变化多，语言表示不直观。"工作区"类似于色调直方图，但是绘制的是黑白图像，并且基本构图元素是点、直线、矩形、椭圆、多边形等线状图形，而不是块状图形。数据的预处理方法是：将用户所画的图形分割成 16×16 个区域，对区域内的像素值进行统计，如果黑色像素的个数大于阈值，则认为该区域为黑色，否则认为是白色。这样，可以得到一个 256 维的查询特征值。作为例子，假设现在提交一幅轮廓特征图，图中只有一条表示分界的直线，要求把画面分成上下两部分，得到的结果如图 7.25 所示，如提交一幅轮廓特为斜线的图，得到

图 7.25　直线轮廓特征的查询结果

的查询结果如图 7.26 所示，如果提交一幅轮廓特征为圆的图，得到的查询结果如图 7.27 所示，总的效果还是比较好的。

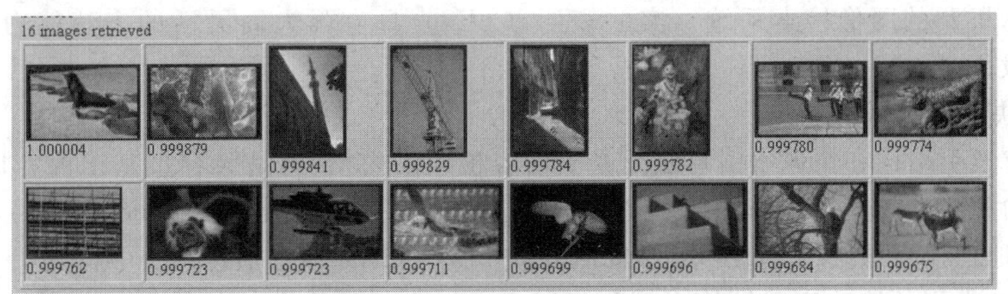

图 7.26　斜线的轮廓特征的查询结果

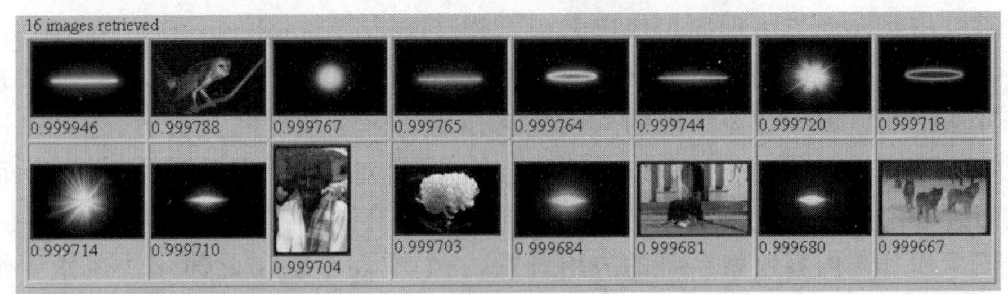

图 7.27　圆的轮廓特征的查询结果

⑦ 主题(Topic)

在研究中我们注意到，基于内容的图像检索也有它的局限性，其中一个很大的不足是难以表达抽象概念，而这一点正是基于文本检索的长处。比如说查找有“兔子”的图片，用目前我们实现的特征无法表达这一概念，而用文本检索则只需两个字。所以，我们将基于内容和基于文本两种检索方法结合起来，在前 6 种图像特征之外增加了“主题”检索。我们把主题特征视为图像特征之一，除了索引文件和查询方法以外，在对结果集的处理方面(如与、或、权重调和)与其他特征完全一样，这样既增强了系统的查询能力，又保证了结构的模块化。值得注意的是，主题特征也有“相似度”的定义。因为很难把握两个词之间的相似程度，我们目前只定义了一种比较简单的“相似度”。

定义(主题相似度)：如果用户提交的主题词个数为 M 个，图像 i 的主题描述中有其中的 N 个主题词，则图像对查询条件的相似度 $SF(i)=N/M$ 。

可以事先对每一幅图片都用几个主题词来加以描述，然后对所有图片的主题词进行归类和合并，构成一个有着树型结构的主题词集。由于主题词集是确定的，所以在向服务器提交查询数据时只提交主题词的 ID 号即可。用户可以在其中选择若干个主题词，综合描述一幅图像。

主题词和图像特征查询的结合，能取长补短，充分发挥前者表达抽象概念、后者表达形象概念的优点，获得更好的查询效果。

(4) 检索关键技术

① 检索表达

检索表达能力是影响一个基于内容检索系统性能的重要因素。目前实现的基于内容检索系统，一般都通过指定特征值来检索内容描述与此特征值最近的一组对象，表达能力有限，不能表达在内容描述空间中具有复杂相似度函数分布的检索概念(如“日落”概念在颜色直方图空间对应的在红、黄或紫颜色区域呈峰值)。为此,项目组提出了一种可表达内容描述空间中复杂概念的基于内容检索表达机制 CbExpr,并实现了基于 CbExpr 检索表达机制的图像检索系统。实验表明,CbExpr 具有强大而灵活的表达能力,取得了较好的效果。

② 快速索引算法

快速索引结构和快速索引算法是基于内容检索的内核,也是大容量基于内容检索系统实用化的关键。其基本思想源于计算机科学中的最近邻搜索(nearest neighbor search)问题,并在地理信息系统(Eeographic Information system,GIS)等信息系统中得到了广泛的应用。目前,常用的快速索引结构主要包括以 R+树为基础的索引树和以 k-d 树为基础的索引树。

项目组提出并实现了一种通用快速索引结构(General Similarity Search,GSS),通过对此通用快速索引结构的分割方法、闭包结构和距离定义进行不同的选择,可分别实现传统最近邻索引算法中的以 R+树为基础的索引树和以 k-d 树为基础的索引树,还可以进行采用二次型距离定义的检索处理。而通过采用复合闭包,可对数据集给出更多约束,从而更有效地降低检索过程中的搜索量,提高检索速度。

针对图像库基于内容检索系统的应用背景,我们实现了基于此通用快速索引结构的索引生成模块、索引存盘模块、索引读取模块和索引检索模块。其中,索引生成模块用于从特征抽取得到的特征列表文件生成检索树;索引存盘模块用于将此索引树存成磁盘上的索引文件;索引读取模块的作用则相反,用来从索引文件恢复索引树;索引检索模块用于处理对于索引树的检索,给定参数(检索特征值、目标个数、最小相似度、近似度)后返回一组对象的标识及其对应的相似度值。

2) IBM 公司开发的 QBIC 系统

(1) QBIC 系统概述

QBIC(Query By Image Content)是由 IBM 开发的基于内容检索系统,可以完成图像、视频的部分检索操作。系统以示例方式对以下内容进行查询:

- 查找与用户画出的图像轮廓和边框相似的对象
- 以图像中特定的颜色和纹理模式进行查找
- 查找物体的移动
- 查找摄影机的操作
- 其他图形信息

这就要求系统具有以下两个关键特性:一是使用图像、视频及其对象的颜色、纹理、形状、运动等作为查询的关键的特征;二是具有图形化的查询语言,查询的提出是通过绘画、选择和其他图形化的途径完成的。

典型的 QBIC 查询是这样的:用户提出查询要求,系统按查询要求将一系列结果按相似顺序排出。一般查询都遵循这一模式,查询要求通过图形化或示例的方式提出,而结果是按相似程度顺序排列的图像集合。为完成这一功能,QBIC 主要由两个部分组成:数据库生成部分和数据库查询部分。在数据库生成时,每一个图像对象和视频对象的内容特征,包括颜色、纹理、形状及摄影机和对象的移动等,都被数据库生成部分提取出来并存入数据库中。在数据库查询时,数据库查询部分将把用户用图形化方法提供的对象特征,与数据库中存储的对象内容特征进行比较匹配，寻找出具有相似特征的图像和视频。QBIC 系统的结构如图 7.28 所示。

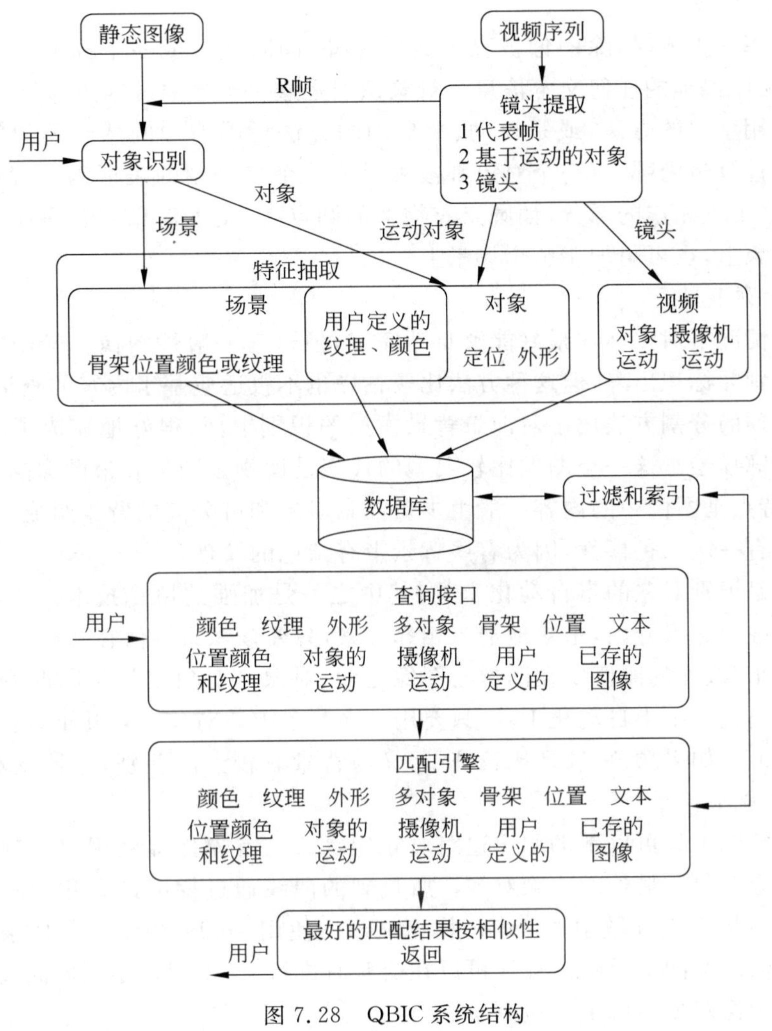

图 7.28 QBIC 系统结构

在 QBIC 中，其数据模型具有以下的成分：含有对象（图像的子集）的静态图像和场景；含有运动对象的由一组连续帧组成的视频镜头。QBIC 的数据模型分成两个层次：场景（或图像）和对象。所谓场景就是一幅图像或视频中的单个代表帧。对象是场景的一部分；或者是视频中的一个运动的实体。特征将从图像和对象中提取出来，并存入数据库中。按摄像机的场景变换将视频序列分割成若干片断就是镜头。系统为每一个镜头生成一个代表帧，也即 R 帧。R 帧将按静态图像进行处理，其内容特征也要存入数据库中。对镜头的进一步处理可得到运动对象，例如驶过整个画面的汽车。运动对象是对一系列视频帧中指定对象处理的结果。这样，查询就可以基于对象（寻找红色圆形对象的图像）、场景（寻找大约有 30％红色、15％蓝色的图像）、镜头（寻找所有按切换方式转换的镜头）等进行，也可以基于以上三者的任意组合（寻找有 30％红色，并具有蓝色纹理对象的图像）进行。

在 QBIC 中，相似性是用特征之间的距离函数来表示的。设计这些距离函数时考虑了能够模仿人类的感觉的方法，使之逼近数据库中各个对象的特征。图 7.28 中的匹配引擎就是所有距离函数的集合。匹配引擎与过滤检索模块交互以支持快速搜索方法和检索。

（2）数据库生成

图像数据库在生成时，除图像被存入数据库外，同时还生成一个标准大小的图标型图像，并被连上可以得到的任何文本信息。对象识别是这一步骤中可选的部分，但也是关键的部分。用户可用手工的方法，或是自动、半自动的方法对图像中的感兴趣的部分进行标识（即对象）。在计算机内部，每一个对象都被表示成一个二进制的表征码。对象可以互相重叠，也可包含多个不相连的部分（如圆点衣物上的圆点）。文本信息（如"海滩上的孩子"）可附加在一个对象上，也可附加于整个场景上。

① 对象轮廓工具

在理想的情况下对象标识最好能够自动完成，但这对一般性图像比较困难。替代的方法是用人工识别并标识出来，但这种方法比较枯燥也不很适应基于内容的查询应用。QBIC 将全自动无干预的分割方法用于对前景背景模型的识别上面，很好地完成了对有限的一类图像的对象轮廓描绘。这一类图像比较典型的代表是博物馆图像和带图像的零售物品照片目录，它们的特点是图像中的内容一般由少量前景对象和可分离的背景组成。即使如此，轮廓算法也要具有一定的鲁棒性，因为有些背景带有杂色的纹理。

另外一类是识别对象的半自动化工具，其中之一是加强的填充技术。具体做法是：从对象的一个单独的像素开始，重复地加入相邻像素，只要该像素的值在初始像素所给定的范围内。一般说来，选择的阈值要在图像与图像之间、对象与对象之间不断改变，这是一个很烦琐的事情。通过一个半自动化工具，只要用户在背景上或对象上点几下，就可以自动地计算出动态的阈值。如果颜色、纹理比较统一，又与背景有较大的差别，这种技术可以快速识别，不需要手工调节。

另外一种轮廓工具可以帮助用户追踪对象边缘。它首先捕捉到用户绘制的曲线，然后自动使之与图像对象上最近的边缘对齐。所找到的曲线通过梯度最大化方法确定，这种方法基于近来计算机视觉领域中的 snake 模型概念。使用 snake 模型中的样条公式，可以得到非线性极小值问题的平滑解。计算可以在交互时进行，使得用户绘制的曲线可以像"橡皮条"一样，围绕图像对象并可不断地调整。

② 视频数据

对于视频数据，数据库的生成包括 3 个部分：镜头探测、镜头代表帧的生成、推导出连贯的运动结构和对象的分层表示。

a. 镜头探测

镜头是短的连续帧序列，在视频中以镜头为单位进行注解与查询。例如，一个视频片断可以包含一个展示城市高大建筑空中轮廓全景的慢慢转动的镜头，然后切换到另一个表现海湾全景的转动镜头，最后是海湾大桥推进放大的镜头。在 QBIC 中，可以按以下方法划分镜头：

- 描述同一场景；
- 表示一个单独的摄像机操作动作；
- 包含一个明确的事件或动作，如一个对象的出现和保持；
- 由用户选定的一个单独的可检索的实体。

显著的场景变换或剪接是镜头边界的标志。QBIC 中检测场景剪接点的方法有两类：基于图像基本表示的方法，如颜色或灰度直方图，不使用任何空间信息；基于测量差别的方法，如空间特征（如灰度）之间的差别。相对来说，前者对镜头变换敏感，但当场景完全不同但颜色或灰度直方图分布相近时，也可能漏掉某些剪接点。后者对摄像机和对象的运动又太敏感。可以把这两者结合起来，既能使用直方图分布距离测量，又能容许少量运动的稳健正规相关测度。QBIC 对 2000～5000 帧的视频图像作了实验，结果没有出现漏识，只有少量错识。另外一些探测编辑效果（如淡入、淡出）的算法也正在研究中。

识别镜头还可以通过确定摄像机操作的变化来完成。一般摄像机的操作，如推进放大、缓慢转动、光照变化等，可以用 2×2 的位置仿射矩阵来建模。这种仿射变换既可以针对二维图像坐标系也可以针对图像灰度值进行。QBIC 中设计了计算全局主导视图变换的算法，它对那些非全局的、由个别运动对象和局部亮度变化引起的变化不很敏感。所得到的仿射交换可用于摄像机操作的探测、镜头边界的探测，还可用于在适当的地方生成参考帧。镜头边界也可以以事件为基础定义：对象的出现或消失，对象运动的明确变化等。

b. 代表帧的生成

探测到镜头边界后，系统要生成一个 R 帧来代表这个镜头。使用 R 帧有若干原因。首先，在数据库生成时，需要对 R 帧按静态图像的方法进行处理，并用前述方法识别其中的对象。其次，在查询过程中，R 帧是视频查询返回的基本单元。例如，当查询“主色调为红色的镜头”时，可能会得到一组镜头，并由一套 R 帧来表示。如果要看视频镜头本身，只要点击相应的 R 帧图标即可。

可以选择镜头中的任意帧作为 R 帧，如第一帧、最后一帧或某一中间帧。对于一个长的、缓慢转动的、摄取全景镜头，QBIC 的作法也是将该镜头中所有的帧通过计算主要背景的运动转换无缝地拼接成一个合成的 R 帧，作为整个镜头捕获的所有背景的真正描述。任何一个前景对象加在这样的背景上，都可以生成一个单一的、静态的镜头视觉描述。R 帧的拼接技术是通过自动主导运动计算的变形变换完成的。给定一个有主导运动和运动对象的视频序列，先对各个相邻帧进行二维运动估值，然后选定一个 R 帧的基础帧，将其他所有帧都变形到该帧的坐标系中，生成拼接的 R 帧。

c. 分层表示

为了自动地分割开独立的运动对象与有意义的结构，可以进一步利用视频数据的时变特性推导出所谓的视频分层表示。不同的层次可用于表示场景中有意义的对象，从而便于特征计算和查询。QBIC 的算法能把镜头分成若干层，各层都有相应的二维仿射运动参数及其在各帧中支持的区域。目前完成了对静态场景的分层。由于镜头的场景是静态的，因由于场景具有不同的深度，摄像机的运动就可以引起图像平面上的平行运动。因此，可根据运动的连贯性，把那些对应于语义上有用实体的表面和对象分割出来。

(3) 示例查询

通过上述处理得到的每一个全景图像、识别出的图像对象、R 帧以及识别出的视频对象，都可以计算出一组特征，用于基于内容的查询。特征的计算和存储在数据库生成时完成。下面重点介绍特征查询的简要情况。

平均颜色查询使用户可以找到与指定颜色相近的图像或对象，指定的颜色可以从颜色表中指定，也可以直接从对象上指定。该查询所用的特征是色彩坐标系中的三维向量。直方图颜色查询返回的是具有相同颜色分布的结果。这时所要匹配的特征是在量化颜色空间上计算由256种颜色元素构成的直方图。当用户从颜色表中指定颜色时,可以用滑标的方式确定若干种颜色的百分比,但用户更愿意使用的是通过示例方式提供颜色的成分参数,因为大多数情况下,颜色的百分比也不是容易看得出来的。通过示例,系统自动地计算出示例的颜色直方图,然后再与数据库中的对象进行匹配。这种方法可用于图像,也可用于视频序列的R帧。检索出来的结果按匹配程度的顺序排列。

纹理查询时,用户从样本集中选择所要查询的纹理。所谓样本集是一套预先存储的纹理图像,纹理的特征主要是粗糙度、对比度和方向性等,均用数学方法表示。粗糙度描述的是纹理的比例,即其中的对象成分的大小,如细密的纹理、粗大的纹理等。对比度描述的是色彩的鲜亮程度,方向性则描述纹理是否倾向某一个方向。

对象形状查询由用户提供的形状作为输入。匹配形状的特征有面积、周长、离心率、主轴方向,以及由对象导出的其他特征。轮廓查询则是要匹配图像中的主要边、线等,实际就是图像降低分辨率后的"边界图"。这种匹配常常采用样板匹配技术。

示例查询也可以是混合的多对象查询,例如"检索出红色的圆形对象,具有绿色纹理的图像",就要把颜色查询和纹理查询进行组合,以实现逻辑的语义结合。

(4) 快速搜索和索引

在传统数据库中为了抽取匹配和进行范围搜索,对表格数据进行索引已经是很成熟的技术了,诸如B-树等结构可以提供高效的查询机制。在这种情形下,检索既可以保证返回所有满足查询的记录,又可不必查看数据库中的每个记录。但这种方法用于视频一类的查询就不适用,因为在这种查询中,相似性是由多维特征空间的距离测度定义的(如彩色直方图查询),涉及到对象簇的检索表示方法。若查询不仅包含相似性匹配,而且还包含对象空间约束,则该问题就更加突出。因此,为了对存取空间的对象进行快速检索,还必须设计出更好的数据结构。

查询时,一般要将数据库中存储的特征和查询要求的特征相比较,决定哪些图像是好的匹配。对于小型数据库,对特征进行顺序测览再直接进行相似性计算就可解决问题。但随着数据库的增大,这种检索显得太慢。为加速检索,可以采取以下方法。

① 过滤

可以对所有数据进行一个快速的过滤,然后仅对那些过滤留下的数据进一步处理,计算其真正的相似性测度。如QBIC中的彩色直方图匹配以256维颜色直方图为基础,需要256个矩阵向量乘法。可以用过滤来提高效率,采用快得多的三维空间运算。例如,对有10 000个元素的数据库,先用快速过滤器选取最好的1000个颜色直方图匹配,然后再把它们送去进行较慢的完全匹配操作,并得到200个最好的匹配送给用户,并保证所得到的是整个数据库中最好的200个匹配。

② 检索

对低维特征如平均颜色和纹理(都是三维),可以使用多维检索方法,如R*-树。对诸如基于力矩的20维形状特征矢量等高维特征,需要使用K-L或主成分变换降低维数,对产生出来的二维或三维的低维空间就可以使用R*-树索引了。

小　　结

本章介绍了多媒体电子出版物的创作过程，并通过一个创作示例《金融博士》详细地介绍了电子出版物的创作流程和应用领域。

本章有关多媒体视频会议系统的体系结构和有关标准均作了全面的介绍。对视频会议系统关键部件：视频会议终端的设计原理和实现技术，多点控制单元 MCU 的结构和工作原理，视频会议系统的服务质量(QoS)，系统资源的静态和动态管理及视频会议系统的加密算法等进行了详细的分析和讨论。

本章对多媒体数据库及基于内容检索，有关多媒体数据的存储问题、管理问题和多媒体数据库的体系结构、多媒体数据库基于内容检索的关键技术和基于内容检索系统的设计原理和实现技术等均作了分析和讨论。

通过本章的学习可以进一步了解到多媒体技术的应用是非常广泛的，并且在实际应用中涉及了相关学科的知识和技术。因此要掌握好多媒体技术的应用，还必须进一步学习计算机学科、电子学科、通信学科等有关学科的知识和技术以及在实践中的应用。

习　　题

1. 下面哪一种说法是不正确的？(　　)
   A. 电子出版物储存量大，一张光盘可存储几百本书
   B. 电子出版物可以集成文本、图形、图像、动画、视频和音频等多媒体信息
   C. 电子出版物不能长期保存
   D. 电子出版物检索快
2. 在视频会议系统中关键技术是(　　)。
   A. 视频会议系统的标准
   B. 多点控制单元 MCU
   C. 视频会议终端
   D. 视频会议系统的安全保密
3. 下面哪一种说法是不正确的？(　　)
   A. 视频会议系统是一种分布式多媒体信息管理系统
   B. 视频会议系统是一种集中式多媒体信息管理系统
   C. 视频会议系统的需求是多样化的
   D. 视频会议系统是一个复杂的计算机网络系统
4. 在视频会议系统中安全密码系统包括哪些功能？(　　)
   (1) 秘密性、可验证性
   (2) 完整性、不可否认性
   (3) 合法性、对称性
   (4) 兼容性、非对称性
   A. (3)(4)　　B. (1)(2)　　C. (2)(4)　　D. 全部

5. 视频会议系统设立了哪些访问权限？（　　）

(1) 超级、优先

(2) 一般、作废

(3) 排队、优先

(4) 超级、中断

A. (1)(2)　　B. (3)(4)　　C. (1)(4)　　D. 全部

6. 基于内容检索的体系结构可分为哪两个子系统？（　　）

A. 特征抽取和查询子系统

B. 多媒体数据管理和调度子系统

C. 用户访问和数据库管理子系统

D. 多媒体数据查询和用户访问子系统

7. 基于内容检索要解决的关键技术是（　　）。

(1) 多媒体特征提取和匹配

(2) 相似检索技术

(3) 多媒体数据管理技术

(4) 多媒体数据查询技术

A. (3)(4)　　B. (2)(3)　　C. (1)(2)　　D. 全部

8. 视频会议系统最著名的标准是（　　）。

A. H. 261 和 H. 263　　B. H. 320 和 T. 120

C. G. 723 和 G. 728　　D. G. 722 和 T. 127

9. 在视频会议系统中为什么需要 QoS？

10. 简述多媒体数据库中基于内容检索系统的工作原理。

参考文献

1. 钟玉琢,蔡莲红,李树青等.多媒体计算机技术基础及应用.北京:高等教育出版社,1999.
2. 钟玉琢,沈洪,黄荣怀.多媒体技术(高级).北京:清华大学出版社,1999.
3. 黄荣怀,沈洪,钟玉琢.多媒体技术(中级).北京:清华大学出版社,1999.
4. 沈洪,黄荣怀,钟玉琢.多媒体技术(初级).北京:清华大学出版社,1999.
5. 钟玉琢,王琪,贺玉文.基于对象的多媒体数据压缩编码国际标准 MPEG-4 及其模型.北京:科技出版社,2000.
6. 钟玉琢,乔泉新,李树青.机器人视觉技术.北京:国防工业出版社,1994.
7. 杨品,钟玉琢,蔡莲红译.MPEG-7 运动图像压缩编码标准(ISO/IEC 11172).北京:机械工业出版社,1995.
8. 钟玉琢,王琪,赵黎,杨小勤.MPEG-2 运动图像压缩编码国际标准及 MPEG 的新进展.北京:清华大学出版社,2002.
9. 高文.多媒体数据压缩技术.北京:电子工业出版社,1994.
10. 吴乐南.数据压缩的原理与应用.北京:电子工业出版社,1995.
11. 胡晓峰,吴玲达,李国辉等.多媒体系统原理与应用.北京:人民邮电出版社,1995.
12. 胡晓峰,李国辉.多媒体系统.北京:人民邮电出版社,1997.

参考文献